WIE FUNKTIONIERT DAS?

Wie funktioniert das?
Die Technik im Leben von heute
608 Seiten mit 282 zweifarbigen und 8 vierfarbigen Schautafeln.

Wie funktioniert das?
Der Mensch und seine Krankheiten
600 Seiten mit 245 zweifarbigen und 8 mehrfarbigen Schautafeln.

Wie funktioniert das?
Gesund sein und fit bleiben
543 Seiten mit rund 240 zweifarbigen Schautafeln.

Wie funktioniert das?
Der moderne Staat
640 Seiten mit 306 zweifarbigen Schautafeln.

Wie funktioniert das?
Die Umwelt des Menschen
592 Seiten mit 260 zweifarbigen Schautafeln.

Wie funktioniert das?
Die Wirtschaft heute
656 Seiten mit 315 ganzseitigen Schautafeln.

Wie funktioniert das?
Die Energie – Erzeugung, Nutzung, Versorgung
303 Seiten mit 137 zweifarbigen Schautafeln.

Wie funktioniert das?
Die Arzneimittel
320 Seiten mit 132 zweifarbigen Abbildungen.

Wie funktioniert das?
Städte, Kreise und Gemeinden
336 Seiten mit 160 zweifarbigen Schautafeln.

Wie funktioniert das?
Die Bundeswehr
Etwa 320 Seiten mit rund 135 zweifarbigen Schautafeln.

MEYERS TASCHENLEXIKA ZU SPEZIALTHEMEN

Meyers Taschenlexikon Biologie in 3 Bänden
Alles Wissen über Mensch, Tier und Pflanze. 960 Seiten, rund 15 000 Sachartikel und Biographien. Über 800 meist farbige Abbildungen, Graphiken, Tabellen, Übersichten und entwicklungsgeschichtliche Stammbäume, zahlreiche Literaturangaben.

Meyers Taschenlexikon Geschichte in 6 Bänden
Die Weltgeschichte in 25 000 exakt definierten Stichwörtern.
1 920 Seiten, rund 25 000 Biographien, Sachartikel und Ländergeschichten. Zahlreiche, zum Teil mehrfarbige Abbildungen, Graphiken, Übersichten und Stammtafeln. Rund 200 historische Karten und mehr als 6 000 Literaturangaben.

Meyers Taschenlexikon Musik in 3 Bänden
Das gesamte Wissen über die Musik: Von der Musik des Mittelalters bis zur Musik des 20. Jahrhunderts einschließlich Jazz-, Rock- und Popmusik sowie der Musik antiker und fremder Kulturen. 1 056 Seiten, rund 8 000 Biographien und Sachartikel. Über 800 Notenbeispiele, zahlreiche, zum Teil farbige Abbildungen, rund 9 000 Literaturangaben.

NACHSCHLAGEWERKE DES ALLGEMEINEN WISSENS

Alte Maße, Münzen und Gewichte
Das Lexikon für den Sammler. 399 Seiten, 214 Abbildungen.

Krank – was tun?
Ein Ratgeber für den Alltag. 324 Seiten.

Schlaglichter der deutschen Geschichte
Ein Geschichtsbuch mit einer neuartigen Konzeption. 456 Seiten, über 300 Abbildungen. Register.

KINDER- UND JUGENDBÜCHER

Meyers Großes Kinderlexikon
Das neuartige Wissensbuch für Vor- und Grundschulkinder. 323 Seiten mit 1 200 Artikeln, 1 000 bunten Bildern sowie einem Register mit etwa 4 000 Stichwörtern.

Meyers Kinderlexikon
Mein erstes Lexikon. 259 Seiten mit etwa 3 000 Stichwörtern und rund 1 000 farbigen Bildern.

Meyers Buch vom Menschen und von seiner Erde
Das besondere „Schmökerlexikon". Erzählt für jung und alt von James Krüss, gemalt von Hans Ibelshäuser und Ernst Kahl.
162 Seiten mit 77 überwiegend ganzseitigen, farbigen Bildtafeln.

Meyers Großes Buch der alten Schiffe
Von den frühesten Bootsformen bis zu den schönen schnellen Segelschiffen unseres Jahrhunderts. 96 Seiten mit 45 großformatigen farbigen Bildtafeln.

Meyers Großes Sternbuch für Kinder
Eine umfassende Einführung in das faszinierende Wissensgebiet der Astronomie für Kinder. 126 Seiten mit über 100 farbigen, teils großformatigen Zeichnungen und Sternkarten.

W0325022

MEYERS LEXIKONVERLAG
Mannheim/Wien/Zürich

SCHÜLER-DUDEN

Die Geographie

für Kathrin!

DUDEN für den Schüler

Rechtschreibung und Wortkunde
Vom 4. Schuljahr an

Grammatik
Eine Sprachlehre mit Übungen und Lösungen

Wortgeschichte
Herkunft und Entwicklung des deutschen Wortschatzes

Bedeutungswörterbuch
Wortbildung und Wortschatz

Fremdwörterbuch
Herkunft und Bedeutung der Fremdwörter

Die richtige Wortwahl
Ein vergleichendes Wörterbuch sinnverwandter Ausdrücke

Die Literatur
Die wichtigsten literarischen Begriffe

Lateinisch-Deutsch
Ein Wörterbuch für Schule und Studium

Die Mathematik I
5. bis 10. Schuljahr

Die Mathematik II
11. bis 13. Schuljahr

Die Informatik
Ein Sachlexikon speziell für Schüler

Die Biologie
Das Grundwissen der Schulbiologie

Die Tiere
Ein Sachlexikon für den Biologieunterricht

Die Physik
Von der ersten Physikstunde bis zum Abitur

Die Chemie
Ein Lexikon der gesamten Schulchemie

Die Geographie
Von der Geomorphologie bis zur Sozialgeographie

Die Geschichte
Die wichtigsten historischen Begriffe

Die Musik
Ein Sachlexikon der Musik

Die Kunst
Der gesamte Stoff für den modernen Kunstunterricht

Der Sport
Ein Fachwörterbuch für die Schule

Die Philosophie
Ein Sachlexikon der Philosophie

Politik und Gesellschaft
Ein Lexikon zur politischen Bildung

Die Psychologie
Ein Fachwörterbuch speziell für Schüler

Die Religionen
Ein Lexikon aller Religionen

Das Wissen von A bis Z
Ein allgemeines Lexikon für die Schule

DUDEN Schülerlexikon

SCHÜLER-DUDEN

Die Geographie

Herausgegeben und bearbeitet vom
Geographisch-Kartographischen
Institut Meyer

unter Leitung
von Dr. Adolf Hanle.
In Zusammenarbeit mit
mehreren Fachpädagogen

DUDENVERLAG
Mannheim/Wien/Zürich

Redaktionelle Bearbeitung:
Roger Bussian

An diesem Buch haben ferner mitgearbeitet:
Dr. Metfried Francke, Zwingenberg
Wolfhard Keimer, Bibliographisches Institut
Dieter Koch, Lampertheim
Dr. Kurt Metz, Weinheim
Rüdiger Rößler, Römerberg
Dr. Gerhard Steinhorst, Offenbach am Main
Dr. Johannes Ulrich, Kiel
Klaus Walter, Neustadt an der Weinstraße
Reinhard Wenz, Neustadt an der Weinstraße
Dr. Fritz Wilmers, Hannover

CIP-Kurztitelaufnahme der Deutschen Bibliothek

Schülerduden „Die Geographie" / hrsg. u. bearb. vom Geograph.-Kartograph. Inst. Meyer unter d. Leitung von Adolf Hanle. In Zusammenarbeit mit mehreren Fachpädagogen. [Red. Bearb.: Roger Bussian. An diesem Buch haben ferner mitgearb.: Metfried Francke . . .]. – Mannheim, Wien, Zürich : Bibliographisches Institut, 1978. – (Duden für den Schüler ; 12)
ISBN 3-411-01731-7
NE: Hanle, Adolf [Hrsg.]; Die Geographie

Satz: Mitterweger KG
Druck und Einband: Klambt-Druck GmbH, Speyer
Printed in Germany
ISBN 3-411-01731-7

Vorwort

Der Schüler-Geographieduden wurde gemeinsam von Geographielehrern und Fachredakteuren des Bibliographischen Instituts erarbeitet. Er wendet sich an die Schüler der höheren Schulen und der berufsbildenden Schulen, und zwar in erster Linie an die Schüler der Mittelstufe, der Oberstufe und der Leistungskurse.

Die Auswahl der Stichwörter entspricht in erster Linie den Anforderungen des Geographieunterrichts, aber auch andere Begriffe, denen der Schüler bei seiner Arbeit mit Büchern und Aufsätzen begegnen könnte, wurden berücksichtigt. Insgesamt wird also keine Systematik angestrebt, vielmehr sollen gängige Begriffe genau definiert und gegebenenfalls Zusammenhänge dargestellt werden. Einbezogen in die Stichwortauswahl sind neben den klassischen Bereichen der physischen Geographie wie Geomorphologie, Klimatologie, Vegetationsgeographie, die heute stark in den Vordergrund des Interesses gerückten Bereiche der Wirtschafts- und Sozialgeographie, der Raumordnung und der Umweltforschung. Es versteht sich, daß auch die angewandte Geographie und Nachbardisziplinen wie Geologie, Mineralogie, Ozeanographie, Astronomie, Geophysik, Kartographie, Technik, Bodenkunde, Landwirtschaft und Medizin – entsprechend ihrem jeweiligen Stellenwert und dem ihnen vom Schüler entgegengebrachten Interesse – gebührend vertreten sind. Auf Stichwörter aus dem Bereich der regionalen Geographie wurde so gut wie ganz verzichtet, da sie dem Bereich der Länderkunde angehören.

Wir haben uns bemüht, die Begriffsinhalte in nachvollziehbaren Schritten und in einer klaren Sprache, oft im Rahmen ihres Bedeutungsumfeldes, darzustellen. Die Stichwortartikel haben dadurch unseres Erachtens an Verständlichkeit gewonnen.

In den fortlaufenden Text sind zahlreiche Zeichnungen und verschiedene Tabellen eingestreut, die insbesondere komplizierte Zusammenhänge illustrieren bzw. übersichtlich ordnen.

In einem Anhang befindet sich eine Zusammenstellung ausgewählter Forschungs- und Entdeckungsreisen. Die Darstellung erfolgte tabellarisch in chronologischer Anordnung, und zwar nach Kontinenten bzw. Forschungsgebieten gegliedert.

Der Schüler-Geographieduden ist kein selbständiges Unterrichtswerk. Er will vielmehr als umfassendes Hilfsinstrument verstanden und verwendet werden, das dem Schüler die Möglichkeit gibt, seine im Unterricht und aus den Lehrbüchern erworbenen Kenntnisse zu ordnen, zu ergänzen und zu vertiefen.

Mannheim, im Herbst 1978

Herausgeber und Bearbeiter

Internationales Phonetisches Alphabet

a	helles bis mittelhelles a	hạt [hat], Ra̲d [ra:t]
ɑ	dunkles a	Fa̲ther *engl.* ['fɑ:ðə]
æ	sehr offenes ä	Catch *engl.* [kætʃ]
ʌ	abgeschwächtes dunkles a	Butler *engl.* ['bʌtlə]
aɪ	ei-Diphthong	r<u>ei</u>t! [raɪt]
aʊ	au-Diphthong	H<u>au</u>t [haʊt]
b	b-Laut	B<u>au</u> [baʊ]
ç	Ich-Laut	ich [ɪç]
d	d-Laut	Dạmpf [dampf]
ð	stimmhafter englischer th-Laut	Fa̲ther *engl.* ['fɑ:ðə]
dʒ	dsch-Laut („weich“)	Gịn [dʒɪn]
e	geschlossenes e	le̲bt [le:pt]
ɛ	offenes e	hạ̈tte ['hɛtə]
ɛ̃	nasales [ɛ]	Teint [tɛ̃:]
ə	Murmellaut	hạlte ['haltə]
f	f-Laut	fạst [fast]
g	g-Laut	Gạns [gans]
h	h-Laut	Hạns [hans]
i	geschlossenes i	Eli̲sa [e'li:za]
i̯	unsilbisches [i]	Ma̲rio *italien.* ['ma:ri̯o]
ɪ	offenes i	bịst [bɪst]
ɨ	zwischen [i] und [u] ohne Lippenrundung	Gromỵko *russ.* [gra'mɨkɐ]
j	j-Laut	jụst [jʊst]
k	k-Laut	kạlt [kalt]
l	l-Laut	Lạst [last]
ʎ	lj-Laut	Sevịlla *span.* [se'βiʎa]
m	m-Laut	mạn [man]
n	n-Laut	Nẹst [nɛst]
ŋ	ng-Laut	lạng [laŋ]
ɲ	nj-Laut	Champạgne *frz.* [ʃã'paɲ]
o	geschlossenes o	Lo̲t [lo:t]
õ	nasales o	Bon [bõ:]
ɔ	offenes o	Pọst [pɔst]
ø	geschlossenes o	mö̲gen ['mø:gən]
œ	offenes ö	kọ̈nnt [kœnt]
œ̃	nasales ö	Parfum [par'fœ̃:]
ɔʏ	eu-Laut	h<u>eu</u>te ['hɔʏtə]
p	p-Laut	Pạkt [pakt]

pf	pf-Laut	Pf<u>au</u> [pfaʊ]
r	r-Laut	Rạst [rast]
s	ß-Laut („scharf“)	Rạst [rast]
ʃ	sch-Laut	schạlt! [ʃalt]
t	t-Laut	T<u>au</u> [taʊ]
θ	stimmloser englischer th-Laut	Cọmmonwealth *engl.* ['kɔmənwɛlθ]
ts	z-Laut	Zẹlt [tsɛlt]
tʃ	tsch-Laut	Mạtsch [matʃ]
u	geschlossenes u	Ku̲r [ku:r]
u̯	unsilbisches [u]	Ca̲pua *italien.* ['ka:pu̯a]
ʊ	offenes u	Pụlt [pʊlt]
v	w-Laut	Wạrt [vart]
w	konsonantisches u	Wịnston *engl.* ['wɪnstən]
x	Ach-Laut	Bạch [bax]
y	ü-Laut	Tü̲te ['ty:tə]
ʏ	offenes ü	rụ̈ste ['rʏstə]
ɥ	konsonantisches ü	Suịsse *frz.* [sɥis]
z	s-Laut („weich“)	Ha̲se ['ha:zə]
ʒ	sch-Laut („weich“)	Gen<u>ie</u> [ʒe'ni:]
:	Längezeichen, bezeichnet Länge des unmittelbar davor stehenden Vokals	ba̲de ['ba:də]
'	Hauptbetonung, steht unmittelbar vor der betonten Silbe;	Ạcker ['akər], Apothe̲ke [apo'te:kə]
	wird nicht gesetzt bei einsilbigen Wörtern	H<u>au</u>s [haʊs]
	und nicht, wenn in einem mehrsilbigen Wort nur ein silbischer Vokal steht.	Jọhnson *engl.* [dʒɔnsn]
-	Bindestrich, bezeichnet Silbengrenze	Wịrtschaft ['vɪrt-ʃaft]

Zur Einrichtung des Wörterverzeichnisses

Die Hauptstichwörter sind in streng alphabetischer Folge halbfett gesetzt, Unterstichwörter im Text *kursiv*. Zur besseren Übersicht und Gliederung des Stoffes sind in größeren Artikeln auch andere Wörter oder Wortfolgen im Text *kursiv* hervorgehoben.
Blankverweisungen auf ein anderes Stichwort (z.B. **Eruptivgesteine:** svw. ↑magmatische Gesteine) kommen aus Gründen der Verständlichkeit seltener vor. Meist wurde in solchen Fällen eine Kurzdefinition mit weiterführender Verweisung auf einen größeren Sachzusammenhang vorgezogen, z.B. **Perm:** Die jüngste Formation des Paläozoikums, ↑Geologie, Formationstabelle. Außerdem wurde generell auf Verweisungen von Komposita verzichtet. Der Benutzer möge bei vermißten Stichwörtern dieser Art stets unter dem entsprechenden Grundwort nachschlagen, also für Kastental, Kerbtal, Muldental, Sohlental unter Tal, für Blutregen, Landregen, Platzregen, Starkregen unter Regen usw.
Zur besseren Lesbarkeit wurde bei einer Reihe von Wörtern die Betonungsstelle angegeben; dabei kennzeichnet ein untergesetzter Punkt eine betonte Kürze, ein untergesetzter Strich eine betonte Länge (z.B.: Allmẹnde, endoge̲n). Sonstige Angaben zur Aussprache werden in eckigen Klammern angefügt. So wurde bei etlichen fremdsprachigen Wörtern deren Aussprache in den Zeichen des Internationalen Phonetischen Alphabets angegeben.
Die Stichwörter sind im fortlaufenden Text jeweils mit ihrem Anfangsbuchstaben abgekürzt (dabei gelten durch Bindestrich[e] verbundene Zusammensetzungen als Einheit), jedoch nicht am Ende eines Satzes. Auf sonstige Abkürzungen wurde mit Ausnahme einiger in der Gemeinsprache allgemein bekannter wie usw., u.a. (= unter anderem, und andere), v.a. (vor allem), bzw. (= beziehungsweise), dgl. (= dergleichen), Jh. (= Jahrhundert), sogen. (= sogenannte, -er, -es) verzichtet. Die bei Verweisstichwörtern zu findende Abkürzung svw. (= soviel wie) besagt, daß das Stichwort, von dem verwiesen wird, mit dem Stichwort, auf das verwiesen wird, synonym (= bedeutungsgleich) ist.
Eckige Klammern im Text bedeuten, daß das in diesen Klammern Stehende nicht unbedingt Teil der Definition sein muß. So bedeutet ›in [Groß]städten‹ sinngemäß: hauptsächlich in Großstädten, aber auch in anderen Städten.
Hat ein Stichwort mehrere Bedeutungen, werden diese durch das Zeichen ◊ unterschieden.

A

Abbruchküste ↑Kliff.

Abdachung: Unter A. versteht man die Neigung einer Fläche gegen die Horizontale.

Abendrot: A. nennt man die Rotfärbung des Himmels am Horizont während oder nach dem Sonnenuntergang. Da die Atmosphäre die kurzwellige blaue Lichtstrahlung der Sonne stärker streut als langwellige Rotstrahlung, kommt es bei tieferem Sonnenstand, d.h. bei längerem Weg des Lichtes durch die Atmosphäre, zu den roten Dämmerungsfarben. Verstärkt wird dieser Effekt bei hoher Luftfeuchtigkeit. Nach starker nächtlicher Ausstrahlung und frühmorgendlicher Nebelbildung führen die gleichen Effekte während und vor dem Sonnenaufgang zum *Morgenrot.*

Abfluß: Der A. ist derjenige Teil des Niederschlags auf die Erde, der oberirdisch in Bächen und Flüssen (als sogen. Oberflächenwasser) und unterirdisch in Grundwasserströmen dem Weltmeer zufließt. Der A. ergibt sich aus dem Niederschlag abzüglich der Verdunstung und der in ↑abflußlose Gebiete fließenden Wassermengen. Alle übrigen Flußsysteme gehören einem bestimmten *Abflußgebiet* an, das ist der durch kontinentale Wasserscheiden getrennte Einzugsbereich eines Ozeans.

Als *A.höhe* bezeichnet man den Abfluß eines Einzugsgebietes in einer bestimmten Zeiteinheit (Monat, Jahr), angegeben in mm Wasserhöhe. Die an einem bestimmten Pegel in m^3/s (Kubikmeter pro Sekunde) gemessene Wassermenge heißt *A.menge;* der auf 1 km^2 eines Einzugsgebietes bezogene A. wird *A.spende* genannt und in $l/(s\ km^2)$, d.h. Liter pro Sekunde und pro Quadratkilometer, gemessen. Der *A.faktor* kennzeichnet den Prozentanteil des zum A. gelangenden Niederschlagswassers am Gesamtniederschlag.

Abflußgebiete: die Einzugsbereiche der einzelnen Ozeane haben folgende Größen (in Millionen km^2):

	Atlantischer Ozean	Pazifischer Ozean	Indischer Ozean
Eurasien	20,4	8,2	11,7
Amerika	33,4	6,3	–
Afrika	13,5	–	4,4
Australien	–	1,6	4,2
Erde	67,3	16,1	20,3

Abflußjahr (hydrologisches Jahr): Das A. ist ein festgelegter Zeitraum zur besseren zeitlichen Erfassung hydrologischer Vorgänge, das deshalb vom Kalenderjahr abweicht. In Deutschland umfaßt das A. die Zeit vom 1. November bis 31. Oktober; es wird mit der Jahreszahl desjenigen Kalenderjahres belegt, in das die Monate Januar bis Oktober fallen.

abflußlose Gebiete: Die a.n G., die Gebiete also, die keinen Abfluß zum Weltmeer haben, umfassen in Eurasien 14,1 Mill. km^2, in Amerika 2,4 Mill. km^2, in Afrika 11,9 Mill. km^2 und in Australien 4,2 Mill. km^2; auf der Erde insgesamt also 32,6 Mill. km^2. Man unterscheidet *arheische Gebiete,* die wegen fehlender Niederschläge gänzlich abflußlos sind (z.B. Teile der Sahara) und *endorheische Gebiete,* das sind Gebiete des ariden Klimas mit Binnenentwässerung. Die Flüsse münden hier in abflußlose Seen, sogen. ↑Endseen, oder verdunsten und versickern auf ihrem Lauf, meist am Rand von Trockengebieten.

Abflußregime: Als A. bezeichnet man den Gang der mittleren monatlichen Abflußmengen von Flüssen, d.h. das Auftreten von Niedrig- und Hochwasser während eines Jahres; es wird vom jeweiligen Klima bestimmt. Zur Bestimmung des A.s. dient u.a. der *Abflußkoef-*

fizient, das Verhältnis zwischen mittlerer monatlicher und mittlerer jährlicher Wasserführung; er wird als Dezimalbruch (< 1) oder in Prozenten angegeben. Flüsse, deren Einzugsgebiet in einem einheitlichen Großklima liegt, besitzen ein *einfaches Abflußregime* (dazu gehören das ↑pluviale, das ↑nivale und das ↑glaziale Abflußregime); solche, die von zwei Klimafaktoren bestimmt werden, haben ein *komplexes Abflußregime 1. Grades* (dazu gehören das ↑nivopluviale und das ↑pluvionivale Abflußregime); solche, die mehrere Klimazonen durchqueren, besitzen ein komplexes Abflußregime 2. Grades.

abiotische Umwelt: Die a.U. ist eine Grundkomponente jedes ↑Ökosystems.

abkommen: A. nennt man die nur nach Regengüssen einsetzende Fließtätigkeit periodisch oder episodisch wasserführender Flüsse in ariden und semiariden Gebieten.

Ablagerung: svw. ↑Sedimentation

ablandig: Mit dem Adjektiv a. werden Strömungen und Winde gekennzeichnet, die vom Land zum Meer gerichtet sind. Ablandige Winde sind an Tageszeiten gebunden, da sie durch unterschiedlich hohen Luftdruck (bedingt durch unterschiedlich schnelle Abkühlung) über dem Festland und der Wasserfläche ausgelöst werden. – Der Gegensatz zu a. ist auflandig.

Ablation: Unter A. versteht man das Abschmelzen von Schnee und Eis, besonders an der Gletscheroberfläche, durch Sonneneinstrahlung, Umspülung mit warmer Luft und Bespülung mit Regen. Eine besonders markante dieser dabei entstehenden *Ablationsformen* ist der ↑Büßerschnee.

Abrasion: Die an den Meeresküsten auftretende Form der Abtragung durch die Brandung wird A. genannt. Hierbei wird ein Steilabfall an der Küste, ein ↑Kliff, geschaffen, der im Laufe der Zeit immer weiter landeinwärts rückt. Die dabei entstehende Verebnungsfläche vor dem Kliff ist die *Abrasionsplatte,* die gegen das Meer schwach geneigt ist und auch *Schorre* genannt wird. Man spricht bei dieser Küstenform auch von einer *Abrasionsküste.*

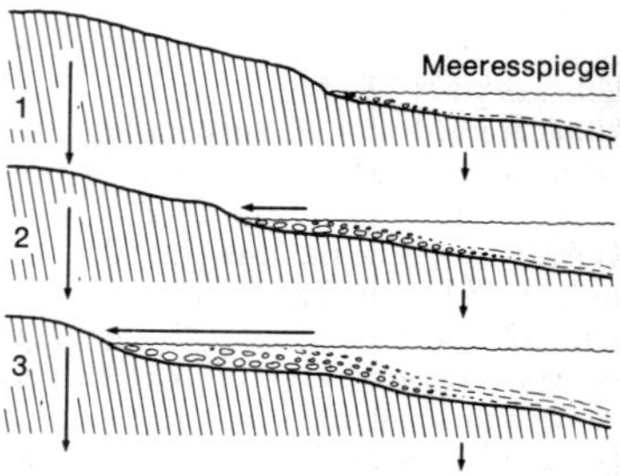

Vorschreiten des Meeres mit Abrasion des Festlandes

Absatzgesteine: svw. ↑Sedimentgesteine

Abscherung: Als A. bezeichnet man tektonische Bewegungen an meist wenig geneigten Flächen, den *Abscherungsflächen,* an denen zwei ihrem Bau nach verschiedene Gesteinsverbände gegeneinander verschoben werden; z.B. Verschiebung des Deckgebirges gegenüber dem Grundgebirge. Durch weiträumige Abscherungsbewegungen entstehen *Abscherungsdecken;* diese sind in wesentlich geringerem Maße als die Überschiebungsdecken (↑Decke) bewegt worden und befinden sich daher noch auf ihrer ursprünglichen Unterlage.

Abschiebung: Die A. ist eine Art der ↑Verwerfung.

Abschuppung: svw. ↑Desquamation

Absiden: Als A. werden in der Astronomie die beiden Punkte auf der elliptischen Bahn eines Himmelskörper um einen anderen bezeichnet, für die die Entfernung zwischen den Körpern am größten bzw. am kleinsten ist. Bei Planetenbahnen heißen diese Punkte Aphel bzw. Perihel, bei der Bahn eines Körpers um die Erde Apogäum bzw. Perigäum.

Absonderung: Bei der Austrocknung von Sedimenten, bei der Abkühlung von Ergußgesteinen und bei der Erstarrung von Tiefengesteinen entstehen Spannungen im Gestein. Die dadurch hervorgerufene Schrumpfung und Zerteilung des Gesteins an Klüften, Spalten und Schichtflächen nennt man A.; die Absonderungsformen sind u.a. platten-, säulen-, quaderförmig oder kugelig. Durch A. bilden sich z.B. die Basaltsäulen.

Abspülung: Als A. bezeichnet man die Abschwemmung feinen Materials von der Erdoberfläche durch abfließendes Regenwasser; sie ist abhängig von Art und Menge des Niederschlags, der Vegetationsdecke und der Neigung der Hänge. Ist letztere gering, so herrscht ↑Flächenspülung vor, die bei stärkerem Regen und steileren Hängen zur ↑Rillenspülung wird, womit die ↑Bodenzerstörung beginnt.

Abstandstreue: Eigenschaft bestimmter ↑Kartennetzentwürfe.

Abtragung: A. ist der Sammelbegriff für die auf Erniedrigung und Einebnung der Oberflächenformen des Festlandes hinwirkenden geomorphologischen Vorgänge. Hierbei wird das durch physikalische und chemische Verwitterungsprozesse aufbereitete Gesteinsmaterial durch Wasser (↑Erosion, ↑Abspülung, ↑Ausspülung, ↑Abrasion), Wind (↑Deflation) und Eis (↑Glazialerosion) verlagert, aber auch unmittelbar durch die Schwerkraft (↑Bergsturz, ↑Gekriech, ↑Solifluktion, ↑Steinschlag). Neben der hauptsächlich linienhaft wirkenden A., der Erosion, unterscheidet man die überwiegend flächenhaft arbeitende ↑Denudation. Art und Ausmaß der A. sind von klimatischen Faktoren, Vegetationsdecke, Hangneigung und jeweiliger Gesteinsstruktur abhängig. A. und Materialverlagerung erlahmen bei zu geringer Neigung des Geländes. Alle zur Landhebung führenden Vorgänge, also Orogenese, Epirogenese, Isostasie, arbeiten der A. entgegen.

Abtragungsbasis: svw. ↑Erosionsbasis

Abwasseraufbereitung: Bei der A. wird das durch Wohnsiedlungen und Industrie verschmutzte Wasser wieder gereinigt. Dies geschah früher in sogen. ↑Rieselfeldern; heute benutzt man hauptsächlich Kläranlagen. Die Reinigung erfolgt dabei in drei Stufen: mechanisch, biologisch und chemisch. Bei der *mechanischen Reinigung* werden die Abwässer mit Hilfe von Rechen und Sieben von gröberen Verunreinigungen befreit. In einem Vorklärbecken setzen sich dann die feineren Schwebstoffe am Boden ab. Der Bodensatz wird dann in einem Faulturm einem Gärungsprozeß unterzogen (↑Faulschlamm). Dabei entsteht Methangas, welches zur Wärmeerzeugung verwendet wird. Das so vorgeklärte Abwasser fließt nun in ein Belüftungsbekken, wo es entweder über Koks oder einem anderen porösen Material verrieselt wird (Tropfkörperverfahren), oder von unten mit Luft durchblasen wird (Belebtschlammverfahren). In dieser *biologischen Reinigungsstufe* spielen

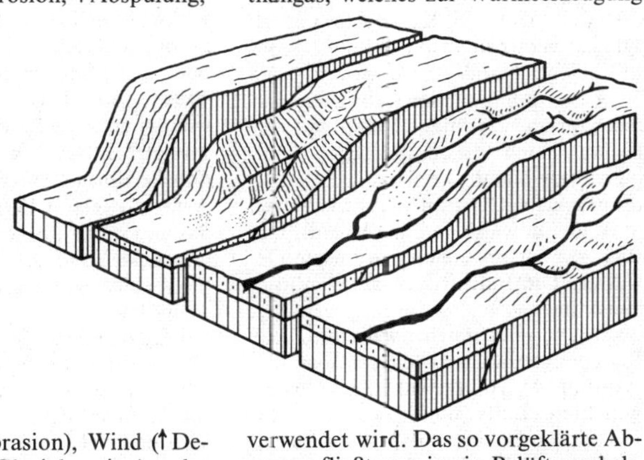

Schema der Abtragung einer Bruchstufe. Das hintere Blockbild zeigt den Anfangs-, das vordere den Endzustand

sich die gleichen Reinigungsvorgänge ab wie in natürlichen Gewässern, nur in kürzerer Zeit. Durch Bakterien werden dabei die organischen Stoffe mineralisiert, während Wimpertierchen sich von diesen Bakterien ernähren. Durch den mit der Luft zugeführten Sauerstoff können sich die Bakterien besonders gut vermehren, wodurch der Abbauprozeß beschleunigt wird. Es bildet sich der ↑Belebtschlamm, der im Nachklärbekken ausfällt. Ein Teil des sich absetzenden Belebtschlamms wird in das Belüftungsbecken zurückgefördert, um den Abbauprozeß zu beschleunigen, der Rest wird zu dem Schlamm aus der mechanischen Reinigungsstufe in den Faulturm transportiert. Das auf diese Art gereinigte Wasser gelangt nun direkt in den Bach oder Fluß, oder es wird erst noch einer *chemischen Reinigung* unterzogen. Hierbei werden durch Zusatz von Chemikalien vor allem Phosphate und Nitrate aus dem Wasser entfernt, um einer Eutrophierung der Gewässer vorzubeugen. Der im Faulturm entstandene Faulschlamm wird mit Pressen entwässert und nach der Kompostierung zu Dünger verarbeitet. In der Bundesrepublik Deutschland werden heute rund 30% der kommunalen Abwässer nur mechanisch gereinigt, bei rund 50% kommt noch die biologische Reinigungsstufe hinzu. Die chemische Aufbereitung erfolgt erst an wenigen Plätzen (z.B. in Ludwigshafen am Rhein). Der Rest gelangt ungereinigt in unsere Gewässer. Die Industrieabwässer müssen meist in speziellen Anlagen gereinigt werden, da bei ihnen noch zusätzliche Reinigungsstufen erforderlich sind.

Abwind: Als A. bezeichnen wir abwärts gerichtete Luftströmungen. Sie treten im Lee von Gebirgen als Fallwind sowie im Kern von Hochdruckgebieten auf. In beiden Fällen erfahren die abwärtsströmenden Luftmassen bei ausreichendem Höhenunterschied eine merkliche Temperaturerhöhung, wodurch häufig auch die Auflösung von Wolken eingeleitet wird. Der bekannteste Abwind dieser Art ist der ↑Föhn. – Der Gegensatz zum A. ist der Aufwind.

Ackerbau: Der A. ist der wichtigste Zweig der Landwirtschaft. Er umfaßt den Anbau von Kulturpflanzen auf großen Flächen. In landwirtschaftlichen Betrieben tritt er meist in Verbindung mit der Viehzucht auf. Das wichtigste Ackerbaugerät ist der Pflug. Begründer des modernen Ackerbaus waren Justus von Liebig und seine Schüler. Durch künstliche Düngung, Pflanzenzüchtung und moderne Bodenbearbeitungsmethoden, einschließlich künstlicher Bewässerung, konnten gewaltige Ertragssteigerungen erreicht werden.

Ackerbaugrenze: svw. ↑Anbaugrenze

Ackerbürger: Ein A. verfügte in oder nahe bei der Stadtgemarkung über Boden, den er landwirtschaftlich nutzte. Er wohnte aber in der Stadt, wo er auch noch einem anderen Gewerbe nachgehen konnte. Zu erkennen sind Ackerbürgerhäuser heute noch an den meist übergroßen Hofeinfahrten, die im Stadtbild auffallen.

Ackerbürgerstadt: A. ist die historische Bezeichnung für in der Regel kleinstädtische Siedlungen, die meist nur geringe oder keine zentralörtliche Funktionen haben; ihre Bewohner sind zu einem wesentlichen Teil Ackerbürger. Die A. war in Mitteleuropa bis ins 19. Jh. die übliche Form der Kleinstadt.

Acker-Grünland-Verhältnis: Das A. ist das in Zahlen ausgedrückte Verhältnis von Acker- und Grünlandflächen innerhalb einer statistischen Einheit; eine solche kann z.B. ein landwirtschaftlicher Betrieb oder eine Gemeinde sein. Das A. ist einerseits abhängig von den klimatischen Gegebenheiten und den Bodenverhältnissen, denn in feuchten Gebieten wird das Grünland vorherrschen, während in trockeneren Lagen das Ackerland überwiegen wird, andererseits aber vom Vorhandensein von Maschinen und von deren Einsatzmöglichkeiten. Das A. vermittelt Einsichten über die landwirtschaftliche Struktur eines Betriebes oder einer anderen Einheit. Seine Veränderung ermöglicht Aussagen über Wandlungsprozesse in der Sozialökonomie eines Gebietes.

adiabatisch: Als a. bezeichnet man Temperaturveränderungen von Luftmassen, die durch senkrechte Verlagerung derselben hervorgerufen werden, wobei keine Wärme zu- oder abgeführt wird. So erwärmt sich trockene Luft beim Absinken von je 100 m um 1 Celsiusgrad. Bei einer Anhebung um den gleichen Betrag erfolgt eine entsprechende Abkühlung. Der sogen. trockenadiabatische Temperaturgradient beträgt also 1 Celsiusgrad. Bei aufsteigender feuchter Luft liegt der Wert unter einem Grad, weil beim Übergang des Wassers von seinem gasförmigen in seinen flüssigen Zustand Kondensationswärme freigesetzt wird, welche den Betrag der Abkühlung im Vergleich zur trockenen Luft verringert. Den gleichen Effekt kann man bei absinkender feuchter Luft beobachten, da beim Übergang vom flüssigen in den gasförmigen Zustand des Wassers Wärme verbraucht wird. Folglich liegt auch hier der Betrag (hier der Erwärmung) pro 100 m unter 1 Celsiusgrad.

Advektion: Die horizontale Verlagerung von Luftmassen wird A. genannt. Das Wettergeschehen wird oft von advektiven Vorgängen gesteuert. So führt z.B. das Aufgleiten warmer und feuchter Luft auf kalte bodennahe Luftschichten im Grenzbereich beider Luftmassen zur Ausbildung von Schichtwolken, die auch als *Advektivwolken* bezeichnet werden. Die anderen für das Wettergeschehen bedeutsamen Luftmassenbewegungen sind die ↑Konvektion genannten vertikalen.

AE: Kurzzeichen für ↑astronomische Einheit

aero..., Aero... [a-e...]: Bestimmungswort von Zusammensetzungen mit der Bedeutung »Luft«. Ein Aerometer z.B. ist ein Gerät zur Messung von Dichte und Gewicht der Luft.

Agglomerat: A. nennt man eine oft unverfestigte Ablagerung aus losen, ekkigen und groben Gesteinsstücken; von Agglomeraten spricht man v.a. bei vulkanischen Auswurfprodukten.

Agone: Die A. ist die Linie, die alle Orte miteinander verbindet, an denen keine Abweichung der Kompaßnadel von der Nordrichtung, also keine ↑Mißweisung, auftritt. Die A. verlief 1975 durch Berlin; sie verschiebt sich jährlich um etwa 20 km nach Westen.

Agrarlandschaft: Die A. ist ein durch die Landwirtschaft geprägter Raum; diese ist in ihm der bedeutendste Wirtschaftszweig. Charakteristisch ist die enge Verknüpfung von Wohnplatz und Wirtschaftsfläche. In ihr treten Einzelsiedlungen, Gruppensiedlungen (Weiler) und größere Gruppensiedlungen (Dörfer) auf. Als Gegensatz zur A. gilt die Industrielandschaft.

Agrarprotektionismus: Der A. besteht in der Regel aus einer Art Zoll, der erhoben wird, um die Agrarprodukte eines Landes vor billigen Importen zu schützen.

Agrarreform: Bei der A. handelt es sich um den wesentlichen Teil der Bodenreform. Sie bedeutet eine Reform des Bodenrechts, also eine Neuordnung der Besitz- und Nutzungsrechte. In der DDR wurde z.B. 1945 der gesamte Grundbesitz über 100 ha ohne Entschädigung enteignet und aufgeteilt; später dann auch noch kleinerer Besitz. Von großer Bedeutung ist eine A. besonders für die Entwicklungsländer, wo Großgrundbesitz häufig einer Entwicklung der Landwirtschaft im Wege steht.

Agrarstaat: Unter einem A. versteht man einen Staat, dessen Wirtschaft zum überwiegenden Teil aus der Landwirtschaft besteht. Kennzeichen eines A.es ist ein hoher Prozentsatz landwirtschaftlicher Erwerbspersonen (mehr als 60%); der Anteil der Land- und Forstwirtschaft am Bruttosozialprodukt beträgt mindestens 20%. Die Mehrzahl der A.en gehört zu den Entwicklungsländern mit niedriger Produktivität und starker Selbstversorgung.

Agrarstruktur: Unter A. versteht man die Gesamtheit der äußeren Bedingungen, unter denen die landwirtschaftliche Produktion und die Vermarktung ihrer Produkte stattfindet; also Betriebsgrößen, Flurverfassung, Bodennutzungs- und Viehwirtschaftsformen, Siedlungsform und Marktstruktur.

Agrarverfassung: Die A. ist die Rechts- und Sozialordnung in der Landwirtschaft. Gemeint sind besonders die Besitzverteilung des Bodens, die Rechtsordnung des Grundbesitzes und die Arbeitsverhältnisse in der Landwirtschaft.

Agrostadt:

◊ Die A. ist ein geplanter, neuer Stadttyp in der Sowjetunion. Die A. soll den Gegensatz zwischen Stadt und Land ausgleichen helfen, denn sie besitzt alle städtischen Versorgungseinrichtungen. Einziges bisher verwirklichtes Beispiel ist Sernograd in der Steppe bei Rostow am Don.

◊ A. ist auch ein Fachwort für große, stadtartige ländliche Siedlungen mit einem hohen Anteil landwirtschaftlicher Bevölkerung. Die A. besitzt in der Regel die Einrichtungen der unteren Selbstverwaltung, z..T. auch zentralörtliche Funktionen. Als Stadtdorf oder Dorfstadt bezeichnet, kommt der Typ v.a. in den Großgrundbesitzgebieten der Mittelmeerländer (Süditalien, Spanien), in Südamerika, Westafrika und China, aber auch in Ungarn (und zwar im Alföld) vor.

Agulhasstrom [a'guljas...]: warme Meeresströmung im Indischen Ozean, ↑Karte Meeresströmungen.

A-Horizont: der oberste Horizont eines ↑Bodenprofils.

Akklimatisation: Unter A. versteht man die Anpassung der Lebewesen an veränderte klimatische Bedingungen. Die Anpassung eines einzelnen Lebewesens an ein anderes Klima wird als individuelle A. bezeichnet. Jedes Lebewesen ist unter bestimmten klimatischen Bedingungen am leistungsfähigsten. Nach einer Übergangszeit ist aber in gewissen Grenzen eine Anpassung an andere Klimaverhältnisse möglich. Die Fähigkeit zur A. kann von Art zu Art unterschiedlich groß sein und auch eine unterschiedliche Zeit in Anspruch nehmen. Im weiteren Sinne kann sich die A. auch auf alle Vertreter einer Art innerhalb eines klimatisch veränderten Lebensraumes beziehen. Ein Beispiel dafür ist die Besiedlung der Erde durch den Menschen, die zu unterschiedlichen Menschenrassen führte.

Akkulturation: Die A. entsteht aus einer Kontaktsituation verschiedener Kulturen. In der Regel geschieht eine Annäherung zweier Kulturen nur in einer Richtung, da die angenommene Kultur meist als überlegen angesehen wird.

Akkumulation: svw. Ablagerung, ↑Sedimentation.

AKP-Staaten: Die Bezeichnung AKP-Staaten meint eine Gruppe von Staaten aus Afrika, dem karibischen und dem pazifischen Raum, die durch das Abkommen von Lomé der EWG assoziiert wurden.

Akropolislage: Von einer A. spricht man, wenn eine Siedlung oder Siedlungsteile (Burg, Tempel) auf dem Gipfel eines Hügels oder Berges angelegt wurden. Diese Form der Schutzlage für Kriegs- und Notzeiten findet sich besonders oft im Mittelmeerraum.

Aktionszentrum: Aktionszentren werden Hoch- und Tiefdruckgebiete genannt, die über einem bestimmten Gebiet der Erdoberfläche häufig auftreten und für das Wettergeschehen eines größeren Raumes kennzeichnend sind. Für Europa typische Aktionszentren sind das ↑Azorenhoch und das ↑Islandtief. Ihre Häufigkeit und damit der Grad der Wetterbeeinflussung ist jahreszeitlichen Schwankungen unterlegen.

Aktivraum: Ein A. zeichnet sich dadurch aus, daß das erzielte gesamtwirtschaftliche Ergebnis im Verhältnis zu den in diesem Raum lebenden Menschen überdurchschnittlich groß ist. Dabei kann es auch durchaus vorkommen, daß einzelne Sektoren schwächer sind. Der Lebensstandard in einem A. ist relativ hoch.

Alaskastrom: warme Meeresströmung im Pazifik, ↑Karte Meeresströmungen.

Algonkium: ältere Bezeichnung für Proterozoikum, der jüngsten Formation des Präkambriums, ↑Geologie, Formationstabelle.

Allerödzeit: Zeitabschnitt des Spätglazials, ↑Quartär.

Allgemeine Zirkulation der Atmosphäre (planetarische Zirkulation): Unter Allgemeiner Zirkulation der Atmosphäre versteht man die Gesamtheit des erdumfassenden Luftmassenaustauschs, der durch die unterschiedliche Energiezufuhr von der Sonne ausgelöst wird und unter verschiedenen Bedingungen, die

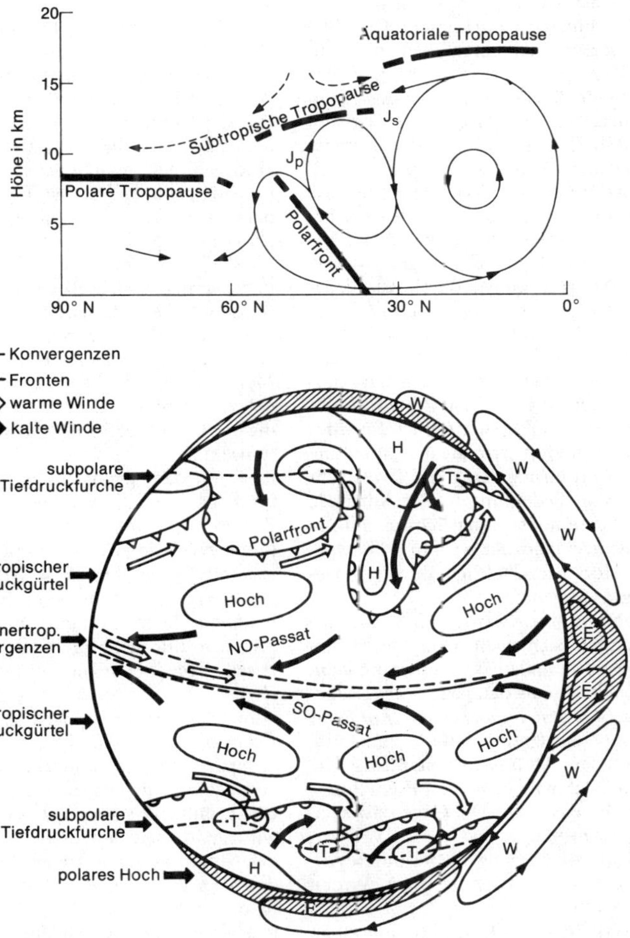

Querschnitt und Aufsichtsskizze der Allgemeinen Zirkulation der Atmosphäre (schematisch; oben für die Nordhalbkugel sowie unten für die Gesamterde). Jp = Polar-Jet, Js = Subtropen-Jet.

sich v.a. aus der Rotation der Erde und der Beschaffenheit der Erdoberfläche ergeben, abläuft. Wichtige Teilelemente innerhalb dieses Systems sind die ↑innertropische Konvergenz, die ↑Passate, die ↑außertropische Westwindzone, die ↑Polarfront und viele andere mehr. Aufgrund der Allgemeinen Zirkulation der Atmosphäre kann die Erde nach klimatisch wirksamen Gesichtspunkten in ↑Klimaregionen eingeteilt werden.

Allmende: Bei der A. handelt es sich um Ländereien, die meist aus Weide und Wald bestehen, und von den Mitgliedern einer Gemeinde gemeinschaftlich genutzt werden. Die A. konnte zeitweise oder auf Dauer unter die Nutzungsberechtigten aufgeteilt und von diesen gemeinschaftlich oder einzeln genutzt werden. Dies geschah z.B. durch Ausgliederung von Gartenland aus der A. zum Zwecke der Einführung neuer Kulturpflanzen, u.a. der Kartoffel. Soziale Schichten unter dem Bauernstand hatten in der Regel keinen Anteil an der Allmende. Im Zuge der Agrarreform des 19. Jahrhunderts erfolgte die Aufteilung und Überführung der A. in Privateigentum. Von Bedeutung ist die Allmende aber heute noch in der Schweiz und in Süddeutschland. Sie wird hier überwiegend forstwirtschaftlich oder als Gebirgsweide genutzt.

allochthon: A. werden Gesteine genannt, die sich nicht mehr am Entstehungsort befinden oder unter anderen Bedingungen als den gegenwärtigen gebildet wurden. *Allochthone Kohle* ist aus angeschwemmtem Pflanzenmaterial entstanden. Als *allochthone Flüsse* werden manchmal auch die ↑Fremdlingsflüsse bezeichnet. – Der Gegensatz zu a. ist autochthon.

alluvial: Ablagerungen, die durch Anschwemmung entstanden sind, werden a. genannt.

Alluvialböden (Anschwemmungsböden): A. sind wenig entwickelte, unterschiedlich aufgebaute Böden auf jungen Fluß- und Meeressedimenten, den sogen. Alluvionen. Sie sind in Senken, Talungen und an Flachküsten verbreitet. Zu den A. zählen u.a. die ↑Auenböden, der ↑Glei und die Marschböden (↑Marsch).

Alluvionen: A. nennt man junge (holozäne), unverfestigte Anschwemmungen an Fluß- und Seeufern und Meeresküsten.

Alluvium: veraltete Bezeichnung für Holozän, die jüngste geologische Abteilung, ↑Geologie, Formationstabelle.

Alm (alte Bezeichnung Alp): Die Alm ist ein der sommerlichen Weidenutzung dienendes Areal in der Mattenzone von Hochgebirgen; man findet sie aber auch in Mittelgebirgen, hier häufig unterhalb der natürlichen Waldgrenze. Sie dient als Grundlage der ↑Almwirtschaft. Die oberhalb des Heimgutes gelegenen Almen werden von Melkern und Hirten selbständig bewirtschaftet, und zwar als sogen. *Galtalmen,* wenn sie mit Jungvieh, oder als *Sennalmen,* wenn sie mit Melkvieh besetzt sind. Man unterscheidet zum anderen Berechtigungsalmen, die im staatlichen Besitz sind und Eigentumsalmen, die von einem Besitzer, gemeinsam oder genossenschaftlich (z.B. im Allgäu) genutzt werden.

Zur Alm gehört auch die Almhütte (Sennerei), die als Wohn- und Wirtschaftsgebäude vom Personal während der Weidezeit bewohnt wird. Bei der gemeinschaftlichen Almnutzung gruppieren sich oft mehrere Almhütten mit jeweils eigenem Personal zu einem *Almdorf.*

Almwirtschaft: Die A. ist eine intensive Form der Wirtschaft, die in den zentraleuropäischen Alpen, in Teilen Südosteuropas und in einigen Mittelgebirgen betrieben wird; sie besteht in der weidewirtschaftlichen Nutzung der während des Sommers schneefreien Alm durch das tiefer gelegene und ständig besiedelte, oft stärker ackerbaulich ausgerichtete Heimgut. Die Alm bildet zusammen mit dem Heimgut eine betriebswirtschaftliche Einheit.

Der Viehauftrieb im Frühjahr erfolgt oft

über Zwischenweiden, sogen. *Maiensässe.* Nach mehrwöchigem Aufenthalt wird das Vieh dann von diesen auf die eigentliche Alm (Hochalm) getrieben; es verbleibt dort unter Aufsicht von Sennern bis etwa Ende September. In dieser Zeit dienen die Maiensässe der Heugewinnung. Im Spätherbst werden die Tiere dann wieder auf das Maiensäß getrieben und kommen einige Zeit später im sogen. großen *Almabtrieb* in das Heimgut zurück, wo sie den Winter in den Stallungen verbringen.

Alp: ältere Bezeichnung für ↑Alm.

Alphabetisierung: Unter diesem (sprachlich allerdings falschen) Begriff versteht man die Verbreitung der Schrift und den Kampf gegen das Analphabetentum.

alpin: die Alpen, heute auch allgemein: das Hochgebirge betreffend; in den Alpen, im Hochgebirge vorkommend; z.B. ↑alpine Stufe.

alpine Stufe: Die a. St. ist eine ↑Höhenstufe der Vegetation der höheren Gebirge oberhalb der Baumgrenze bis zur klimatischen Schneegrenze. Mit zunehmender Höhe unterscheidet man die Krummholz-, Zwergstrauch-, Matten- und Polsterpflanzenregion. Darüber liegt die nivale Stufe. Man findet hier angepaßte Pflanzen, die sich eng an den Boden anschmiegen, um den starken Winden keinen Angriffspunkt zu bieten. Derbe, oft behaarte Blätter schützen vor dem wachstumshemmenden ultravioletten Licht und den niedrigen Temperaturen. Mit unterirdischen Speicherorganen kann die kurze Vegetationsperiode optimal ausgenutzt werden. Die schlechten Böden und die hohen Niederschläge verlangen von den Pflanzen weitere Anpassungen in ihrem Bau. Typische Vertreter der alpinen Stufe sind die Alpenrose und das Edelweiß.

Altarm: Ein A. ist ein nicht mehr vom Fluß benutzter, ehemaliger Teil seines Laufes, ↑Altwässer.

Alterspyramide (Bevölkerungspyramide): Unter einer A. versteht man die graphische Darstellung der Zusammensetzung der Bevölkerung eines Landes (oder einer anderen politischen Einheit) nach Alter und Geschlecht. Es werden hierbei auf der linken Seite der Mittelachse eines Koordinatenkreuzes die absoluten Zahlen der männlichen, auf der rechten Seite die der weiblichen Bevölkerung aufgetragen. Je nach Bevölkerungsentwicklung können dabei auch Zwiebel- oder Glockenformen entstehen. – Abbildung Seite 18.

Alte Welt: Bezeichnung für die uns seit alters her bekannten Teile der Erde, nämlich Europa, Asien und Afrika, mit den dort lebenden Völkern; sie kam auf, als für das neu entdeckte Amerika die Bezeichnung *Neue Welt* geprägt wurde. Australien und die Antarktis bleiben bei dieser Einteilung unberücksichtigt.

Altmoränenlandschaft: Die A. ist ein Landschaftstyp am Rande von ehemaligen Vereisungsgebieten, der von Moränen und anderen Ablagerungen der vorletzten Eiszeit geprägt wird. Sie ist durch interglaziale und letzteiszeitlich-periglaziale Abtragungsvorgänge stark überformt und z.T. eingeebnet worden.

Altokumulus (Altocumulus): Bilden voneinander isolierte ↑Kumuluswolken in einer Höhe zwischen 2500 und 6000 Metern flache Schichten und Bänke aus, spricht man von A.wolken. Diese Wolkenform, die auch als Schäfchenwolken bekannt ist, besteht meistens aus unterkühlten Wassertröpfchen; gewöhnlich fällt aus A. kein Niederschlag. A., der bei der Auflösung geschlossener Wolkendecken in großer Höhe entsteht, gilt daher als Anzeichen für gutes Wetter.

Altostratus: Gleichförmig strukturlose, graue Wolkenfelder oder -schichten mit Untergrenzen zwischen 2500 und 6000 m Höhe, die große Teile des Himmels oder seine gesamte Fläche bedekken, nennen wir Altostratus. Durch dünnen A. ist die Sonne ohne scharfen Rand wie durch ein Mattglas zu erkennen. A. ist eine Mischwolke aus unterkühlten Wassertröpfchen und Eiskristallen, neben denen auch Regentropfen und Schneeflocken vorhanden sind. Die

Niederschläge aus A. sind meist langandauernd (Dauerniederschläge) und fallen in Form von Regen oder Schnee [oder Eiskörnern oder Frostgraupeln]. Bei Annäherung einer Warmfront geht A. in Nimbostratus über.

Altsiedelland: Das A. ist ein Gebiet, das einer mehr oder weniger kontinuierlichen Besiedlung und Landnutzung seit der èrsten erkennbaren Besetzung des Raumes durch Siedler unterlag. In Mitteleuropa werden dem A. gewöhnlich die Gebiete zugerechnet, die bereits vor der im 9. Jh. einsetzenden mittelalterlichen Ausbauperiode besiedelt waren. Kennzeichnend sind Naturbedingungen, die eine relativ leichte Erschließung zulassen sowie bestimmte Siedlungs- und Flurformen, besonders Haufendörfer mit Gewannfluren.

Altstadtsanierung: A. meint die Anpassung der Bausubstanz überalterter Stadtkerne an Erfordernisse von heute. Das betrifft sowohl die Wohnqualität

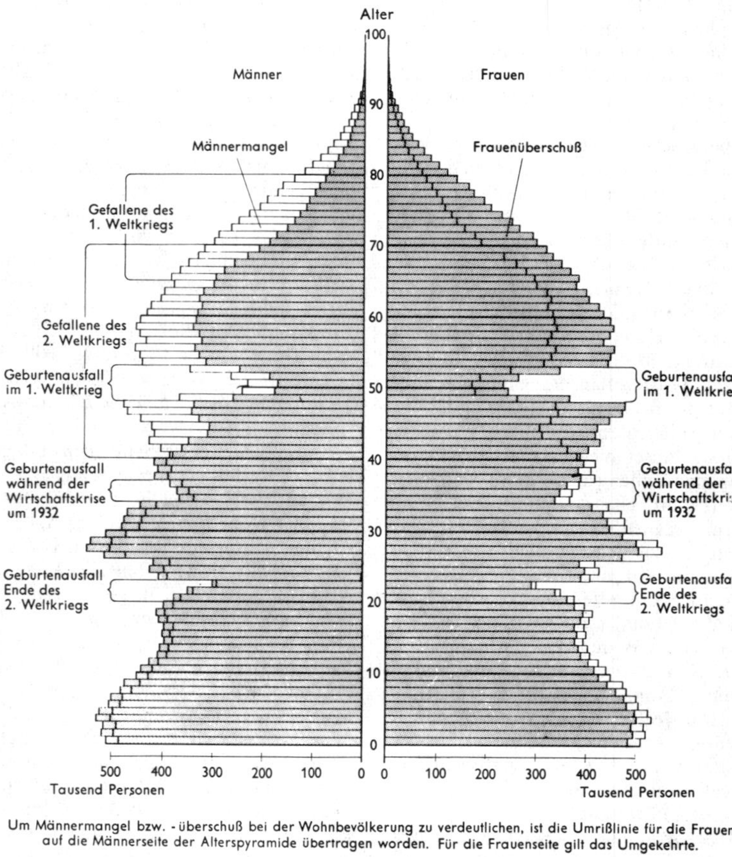

Um Männermangel bzw. -überschuß bei der Wohnbevölkerung zu verdeutlichen, ist die Umrißlinie für die Frauen auf die Männerseite der Alterspyramide übertragen worden. Für die Frauenseite gilt das Umgekehrte.

Bevölkerungspyramide der Bundesrepublik Deutschland im Jahre 1967 als auch das äußerliche Erscheinungsbild solcher Gebiete. Man unterscheidet zwischen *Objektsanierung,* d.h. die Instandsetzung einzelner Gebäude oder ganzer Straßenzüge, und *Flächensanierung,* d.h. den Abriß ganzer Gebäudekomplexe mit völligem Neuaufbau. Meist entstehen bei der A. soziale Probleme, da die Mieten nach vollzogener A. oft wesentlich höher sind als vorher.

Altwässer: A. sind abgeschnittene Flußschlingen, die zwar noch wassererfüllt, jedoch nicht mehr durchströmt sind; sie entstehen künstlich durch Flußregulierung (z.B. Altrheinarme im Oberrheingraben) oder natürlich durch Flußbettverlagerung oder Abschnürung einer Mäanderschlinge.

Altweibersommer: Die mit großer Wahrscheinlichkeit in den letzten Septembertagen einsetzende Schönwetterperiode nennen wir A.; ihre sonnigen Tage sind das Ergebnis einer großräumigen stabilen Hochdruckwetterlage. Diese stellt sich bei der Verbindung des Azorenhochs mit einem Hochdruckgebiet über Osteuropa ein. Man spricht in diesem Fall von einer Brückenbildung zwischen den Druckgebieten.

Amplitude: Die A. gibt den Unterschied zwischen dem höchsten und dem tiefsten Wert von Meßergebnissen innerhalb eines bestimmten Beobachtungszeitraumes an; meist handelt es sich um Temperaturamplituden. So ist z.B. die Tagesamplitude der Temperatur die Differenz zwischen der höchsten Mittagstemperatur (z.B. 12°C) und der niedrigsten Nachttemperatur (z.B. -3°C) eines Tages. (In unserem Beispiel beträgt die A. also 15 Celsiusgrade.)

Anatexis: ↑Metamorphose

Anbaubeschränkungen: Durch A. soll z.B. in der EG verhindert werden, daß auf bestimmten Gebieten große Überproduktionen vorkommen. A. gibt es z.Z. bei Weinstöcken.

Anbaugrenze (Ackerbaugrenze): Die A. ist die natürliche Grenze für den Anbau von Kulturpflanzen. Begrenzende Faktoren sind v.a. Temperatur, Niederschläge und Bodenbeschaffenheit. Man unterscheidet die ↑Polargrenze, die ↑Höhengrenze und die ↑Trockengrenze des Anbaus. Die Grenzen können vom Menschen durch Züchtung neuer Sorten, durch künstliche Bewässerung oder durch besondere Bodenbearbeitungsmethoden im gewissen Umfang zugunsten des Anbaus verschoben werden.

Anbauzwang: Der A. ist eine für dirigistische Wirtschaftssysteme typische Maßnahme zur Steigerung der landwirtschaftlichen Produktion. Die Landwirte werden hierbei gezwungen, bestimmte Nutzflächen zu bestellen und die Ernte ganz oder teilweise an staatliche Organisationen abzuliefern. A. wird oft auch in Staaten angeordnet, die sich in einem Krieg befinden. A. besteht aus anderen Gründen natürlich bei der ↑Dreifelderwirtschaft.

Ancylussee: Die A. ist ein Stadium in der nacheiszeitlichen Bildung der Ostsee, ↑Quartär.

Andesit: Der A. ist ein mittel- bis dunkelgraues Ergußgestein, das in einer meist sehr feinkörnigen, manchmal auch glasigen Grundmasse verschiedene Minerale, wie Plagioklas, Hornblende, Glimmer und Augit, als Einsprenglinge enthält.

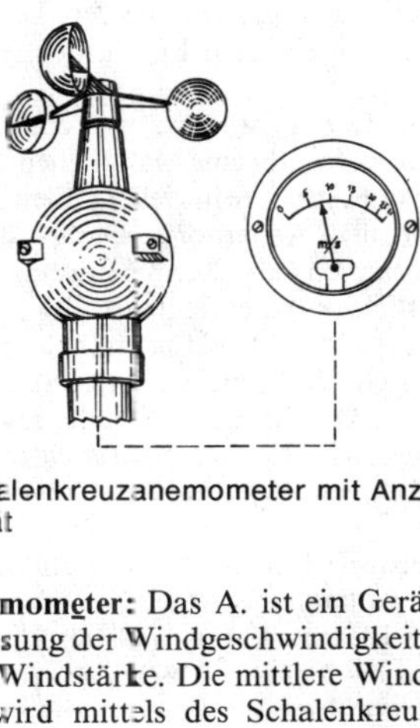

Schalenkreuzanemometer mit Anzeigegerät

Anemometer: Das A. ist ein Gerät zur Messung der Windgeschwindigkeit, also der Windstärke. Die mittlere Windstärke wird mittels des Schalenkreuzanemometers festgestellt, augenblickliche Werte der Windstärke werden mit einem Druckplattenanemometer ermittelt.

Beim *Schalenkreuzanemometer* versetzt der Wind ein sternförmiges Gestänge, an dessen drei oder vier Enden hohle Halbkugeln senkrecht befestigt sind, in ständige Drehbewegung. Die Rotation des Sterns wird elektromagnetisch oder mechanisch auf einem Anzeigegerät sichtbar gemacht oder über einen Schreiber aufgezeichnet.

Beim *Druckplattenanemometer* wirkt die Kraft des Windes auf eine senkrecht zur Windrichtung hängende Platte oder Kugel. Entsprechend der augenblicklichen Windstärke erfolgt eine Ablenkung derselben aus der Senkrechten. Diese Schrägstellung gibt über ein Anzeigegerät Auskunft über die momentane Windstärke. Diese Geräte haben gegenüber dem Schalenkreuzanemometer allerdings den Nachteil, daß sie ständig genau der herrschenden Windrichtung entgegengestellt werden müssen, um exakte Werte zu erhalten.

Anerbenrecht: Das A. ist eine für ländlichen Grundbesitz geltende (heute freiwillige) Sonderregelung des Erbrechtes mit dem Ziel, eine Zersplitterung der Höfe, wie sie im Falle einer Realteilung eintreten würde, zu vermeiden. Der Hof fällt einem einzigen Erben, dem *Anerben,* zu.

Anger: Der A. ist [bzw. war] ein großer Platz innerhalb einer ländlichen Siedlung; er bestimmte in vielen Fällen deren Grundriß (↑Angerdorf). Der A. diente ursprünglich als Kleinviehweide und nächtlicher Aufenthaltsort des Großviehs. Auf dem A. befinden [bzw. befanden] sich die Gemeinschaftseinrichtungen, wie Dorfbrunnen, Schule, oft auch Kirche und Friedhof. Später wurde der A. häufig in Gärten aufgeteilt oder überbaut.

Angerdorf: Ein A. ist meist ein mittelgroßes, planmäßig angelegtes oder reguliertes Platzdorf, dessen Gehöfte in lokkerem bis dichtem Abstand einen ↑Anger umrahmen; dieser kann rund, lanzettförmig, recht- oder dreieckig sein und trägt somit zur Formdifferenzierung des A.es bei. Das A. ist eine der Grundtypen der Siedlungsformen der mittelalterlichen deutschen Ostsiedlung.

Angloamerika: Bezeichnung für das überwiegend englischsprachige Nordamerika, also die USA und Kanada.

angrenzende Zone: Dieser seerechtliche Ausdruck bezeichnet das an die Hoheitsgewässer eines Staates angrenzendes Gebiet der ↑hohen See (von höchstens 12 Seemeilen), in dem der betreffende Staat bestimmte Hoheitsrechte ausüben darf, z.B. die Zollaufsicht und den Gesundheitsdienst.

Anis: älteste Stufe der alpinen Mittleren Trias, ↑Geologie, Formationstabelle.

Anlandung: A. nennt man jede Anschwemmung und Ablagerung von Lokkermaterial an Küsten und Ufern.

Anmoor (Anmoorglei): Das A. ist ein saurer Mineralbodentyp, der zwischen dem Glei und Moorboden steht; er entsteht in Quellmulden am Hang und in Talniederungen und Senken, in denen das Grundwasser bis nahe an die Bodenoberfläche heranreicht. Das A. hat einen Humusanteil von 15–20%, da der Abbau der organischen Rückstände durch die starke Nässe gehemmt wird. Nach Entwässerung und weiteren Bodenverbesserungsmaßnahmen, z.B. bessere Durchlüftung, kann man anmoorigen Boden als Grünland nutzen.

Anökumene: Unter A. versteht man die Gebiete der Erde, die außerhalb des von naturgegebenen Grenzen bestimmten menschlichen Siedlungs- und Wirtschaftsraumes liegen.

Anschwemmungsböden: svw. ↑Alluvialböden

Anstehendes: Als A. bezeichnet man das durch Verwitterungs- und Abtragungsvorgänge kaum veränderte, noch im ursprünglichen Verband befindliche Gestein, das in natürlichen oder künstlichen Aufschlüssen der Beobachtung zugänglich ist.

anthropo...: in Zusammensetzungen Bestimmungswort mit der Bedeutung Mensch, zum Menschen gehörend; z.B. Anthropogeographie.

Anthropogeographie: Die A. befaßt sich mit den Wechselwirkungen zwischen Erde und Mensch. Sie ist ein Teil der allgemeinen Geographie und hierin der physischen Geographie nebengeordnet. Sie hat viele Gegenstände mit anderen Wissenschaften gemeinsam, ihr eigentliches Untersuchungsobjekt ist aber die komplexe Kulturlandschaft mit all den darin vorkommenden Erscheinungen.

Antiklinale (Antikline): Als A. wird in der Geologie das bei einer ↑Faltung entstandene Schichtgewölbe bezeichnet. Dieser geologische Sattel kann manchmal auch als morphologischer Sattel in der Oberflächengestaltung erkennbar sein.

Antipoden: Als A. werden diejenigen Menschen bezeichnet, die den dem eigenen Ort genau entgegengesetzten Ort auf der Erdkugel bewohnen. Eine vom eigenen Standort aus durch den Erdmittelpunkt gezogene Gerade erreicht also bei den A. wieder die Erdoberfläche (auf der entgegengesetzten Erdhalbkugel). Dieser Ort ist gleichzeitig der vom eigenen aus am weitesten entfernte Ort auf der Erdoberfläche. Für das zentrale Europa liegt der Bereich der A. im südlichen Pazifik südöstlich von Neuseeland. Eine hier liegende Inselgruppe heißt daher auch Antipodes Islands (Der exakte Gegenort für diese Inseln liegt in der Straße von Dover nördlich von Dieppe.).

Antizyklone: svw. ↑Hochdruckgebiet.

Anthrazit: A. ist die Steinkohle mit dem höchsten Inkohlungsgrad, ↑Kohle.

Anzapfung: Flußanzapfung erfolgt, wenn ein Fluß infolge größerer Wasserführung, stärkeren Gefälles oder günstigerer Gesteinsverhältnisse durch rückschreitende Erosion eine Wasserscheide durchbricht und einen Fluß des benachbarten Flußsystems anzapft und an sein Flußsystem anschließt. Der angezapfte Fluß läßt einen Teil des alten Tales, nämlich den unterhalb der Anzapfungsstelle, als Trockental zurück. Am bekanntesten ist die Anzapfung der Aitrach durch die Wutach, die zum Flußsystem des Rheins gehört, im südöstlichen Schwarzwald. Der Oberlauf der alten Aitrach wurde dadurch zum neuen Oberlauf der Wutach, der sich nun als Folge der bedeutend größeren Reliefenergie im Wutachtal (die Erosionsbasis Rhein liegt in Südwestdeutschland bedeutend tiefer als die Erosionsbasis Donau) sehr tief in die Umgebung eingeschnitten hat, wodurch die Wutachschlucht entstand.

äolisch: Ä. nennt man alle Erscheinungen, die durch den Wind hervorgerufen bzw. beeinflußt wurden.

Apartheid: Unter A. versteht man die von der Regierung der Republik Südafrika praktizierte Politik der Rassentrennung zwischen Weißen, Bantu, Asiaten und Mischlingen (englisch *Coloureds = Farbige,* afrikaans *Kleurlinge* genannt). Ziel der A. ist die durch politische, soziale, wirtschaftliche und räumliche Trennung festgelegte sogen. *gesonderte Entwicklung* der verschiedenen ethnischen Bevölkerungsgruppen. Die A. verstößt, besonders in ihren praktischen Auswirkungen, gegen die Menschenrechte.

Aphel [p-h]: A. ist der Punkt der Bahn eines Himmelskörpers um die Sonne, der von der Sonne am weitesten entfernt ist. Der der sonnennächste Punkt heißt Perihel.

Apogäum [...gε-um] (Erdferne): A. ist der Punkt der Bahn eines Himmelskörpers um die Erde, der von der Erde am weitesten entfernt ist. Der erdnächste Punkt heißt Perigäum.

Äquator (Erdäquator): Der Ä. ist der größte Breitenkreis auf der Erde; seine Ebene steht senkrecht auf der Rotationsachse der Erde und geht durch den Erdmittelpunkt. Der Ä. teilt die Erde in zwei gleichgroße Halbkugeln: die Nordhalbkugel und die Südhalbkugel.

Der *Himmelsäquator* ist die Projektion des Erdäquators vom Mittelpunkt der

Erde aus auf die gedachte Himmelskugel.
Der *[erd]magnetische Äquator (Akline)* ist die Linie, die alle Orte mit der Inklination Null des erdmagnetischen Feldes verbindet.
Der *thermische Äquator* stellt die Linie dar, die die Orte der stärksten Erwärmung auf der Erde miteinander verbindet; der thermische Ä. ist wegen des Vorherrschens der Landmassen auf der Nordhalbkugel im Mittel bis zu 10° n. Br. verschoben. Im Nordsommer liegt der wärmste Breitenkreis bei etwa 20° n. Br., im Südsommer fällt er mit dem geographischen Ä. zusammen.

Äquatorialströme: ↑Karte der Meeresströmungen.

äquatorständige Projektion: Die ä. P. ist ein spezieller ↑Kartennetzentwurf, bei dem die Projektionsachse mit der Äquatorebene zusammenfällt.

Äquinoktialgegenden: Mit Ä. wurden früher die Gebiete der Erde bezeichnet, in denen das ganze Jahr hindurch Tag und Nacht (so gut wie) gleich lang sind. Es handelt sich also um das Gebiet zwischen den Wendekreisen, das heute mit dem Namen ↑Tropen belegt wird.

Äquinoktialstürme: Ä. nennt man die regelmäßig zur Zeit der Äquinoktien besonders im Bereich der subtropischen Meere auftretenden Stürme, die häufig von starken, oft gewittrigen Regengüssen begleitet sind.

Äquinoktium (Tagundnachtgleiche): Das Ä. ist der Zeitpunkt, an dem die Sonne auf ihrer jährlichen scheinbaren Bahn, der Ekliptik, den Himmelsäquator schneidet. Im *Frühlings-Ä.* (Frühlingsanfang, um den 21. März; bezogen auf die Nordhalbkugel) und im *Herbst-Ä.* (Herbstanfang, um den 23. September; bezogen auf die Nordhalbkugel) sind für alle Orte auf der Erde Tag und Nacht gleich lang (wahrer Sonnenaufgang um 6^h Ortszeit, wahrer Sonnenuntergang um 18^h Ortszeit).

Araber: A. nannte man ursprünglich die semitischen Stämme auf der Arabischen Halbinsel. Als Folge der Ausbreitung des Islams, der hier entstand, und damit der arabischen Sprache, wurde die Bezeichnung A. auf alle Menschen übertragen, die Arabisch als Muttersprache sprechen. Die A. gliedern sich von alters her in Nomaden, die *Beduinen,* in Bauern, die *Fellachen,* sowie in Handwerker und Händler, die wesentlich auch den Fernhandel mit benachbarten Gebieten in den Händen hatten. Im Zuge der Staatenbildung und verstärkt in den letzten Jahrzehnten in den erdölreichen Staaten vollzogen sich allerdings bedeutende Veränderungen. Wesentlich für das Arabertum ist auch heute noch der Islam, dennoch gibt es kleine christliche und jüdische Minderheiten. Die arabische Welt ist der Kernraum des Orients.

Arbeiterbauer: Ein A. ist eine Erwerbsperson, die eine landwirtschaftliche Fläche, deren Erträge zum Lebensunterhalt der Familie nicht ausreichen, im Nebenerwerb bewirtschaftet. Hauptberuflich geht der A. einer nichtlandwirtschaftlichen Tätigkeit nach. Er ist meist Auspendler zu einem nahegelegenen Industriebetrieb.

Arbeiterwohngemeinde: Die A. ist ein sozialökonomischer Gemeindetyp. Sie ist quantitativ gekennzeichnet durch das Überwiegen der gewerblich orientierten Erwerbstätigen gegenüber denjenigen der Land- und Forstwirtschaft. Von den nichtlandwirtschaftlichen Erwerbspersonen, einschließlich der Nebenerwerbslandwirte, pendeln bis zu 50% zu einem anderen Arbeitsort aus.

Arbeitsbevölkerung: Unter A. versteht man den Teil der Gesamtbevölkerung, der regelmäßig einer bezahlten Tätigkeit nachgeht und in der Lage ist, von dem verdienten Geld sich (und gegebenenfalls andere Personen) zu ernähren. Wer also nur hin und wieder etwas dazuverdient, gehört nicht zur Arbeitsbevölkerung.

Archaikum: Zeitabschnitt des Präkambriums, ↑Geologie, Formationstabelle.

Archipel: Ursprünglich galt der Name den Inseln des Ägäischen Meeres; heute

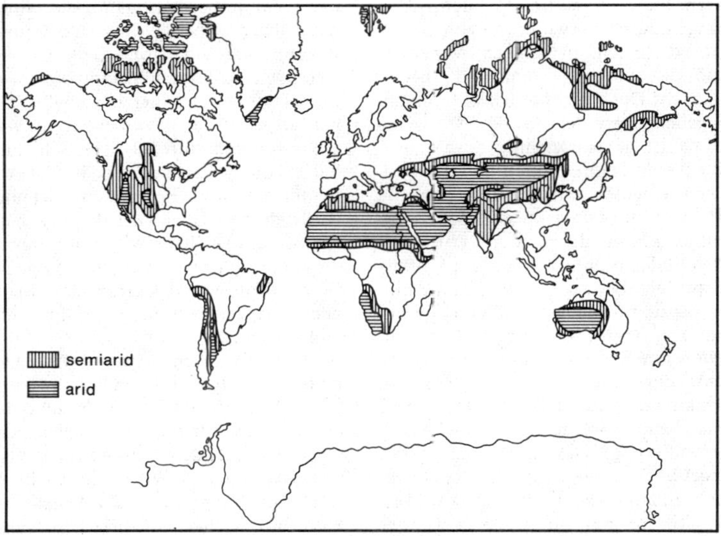

Semiaride und aride Gebiete der Erde

ist A. eine allgemeine Bezeichnung für größere Inselgruppen in den Ozeanen.

Areal: Unter einem A. versteht man das Verbreitungsgebiet von Tieren oder Pflanzen, das z.B. von einer Gattung oder einer Art eingenommen wird. Areale werden kartographisch in sogenannten *Arealkarten* dargestellt. Für die Gesamtdarstellung der meist ausgedehnten Areale werden oft *Umrißverbreitungskarten* verwendet, bei denen die äußersten Vorkommen einzelner Vertreter der darzustellenden Einheit durch Umrißlinien verbunden sind.

arid: Der in der Klimatologie verwendete Begriff a. kennzeichnet Klimate von Gebieten, in denen die mögliche jährliche Verdunstung größer ist als der jährliche Niederschlag. *Extremaride (vollaride)* Gebiete sind dauernd arid; hier beträgt die Jahresmenge des Niederschlags meist weniger als 100 mm. In *semiariden* Gebieten überwiegt im Jahresdurchschnitt zwar die Verdunstung den Niederschlag, in einigen Monaten kann jedoch der Niederschlag größer als die Verdunstung sein. Zu den extremariden Gebieten der Erde rechnen v.a. die Kernwüsten, zu den semiariden die Steppen und Wüstensteppen der Tropen und Subtropen. In ariden Gebieten tritt die Bedeutung des Wassers als oberflächenformende Kraft zurück. Bestimmend für die Verwitterung sind die täglichen Temperaturschwankungen, für die Abtragung v.a. der Wind. – Der Gegensatz zu a. ist humid.

Ariditätsfaktor: Der A. ist eine Zahl, mit der der Grad der Trockenheit (also der Grad der Aridität) eines bestimmten Gebietes angegeben werden kann. Hierbei wird die Größe der möglichen Verdunstung mit der mittleren Niederschlagsmenge in ein Verhältnis gesetzt und in einer absoluten Zahl ausgedrückt.

Ariditätsgrenze: in der Klimatologie svw. ↑Trockengrenze

Arkose: Die A. ist ein Sandstein mit hohem Anteil an Feldspäten und Glimmern. Sie entstand unter ariden Bedingungen durch Verwitterung von Gesteinen, die reich an solchen Mineralen sind; das sind z.B. Granit und Gneis.

arktisch: Der Begriff a. bezieht sich auf Gegebenheiten der Arktis. Arktisches Klima ist gekennzeichnet durch ganzjährig tiefe Temperaturen und den typischen Wechsel zwischen Polartag und ↑Polarnacht. Die arktische Zone wird mathematisch durch den Polarkreis nach Süden begrenzt. Arktische Einflüsse werden aber auch noch darüber hinaus bis zur nördlichen Waldgrenze wirksam. Der Begriff für dieselben Gegebenheiten am Südpol ist *antarktisch.* Für beide Bereiche, Arktis und Antarktis, zusammen sollte stets der Oberbegriff *polar* benutzt werden.

Arrondierung: Die A. kommt in der Regel auf zwei Arten zustande: entweder wird ländlicher Grundbesitz auf Privatinitiative hin durch Ankauf oder Tausch erweitert bzw. abgerundet, oder die Flurbereinigung schafft zusammenhängende, abgerundete Besitzverhältnisse.

artesischer Brunnen: So wird nach der nordfranzösischen Landschaft Artois, wo man 1126 erstmals einen derartigen Brunnen anlegte, ein natürlicher Brunnen genannt, bei dem das Wasser infolge natürlichen Überdruckes des Grundwassers nach dem Prinzip der kommunizierenden Röhren selbstätig aufsteigt. Der artesische Brunnen erschließt nämlich wasserführende Schichten, die zwischen wasserundurchlässigen Schichten liegen, die höher hinaufreichen als der Brunnenauslauf. Bei diesem Brunnen wird daher der Überdruck dann nachlassen, wenn der Grundwasserhorizont in der wasserführenden Schicht infolge der Wasserförderung des artesischen Brunnens unter das Niveau des Brunnenauslaufs absinkt.

Asche (vulkanische Asche): A. nennt man staubartiges bis sandiges vulkanisches Lockermaterial; es besteht aus zerspratztem Magma, zerriebenem Gesteinsmaterial der Schlotwände oder dem Gemisch aus beiden. In der nächsten Umgebung der Ausbruchstelle kann ein *Aschenwall* aufgehäuft werden; der in größerer Entfernung niedergehende *Aschenregen* bildet eine *Aschendecke.* Wird bei einem Ausbruch nur A. gefördert, entstehen *Aschenkegel (Aschenvulkan),* von deren Flanken *Aschenlawinen* und bei Regeneinwirkung Schlammströme niedergehen können.

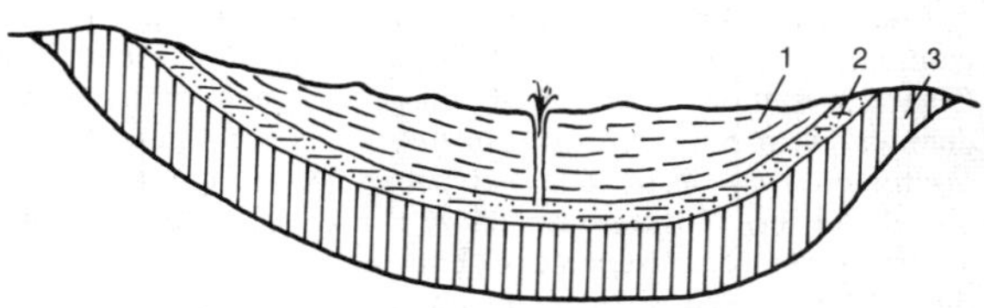

Artesischer Brunnen bei muldenförmiger Schichtenlagerung. Die wasserführende Schicht (2) ist von undurchlässigen Gesteinen über- und unterlagert (1, 3)

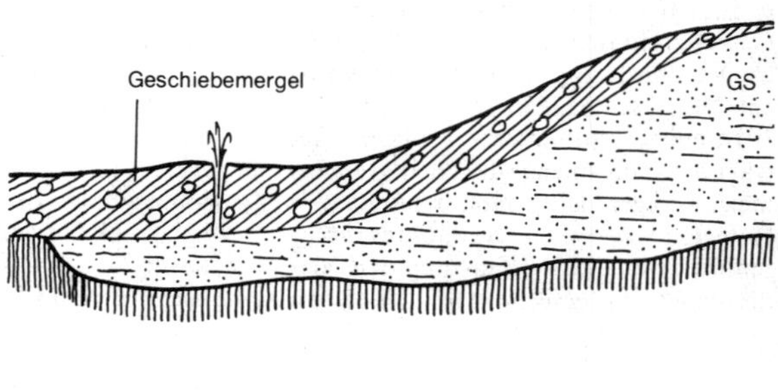

Artesischer Brunnen, entstanden durch Anlagerung undurchlässigen Gesteins. (GS = Grundwasserspiegel)

Assimilation: Unter A. versteht man in der Sozialgeographie eine Phase der Akkulturation durch Verschmelzung fremder Kulturelemente mit einer traditionellen Kultur.

Assimilationstheorie: Die A. ist ein aus der Soziologie stammender Begriff. Es wurde beobachtet, daß Einzelne oder Gruppen Tracht, Haltung oder Gefühle anderer Gruppen übernehmen. Solche Beobachtungen machte man im Laufe der Geschichte der USA, bei der Eingliederung der Heimatvertriebenen in der Bundesrepublik Deutschland und an anderen Orten. Das Hauptgewicht der A. liegt aber auf der Politik. Hier meinen die Vertreter der A., daß sich auch politische Systeme im Laufe der Zeit soweit annähern, bis sie in ihren Strukturen gleich sind. Unterschiede werden dann nur noch propagandistisch herausgestellt; dies kann wiederum der Ausgangspunkt für Konflikte sein.

Assoziierung: Bei internationalen Zusammenschlüssen oder Vereinigungen ist es für viele Länder häufig nicht möglich, volle Mitgliedschaft zu erlangen, etwa aus Gründen politischer Neutralität oder wirtschaftlicher Unterentwicklung; diese Länder können dann nur locker, im Rahmen einer Assoziierung, mit den entsprechenden Gemeinschaften zusammenarbeiten.

Astrokompaß: Der A. ist ein Gerät zur Bestimmung der rechtweisenden Nordrichtung unter Bezug auf einen Himmelskörper. Nach der Einstellung der astronomischen Daten des gewählten Gestirns am A. und Anpeilung dieses Gestirns kann die rechtweisende Nordrichtung abgelesen werden. Der A. arbeitet unabhänigig vom Erdmagnetfeld und wird deshalb überwiegend in hohen Breiten, also in der Polarnavigation, eingesetzt.

Astronomie (Sternkunde): A. ist die umfassende Bezeichnung für alle Wissenschaftszweige, die sich mit der Erforschung des Universums, d.h. mit der Verteilung und Bewegung, mit den physikalischen Zuständen, mit der Zusammensetzung und der Entwicklung der Materie im Weltall sowie mit der raumzeitlichen Struktur der Welt als Ganzem beschäftigen.

Die A. gehört zu den exakten Naturwissenschaftten. Ihre Ergebnisse werden als Meßwerte, als Zahlen, gewonnen. Die A. gibt eine Darstellung der Welt, soweit sie mit rein wissenschaftlichen Forschungsmethoden erfaßbar ist.

Die eigentliche Forschungsmethode der A. ist die Analyse der aus dem Weltraum kommenden Strahlen. Daneben haben sich durch Raumsonden und bemannten Weltraumflug für die der Erde nächsten Himmelskörper (Mond, Mars, Venus) sowie für den interplanetaren Raum neue Forschungsmöglichkeiten ergeben.

Die A. beobachtet und analysiert die auf die Erde einfallenden Teilchenstrahlungen und v.a. die von leuchtenden oder reflektierenden Körpern ausgehende elektromagnetische Strahlung, von den kurzwelligen Gamma- und Röntgenstrahlen über das sichtbare Licht bis hin zu der Radiofrequenzstrahlung und hat hieraus Erkenntnisse über den Baustoff, die räumliche Struktur, die Bauelemente und die zeitliche Entwicklung des Weltalls abzuleiten. Entsprechend dieser Aufgabenstellung spricht man von einem praktischen oder beobachtenden und einem theoretischen oder interpretierenden Zweig der Astronomie.

Die einfallende Strahlung wird nach Richtung, Quantität und Qualität mit unterschiedlichen Methoden und speziellen Instrumenten analysiert, wobei sich zahlreiche Forschungszweige entwickelt haben.

Bis in die Mitte des vorigen Jahrhunderts galt das Interesse astronomischer Forschung fast ausschließlich der Messung der Richtung bzw. der Richtungsänderung der von den Gestirnen kommenden Strahlung. Dieser Bereich der Forschung wird heute als *klassische* oder *fundamentale A.* bezeichnet. Man rechnet dazu: *Sphärische A., Bahnbestimmung, Himmelsmechanik, astronomische Orts- und Zeitbestimmung.*

In der Mitte des vorigen Jahrhunderts begann man sich den beiden anderen oben genannten Beobachtungsaufgaben, der Messung der Quantität und der Qualität der Strahlung, zuzuwenden. Da dazu Meß- und Untersuchungsmethoden aus der Physik herangezogen wurden, wie die Photometrie und die Spektroskopie, bezeichnete man diesen Forschungsbereich als *Astrophysik.*

astronomische Einheit (Kurzzeichen AE): Die a.E. ist als Entfernungsmaß im Sonnensystem eine fundamentale Größe der Astronomie; sie ist definiert als die mittlere Entfernung Erde-Sonne. Die genaue Kenntnis der a.n.E. ist von größter Bedeutung, weil sie letztlich als Maßstab allen kosmischen Entfernungsangaben zugrunde liegt. Aufgrund der Radarmessungen ist der Wert der a.n.E. jetzt mit einer etwa um das 100fache größeren Genauigkeit bekannt als aus den himmelsmechanischen Rechnungen. Als neuester und zuverlässigster Wert gilt 1 AE = 149.5658 Mill. km.

Astrophysik: Die A. ist ein Forschungsbereich der ↑Astronomie.

Ästuar: svw. ↑Trichtermündung

Atlantikum: Zeitabschnitt des Postglazials, ↑Quartär.

atlantisches Klima: im europäischen Bereich verschiedentlich gebrauchte Bezeichnung für ↑maritimes Klima.

Atlas: Unter einem A. versteht man eine systematische Sammlung von Karten, die eine Einheit bilden und meistens gebunden sind. Nach ihrem Umfang werden Taschen- und Handatlanten, nach dem Verwendungszweck Schul-, Haus- und wissenschaftliche Atlanten unterschieden. Nach ihrem Inhalt unterteilt man die Atlanten in Welt-, National-, Regional-, Spezial- (Planungsatlanten) und Fachatlanten (thematische Atlanten, z.B. Weltseuchenatlas).

Den ersten A. stellte der flämische Kartograph Abraham Ortelius 1570 zusammen und benannte diese Kartensammlung „Theatrum orbis terrarum". Den Namen A. gab erstmals Gerhardus Mercator 1585 seiner 3-bändigen Kartensammlung, die unter dem Titel „Atlas, sive cosmosgraphicae meditationes de fabrica mundi et fabricati figura" erschien.

Atmosphäre: Als A. bezeichnet man die aus einem Gemisch von Gasen bestehende Hülle eines Himmelskörpers, speziell die Lufthülle, welche die Erde umgibt. Letztere unterliegt der Anziehungskraft der Erde und ist in deren Drehbewegung um sich selbst mit einbezogen. Die Dichte der A. nimmt mit zunehmender Höhe rasch ab; so wiegt 1 Liter Luft unter normalem Druck (das ist 760 Torr oder 1013 Millibar) bei einer Temperatur von 0°C 1,293 g, in einer Höhe von 5000 m dagegen nur noch 0,73 g.

In ihren unteren Schichten (bis etwa 100 km Höhe) bleibt die chemische Zusammensetzung der A. beinahe gleich; dieser Teil der A. wird mit dem Namen *Homosphäre* bezeichnet. Die wesentlichen Bestandteile (und deren durchschnittlicher prozentualer Anteil am Gesamtvolumen) sind Stickstoff (78,08%), Sauerstoff (20,95%), Argon (0,93%) und Kohlendioxid (0,03%); außerdem sind Spuren von Edelgasen, Wasserdampf (nur bis 20 km Höhe) und Ozon vorhanden. Darüberhinaus finden wir in der A. noch eine Reihe von Beimengungen in fester, gasförmiger und flüssiger Form, die über Großstädten und Industriegebieten besonders zahlreich sind, nämlich Staub, Verbrennungsprodukte, Salzkristalle, Bakterien, Luftkeime (Schimmelpilze u.ä.). Sie alle treten wegen ihres relativ hohen Gewichtes jedoch nur in Bodennähe auf. Für viele Wettererscheinungen spielen diese Teilchen eine große Rolle, so bei der Bildung von Dunst, Nebel, Wolken, Regen (↑auch Kondensation). Sie beeinflussen weiterhin den Strahlungs- und Wärmehaushalt der A. durch Absorption und sind an atmosphärischen Leuchterscheinungen (z.B. Morgen- und Abendrot) beteiligt. Am wichtigsten für das Wettergeschehen, das sich nur in der untersten Schicht der A., der Troposphäre abspielt, ist jedoch der Wasserdampf, der

auch als Wasser oder Eis vorhanden sein kann; sein Anteil schwankt örtlich und zeitlich sehr stark, da er von der Lufttemperatur abhängig ist, zwischen 0 und 4 Volumenprozenten, in mittleren Breiten liegt er durchschnittlich bei etwa 1%. Der vertikale Aufbau der A. ist dem untenstehenden Diagramm zu entnehmen. Anzumerken ist dabei, daß die Ozonschicht den langwelligen Anteil der Ultraviolettstrahlung der Sonne absorbiert, woraus der Temperaturanstieg an ihrer Obergrenze (in etwa 50 km Höhe) resultiert.
Der Luftmassenaustausch in der A. wird als ↑Allgemeine Zirkulation der Atmosphäre beschrieben.

Atmosphärilien: Alle in der Erdatmosphäre vorhandenen chemisch und physikalisch wirksamen Stoffe nennen wir A.; diese verursachen die Verwitterung der Erdkruste und die Korrosion von Metallen. Da aber auch die Luftbewegung und die Temperatur diese Vorgänge beeinflussen, zählt man auch diese so wirksamen Kräfte zu den Atmosphärilien.

Atoll: Ein A. ist ein ringförmiges Korallenriff, das eine Lagune umschließt. Die Entstehung erklärt sich folgendermaßen: Zunächst bauen Korallen rund um eine Insel ein Saumriff. Die Insel beginnt abzusinken, die Korallen jedoch bauen an ihren Kalkstöcken weiter, so daß diese sich in dem selben Umfang erhöhen wie der Untergrund absinkt, da die Tiere nur in einer bestimmten Tiefe unter der Meeresoberfläche leben kön-

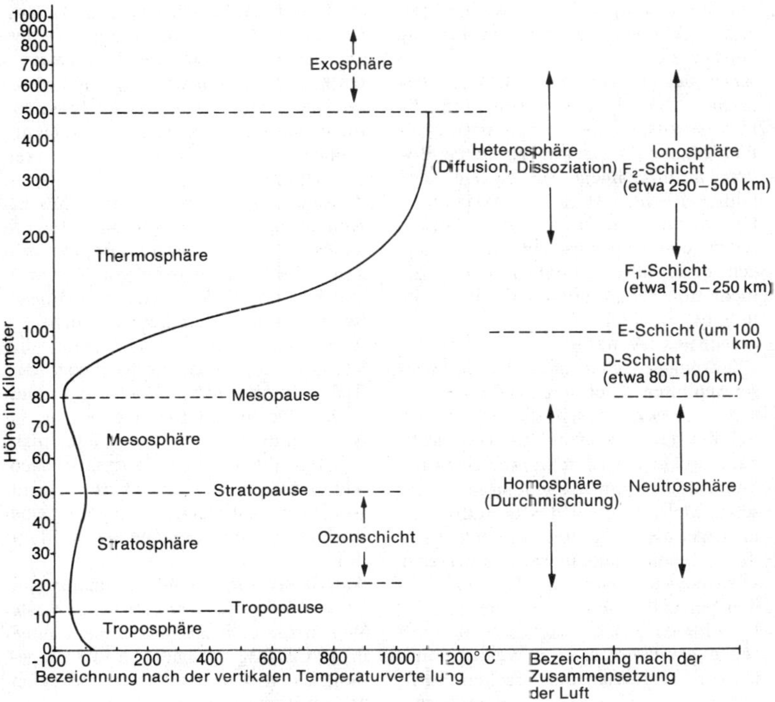

Vertikaler Aufbau der Atmosphäre

nen. Die Inselsenkung geht weiter und es bleibt schließlich nur der A. genannte Korallenkranz übrig, der eine seichte Meeresfläche, die Lagune, umschließt. Allerdings muß nicht unbedingt die Insel sinken, es kann auch umgekehrt der Meeresspiegel ständig steigen. Abbildung ↑ Korallenriff.

Aue: svw. Talaue, ↑ Tal

Auelehm (Auenlehm, Aulehm): A. nennt man die geologisch junge, feinkörnige, humushaltige, hauptsächlich bei Hochwasser abgelagerte Lehmdecke von Talböden in der gemäßigten Zone. In Mitteleuropa läßt sich ihre Bildung seit der Jungsteinzeit nachweisen, als die Lößböden in Kultur genommen wurden. Ihre Bildung verstärkte sich durch die Bodenabspülung, seitdem große Teile des ursprünglichen Waldes gerodet wurden. Der A. ist also im wesentlichen erst durch den menschlichen Eingriff entstanden.

Auenböden (Auwaldböden): Als A. bezeichnet man die aus jungen Flußsedimenten entstandenen, wenig entwickelten, braunen bis schwarzbraunen Böden. Kennzeichnend für sie sind der jahreszeitlich stark schwankende Grundwasserspiegel und die periodischen oder episodischen Überflutungen; diese führen zu immer neuer Sedimentation und verhindern die Entwicklung der Böden.

Auenwald (Auwald): Der A. ist eine Pflanzengesellschaft in der häufig überschwemmten Uferregion von Gewässern, v.a. von Flüssen, die sich an den Schilfgürtel anschließt. Im Gegensatz zum Bruchwald ist er starken Schwankungen des Grundwasserspiegels ausgesetzt. Meistens steht das Grundwasser niedriger als im Bruchwald, doch durch die wochenlang andauernden jährlichen Überschwemmungen werden dem Boden wertvolle Nährstoffe zugeführt.
In Mitteleuropa unterscheidet man die sogen. *Weichholzaue* mit Weiden, Pappeln und Grauerlen und die sogen. *Hartholzaue,* die sich aus Eschen, Ulmen und Stieleichen zusammensetzt. Letztere liegt höher und wird deswegen nicht so oft überschwemmt. Außerdem kann man eine reiche Strauch- und Staudenflora mit Weißdorn und Schwarzem Holunder feststellen.

Aufbauachse: svw. ↑ Entwicklungsachse

auflandig: Mit dem Eigenschaftswort a. werden Strömungen und Winde gekennzeichnet, die vom Meer (oder von größeren Wasserflächen des Binnenlandes) auf das Festland gerichtet sind. Auflandige Winde sind an Tageszeiten gebunden, da sie durch unterschiedlich hohen Luftdruck (bedingt durch unterschiedlich schnelle Erwärmung) über dem Land und der Wasserfläche ausgelöst werden. – Der Gegensatz zu a. ist ablandig.

Aufschiebung: Die A. ist eine Art der ↑ Verwerfung.

Aufschluß: A. heißen Stellen im Gelände, die Einblick in die Lagerung der anstehenden Gesteine und des verwitterten Materials zulassen; man unterscheidet den *natürlichen A.* (Felswände, Steilufer) und den *künstlichen A.* (Baugruben, Steinbrüche, Bergwerke, Schurfgräben).

Aufschüttung: A. ist die mechanische Anhäufung von Abtragungsmaterial aller Art, d.h. die Aufschüttung von vulkanischen Lockermassen, von Gesteinsmaterial durch Wind (Dünen), Flüsse (Schotter) und Gletscher (Moränen).

Aufstockung: Unter A. versteht man die Vergrößerung landwirtschaftlicher Betriebe durch Zukauf von Land (und Vieh) oder durch langfristige Pacht.

Auftauboden: Als A. bezeichnet man die im tages- oder jahreszeitlichen Rhythmus auftauende obere Schicht von Dauerfrostböden; in seinem Bereich spielen sich alle Vorgänge der Solifluktion ab.

Auftriebwasser: Als A. werden aus größeren Meerestiefen aufsteigende kalte Wassermassen bezeichnet; sie sind um 8 bis 10 Celsiusgrade kälter als ihre Umgebung. A. tritt in der Passatwindregion an den Westküsten der Kontinente (vor Kalifornien, Peru, Chile, Nordwest- und

Südwestafrika sowie Westaustralien) und während des Sommermonsuns auch an der Somaliküste auf. Ursache für die Entstehung von A. sind zumeist Landwinde, die ablandige Oberflächenströmungen hervorrufen. Um diese abtriftenden Wasser zu ersetzen, kommt es zu einer aufsteigenden Bewegung innerhalb der Wassermassen, diese Komponente ist im Vergleich zur horizontalen Bewegung zwar klein (etwa 1 : 1000), sie besitzt aber infolge ihrer großen Beständigkeit weittragende Bedeutung für den Wärme- und Stoffhaushalt des Meeres. Ihre Auswirkungen reichen bis in den küstennahen Bereich des Festlandes. Gebiete mit A. sind gekennzeichnet durch große Nebelhäufigkeit und durch besonderen Nährstoffreichtum des Wassers, der hohen Planktongehalt und damit Fischreichtum bewirkt. Vor Chile und Peru dienen diese Fische wiederum den Seevögeln zur Nahrung, deren Exkremente im Küstenbereich abgelagert werden; diese wiederum stellen einen wertvollen organischen Dünger (Guano) dar.

Aufwind: Als A. bezeichnet man nach oben gerichtete Luftströmungen. Sie entstehen an durch Sonneneinstrahlung erhitzten Stellen der Erdoberfläche, also z.B. in den Zentren der ↑Tiefdruckgebiete sowie im Luv von Gebirgen. Aber auch über Großstädten und weiten Industriegebieten werden durch die künstliche Erwärmung der unteren Luftschichten der Atmosphäre A.e. ausgelöst. – Der Gegensatz zum A. ist der Abwind.

Ausbauflur: Unter A. versteht man die jüngeren erst später erschlossenen Teile der Flur.

Ausbauzeit: Einerseits sind damit erste Erweiterungen von bestehenden Siedlungen und dazugehörigen Fluren im 5.–8. Jh. im Bereich der germanischen Landnahme gemeint. Andererseits meint man damit allgemein die im 9. Jh. einsetzende Periode von Siedlungsgründungen außerhalb des Altsiedellandes. Diese Gründungen geschahen oft auf Initiative von weltlichen Grundherren und kirchlichen Institutionen. Im 11. Jh. folgte als weitere A. die mittelalterliche Rodungszeit.

Ausblasung: svw. ↑Deflation

Ausgleichsküste: Bei einer A. liegt eine durch ↑Abrasion und ↑Strandversetzung entstandene ausgeglichene Küste vor. Wir finden diese durch Schließen der Buchten (v.a. durch ↑Nehrungen) und Zerstörung der Vorsprünge gebildete A. z.B. an der Ostseeküste östlich der Odermündung.

Auskolkung: ↑Kolk

Auslaugung: Die Herauslösung wasserlöslicher Substanzen, z.B. Salz oder Kalk, aus dem Gestein nennt man A. Hat das Grundwasser beispielsweise Zutritt zu unterirdischen Salzlagern und führt das gelöste Salz weg, können infolge der A. Hohlräume entstehen, in die die darüberliegenden Gesteinsschichten absinken. An der Oberfläche entstehen dann *Auslaugungssenken.*

Auslieger: svw. ↑Zeugenberg

Ausmärker: Der A. ist Eigentümer oder Besitzer von Parzellen in der Gemarkung einer Gemeinde, der er selbst nicht angehört. Das A.tum ist v.a. in Realerbteilungsgebieten weit verbreitet, es ist meist durch Heirat oder Erbschaft entstanden.

außenbürtig: deutsche Bezeichnung für ↑exogen

Außengroden: Hauptteil des ↑Vorlandes

außertropisches Ostseitenklima: ein Klima bei der Klassifikation in ↑Klimaregionen.

außertropische Westwindzone: Die a. W. resultiert aus dem Druckgefälle zwischen subtropischem Hochdruckgürtel und den subpolaren Tiefs und der hier recht starken Corioliskraft. Sie ist aber mehr eine theoretische Größe, da sie in ihrer tatsächlichen Ausbildung von vielen Querströmungen überlagert wird, die den Temperaturgegensatz zwischen warmer Tropikluft und kalter Polarluft ausgleichen. Die a.W. ist witterungsbestimmend für die Klimate der höheren Mittelbreiten, ↑Klimaregionen.

Aussiedlung: Bei der A. wird ein landwirtschaftlicher Betrieb aus einer geschlossenen, beengten Ortslage in die Feldmark verlegt. Dabei wird in der Regel auch im Rahmen der Flurbereinigung die Betriebsfläche zusammengelegt. Der Neubau von solchen *Aussiedlerhöfen* soll zusammen mit der engeren Verbindung von Hof und Betriebsfläche ein rationelleres Wirtschaften ermöglichen. Die A. wird in der Bundesrepublik Deutschland als Maßnahme der Agrarreform durch Bundesmittel gefördert.

Ausspülung: Als A. bezeichnet man die Wegführung von feinen und feinsten Bodenteilchen unter der Oberfläche durch Sickerwässer und Quellwasserströme. Die A. führt zur Bloßlegung nackter Gesteinsflächen und zur Bildung von Blockmeeren.

Ausstrahlung: In der Klimatologie versteht man unter A. die Wärmeabgabe der Erdoberfläche an die darüber liegenden Luftschichten, in der Geophysik die Wärmeabgabe der gesamten Lufthülle der Erde an den Weltraum.

Die A. von der Erdoberfläche kann während der Nacht, da jetzt die Einstrahlung der Sonne fehlt, bei wolkenlosem Himmel zu starken Temperaturrückgängen bodennaher Luftschichten führen. Bei vorhandener Wolken- oder Dunstschicht wird ein Teil der Wärmestrahlung als atmosphärische Gegenstrahlung wieder zur Erde zurückgelenkt. Diesen Effekt, der auch tagsüber durch die Bewölkung bewirkt wird, nennt man auch Glashauseffekt.

Auswanderung: Die A. ist ein freiwilliges oder zwangsweises Verlassen der Heimat mit dem Ziel sich in einem anderen Land für längere Zeit oder für immer niederzulassen. Wirtschaftliche, religiöse und politische Unzufriedenheit führten bis in die Gegenwart zu größeren A.en. Haupteinwanderungsländer sind die USA, Argentinien, Australien und Neuseeland, Kanada und Brasilien. Seit dem 1. Weltkrieg ist ein starker Rückgang der A. zu verzeichnen, teilweise auch wegen Kontingentierungen in den Einwanderungsländern.

Autarkie: A. bedeutet eine wirtschaftspolitische Zielsetzung. Es wird versucht, die Versorgung eines Staates mit lebenswichtigen Produkten zu sichern, ohne auf Einfuhren aus dem Ausland angewiesen zu sein. A. wird besonders häufig von autoritären Regimen angestrebt, dürfte aber vollständig nicht erreichbar sein.

autochthon: Wesen und Sachen, die an der Stelle angetroffen werden, an der sie entstanden sind, werden als au. bezeichnet; z. B. autochthone Gesteine. Der Gegensatz ist allochthon.

Auch die alteingesessene, seit Generationen hier geborene Bevölkerung eines Gebietes wird als au. Bevölkerung bezeichnet. So sind die früher mit der Bezeichnung Eingeborene belegten Menschen der neu entdeckten Gebiete die autochthone Bevölkerung dieser Gebiete.

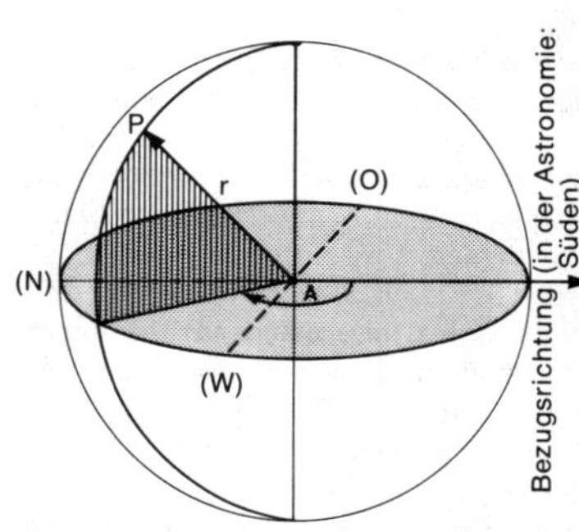

Azimut

Azimut: In der Astronomie versteht man unter A. den Winkel, den der Höhenkreis eines Gestirns mit dem Meridian bildet, wobei die Winkelmessung von der Südrichtung über West erfolgt. In der Navigation oder der Geodäsie werden andere Meßrichtungen verwendet.

Azimutalprojektion: Die A. ist eine

Möglichkeit, die Erde in einer Ebene abzubilden, ↑Kartennetzentwurf.

Azoikum: Das A. ist der älteste Abschnitt der Erdgeschichte, ↑Geologie, Formationstabelle.

Azorenhoch: Das A. ist ein Hochdruckgebiet, das ständig im Nordatlantik, meist über der Inselgruppe der Azoren, ausgebildet ist. Es ist Teil des subtropischen Hochdruckgürtels und ein für Nordafrika und Europa wirksames ↑Aktionszentrum, das das Wettergeschehen durch seine Ausläufer bestimmt.

B

Bad: Eine Gemeinde kann den Titel Bad erhalten, wenn sie bestimmte Erholungs- und Kureinrichtungen nachweisen kann; Voraussetzung ist aber das Vorhandensein einer Heilquelle, außer bei Kneippbädern.

Badlands: Nach einer gleichnamigen Landschaft in South Dakota (USA) bezeichnet man mit B. ein durch Schluchten, Furchen und Rinnen zerstörtes und in schmale Riedel, steilwandige Kämme, Kuppen und säulenartige Formen aufgelöstes Gelände. Meist entstehen B. in vegetationsarmen Trockengebieten mit wenig widerständigem Gestein, da hier die zeitweilig auftretenden starken Niederschläge sofort zur Bildung von Erosionsrinnen führen. Aber auch durch menschliche Eingriffe begünstigte Bodenzerstörung kann zur Entstehung von B. führen.

Bajada [ba'xada]: flacher Schwemmfächer vom Gebirgsrand zum Inneren eines ↑Bolson.

Bajir: B. ist die Bezeichnung für eine ↑Salztonebene in Iran.

Balje: Baljen, auch *Wattströme* genannt, sind breite Wasserläufe im Wattgebiet, die auch bei Niedrigwasser noch große Tiefen haben. Sie stehen mit dem offenen Meer in Verbindung und werden daher oft als Fahrwasser benutzt; sie sind dann mit schwimmenden Seezeichen markiert.

Ballungsgebiet: svw. ↑Verdichtungsraum

Bananenrepublik: Die zunächst nur ironisch gemeinte Bezeichnung B. wurde erstmals auf Staaten in Zentralamerika angewandt, in denen der Bananenanbau und -export durch ausländische Gesellschaften von Bedeutung ist. Der Ausdruck spielt auf die einseitige Abhängigkeit dieser Länder von einem anderen Land (nämlich den USA) und einem Produkt (der Banane) an, wodurch ihnen eine (von den Fruchtkompanien) unabhängige Politik unmöglich ist, woraus eine gewisse politische Instabilität resultiert. Der Ausdruck B. wird heute auch auf Länder außerhalb dieser Region angewandt, wenn sie die erwähnten Unzulänglichkeiten zeigen.

Bancowald: svw. ↑Dammuferwald

Bänderton: B.e sind pleistozäne Tonablagerungen, die die ↑Warwenchronologie ermöglichen.

Bandstadt: Die B. ist eine Stadtanlage längs eines Transportweges (Schiene, Straße, Wasserweg) mit großer Länge, aber geringer Breite. Die einzelnen Stadtteile liegen als Streifen parallel zur Verkehrsader (z. B. in Magnitogorsk und Wolgograd). Außer den gewachsenen, durch orographische Gegebenheiten bedingten Bandstädten gibt es die geplante B., die aber selten realisiert wurde.

Als B. (strip city) wird auch die planerische Grundkonzeption städtischer Agglomerationen in den USA bezeichnet, mit der man das Zusammenwachsen mehrer Städte steuern will. Wohnsiedlungen, Arbeitsstätten und Zentren dieser B. sollen so einander zugeordnet sein, daß keine langen Pendlerwege entstehen, daß genügend freies Land und Erholungsraum vorhanden sind und daß überall genügend Dienstleistungen angeboten werden. So sollen sich innerhalb der USA allmählich 14 „semicontinuous cities" bilden. Die größte soll sich von Washington über Philadelphia – New York – Albany – Buffalo – Detroit – Chicago – Saint Louis über tausende von Kilometern hinziehen.

Bannwald: Als B. werden Waldungen bezeichnet, die aus bestimmten Gründen unter besonderen rechtlichen Schutz gestellt, gegen unrechtmäßige Nutzung also mit einem Bann belegt wurden:

◊ In den Alpen ist B. die strengere Form des ↑ Schutzwaldes.

◊ In Baden-Württemberg ist B. der amtliche Name für ein ↑ Naturwaldreservat.

◊ Im Mittelalter stand im B., exakt *Bannforst* genannt, das Jagdrecht [auf Hochwild] nur dem König oder einem von ihm Privilegierten zu.

Bantu: B. ist die zusammenfassende Bezeichnung für alle Menschen, die eine Bantusprache sprechen. Zu den B. gehören alle Stämme und Völker, die auf dem afrikanischen Kontinent südlich der Linie Calabar – Kiogasee – Südgrenze von Somalia leben, mit Ausnahme der Massai in Ostafrika, der Buschmänner und Hottentotten in Südafrika und der Pygmäen.

Bantuheimatländer (englisch Bantu homelands): B. sind Gebiete in Südafrika, in denen im Rahmen der Apartheidspolitik bestimmte Stammesgruppen der Bantubevölkerung leben und sich bis zu einem gewissen Grade (Inneres, Erziehung, Land- und Fortwirtschaft, Justiz, Straßenbau und öffentliche Arbeiten) selbst verwalten. Da die B. wenig industrialisiert sind, arbeiten viele ihrer Bewohner in Betrieben weißer Unternehmer außerhalb ihres Heimatlandes. Die Errichtung von Betrieben unmittelbar jenseits der Grenze (sogen. Grenzindustrien auf dem Gebiet der Weißen) wird deshalb staatlich gefördert. Das bekannteste und älteste Bantuheimatland, die Transkei der Xhosa, wurde 1976 eine unabhängige Republik.

Barchan: svw. Sicheldüne, ↑ Dünen.

Barometer: Das B. ist ein Gerät zur Messung des Luftdruckes. Man unterscheidet im wesentlichen zwischen *Quecksilberbarometer* und *Aneroidbarometer.*

1. Das *Quecksilberbarometer* besteht aus einer mit Quecksilber gefüllten, unten U-förmig umgebogenen Glasröhre mit zwei verschieden langen Schenkeln. Der längere Schenkel ist oben geschlossen, der kürzere ist oben offen und läuft in einer Schale aus. Die Höhe der im geschlossenen Schenkel befindlichen Quecksilbersäule über der freien Quecksilberoberfläche in der offenen Schale ist ein Maß für den Luftdruck. Meist wird dieser unmittelbar in Torr angegeben, wobei 1 Torr der Gewichtsdruck einer 1 mm hohen Quecksilbersäule ist. Zur Vermeidung von Meßfehlern, die da-

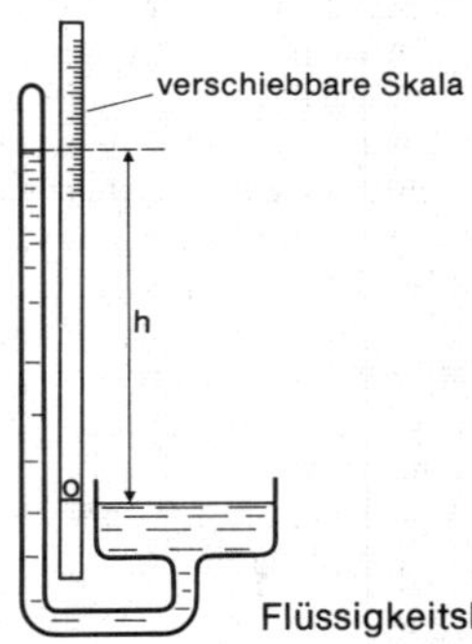

Flüssigkeitsbarometer

durch auftreten, daß die Höhe der freien Quecksilberoberfläche in der Schale von der Höhe der Quecksilbersäule abhängt (sie steigt, wenn die Säule sinkt und umgekehrt), wird die Ableseskala verschiebbar gebaut. Vor jeder Messung stellt man ihren Nullpunkt auf das Niveau der freien Quecksilberoberfläche ein.

2. Das *Aneroidbarometer* arbeitet ohne Quecksilber. Das gebräuchlichste Aneroidbarometer ist das sogenannte *Dosenbarometer.* Es besteht im wesentlichen aus einer weitgehend luftleer gepumpten Metalldose, die vom äußeren Luftdruck entsprechend seiner jeweili-

gen Größe mehr oder weniger stark zusammengedrückt wird. Die Verformung der Dose wird über ein Hebelwerk auf einen Zeiger übertragen, der auf einer Skala den gemessenen Luftdruck anzeigt. Aneroidbarometer müssen mit Hilfe eines Quecksilberbarometers geeicht werden.

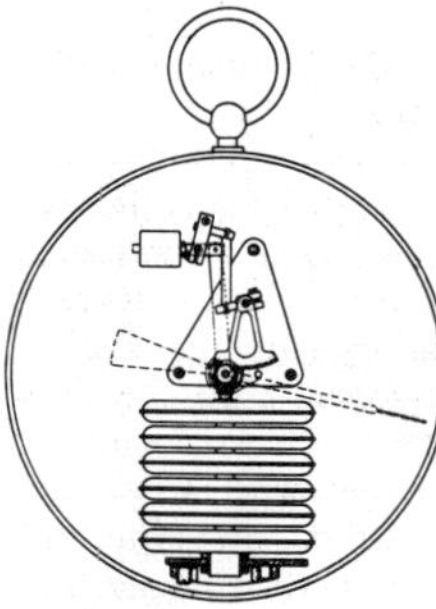

Dosenbarometer

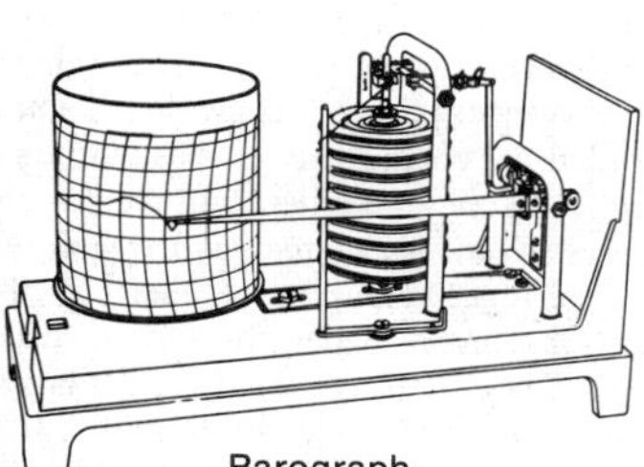

Barograph

Barographen sind B., die mit einer Schreibvorrichtung versehen sind und zeitliche Schwankungen des Luftdrucks über längere Zeiträume hinweg auf einer sich drehenden Trommel selbständig aufzeichnen.

Barranco: Barrancos werden im spanischen Sprachraum radial angeordnete Erosionsrisse, -rinnen und -schluchten genannt, welche die Steilhänge der Vulkankegel zerschneiden.

Barre (Mündungsbarre): Mit B. bezeichnet man die Sand- oder Schlammbank, die sich im Meer vor Flußmündungen gebildet hat.

Barren Grounds [englisch 'bærən 'graʊndz]: Als B. G. wird in Kanada das der ↑Tundra entsprechende Land bezeichnet; es liegt zwischen dem Großen Bärensee und der Hudsonbai.

Barriadas: Bezeichnung für Slumsiedlungen in Peru, ↑Slum.

Basalte: B. sind dunkle basische Ergußgesteine aus dem Tertiär oder Quartär. Hauptbestandteile in der Grundmasse und als Einsprenglinge sind im allgemeinen die Minerale Plagioklas, Augit und Olivin; dazu können Feldspatvertreter, Hornblende, Biotit, Eisenerze u.a. treten B. sind meist kompakt, aber auch schlackig, blasig und als Mandelsteine ausgebildet. Sie kommen als Lavadekken und -ströme, Kuppen und Gänge sowie als Aschen und Tuffe vor; häufig weisen sie säulenförmige Absonderung auf. B. sind auf der Erde weit verbreitet, besonders weitflächig in den Trappdekken; in Deutschland sind sie z.B. in der Eifel, im Westerwald, Siebengebirge, Vogelsberg, in der Rhön, im Kaiserstuhl und Hegau vorhanden. – Den Basalten entsprechende Gesteine aus älterer, paläozoischer, Zeit sind Diabas und Melaphyr.

Basar (Suk, französisch Souk): In orientalischen Städten nennt man Geschäfts- und Gewerbestraßen bzw. -viertel Basare. Sie sind Mittelpunkte des städtischen Wirtschaftslebens und meist nahe der Hauptmoschee gelegen. Beim B. handelt es sich um ein komplexes Gebilde mit intensiver räumlicher und funktionaler Verflechtung von Einzel- und Großhandel sowie Produktion; besonders typisch dabei ist, daß Betriebe und Geschäfte der gleichen Branche in einem bestimmten Teil des B.s konzentriert sind. B.e sind regional unterschiedlich gestaltet: im vorderasiatischen Bereich sind sie meist flächenhaft, z.T. überdacht, mit ausgedehnten Einrichtungen für den Großhandel und ohne Wohnbevölkerung. In Pakistan und Nordwest-Indien dagegen sind sie mehr linear, nicht überdacht und mit Wohnbevölkerung. Das Hauptgeschäftsviertel moderner orientalischer Großstädte liegt aber heute meist außerhalb der Altstadt und des B.-

bereiches. Die Bedeutung des B.s. als wirtschaftlicher Mittelpunkt ist gesunken.

Basti: Bezeichnung für Slumsiedlungen in Indien, ↑Slum.

Batha: eine der ↑Garrigue ähnliche Gebüschformation in der Levante.

Bauleitplan: Der B. hat die Aufgabe, die städtebauliche Entwicklung einer Gemeinde den Zielen der Landes- und Regionalplanung anzupassen. Zuerst wird von der Gemeinde ein Flächennutzungsplan erstellt, gegen den Einsprüche und zu dem Änderungsvorschläge möglich sind; danach wird dann der Bebauungsplan als verbindlicher B. erstellt.

Baumgrenze: Die B. ist der Grenzraum, jenseits dessen die Bäume keine Lebensmöglichkeit mehr haben. Die B., an der sich nur noch einzelne wenige Meter hohe Bäume finden, zählt zu den auffälligsten Pflanzengrenzen überhaupt. Sie hängt vor allem von klimatischen Faktoren und im geringeren Umfang von der Bodenbeschaffenheit ab. Man kann sie auch als Wärmemangelgrenze bezeichnen. Wird diese Grenze überschritten, dann reicht die sommerliche Wärme für das Wachstum der Bäume nicht mehr aus. Man unterscheidet verschiedene Baumgrenzen: Die *montane B.* in den Höhenlagen der Gebirge, sie sinkt mit zunehmender geographischer Breite ab und liegt in Tibet und Ostafrika bei 4500 m, in den Zentralalpen bei 2300 m, in den bayerischen Alpen bei 1700 m, im Schwarzwald bei 1400 m, im Harz bei 1050 m und auf den Britischen Inseln bei etwa 600 m ü.d.M. Die kühleren und ausgeglicheneren Temperaturen der Südhalbkugel bewirken, daß die B. dort viel tiefer liegt als auf entsprechenden Breiten der Nordhalbkugel.

Die *polare B.* fällt häufig mit der 10° C-Isotherme des wärmsten Monats zusammen, diese liegt in Sibirien bei 73° n. Br., auf den Britischen Inseln bei 59° n. Br., in Labrador bei 52° n. Br.; auf der Südhalbkugel zwischen 56° und 39° südliche Breite.

Die *kontinentale B.* liegt am Rande von Trockengebieten und wird durch Wassermangel bedingt; in verschiedenen Gebirgen tritt daher eine obere und eine untere B. auf.

Im feuchteren Klima wird die B. meist von Laubhölzern, in kontinentalen Gebieten von Nadelbäumen gebildet, in Mitteleuropa hauptsächlich von der Fichte.

Von der B. zu unterscheiden ist die ↑Waldgrenze.

Bauxit: B. ist ein erdiges Sedimentgestein von weißer bis rötlicher Färbung aus verunreinigten Aluminiumhydroxiden. B. ist der wichtigste Rohstoff für die Aluminiumgewinnung. B.e. entstehen: *1)* durch sogen. allitische Verwitterung tonerdereicher Gesteine in tropischem Klima; dabei wird Kieselsäure gelöst und abgeführt, die Aluminium- und Eisenoxide werden zugleich angereichert; dieser sogen. *Silicatbauxit* ist wegen seines hohen Anteils an Siliciumdioxid und Eisenoxid wirtschaftlich nur schwer zu verwerten; *2)* als lockerer Rückstand kohlensäurebedingter Auswaschung von Kalken in Höhlen und Schlotten; dieser sogen. *Kalkbauxit* hat wegen seines geringen Kieselsäuregehalts große wirtschaftliche Bedeutung. Aus Kalkbauxit bestehen alle wichtigen B.lagerstätten der Erde, z.B. in Jamaika, Guyana, Surinam, Australien, Frankreich (Provence), Jugoslawien und Ungarn.

Beaufort-Skala [engl. 'boʊfət]: Die B., die nach einem englischen Admiral benannt ist, ist eine Skala zur Feststellung von ↑Windstärken.

Bebauungsplan: Der B. ist derjenige Bauleitplan, der in der Regel aus dem Flächennutzungsplan entwickelt wurde. Er ist verbindlich. Festgelegt werden in ihm Art und Ausmaß der baulichen Nutzung, die Bauweise, die Stellung der baulichen Anlagen und die Anlage von Verkehrs- und Grünflächen.

Becken:

◊ In der Geomorphologie versteht man unter B. eine Hohlform im Gelände, deren Außmaß unterschiedlich sein kann. Bei einem etwa runden Grundriß

spricht man auch von einem *Kessel.* Beispiele sind das Kongobecken und der Hirschberger Kessel.
◊ In der Geologie bezeichnet B. einen größeren Sedimentationsraum mit meist schüsselartig gelagerten Gesteinsschichten (z.B. Thüringer Becken, Ith-Hills-Mulde). Da aber B. später meist von jüngeren Sedimenten aufgefüllt worden sind, sind sie heute äußerlich nicht mehr als B. zu erkennen, z.B. das Mainzer Becken und das Pariser Bekken.

Beduinen: B. sind die in den Steppen und Wüsten Vorderasiens und Nordafrikas lebenden Nomaden, die ethnisch zu den Arabern gehören.

Belebtschlamm: Der B. besteht aus Bakterien, Wimpertierchen und Flocken von organischen Teilchen. Er entsteht in der biologischen Reinigungsstufe der ↑Abwasseraufbereitung.

Benguelastrom: kalte Meeresströmung im Atlantik, ↑Karte Meeresströmungen.

Benthal: Als B. wird die ↑Gewässerregion des bodennahen Wassers bezeichnet.

Beregnung: Bei dieser Art der künstlichen Bewässerung werden die Anbauflächen mit Hilfe von entsprechenden Anlagen mit Wasser besprengt. Sie wird hauptsächlich im Gartenbau angewandt. Aber auch im Hackfruchtfeldbau werden in den heißen Sommermonaten in den frühen Morgenstunden, wegen der geringeren Verdunstung, diese Sprenganlagen eingesetzt. Im Gegensatz zur ↑Berieselung geht hier wegen der hohen Verdunstungsrate sehr viel Wasser verloren. Das Wasser wird hauptsächlich mit Hilfe von Motorpumpen aus dem Grundwasser gefördert. Diese Art der Bewässerung wird meist nur in Mitteleuropa und in den USA praktiziert, da sie einen beträchtlichen technischen Aufwand und damit Kapital erfordert.

Berg: Als B. wird allgemein jede deutliche Bodenerhebung angesehen, die sich jedoch von einem Hügel durch ihre Größe unterscheiden muß. Die Entstehung kann auf verschiedene Arten zustande kommen (↑Vulkan, ↑Restberg, ↑Tafelberg, ↑Horst).

Bergbau: B. ist die Gewinnung nutzbarer Minerale in großem Umfang. Die Gewinnung erfolgt mit Werkzeugen, Maschinen, gelegentlich, v.a. beim Salzabbau, auch durch Wasser. Je nach Lage der zu gewinnenden Rohstoffe erfolgt der Abbau oberirdisch (wir sprechen dann von *Tagebau*) oder unterirdisch (*Untertagebau* oder *Tiefbau*). Beim Untertagebau muß beachtet werden: Sicherung gegen Einsturz und Nachrutschen, Durchlüftung der Stollen zum Abzug von Gasen (um Explosionen zu vermeiden), Beseitigung des Grundwassers, Bekämpfung der Wärme in den Gruben. Beim Tagebau ist eines der Hauptprobleme die Rekultivierung der oftmals zerstörten Landschaft. Die Rekultivierung ist heute häufig schon eine Auflage bei der Erteilung von Genehmigungen zum Abbau.

Bergbauer: Die Bergbauern leben im Gebirge und bestreiten ihren Lebensunterhalt hauptsächlich durch Viehzucht und Holzeinschlag. Da sie oft in abgelegenen Gebieten leben, führen sie häufig ein entbehrungsreiches Leben. Ihre Abwanderung in ökonomisch vorteilhaftere Gebiete, unter der Bezeichnung *Bergflucht* bekannt, führt zu Problemen der Landespflege in diesen nun verlassenen Gebieten.

Bergfahrt: In der Flußschiffahrt wird eine Fahrt stromaufwärts (also gegen den Strom) als B. bezeichnet. – Die Fahrt in der Gegenrichtung – also stromabwärts – nennt man Talfahrt.

Bergrutsch: svw. ↑Erdrutsch

Bergstadt: B. war der Titel mittelalterlicher Bergbaustädte, bes. im Oberharz, im Erzgebirge und in den Sudeten, da diese besondere Rechte besaßen.

Bergsturz: Ein B. ist eine Massenbewegung, bei der sich an Steilwänden plötzlich Gesteins- und Erdmassen ablösen und zu Tal stürzen. Das abgelöste Gesteinsmaterial hinterläßt am Steilhang eine *Abrißnische* und häuft sich am Ende der Sturzbahn an. Ein solches unregelmäßiges Ablagerungsgebiet wird als *Tomalandschaft* bezeichnet. Ein B. kann am Gegenhang aufbranden und dadurch einen im Tal verlaufenden Fluß zu einem *Bergsturzsee* aufstauen.

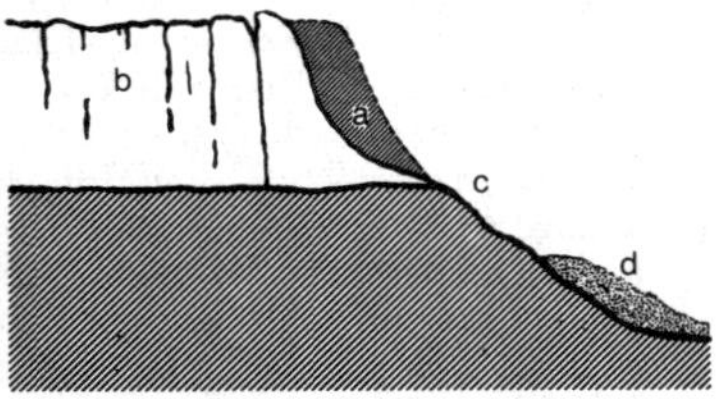

a Abrißnische, b klüftiges Gestein, c Gleitbahn, d Ablagerungsgebiet

Ein B. kann verschiedene Ursachen haben: Entweder die Versteilung des Hanges – hervorgerufen etwa durch die Erosion eines am Hangfuß fließenden Flusses oder durch die Anlage einer Straße (oder ähnliche Eingriffe des Menschen) – oder die Übersättigung des anstehenden Gesteins- und Erdmaterials mit Wasser – hervorgerufen etwa durch besonders starke Niederschläge oder durch den Rückstau des Grundwassers bei der Anlage eines Stausees – oder aber Erschütterungen, also Erdbeben oder Sprengungen.
Von B. spricht man aber nur, wenn mehr als 100000m^3 Gesteins- und Erdmaterial abstürzen; lösen sich geringere Mengen, spricht man von einem *Felssturz* oder von *Steinschlag*. Erfolgt die Bewegung insgesamt gleitend, sprechen wir von einem ↑Erdrutsch.

Bergufer: Das rechte, steile, durch Unterschneidung entstandene Ufer großer Tieflandströme, v.a. in Südrußland (z.B. Wolga), wird B. genannt. Ursache ist die Rechtsablenkung der Flüsse auf der Nordhalbkugel durch die ↑Corioliskraft; entsprechend bewirkt somit auf der Südhalbkugel die Linksablenkung linke Steilufer. – Den Gegensatz bildet das niedrige, flache linke (auf der Südhalbkugel rechte) sogen. *Wiesenufer*.

Bergwind: Lokale von den Bergen in tiefere Gebiete gerichtete Luftströmungen bezeichnen wir als Bergwinde. Sie entstehen durch Abfließen von Kaltluft, die sich abends an Berghängen und auf Hochflächen infolge der Ausstrahlung bilden. Der B., der bis zur Kammhöhe reicht, erfaßt im allgemeinen eine Schicht von 200 bis 500 m Mächtigkeit. – Der Gegensatz zum B. ist der tagsüber wehende Talwind. Der bekannte Heidelberger Talwind ist jedoch ein Bergwind!

Berieselung: B. ist der fachliche Ausdruck für die am häufigsten angewandte Art der künstlichen Bewässerung in der Landwirtschaft. Das Wasser wird hierbei in Stauseen oder Kanaten gesammelt oder aus Brunnen gefördert und über den Hauptbewässerungskanal zur Kulturfläche geleitet. Hier fließt es entweder in einem System von Gräben, an deren Grund das Wasser teilweise in den Boden eindringt, über das zu bewässernde Land, oder dieses wird vollständig überflutet. Die letztgenannte Methode wird v.a. beim Terrassenfeldbau angewandt, wobei das Wasser, sobald eine Parzelle – also eine Terrasse – lange genug mit Wasser überflutet gewesen ist, in die nächst tiefer gelegene Terrasse weitergeleitet wird.

Betriebsgröße: Unter B. versteht man in der Landwirtschaft das vom Landwirt bewirtschaftete Areal. Dazu gehört auch das gepachtete, nicht aber das verpachtete Land.

Bevölkerungsbewegung: Die B.en sind auch unter den Namen *Migrationen* bekannt. Zunächst bedeuten sie nur eine Ortsveränderung, in der Regel eine Verlegung des Wohnsitzes auf längere Zeit oder für immer. Die größten B.en fanden wohl zur Zeit der Völkerwanderung statt, der Bogen spannt sich aber über die Auswanderungen, v.a. in die Neue Welt, bis hin zu den Gastarbeiterbewegungen von heute. Die Ursachen für B.en können politischer, wirtschaftlicher und religiöser Natur sein; so gehören dazu auch die bewußt ausgelösten Auswanderungen und die Vertreibungen in und nach dem letzten Weltkrieg. Häufig zu beobachten ist heute eine B. von Passiv- in Aktivräume.

Bevölkerungsdichte: Die B. ist die durchschnittliche Zahl der Einwohner auf einer bestimmten Fläche (meist km²). Die Aussagekraft für größere Räume, Länder oder Kontinente, ist nicht sehr groß, da ja auch fast menschenleere Räume, etwa Wüsten, in die Berechnung einfließen.

Bevölkerungsexplosion: Das heute auf der Erde, besonders in den Entwicklungsländern, stattfindende besonders schnelle Bevölkerungswachstum (das sogen. exponentiale Wachstum, im Gegensatz zum linearen Wachstum) wird häufig als B. bezeichnet.

Bevölkerungspyramide: svw. ↑ Alterspyramide

Bewässerung (künstliche Bewässerung): Unter B. versteht man alle Maßnahmen zur Bodenanfeuchtung mit dem Zweck, Pflanzen über den natürlichen Niederschlag hinaus mit Wasser zu versorgen, und zwar durch ober- oder unterirdische Zuführung oder durch Grundwasseranreicherung. In Trockengebieten wird durch B. der Pflanzenanbau erst ermöglicht, in feuchteren Klimagebieten dient die B. zur Sicherung und Steigerung des Ertrages. Ziele der B. im weiteren Sinne sind außerdem: Düngung (durch Zugabe von Dünger), Frostschutz, Bodenerwärmung, Entgiftung und Entsalzung des Bodens, Verhütung der Bodenzerstörung, Luftfeuchteerhöhung, Schädlingsbekämpfung u.a.
In hangigem Gelände erfolgt oberirdische B. durch ↑ Berieselung mit strömendem Wasser, das in Gräben angestaut wird. Im Gartenbau wird oft die Methode der ↑ Beregnung angewandt, in heißen Gebieten und in gewissen Treibhäusern die genau dosierte ↑ Tröpfchenbewässerung. Eine Weiterentwicklung ist die v.a. in extremaniden Gebieten bei Bäumen angewandte ↑ Unterflurbewässerung.
Als *Bewässerungsanlagen* werden alle Einrichtungen zur künstlichen Wasserzuführung in der Landwirtschaft bezeichnet.
Um negative Folgen der B., etwa die Versalzung der Böden, zu vermeiden, muß darauf geachtet werden, daß das zugeführte und von den Pflanzen nicht verbrauchte Wasser wieder abgeführt wird (etwa in sogen. Drainagesystemen); mit der B. muß also eine entsprechende Entwässerung einhergehen.

Bewässerungswirtschaft: Unter B. versteht man die Gesamtheit der Maßnahmen und Einrichtungen zur rationellen Deckung des Wasserbedarfes von Kulturpflanzen. Die wichtigste Aufgabe dabei ist die *Wasserbereitstellung:* 1. durch Wasserbeschaffung oder -erschließung aus den natürlichen Vorkommen, also aus Flüssen, Quellen, Regenwasser, Sickerwasser, Grundwasser, mit Hilfe von Kunstbauten (z.B. Dämme, Wehre, Brunnen, Zisternen, Kanate) und wenn nötig besonderen Förder- und Hebeeinrichtungen (z.B. Ziehbrunnen, Schöpfräder, durch Windmühlen, Elektromotoren u.a. angetriebene Pumpen). 2. durch Wasserspeicherung (z.B. in Stauseen, Teichen, Zisternen, Wassertürmen) und schließlich die *Wasserverteilung* mit Hilfe besonderer Be- und Entwässerungskanäle. Das Zusammenspiel der Maßnahmen und Einrichtungen zur Bewässerung wird als *Bewässerungssystem* bezeichnet.

B-Horizont: der mittlere Horizont eines ↑ Bodenpofils, der auch Unterboden genannt wird.

Bidonville [französisch bidõ'vil]: Bezeichnung für eine Slumsiedlung im französischen Sprachraum Afrikas, ↑ Slum.

Bifurkation: Als B. bezeichnet man eine Flußgabelung, die besonders bei flachen Wasserscheiden auftritt, wobei sich die einzelnen Flußarme verschiedenen Stromgebieten zuwenden. Der Oberlauf (oberhalb der B.) dieses Flusses gehört also zwei Stromgebieten an. Bekanntestes Beispiel ist die Bifurkation des Orinoko, der einen Teil seines Wassers über den Río Casiquiare dem Río Negro und damit dem Amazonas zuführt.

Bimsstein: B. ist ein schaumig-poröses vulkanisches Glas, ein vulkanisches Auswurfsprodukt, das unter Wassereinfluß zu Tuff verfestigt wird. B. ist leichter als Wasser.

Binnendelta: Da Fremdlingsflüsse mit abnehmender Wasserführung kein Flußbett mehr ausbilden können, fließen sie dann unmittelbar auf der flachen Oberfläche und fächern dabei deltaförmig auf. Da dieses Delta aber im Binnenland gebildet wird (und nicht an der Küste), wird es B. genannt. Flüsse mit nur periodischer oder episodischer Wasserführung versiegen im B. dann gänzlich. Bei permanent fließenden Flüssen können die Deltaarme wieder zu einem Fluß zusammenfinden. Beispiel hierfür ist der Niger, der zwischen Ségou und Timbuktu (in Mali) ein weites temporäres Überschwemmungsgebiet bildet, das bei Niedrigwasser als großes B. erscheint.

Binnenfischerei: Als B. bezeichnet man den Fischfang in den Gewässern des Festlandes im Gegensatz zur ↑Küstenfischerei und zur ↑Hochseefischerei.

Binnengewässer: Die Gesamtheit der Gewässer auf dem Festland (z.B. Bäche, Flüsse, Kanäle, Teiche, Seen) wird unter dem Begriff B. zusammengefaßt. Völkerrechtlich sind B. (in diesem Sinne auch *Eigengewässer* genannt) alle der Gebietshoheit eines Staates unterstehenden Gewässer. Zu diesen gehören außer den oben genannten auch die *maritimen B.,* zu denen Seehäfen, Reeden, Binnenmeere, Mündungsgebiete und Buchten (bei denen allerdings die Einfahrt eine Breite von 10 Seemeilen nicht überschreiten darf [Ausnahme: sogen. ↑historische Buchten]) gehören. An die maritimen B. schließen sich seewärts die ↑Küstengewässer an.

Binnenklima: svw. ↑kontinentales Klima

Binnenmeer: Ein Meeresteil, der lediglich durch einen schmalen Durchlaß, eine Meeresstraße, eine Verbindung mit dem Ozean besitzt, wird als B. bezeichnet. Binnenmeere sind z.B. das Schwarze Meer und das Rote Meer.

Binnenschiffahrt: Die B. umfaßt die Beförderung von Personen und Gütern auf den ↑Binnengewässern. Schiffe können größere Gütermengen, besonders Massengüter, billiger – allerdings langsamer – transportieren als Eisenbahn und Lastkraftwagen. In der Personenbeförderung ist die B. im wesentlichen auf Urlaubs- und Fährverkehr beschränkt.

Binnenstaat: B. ist die Bezeichnung für einen Staat, der keinen eigenen Zugang zum Meer hat.

Binnenwanderung: Unter B. versteht man die Bevölkerungsbewegung innerhalb von Staats- oder Landesgrenzen im Gegensatz zur Ein- und Auswanderung.

biogene Gesteine: ↑organogene Gesteine

Biogeographie: Die B. ist ein Teilgebiet der physischen Geographie. Sie beschäftigt sich mit den Beziehungen der Lebewesen zu dem Raum, in dem sie leben. Man gliedert sie in Pflanzengeographie (Vegetationsgeographie), Tiergeographie und Teile der Geographie des Menschen, nämlich die physische Anthropogeographie. Letzte befaßt sich u.a. mit Fragen der Akklimatisation, der Ernährungsökologie, der Verbreitung von Krankheiten.

Bioklimatik: Die B. untersucht die Einflüsse des Klimas auf die Lebewesen, besonders auf den Menschen. Sie ist ein Teilgebiet der Klimatalogie. Man untersucht die Bedeutuung unterschiedlicher Klimate für die Gesundheit des Menschen. Dabei versucht man die Zusammenhänge zwischen Wetter und Krankheiten aufzudecken.

Die bioklimatischen Verhältnisse sind an der See anders als im Gebirge und in der Großstadt. Sogar jeder Wohnraum hat ein besonderes Kleinklima.

Biosphäre: Als B. wird die Gesamtheit des von Lebewesen besiedelten Teiles der Erde bezeichnet. Sie umfaßt eine dünne Schicht an der Oberfläche des Festlandes, die Binnengewässer und das Weltmeer.

biotische Umwelt: Die b. U. umfaßt die Grundkomponenten Produzenten, Konsumenten und Reduzenten eines ↑Ökosystems.

Biotop: Unter einem B. versteht man einen bestimmten Lebensraum von Pflanzen und Tieren. Jedes B. weist besondere Umweltverhältnisse auf, für die bestimmte pflanzliche und tierische Lebewesen kennzeichnend sind. Die für ein B. charakteristischen Lebewesen bilden eine Lebensgemeinschaft, eine sogen. ↑Biozönose. B. und Biozönose ergeben zusammen das ↑Ökosystem. In der Pflanzenkunde gebraucht man statt B. häufig die Bezeichnung *Standort.* Die Landschaft setzt sich aus einer Vielzahl von Biotopen zusammen; in Mitteleuropa sind typische B.e. z.B. Ackerland, Wiesen, Flugsandgebiete, Seen und Röhricht; sie liegen zum Teil dicht nebeneinander.

Biozönose: Unter B. versteht man die Lebensgemeinschaft verschiedener Pflanzen- und Tierarten, die auf Grund ähnlicher Ansprüche an Boden und Klima im selben Biotop leben und so ein ↑Ökosystem bilden, wobei sie sowohl in Konkurrenz zueinander stehen als auch sich gegenseitig ergänzen können. In einer ausgewogenen B. sind die Mengen der auf- und der abgebauten Stoffe gleich groß.

Blattverschiebung: Unter B. versteht man die horizontale ↑Verwerfung.

Bleicherden: Bodentyp des kühlgemäßigten humiden Klimabereiches, ↑Podsole.

Blitz: Der B. ist eine zwischen Wolken mit entgegengesetzter elektrischer Aufladung oder zwischen ihnen und der Erdoberfläche stattfindende Funkenentladung großen Ausmaßes, die zu einem Ausgleich von starken elektrischen Potentialdifferenzen (bis 300 Mill. V) führt und von starken Schallerscheinungen, dem Donner, begleitet ist. Sie erfolgt meist ruckweise entlang einer häufig verzweigten Zickzackspur, der *Blitzbahn,* die einige Zentimeter Durchmesser hat. Diese Erscheinung tritt bei ↑Gewittern auf.

Blizzards: Als B. werden in Nordamerika plötzlich auftretende, aus Norden kommende Schneestürme bezeichnet. Es handelt sich um Einbrüche kalter Luftmassen, die wegen fehlender querverlaufender Gebirge sehr rasch und sehr weit von Norden (oder Nordwesten) nach Süden vordringen können. Blizzards können bis ins Mississippidelta wirksam werden, wo sie oft starke Temperaturstürze (bis 30 Celsiusgrade) hervorrufen.

Blockbild (Blockdiagramm): Ein B. ist eine schematische Zeichnung von einem Ausschnitt aus der Erdoberfläche zur besseren Veranschaulichung der Oberflächenformen, ihres inneren Aufbaus und eventueller Entwicklungsprozesse. Beispiele für Blockbilder finden sich in diesem Buch unter ↑Geologie, ↑Karst und ↑Vulkanismus.

Blockbildung: Von B. spricht man, wenn sich durch Verwitterung, Auswaschung und Abspülung aus dem anstehenden Gestein Gesteinsblöcke bilden. Hierzu bedarf es Gesteinsarten, die grobblockig verwittern, wie z.B. Granit, harte Sandsteine oder auch Basalte. Setzen sich die Blockmassen durch Solifluktion in Bewegung, kommt es an Steilhangfüßen zur Bildung von *Blockhalden,* in Tälern zu *Blockströmen.* Ein *Blockmeer* (auch *Felsenmeer* genannt) dagegen hat eine größere seitliche Ausdehnung als der Blockstrom und ist kaum bewegt worden.

Blockflur: Die B. ist eine Flurform, die in Gebieten mit planmäßiger Fluranlage oder Flurbereinigung häufig anzutreffen ist; ↑Flurformen.

Bocage [französisch bɔˈkaːʒ]: B. ist die Bezeichnung für die ↑Heckenlandschaft in Nordwestfrankreich und in französischen Mittelgebirgen.

Bodden: Durch die Überflutung flacher Grundmoränenlandschaften in der Nacheiszeit entstanden (z.B. an der deutschen Ostseeküste) stark gelappte Küstenformen mit seichten, unregelmä-

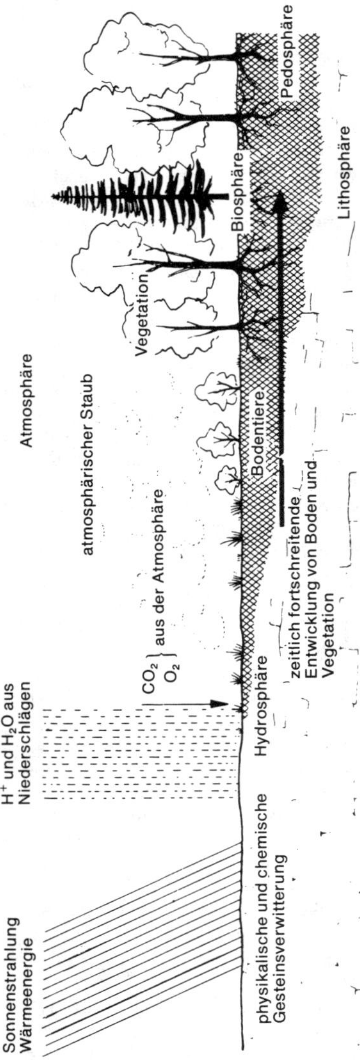

Schema für Bodenbildungsprozesse durch Gesteinsverwitterung (bedingt durch Klimaelemente, Wasserstoffionen, Wasser, Sauerstoff, Kohlendioxid), Biotisierung (Auftreten von Vegetation und Bodentieren) und atmosphärische Staubzufuhr.

ßigen Buchten, welche man als B. bezeichnet. Für die Küstenform allgemein findet sich daher auch der Name *Boddenküste*.

Boden: B. nennt man die durch physikalische und chemische Verwitterungsvorgänge, biogene Umsetzungen (u.a. Bildung von Humus) und vielfältige Verlagerungsprozesse an der Erdoberfläche entstandene Lockererde über dem Gestein. Die Entwicklung des B.s. wird vom Klima, dem Gesteinsuntergrund, der Vegetation u.a. Umwelteinflüssen bestimmt. Die wichtigsten Bodenbestandteile sind Huminstoffe, Tonminerale, freie Oxide von Eisen und Aluminium (Gele), aber auch unverwitterte Teile wie Quarz sowie neugebildete Substanzen, wie Kalk, Gips und Natriumsalze; ferner gehören zum B. B.wasser und B.luft. Der B. ist Lebensraum der B.tiere und Wurzelort der Pflanzen.

Bodenart: Böden bestehen aus Gemischen von Bodenteilchen mit verschiedener Korngröße. Diese Korngrößen teilt man ein in: *Ton* (Korngrößendurchmesser weniger als 0,002 mm), *Schluff* (0,002–0,063 mm), *Sand* (0,063–2 mm) und *Steine* (über 2 mm). Je nach dem Verhältnis der verschiedenen Korngrößen in einem Boden unterscheidet man folgende B.en: Ton-, Schluff-, Lehm-, Sand- und Skelettböden.

Bodenerosion: ↑Bodenzerstörung

Bodenfließen: Unter B. kann man sowohl ↑Gekriech als auch ↑Solifluktion verstehen.

Bodenfrost: Sinkt die Temperatur am Erdboden unter den Gefrierpunkt, werden aber in 2 m Höhe noch Werte über 0° Celsius gemessen, sprechen wir von Bodenfrost. Zu Bodenfrösten kommt es verstärkt in wolkenlosen Nächten, wenn bei einsetzenden ↑Ausstrahlungen die bodennahen Luftschichten abkühlen und dann das im Boden enthaltene Porenwasser gefriert. Da es dabei zur Volumenvergrößerung (des Eises gegenüber dem Wasser) kommt, treten bei B. häufig Aufwölbungen im Boden, sogen. Frostaufbrüche, auf.

Bodengefüge (Bodenstruktur): Unter B. versteht man in der *Bodenkunde* die räumliche Anordnung der festen Bodenbestandteile, die durch den mit Wasser oder Luft gefüllten Porenraum getrennt werden. Man unterscheidet 1. *Einzelkorn-* oder *Elementargefüge,* bei dem die einzelnen Bodenteilchen (z.B. Sandkörner) nicht miteinander verbunden sind; 2. *Kohärentgefüge,* bei dem die Bodenteilchen dicht gepackt zusammenhängen; 3. *Aggregatgefüge,* bei dem die Bodenteilchen locker aneinandergelagerte Aggregate bilden; je nach Größe *Krümel-* (bis 10 mm Durchmesser) oder *Bröckelgefüge* (über 10 mm Durchmesser); 4. *Absonderungs-* oder *Segregatgefüge,* das v. a. durch Austrocknung und Schrumpfung bedingt, durch bestimmte Absonderungsformen (Segregate) in feinkörnigen (tonigen) Böden charakterisiert ist; je nach dessen vorherrschenden Formen spricht man von *Polyeder-, Prismen-, Säulen-* oder *Plattengefüge.*

Bodengüte (Bonität): Die B. resultiert aus der Nährstoffzusammensetzung und dem Humusgehalt des Bodens. Diese beeinflussen die Reaktion des Bodenwassers, welches sauer, neutral oder schwach alkalisch reagieren kann. Die Pflanzen stellen unterschiedliche Ansprüche an die Bodengüte. So gibt es Pflanzen, die ausgesprochen saure Böden bevorzugen, wie die Torfmoose, und Pflanzen, die basisch reagierende Böden beanspruchen, wie das Adonisröschen. Für den Ackerbau sind die sauer reagierenden Böden ungeeignet und können oft nur als Wiese oder Weide genutzt werden, während schwach alkalisch reagierende Böden, wie z.B. der kalkhaltige Lößboden, auch anspruchsvollen Kulturpflanzen, wie der Zuckerrübe und dem Weizen, ein optimales Wachstum ermöglichen. Auch die Wasserleitfähigkeit des Bodens beeinflußt die B.: Leichte, sandige Böden trocknen schnell aus, während schwere, lehmige Böden naß und kalt sind; Abhilfe ermöglicht hier die ↑ Bodenverbesserung.

Bodenhorizont: Die B.e sind die einzelnen Teile eines ↑ Bodenprofils.

Bodennebel: Von B. sprechen wir bei einer flachen am Boden aufliegenden Nebelbildung. B. entwickeln sich bei Windstille über abkühlendem Untergrund, wenn die unteren Luftschichten unter ihren Taupunkt abkühlen und ein Teil des in der Luft vorhandenen Wasserdampfes in den flüssigen Zustand des Wassers übergeht, das heißt kondensiert. Es bilden sich also kleine Wassertröpfchen, die in großer Konzentration die Sicht behindern, also ↑ Nebel.

Bodennutzungssysteme: Die landwirtschaftlichen B. beschreiben die für räumliche und zeitliche Verteilung von Bodennutzung erforderlichen Ordnungsgrundsätze. Diese sind sehr einfach und überschaubar bei sehr ungünstigen Naturbedingungen, einfachen Kulturstufen und großer Marktferne (Wanderfeldbau, Weideflächenwechselsysteme). Bei besseren Naturbedingungen und größerer Kulturhöhe werden die B. vielseitiger, es entstanden verschiedene Fruchtwechselsysteme, z.B. ↑ Dreifelderwirtschft.

Bodenorganismen (Edaphon): Die vorzugsweise im Erdboden lebenden tierischen und pflanzlichen Organismen spielen durch ihre Tätigkeit eine wichtige Rolle im Stoffkreislauf der Natur.

Zur *Bodenfauna* gehören Vertreter fast aller Tiergruppen, vom Einzeller bis zum Säugetier. Einige verbringen ihr gesamtes Leben im Boden (z.B. Regenwürmer); andere halten sich dort nur während bestimmter Lebensabschnitte auf (z.B. als Eier, Larven oder nur zum Winterschlaf).

Die bekanntesten bodenbewohnenden Tiere sind die Regenwürmer, die auch landwirtschaftlich von Bedeutung sind. Sie leben von Pflanzenresten, die sie in ihre Röhre einbringen, und sorgen für die Durchmischung und Durchlüftung des Bodens.

Zur *Bodenflora* gehören vor allem Bakterien, Pilze, Algen und Flechten. Die überaus wichtige Tätigkeit der Bakte-

rien besteht in dem Abbau der organischen Bestandteile des Bodens, die von anderen Organismen vorzerkleinert worden sind, zu anorganischen Stoffen (heterotrophe Bakterien). Die autotrophen Bakterien fördern den Gehalt des Bodens an Mineralstoffen, dadurch daß sie Luftstickstoff, Schwefel oder Eisen oxydieren und so in Salzen binden, die von den höheren Pflanzen aufgenommen werden können.
Pilze bauen verholzte Pflanzenteile ab; einige leben mit Baumwurzeln in Symbiose.

Bodenprofil: Infolge der ab- oder aufwärtsgerichteten Verlagerung von Bodenbestandteilen entstehen im Boden Anreicherungs- oder Verarmungszonen bestimmter Art und Mächtigkeit, die sogen. *Bodenhorizonte.* Sie verlaufen meist parallel zur Erdoberfläche und unterscheiden sich u.a. im Gefüge, Chemismus, Wasserhaushalt und in der Farbe. Ihre vertikale Abfolge, vom unverwitterten Gestein bis zur Erdoberfläche, wird als B. bezeichnet. Die drei wichtigsten Bodenhorizonte sind:
1. Der *A-Horizont (Auslaugungshorizont, Oberboden)* ist der mit Humus u.a. organischer Substanz durchsetzte, daher meist dunkel gefärbte oberste Horizont.
2. Der darunter folgende *B-Horizont (Anreicherungshorizont, Unterboden)* ist u.a. durch bestimmte Verwitterungsvorgänge (daher meist braun gefärbt) sowie durch Anreicherung oder Neubildung von Tonmineralen, Eisen- und Alumiumoxiden gekennzeichnet. Er ist nicht in allen Böden ausgebildet, z.B. nicht im Ranker, in der Rendzina, Steppenschwarzerde und im Tirs.
3. Der *C-Horizont* ist der unveränderte Untergrund, das Ausgangsgestein.
Zu den übrigen Bodenhorizonten gehören u.a. der *O-Horizont,* eine Humus- oder andere organische Auflage auf dem A-Horizont; der *G-Horizont,* ein durch Grundwasser beeinflußter Horizont; der *P-Horizont,* ein toniger, stark plastischer Horizont, und der *S-Horizont,* ein durch Stauwasser beeinflußter Horizont.
Weitere Besonderheiten der genannten Horizonte werden mit Indizes angegeben, wobei u.a. h für Humusanreicherung, l für Lessivierung, c oder ca für Anreicherung mit Calciumcarbonat, o für Oxydationsvorgänge, sa für Salzanreicherung, t für Tonverlagerung und v für Tonmineralneubildung steht.

Bodenreform: Eine B. ist im wesentlichen eine ↑Agrarreform.

Bodenschätze: Als B. bezeichnet man alle ober- und unterirdisch in natürlichen Anreicherungen, den Lagerstätten, vorhandenen nutzbaren Rohstoffe. Zu den B.n gehören Erze, Salze u.a. industriell verwendbare nichtmetallische Minerale, Steine und Erden, Schmucksteine, Kohle, Erdöl und Erdgas.

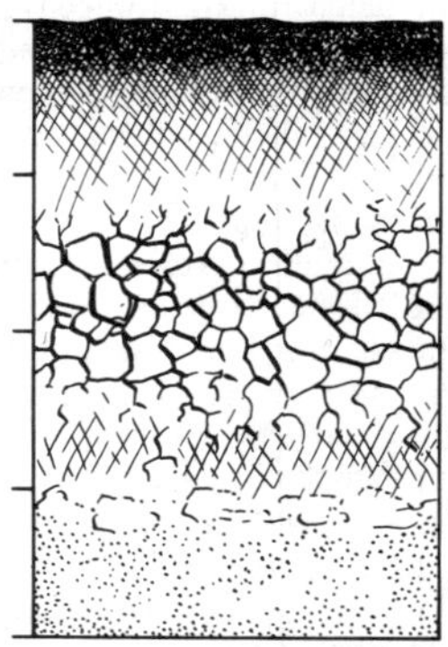

Bodenprofil, dargestellt am Beispiel einer Parabraunerde mit Tondurchschlämmung, die sich aus Löß entwickelte.
- A_h humoser, graubrauner bis gelbbrauner verlehmter Löß;
- A_l fahlgelber bis fahlbrauner, schwach lehmiger Löß (lessivierter Horizont);
- B_t mit Tonmineralien und Tonfraktion von oben angereichter Horizont, im trockenen Zustand rissig (polygonale Struktur) braun;
- B_v lehmiger Verwitterungshorizont;
- Ca Kalkanreicherungshorizont (ausgewaschener, hier abgelagerter Kalk aus der oberen Lößdecke);
- C unverwitterter, kalkhaltiger Löß.

Bodenstruktur: svw. ↑Bodengefüge

Bodentypen: Böden mit gleichem Entwicklungszustand und daher auch mit gleichem Bodenprofil faßt man zu B. zusammen. Wichtige B. sind: Rohboden, Rendzina, Ranker, Tirs, Steppenschwarzerde (Tschernosem), Braunerde, Parabraunerde u.a. lessivierte Böden, Podsol, Roterde u.a. Latosole, Rotlehm u.a. Plastosole, Terra fusca, Salzboden, Pseudogley, Glei (Gley), Auenböden sowie die Böden der Marschen und Moore.

Bodenverbesserung: Bei der B. sollen landwirtschaftlich genutzte Böden in ihrem Ertrag gesteigert werden. Eine Maßnahme der B. ist die Düngung. Außerdem gibt es verschiedene Maßnahmen zur Verbesserung des ↑Bodengefüges. Die nassen, lehmigen Böden können durch Zusatz von Sand lockerer, trockener und wärmer gemacht werden. Bei Sandböden kann durch Zusatz von Lehm erreicht werden, daß sie nicht so schnell austrocknen.

Bodenversalzung: Unter B. versteht man in der Bodenkunde die Bildung von Salzböden, die durch natürliche oder durch menschliche Maßnahmen hervorgerufene Anreicherung von Natriumsalzen [u.a. Salzen] besonders in Trokkengebieten stattfindet. B. geht häufig auf unzulängliche Bewässerungsmaßnahmen zurück und hat deshalb in jüngerer Zeit als Folge der starken Ausweitung der Bewässerung große Ausmaße angenommen. Dabei werden nicht nur die in jedem Grund- und Flußwasser in unterschiedlicher Konzentration enthaltenen Salze, sondern auch zusätzlich aus dem Boden gelöste Salze infolge der hohen Verdunstung an oder nahe der Erdoberfläche ausgeschieden. Auch aufgestautes Grundwasser kann zur B. führen. Ebenso hinterläßt das sich in Senken zeitweilig sammelnde Niederschlagswasser nach seiner Verdunstung oft Salzkrusten; dadurch können schließlich Salzpfannen entstehen.

Die Melioration versalzter Böden muß den Vorgang der B. rückgängig machen, also etwa durch starke Wassergaben die ausgeschiedene Salze auflösen und abführen, oder durch Senkung des Grundwasserspiegels den Aufstieg der Salze aus dem Grundwasser verhindern.

Bodenzerstörung (Bodenerosion, englisch: soil erosion): B. ist jede über das natürliche Maß hinausgehende Abtragung von Böden, und zwar durch Erosion oder Denudation. Sie wird ausgelöst durch bestimmte Tätigkeiten des Menschen, wie Abholzen von Wäldern, Zerstörung der Vegetationsdecke durch Überweidung, Ackerbau auf erosionsgefährdeten Steppenböden u.a., oder zumindest durch diese beschleunigt und durch die abtragende Tätigkeit von Wasser und Wind, also durch Erosion und Denudation, bewirkt. Die bekannteste und augenfälligste Form ist die *Runsenerosion* auf stärker geneigten Flächen; sie setzt häufig in böschungsparallelen Pflugfurchen ein und bewirkt tiefe Einrisse oder auch Schluchten in der Geländeoberfläche, was zu ↑Owragi und im Endstadium zu ↑Badlands führt. Die v.a. in ariden Gebieten wirkende Winderosion durch Staub- und Sandstürme führt einerseits durch vollkommene Abtragung des Bodens oder durch selektive Denudation des fruchtbarkeitsbestimmenden Feinanteils zur Bodenzerstörung, andererseits durch Ablagerung von Flugsand zur Verwüstung von Kulturland.

Der durchschnittliche jährliche Bodenverlust durch Wassererosion beträgt in Baumwoll-, Erdnuß- und Maismonokulturen Afrikas und der USA bis über 700 t/km², auf landwirtschaftlich genutzten Flächen Europas etwa 80 t/km². Die im Hochwasserbereich der mitteleuropäischen Täler mitunter mehrere Meter mächtigen Ablagerungen feiner Lehmmassen *(Auelehm)* sind eine Folge der B.; sie bestehen nämlich aus dem solchermaßen abgetragenen Bodenmaterial.

Die wirksamsten Gegenmaßnahmen sind der Anbau von Bodenschutzpflanzen, der dem Gelände angepaßte sogen.

Streifenanbau, bei dem bodenhaltende Fruchtarten mit zeitweilig bodenoffenen Streifen wechseln, isohypsenparalleles (also immer auf gleicher Höhe bleibendes) Pflügen der Ackerfurchen, das Pflanzen von Hecken- und Baumreihen als Windschutz, das Anlegen von Terrassen sowie die Schaffung von erosionssicheren Drainagesystemen und Rückhaltebecken.

Böllingzeit: Zeitabschnitt des Spätglazials, ↑Quartär

Bolson: B. ist die in Lateinamerika gebrauchte Bezeichnung für ein in Trokkengebieten gelegenes Becken, das von Gebirgen umschlossen ist und keinen Abfluß aufweist. Im Beckeninnern bildet sich auf dem flachen Beckenboden, *Playa* genannt, in niederschlagsreichen Zeiten oft ein flacher Salzsee. Die flachen Schwemmfächer vom Gebirgsrand zu den Playas heißen *Bajadas.*

Bombe (vulkanische B.): Bomben nennt man vulkanische Auswurfsprodukte, und zwar Lavafetzen, die im Flug durch Drehbewegungen eine bestimmte Form annehmen und erstarrt zu Boden fallen. Ihr Volumen schwankt zwischen weniger als 1 cm^3 und mehreren Kubikmetern. B.n aus gasarmer, dünnflüssiger Lava sind birnen-, spindel- oder kugelförmig. Aus gasreichen, zähflüssigen Schmelzen gebildete B.n zeigen oft Aufblähungen an der Oberfläche. Man spricht dann von Brotkrustenbomben.

Bonität: svw. ↑Bodengüte

Bonitierung: Die B. ist eine Bodenschätzung mit Klassifizierung der Bodenqualitäten [für Steuer- und Kreditzwecke]. Der Wert eines Bodens ergibt sich aus der Bodenart, dem Bodentyp und der Zustandsstufe.

Bora: Die B. ist ein kalter Fallwind, der an der Küste Südjugoslawiens im Winter häufig auftritt, nämlich dann, wenn kalte, trockene Luftmassen vom Dinarischen Gebirge in den warmen adriatischen Raum abfließen und dabei hohe Geschwindigkeiten, also Sturmstärke, erreichen.

Börde: B. ist die niederdeutsche Bezeichnung für die mit Löß bedeckten und daher fruchtbaren Ebenen am Nordfuß der deutschen Mittelgebirge, wie z.B. die Magdeburger und die Soester Börde. Da die Börden innerhalb des Norddeutschen Tieflandes relativ trocken sind, sind sie schon früh besiedelt worden (d.h. schon vor dem Mittelalter). Außerdem gedeihen auf ihren Böden bestimmte Feldfrüchte, wie Getreide, Zuckerrüben (später auch Kartoffeln) besonders gut. Daher wurde der Name B. auch zur Bezeichnung eines eigenen Types der Kulturlandschaft.

Boreal: Zeitabschnitt des Postglazials, ↑Quartär

boreal: Das Adjektiv b. bezieht sich auf Gegebenheiten und Erscheinungen, die dem kaltgemäßigten Klima Nordeuropas, -asiens und -amerikas zugehören; z.B. der ↑boreale Nadelwald.

borealer Nadelwald: Der boreale Nadelwald ist ein artenarmer Nadelwald Eurasiens und Nordamerikas, der sich im Süden an die Tundra anschließt. Er besteht aus Fichten, Kiefern, Lärchen, Tannen und Birken; den spärlichen Unterwuchs bilden vor allem Zwergsträucher sowie Flechten und Moose. Die zum Teil geschlossenen Wälder werden polwärts immer lichter; sie sind außerdem von vielen Sümpfen durchsetzt. Wegen des hier herrschenden kaltgemäßigten, kontinentalen Klimas beträgt die Vegetationsperiode nur 3–4 Monate.

boreale Zone: eine Klimazone, ↑kaltgemäßigte boreale Zone

Brache: Die B. ist das im Rahmen eines Fruchtfolgezykluses nicht bestellte Akkerland. Durch die B. soll eine Erholung des Bodens erreicht werden. Man unterscheidet u.a. die *Schwarzbrache,* bei der der Boden mehrmals umbrochen wird, die *grüne Brache* (Johannibrache), bei der der Stoppelacker als Weide genutzt und erst im Juni umgepflügt wird, und die *Trockenbrache* im Rahmen des ↑Dry-farming.

Die ↑Sozialbrache ist keine Brache im eigentlichen Sinn.

Brackwasser: B. ist das schwach salzige, ungenießbare Wasser, das sich in Randgebieten der Meere im Mündungsgebiet von Flüssen und in Strandseen, die zeitweise mit dem Meer in Verbindung stehen, als eine Mischung aus Salz- und Süßwasser bildet. Es besitzt eine charakteristische Lebewelt, die B.-Formation. Auch die Endseen in abflußlosen Gebieten verwandeln sich durch den ständig zunehmenden Salzgehalt zunächst in schwach salzige B.-Seen und schließlich in reine Salzseen. Ebenso kann das Grundwasser im Küstenstreifen brackig werden, wenn Meerwasser eindringt.

Brandrodung: Bei der B. werden Bäume und Sträucher gefällt und anschließend verbrannt, um die freigelegten Flächen ackerbaulich zu nutzen, wobei die Asche als Dünger dient. Die B. erfolgt hauptsächlich im Rahmen des ↑Wanderfeldbaus und der ↑Landwechselwirtschaft; sie wird in tropischen und subtropischen Gebieten betrieben.

Brandung: Unter B. versteht man die auf die Küste auflaufenden und sich überstürzenden (brechenden, brandenden) Meereswellen. Die B. ist meist mit einer am Boden seewärts abfließenden Sogströmung verknüpft; dadurch sowie durch den hohen Brandungsdruck, den sie v.a. auf Steilküsten ausübt, wirkt die B. meist küstenzerstörend (↑Abrasion), an Flachküsten aber durch Sandlagerungen auch küstenaufbauend. Am Fuße von Steilküsten bilden sich durch die Wirkung der B. sogen. *Brandungshohlkehlen* und *Brandungshöhlen,* die sich entlang Gesteinsklüften zu *Brandungsgassen* erweitern können. Mit dem entstehenden Brandungsgeröll schleift die B. bzw. ihr Rückstrom den Boden vor der Steilküste zu der schwach geneigten Abrasionsplatte ab.

Brasilstrom: warme Meeresströmung im Atlantik, ↑Karte Meeresströmungen.

Brauchwasser: B. bezeichnet eine Qualitätsstufe des Wassers. Es kann sich sowohl um nicht aufbereitetes Grund- und Oberflächenwasser als auch um aufbereitetes Abwasser handeln. B. ist nur technisch verwertbar, hat also keine Trinkwasserqualität.

Braunerde: Als B. bezeichnet man einen im gemäßigt-humiden Klimabereich weitverbreiteten Bodentyp auf silikatisch-quarzitischen Gesteinen unter Laub- und Mischwäldern. Die B. besitzt ein ABC-Profil mit Humusbildung im A- und Bildung von Tonmineralen und braun färbenden Eisenoxidhydraten im B-Horizont. Sie ist gut durchlüftet und weist einen günstigen Wasser- und Nährstoffhaushalt auf. Der ackerbauliche Wert der B. ist sehr unterschiedlich, die flachgründigen B.n werden meist forstlich genutzt.

Brauner Jura (Dogger): mittlere Abteilung des Jura, ↑Geologie, Formationstabelle

Braunkohle: Als B. bezeichnet man eine braune bis schwärzliche, erdige bis faserige ↑Kohle mit hohem Wasser- und Aschegehalt.

Brautpreis: Der B. ist der wesentliche Bestandteil einer ↑Kaufheirat.

Breccie (Brekzie, Bresche): Als B. bezeichnet man ein klastisches Sediment,

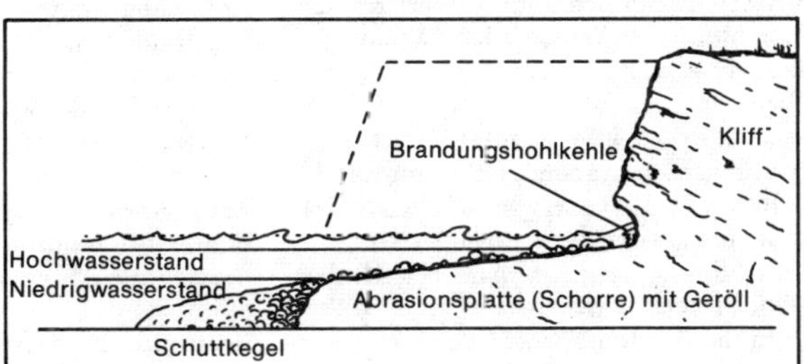

Formen der Brandungsarbeit an der Steilküste

das durch Verkittung kaum verfrachteter, darum eckiger Bruchstücke anderer Gesteine entstanden ist; das Bindemittel kann tonig, kalkig oder kieselig sein. Nach ihrer Entstehung unterscheidet man *sedimentäre B.n,* wie Gehänge- und Schlammbreccien (↑ Fanglomerat), *vulkanische B.n,* wie Tuffbreccien, sowie *tektonische B.n.* Letztere entstehen v.a. durch Reibung an Verwerfungsflächen und werden daher auch *Reibungsbreccien* genannt.

Bruchstufe: Durch tektonische Störungen in der Erdkruste können Gesteinsschichten zerbrechen und die entstehenden Schollen sowohl horizontal als auch vertikal gegeneinander verschoben werden (↑ Verwerfung). Bei einer vertikalen Verwerfung nennt man die so entstandene Geländestufe Bruchstufe. Das Ausmaß der vertikalen Verschiebung wird als *Sprunghöhe* bezeichnet.

Bruchtektonik: Zur B. rechnet man alle Bauformen der Erdkruste, bei denen der

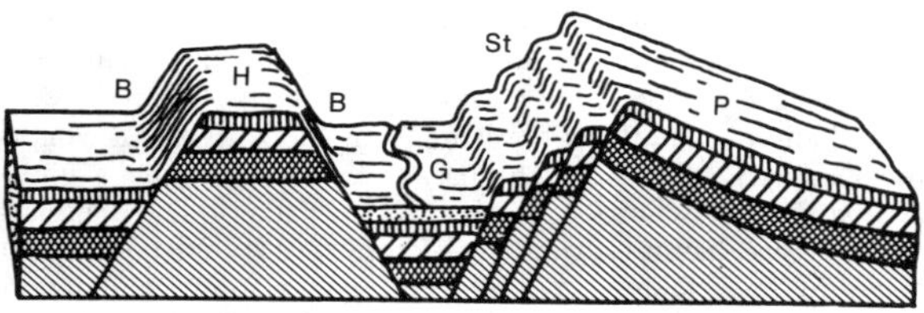

Schematische Darstellung von Bruchformen H Horst, P Pultscholle, G Graben, St Staffelbruch, B Bruchlinie

ursprüngliche Gesteinsverband an Verwerfungsflächen zerrissen und versetzt worden ist. Zur B. zählen also u.a. Abschiebung, Aufschiebung, Blattverschiebung, Graben, Horst und Überschiebung.

Breitenkreis (Parallelkreis): Ein B. ist ein zum Äquator parallel verlaufender Kleinkreis (seine Schnittebene verläuft also nicht durch den Erdmittelpunkt). Die B.e stehen senkrecht auf den Längenkreisen und bilden mit diesen das geographische Koordinatensystem. Alle auf einem B. liegenden Orte haben die gleiche geographische Breite.
Eine Ausnahme bildet der Äquator, der als Breitenkreis ein Großkreis ist, da seine Schnittebene durch den Erdmittelpunkt verläuft.

Breitstreifenflur: Die B. ist eine Flurform, ↑ Flurformen.

Brekzie: eindeutschende Schreibweise für ↑ Breccie.

Brise: Die Bezeichnung B. wird bei der Einteilung der Winde nach ↑ Windstärken verwendet.

Bruch:
◊ Das Bruch ist ein mit Bäumen und Sträuchern bestandenes Sumpfgelände (↑ Bruchwald). Reste von Brüchen findet man noch in den ehemaligen Urstromtälern des Norddeutschen Tieflandes (Oderbruch, Warthebruch).
◊ In der Tektonik svw. ↑ Verwerfung.

Bruchlinie: ↑ Verwerfung

Bruchwald: Der B. ist in Mitteleuropa eine aus Weiden, Erlen u.a. bestehende Pflanzengesellschaft, die Standorte braucht, die genügend Nährstoffe besitzen und sehr feucht sind. Der B. hat sich oft aus ehemaligen Flachmooren entwickelt. Der Grundwasserspiegel ist im Gegensatz zum Auenwald ständig gleich hoch. In den norddeutschen Urstromtälern (z.B. im Spreewald) wurde der B. durch Trockenlegung in Weide- oder Ackerland umgewandelt.

Bruttoinlandsprodukt: Das B. ist die Summe aller innerhalb der politischen Grenzen eines Landes erbrachten Leistungen (Produktion und Dienstleistungen) während eines bestimmten Zeitraumes (in der Regel ein Jahr).

Bruttonationalprodukt: in Österreich Bezeichnung für das ↑ Bruttosozialprodukt.

Bruttoproduktionswert: Der B. eines Betriebes oder einer Volkswirtschaft ist die Summe aus den Gütern und Dienstleistungen, die die jeweilige Wirtschaftseinheit einer anderen Wirtschaftseinheit in einer bestimmten Periode verkauft hat (ihr Wert wird zu Marktpreisen berechnet), den außerdem produzierten und nicht verkauften Halb- und Fertigerzeugnissen (diese werden zu Herstellungspreisen berechnet) und den selbst erstellten Anlagen (ebenfalls zu Herstellungspreisen berechnet). Zieht man von diesem B. die sogen. Vorleistung, also Aufwendungen für Rohstoffe, Vorfabrikate, Energie, Löhne und dgl. ab, erhält man den *Nettoproduktionswert,* der die *Bruttowertschöpfung* darstellt.

Bruttosozialprodukt (Abkürzung BSP): Das B. ist der umfassende Ausdruck für das Ergebnis des Wirtschaftsprozesses einer Volkswirtschaft innerhalb einer Periode (meist eines Jahres). Das BSP (berechnet zu Marktpreisen) ist von der Entstehung her der ↑Bruttoproduktionswert zuzüglich dem Saldo aus Im- und Exporten aller Art (also auch Dienstleistungen, Vermögen usw.).

Zieht man vom BSP die direkten Steuern und die Abschreibungen ab, aber die Subventionen dazu, erhält man das *Nettosozialprodukt,* das sogen. *Volkseinkommen.*

Verwendet wird das BSP für die Gesamtheit des privaten und staatlichen Verbrauchs und für den Ausgleich der – eventuell – defizitären Bilanz aus den Im- und Exporten aller Art. Der Rest, also das was nicht solchermaßen verbraucht wurde, ergibt die Gesamtzunahme des Realvermögens in diesem Wirtschaftsraum.

In Österreich sagt man statt B. *Bruttonationalprodukt.*

Bruttowertschöpfung: Die B. ist der um die Vorleistungen verminderte ↑Bruttoproduktionswert.

Buhne: Buhnen sind in Flüsse oder ins Meer hineinragende, flache Dammbauten, die zum Schutz der Ufer bzw. der Küste die Strömung beeinflussen.

Eine Reihe von Flußbuhnen reguliert außerdem die Fahrrinne dadurch, daß die Strömung enger zusammengeschnürt und damit die Wassertiefe erhöht, das Fahrwasser somit offengehalten wird.

Zu Strandbuhnen ↑Küstenschutz.

Buntsandstein: älteste Abteilung der germanischen Trias, ↑Geologie Formationstabelle

Büßerschnee: B ist eine Erscheinungsform der selektiven ↑Ablation in tropischen und subtropischen Hochgebirgen, in denen die mächtigen Schneedecken in der niederschlagslosen Zeit starker Sonnenbestrahlung bei geringer Luftfeuchtigkeit ausgesetzt sind. Durch Verdunstung (Sublimation) des Eises entstehen dabei spitze, bis zu 6 m hohe Pfeiler, Kegel und Zacken, die an Pilgergestalten in weißen Büßerhemden erinnern.

C

Caatinga (Catinga): Die C. ist eine xeromorphe, offene Gehölzformation des semiariden Nordostens Brasiliens mit überwiegend regengrünen und teilweise dornigen Bäumen, Dornsträuchern und Sukkulenten; besonders charakteristisch sind Flaschen- und Tonnenbäume aus der Familie der Wollbaumgewächse; Nutzpflanzen sind u.a. das Ananasgewächs Neoglaziovia, das die Caroafaser liefert, und die Karnaubapalme.

Cabotage [...'ta:ʒə]: ↑Kabotage

Calaküste: Die C. ist ein Typ der Steilküste, die v.a. im westlichen Mittelmeerraum zu finden ist. Typisch sind kleine, halbkreisförmige Buchten, sogen. *Calas,* die an den Mündungen von Trockentälern entstanden sind; an ihrem innerem Ende ist ein schmaler Sandstrand ausgebildet.

Calanche [italienisch ka'laŋkə] (Einzahl: Calanca): italienische Bezeichnung für ↑Racheln.

Caldera: C. nennt man eine große kesselförmige Hohlform vulkanischer Herkunft. Calderen entstehen durch Wegsprengen des Vulkangipfels, manchmal auch fast des gesamten Vulkankegels, hauptsächlich aber durch nachträglichen Einsturz über dem durch die Ausbrüche teilweise entleerten Innern, dem sogen. Magmaherd. Durch Verwitterung und Abtragung kann dieser Kessel stark erweitert werden. Vielfach entsteht später durch erneute Ausbrüche im Innern der C. ein neuer, kleinerer Vulkankegel (z.B. beim Vesuv).

Callampas [spanisch ka'jampas]: Bezeichnung für Slumsiedlungen in Chile, ↑Slum.

Campos: C. werden offene Vegetationsformation Innerbrasiliens, v.a. des Brasilianischen Berglandes, genannt. Die vorherrschenden *C. cerrados* sind lichte Gehölze aus 3–8 m hohen, kurzstämmigen, knorrigen, dickborkigen Bäumen und Sträuchern mit großen, harten Blättern, die meist gegen Ende der Trockenzeit abfallen, und Grasunterwuchs. Diese wechseln mit baumarmen *C. sujos* und den baumfreien Grasfluren, den *C. limpos,* und sind teilweise von immergrünen Galeriewäldern durchzogen. Die C. sind meist natürlich entstanden (Trockenzeit bis zu 5 Monate), seltener durch menschliche Einflüsse, etwa durch Brände.

Canaleküste: Die durch tief eingesenkte lange, schmale Buchten, sogen. *Canali,* gekennzeichnete Küste wird als C. bezeichnet. Diese Küstenform entstand durch das Eindringen des Meeres in die Längstalungen und Poljen eines Gebirgslandes.

Cannary-Siedlungen [englisch: 'kænərɪ; = Konservenfabrik]: Als C. bezeichnet man Fischereisiedlungen in der Nähe fischreicher Gründe an der Nordwestküste Nordamerikas und an der Küste Kaliforniens, die nur während der Fischereisaison bewohnt und mit Kaianlagen und Verarbeitungsstätten ausgerüstet sind.

Cañon (Canyon):

◊ C.s. sind schluchtartige, tiefeingeschnittene Täler, die in Gebieten horizontal gelagerter Gesteine, und zwar besonders in Trockengebieten, in denen die Erosion des fließenden Wassers nur in die Tiefe wirksam ist, entstanden sind. Das bekannteste Beispiel ist der bis zu 1800 m tief eingeschnittene Grand Canyon des Colorado in Arizona (USA).

◊ Untermeerische C.s. sind die Fortsetzung von Mündungen großer Ströme (z. B. des Kongo, des Sankt-Lorenz-Stromes), die als submarine Rinnen im Schelf ausgebildet sind.

Cash crop [englisch 'kæʃ 'krɔp]: C. c. ist eine aus dem Englischen stammende Bezeichnung für ein agrarisches Produkt, das für den Verkauf bestimmt ist. Es steht im Gegensatz zu einem Produkt, welches der Selbstversorgung dient.

Cay [englisch ki:; kɛɪ]: C. ist eine englische Bezeichnung für sehr kleine Inseln und Riffe.

CBD: Abkürzung für ↑Central Buisines District

Central Business District (Abkürzung: CBD): Unter CBD versteht man das zentrale Einzelhandelszentrum einer Großstadt. Kennzeichen dieses Gebietes sind eine weitgehende Spezialisierung der Geschäfte und höchste Umsätze.

Chamsin [xam...]: ein Wüstenwind, ↑Kamsin

Chaparral [tʃa...]: Die Bezeichnung Ch. wird für zwei Vegetationsformationen gebraucht.

◊ Für die niedrige, immergrüne Strauchformation aus Hartlaubgehölzen im subtropischen Winterregengebiet des südwestlichen Nordamerika, besonders Kaliforniens. Sie entspricht der mediterranen Macchie, weist aber auch Kakteen auf.

◊ Für eine lichte Savannenformation mit krüppelhaften Bäumen und Sträuchern in Venezuela, besonders in den Llanos des östlichen Orinokotieflandes, im Norden des Berglandes von Guayana, auf der Ostabdachung der Anden und im Maracaibobecken.

Charterverkehr ['tʃartər...]: Im Gegensatz zum Linienverkehr ist Ch. die nur aus bestimmten Anlässen betriebene Beförderung von Personen und Gütern. Von Ch. spricht man jedoch meist nur beim Flugverkehr, wobei hier allerdings der größte Teil - der Urlaubsreiseverkehr - wegen der großen Nachfrage bereits auch nach Fahrplänen verkehrt, und bei der Schiffahrt, allerdings ist in der Hochseeschifffahrt der Ausdruck *Trampschiffahrt* gebräuchlicher.

C-Horizont: der untere Horizont eines ↑Bodenprofils.

Cirruswolken: ↑Zirruswolken

City:

◊ Das Wort stammt aus dem englischen Sprachbereich und war ursprünglich ein historisch-rechtlicher Begriff für eine Stadt mit eigener Verwaltung und beschränkter Gesetzgebungsgewalt. Heute wird im englischen Sprachraum jede größere Stadt als C. bezeichnet.

◊ Im wissenschaftlichen Sprachgebrauch (außerhalb des Englischen) ist C. die Bezeichnung für eine bestimmte Kategorie der Stadtmitte, gekennzeichnet durch folgende Merkmale: Konzentration von privaten und öffentlichen Dienstleistungsbetrieben der höchsten Stufe; hohe Arbeitsplatzdichte im tertiären Sektor; hohe Verkehrsdichte mit tageszeitlich unterschiedlich starken Verkehrsströmen; hohe Bodenpreise und Mieten; überwiegende Nutzung durch Geschäfte und Büros und daher starker Rückgang der Wohnbevölkerung seit der Industrialisierung; also sehr hoher Anteil der Arbeitsbevölkerung (sogen. Tagesbevölkerung). Im Erscheinungsbild fallen u.a. die Geschoßüberhöhung, das Vorherrschen moderner Sacharchitektur, z.T. Fußgängerzonen und die Massierung von Reklame auf. Die C. umfaßt in der Bundesrepublik Deutschland nur einen kleinen Teil einer Großstadt und ist oft ganz oder teilweise mit der Altstadt identisch oder liegt zwischen Altstadt und Hauptbahnhof.
Im englischen Sprachbereich wird für C. in diesem Sinne oft der Ausdruck Central Business District verwendet; aber auch Downtown (USA), City Centre oder Central Area sind üblich.

Citybildung: Unter C. versteht man einen Funktionswandel, der die Abwanderung der Wohnbevölkerung aus einem [zentralen] Stadtgebiet und dessen Auffüllung mit Geschäften und Dienstleistungsbetrieben (Büros, Praxen usw.) beinhaltet.

colline Stufe: ↑kolline Stufe

Coloureds [englisch 'kʌlədz]: Als C. werden in Südafrika amtlich die ↑Mischlinge bezeichnet (in der anderen Amtssprache, Afrikaans, als *Kleurlinge*). – ↑auch Apartheid.

COMECON: Es handelt sich hier um eine Abkürzung für Council for Mutual Economic Assistance, also Rat für Gegenseitige Wirtschaftshilfe. Es ist ein Wirtschaftsbündnis sozialistischer Staaten unter Führung der UdSSR (1978: 10 Mitglieder), eine Art Gegenstück zur EWG.

Conrad-Diskontinuität: Die C. ist die seismisch ermittelte Grenze zwischen Sial und Sima im ↑Erdinneren.

Containerverkehr [kɔn'te:nər]: Unter C. versteht man den Transport von losen oder wenig verpackten Gütern in genormten Großbehältern. Der Vorteil dieses Transportsystems liegt in der schnelleren Umlademöglichkeit, die außerdem durch die genormten Größen noch erheblich vereinfacht wird. Die Normung erfolgte im englischen Maßsystem, daraus resultieren ungewöhnliche Abmessungen bei metrischen Angaben: Die gebräuchlichen Container sind stets 2,435 m hoch und 2,435 m breit, bei der Länge sind drei Größen gebräuchlich: 6,055 m (der sogen. 20-Fuß-Container), 9,125 m (30-Fuß-Container) und 12,190 m (40-Fuß-Container). Der Container wird vom Versender direkt beladen und von dort mit Trailern (speziell für den Containertransport gebauten Lastkraftwagen) oder (bei Gleisanschluß) mit Waggons zum *Containerterminal* transportiert, das ist der große Umschlagplatz, der sowohl eine Eisenbahnanlage als auch ein Hafenkai sein kann. Der Sammeltransport erfolgt mit Containerzügen oder mit Containerschiffen, oder auch mittels beider nacheinander; auch ein Transport per Flugzeug ist möglich. Von einem anderen Containerterminal, der auch auf einem anderen Erdteil liegen kann, erfolgt dann die Zustellung an den Empfänger, der den Container so erhält, wie er vom Versender beladen wurde.

Conurbation [englisch: kɔnə:ˈbɛɪʃən]: ◊ Es handelt sich um einen aus dem Englischen stammenden Ausdruck. Gemeint ist eine Agglomeration mehrer Städte, die sich durch geschlossene Bebauung und hohe Bevölkerungsdichte auszeichnet, deren einzelne Städte aber Selbstverwaltung ausüben.

◊ Gemeint sein kann auch eine städtebauliche Einheit mit einem großen städtischen Zentrum, was dem deutschen Ausdruck *Stadtregion* sehr nahe kommt.

Coriolis-Kraft: Die C. ist eine besondere Kraft, die auf jeden Körper, der sich auf der Erdoberfläche bewegt, wirkt. Ihre Größe ist allerdings wegen der geringen Winkelgeschwindigkeit der Erde und der relativ geringen Geschwindigkeiten auf der Erde klein im Verhältnis zur Schwerkraft. Für den fest mit der Erde verbundenen Beobachter verursacht die C. eine Reihe von Erscheinungen, von denen zwei recht augenfällig sind: Ein frei fallender Körper wird etwas nach Osten abgelenkt. Parallel zur Oberfläche sich bewegende Körper werden auf der Nordhalbkugel nach rechts, auf der Südhalbkugel nach links abgelenkt, daher ist die Erosion der Flüsse auf der Nordhalbkugel am rechten Ufer, auf der Südhalbkugel am linken Ufer stärker. Auch auf die Luftbewegungen innerhalb der ↑Allgemeinen Zirkulation der Atmosphäre übt die C. ablenkend – auf der Nordhalbkugel nach rechts, auf der Südhalbkugel nach links.

Creek [englisch kri:k]: Unter C. versteht man im englischen Sprachgebrauch allgemein, besonders in den USA, einen kleinen Flußlauf; in Australien einen nur periodisch, also nur zur winterlichen Regenzeit, fließenden kleinen Wasserlauf; an der ostafrikanischen Küste eine Flußmündung, die infolge der Küstensenkung ertrunken ist, also eine kleine Bucht.

Cromer-Interglazial: pleistozäne Warmzeit in Nordwesteuropa, ↑Quartär

Cultura mista: in Italien gebräuchliche Bezeichnung für ↑Stockwerkkultur.

Cumulus: ↑Kumulus

C-14-Methode: Die C. ist eine Möglichkeit der ↑physikalischen Altersbestimmung.

D

Dämmerung: Als D. bezeichnet man die Zeit zwischen Tag und Nacht *(Abenddämmerung)* bzw. Nacht und Tag *(Morgendämmerung),* in der die Helligkeit mehr oder weniger schnell ab- bzw. zunimmt. Es herrscht also D., wenn die Sonne schon (bzw. morgens: noch) unsichtbar unter dem Horizont steht und die Erdoberfläche nicht mehr (bzw. morgens: noch nicht) direkt von ihr beschienen wird. Die Helligkeit ergibt sich zu dieser Tageszeit durch diffuse Lichtstreuung und Reflexion von Sonnenlicht aus höheren Schichten der Atmosphäre, die ihrerseits noch (bzw. morgens: schon) direkt von der Sonne beschienen werden. Infolge der direkten Abhängigkeit der D. vom Stand der Sonne, sind Beginn und Dauer der D. durch die geographische Breite und die

Jahreszeit bestimmt. Dort, wo sich der Stand der Sonne zur Erde im Laufe des Jahres nur gering ändert, sind Beginn und Dauer der D. immer gleich. Das ist zwischen den Wendekreisen, also in denTropen, der Fall. In höheren geographischen Breiten, also näher zu den Polen, ändern sich Beginn und Dauer der D. mit der Jahreszeit.

Je mehr die geographische Breite zunimmt, das heißt je tiefer der tägliche Stand der Sonne, umso flacher steigt die Sonne morgens über den Horizont bzw. versinkt sie abends wieder dahinter. Die Sonne steht also dann längere Zeit knapp unter dem Horizont, was eine zeitliche Verlängerung der D. bewirkt. Im Winter, der Zeit mit besonders flacher Sonneneinstrahlung auf die Erdoberfläche, wird dieser Übergang zwischen Tag und Nacht in den polnahen Gebieten zusätzlich verlängert. Entsprechend der sich abflachenden Sonnenbahn kennen wir in den polnahen Gebieten zwei Jahreszeiten mit ganztägiger D.; nämlich in der Zeit vor Beginn und nach Ende der ↑Polarnacht in den Gebieten mit Polarnacht sowie während dieser Zeit in dem unmittelbar äquatorwärts (also unmittelbar südlich auf der Nord-, unmittelbar nördlich auf der Südhalbkugel) anschließendem Gebiet.

Dammfluß: Ein D. hat sein Bett auf der Talsohle so weit erhöht, daß er zwischen Uferdämmen fließt, die er bei periodischem Hochwasser durch Sedimentation von Schwebstoffen selbst aufgeschüttet hat. Sein Wasserspiegel liegt höher als das umgebende Land. Bei Hochwaser besteht die Gefahr des Dammbruchs und weiter, katastrophaler Überschwemmungen, wobei der Fluß auch seinen Lauf verändern kann. Dammflüsse sind z.B. der Po und der Mississippi oberhalb ihrer Deltamündungen.

Dammufersee: Da sedimentreiche Tieflandflüsse, v.a. ↑Dammflüsse, oft ihren Lauf verändern und dabei neue Uferdämme aufschütten, entstehen so zwischen den nacheinander gebildeten Dammufern Hohlformen, die mit Wasser erfüllt bleiben. Diese meist langgestreckten Wasserareale nennt man Dammuferseen; sie sind zu unterscheiden von Umlaufseen, die durch Abschnürung von Mäanderschlingen entstehen.

Dammuferwald (Bancowald): Dammuferwälder wachsen auf den natürlichen Uferdämmen der↑Dammflüsse, also auf den überschwemmungsfreien Gebieten im Bereich von Überschwemmungssavannen. Es sind immergrüne oder laubabwerfende Bestände, die oft mit Palmen durchsetzt sind.

Daseinsgrundfunktionen: Der Begriff D. ging aus der Raumplanung hervor, bei der eben diese Funktionen besondere Berücksichtigung finden müssen. Gemeint sind im einzelnen die Funktionen *Wohnen, Arbeiten, Sich Erholen, Sich Bilden, Am Verkehr teilnehmen* und *In Gemeinschaft leben.*

Datumsgrenze: Die D. ist eine ungefähr dem 180. Längengrad folgende, durch Übereinkunft festgesetzte Linie, bei deren Überschreitung eine Datumsdifferenz von einem Tag auftritt. Von Ost nach West wird ein Kalendertag übersprungen, in umgekehrter Richtung wird ein Kalendertag doppelt gezählt. Der heutige Verlauf der D. gilt seit 1846. – Siehe Abbildung Seite 52.

Dau (Dhau, englische Schreibweise: Dhaw): Eine D. ist ein zwei- bis dreimastiges Segelschiff mit Dreiecksegeln, sogen. Lateinsegeln, oder trapezförmigen Segeln und einer Tragfähigkeit bis 400 t. Daus dienen im Indischen Ozean in vorderasiatischen und ostafrikanischen Gewässern auch heute noch der Küstenschiffahrt und der küstennahen Fernschiffahrt, wobei allerdings oft an die Stelle der Segel Außenbordmotoren getreten sind.

Dauerfeldbau: Von D. spricht man, wenn der Anbau von Nutzpflanzen das ganze Jahr über erfolgt, also ohne Einschränkung durch die jahreszeitlich unterschiedlich hohe Temperaturen oder Niederschläge. Bei D. können somit in einem Jahr mehrere Aussaaten und damit mehrere Ernten erfolgen. D. ist v.a. in den Tropen möglich, aber auch in randtropischen Gebieten, hier allerdings nur mit künstlicher Bewässerung. – Der Gegensatz zu D. ist Jahreszeitenfeldbau.

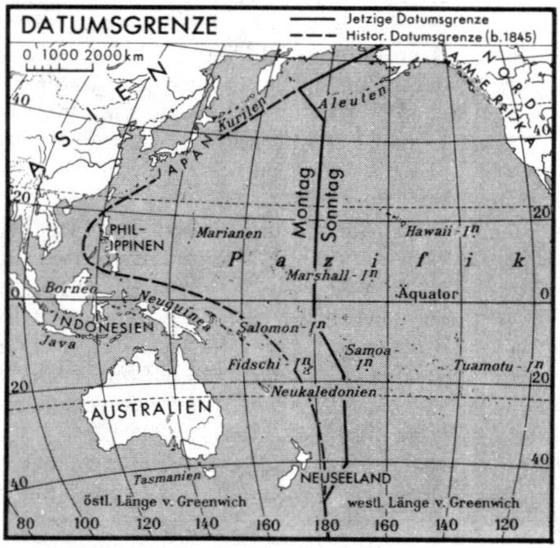

Der Verlauf der Datumsgrenze im Pazifischen Ozean

Dauerfrostboden (Permafrost): Beim D. handelt es sich um in tieferen Schichten ganzjährig gefrorenen Boden. Die sommerliche Wärme bewirkt nur ein Auftauen der oberen Schichten, wobei die Schmelzwasser, da sie nicht versikkern können, zu einer starken Durchnässung führen. In den Gebieten mit D. entstehen daher in der kurzen wärmeren Jahreszeit weite Sumpf- und Moorflächen. Die Tiefe des D. ist im subpolaren Bereich sehr hoch, sie beträgt in Alaska und Sibirien über 300 m. Die Grenze des D.s. folgt bei schneefreiem Boden der Jahresisotherme von -2°C. Eine anhaltende Schneedecke läßt diesen Wert wegen der Isolationswirkung des Schnees wesentlich tiefer sinken. D. ist in den Polar- und Tundrengebieten sowie in Teilen der nördlichen Nadelwaldzone zu finden. Mehr als ein Drittel der Fläche der Sowjetunion weist D. auf.

Dauergrünland: D. ist eine landwirtschaftliche Nutzfläche, die ständig als ↑Wiese, ↑Weide oder ↑Mähweide genutzt wird.

Dauerkulturen: D. sind Kulturen von mehrjährigen Nutzpflanzen, hauptsächlich Baum- und Strauchkulturen. Zu ihnen gehören Öl- und Dattelpalme, Ölbaum, Zitrussträucher, Obstbäume, Tee, Kaffee, Kakao, Reben, Hopfen, Zuckerrohr, Sisalagave und andere. D. sind sehr kapital- und arbeitsintensiv und nehmen im landwirtschaftlichen Betrieb eine Sonderstellung ein, da sie erst nach mehreren Jahren Erträge bringen. Die weiteste Verbreitung haben D. in den Tropen, und zwar in der auf den Weltmarkt ausgerichteten Plantagenwirtschaft. In außertropischen Gebieten treten D. vielfach in Kombination mit anderen Nutzpflanzen auf, und zwar in Form der sogen. ↑Stockwerkkultur.

Dauersiedlung: Eine D. ist eine ständig und über mehrere Generationen hin bewohnte Siedlung. Im Gegensatz zur temporären, saisonalen oder ephemeren Siedlung setzt die D. eine seßhafte Bevölkerung und damit den Landbau, meist verbunden mit Viehhaltung, voraus. Die D. ist der entscheidende Ansatz zur Entstehung von Hoch-, besonders Stadtkulturen.

Decken:
◊ Als tektonische Decken, Überschiebungs- oder Schubdecken bezeichnet man Gesteinsmassen in Faltengebirgen, die auf flach geneigter oder horizontaler Gleitbahn infolge sehr starker tektonischer Einengung unter Mitwirkung der Schwerkraft über eine fremde Unterlage geschoben wurden. Sie können vom Ursprungsgebiet, der *Deckenwurzel,* bis zu ihrem vorderen Rand, der *Deckenstirn,* viele Kilometer bewegt worden sein.
◊ ↑vulkanische Decken.

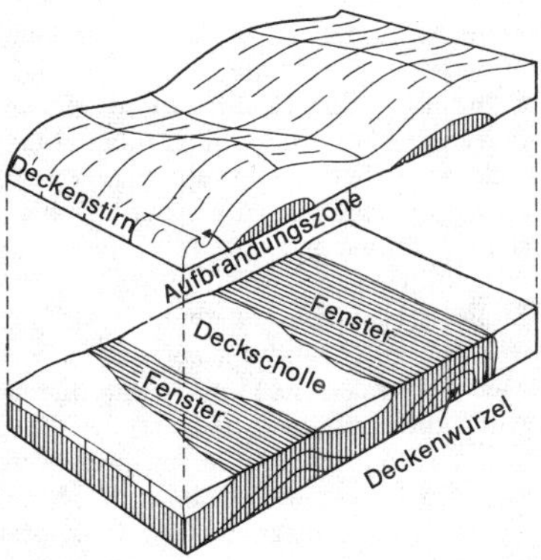

Schema einer tektonischen Decke

Deckgebirge:
◊ In der Lagerstättenkunde nennt man D. die zwischen der Lagerstätte und der Erdoberfläche befindlichen Gesteinsschichten. Ist das D. nicht zu mächtig, kann die Lagerstätte im Tagebau abgebaut werden.
◊ In der Geologie bezeichnet man als D. die nicht oder wenig gefalteten Sedimente, die einen tiefgründig abgetragenen, intensiv gefalteten, durch Intrusion oder Metamorphose veränderten älteren Unterbau überlagern; sie sind durch eine Diskordanz von diesem getrennt. Der Gegensatz zu D. ist Grundgebirge.

Deflation: Unter der D. verstehen wir eine besondere Form der Abtragung, und zwar die Ausblasung verwitterten Materials durch den Wind. Sie wird in trockenen, vegetationslosen Gebieten mit starker physikalischer Verwitterung, also etwa in Wüsten, besonders wirksam. Aber auch in feuchtgemäßigten Gebieten kann die D. während der trockenen Sommermonate beobachtet werden. So ermöglichte in den USA und der UdSSR die Umwandlung von früher extensiv als Weideland genutzten Steppengebieten in Ackerland die Auswehung feinster, fruchtbarer Bodenpartikel, weil nach dem Umbruch des Bodens der natürliche Halt durch das dichte Wurzelwerk fehlte.

Degradierung (Degradation, Bodendegradierung): Als D. bezeichnet man komplexe Vorgänge in Böden, die deren Entwicklung negativ beeinflussen; z.B. Auswaschung von Nährstoffen, Entkalkung, Versauerung, Verschlechterung der Humusform und der Bodenstruktur.

Deich: Deiche sind künstlich errichtete Erddämme längs Flüssen *(Flußdeiche)* und Küsten *(Seedeiche),* die das jenseits des Flusses bzw. Meeres gelegene Land vor Überflutungen schützen sollen. Seedeiche werden damit oft im Rahmen der Neulandgewinnung angelegt. Das durch einen D. geschützte Land wird Binnenland, bei Neulandgewinnung ↑Polder oder Koog genannt; das zwischen Deich und Wasser liegende Land ist das ↑Vorland. Höhe und Querschnitt eines D.es hängen v.a. von seiner Zweckbestimmung ab und sind nach bestimmten Vorschriften festgelegt. Die Seedeiche, die den Angriffen von Sturmfluten gewachsen sein müssen, haben im allgemeinen eine erheblich größere Höhe und Breite als Flußdeiche; ihre Höhe ist durch einen *maßgebenden Sturmflutwasserstand* und den örtlichen Wellenauflauf festgelegt. Die als *Deichkrone* bezeichnete, schwach nach außen geneigt oder gewölbt angelegte obere Fläche eines D.es ist meist etwa 2,5 bis 3 m breit und befahrbar, von den Deichböschungen ist die der Wasserseite zugekehrte *Außenböschung* bei Seedeichen flach geneigt, um die Energie der auflaufenden Wellen weitgehend zu schwächen; sie steigt aus dem Vorland

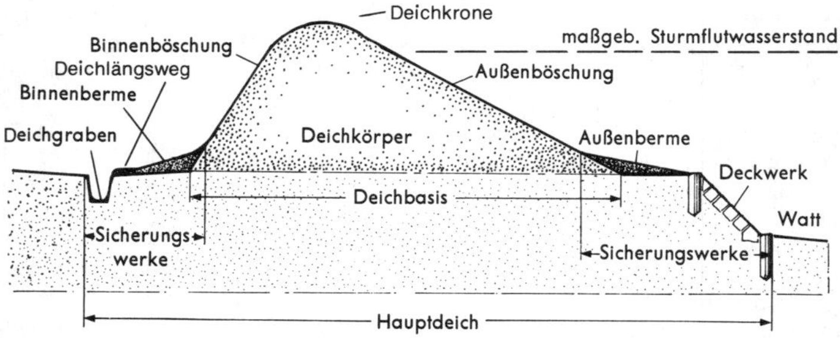

Aufbau eines Seedeiches, dargestellt an einem Querschnittbild.

etwa mit 1 : 10 an und hat unterhalb der Krone eine Steigung von etwa 1 : 4. Die *Binnenböschung* sollte nicht steiler als 1 : 3 angelegt werden, um ein Abrutschen bei Wellenüberschlag zu vermeiden. An den Füßen beider Böschungen befinden sich bei Seedeichen als Deichsicherungswerke die Bermen und auf der Binnenseite davor der *Deichgraben,* der zur Fortleitung des von der Böschung abfließenden Niederschlagswassers und eventuell durch den Deich sickernden Drängewassers [bei hohem Außenwasserstand] dient. Bei *Schardeichen,* also Deichen ohne Vorland, wird außerdem die Außenberme durch das aus Steinen bestehende *Deckwerk (Steinbank* oder *Steindeich)* gesichert. Alle D.e sind mit einer sorgfältig zu unterhaltenden Rasendecke versehen. Bei möglichem starkem Wasserangriff (Wellenschlag, Seegang, Strömung oder auch Treibeis) hat die Außenböschung auch eine Pflasterung oder Steinschüttung.

Bau und Erhaltung der Seedeiche ist eine der wichtigsten Aufgaben des Küstenschutzes; diese obliegen sogen. *Deichverbänden,* die unter staatlicher Aufsicht (technisch der Wasserwirtschaftsämter) und mit staatlicher Unterstützung arbeiten. Sie führen zweimal im Jahr, im Frühjahr und im Herbst, die Prüfung der Standfestigkeit der D.e und der mit ihnen verbundenen Anlagen (z.B. Siele, Deichtore), die sogen. *Deichschau,* durch.

Deklination: svw. ↑Mißweisung

Delta (Flußdelta): D. ist die Bezeichnung für eine bestimmte Art von Flußmündungen. Ein D. entsteht, wenn beim niveaugleichen Einmünden in das Meer (oder einen See) infolge plötzlicher Strömungsverminderung und somit nachlassender Transportkraft des Flusses die mitgeführten Schwebstoffe an dieser Stelle abgelagert werden. Dadurch wächst der Mündungsbereich in das Meer (oder den See) hinein. Auf diesem Aufschüttungsgebiet fächert der Fluß nun auf und lagert die Schwebstoffe auch im Bereich der Deltaarme ab. So entsteht ein dreieckiges Mündungsgebiet, das der Form des griechischen Buchstabens Delta (Δ) gleicht und daher D. genannt wird. Ein D. kann sich besonders leicht in Seen und an Flachküsten mit geringen Gezeiten- und Meeresströmungen bilden. Jedoch ist die Deltabildung auch untermeerisch zu beobachten.

Die Mündungen der Flußarme schieben sich rascher in das stehende Gewässer vor als die Bereiche dazwischen, so daß das D. einen sehr unregelmäßigen Umriß erhält. Zwischen den Deltaarmen erhalten sich die weniger aufgeschütteten Teile als offene Wasserflächen oder Sümpfe. Das Wachstum eines D.s ist recht unterschiedlich, es beträgt beim Mississippi 40–100 m, bei der Donau 4–12 m im Jahr. Die größten Flächen besitzen das Ganges-Brahmaputra-Delta mit 80 000 km², das Hwangho-Delta mit 75 000 km², das Lena-Delta mit

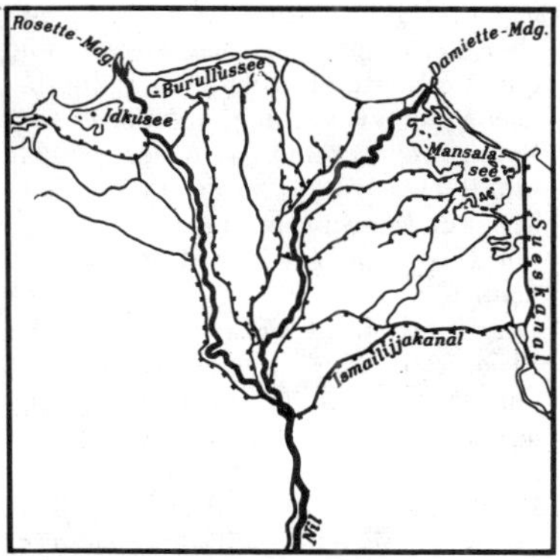

Das Nildelta

45 000 km², das Mississippi-Delta mit 30 000 km², das Orinoko-Delta mit 24 000 km², das Nil-Delta mit 20 000 km², das Wolga-Delta mit 18 000 km², und das Donau-Delta mit 4 000 km².

Dendrochronologie: Die D. ist eine Art der Altersbestimmung, die auf der Zählung der Jahresringe von Bäumen und alten Hölzern beruht. Die Jahresringe wachsen dem klimatischen Ablauf (trockene oder feuchte, wärmere oder kühlere Jahre) entsprechend schneller oder langsamer; so entsteht eine für einen bestimmten Zeitabschnitt typische Abfolge von Jahresringen, die zur Datierung verwendet werden kann.

Denudation: Im Gegensatz zu dem mehr linienhaften Abtragungsvorgang bei der Erosion versteht man unter D. die flächenhafte Abtragung des Bodens auf geneigten Flächen durch Massenbewegung verwitterten Materials. Besonders häufig ist diese Erscheinung in den Tundrengebieten zu finden, wo im Sommer der Boden oberflächlich auftaut und schon bei geringer Hangneigung über dem gefrorenen Untergrund ins Fließen kommen kann, also bei ↑Solifluktion.

Deponie: Es ist heute wohl die häufigste Art der Müllbeseitigung, den Müll in einer D. zu lagern. Man unterscheidet geordnete und ungeordnete D.n; in der ungeordneten D. wird Abfall jeglicher Art ohne besondere Maßnahmen abgelagert. Da diese D.n noch nach langer Zeit eine Gefahr für die Umwelt darstellen können (z.B. durch die Reaktionen verschiedener Chemikalien), besonders für das Grundwasser, wird heute weitgehend in *geordneten Deponien* abgelagert, und zwar geordnet nach möglichen Schadstoffen und in für den Untergrund erträglichen Mengen. Hierzu sind allerdings gründliche Bodenanalysen notwendige Voraussetzung.

Depression:

◊ In der Geographie meint D. eine Senke oder einen Graben, die (bzw. der) bis unter das Niveau des Meeresspiegels reicht. Die tiefste D. der Erde ist das Tote Meer, dessen tiefste Stelle am Grund des Sees bei 794 m u.d.M. liegt. Auch ein Großteil der durch Deiche geschützten Küstengebiete Hollands sind Depressionen, die 1–2 m u.d.M. liegen.

Ist eine D. soweit mit Wasser erfüllt, daß der Seespiegel über dem Meeresspiegel liegt, die D. also äußerlich nicht als solche zu erkennen ist, spricht man von einer *Kryptodepression.*

◊ In der Meteorologie ist D. die Bezeichnung für ↑Tiefdruckgebiet.

Desertifikation: Unter diesem neu gebildeten Schlagwort versteht man das Vordringen der Wüste in bisher noch von den Menschen genutzte Räume. Grund der D. ist eine zu starke Nutzung der Wüstenrandgebiete durch den Menschen, wodurch das Ökosystem dieses Raumes gestört wird, die Wüste sich also weiter ausbreiten kann. Meist handelt es sich bei der genannten zu starken Nutzung um ackerbauliche Erschließung von Gebieten, die eigentlich nur eine nomadische Weidewirtschaft zulassen; z.T. auch um Überweidung, v.a. durch Ziegen und Rinder. Die entstehenden Schäden sind kurzfristig nicht wieder zu beheben. Bekanntestes Beispiel ist die Ausdehnung der Sahara gegen den ↑Sahel im Zusammenhang mit jahrelangen Dürren.

Desquamation (Abschuppung): Bei der D. kommt es beim [anstehenden] Gestein zur Absprengung unterschiedlich dicker, schalen- oder schuppenförmiger Gesteinsplatten und -plättchen, wobei die Ursache in Salzsprengung, Druckentlastung oder starken Tag-Nacht-Temperaturgegensätzen zu suchen ist.

Deutsche Hochmoorkultur: eine der ↑Moorkulturen

Devisen: Auf fremde Währung lautende und im Ausland zu begleichende Zahlungsverpflichtungen werden D. genannt. Der Fachausdruck für die ausländischen Banknoten und Münzen selbst lautet *Sorten.*

Devon: eine Formation des Paläozoikums, ↑Geologie, Formationstabelle.

Dhau: ↑Dau

Diabas (Grünstein): Der D. ist ein körniges, dunkelbraunes bis schwarzes, basisches, paläozoisches Ergußgestein. Seine Hauptbestandteile sind die Minerale Plagioklas, Augit und Olivin. Durch Umwandlung des Augit in Chlorit ist der D. oft grün gefärbt.

Diagenese: D. nennt man die Umbildung und Verfestigung lockerer Sedimente zu festen Gesteinen durch die Wirkung von Druck, Temperatur, chemischer Lösung und Ausscheidung. Dies führt u.a. zur Wasserauspressung, Umkristallisation, Sammelkristallisation, Bildung von Bindemitteln und Konkretionen, Fossilisation usw.; auch die Bildung von Kohle, Bitumen und Erdöl kann man zur D. zählen. Bei stärkerer Veränderung der Gesteine spricht man von Metamorphose.

Diapir: svw. ↑Salzstock

Diatomeenschlamm: Der D. ist ein kieselsäurereiches Meeressediment aus Ablagerungen von Schalen der Kieselalgen (Diatomeen); sie finden sich meist in kühlerem Wasser in 1 000 bis 4 000 m Meerestiefe und bedecken etwa 8% des Meeresbodens.

Dienstleistungen: Die D. werden auch als tertiärer Sektor der Wirtschaft bezeichnet. Es handelt sich hierbei um wirtschaftliche Tätigkeiten, die nicht in der Produktion sondern aus persönlichen Leistungen bestehen. Hierbei sind u.a. die Leistungen der Versorgungsbetriebe, der Verwaltung, der Polizei, der Krankenhäuser und Ärzte, der Gerichte und Rechtsanwälte, sowie Handel, Banken, Versicherungen, Transport-, Hotel- und Gaststättengewerbe als Beispiele zu nennen.

Diluvium: veraltete Bezeichnung für das Pleistozän, die ältere Abteilung des Quartärs, ↑Geologie, Formationstabelle. – Das zugehörige Eigenschaftswort ist *diluvial.*

Diorit: Der D. ist ein körniges, meist helles, grünlichgraues Tiefengestein; er besteht hauptsächlich aus den Mineralen Plagioklas und Hornblende sowie Biotit, Quarz und Alkalifeldspäten. Bei höherem Quarzanteil spricht man von *Quarzdiorit.*

Diskordanz: Von D. spricht man bei ungleichsinniger Lagerung von Gesteinsschichten, v.a. von Sedimentgesteinen. Wird ein Gebirge abgetragen, tektonisch verstellt und mit neuen Sedimenten überdeckt, so bilden deren Schichten einen Winkel zu denen des Unterbaues; dies nennt man *tektonische Diskordanz* oder *Winkeldiskordanz.* Füllen die Sedimentschichten ein durch Abtragung vertieftes Relief, entsteht die sogen. *Ero-*

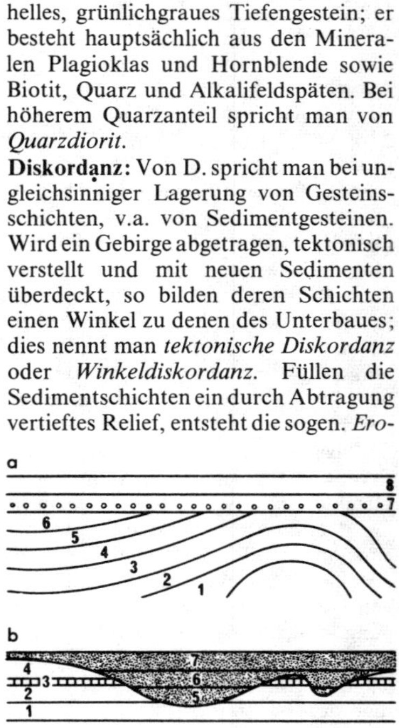

a tektonische Diskordanz. Zwischen der Ablagerung der Schichten 6 und 7 fanden Faltung, Heraushebung und Abtragung statt

b Erosionsdiskordanz. Zwischen der Ablagerung der Schichten 4 und 5 bildete sich durch Erosion ein Relief *sionsdiskordanz.* Bei magmatischen Gesteinskörpern, Gängen und Salzstöcken versteht man unter D. die Tatsache, daß sie das Nebengestein winklig oder unregelmäßig durchsetzen. Die durch Schrägschichtung entstandene, kleinräumige diskordante Lagerungsform bezeichnet man dagegen oft als *Scheindiskordanz.*

Divergenz: Wenn Luftmassen zum Erdboden absinken und am Boden auseinanderfließen, sprechen wir von einer Divergenz. Zu ihrem Ausgleich muß dann Luft aus höheren Schichten nachströmen. Diese erwärmt sich dann beim Absinken, was mit einer Auflösung der Wolkendecke verbunden ist. Diese Vorgänge können im Kern von Hochdruckgebieten beobachtet werden.

Dockhafen: Ein durch eine Schleuse (Docktor) vom offenen Meer abgeschlossenes Hafenbecken wird D. genannt; es ist ein vom äußeren Wasserstand unabhängiger Schiffsliegeplatz für Hochseeschiffe. Dockhäfen werden an Küsten mit sehr hohen Gezeitenunterschieden angelegt. Das Docktor kann immer nur bei außen und innen gleich hohem Wasserstand geöffnet werden.

Dogger (Brauner Jura): die mittlere Abteilung des Jura, einer Formation des Mesozoikums, ↑Geologie, Formationstabelle.

Doline: Trichter- oder schüsselförmige Hohlformen in Karstgebieten werden D.n genannt. Brechen unterirdische Hohlräume ein, sprechen wir von einer *Einsturzdoline;* bildet sich das Trichterloch unmittelbar durch Gesteinsauslaugung an der Oberfläche, haben wir es mit einer *Trichter-* oder *Karrendoline* zu tun. Entstehen durch das Zusammenwachsen mehrerer Dolinen größere, unregelmäßig geformte Hohlformen, spricht man von *Schüsseldolinen* oder *Uvalas.*

Dolomit: D. ist ein körniges bis dichtes Sedimentgestein, das hauptsächlich aus dem Mineral D. ($MgCO_3 \cdot CaCO_3$), außerdem v.a. aus Kalkspat besteht. D. entstand seltener durch chemische Ausfällung in warmen Flachmeeren, sondern meist nachträglich durch Verdrängung (Metasomatose) aus Kalkstein, d.h. ein Teil des Calciums wurde gegen Magnesium des Meerwassers ausgetauscht. Verwitterungsprodukte des D.s. sind die aschgraue sogen. *Dolomitasche* und die durch Auslaugung zellig-porös gewordenen *Rauchwacken (Rauhwacken, Zellendolomit).*

Domestikation: Die D. ist die Endstufe der Eingliederung von Wildtieren und -pflanzen in die menschliche Kultur, was durch Zähmung und Zuchtwahl erreicht wird. Ziel der D. ist eine berechenbare wirtschaftliche Nutzung der domestizierten Tiere und Pflanzen durch den Menschen.

Donau-Günz-Warmzeit: altpleistozäne Warmzeit, ↑Quartär

Donaukaltzeit: ältestpleistozäne Kaltzeit, ↑Quartär

Donner: D. ist die dem Blitz folgende und an diesen gebunde Schallerscheinung während eines ↑Gewitters.

Doppelstadt: Bei einer D. handelt es sich um zwei selbständige Städte, die in unmittelbarer Nachbarschaft zueinander liegen. Sie können miteinander konkurrieren, sich aber auch ergänzen. Mannheim/Ludwigshafen ist ein Beispiel für eine Doppelstadt.

Dorf: Unter einem D. versteht man eine geschlossene ländliche Siedlung mit agrarischer Lebensgrundlage. Auch bei nicht-agrarischer, aber doch im primären Wirtschaftssektor liegender Lebensgrundlage kann von D. gesprochen werden; z.B. beim Fischerdorf.

Dornstrauchsavanne (Dornsavanne): Die D. ist eine niedrige Vegetationsformation der Tropen, und zwar als Übergangsvegetation von der Trockensavanne zur Wüste, also in Gebieten mit 7,5 bis 10 Monaten Trockenheit und durchschnittlichen Niederschlägen von 300 bis 500 mm im Jahr. Sie besteht aus oft lückenhaften Grasfluren mit bis zu einem Meter hohen hartblättrigen Grashorsten und eingestreuten Dornsträuchern. Die mehrjährigen Gräser und

Kräuter verdorren in der Trockenzeit und schlagen während der Regenperiode aus den Wurzelknospen wieder aus. Die einjährigen Kräuter und Gräser überdauern die Trockenzeit nur durch ihre Samen.
Die Caatinga der nordbrasilianischen Trockengebiete ist eine Übergangsformation von der D. zur Trockensavanne.

Downtown [englisch 'dauntaun]: D. ist die Bezeichnung für die ↑City der nordamerikanischen Großstadt.

Dreifelderwirtschaft: Unter der D. versteht man die Bewirtschaftung einer Ackerfläche im dreijährigen Wechsel. In der sogen. *alten D.* handelte es sich gewöhnlich um eine Folge von Wintergetreide, Sommergetreide und Brache. Seit Einführung der Kartoffel und neuer Futterpflanzen, werden diese in der ehemaligen Brachperiode angebaut, wir sprechen dann von der *verbesserten Dreifelderwirtschaft.* Da die Felder der einzelnen Bauern in der Feldflur häufig in Gemenge lagen und es an Zufahrtswegen fehlte, war ein ↑Flurzwang nötig der vielfach in ↑Zelgen durchgeführt wurde. Man spricht dann von einer *zelgengebundenen D.* oder einer *Dreizelgenwirtschaft.* Die D. ist in Europa weit verbreitet.

Dreimeilenzone: die bisher allgemein übliche Ausdehnung der ↑Küstengewässer.

Drieschwirtschaft: in Südwest- und Westdeutschland Bezeichnung für die ↑Feld-Gras-Wirtschaft.

Drift (Trift): Die D. ist eine durch den Wind verursachte oberflächennahe Meeresströmung. Die Bewegung des Oberflächenwassers wird durch innere Reibung auf die tieferen Schichten übertragen. Nach der Triftstromtheorie von V.W. Ekman wäre das Endergebnis im Falle eines unbegrenzten, homogenen Meeres und bei beständigem Wind der sogenannte „reine Triftstrom" (siehe Abbildung). Hiernach erfolgt die Triftstrombewegung an der Oberfläche auf der Nordhalbkugel im Winkel von 45° nach rechts von der Windrichtung ausgehend. Mit zunehmender Wassertiefe dreht die Strömung immer weiter nach rechts und nimmt an Intensität ab. Wenn die Ablenkung einen Winkel von 180° zum Oberflächenstrom erreicht,

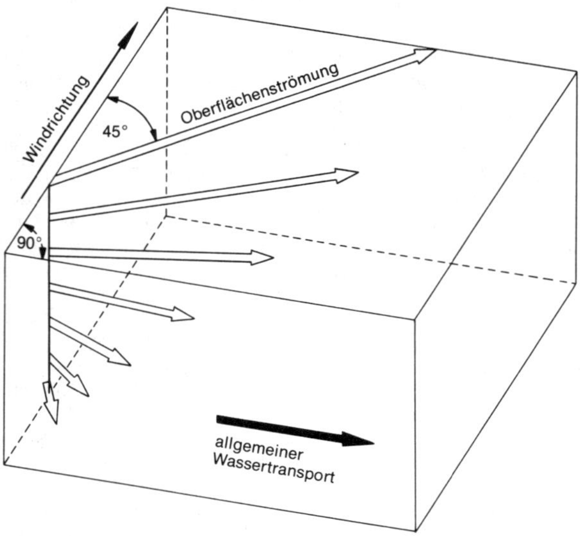

Strömungsverhältnisse in einem reinen Driftstrom auf der Nordhalbkugel. Die driftbedingten Strömungen innerhalb der Wassermasse ordnen sich zur sogenannten Ekman-Spirale; die Pfeile geben die Strömungsrichtung und durch ihre Länge die Strömungsgeschwindigkeit an.

beträgt die Strömungsgeschwindigkeit nur noch 1/23 der Oberflächenströmung.

Dritte Welt: Das Wort D.W. ist eine Bezeichnung für die Gesamtheit der Länder, die keinem politischem Block zugeordnet werden können. Die Mehrheit dieser Länder zeichnet sich durch wirtschaftliche Not aus, weshalb das Wort auch oft als Synonym für Entwicklungsländer gebraucht wird.

Drubbel: Der D. ist der zu einem ↑ Esch gehörende Weiler aus 2 bis 12 Höfen.

Drumlin: Der D. ist ein ovaler, in Richtung der Eisbewegung ausgerichteter Hügel aus Grundmoränenmaterial (Geschiebemergel) mit deutlicher Luv- und Leeseite und elliptischem Grundriß. Sein Kern besteht teilweise aus anderen Materialien, z.B. Kies, geschichteten Schottern. Die Drumlins sind 200 bis 2 000 m lang, bis zu 40 m hoch und 3–30 m breit; ihre Längsachse entspricht der Stoßrichtung des Gletschers. Drumlins finden sich meistens in größerer Zahl beieinander und bilden regelrechte *Drumlinlandschaften.*

Dryaszeit: Zeitabschnitte des Spätglazials, ↑ Quartär

Dry-farming [englisch 'draɪ ˌfɑːmɪŋ]: D. ist eine besondere Anbaumethode an der Trockengrenze, die noch bei 200–300 mm Niederschlag im Jahr möglich ist, und zwar wechselt hierbei ein Anbaujahr mit einem Jahr der Brache ab. Während der Trockenbrache wird das von Unkraut freigehaltene Land vor der Regenperiode tiefgründig gepflügt, damit der Niederschlag in den Boden eindringen kann, und nach dem Regen geeggt, damit durch die Unterbrechung des Kapillarsystems die Verdunstung vermindert wird. Die so angesammelte Feuchtigkeit ermöglicht im folgenden Jahr den Getreideanbau. Diese Methode ist umstritten, da sie durch das Ausbrechen der Grasfluren der Abtragung durch den Wind Vorschub leistet.

Dschungel: D. ist eine umgangssprachliche Bezeichnung für den relativ unpassierbaren tropischen Regenwald im indomalaiischen Raum. Ursprünglich war mit D. nur der Monsunwald auf der Ostseite Ceylons (jungle genannt) gemeint.

Dschunke: Als D. wird ein chinesisches Segelfahrzeug für die Fluß- und Seeschiffahrt mit einer Tragfähigkeit bis 500 t bezeichnet. Es hat einen flachen Schiffsrumpf, meist Decksaufbauten und bis zu 5 Masten. Jeder Mast trägt ein aus Bast geflochtenes Mattensegel, das mit Bambusleisten verstärkt ist.

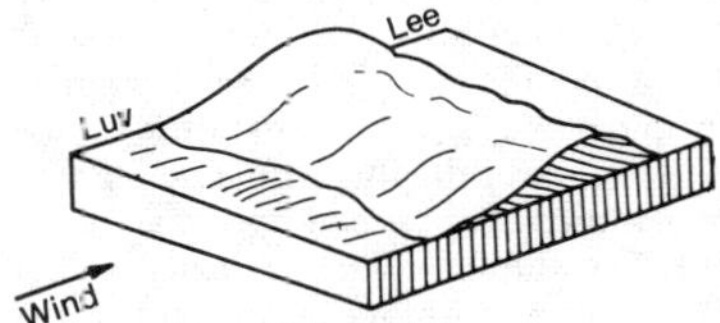

Querdüne

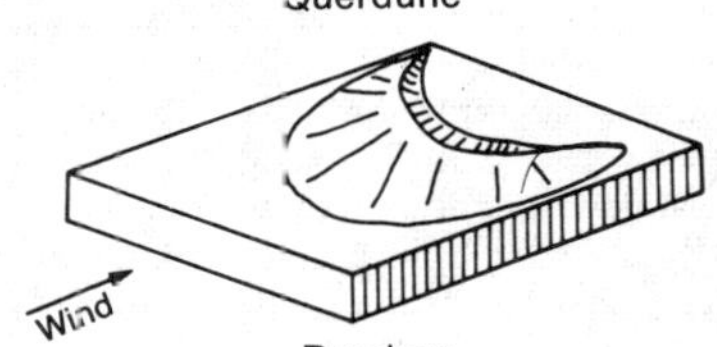

Barchan

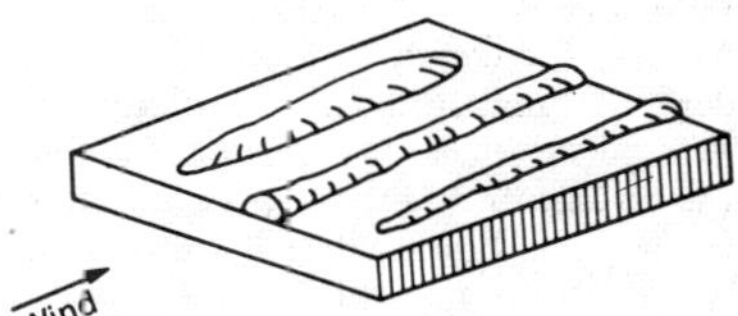

Strichdüne

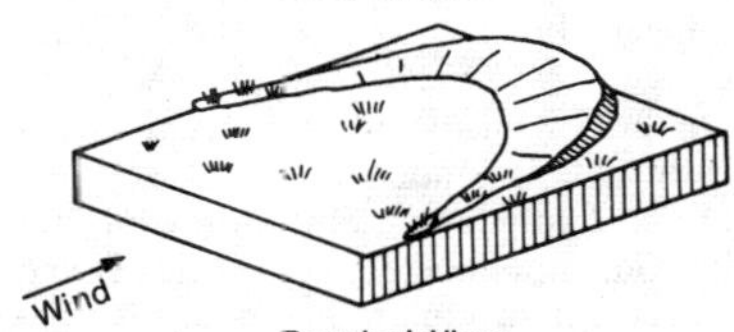

Parabeldüne

Dünen: D. sind vom Wind angewehte Sandablagerungen, die meist aus reinem Quarzsand bestehen und eine Höhe von wenigen bis zu einigen hundert Metern erreichen. Man unterscheidet die *Binnendünen* im Innern eines Landes, und zwar in jetzigen oder früheren Trocken-

gebieten, und die aus Meeressand gebildeten *Strand-* oder *Küstendünen.* Bei den Binnendünen unterscheidet man quer zur Windrichtung verlaufende *Querdünen* und längs zu ihr angeordnete *Längsdünen* sowie bogenförmige *Sicheldünen (Barchane),* deren Enden vorauswandern; sie haben wie die Querdünen eine flache Luv- und eine steilere Leeseite. Außerdem gibt es Sterndünen und Gitterdünen, deren Entstehung nicht ganz klar ist.
Küstendünen entstehen ungefähr parallel zur Uferlinie und senkrecht zur Windrichtung. Hier gibt es die Sonderform der *Kupsten,* das sind durch Ausblasung unregelmäßig geformte Dünenhügel, die teilweise bewachsen sind.
Werden die Sandkörner einer Düne durch den Wind ständig von der Luvseite abgetragen und an der Leeseite gleich wieder abgelagert, so daß die Düne als Ganzes langsam ihre Lage verändert, genau gesagt: in Richtung des Windes 'wandert', nennt man diese Düne daher *Wanderdüne.* Solche treten z.B. auf der Kurischen Nehrung und im Großen Östlichen Erg in der Sahara auf.

Düngung: Bei der D. werden dem Boden Nährstoffe zugeführt, die das Wachstum der Pflanzen fördern und damit die Erträge erhöhen. Die Nährstoffe sind v.a. Stickstoff, Phosphorsäure und Kali. In früheren Jahrhunderten wurden die Anbauflächen ausschließlich mit natürlichen Düngemitteln versorgt, wie Stalldünger, Jauche, Kompost oder Gründünger. Meist erfolgte jedoch keine Düngung, was heute noch in vielen Entwicklungsländern die Regel ist. Durch Justus von Liebig wurde im letzten Jahrhundert die Mineraldüngung eingeführt, wodurch eine gewaltige Ertragssteigerung erreicht werden konnte. Diese Kunstdünger werden nach dem Hauptnährstoff benannt; die wichtigsten sind der Stickstoff-, Phosphorsäure- und Kalidünger.
Durch verstärkten Kunstdüngereinsatz konnten z.B. die Getreideerträge in der Bundesrepublik Deutschland von 26,6 dz/ha im Jahre 1958/59 auf 38 dz/ha im Jahre 1969/70 gesteigert werden. Bei einem wesentlich geringeren Kunstdüngereinsatz lagen die Erträge in der Sowjetunion im Jahre 1973 bei 17,3 dz/ha.

Dünkirchener Transgression: postglaziales Stadium der Nordsee, ↑Quartär

Dunst: Als D. bezeichnen wir die Trübung der Atmosphäre durch feinste Staub- und Schmutzpartikel, Pollen und kleinste Wassertröpfchen. Dabei wird die Sicht auf weniger als 1 000 m eingeschränkt. Dunstglocken entwikkeln sich vorzugsweise bei Hochdruckwetterlagen (↑Hochdruckgebiet) über stark die Luft belastenden Industriegebieten und Städten.

Dünung: Als D. bezeichnet man eine Wellenbewegung der Meeresoberfläche, die durch den Wind erregt wird und auch nach Aufhören des Windes noch längere Zeit – oft tagelang – andauert. Mit der Windsee, der durch den Wind unmittelbar und sofort hervorgerufenen Bewegung der Wasseroberfläche, verbunden, macht die D. den Seegang aus. Im Weltmeer kann die D. auch auf Räume übergreifen, die vom Sturm nicht unmittelbar betroffen wurden. Zumeist ist die D. langwelliger als die Windsee und zeigt seltener Schaumkronen (↑auch Meereswellen).

Durchbruchstal (Quertal): D. wird ein enges Flußtal genannt, das einzelne Gebirgsketten oder ganze Gebirge insgesamt durchschneidet. Die meist kurzen Täler verlaufen quer zur Streichrichtung der Falten. Der Durchbruch kann antezedent oder epigenetisch geschehen:
Beim *antezedenten D.* ist der Fluß älter als das Gebirge. Ein schon vorhandener wasserreicher Fluß schneidet sich in ein allmählich aufsteigendes Gebirge so ein, daß die Tiefenerosion mit der Heraushebung Schritt hält, z.B. das Rheintal im Rheinischen Schiefergebirge.
Beim *epigenetischen D.* durchbricht der Fluß ein bereits ausgebildetes Gebirge. Er strömte einst in einem über der heutigen Erdoberfläche liegenden Niveau. Durch Tiefenerosion schnitt er sich im-

mer tiefer ein und gelangte so an einen anstehenden morphologisch harten Riegel, in den er sich dann auch eintiefte. Epigenetische Täler findet man häufig in ehemals vergletscherten Gebieten, wo durch Moränen oder Schotter ein altes Tal ausgefüllt worden war und der Fluß beim Wiedereintiefen nicht die alte Talrinne traf, sondern sich seitlich in die Abhänge einschnitt, z.B. der Rhein oberhalb des Rheinfalls bei Schaffhausen (durch den Fall stürzt er dann in sein altes Bett) und die Donaudurchbruchstrecken bei Kelheim und in der Wachau.

Dürre: Einen Zeitraum mit relativ hohen Temperaturen bei fehlenden oder nicht ausreichenden Niederschlägen nennt man Dürre. Der Mangel an Niederschlag und die geringe Luftfeuchtigkeit beeinträchtigen das Pflanzenwachstum, da die erhöhte Verdunstungsmenge der Pflanzen nicht mehr durch gesteigerte Zufuhr von Bodenwasser ausgeglichen werden kann. Immer wieder tritt D. im ↑Sahel auf.

E

Ebbe: Als E. bezeichnet man das Fallen des Wassers im Rahmen der ↑Gezeiten. Der niedrigste Wasserstand wird Niedrigwasser genannt.

Ebbstrom: ↑Gezeitenstrom

Ebene: Mit E. wird jedes größere Gebiet der Erdoberfläche bezeichnet, das nur sehr geringe Höhenunterschiede aufweist. Die E. kann schräggestellt sein und in beliebiger Meereshöhe liegen, wobei man je nach der Höhenlage zwischen *Tiefebene* (bis etwa 200 m ü.d.M.) und *Hochebene* unterscheidet.

Eburonkaltzeit: ältestpleistozäne Kaltzeit, ↑Quartär

Echolot: Das E. ist ein Gerät zur Bestimmung der Meerestiefe (oder Flughöhe), es dient auch generell der Entfernungsmessung bis zu einem Schallreflektor. Vom Gerät werden Schallwellen (zumeist Ultraschall) ausgesandt, die von einem Reflektor zurückgeworfen werden. Bei der Messung von Meerestiefen werden die von Bord eines Schiffes ausgesandten Schallwellen am Meeresboden reflektiert und vom Empfänger des Echolotes wieder aufgefangen (siehe Abbildung). Der Zeitunterschied von ausgesandten bis zum wieder empfangenen Signal, die sogen. Laufzeit, gibt die Meerestiefe wieder. Sie wird entweder angezeigt oder im *Echographen* registriert, d.h. der Meeresboden unter dem Schiffskurs wird als Profillinie dargestellt, die man *Echogramm* nennt.

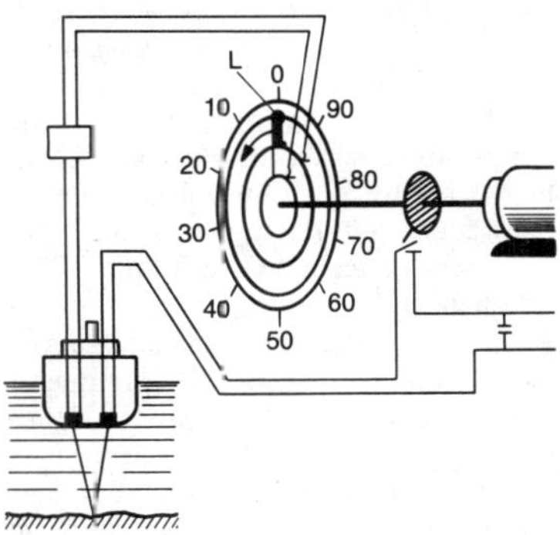

Schematische Darstellung der Funktionsweise eines Echolotes, und zwar eines einfachen Anzeigegerätes: Wenn die Lichtquelle L, die hinter einer Ableseskala kreist, den Nullstrich der Skala passiert, wird ein Stromkreis geschlossen, der den Schallgeber am Boden des Schiffes betätigt. Das Echo vom Meeresboden wird nach dem Empfang in elektrische Schwingungen umgewandelt, die L zum Aufleuchten bringen. Die Länge des Kreisbogens, den L von der Null bis zum Aufleuchten beschreibt, ist also eigentlich ein Zeitmaß; wenn man die Schallgeschwindigkeit im Wasser als konstant annimmt, kann man ihn dann auch durch einen Entfernungsmaßstab ersetzen.

Das E. wird heute nicht nur in der Seefahrt generell zur Tiefenmessung verwendet, sondern auch auf Forschungs- und Vermessungsschiffen als Speziallot eingesetzt. Zur dreidimensionalen Vermessung von Bodenformen dient z.B. das *Fächerlot,* zur Erfassung von Strukturen und Schichten im Meeresboden das *Sedimentlot.* Weitere Abwandlungen des E. sind das sogen. *Horizontallot* zur Kollisionsverhütung, Wracksuche usw. sowie die als Hilfsmittel der Fischerei eingesetzte *Fischlupe.*

edaphisch: Vorgänge und Erscheinungen, die entscheidend von der Beschaffenheit des Bodens abhängen, werden als edaphisch bedingt bezeichnet.

Edeien: in Libyen Bezeichnung für ↑ Erg.

Eem-Interglazial: pleistozäne Warmzeit in Norddeutschland, ↑ Quartär

EFTA (Abkürzung für European Free Trade Association): Es handelt sich hier um eine im Jahre 1959 gegründete Freihandelszone in Europa, deren Gründungsmitglieder Großbritannien, Dänemark, Norwegen, Österreich, Schweiz, Schweden und Portugal waren. Nach Erweiterung der EWG verlor die EFTA ziemlich an Bedeutung.

EG (Abkürzung für Europäische Gemeinschaften): EG ist die Sammelbezeichnung für die Europäische Wirtschaftsgemeinschaft (EWG), die Europäische Atomgemeinschaft Euratom und die Europäische Gemeinschaft für Kohle und Stahl (EGKS).

Egartenwirtschaft (Ödgartenwirtschaft): in Süddeutschland Bezeichnung für die ↑ Feld-Gras-Wirtschaft.

Eingemeindung: Bedingt durch das Wachstum der Städte kommt es immer wieder vor, daß in der Umgebung gelegene Gemeinden auf „natürliche Weise" mit der Stadt zusammenwachsen und ihre Eigenständigkeit verlieren. Es kommt auch vor, daß Gemeinden den Antrag auf Eingemeindung in eine bestimmte Stadt stellen, um in den Genuß städtischer Leistungen (Müllabfuhr, Kanalisierung, Freizeiteinrichtungen usw.) zu kommen, die die Gemeinde aus eigener Kraft nicht erbringen könnte. Eingemeindung kann auch als raumordnerische Maßnahme von einem Landtag als Gesetz beschlossen werden, was nicht selten den Protest der betroffenen Gemeinden hervorruft. Denn im Rahmen der Eingemeindung verliert die Gemeinde weitgehend ihre Selbstverwaltung; sie ist dann Ortsteil einer anderen Gemeinde (meist einer Stadt).

Einheitshaus: Beim E. handelt es sich um eine Sonderform des Gehöftes, bei dem alle Funktionen – also Wohnräume, Stallungen, Scheunen – in einem größeren Gebäude vereinigt sind. Beispiele sind u.a. das Schwarzwaldhaus und der Haubarg.

Einödhof: Den inmitten einer zusammenhängenden Besitzparzelle gelegenen Einzelhof bezeichnet man als Einödhof. Die im Rahmen der Flurbereinigung ausgelagerten Aussiedlerhöfe sind solche Einödhöfe.

Einsprengling: Als E. bezeichnet man einen größeren einzelnen Kristall in der dichten oder feinkörnigen Grundmasse von magmatischen Gesteinen. E.e sind typisch für Porphyre.

Einzelhof: Beim E. handelt es sich um einen landwirtschaftlichen Betrieb, der auf Grund seiner isolierten Lage eine Siedlungseinheit darstellt. Ist der Besitz zusammengelegt, spricht man von einem Einödhof, ist eine Gemengelage vorhanden, von einem Einzelhof. Die flächenhafte Verbreitung von Einzelhöfen wird als Streusiedlung bezeichnet.

Einzugsgebiet:

◊ (Stromgebiet) Das gesamte von einem Fluß mit allen seinen Nebenflüssen ober- und unterirdisch entwässerte Gebiet bildet sein E.; es wird von den E.en anderer Flüsse durch Wasserscheiden getrennt. Die Einzugsgebiete aller Flüsse, die dem selben Meer zuströmen, bilden ein Abflußgebiet. Das größte E. der Erde besitzt der Amazonas mit 7,18 Mill. km^2.

◊ In der Stadtgeographie spricht man vom E. einer Stadt. Gemeint ist damit die Anziehungskraft einer Stadt, genauer ihrer Einrichtungen (z.B. Betriebe, zu denen Arbeitnehmer einpendeln, Geschäfte, Schulen, Krankenhäuser, Freizeitangebot), auf die in der näheren und weiteren Umgebung lebenden Menschen, wobei jede Einrichtung ihr eigenes E., auch Reichweite genannt, hat.

Eisberg: Ein E. ist eine im Meer schwimmende mächtige Eismasse von unterschiedlicher Größe und Form, die sich von einem Gletscher oder einer bis an das Meer reichenden Inlandeismasse losgelöst hat und mit der Strömung im Meerwasser treibt. Von der Gesamtmasse des E.s. ragt durchschnittlich nur $^1/_7$ aus dem Meerwasser heraus, da das spezifische Gewicht von Eis mit 0,916 nur wenig unter dem des Wassers liegt. Durch Brandungseinwirkung und Abtauen des Eises kann sich die Lage des Schwerpunktes des E.es erheblich ändern, so daß er umkippt, wobei gefährliche Strudel entstehen. In der Antarktis sind tafelförmige E.e mit 30–50 m hohen, senkrechten Wänden besonders häufig. Man hat hier E.e bis zu einer Größe von 180 km^2 beobachtet, was etwa der Fläche der Insel Fehmarn entspricht.

Bei ihrer Wanderung in wärmere Zonen schmelzen die E.e allmählich ab, und der aus den Herkunftsgebieten mitgeführte Moränenschutt sinkt auf den Meeresboden. E.e stellen einen wesentlichen Bestandteil des Treibeises dar. Besondere Bedeutung kommt den E.en im Nordatlantik zu. Hier liegt das südlichste Vorkommen im Frühsommer bei 36° n. Br., wo E.e eine Gefahr für die Schiffahrt darstellen (Titanic-Katastrophe 1911).

Eisheilige: E. ist die volkstümliche Bezeichnung für bestimmte Tage im Mai, an denen Kaltlufteinbrüche in manchen Gegenden Frostschäden verursachen, da sie mit einer sehr frostempfindlichen Vegetationsperiode zusammenfallen. In Norddeutschland werden die E.n vom 11. bis 13. Mai (Mamertus, Pankratius, Servatius) erwartet, in Süddeutschland vom 12. bis 15. Mai (Pankratius, Servatius Bonifatius, „Kalte Sophie"); die Zeitdifferenz des Eintretens erklärt sich aus dem Weg der aus Nordwesten nach Süden vordringenden Kaltluft. Untersuchungen haben zwar keine deutliche Kalendergebundenheit der E.n gezeigt, Kälterückfälle sind aber um den 9. und den 17. Mai besonders häufig, wenn auch den ganzen Monat über Frostgefahr besteht.

Eisnebel: E., eine Art des Nebels, entsteht, wenn sehr kalte Luft über relativ warmes Wasser streicht. Der aufsteigende Dampf geht dann nämlich sofort in den festen Zustand – Eis – über, sodaß die Luft mit Eiskristallen angefüllt wird. E. bilden sich v.a. in der kalten Jahreszeit über den offenen Wasserflächen der Polargebiete.

Eisregen:

◊ E. ist zum einen ein Niederschlag aus Eiskörnern, der entsteht, wenn Regentropfen aus einer warmen Luftschicht in eine kältere fallen und dabei gefrieren.

◊ E. ist zum anderen die Bezeichnung für unterkühlten Regen, der beim Auftreffen auf Gegenstände sofort zu Eis gefriert und u.a. zur Glatteisbildung führt.

Eistage: In der Meteorologie sind E. Tage, an denen die Temperatur ständig unter 0°C liegt.

Eiswüste: Die E. ist eine besondere Art der ↑ Kältewüste.

Eiszeit (Glazial): E. nennt man einen Zeitraum der Erdgeschichte mit so nachhaltiger Klimaverschlechterung, d.h. Temperaturverminderung, daß in weiten Teilen der Erde, v.a. in den höheren Breiten und in Gebirgen der mittleren und niederen Breiten eine Ausdehnung des von Eis bedeckten Gebietes stattfinden konnte. Teilweise drangen große Inlandeismassen auch bis in mittlere Breiten vor. Auf den Meeren dehnten sich Pack- und Treibeis aus; der Meeresspiegel sank wegen der starken Bindung des Niederschlagswassers in den Eismassen. Während der pleistozänen E.en waren bis über 30 Mill. km^2 der Erdoberfläche von Eismassen bedeckt, mehr als das Dreifache der heutigen Eisbedeckung.

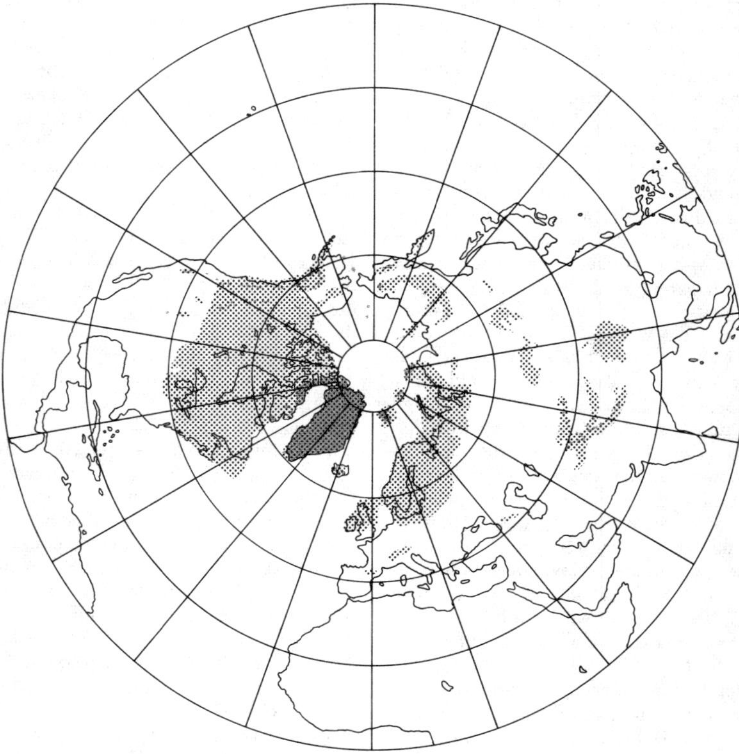

Vereisung der Norderde

Hauptgebiete heutiger Vereisung — maximale pleistozäne Vereisung

Für die Gebiete, in denen während dieser Zeiträume wegen zu geringer Temperaturabsenkung oder wegen nicht ausreichender Niederschläge keine Vereisung erfolgte, aber vielfach Periglazialerscheinungen auftraten, sollte man für diese Epoche den Begriff *Kaltzeit* verwenden, der sonst aber auch allgemein gleichbedeutend mit E. benutzt wird. In niederen Breiten entsprechen den Eiszeiten teilweise ↑ Pluvialzeiten.
Während des Pleistozäns fand ein mehrfacher Wechsel von solchen E.en und wärmeren Zwischenzeiten, den ↑ Interglazialen statt; man spricht deshalb hier von *Eiszeitalter.* Innerhalb einer E. lassen sich wiederum kältere und wärmere Phasen unterscheiden (↑ Stadium, ↑ Interstadial). Zur Gliederung des pleistozänen Eiszeitalters ↑ auch Quartär.
Auch aus früheren geologischen Epochen sind E.en bekannt, aus dem Jungpaläozoikum *(permokarbonische Vereisung)* sowie aus dem Früh- und Präkambrium. Wichtige Klimazeugen sind die verfestigten Moränen, die sogen. Tillite.

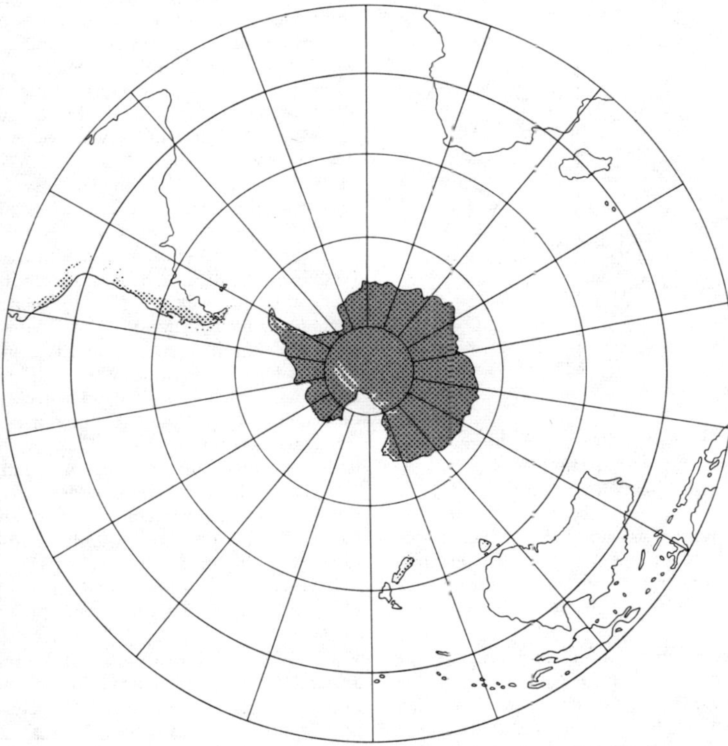

Vereisung der Süderde

Hauptgebiete heutiger Vereisung — maximale pleistozäne Vereisung

Ekliptik: Durch den jährlichen Umlauf der Erde um die Sonne entsteht der Eindruck, als bewege sich die Sonne unter den Sternen, deshalb spricht man von der E. als der scheinbaren Sonnenbahn an der Sphäre und nennt die von der Sonne durchlaufenden Sternbilder *ekliptikale Sternbilder* oder auch Tierkreiszeichen.

Exakt astronomisch ist die E. der größte Kreis, in dem die Ebene der Erdbahn um die Sonne die als unendlich groß gedachte Himmelskugel schneidet. Die Erdbahnebene, die *ekliptikale Ebene,* ist definiert durch die Verbindungslinie Mittelpunkt der Sonne – Schwerpunkt des Erde-Mond-Systems und die Bewegungsrichtung dieses Systemschwerpunktes um die Sonne. Der Systemschwerpunkt fällt nicht mit dem Erdmittelpunkt zusammen. Vielmehr pendelt der Erdmittelpunkt, wegen der Bewegung Erde-Mond um den Systemschwerpunkt, mit einer Periode von einem Monat gering um die Ekliptik.

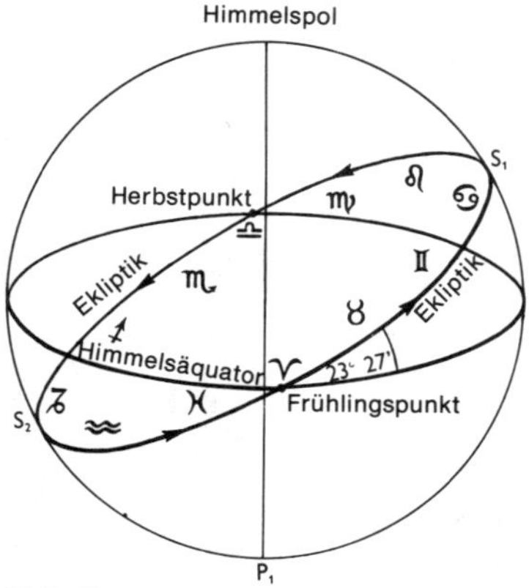

Ekliptik

Die E. schneidet im Frühlings- und Herbstpunkt den Himmelsäquator unter einem Winkel von etwa 23° 27′, der als *Schiefe der E.* bezeichnet wird. Dieser Winkel ist unter der Wirkung der ↑Präzession und Nutation, also der Gravitationskräfte von Sonne, Mond und Planeten, im geringen Maße veränderlich.

Elstereiszeit: pleistozäne Eiszeit in Norddeutschland, ↑Quartär

Emersion: Als E. bezeichnet man das Wiederauftauchen eines durch Transgression überfluteten Landes über den Meeresspiegel; sie wird durch Landhebung oder Meeresspiegelsenkung verursacht. – Den Gegensatz bildet die Submersion.

endemisch: Tiere und Pflanzen, die nur in einem natürlich abgegrenzten Gebiet (z.B. auf einer Insel) vorkommen, bezeichnet man als endemisch oder als *Endemiten.* Progressive Endemiten nennt man Arten, die in einem bestimmten Gebiet entstanden sind und sich nicht weiter ausbreiten konnten. Diesen stehen die konservativen Endemiten gegenüber, die früher weit verbreitet waren und jetzt nur noch in einem kleineren Siedlungsgebiet vorkommen. Die Beuteltiere z.B. sind in Australien endemisch.

Endmoräne (Stirnmoräne): Die E. besteht aus Gesteinstrümmern, die von Gletschern an ihrer Stirnseite mitgeführt wurden und nach dem Abschmelzen des Eises zu einem meist bogenförmigen Wall aufgetürmt liegen blieben. Diese Art von ↑Moräne kann sowohl bei einem Gletschervorstoß *(Vorstoßmoräne)* als auch bei einem Eisrückzug *(Rückzugsmoräne)* entstehen. Bei den Vorstoßmoränen, die bei Gletscherstillstand abgelagert wurden, erscheint das Gesteinsmaterial durch den Eisschub gestaucht; sie werden deshalb meist *Stauchmoränen* genannt. Die Moränenwälle umschließen oft ein Zungenbecken. Die E.n der pleistozänen Gletscher sind heute meist mit Wald bedeckt, da der blockreiche Boden sehr ungünstig für den Ackerbau ist.

endogen (innenbürtig): E. nennt man Vorgänge im Erdinnern und die hierdurch ausgelösten Erscheinungen an der Erdoberfläche. Zur *e.en Dynamik* gehören z.B. Epirogenese, Erdbeben, Magmatismus, Metamorphose und tektonische Vorgänge. Der Gegenbegriff heißt exogen.

Endsee: Ein E. ist ein abflußloser See in ariden Gebieten, in den die periodischen und episodischen Flüsse dieses Gebietes und mindestens ein ↑Fremdlingsfluß münden. Endseen unterliegen starker Verdunstung und haben daher meist stark salzhaltiges Wasser oder sind – wenn die Verdunstung den Zufluß wesentlich übersteigt – echte Salzseen. Aufgrund der unterschiedlichen Wasserzufuhr haben Endseen einen schwankenden Wasserstand, flache Endseen fallen in der Trockenzeit in weiten Teilen oder gänzlich trocken, z.T. bilden sich solche Endseen beim nächsten Wasserzufluß an einer anderen Stelle, man spricht dann von einem *wandernden Endsee.* Bekannte Endseen sind der Tschadsee (ein Süßwassersee), der Aralsee, das Kaspische Meer und das Tote Meer.

Energieträger: Alle Rohstoffe, die in Energie umgewandelt werden können, werden E. genannt. Hauptenergieträger

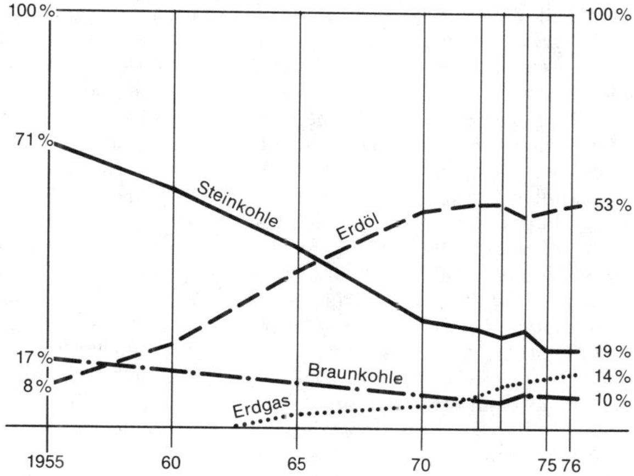

Prozentualer Anteil von Erdöl, Erdgas und Kohle am Energieverbrauch der Bundesrepublik Deutschland

sind heute Erdöl, Erdgas und Kohle, ihre Vorräte werden aber zusehends geringer. Somit kommt dem Uran als Energieträger steigende Bedeutung zu. Als E. im weiteren Sinne können auch Wasser (bei entsprechender Reliefenergie), die Erdwärme und die Sonnenstrahlung angesprochen werden.

Enklave: Eine E. ist ein Gebiet eines anderen Staates, das vom eigenen Staatsgebiet völlig umschlossen wird. Man spricht aber auch auf Landes- und Gemeindeebene von Enklaven; so haben z.B. etliche Schweizer Kantone E.n anderer Kantone.

Entsorgung: Unter E. versteht man in manchen Bereichen das Gegenteil von Versorgung. Die Beseitigung des Hausmülls fällt z.B. ebenso unter die E. wie die Beseitigung privater und industrieller Abwässer. Zum Problem wird die E. bei den Kernkraftwerken, zum einen wegen der Ableitung der anfallenden Wärme, der sogen. Wärmeabfuhr, zum anderen wegen der erforderlichen gefahrlosen Beseitigung radioaktiver Rückstände.

Entwicklungsachse (Aufbauachse): Es handelt sich hierbei um ein raumplanerisches Ordnungselement. Die E. kennzeichnet dabei den Bereich, in dem eine wirtschaftliche Entwicklung, verbunden mit räumlicher Ausdehnung, vorgesehen ist. Die Ausweisung als E. kann sowohl von topographischen Gegebenheiten als auch von Standortvorteilen abhängen. Seit der Industrialisierung und besonders dem Eisenbahnbau bildeten sich bereits spontane E.n aus, da eine Industrieansiedlung das Vorhandensein von Transportwegen voraussetzt.

Entwicklungshilfe: Darunter versteht man die Hilfe, die den ↑Entwicklungsländern gegeben wird, um ihre Rückständigkeit auf vielen Gebieten (Wirtschaft, Infrastruktur u.a.) zu überwinden. Die E. erfolgt teils unmittelbar von Geberland zu Nehmerland, teilweise über zwischenstaatliche Institutionen. Während anfangs die Hilfe sehr pauschal erfolgte, gilt die Hilfe heute mehr einzelnen Projekten. Ost und West stehen in Konkurrenz um die Gunst der Entwicklungsländer, da diese oft über wichtige Rohstoffe verfügen; das wirkt sich günstig auf die Gewährung von E. aus. Die Hilfe des Westens übertrifft die Hilfe des Ostens um ein Vielfaches.

Entwicklungsländer: Nach einer Definition der Vereinten Nationen sind alle Länder E., deren Einkommen pro Kopf unter dem der USA, Kanadas, Australiens und Westeuropas liegt. Als Maßstäbe gelten weiterhin Sozialprodukt und wirtschaftliche Leistungsfähigkeit. Die meisten E. befinden sich in den Tropen und Subtropen. Gemeinsame Merkmale vieler E. sind u.a.: niedriger Lebensstandard, unzureichende Ausbildung (hoher Prozentsatz an Analphabeten), hohes Bevölkerungswachstum, Rohstoffproduktion, aber fehlende -verarbeitung. Hauptgrund für die hohe Zahl der E. ist die Tatsache, daß bei den Bestimmungskriterien europäisch-nordamerikanische Maßstäbe angelegt werden.

Eozän: Zweitälteste Abteilung des Tertiärs, ↑Geologie, Formationstabelle.

ephemere Siedlung: Diese Siedlungsform wird auch Rastsiedlung genannt. Es ist eine Siedlung bzw. Wohnstelle von Sammler-, Jäger- oder Fischerhorden, die nur wenige Tage benutzt wird, da die Art des Nahrungserwerbs zu einem häufigen Ortswechsel zwingt.

Epirogenese: E. nennt man Bewegungsvorgänge in der Erdkruste, bei denen über längere geologische Zeiträume hinweg ausgedehnte Krustenteile aufsteigen oder absinken, ohne daß dabei Gesteinszusammenhang, Struktur und Gefüge beeinflußt werden. Sie äußern sich in der Gegenwart durch *Niveauänderungen* in der Größenordnung von mm bis cm pro Jahr, in historischer Zeit durch Transgression oder Regression sowie in geologischer Zeit durch Einsenkung und sedimentäre Auffüllung weitgespannter Becken bis zu mehreren km Tiefe (Entstehung von ↑Geosynklinalen) oder langfristige Heraushebung und Abtragung von Schwellen und Tafelländern.

Dauer und Ausmaß einer epirogenen Senkung während der geologischen Vergangenheit lassen sich an der Vollständigkeit und Schichtdicke der gleichzeitig gebildeten, sogen. *synepirogenen Ablagerungen* abschätzen (maximal bis zu 50 km Sedimentmächtigkeit in einem Zeitraum von über 100 Mill. Jahren), während sich eine epirogene Hebung durch entsprechende *Schichtlücken* innerhalb der geologischen Schichtfolge des betreffenden Krustenabschnitts zu erkennen gibt. Im Gegensatz zur Orogenese vermag die E. Krustenschollen bis zu kontinentalen Abmessungen in Bewegung zu setzen.

Ursache der E. sind meist Massenverlagerungen im Erdmantel, aber auch Vorgänge der ↑Glazialisostasie.

episodisch: Vorgänge, die nur in unregelmäßigen Abständen auftreten, werden als e. bezeichnet. Episodische Flüsse etwa fließen nur gelegentlich, nämlich nur nach ebenso episodischen Regenfällen.

Epizentrum: Das E. ist das senkrecht über einem Erdbebenherd liegende Gebiet der Erdoberfläche

Erdaltertum: deutsche Bezeichnung für das Paläozoikum, ↑Geologie, Formationstabelle.

Erdbeben: E. sind natürliche Erschütterungen der Erdkruste. Sie gehen von einem sogen. *Erdbebenherd* oder *Hypozentrum* im Erdinnern aus und pflanzen sich als elastische Wellen, und zwar als *Verdichtungs-* oder *longitudinale Wellen* und als *Scherungs-* oder *transversale Wellen* an der Erdoberfläche (Oberflächenwellen) und durch das Erdinnere fort. Das senkrecht über dem Herd an der Erdoberfläche gelegene, am stärk-

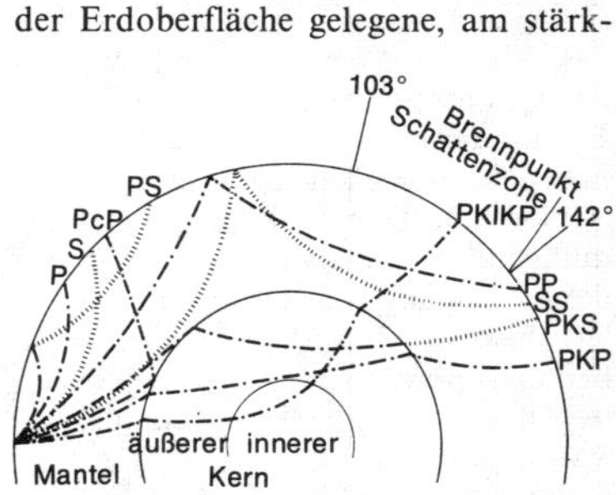

Schematische Darstellung der Bahnen seismischer Wellen im Erdkörper und Nomenklatur der Phasen

Longitudinale Wellen (P) strichpunktiert,
transversale Wellen (S) quer gestrichelt

sten erschütterte Gebiet nennt man *Epizentrum*. Von der Entfernung des Erdbebenherdes vom Beobachtungsort hängen die Bezeichnungen *Orts-, Nah-* und *Fernbeben* ab. Nach der Herdtiefe gliedert man die E. in:

	Herdtiefe	Anteil an freigesetzter seismischer Energie
normale Erdbeben	0- 70 km	85%
mitteltiefe Beben	70-300 km	12%
Tiefherdbeben	300-720 km	3%

Nach der Ursache unterscheidet man drei Arten von Erdbeben:

1. Über 90% aller E. sind *tektonische* oder *Dislokationsbeben*. Sie stellen ruckartige Ausgleiche von Spannungen dar, die durch tektonische Kräfte entstanden sind. Gelegentlich erfolgt der Ausgleich nicht auf einmal, sondern in mehreren Stößen *(Bebenschwarm)*.
2. *Einsturzbeben* entstehen beim Einbruch unterirdischer Hohlräume, besonders in Kalk- und Salzschichten. Sie sind recht selten und nie sehr energiereich.
3. *Vulkanische Beben* als Folge vulkanischer Tätigkeit haben ebenfalls nur begrenzte örtliche Auswirkungen.

Die Registrierung der E. erfolgt mit Hilfe hochempfindlicher Meßinstrumente, den Seismographen, im Seismogramm. Aus den Einsätzen im Seismogramm können Richtung, Entfernung und Energie des E.s abgeleitet werden. Die E.energie wird ausgedrückt durch die Magnitude M; diese wird aus der Bodenamplitude, der Periode der Erdbebenwelle und einer Eichfunktion berechnet. Das bisher stärkste gemessene E. hatte die Magnitude 8,6.

Bei der zwölfstufigen *Mercalli-Skala* wird die Stärke eines E.s nach seinen Wirkungen an der Erdoberfläche eingeordnet. International gebräuchlich sind eine *modifizierte Mercalli-Skala (MM-Skala)* und eine modernisierte Form, die sogen. *Mercalli-Sieberg-Skala*. Nach ihnen liegt der Intensitätsgrad 1 bei nur instrumentell nachweisbaren Erschütterungen vor, der Grad 2 bei gerade noch spürbaren Erschütterungen, der Grad 4 bei stärkeren Gebäudeerschütterungen, der Grad 8 bei Auftreten schwerer Gebäudeschäden, der Grad 10 bei Zerstörung zahlreicher Häuser, Verformung von Schienensträngen, Rutschen von Berghängen u.a ; der Intensitätsgrad 12 wird zugeordnet, wenn totale Zerstörungen selbst bei soliden Normalbauten sowie vielfältige Verwüstungen der Landschaft eintreten.

Die *Richter-* oder *Magnitudenskala* ist eine moderne E.skala auf instrumenteller Basis, die eine objektive Beurteilung der E.stärke ermöglicht. Als Maß dient die auf dem Seismogramm eines genormten Seismographen gemessene Maximalamplitude der Erdbebenwellen in 100 km Entfernung vom Epizentrum. Die Magnitude *M* schwankt zwischen den Werten 0 bei sehr schwachen Erdbeben und etwa 7,7 bis 8,6 bei stärksten Erdbeben (Weltbeben), ist aber nach oben hin unbegrenzt.

Im Durchschnitt ereignen sich jährlich auf der Erde etwa zwei Beben mit Magnituden zwischen 8 und 9. 800 Beben zwischen 5 und 6 und 50 000 Beben zwischen 3 und 4. Die Verteilung der Epizentren zeigt Häufungen in den sogen. *Erdbebengebieten*. Alle starken Beben sind um zwei T-förmig zusammenstoßende Bögen gruppiert. Ein Bogen umrandet den Pazifischen Ozean *(zirkumpazifische Zone)*. Der zweite Bogen *(mittelmeerisch-transasiatische Zone)* verläuft im wesentlichen westöstlich, von den Azoren durch das Mittelmeer, längs der zentralasiatischen Hochgebirgsketten und trifft bei Sumatra auf die zirkumpazifische Zone. Außerdem treten an den untermeerischen Schwellen im Atlantischen Ozean, Indischen Ozean und Nordpolarmeer häufig Beben auf, allerdings keine besonders star-

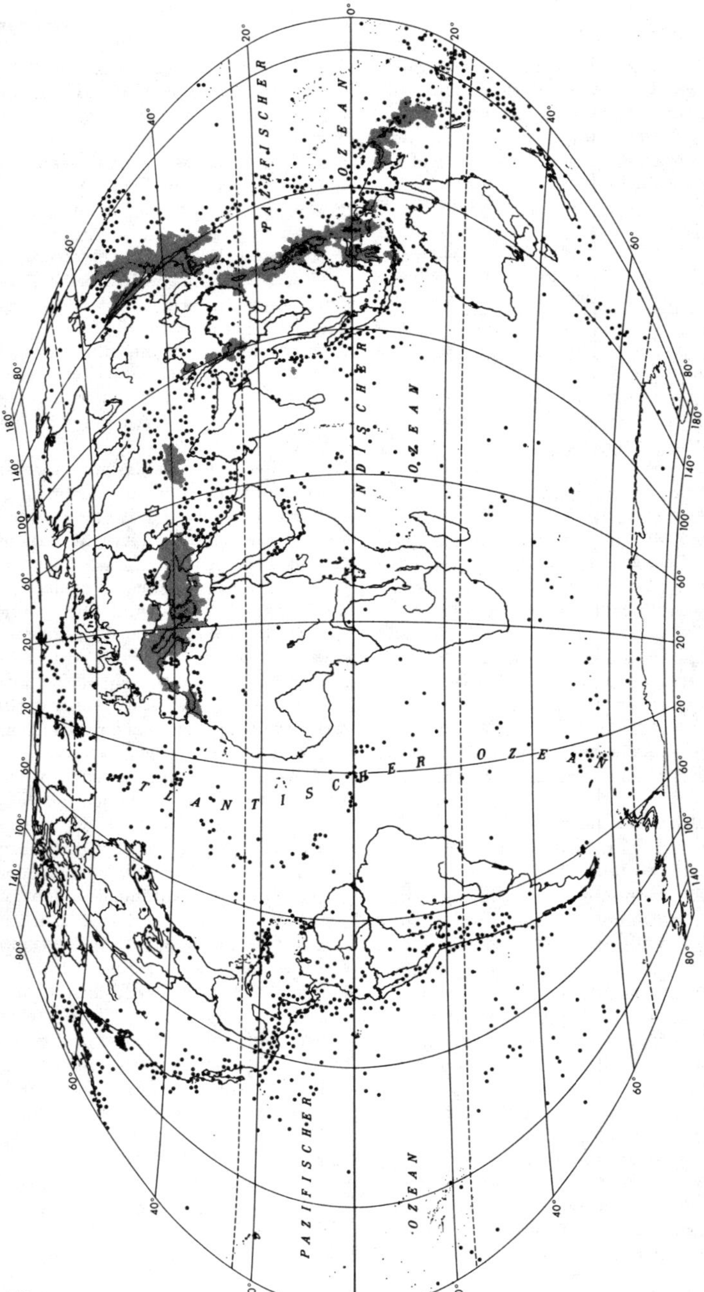

Epizentren der Erdbeben der Erde

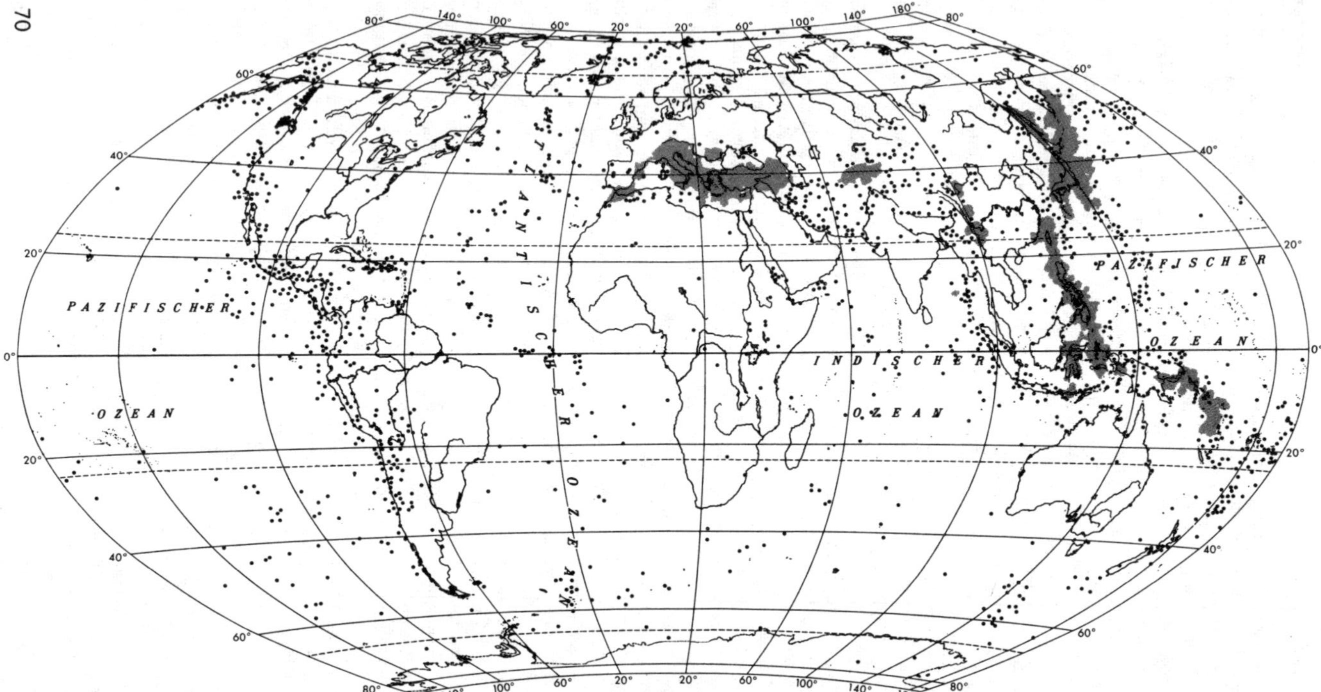

Epizentren der Erdbeben der Erde

ken. Schließlich gehören auch die großen Grabenzonen in Ostafrika und bei Hawaii zu den Erdbebengebieten.
Eine Besonderheit zeigen die Tiefherdbeben. Sie sind fast nur in der zirkumpazifischen Zone zu finden, jedoch nicht an der Westküste von Nordamerika. Die Bebenherde sind auf einer Ebene angeordent, die von der Erdoberfläche aus vor der Küste beginnend unter etwa 45° gegen das Land hin einfällt.
Wegen ihrer Folgen können Beben unter dem Meeresgrund, sogen. *Seebeben,* besondere Bedeutung erlangen. Sie lösen seismische Meereswogen, sogen. Tsunamis aus, die in Küstenorten weitab vom Erdbebenherd noch große Verwüstungen anrichten können.

Erde: Die E. ist der (von der Sonne gesehen) dritte Planet im Sonnensystem; sie wird zu den inneren (terrestrischen) Planeten gezählt.
Bahnbewegung der Erde: Die E. bewegt sich wie alle Planeten auf einer Ellipsenbahn, in deren einem Brennpunkt die Sonne steht. Durch die Masseanziehung, die sogen. Gravitation, der Sonne wird die E. auf ihrer Bahn gehalten. Ihr Umlauf um die Sonne erfolgt, vom Nordpol der Erdbahnebene aus betrachtet, entgegen dem Uhrzeigersinn. Die Bahn ist nahezu kreisförmig.
Die mittlere Entfernung der E. von der Sonne beträgt 149,6 Mill. km. Im sonnennächsten Punkt ihrer Bahn, im Perihel, ist die E. 147 Mill. km, im sonnenfernsten Punkt, im Aphel, 152 Mill. km von der Sonne entfernt. Das Perihel wird Anfang Januar, das Aphel Anfang Juli durchlaufen. Der Umfang der Erdbahn beträgt rund 940 Mill. km, diese Strecke wird von der E. mit einer mittleren Geschwindigkeit von 29,8 km/s in einem Jahr zurückgelegt. Die Geschwindigkeit der E. in ihrer Bahn variiert, sie ist in Sonnennähe größer, in Sonnenferne kleiner als die mittlere Geschwindigkeit. Je nach dem Bezugspunkt (Stern, Frühlingspunkt, Perihel) hat das Jahr, das als Maßeinheit zur Einteilung größerer Zeiträume dient, eine etwas unterschiedliche Länge: Das tropische Jahr, vom Frühlingspunkt gemessen, ist 365,24220 Tage lang, das anomalistische Jahr (Perihel – Perihel) 365,25964 Tage, das siderische Jahr (Fixstern – Fixstern) 365,25636 Tage
Die Bahnebene der E., genauer gesagt die durch den Mittelpunkt der Sonne und den Schwerpunkt des E.-Mond-Systems gehende Ebene, wird Ekliptikalebene genannt. Der Schnittpunkt dieser Ebene mit der Himmelskugel ist die Ekliptik.
Drehbewegung der Erde: Neben der Bewegung in ihrer Bahn führt die E. eine von dieser unabhängige Drehung, eine Rotation um ihre eigene Körperachse, aus. Die Rotation der E. erfolgt von West nach Ost, also im gleichen Drehsinn wie ihre Bewegung in ihrer Bahn. Diese Drehbewegung spiegelt sich in der scheinbaren Drehung des Himmelsgewölbes von Ost nach West wider. Die Rotationsdauer um die Erdachse, gemessen an der Wiederkehr der Kulmination eines Sterns, beträgt 23 h 56 m 4 s, diese Zeit wird ein Sterntag genannt. Wird die Rotationsdauer hingegen an der Wiederkehr der Kulmination der Sonne gemessen, so ist sie um 3 m 56 s länger und beträgt 24 h, das ist ein mittlerer Sonnentag.
Über Jahrzehnte gehende Untersuchungen haben ergeben, daß auch der Erdpol nicht absolut festliegt, sondern ständig wandert. Entsprechend variiert auch die Lage des Erdäquators. Diese Polbewegung kann aufgespalten werden in säkulare Polwanderungen und in periodische Polbewegungen, die sogen. Breitenschwankung. Der Erdachse werden ferner noch Drehbewegungen durch äußere Kräfte aufgezwungen. Wirksam sind die Gravitationskräfte des Mondes, der Sonne und im gewissen Maße die Wirkungen der Planeten. Diese Drehbewegungen der Erdachse werden als ↑Präzession und Nutation bezeichnet.
Dimensionen der Erde: Die E. hat in erster Annäherung die Gestalt einer Kugel. Wird die Annäherung weiterge-

trieben, so muß der E. die Gestalt eines abgeplatteten Rotationsellipsoids zugeschrieben werden. In aller Strenge ist der Erdkörper nicht durch eine einfache geometrische Figur beschreibbar, denn neben geometrische müssen physikalische Messungen treten, z.B. Schweremessungen. Dies führt nun dazu, von der Erdfigur als dem *Geoid* zu sprechen. Die Internationale Union für Geodäsie und Geophysik hat aber die Maße des „Internationalen Ellipsoids" für die Erdfigur als verbindlich angenommen.

Internationales Ellipsoid

Äquatorradius	
$a =$	6 378 388 m genau
Polradius	
$b =$	6 356 911, 946 128 m
Abplattung	
$(a-b)/a =$	1:297 (genau)
$a-b =$	21 476, 053 872 m
mittlerer Radius	
$(a+a+b)/3 =$	6 371 229, 315 m
Äquatorquadrant	10 019 148, 441 m
Meridianquadrant	10 002 288, 299 m
Äquatorgrad	111 323, 872 m
mittlerer Meridiangrad	111 136, 537 m
Oberfläche	510 100 933, 5 km^2
Volumen	1 083 319 780 000 km^3

Masse und Dichte

Erdmasse	$(5{,}977 \pm 0{,}004) \cdot 10^{27}$g
Erdmasse×Gravitationskonstante	$3{,}9863 \cdot 10^{20}$cm^{3}s^{-2}
mittlere Erddichte	$5{,}517 \pm 0{,}004$ g cm^{-3}
Masse der Erdatmosphäre	$5{,}157 \cdot 10^{18}$g

Die in jüngster Zeit betriebene Satellitengeodäsie hat neue Werte für die Abplattung der E. erbracht (1 : 298,85) und den Erdäquatorradius zu 6 378 160 m ermittelt. Ferner wurde festgestellt, daß das Rotationsellipsoid nur eine erste Näherung für das Geoid darstellt. Der Nordpol der E. steht etwa 40 m weiter vom Erdmittelpunkt ab als der Südpol, und der Erdäquator ist eine Ellipse mit der großen Achse in Richtung 15° westlicher Länge. Die große Achse dieser „Äquatorellipse" ist etwa 200 m länger als die kleine Achse. Die genaue Vermessung des Geoids wird eine der Hauptaufgaben der Satellitengeodäsie in der Zukunft sein.

Erdferne: svw. ↑Apogäum

Erdfließen: svw. ↑Solifluktion

Erdgas: E. ist ein in der Erdkruste natürlich vorkommendes Gas. E. ist ein Gasgemisch; sein Hauptbestandteil ist Methan (80–95%), daneben enthält es gesättigte Kohlenwasserstoffe (z.B. Äthan, Propan, Butan, Pentan), weiterhin Kohlendioxid, Stickstoff, Schwefelwasserstoff sowie Wasser und Helium. Von *trockenen Erdgasen* (Heizwert zwischen 33 600 und 37 800 kJ/m^3) spricht man bei hohen Methangehalten, von *nassen Erdgasen* bei größeren Gehalten an höheren Kohlenwasserstoffen. E. entsteht unter gleichen Bedingungen wie ↑Erdöl und tritt vielfach zusammen mit diesem auf. Im ↑Muttergestein entstanden, wandert es in das ↑Speichergestein, in die heutige Lagerstätte, ein. E. erlangt zunehmende Bedeutung als Energieträger, ist aber auch ein wichtiger Grundstoff der petrolchemischen Industrie. 1975 beliefen sich die bekannten E.reserven der Erde auf 64 330 Mrd. m^3; gefördert wurden auf der Erde 1975 1 328 Mrd. m^3. Der Anteil des E.es am Primärenergieverbrauch der Erde betrug 1975 19%.

Erdgeschichte: Mit der Entwicklung der Erde beschäftigt sich die ↑Geologie.

Erdinneres: Da die tiefsten Bohrlöcher (die größte bisher erreichte Tiefe beträgt 9159 m) nicht einmal ein Prozent der Entfernung bis zum Erdmittelpunkt erreichen, ist man bei der Erforschung des überwiegenden Teils des Erdinnern auf indirekte Verfahren angewiesen. Diese liefern nur einige physikalische Materialkonstanten. In der Wahl der zu diesen Konstanten passenden chemischen Elemente oder Verbindungen besteht eine gewisse Freiheit. Erschwert wird die Wahl durch die Tatsache, daß sich die Materie im Erdinnern unter so hohen Drücken und Temperaturen befindet, wie man sie im Laboratorium nur für

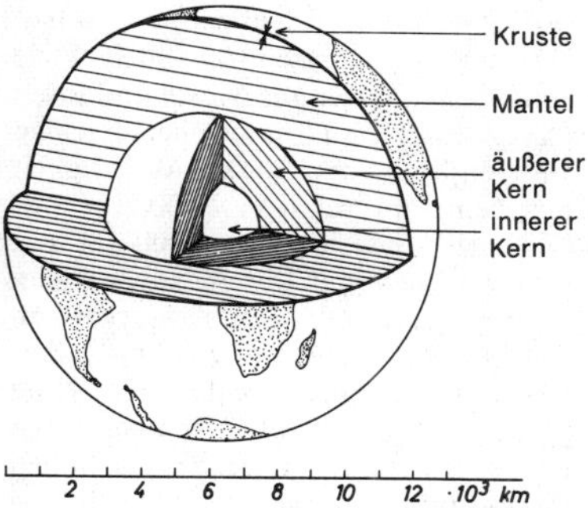

Die Tiefengliederung des Erdkörpers

kleinste Proben oder überhaupt nicht herstellen kann.
Die seismische Auswertung der Erdbebenwellen hat ergeben, daß das Erdinnere aus mehreren Schalen aufgebaut ist. Man nimmt drei Schalen an, Kruste, Mantel und Kern, und unterteilt sie noch vielfach. Über den Inhalt dieser Schalen bestehen z.T. noch ganz unterschiedliche Auffassungen.
Bei der *Erdkruste* unterscheidet man zwei verschiedene Bautypen, die kontinentale Kruste im Bereich der Kontinente und die ozeanische Kruste im Bereich der Tiefsee des Atlantischen, Indischen und Pazifischen Ozeans. Die *kontinentale Kruste* schließt den Schelf mit ein; im Mittel ist sie 30–40 km dick, kann aber unter Gebirgen 50–60 km Mächtigkeit erreichen (hier spricht man von *Gebirgswurzel).* Sieht man von den insgesamt gesehen wenig mächtigen Sedimenten ab, besteht sie aus zwei Schichten. Die obere Schicht weist hauptsächlich Silicium-Aluminium-Verbindungen auf, wird daher als *Sial* bezeichnet. Da Granite u.a. saure Tiefen-, saure Erguß- und saure metamorphe Gesteine (v.a. Gneis) vorherrschen, spricht man auch von einer *Granit-* oder *Gneisschicht.* Durch eine seismische Unstetigkeitsfläche (Sprungfläche), die sogen. *Conrad-Diskontinuität,* ist sie von der darunterlagernden Schicht getrennt. Diese setzt sich überwiegend aus Silicium-Magnesium-Verbindungen zusammen, wird daher als *Sima* bezeichnet, nach den vorherrschenden basischen Gesteinen auch *Basalt-* oder *Gabbroschicht* genannt. In der *ozeanischen Kruste* fehlt die obere Schicht, hier bildet also die

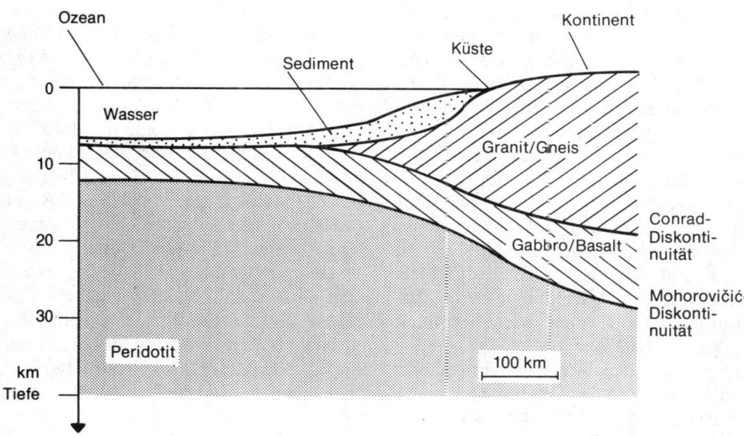

Schematischer Vertikalschnitt durch die Erdkruste (links ozeanische, rechts kontinentale Kruste).

untere Schicht den von mehr oder weniger geringmächtigen Sedimenten bedeckten Tiefseeboden.
Die Temperatur in der Erdkruste nimmt mit der Tiefe zu, in größerer Tiefe aber sicher in geringerem Maße als es der ↑geothermischen Tiefenstufe entspricht. Die spezifische Dichte der oberen Kruste beträgt 2,7 g/cm³, die der unteren Kruste 3,0 g/cm³. Da die mittlere Dichte der gesamten Erde 5,5 g/cm³ ausmacht, müssen die Werte für das tiefere Erdinnere wesentlich höher liegen. Das Material der Erdkruste ist fest, es verhält sich spröde gegenüber Erschütterungen (Erdbeben). In der unteren Erdkruste sind allerdings wahrscheinlich kleinere Areale glutflüssigen Magmas vorhanden.
Der *Erdmantel* wird durch eine weitere seismische Unstetigkeitsfläche, die sogen. *Mohorovičić-Diskontinuität,* von der Erdkruste getrennt. Der Erdmantel ist 2 800–2 900 km dick. Seine äußere, im Durchschnitt bis in etwa 60 km Tiefe reichende, aber sehr verschiedenmächtige Zone besteht aus einem ultrabasischen Material; das ihm entsprechende, an die Erdoberfläche gelangte Gestein ist Peridotit; man spricht deshalb von der *Peridotitschicht.* Diese ähnelt dem Sima und wird oft auch als *Ultrasima* bezeichnet. Das Material verhält sich gegenüber Erdbebenwellen wie ein fester elastischer Körper und reagiert auf langsame Bewegungen wie eine viskose Flüssigkeit. Diese Annahmen lassen entsprechend den Vorstellungen von der ↑Isostasie der Erdkruste vermuten, daß die Peridotitschicht am isostatischen Gleichgewicht beteiligt ist.
Für den unteren Bereich des Erdmantels nimmt man eine Zusammensetzung aus Sulfiden und Oxiden oder basischen Silikaten und Eisen an.
Die Temperatur nimmt im Erdmantel von 1 400 °C an der Obergrenze bis zur Untergrenze in 2 900 km Tiefe auf 2 500 °C zu, die Dichte von 3,3 auf 5,7 g/cm³.
Der *Erdkern* hat einen Durchmesser von rund 7 000 km. Über seinen Aufbau herrscht am wenigsten Gewißheit. Viele nehmen an, daß er aus Nickel und Eisen *(Nife)* besteht, und unterscheiden einen äußeren Kern von 2 200 km Mächtigkeit mit Temperaturen von 2 500–3 000 °C (vielleicht auch bis über 4 000 °C) und einer Dichte von 9,4 g/cm³ sowie einem inneren Kern mit Temperaturen von 3 000–5 000 °C oder auch bis über 10 000 °C und einer Dichte von 11–13,5 g/cm³; trotz dieser hohen Temperaturen ist der innere Kern wegen des hohen Drucks möglicherweise fest. Der äußere Kern verhält sich dagegen sowohl gegenüber den Gezeitenkräften wie den kurzperiodischen Erdbebenwellen wie eine Flüssigkeit; in ihm gibt es eine Konvektionsströmung, die Ursache des erdmagnetischen Feldes ist.
Nach anderer Ansicht soll der Erdkern aus einer an Wasserstoff und Helium stark verarmten Sonnenmaterie bestehen, d.h. einem sehr heißen, unter hohem Druck stehenden, vollständig ionisierten Gas, einem sogen. Plasma. Dieses verhält sich Erdbebenwellen gegenüber wie ein fester Körper.

Erdkegel: svw. ↑Erdpyramiden

Erdkern: ↑Erdinneres

Erdkruste: ↑Erdinneres

Erdmagnetismus: E. ist die Bezeichnung für die mit dem Magnetfeld der Erde zusammenhängenden Phänomene. Weder der Mond noch die beiden Nachbarplaneten Mars und Venus besitzen ein Feld vergleichbarer Intensität. Das Magnetfeld der Erde bewirkt die Bildung der Magnetosphäre. Man kann das auf der Erdoberfläche gemessene Magnetfeld zerlegen in einen Anteil, dessen Ursache im Erdinnern liegt, und einen von außen stammenden Anteil. Der innere Anteil enthält v.a. das Permanentfeld und die Magnetfelder der durch äußere Variationen im Erdinnern elektromagnetisch induzierten Ströme. Der äußere Anteil rührt von variablen elektrischen Strömen in der Ionosphäre und der Magnetosphäre her.
Wie man aus jahrhundertelangen Beob-

achtungen weiß, sind Richtung und Stärke des erdmagnetischen Feldes nicht unveränderlich; sie unterliegen langsamen Veränderungen, der sogen. Säkularvariation. Bekannt ist die Wirkung der Säkularvariation auf die Mißweisung am Kompaß: die Nord-Süd-Linie, auf der keine Magnetnadelabweichung von der Nordrichtung auftritt (die sogen. Agone), rückt jährlich um etwa 20 km nach Westen: 1945 verlief sie durch Königsberg (Pr), 1975 durch Berlin. ↑auch Paläomagnetismus.

Erdmantel: ↑Erdinneres

Erdmittelalter: deutsche Bezeichnung für das Mesozoikum, ↑Geologie, Formationstabelle.

Erdnähe: svw. ↑Perigäum

Erdneuzeit: deutsche Bezeichnung für das Känozoikum, ↑Geologie, Formationstabelle.

Erdöl: E. ist ein helles bis schwarzgrünes, dünn- bis dickflüssiges öliges Gemenge, das hauptsächlich aus Kohlenwasserstoffen besteht und als Rohstoff, dem sogen. *Rohöl,* in natürlichen Lagerstätten vorkommt. Die Zusammensetzung des E.s kann sehr unterschiedlich sein. Die Analyse verschiedener E.sorten ergab als Hauptbestandteile Kohlenstoff (die Durchschnittwerte schwanken zwischen 80 und 90%), Wasserstoff (10 bis 15%), Schwefel (0–7%), Sauerstoff (0–5%) und Stickstoff (0–2%); dazu kommen u.a. Spuren von Metallen, wie Nickel, Kupfer, Vanadin oder Molybdän. Die jeweils vorherrschende Kohlenwasserstoffgruppe (Paraffine, Naphtene, aromatische Verbindungen) bestimmt den Charakter des Erdöls.

Der Ursprung des E.s ist noch nicht restlos geklärt. Wegen der chemischen Zusammensetzung des E.s gilt jedoch seine Herkunft aus organischen Stoffen und seine Bildung im Meer (Salz- oder Brackwasser) als ziemlich sicher. Früher glaubte man, daß nur in Randmeeren mit behinderter Bodenwasserzirkulation, also dort, wo ↑Faulschlamm entsteht, unter sogen. anaeroben Verhältnissen, die Voraussetzungen für die Bildung von E. gegeben sind. Hier ist das Wasser am Meeresboden so arm an (oder sogar frei von) Sauerstoff und so reich an Schwefelwasserstoff, daß die abgestorbenen, zum Boden abgesunkenen Lebewesen nicht oder kaum verwesen. Die Kohlehydrate, Eiweißstoffe und Fette der Lebewesen werden dann unter der Einwirkung von Bakterien und Fermenten zersetzt und unter besonderen Druck- und Temperaturverhältnissen mit Hilfe mineralischer Katalysatoren in E. umgewandelt. Diese Vorgänge sind im einzelnen noch nicht bekannt. Spätere Untersuchungen zeigten, daß auch in gut durchlüftetem Wasser bei starker, rascher Sedimentation am Meeresboden bereits wenige mm bis cm unter der Oberfläche feinklastischer Sedimente solche anaeroben Verhältnisse herrschen können, v.a. im Bereich des Kontinentalschelfs. Aus diesem stammen ja auch die weitaus meisten Sedimentgesteine. Hier ist auch die anfallende Menge an Lebewesen am höchsten; dabei handelt es sich überwiegend um tierisches und pflanzliches Plankton, besonders um Einzeller, Hohltiere und Krebse. Das im ursprünglichen Sediment, dem *Muttergestein,* in feinverteilten Tröpfchen vorhandene E. (bzw. seine Vorläufer) wird bei der Diagenese unter dem Überlagerungsdruck nachfolgender Sedimente ausgepreßt, weicht durch Wanderung *(Migration)* nach oben und zur Seite in Deckschichten aus; diese müssen permeabel, d.h. porös, sein oder andere Hohlräume, wie Klüfte, enthalten. Werden diese sogen. Speichergesteine wiederum von undurchlässigen Schichten abgedeckt, kann sich das E. anreichern. Vielfach erfolgt dabei eine Aufspaltung des unter Druck stehenden Gemisches nach dem spezifischen Gewicht in Wasser, Erdöl und Erdgas; das Erdgas kann auch unter bestimmten Umständen alleine weiterwandern, wodurch reine Erdgasvorkommen entstehen können. Unter den verschiedenen Typen von Erdöllagerstätten unterscheidet man v.a. die Lager-

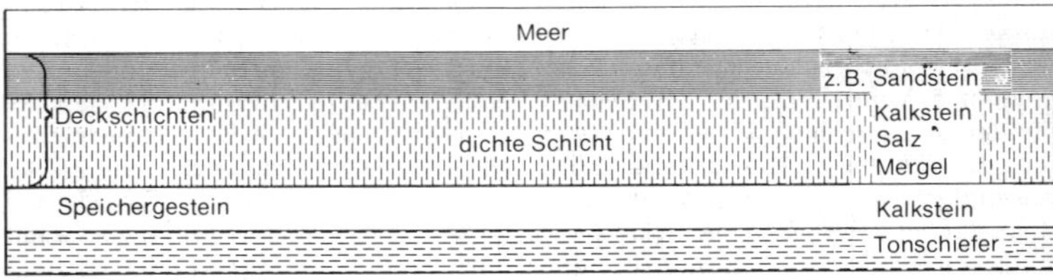
Meer
z. B. Sandstein
Deckschichten
dichte Schicht
Kalkstein
Salz
Mergel
Speichergestein
Kalkstein
Tonschiefer

1

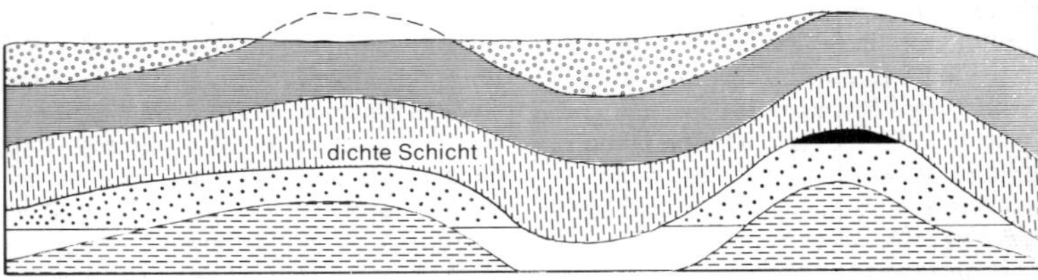
dichte Schicht

2

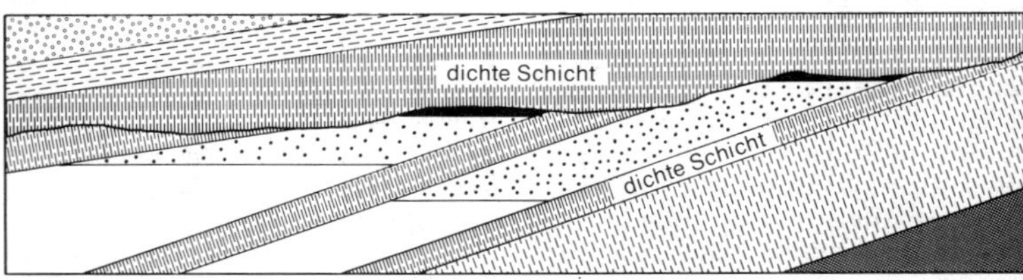
dichte Schicht
dichte Schicht

3

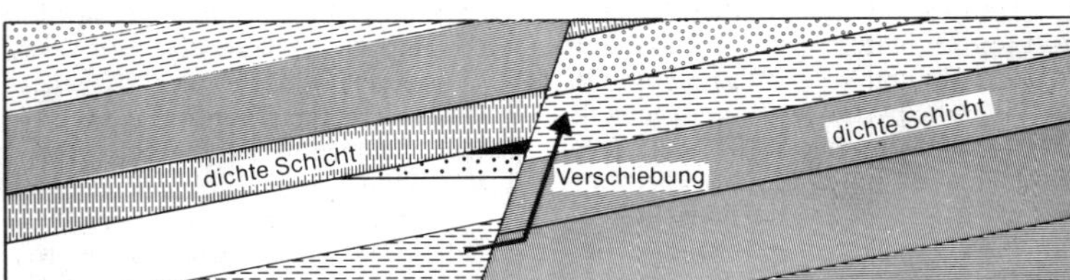
dichte Schicht
Verschiebung
dichte Schicht

4

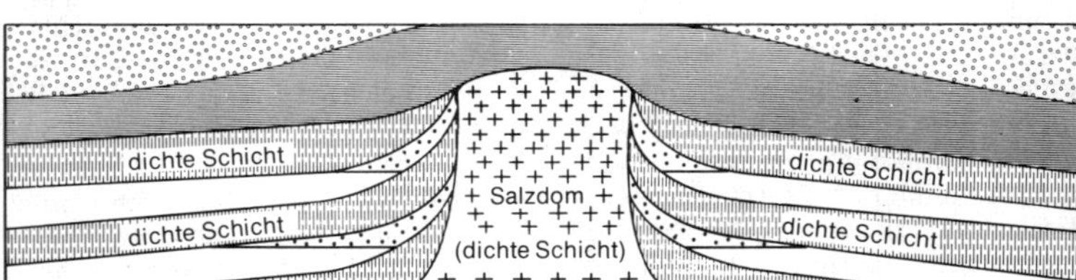
dichte Schicht
dichte Schicht
Salzdom
(dichte Schicht)
dichte Schicht
dichte Schicht

5

Gas
Öl
Wasser

stätten in Antiklinalen und an Salzstöcken sowie stratigraphische und tektonische Fallen. – Die bekannten E.reserven der Erde wurden für 1975 mit 80 Mrd. t angegeben; die gesamte E.förderung auf der Erde belief sich 1975 auf 2,7 Mrd. t. Der Anteil des E.s am Primärenergieverbrauch auf der Erde betrug 1975 43%.

Erdpyramiden (Erdkegel, Erdpfeiler): E. sind bis zu 30 m hohe, pyramiden-, kegel-, turm- oder pfeilerartige Abtragungsformen in Moränen und anderem Lockermaterial, das in trockenem Zustand sehr standfest ist. In Gebieten mit jahreszeitlich konzentriert auftretenden Niederschlägen werden aus solchem Material bestehende Hänge (besonders nach ihrer Entwaldung) stark abgespült, wobei wegen der Ungleichkörnigkeit des Materials einzelne Hangpartien von der Abtragung verschont bleiben, so daß diese Teile im Laufe der Zeit herausmodelliert werden. Es entstehen E., von denen einige auch einen zusätzlich schützenden Deckstein tragen. E. sind u.a. auf dem Ritten bei Bozen zu finden.

Erdrutsch (Bergrutsch, Erdschlipf, Bergschlipf, Schlipf): Bei einem E. rutschen stark durchnäßte Lockermassen an steileren Böschungen plötzlich ab, wobei die Vegetationsdecke zerreißt. Am häufigsten treten solche Bewegungen in Hochgebirgen sowie in Erdbebengebieten und in sehr feuchten Gebirgslandschaften auf.

Erdschatten: Wenn die Mondbahn durch den E. verläuft, kann eine ↑ Mondfinsternis beobachtet werden.

Erdteil: svw. ↑ Kontinent

Erg (in Libyen: Edeien): E. ist die aus der nördlichen Sahara stammende Bezeichnung für große, dünenbesetzte Sandwüsten. Sie finden sich oft in der Nähe von Seriren und Hammadas, aus denen der Sand im Erg zu Dünen aufgeweht wurde.

Ergußgesteine (Ausbruch-, Effusiv-, Extrusivgesteine, Vulkanite): E. nennt man ↑ magmatische Gesteine, die im Rahmen vulkanischer Tätigkeit durch Erstarren des aus der Tiefe aufgedrungenen Magmas an oder nahe der Erdoberfläche gebildet wurden.

Erosion: Im deutschen Sprachgebrauch versteht man unter E. nur die *fluviatile Erosion,* d.h. die v.a. linear wirksame, einschneidende und ausräumende Tätigkeit des fließenden Wassers, im Gegensatz zur flächenhaften Abtragung, der Denudation. Die fluviatile E. schafft zusammen mit der Verwitterung und Denudation die Täler. Die Intensität der E. ist abhängig von der Wasserführung, dem Gefälle, dem Schutttransport und der Widerständigkeit des Gesteins. Nach der Richtung, in welche die E. wirkt, unterscheidet man zwischen Tiefenerosion und Seitenerosion.

Die *Tiefenerosion* wird hervorgerufen durch die Schwerkraft, angeregt durch

Abbildung links:

Bild 1 Ein Ölfeld entsteht: Über der wasser- und ölhaltigen Kalksteinschicht haben sich Deckschichten abgelagert.

Bild 2 Durch Verschiebungen in der Erdkruste werden die Schichten gefaltet – das leichtere Öl trennt sich vom Wasser, dringt nach oben und sammelt sich in den Antiklinalen.

Bild 3 Poröse Schichten werden durch Erosion abgetragen und später wieder durch dichte Schichten bedeckt – so entstehen die stratigraphischen Fallen.

Bild 4 Bei Verwerfungen verschieben sich Gesteinsschichten an einer Bruchfläche. Dadurch entstehen tektonische Fallen.

Bild 5 Salzdome bahnen sich einen Weg durch die Gesteinsschichten nach oben. An ihrem Rand entstehen die Ölfallen an Salzdomen.

Hebung der Landoberfläche und verstärkt an Engstellen, die sich v.a. an harten Gesteinsriegeln bilden. Sie bewirkt den Ausgleich des Flußlängsprofils durch Rückverlegung von Gefällstufen, sie schreitet dabei stromaufwärts gegen die höher gelegenen Teile des Flußbettes vor, man spricht daher von *rückschreitender Erosion.*

Durch die *Seitenerosion* werden die Talhänge und Ufer unterschnitten sowie die Flußbette verbreitert. Sie wird hervorgerufen durch stoßweise Wasserführung. Hochwasser und Pendeln des Stromstrichs, v.a. beim Mäandrieren.

Über das normale Ausmaß hinausgehende Erosion wirkt als ↑ Bodenzerstörung.

Die verschiedenen erodierenden Tätigkeiten des Eises werden als ↑ Glazialerosion bezeichnet.

Erosionsbasis (Abtragungsbasis): Die E. ist das Niveau, bis zu dem die ↑ Erosion wirken kann. Die absolute E. ist der Meeresspiegel, die lokale Erosionsbasis kann ein See oder eine größere Ebene sein, für einen Nebenfluß ist sie die Mündung in den Hauptstrom. Alle abtragenden und aufschüttenden Tätigkeiten eines Flusses sind von dieser Erosionsbasis abhängig.

erratische Blöcke (Findlinge): Als e. B. bezeichnet man ortsfremde Felsblöcke in Gebieten ehemaliger Vereisung; sie wurden durch Gletscher oder Inlandeis – oft Hunderte von Kilometern weit – vom Ursprungsort an ihre heutige Fundstätte transportiert; sie sind daher Indizien für die Ausdehnung und Herkunft von Eismassen.

Erstarrungsgesteine: svw. ↑ magmatische Gesteine

Eruption: Als E. bezeichnet man das Aufdringen von Magma aus dem Erdinnern an die Erdoberfläche, also eine Erscheinungsform des Vulkanismus. Im weiteren Sinne wird auch die zum Plutonismus gehörende ↑ Intrusion als E. bezeichnet.

Eruptivgesteine: svw. ↑ magmatische Gesteine

Erwerbstätigkeit: E. ist die Tätigkeit, die überwiegend zum Lebensunterhalt des Erwerbstätigen und seiner Familie beiträgt.

Erz: In der Mineralogie bezeichnet man als E. jedes metallhaltige Mineral oder Mineralgemenge. Im Bergbau wird der Begriff so verstanden, daß aus dem Mineral oder Mineralgemenge in industriellem Maßstab und mit wirtschaftlichem Nutzen Metalle oder Metallverbindungen gewonnen werden können. Bestandteile des E.es sind nicht nur die Verbindungen der nutzbaren Metalle, sondern auch andere Minerale, wie Kalk, Dolomit, Quarz, mit denen Erzminerale verwachsen sind und die man als *Gangart* oder *taubes Gestein* bezeichnet. Überwiegen die basischen Bestandteile (CaO, MgO), so handelt es sich um ein *basisches Erz,* überwiegt die Kieselsäure (Siliciumdioxid), um ein *saures Erz.*

Erzlagerstätten: E. sind natürliche Anhäufungen von Erzen in der Erdkruste, die nach Größe und Inhalt für eine wirtschaftliche Gewinnung der Erze in Frage kommen können. Die Abbauwürdigkeit der Erze ist abhängig vom Wert des betreffenden Metalls, vom Metallgehalt der Erze, von der Gewinnungsmethode, von der Verhüttbarkeit und von der Lage des Fundorts. Nach der Entstehung der Erze unterscheidet man drei Gruppen von Lagerstätten: magmatische, sedimentäre und metamorphe Erzlagerstätten.

Die *magmatischen E.* entstanden meist im Zusammenhang mit plutonischen Vorgängen, und zwar innerhalb des Magmas *(intramagmatisch),* am Rande des Magmas *(perimagmatisch)* oder in größerer Entfernung vom Magma *(apo-* bis *telemagmatisch)* als Niederschlag aus heißen, wäßrigen Lösungen *(hydrothermale E.);* seltener entstanden sie durch vulkanische Vorgänge, dann meist am Meeresboden durch Exhalation *(Exhalationslagerstätten).* Eine Besonderheit stellen die *Imprägnationslagerstätten* dar: Hier sind metallhaltige

Lösungen in die Poren schwerlöslicher, aber durchlässiger Gesteine eingedrungen und haben sie durchtränkt („imprägniert"). Bei der Bildung der *metasomatischen E.* oder *Verdrängungslagerstätten* haben die eingedrungenen metallhaltigen Lösungen mit dem Nebengestein chemisch reagiert; sie haben dieses Gestein (z.B. Kalk) in Erz umgewandelt, seine ursprünglichen Minerale dabei „verdrängt".

Die eigentlichen *sedimentären E.* bilden sich durch mechanisch-sedementäre (↑Seifen) oder chemisch-sedimentäre Vorgänge; unter letzteren versteht man Ausscheidungen in Meeren oder Seen, z.B. Eisenoolithe, Kupferschiefer und Raseneisenerz. Im weiteren Sinne zählen zu diesen E. auch die *Verwitterungslagerstätten,* v.a. die sogen. *Rückstandslagerstätten:* Als liegengebliebener, also angereicherter, Rest bei Verwitterungsvorgängen entstehen z.B. eluviale ↑Seifen, Laterit und Bauxit.

Die *metamorphen E.* sind auf Vorgänge der Metamorphose zurückzuführen.

Esch: E. ist eine in Nordwestdeutschland und den Niederlanden gebräuchliche Bezeichnung für einen oft in Langstreifen untergliederten Teil der Flur, der sich inselförmig aus der feuchteren Umgebung hervorhebt und infolge seiner relativen Trockenheit für den Getreideanbau (Roggen) günstig ist. Dieser Komplex ist das älteste Ackerland der Siedlung. Die Dörfer liegen immer in unmittelbarer Nähe dieses Altackerlandes; es handelt sich um kleine, lockere Weiler mit 2 bis 12 Höfen, die als *Drubbel* bezeichnet werden. Um dieses Kernland finden wir dann Blöcke jüngerer Flurerweiterungen. Die Parzellenverbände der Eschflur werden *Flagen* genannt.

Estancia (Estanzia): Die E. ist ein Viehzuchtgroßbetrieb in Südamerika, v.a. in Argentinien, der bis 6000 ha groß sein kann. Das Vieh der E. ist das ganze Jahr über auf der Weide; es wird zur Gewinnung von Fleisch, das hauptsächlich exportiert wird, gehalten. Der Begriff E. wird auch für einen größeren landwirtschaftlichen Betrieb oder das Gutshaus allein gebraucht. Oft wohnen die Besitzer, die Estancieros, nicht im Gutshof, sondern in der Stadt. Sie haben dann einen Verwalter eingesetzt, der die Landarbeiter, die Peones, beaufsichtigt und für den Betrieb verantwortlich ist.

Etesien [...iən]: E. nennt man die mit großer Regelmäßigkeit von Mai bis Oktober über Griechenland, der Ägäis und dem östlichen Mittelmeer wehenden Nord- bis Nordwestwinde. Die E. sind trockene, relativ kühle, über dem Meer oft stürmische Winde; am frühen Nachmittag erreichen sie ihre Hauptstärke, nachts schlafen sie nahezu ein. Da die E. für den Mittelmeerraum charakteristisch sind, nennt man das Mittelmeerklima auch oft *Etesienklima* (die zu bevorzugende Bezeichnung ist jedoch mediterranes Klima).

Ethnologie: svw. ↑Völkerkunde

Europäisierung: Hiermit meint man die Verbreitung europäischer Denk- und Wirtschaftsweisen in Afrika, Asien und Amerika (heute auf Süd- und Mittelamerika beschränkt). Die Eu. ist der Hauptgrund, warum Entwicklungsländer immer Entwicklungsländer bleiben.

Europaschiff: Ein E. ist ein mit eigenem Motor fahrendes Lastschiff der Binnenschiffahrt von 1350 BRT, das nach einheitlichen Konstruktionsnormen gebaut ist: 80 m Länge, 9,5 m Breite und 2,5 m Tiefgang. Das E. wurde eingeführt, um die europäische Binnenschiffahrt zu vereinheitlichen. Neue Kanäle wurden den Maßen des E.es entsprechend gebaut, ältere Kanäle sollen entsprechend ausgebaut werden. Das E. wird aber seit einigen Jahren auf dem Rhein immer mehr von Schubschiffeinheiten abgelöst. Diese Schubleichter haben die Abmessungen 70 m x 9,5 m (Europa-I-Leichter) und 76,5 m x 11,4 m (Europa-II-Leichter).

eustatische Meeresspiegelschwankungen: Als e. M. bezeichnet man langfristige Hebungen und Senkungen des Meeresspiegels durch Veränderung des Wasserhaushalts der Erde. Sie sind im wesentlichen durch Bindung von Wasser als Eis bedingt: Während einer Eiszeit fällt der Meeresspiegel, beim Abschmelzen der Eismassen während der folgenden Warmzeit steigt er wieder an. Man spricht daher auch von *Glazialeustasie*.

eutroph: Eu. sind Gewässer und Böden die besonders reich an Nährstoffen, v.a. Stickstoff und Phosphor, sind. Eutrophe Seen sind wegen des großen Nährstoffangebotes dicht besiedelt. Auch die Pflanzen, die eutrophe Böden benötigen, z.B. Wiesen- und Waldpflanzen, nennt man eutroph.

Eutrophierung: Wenn ein Gewässer mit stickstoff- und phosphorhaltigen Stoffen belastet wird, kommt es zur Eutrophierung. Dies hat eine explosionsartige Vermehrung der Algen zur Folge. Die dadurch am Tage gesteigerte Sauerstoffproduktion kann vom Wasser nicht aufgenommen werden, da es schon bald mit Sauerstoff gesättigt ist. Erhöht sich die Temperatur, so wird der Sättigungspunkt noch früher erreicht. In der Nacht wird jedoch von den Organismen mehr Sauerstoff verbraucht als am Tage vom Wasser gespeichert worden ist. Dies führt zu einer Sauerstoffarmut: das Ökosystem kommt aus dem Gleichgewicht, es „kippt um". Diese Gefahr besteht v. a. in heißen Sommern an stehenden oder nur schwach fließenden Gewässern, in die Abwässer eingeleitet werden. Dabei kommt es oft zu großen Fischsterben.

Evaporation: Unter E. versteht man die Verdunstung von einer freien Wasseroberfläche und von der vegetationsfreien Erdoberfläche.

Evaporite (Eindampfungssedimente): E. nennt man Ablagerungen, die in abgeschnürten Meeresbecken oder in Salzpfannen durch Verdunstung des Wassers entstanden sind, v.a. Steinsalz, Kalisalze, Anhydrit, Gips.

Evapotranspiration: Unter E. versteht man die gesamte Verdunstung von einer bewachsenen Bodenoberfläche; sie setzt sich aus Evaporation, der Wasserabgabe der Bodenoberfläche, und Transpiration, der Wasserabgabe der Pflanzen, zusammen.

EWG (Abkürzung für Europäische Wirtschaftsgemeinschaft): Ziele dieser 1957 gegründeten (in Kraft seit 1.1.58) Wirtschaftsunion westeuropäischer (im politischen Sinne) Staaten sind Zollabbau, freier Verkehr von Personen und Dienstleistungen, gemeinsame Zolltarife gegenüber Dritten und koordinierte Wirtschaftspolitik. Der EWG gehören seit 1973 neun Staaten an, außerdem sind ihr seit 1975 (Konvention von Lomé) 46 Entwicklungsländer Afrikas, des karibischen und des pazifischen Raumes, die sogen. AKP-Staaten, assoziiert. Weiterhin bestehen ähnliche Präferenzabkommen mit einer Reihe anderer Staaten, v.a. im Mittelmeerraum.

Exaration: E. ist das Fachwort für einen Teil der Glazialerosion, nämlich das Wegschieben von Lockermaterial durch die Stirn eines Gletschers oder durch fortschreitende Inlandeismassen.

Exhalation: E. nennt man das Ausströmen von Gasen bei der vulkanischen Tätigkeit, z.B. in ↑Fumarolen, ↑Mofetten und ↑Solfataren.

Exklave: Eine E. ist ein Gebiet eines Staates, das vom eigenen Staat aus nicht zugänglich ist; es ist also gänzlich von fremdem Staatsgebiet umgeben. Das Wort E. wird aber auch auf niedrigerer Verwaltungsebene in entsprechendem Sinne gebraucht.

exogen (außenbürtig): E. nennt man Kräfte, die von außen auf die Erdoberfläche einwirken, wie Wasser, Luft, Wärme, Organismen. Man spricht von exogener Dynamik; die wichtigste e.e Kraftquelle ist die Sonne. E. bedingte Vorgänge sind Verwitterung, Abtragung und Sedimentation. Der Gegenbegriff heißt endogen.

Exosphäre (Dissipationssphäre): Die E. bildet das oberste Stockwerk der Atmosphäre ab etwa 500 bis 1 000 km Höhe. Die E. bildet den Übergang zum interplanetaren Raum. Die noch vorhandenen atmosphärischen Gase sind bereits so verdünnt, daß einzelne Moleküle nicht mehr mit anderen zusammenstoßen und bei genügend hohen Geschwindigkeiten aus dem Schwerefeld der Erde in den Weltraum entweichen, sofern sie nicht im ionisierten Zustand vom Magnetfeld der Erde gezwungen werden, im Van-Allen-Gürtel umzulaufen.

Expansionstheorie: E. nennt man eine geotektonische Hypothese, die als Ursache für die tektonische Formung der Erde eine Volumenvergrößerung der Erdkruste annimmt. Diese soll bedingt sein durch die innere Erwärmung aufgrund einer durch Radioaktivität entstehenden überschüssigen Wärme (heute widerlegt) bzw. aufgrund einer Abnahme der Gravitationskonstante. Den Gegensatz zur E. stellt die Kontraktionstheorie dar. – Die heute am häufigsten diskutierte diesbezügliche Theorie ist jedoch die der ↑Plattentektonik.

Export (Ausfuhr): Dieser Teilbereich der Volkswirtschaft umfaßt alle Rohstoffe, Waren und Dienstleistungen, die ins Ausland geliefert bzw. im Ausland erbracht werden. Die Aufrechnung von Export gegen Import wird Handelsbilanz genannt.

extensive Wirtschaft: Dieser Begriff aus der Landwirtschaft steht für eine Wirtschaftsweise, bei der im Verhältnis zur Bodenfläche wenig Arbeit und Kapital aufgewendet werden muß.

Extremwerte: Die während eines Beobachtungszeitraumes auftretenden höchsten und tiefsten Werte eines Klimaelementes bezeichnen wir als Extremwerte. Verrechnet man die Extremwerte (die höchsten und die tiefsten jeweils für sich) aller Tage eines Monats zu einem Mittelwert, erhält man die mittleren Minimal- und die mittleren Maximalwerte dieses Monats. Verrechnet man weiterhin alle Minima und alle Maxima des gleichen Monats (z.B. des Januar) über mehrere Jahre zu einem Mittelwert, erhält man die mittleren Monatsminima bzw. -maxima dieses Monats (z.B. also die mittleren Januarminima und die mittleren Januarmaxima). Verrechnet man nun weiterhin die mittleren Monatsminima und -maxima aller Monate über mehrere Jahre, so erhält man das mittlere jährliche Minimum bzw. Maximum für das berechnete Klimaelement an diesem bestimmten Ort, an dem alle Messungen vorgenommen wurden.

F

Fabrikschiff ↑Fischfabrikschiff

Fächerlot: Das F. ist eine Spezialform des ↑Echolots.

Fahlerde: F. ist eine besondere Art der ↑Parabraunerde.

Fahrwasser (Fahrrinne): Das F. ist der durch ↑Seezeichen kenntlich gemachte Schifffahrtsweg im Küstenbereich und in Flüssen; es wird in Seekarten eingetragen. Das F. muß gegebenenfalls durch Baggerarbeiten offengehalten werden.

Falklandstrom: kalte Meeresströmung im Atlantischen Ozean, ↑Karte Meeresströmungen.

Fallwind: Als F. bezeichnen wir von Gebirgen mit großer Geschwindigkeit abwärts strömende Luftmassen. Diese erwärmen sich dabei infolge ↑adiabatischer Erwärmung und werden im Gebirgsvorland als warme Winde empfunden; der bekannteste F. dieser Art ist der Föhn. Wird dagegen sehr kalte Luft von Gebirgsflächen herabgesaugt, kann diese trotz adiabatischer Erwärmung sehr kalt am Gebirgsfuß ankommen. Diese Winde werden als kalte F.e bezeichnet, zu ihnen gehört die ↑Bora.

Falte: Als F.n bezeichnet man die durch Auf- und Abbiegung von Gesteinsschichten entstandenen Verbiegungsformen. Der Vorgang, die Faltung, wird durch seitlichen Druck und Einengung ausgelöst. Die Einbiegungen einer F.

nennt man *Mulde, Synkline* oder *Synklinale,* die Aufwölbungen hingegen *Sattel, Gewölbe, Antikline* oder *Antiklinale.*

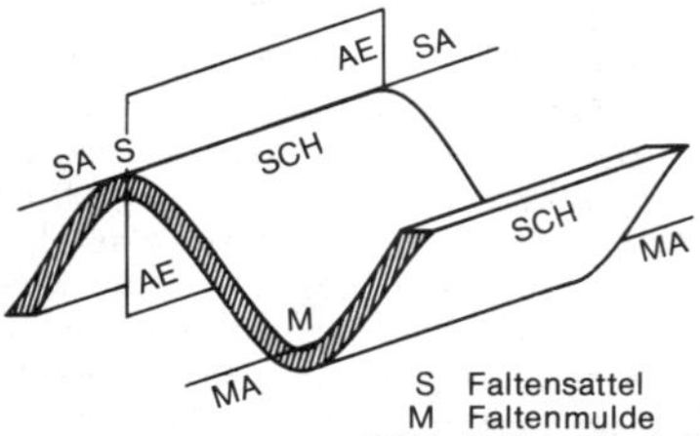

Schematischer Aufbau einer Gesteinsfalte

Bei gleichmäßiger Biegung entstehen einfache, aufrechte oder stehende F.n mit nahezu senkrechter Achsenebene und symmetrisch zu den Muldenachsen einfallenden Schenkeln. Je nach ihrer Lage werden die einzelnen F.nformen unterschieden: *stehende F.n* (mit senkrechter Achsenebene), *schiefe F.n, überkippte F.n* (wenn beide F.nflanken in die gleiche Richtung einfallen) und *liegende F.n (Deckfalten),* wenn sich der Sattel weit über die vorgelagerte Mulde legt. In besonderen Fällen taucht die Achsenebene unter die Horizontale und bildet dadurch eine *Tauchfalte. Isoklinalfalten* sind durch starke Einengung entstanden und weisen daher weitgehend parallel verlaufende F.nschenkel auf. *Kofferfalten* sind durch flachen Scheitel und fast rechtwinklig abgesetzte steile Schenkel gekennzeichnet. Bei parallel gerichteten, aber schräg hintereinander gestaffelten F.n spricht man von *Kulissenfalten.*

F.n treten meist nicht einzeln, sondern zu mehreren geschart oder gebündelt *(Faltenschar, Faltenbündel)* auf. Durch Abtauchen der Sattelachse oder Auftauchen der Muldenachse entsteht im Schnittbild mit der Horizontalen umlaufendes Streichen der Schichten.

Nach dem Faltungsvorgang unterscheidet man drei Grundtypen: 1. *Biege-* oder *Knickfalten* entstehen durch tangentiale Einengungskräfte, wobei die Gesteinsschichten wellenartig verbogen („geknickt") werden und sich an den Schichtgrenzen gegeneinander verschieben. 2. *Scherfalten* entstehen, wenn die Scherfestigkeit des unter Spannung stehenden Gesteins überschritten wird. Dabei reißen senkrecht zur Druckrichtung Scherflächen auf, und das Gestein wird in Scherbretter zerlegt. Es bildet sich eine treppenartige Staffelung der Scherflächen. Dieser Vorgang ist mit Schieferung verbunden. 3. *Fließfalten* entstehen durch unregelmäßige Faltung. Eine einmal erzeugte Krümmung wird erneut gekrümmt, aufgewickelt oder verwirbelt. Man beobachtet Fließfalten in magmatischen Schmelzen, in hochmeta-

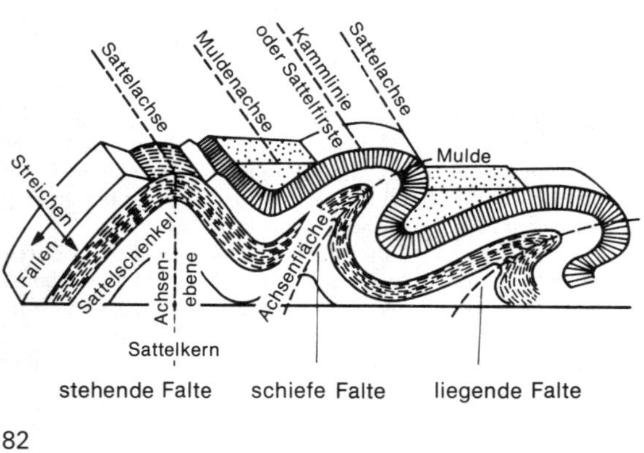

Die verschiedenen Faltentypen

morphen Gesteinen und auch in Salzgesteinen.

Faltung: Als F. bezeichnet man die Verbiegung von Gesteinsschichten zu Falten. Im übertragenen Sinne versteht man unter F. auch die meist mit F. verbundene Gebirgsbildung, also die Orogenese.

Faltungsphasen: Die gebirgsbildende Aktivität der Erde ist starken zeitlichen und räumlichen Schwankungen ihrer Intensität unterworfen. Neben unmerklich langsamen, nahezu stetigen, Bewegungen lassen sich ausgesprochene Bewegungsrucke beobachten. Zeiten solcher verstärkten Aktivität in der Erdkruste, die sich durch diskordante Auflagerung jüngerer Deckschichten über zuvor aufgerichtete und teilweise abgetragene Schichtglieder zeitlich einstufen lassen, werden als F. bezeichnet. Die einzelnen F. hat man in wenige *Perioden* (Ären) zusammengefaßt: die assyntische Faltungsära des Präkambriums, die kaledonische Faltungsära des Altpaläozoikums, die variskische Faltungsära des Jungpaläozoikums und die alpidische Faltungsära des Tertiärs und Quartärs.

Familienbetrieb: Beim F. handelt es sich um einen Betrieb, der weitgehend ohne festangestelltes Personal auskommt. Alle wichtigen Tätigkeiten können von Familienangehörigen erledigt werden.

Fanglomerat (Schlammbreccie): F. nennt man Ablagerungen aus mit Sinkstoffen stark überladenen Schichtfluten, die durch heftige Niederschläge im ariden Klimabereich verursacht werden. Diese Gesteinsschuttanschwemmungen bestehen aus kaum gerundetem und unsortiertem Material.

Farm:

◊ Im englischen und amerikanischen Sprachgebrauch ist die F. ein landwirtschaftlicher Betrieb.

◊ Im deutschen Sprachgebrauch wurde der Begriff F. auf Betriebe der Geflügel- und Pelztierzucht übertragen; man spricht von Geflügelfarm und Pelztierfarm.

Farmlandschaft: Als F. bezeichnet man bestimmte Ackerbaugebiete in den USA. Die einzelnen Farmgebäude, die alle durch Baumpflanzungen vom Wind geschützt sind, liegen weit voneinander entfernt. Neben den Farmgebäuden befinden sich oft riesige Silos.
Diese Landschaft ist eine Folge der Kolonisierung des Westens der USA im späten 18. und im 19. Jahrhundert. Im Jahre 1785 wurde eine systematische Landeinteilung, die Congressional-Township-Einteilung beschlossen. Der gesamte Westen, zum Teil bis zum Fuße der Rocky Mountains, wurde dabei in Quadrate mit 6 Meilen (= 9,7 km) Seitenlänge eingeteilt, deren Grenzen parallel

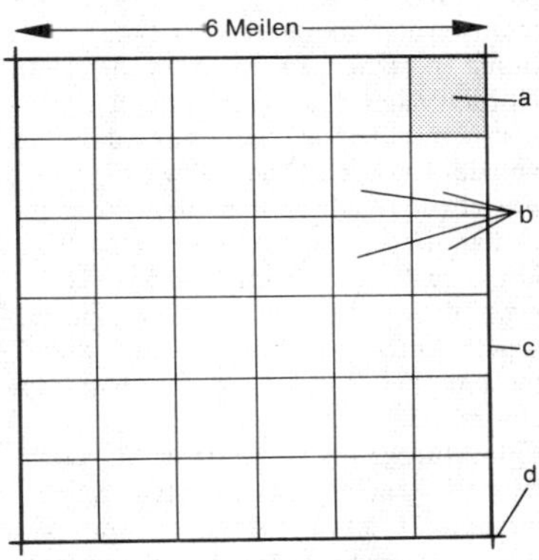

Gliederung eines Township
a: 1. Sektion mit Zentralem Ort
b: die einzelnen Sektionen
c: Hauptmeridianlinie
d: Hauptbasislinie

zu den Längen- und Breitengraden verlaufen. Dieses 36 Quadratmeilen (= 93,24 km²) große Gebiet wurde als Township bezeichnet und seinerseits in 36 Quadrate von 1 Meile Seitenlänge, also von 2,59 km², unterteilt; diese sogen. Sections wurden von 1 bis 36 durchnumeriert. Zuerst verkauften die staatlichen Landverkäufer immer 9 Sections, um die Schulden aus dem Kolonialkrieg zu tilgen; dann wurden Quartersections von einer $\frac{1}{4}$ Quadratmeile verschenkt, um das Land möglichst schnell zu besiedeln. Das erste Quadrat, im Nordosten des Townships gelegen, wurde niemals verkauft, sondern für eine Stadt freigehalten, die zur Versorgung der übrigen Sections dienen sollte. Im 16. Quadrat stand die Schule. Durch die Homestead Act von 1862 wurden die Farmer gezwungen auf dem Land und nicht in der Stadt zu leben. Jeder mußte einen Brunnen bohren. Die Häuser und Straßen lagen am Rande jedes Quadrats. So entstanden lange, gerade Straßen die in Nord-Süd- und Ost-West-Richtung durch den gesamten Westen verlaufen. Weil sich aber die Abstände zwischen den Meridianen nach Norden verjüngen, mußten Korrekturen vorgenommen werden, die sich in der Landschaft durch plötzliche Kurven in den von Norden nach Süden verlaufenden Straßen bemerkbar machen, ohne daß dies von der Landschaft her notwendig wäre.

Fastebene (englisch Peneplain): Bei der F. handelt es sich um eine flachwellige, kaum gegliederte Rumpffläche in geringer Höhe über dem Meeresspiegel. Durch Abtragung während einer langen tektonischen Ruheperiode wurde sie fast eingeebnet.

Fata Morgana: Unter einer F.M. verstehen wir einen komplizierten Spiegelungseffekt im Grenzbereich verschieden warmer Luftschichten der Atmosphäre. Die F.M. täuscht in Wüstengebieten,wenn die unteren Luftschichten wärmer und deshalb dünner sind als die darüberliegenden, Wasserflächen vor und rückt Gegenstände scheinbar näher an den Beobachter heran.

Faulschlamm (Sapropel):

◊ Der F. ist eine graue bis schwarze, feinkörnige Ablagerung, die sich bei Sauerstoffmangel in flachen Meeresbereichen und in stehenden Gewässern bildet. Dabei ist eine Gasentwicklung festzustellen. F. besteht überwiegend aus mikroskopisch kleinen Wassertieren und -pflanzen und ist daher sehr fett- und eiweißreich. Bei Verhärtung entstehen Sapropelkohle, bituminöser Kalkstein, Öl- oder Kupferschiefer. Der F. ist eine Vorstufe der Erdölbildung.

◊ Unter F. versteht man auch die bei der mechanischen und biologischen Klärstufe der Abwasseraufbereitung anfallenden Schlammteilchen, die in Faultürmen ausgegoren werden. Dabei wird der oben erwähnte Prozeß unter künstlichen Bedingungen nachvollzogen.

Fauna: F. ist das Fachwort für Tierwelt; es wird meist im Zusammenhang mit einem bestimmten Gebiet oder einer bestimmten geologischen Zeit gebraucht, z.B. die F. Madagaskars oder die F. des Karbon, und meint die systematische Zusammenstellung aller Tierarten dieses Gebietes bzw. dieser Zeit.

Favelas: Bezeichnung für Slumsiedlungen in Brasilien, ↑Slum.

Fazenda [fa'zɛnda]: in Brasilien wird eine ↑Hazienda als F. bezeichnet.

Fazies: Als F. bezeichnet man die Merkmale, die für die Bildung eines Sedimentgesteins charakteristisch sind. In Bezug auf die Gesteinsbeschaffenheit spricht man von *Petrofazies,* bezüglich des Fossilinhalts von *Biofazies.* Fernerhin unterteilt man nach dem Bildungsraum *(paläogeographische Fazies)* in eine *Land-* oder *terrestrische Fazies,* eine *Süßwasser-* oder *limnische Fazies* und eine *Meeres-* oder *marine Fazies.*

Fehnkultur: Die F. ist eine in den Niederlanden entwickelte ↑Moorkultur.

Feierabendlandwirtschaft (Freizeitlandwirtschaft): Dies ist eine Form der Landwirtschaft, bei der der Betriebsinhaber einem Beruf in der Industrie oder im Dienstleistungsbereich nachgeht und daraus auch seine wesentlichen Einnahmen bezieht. Die Landwirtschaft wird nur noch nebenbei, also in der Freizeit nach Feierabend, betrieben. Der Ertrag aus solchen Betrieben ist bei relativ hoher Arbeitsleistung meist recht gering, daher werden heute oft nur noch Sonderkulturen unterhalten, die einen höheren Gewinn abwerfen.

Feldfutterbau: Unter dem F. versteht man den Anbau von Futterpflanzen, die im grünen oder getrockneten Zustand oder siliert an das Vieh verfüttert werden. Solche Anbaufrüchte sind z.B. Klee, Futterrüben und Mais. Sie werden im Haupt- und Zwischenfruchtanbau nach den Hauptfrüchten im Spätsommer und Herbst angebaut.

Feld-Gras-Wirtschaft: Die F. ist ein landwirtschaftliches Bodennutzungssystem, bei dem auf demselben Stück Land in mehrjährigem Wechsel Nutzung als Ackerland und als Grünland erfolgt. Während der Grünlandjahre, die in der Regel, v.a. bei zunehmend feucht-kühlem Klima, die Dauer der Ackerbaujahre übertreffen, kommt es zur Weide-, Wiesen-, seltener zur Mähweidenutzung. Früher wurde das Feld der Selbstbegrünung überlassen (wilde F.) heute werden fast ausnahmslos Klee-Gras-Mischungen eingesät (verbesserte F.) In Süddeutschland nennt man die F. Egartenwirtschaft, in Südwest- und Westdeutschland Drieschwirtschaft, in Norddeutschland Koppelwirtschaft und in Großbritanien ley farming.

Feld-Wald-Wechselwirtschaft: Die F. ist ein landwirtschaftliches Bodennutzungssystem, bei dem langjährige Waldnutzung (über 12 Jahre) mit kurzzeitiger Ackernutzung (1–3 Jahre) auf derselben Fläche miteinander abwechseln. Bei der geregelten F. mit festem Rhythmus wurde der Wald zur Gewinnung von Lohe, Brennholz, Nutzholz und Holzkohle genutzt. In Europa ist die F., die regional unterschiedliche Namen trug (z.B. Haubergwirtschaft, Schwandtwirtschaft) fast ganz verschwunden, in den Tropen ist ihre ungeregelte Form als sogen. Shifting cultivation mit Brandrodung noch erhalten.

Fellachen: Die F. sind die ackerbaubetreibende Landbevölkerung in den arabischen Ländern. Sie bildet eine von den Beduinen und Städtern gesonderte Bevölkerungsgruppe. In den durch die arabische Eroberung arabisierten Gebieten haben die F. als direkte Nachkommenschaft der vor der Eroberung ansässigen Bevölkerung viel von ihrem alten Kulturgut bewahrt; in einigen Ländern gibt es unter ihnen sogar noch starke christliche Minderheiten. Ihr sozialer Status ist vergleichsweise niedrig, da sie oft als Pächter wirtschaftlich von den Großgrundbesitzern abhängig sind.

Felsenmeer: Ein F. ist ein Ergebnis der ↑Blockverwitterung.

Felssturz: Ein F. ist eine Erdmassenbewegung, bei der weniger Masse abstürzt als beim ↑Bergsturz.

Felswüste (Felsschuttwüste): F. ist die deutsche Bezeichnung für ↑Hammada.

Fenster, geologisches: ↑geologisches Fenster

Ferner: in Tirol (außer in Osttirol) übliche Bezeichnung für ↑Gletscher.

Ferner Osten: Als Länder des Fernen Ostens gelten Birma, Thailand, Laos, Vietnam, Kambodscha, Malaysia, Singapur, Indonesien, Brunei, die Philippinen, Taiwan, China, Hongkong, Macau, die Mongolische Volksrepublik, Nordkorea, Südkorea und Japan.

Fernweidewirtschaft: Die F. ist eine Form der Viehwirtschaft, bei der die Herden zu Weidegebieten getrieben werden, die in größerer Entfernung vom Heimort liegen und keine wirtschaftliche Bindung zu diesem aufweisen. Die geläufigste Form der F. ist die ↑Transhumanz; keine Form der F. ist dagegen die alpine Almwirtschaft.

Fertigwaren: Bei F. handelt es sich um Waren, die keiner weiteren Bearbeitung mehr bedürfen, die also verbrauchsfertig verkauft werden.

Festungsstadt: Die F. ist ein Stadttyp, der entweder seine Gründung oder seinen Aus- oder Umbau der Anlage einer Festung verdankt; sie liegt daher an einer strategisch wichtigen Stelle.

Feuchtsavanne: Die F. ist ein Vegetationstyp der ↑Savanne in Gebieten mit nahezu einfacher Regenzeit, in der 1 000 bis 1 500 mm Niederschlag in den 7–9 humiden Monaten fallen; der geschlossene Graswuchs erreicht 2-4 m Höhe, die F. ist daher schwer passierbar; die meist brandwiderständigen Bäume werden bis 10 m hoch; es sind meist laubabwerfende, dickborkige Arten. An den Flüssen treten ↑Galeriewälder auf. Die F. ist v.a. in Afrika südlich und nördlich des tropischen Regenwaldes als breiter Gürtel anzutreffen, an den sich polwärts die Trockensavanne anschließt.

Feuchtwald: F. nennt man einen Wald, der eine Zwischenstellung zwischen dem tropischen Regenwald und dem Trokkenwald einnimmt. Man findet ihn u.a. in Brasilien und im Sudan.

Feuerkugel (Bolid): Ein ↑Meteor von besonderer Größe wird F. genannt.

Feuerstein (Flint): F. nennt man dichte, muschelige und scharfkantige, schwarze, bräunliche oder blaue Konkretionen von undurchsichtigem Chalzedon; dieser besteht aus Kieselsäure (SiO_2) und stellt eine feinkristalline Form des Quarzes dar. F. kommt u.a. in den Kreidekalken Norddeutschlands, Dänemarks und Englands vor.

Findling: ↑Erratische Blöcke werden in der Umgangsprache meist Findlinge genannt.

Firn: F. nennen wir die während mehrerer Jahre durch wiederholtes Auftauen und Gefrieren im Hochgebirge entstandene besondere Form des Schnees. Die ursprünglichen Schneeflocken verdichten sich bei diesem Vorgang zu sogen. *Firnkörnern,* die anfangs eine nur dünne wasserdurchlässige Schicht bilden. Im Laufe der Zeit werden die Firnkörner immer größer, die lufterfüllten Zwischenräume verkleinern sich und verschwinden langsam. Aus dem F. ist das wasserundurchlässige *Firneis* geworden. Das milchige Firneis geht schließlich unter zunehmendem Druck in das grünliche Gletschereis über.

Firnlinie: Als F. wird die Schneegrenze auf einem ↑Gletscher bezeichnet; sie trennt dessen Nährgebiet vom Zehrgebiet.

Firth [englisch fə:θ]: F. ist die in Schottland übliche Bezeichnung für ↑Fjord.

Fischereigrenze: Dieser völkerrechtliche Ausdruck bezeichnet jene im Meer verlaufende Grenzlinie, die die ↑hohe See und den Teil der Küstengewässer voneinander trennt, in dem die Ausübung des Fischereirechts den Staatsangehörigen des Küstenstaates vorbehalten ist *(Küstenfischerei).* Sie war bisher in der Regel mit der meeresseitigen Grenze der ↑Küstengewässer identisch. In neuester Zeit bestehen Tendenzen, die F. in Richtung hohe See hinauszuschieben, wobei sich die betreffenden Staaten v.a. auf den Gedanken des Fischbestandschutzes berufen.

Fischfabrikschiff:

◊ Ein F. ist das Mutterschiff einer Hochseefischereifangflotte; es übernimmt die Netze der Fangboote durch die Heckaufschleppe und verarbeitet den Fang zu Filet bzw. Konserven, die Abfälle zu Fischmehl. Außerdem ist immer eine Trankocherei an Bord, die in der Hauptsache die Fischleber verarbeitet. F.e bleiben meist ganzjährig im Fanggebiet und übernehmen für eine Flotte von 8 bis 16 kleineren Fangbooten die Funktion des Fischereischutzbootes. Es gibt neben universal eingerichteten F.en eine Reihe von Spezial-F.en. z.B. für Heringsflotten oder Thunfischfangflotten; zu den F.en zählen auch die Walfangmutterschiffe.

◊ (Fabriktrawler): Ein F. nennt man auch einen Hecktrawler, der ähnlich dem Mutterschiff einer Fangflotte mit Einrichtungen zur Verarbeitung des Fangs ausgerüstet ist.

Fischlupe: Die F. ist eine Spezialform des ↑Echolots.

Fixstern: In der Astronomie sind die F.e die Sterne im eigentlichen Sinne; sie sind meist sehr große, aus sich selbst leuchtende Gaskugeln hoher Temperatur. Der uns nächste F., von dem wir unvergleichlich mehr wissen als von den anderen, ist die ↑Sonne. Der der Sonne am nächsten stehende F. ist Proxima Centauri; seine Entfernung beträgt etwa 4,3 Lichtjahre. Im Durchschnitt beträgt die Distanz zwischen den F.en in der Umgebung der Sonne etwa 5 Lichtjahre.

Fjärd:

◊ F. ist die schwedische Bezeichnung für ↑Fjord.

◊ Fjärde werden außerdem die Buchten innerhalb der mittelschwedischen und finnischen Schärenküste genannt. Die Fjärde bilden somit den heute vom Meer überfluteten Teil der ehemaligen ↑Rundhöckerlandschaft, während die nicht überfluteten Teile Inseln, die sogen. Schären, bilden.

Fjell (schwedisch Fjäll): Das F. ist die Region oberhalb des borealen Nadelwaldgürtels auf der skandinavischen Halbinsel, etwa 300-700 m ü.d.M.; Es wird durch eine als *Fjellstufe* bezeichnete Vegetationsformation aus Moosen, Flechten, Stauden und Zwergsträuchern bestimmt. Zwischen Nadelwald und Fjellstufe wächst der sogen. *Fjellbirkenwald,* ein rein aus Fjellbirken bestehender lichter Wald.

Fjord: Ein F. ist ein vom Meer überflutetes Trogtal, das weit unter den Meeresspiegel herabreicht. F.e erscheinen also als weit ins Land eingreifende schmale Meeresbuchten mit sehr steilen Hängen. Typisch für einen F. ist, daß er unmittelbar vor der Mündung ins offene Meer seine geringste Wassertiefe erreicht. Die charakteristische Schwelle hängt mit der glazialen Überformung des Tales zusammen. Da F.e weit ins Land reichen, sind sie für die Erschließung dieser Gebiete wichtige Wasserstraßen. F.e sind ein Charakteristikum der norwegischen Westküste (der Sognefjord erstreckt sich 204 km ins Land, er ist maximal 1308 m, am Eingang 847 m tief), sie finden sich aber auch in Schottland, hier *Firth* genannt, in Westkanada, Südchile, auf Spitzbergen und Grönland.

◊ Im Dänischen wird F. im Sinne von ↑Förde und ↑Haff gebraucht.

Flächennutzungsplan: In der Bundesrepublik Deutschland versteht man unter einem F. den Entwicklungsplan einer Gemeinde. Dieser Plan soll für die gesamte Gemeinde die beste Art der Nutzung sicherstellen. Insbesondere regelt er das Verhältnis von Baufläche zu Wohndichte und damit die Bevölkerungsverteilung. Auch muß der F. Rücksicht auf soziale und kulturelle Bedürfnisse der Bevölkerung nehmen. Aber auch Land- und Forstwirtschaft müssen in einem F. berücksichtigt werden, ebenso Verkehr, Gewerbe und Industrie. Für einzelne Gebiete der Gemeinde werden Bebauungspläne erstellt; diese Bebauungspläne ergeben zusammen mit dem F. den Bauleitplan der Gemeinde.

Flächenspülung: F. ist eine Form der Abtragung, die durch das auf großer, relativ ebener Fläche abfließende Regenwasser erfolgt.

Flächentreue: Eigenschaft bestimmter ↑Kartennetzentwürfe.

Flachland: Eine ausgedehnte Landoberfläche mit geringen, jedoch größeren Höhenunterschieden als bei der Ebene nennt man F., wobei man nach der Lage über dem Meeresspiegel zwischen *Tiefland* (bis etwa 200 m ü.d.M.) und *Hochland* unterscheidet.

Flachsee: Der Bereich des Meeres bis zu etwa 200 m Tiefe wird F., auch Schelfmeer, genannt. Es handelt sich um die im Randbereich der Kontinente und Inseln, also über dem Schelf, liegenden Meeresteile. Zu den Schelfmeeren gehören große Teile der Rand- und Nebenmeere, wie z.B. in Europa Ost- und Nordsee. Der Meeresboden der F. wurde teilweise erst in geologisch junger Zeit überflutet und zeigt vielfach festländische Formen. Der Artenreichtum an pflanzlichen und tierischen Organismen ist in der F. weniger groß als in der Tiefsee, da viele Nebenmeere (z.B. Ostsee) infolge ihrer Abgeschlossenheit und mangels guter Durchlüftung vor allem in den bodennahen Wasserschichten Sauerstoffmangel aufweisen.

Infolge der vielfältigen Nutzung der Schelfmeere (Schiffahrt, Fischerei, Suche nach Erdöl und Erdgas usw.) ist die F. heute gut vermessen und in großmaßstäblichen See- und Tiefenkarten nahezu lückenlos erfaßt.

Flagen: Als F. werden die Parzellenverbände der Eschflur bezeichnet; ↑Esch.

Flandrische Transgression: postglaziales Stadium der Nordsee, ↑Quartär.

Flecken: F. ist die historische Bezeichnung für eine ländliche Siedlung mit gewissen städtischen Rechten. Häufig handelte es sich um Marktflecken, die nur das Marktrecht ausüben durften; manchmal auch um F., denen eine gewisse niedere Gerichtsbarkeit zustand.

Fleet: Ein Kanal innerhalb einer Stadt wird im Niederdeutschen F. genannt, im Niederländischen *Gracht.*

Flexur (Kniefalte, Monokline): F. nennt man eine S-förmige Verbiegung von Gesteinsschichten, die durch eine gegenläufige relative Verschiebung zweier Schollen ohne Bildung von größeren Bruchfugen zustande kommt. Nach der Tiefe oder nach der Seite können F.en in tektonische Brüche übergehen und stellen somit eine besondere Art der Verwerfungen dar.

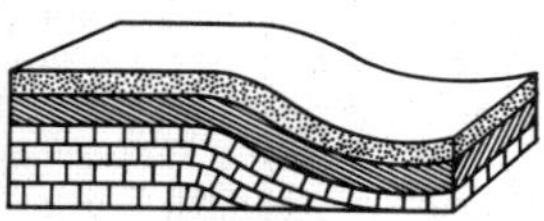

Flexur

Fließgeschwindigkeit: Das Tempo, mit dem sich in einem fließenden Gewässer die Wassermassen fortbewegen, wird F. genannt. Sie ist abhängig von Gefälle, Gesteinsuntergrund, mitgeführter Schuttmenge und Wassermenge. Die F. ist im sogen. ↑Stromstrich am größten. Man unterscheidet *laminares Fließen (Gleiten),* wenn sich die Wasserpartikel parallel zueinander bewegen (F. unter 0,1 m/s); *turbulentes Fließen,* wenn die Wasserteilchen durch Fließwirbel ihre Lage zueinander ständig ändern, wobei man von *Strömen* spricht, wenn die F. geringer, und von *Schießen,* wenn sie größer ist als die Ausbreitungsgeschwindigkeit der Wellen; und endlich *Stürzen,* wenn der Zusammenhang der Wassermassen zeitweilig verlorengeht, was bei Stromschnellen und Wasserfällen der Fall ist.

Flint: svw. ↑Feuerstein

Flora: F. ist das Fachwort für Pflanzenwelt; es wird meist im Zusammenhang mit einem bestimmten Gebiet oder einer bestimmten geologischen Zeit gebraucht, z.B. die F. Madagaskars oder die F. des Karbon, und meint die systematische Zusammenstellung aller Pflanzen dieses Gebietes bzw. dieser Zeit.

Florengebiet: Jedes ↑Florenreich wird in Florengebiete untergliedert.

Florenreich: Das F. ist die höchste pflanzengeographische Einheit bei der räumlichen Gliederung der Pflanzendecke der Erde. Die F.e sind aufgrund unterschiedlicher *Florenelemente,* d.h. verschiedener Gruppen von Pflanzenarten mit bestimmten gemeinsamen Merkmalen, von einander getrennt. Man unterscheidet sechs Florenreiche: Holarktis in der gemäßigten und polaren Zone der Nordhalbkugel, Paläotropis in den Tropen der Alten Welt, Neotropis in den Tropen Mittel- und Südamerikas, Australis in Australien, Capensis im äußersten Süden von Südafrika (Kapland) und Antarktis im antarktischen Raum. Diese Florenreiche unterscheiden sich in Bezug auf ihre Entstehung und Entwicklung u.a. und setzen sich deswegen aus unterschiedlichen Pflanzenarten zusammen. Jedes F. untergliedert man in *Florengebiete* und diese wiederum in *Florenprovinzen.*

Zum pontisch-zentralasiatischen Florengebiet ↑auch pontisch.

Flöz: Als F. bezeichnet man im Bergbau eine Schicht nutzbarer Gesteine. F.e sind meist weitflächig ausgedehnt, aber nur geringmächtig. Flözartige Vorkommen zeigen z.B. Kohle, Salze und Kupferschiefer.

Flugsand: Losen, durch Wind transportierten Sand, der häufig in Dünen oder weiten Sandflächen abgelagert wird, nennt man Flugsand.

Flur: Die F. ist die Gesamtheit der landwirtschaftlich genutzten Fläche einer Gemeinde. Sie umfaßt Gärten, Äcker, Wiesen sowie Weiden und Wälder, soweit diese im Parzellenverband eingeschlossen sind. Aus der Art der Parzellierung der Flur ergeben sich die unterschiedlichen ↑Flurformen.

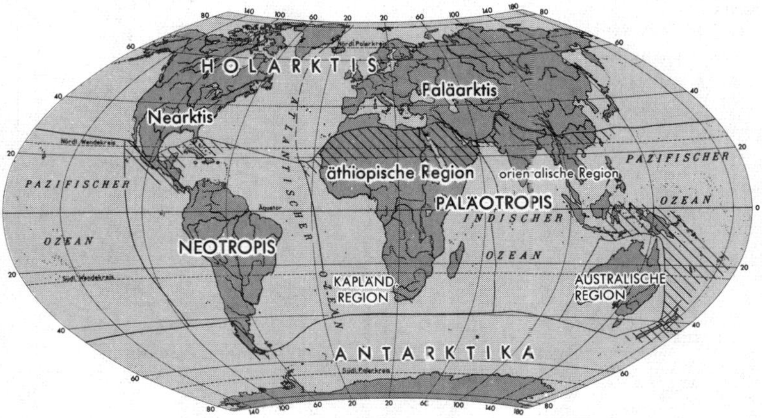

Die Florenreiche der Erde. Schraffiert dargestellt sind die Übergangsgürtel zum jeweils anschließenden Florenreich.

Flurbereinigung: Bei der F. werden kleine Felder zu großen Blöcken zusammengelegt. Dabei werden neue Wirtschaftswege geschaffen, damit jeder Bauer seinen Acker ohne Überquerung der Nachbaräcker erreichen kann. Durch Verlegung einzelner Höfe aus dem Dorf in die Flur hinein wird die Erweiterung dieser oft beengten Betriebe ermöglicht; außerdem werden auch die Anfahrtswege zu den Feldern verkürzt. Dank der vergrößerten Ackerfächen können dann moderne Maschinen wirtschaftlich eingesetzt werden, was zu einer Verbesserung der Lebensverhältnisse der Bauern führt.
Die F. setzt sich somit aus einer ganzen Reihe von Maßnahmen zusammen; sie ist nicht nur auf eine Neuverteilung der Anbaufläche beschränkt, sondern hat eine Umwandlung der Lebens- und Arbeitsverhältnisse auf dem Lande zur Folge.

Flurformen: Die verschiedenen F. ergeben sich durch die unterschiedliche Art der Aufgliederung der ↑Flur. Sie sind abhängig von der Wirtschaftsform, der Sozialstruktur und den landschaftlichen Gegebenheiten. Die Aufteilung der Flur kann völlig unregelmäßig, mehr oder minder regelmäßig oder rein schematisch erfolgen. Ursache dafür kann etwa die unterschiedliche landwirtschaftliche Technik sein. Beim ↑Wanderfeldbau findet man eine unregelmäßig runde oder elliptische Begrenzung der Kulturfläche, da das Areal durch Brandrodung zustande kommt und diese Flurform der Arbeit mit dem Pflanzstock und der Hacke nicht entgegensteht. Beim Pflugbau erfolgt im allgemeinen eine geradlinige Abgrenzung der Parzellen. Im wesentlichen lassen sich hierbei zwei Grundformen unterscheiden: die Block- und die Streifenflur.
Nach der Größe untergliedert man die Blockflur in Groß- und Kleinblöcke. Die *Großblöcke* findet man überwiegend in Gebieten, in denen eine gemeinschaftliche Bodennutzung vorherrscht, z.B. bei den Sowchosen der Sowjetunion und den Kibbuzim in Israel. Auch die Großgrundbesitzungen, viele Farmen in Nordamerika (↑Farmlandschaft) und die Plantagen haben Großblockfluren. Eine *Kleinblockflur* ist die Einödflur, die im Besitz eines Bauern ist und aus einem einzigen Block besteht.
Auch die meisten im Rahmen der Flurbereinigung angelegten Aussiedlerhöfe

FLURFORMEN

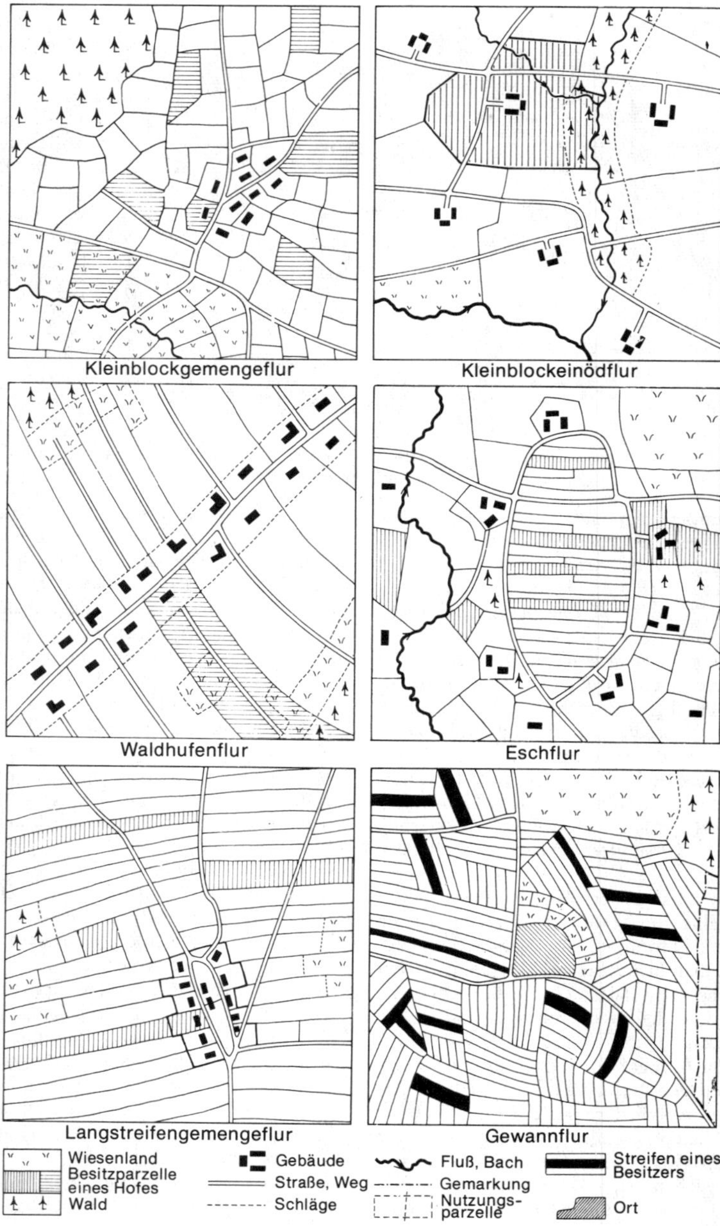
Kleinblockgemengeflur
Kleinblockeinödflur
Waldhufenflur
Eschflur
Langstreifengemengeflur
Gewannflur
Wiesenland
Besitzparzelle eines Hofes
Wald
Gebäude
Straße, Weg
Schläge
Fluß, Bach
Gemarkung
Nutzungsparzelle
Streifen eines Besitzers
Ort

haben ein solche Einödflur. Eine regionale Ausprägung der Blockflur ist die *Kampflur* in Norddeutschland, bei der die Blockflur durch Zäune, Hecken, Mauern oder Erdwälle eingehegt wurde. Herrscht innerhalb der Blöcke Gemengelage, sprechen wir von einer Block- oder Kampgemengflur.
Die Streifenfluren bestehen aus einer Reihe von Kurz- oder Langstreifenparzellen. Bei der *Langstreifenflur* (Schmalstreifenflur) sind die Streifen unter 30 m breit und können eine Länge von 100 bis 700 m erreichen. Die *Breitstreifen-* oder *Hufenflur* kann 50 bis 500 m Breite erreichen. Diese Hufen findet man als Fluren der Waldhufendörfer in den Rodungsgebieten der Mittelgebirge, bei den Marschhufendörfern in See- und Flußmarschgebieten und bei den Moorhufendörfern in Moorgebieten.
Streifenfluren haben auch stets die ↑Gewannfluren.

Flurzwang: Der F. regelt die Bestellung der Felder bei einer zelgengebundenen Wirtschaftsweise. Durch Besitzzerstükkelung kam es häufig dazu, daß viele Äcker nicht über Feldwege zu erreichen waren, so daß der Bauer über die Ackerfläche des Nachbarn anfahren mußte. Deshalb war es notwendig, daß innerhalb der Zelge die gleiche Frucht angebaut wurde und ein genauer Arbeitsplan von den Bauern eingehalten wurde. So konnte verhindert werden, daß über frisch bearbeitete oder noch nicht abgeerntete Flächen gefahren werden mußte. Der F. ist ein großes Hemmnis für eine moderne Landwirtschaft. Durch eine Flurbereinigung kann dieser Mangel behoben werden.

Fluß: F. nennt man ein fließendes Gewässer, das die oberflächig ablaufenden Niederschläge und das aus Quellen austretende Wasser sammelt und dem Meere oder einem Endsee zuführt. Ein F. kann aber auch in heißen Klimaten versickern oder verdunsten, ohne Meer oder Endsee zu erreichen. In Karstgebieten fließen Flüsse z.T. unterirdisch (sie versickern in *Flußschwinden,* auch Ponore genannt, und treten in *Karstquellen* zu Tage). Nach der Breite des Flußbettes und der Stärke der Wasserführung unterscheidet man im allgemeinen Sprachgebrauch zwischen Bach, Fluß und Strom; jedoch gibt es für diese Begriffe keine Größengrenzen. Die wasserführende Vertiefung eines Flusses heißt *Flußbett,* ihre seitliche Begrenzung *Flußufer,* ihr Boden *Flußsohle.* Bei Hochwasser tritt der Fluß über die Ufer und füllt das *Hochwasserbett,* das in kultivierten Gebieten meist durch Deiche begrenzt wird.
Flüsse, die ständig fließen, nennt man *permanente Flüsse* oder *Dauerflüsse.* Ihre Wasserführung kann im Laufe des Jahres Schwankungen unterliegen; Grund und Ablauf dieser Schwankungen werden als ↑Abflußregime beschrieben. *Periodische Flüsse (intermittierende Flüsse)* führen nur während und nach der regelmäßig einsetzenden Regenzeit Wasser. *Episodische Flüsse* nennt man Flüsse, die nur nach gelegentlichen Regenfällen (z.T. nur einmal in mehreren Jahren) Wasser führen; sie tragen in den verschiedenen Regionen unterschiedliche Namen: Wadi, Rivier, Creek und andere.
Unter *Flußsystem* versteht man das gesamte Entwässerungsnetz eines Flusses, von den Quellen bis zur Mündung, also mit allen Nebenflüssen und Seen; es ist sein durch Wasserscheiden begrenztes Einzugsgebiet. Das Verhältnis der Gesamtlänge aller Flüsse eines Einzugsgebietes zu dessen Gesamtfläche heißt *Flußdichte.*
Der Weg des Flusses von seiner Quelle bis zur Mündung weist eine Gefällskurve auf, die als Längsprofil des Flusses bezeichnet wird. Sie zeigt oft (besonders in Quellnähe) große Unregelmäßigkeiten wie Wasserfälle, Stromschnellen usw.; im Unterlauf verläuft sie gleichmäßiger, denn Flüsse zeigen das Bestreben, Gefällsbrüche durch rückschreitende Erosion auszugleichen.
Das aus dem F.bett gerissene Gesteinsmaterial wird flußabwärts transportiert

und an der Mündung des Flusses oder an anderen sehr gefällsarmen Strecken im Flußlauf abgelagert, so entstehen Deltas und Mündungsbarren, aber auch Versandungen an Gleithängen und in Seen. Bei geringem Gefälle vermögen kleinere Unterschiede in der Widerstandsfähigkeit des Bettes den F. aus der Richtung des allgemeinen Oberflächengefälles abzulenken, so daß er nicht in geradem Lauf, sondern in Schlangenwindungen, sogen. Mäandern, fließt. Im Wasser transportieren Flüsse in erheblichen Mengen Material in gelöster und fester Form, wie Salze, Schwebstoffe, Geröll, industrielle Verunreinigungen, von dem die Farbe des F.wassers abhängig ist.

Flußkorrektur: svw. ↑Flußregulierung

Flußoase: Als F. wird die intensiv genutzte Ackerbaulandschaft zu beiden Seiten eines ↑Fremdlingsflusses bezeichnet. Durch natürliche Überschwemmung oder künstliche Bewässerung mit dem Wasser dieses Flusses entsteht eine Agrarinsel innerhalb eines Wüstengebietes oder einer kahlen Gebirgslandschaft. Die bekannteste F. ist die des Nils.

Flußregulierung (Flußkorrektur): Durch bauliche Maßnahmen, v.a Begradigung und Kanalisierung, wird bei der F. der Lauf eines Flusses verändert. Die Gründe hierfür können allerdings sehr verschieden sein, wobei der bei der einen F. erwünschte Vorteil bei einer anderen als nachteiliger Nebeneffekt auftreten kann.

Einmal wird durch eine Verkürzung des Flußlaufes den Bedürfnissen der Schiffahrt entsprochen, wobei aber die erhöhte Fließgeschwindigkeit nur bei der Talfahrt (und das auch nicht unbedingt) von Vorteil ist.

Zum anderen kann bei Tieflandflüssen durch die Bannung der Hochwassergefahr in der ehemaligen Flußaue Kulturland gewonnen werden. Da aber die Erhöhung der Fließgeschwindigkeit eine Erniedrigung des Grundwasserspiegels zur Folge hat, können dabei bereits vorhandene Kulturflächen wegen nun eintretenden Wassermangels versteppen. Bekanntes Beispiel hierfür ist der südliche Oberrheingraben.

Andererseits kann aber die Senkung des Grundwasserspiegels eigentliches Ziel einer F. sein, um dadurch die Böden zu entwässern und einen Anbau überhaupt erst zu ermöglichen.

Weitere Gründe sind Maßnahmen gegen Verlandung des Flußbettes (oder Teile von ihm) oder zum Schutz der Uferböschungen gegen Unterspülung; hierfür genügt jedoch meist eine Reihe von Flußbuhnen.

Die berühmteste Flußregulierung ist die Rheinkorrektion durch Tulla in den Jahren 1817 - 1876, wodurch dem Oberrhein ein um 82 km verkürzter Lauf in einem 200 m breiten, fast geradlinigen Flußbett geschaffen wurde.

Flußschwinde: deutsche, aber kaum gebräuchliche Bezeichnung für ↑Ponor.

Flußtrübe: Als F. bezeichnet man das feinste, vom fließenden Wasser mitgeführte Gesteinsmaterial und ebensolche organischen ↑Schwebstoffe.

Flußverwilderung: Bei sehr großer Schuttbelastung und geringem Gefälle neigt ein Fluß dazu, sein Bett aufzuschottern und sich in diesen Aufschotterungen in mehrere seichte Arme aufzuspalten, wobei diese über die ganze Talbreite hinweg unregelmäßig pendeln und ihren Lauf (durch Aufschüttung bedingt) verschiedentlich ändern; der Flußlauf „verwildert".

Flut: Als F. bezeichnet man das Ansteigen des Wassers im Rahmen der ↑Gezeiten. Der höchste Wasserstand wird Hochwasser genannt.

Fluthafen: Ein F. ist nur über die ↑Priele des Wattenmeeres bei Hochwasser zu erreichen. Bei einsetzender Ebbe wird das Hafentor geschlossen, so daß der Hochwasserspiegel im Hafenbecken gehalten wird. Fluthäfen dienen der Küstenschiffahrt, eine ähnliche Hafenanlage der Seeschiffahrt ist der ↑Dockhafen.

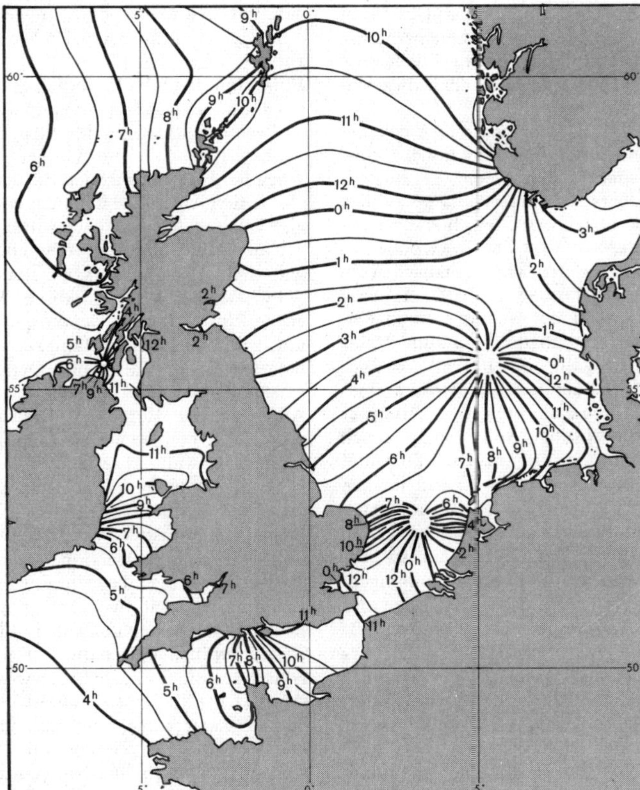

Linien gleichen mittleren Hochwasserzeitunterschiedes
gegen den Durchgang des Mondes durch den Meridian von Greenwich

Flutstundenlinien: Die F. verbinden Punkte, an denen zu gleicher Zeit das Hochwasser der ↑Gezeiten eintritt. Durch sie wird die topographische Lage des Kammes der Gezeitenwelle im Meer für ausgewählte volle Stunden bestimmt.

fluvial (fluviatil): F. bedeutet soviel wie vom fließenden Wasser, von Flüssen, bewirkt, transportiert, abgelagert.

fluviatil: ↑fluvial

fluvioglazial (glazifluviatil, glazifluvial): Ablagerungen die durch das Zusammenwirken von Gletschereis und fließendem Wasser entstanden sind, werden mit dem Fachwort f. charakterisiert; z.B. die Ablagerungen der Schmelzwässer der Gletscher und des Inlandeises.

Flysch [flɪʃ]: F. nennt man miteinander wechsellagernde, überwiegend marine, oft glimmer- und glaukonitreiche Sandsteine, Mergel, Schiefertone und Kalksteine. Sie entstanden als Meeresablagerungen in den Vortiefen der aufsteigenden Faltengebirge Europas und Asiens, im Bereich der Alpen von der Unterkreide bis Ende des Eozäns. Das Gestein ist fossilarm, aber reich an Lebensspuren. Es neigt zum Abrutschen („Fließen").

Foggara: in Nordafrika übliche Bezeichnug für ↑Kanat.

Föhn: Der F. ist ein warmer, trockener Fallwind, auf der Leeseite hoher Gebirge, besonders der Alpen. Er entsteht beim Überströmen des Gebirges, wobei sich die im Luv aufsteigende Luft zunächst bis zum Erreichen des Kondensationspunktes trockenadiabatisch (um rund 1 Celsiusgrad pro 100 m), bald jedoch, wenn der Steigungsregen einsetzt, feuchtadiabatisch (um rund 0,5 bis 0,7 Celsiusgrad pro 100 m) abkühlt. Nach Überqueren des Gebirgskammes erwärmt sich die absteigende Luft unter Wolkenauflösung trockenadiabatisch um rund 1 Celsiusgrad pro 100 m und kommt so im gleichen Niveau im Lee erheblich wärmer an als sie am Ausgangspunkt im Luv war. Je höher die überströmten Gebirgszüge, um so ausgeprägter sind die Föhnerscheinungen. Der F. an der Nordseite der Alpen, der sogen. *Südföhn,* bringt gewöhnlich größere Temperaturanstiege (infolge höherer Ausgangstemperatur), der F. an der Südseite der Alpen, der sogen. *Nordföhn,* ist dagegen mehr durch seine Trockenheit charakterisiert. Das Auftreten von F. ist an eine bestimmte Luftdruckverteilung und die daraus resultierenden Winde gebunden. Föhnige Winde treten auch an niedrigeren Gebirgen, z.B. den deutschen Mittelgebirgen auf. – Der F. führt bei vielen Menschen zur ↑Föhnkrankheit.

Föhnkrankheit: Als F. werden bestimmte Gesundheitsstörungen oder allgemeine Beeinträchtigungen des körperlichen Wohlbefindens wetterfühliger Menschen bei Föhn bezeichnet. Sie tritt also v.a. in den Alpen und im Alpenvorland, aber auch in den deutschen Mittelgebirgen auf. Außer allgemeinen Symptomen wie Schlaflosigkeit, Kopfschmerzen, Schwindelgefühl, Ohrensausen, Erbrechen, Einschränkung der körperlichen und geistigen Leistungsfähigkeit, Reizbarkeit, Angst, Unlust und Depressionen kann es auch zu einem gehäuften Auftreten von Herz- und Kreislaufattacken u.a. kommen. Daß auch Selbstmorde, Gewaltverbrechen und Verkehrsunfälle unter Föhneinfluß zunehmen, ist statistisch gesichert.

Förde: Eine F. ist eine vom Meer überflutete Schmelzwasserrinne oder ein überflutetes Zungenbecken. F.n erscheinen also als weit ins Land greifende schmale Meeresbuchten innerhalb von Grundmoränenlandschaften. F.n sind typisch für die Ostküste Schleswig-Holsteins (z.B. die Schlei, eine ertrunkene Schmelzwasserrinne) und Jütlands (im Dänischen wird eine F. allerdings Fjord genannt) sowie für die Nordküste von Long Island, USA.

Formation: In der Geologie bedeutet F. eine Gesteinsschichtenfolge (einschließ-

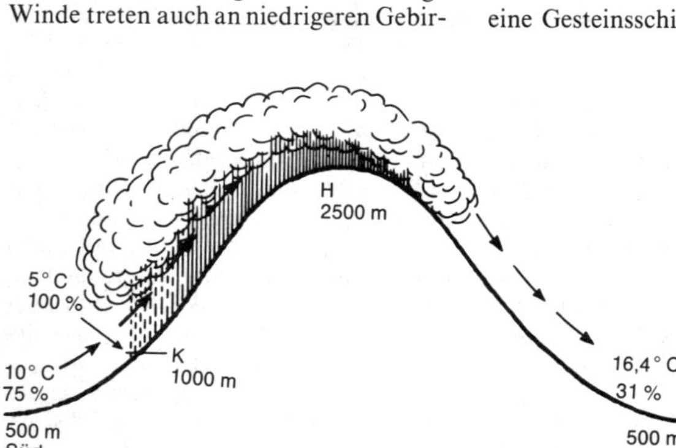

Föhn, schematische Darstellung K Kondensationsniveau, H Scheitelhöhe des Gebirges; Lufttemperatur in °C, Luftfeuchte in %

lich magmatischen Gesteinen), die sich in einem größeren erdgeschichtlichen Zeitraum gebildet hat. Zeitlich bedeutet F. den Zeitraum, in dem sich eine bestimmte Gesteinsschichtenfolge mit einem charakteristischen Fossilinhalt abgelagert hat. Die F.en werden in Abteilungen sowie Horizonte oder Schichten untergliedert. – ↑ auch Geologie, Formationstabelle.

Forst: Der F. ist ein vom Menschen geschaffener und fest abgegrenzter Wald, der forstwirtschaftlich genutzt wird.

Forstwirtschaft: Die F. beschäftigt sich mit der Anlage, der Pflege und der Nutzbarmachung von Wäldern; sie ist im wesentlichen der öffentlichen Hand und Großgrundbesitzern vorbehalten. Dabei steht, wenn der Wald nicht andere Aufgaben erfüllen soll, wie Windschutz, Grundwasseranhebung oder als Erholungsgebiet für den Menschen, die wirtschaftliche Verwertung des Waldes, v. a. die Holznutzung, im Vordergrund. Mancherorts werden auch noch Früchte, Harz und Sämereien gesammelt. Auch die zu landwirtschaftlichen Betrieben gehörenden Wälder werden heute in ähnlicher Weise forstwirtschaftlich genutzt.

fossil: F. nennt man Vorgänge und Erscheinungen, die einer früheren geologischen Epoche angehören; von f. spricht man z.B. bei Versteinerungen (↑ Fossilien). Der Gegenbegriff lautet ↑ rezent.

Fossilien: F. sind die Überreste von Tieren oder Pflanzen (auch deren Lebenspuren) aus erdgeschichtlicher Vergangenheit. Die meisten abgestorbenen Lebewesen werden völlig zerstört; wichtigste Voraussetzungen für ihre Erhaltung nach dem Tod ist ihre möglichst rasche Einbettung in Sedimente. Erhaltungsfähig sind v. a. harte Bestandteile, wie Knochen und Schalen. Die vollständige Erhaltung von Tieren oder Pflanzen, wie die im Dauerfrostboden Sibiriens gefundenen Mammutleichen und die als Einschlüsse im Bernstein vorkommenden Insekten, ist sehr selten und auf geologisch jüngere Epochen beschränkt. Wenn die Hartteile eines Lebewesens vollständig erhalten sind, spricht man von einem *Körperfossil.* Meist wird der Körper nach der Einbettung nachträglich aufgelöst; im Gestein ist er nur noch als *Abdruck* seiner Außenseite, als Negativ also, vorhanden. Wird der Hohlraum eines Körpers von Sedimentmaterial ausgefüllt, die Wandung (Schale) des Körpers jedoch nachträglich durch zirkulierendes Wasser aufgelöst, entsteht ein *Steinkern;* seine Außenseite stellt also einen Abdruck der Schaleninnenseite dar. Wenn beim Auflösungsvorgang das Sedimentmaterial vor der völligen Verfestigung noch verformbar ist, kann die Schale des Körpers auf den Steinkern gepreßt werden. Dadurch wird die dem umgebenden Sediment eingeprägte Skulptur der Schalenaußenseite auf den Steinkern aufgedrückt: es entsteht ein sogen. *Skulptursteinkern* oder *Prägekern,* d.h. ein Steinkern mit der Skulptur der ehemaligen Gehäuseaußenseite. *Echte Versteinerungen* sind die F., bei denen die Hartteile der eingebetteten Organismen mit mineralischen Stoffen, wie Kieselsäure, Calcit, Pyrit u.a., durchsetzt oder durch diese ersetzt worden sind, also in der ursprünglichen Form vorliegen. Eine Besonderheit der Erhaltung stellt die ↑ Inkohlung dar.

freie Atmosphäre: Als f. A. wird der Teil der Atmosphäre bezeichnet, der nicht mehr dem unmittelbaren Einfluß der Erdoberfläche unterliegt. Ihre Erforschung ist Aufgabe der *Aerologie.*

freie Marktwirtschaft: Es handelt sich hier um eine Wirtschaftsform, die auf dem ungehinderten Güteraustausch und der freien Konkurrenz der Preisbildung beruht. Diese Wirtschaftsform hat seit dem 1. Weltkrieg durch staatliche Eingriffe, Errichtung von Zollschranken und Begünstigung der inländischen Produktion eine weltweite Einschränkung erfahren, gilt für die westlichen Länder aber immer noch grundsätzlich als Basis ihrer Wirtschaft. Das Gegenteil ist die

Planwirtschaft. Eine besondere Form der f.n. M. ist die ↑soziale Marktwirtschaft.

Freihafen: Dieser völkerrechtliche Begriff bezeichnet ein Hafengebiet, in dem für zollpflichtige Güter die zollrechtlichen Vorschriften nicht erfüllt werden müssen; der F. ist also vom Standpunkt des in diesem Staat herrschenden Rechts aus betrachtet Zollausland. Erst mit Verlassen des F.s. auf dem Landwege müssen für die Waren Zölle entrichtet werden.

Freihäfen werden zur Belebung des Handels errichtet, in neuester Zeit auch zur Schaffung von Arbeitsplätzen in der verarbeitenden Industrie, nämlich dadurch, daß Rohstoffe und Halbfabrikate in den F. zolllfrei eingeführt, hier verarbeitet und die erzeugten Produkte über See auch zollfrei ausgeführt werden dürfen. Der Vorteil für das den F. stellende Land liegt also allein in der Möglichkeit, Arbeitsplätze zur Verfügung zu haben.

Freihandel: Unter F. versteht man in der klassischen Außenhandelstheorie die vollkommene Handelsfreiheit; sie ist gekennzeichnet durch den Verzicht auf Schutzzölle und jegliche Import- und Exportsteuern. Nach der Freihandelslehre würde bei Durchsetzung dieses völlig freien Wettbewerbs eine internationale Arbeitsteilung entstehen, durch die jedes Land nur die Erzeugnisse produzieren würde, die es am besten und günstigsten produzieren kann. Doch dies ist eine Theorie; in der Praxis ergreifen die Staaten stets protektionistische Maßnahmen zum Schutz der eigenen Wirtschaft. Nach 1945 entstanden neue Ansätze auf dem Weg zum F., zu nennen sind die Zusammenschlüsse der OECD, der EWG und EFTA. Gegenüber Drittländern, also Nichtmitgliedsländern, bestehen aber weiterhin protektionistische Einschränkungen.

Freihandelszone: Die F. ist ein durch den Zusammenschluß mehrerer Länder entstandener Wirtschaftsraum, in dem Freihandel herrscht, d.h. der Handel der beteiligten Länder untereinander unterliegt keinerlei Zöllen oder sonstigen Beschränkungen. Der Versuch, eine Europäische Freihandelszone zu bilden, mißlang bisher, es entstanden dagegen zwei Wirtschaftsgruppierungen mit ähnlichen Zielsetzungen: die Europäische Wirtschaftsgemeinschaft (EWG) und die Europäische Freihandelsassoziation (EFTA).

Freiheit der Meere (Meeresfreiheit): Diese ist die Freiheit jedes einzelnen, ohne irgendeine Erlaubnis die ↑hohe See in einer solchen Art und bis zu einem solchen Umfang zu (be)nutzen, daß kein anderer hierdurch in einer gleichartigen (Be)nutzung beeinträchtigt wird. Dieses Recht beinhaltet nicht nur den freien Verkehr und den Fischfang, sondern u.a. auch die Gewinnung von Rohstoffen, die Durchführung von technischen Experimenten, Flottenmanövern und Kriegshandlungen. Die F. d. M. besteht tatsächlich nur im Frieden; im Krieg ist sie in der Staatenpraxis beschränkt bis nahezu aufgehoben. Sie wird in zunehmendem Umfang heute durch Ansprüche einzelner Staaten, wie Erweiterung der Hoheitsgewässer, Atombombenversuche mit Sperr- bzw. Gefahrenzonen, Versuche, einzelne Meeresabschnitte als staatlicher Hoheitsgewalt unterliegende Binnenmeere zu deklarieren, gefährdet und beschränkt. Formal gewährleistet ist die F. d. M. durch Artikel 2 Satz 1 des Abkommens über das Regime der Hohen See von 1958.

Freizeitlandwirtschaft ↑Feierabendlandwirtschaft

Fremdenverkehr: Unter dem Begriff F. werden sehr unterschiedliche Sachverhalte verstanden, so einfach die Definition auch klingen mag: F. umfaßt alle Erscheinungen, die mit dem Aufenthalt von Menschen an einem Ort, der nicht ihr Wohnsitz ist, zusammenhängen, einschließlich der Reisen zu bzw. von diesem Ort. So werden Pendler, also Erwerbstätige, die nicht in ihrem Wohnort arbeiten und daher werktäglich in einen anderen Ort fahren müssen, nicht als

Fremdenverkehrsteilnehmer betrachtet. Bei Wochenpendlern, also Arbeitnehmern, die mit einem zweiten Wohnsitz am Arbeitsort wohnen, ist die Zuordnung schon fraglich, denn Handlungsreisende, die ihrem Beruf ständig außerhalb ihres Wohnsitzes nachgehen, werden von der amtlichen Statistik als Fremde behandelt, sobald sie gegen Entgelt übernachten. Damit sind weitere Definitionsprobleme angesprochen, denn wer nicht übernachtet, wird nicht als Fremder gezählt, d.h. der gesamte Tagesausflugsverkehr wird nicht berücksichtigt. Obwohl viele Orte wesentlich von dieser Art F. leben, sind sie statistisch für den F. von untergeordneter Bedeutung. – Zum anderen wird als Fremder nur erfaßt, wer gegen Entgelt übernachtet.

Wegen der Überschneidung der Bestimmungskriterien bemüht man sich heute, eine auf einer geographisch irrelevanten Statistik beruhende *Fremdenverkehrsgeographie* durch die *Geographie des Freizeitverhaltens* abzulösen, womit aber ebenfalls geographisch uninteressante Aspekte – nur anderer Art – ins Spiel kommen.

Fremdlingsfluß: Ein F. ist ein Fluß, der aus niederschlagsreichen Gebieten kommt und durch ein Trockengebiet fließt. Sein Wasser entstammt also einer fremden, und zwar einer humiden Region am Oberlauf. Nur sehr wasserreichen Fremdlingsflüssen gelingt es, trotz des großen Wasserverlustes durch Verdunstung die Trockengebiete zu durchqueren, z.B. dem Nil, dem Oranje und dem Colorado. Die Wasser des Fremdlingsflusses können bei günstigen Bodenverhältnissen am Ufer eine agrarische Nutzung ermöglichen; dadurch entsteht dann eine *Flußoase;* bekanntestes Beispiel ist der Nil.

frische Brise: Name für die ↑Windstärke 5 auf der Beaufort-Skala.

Front: Die F. ist die schmale Grenzfläche zwischen verschieden temperierten Luftmassen in der Atmosphäre. Da wärmere Luft leichter ist als kalte, überlagern mit zunehmender Höhe in diesem Grenzbereich die wärmeren die kälteren Luftmassen. So kommt es zu einer Schrägstellung der Fronten. Gleitet nun wärmere Luft über kältere Luftmassen auf, spricht man von einer *Warmfront,* während bei der *Kaltfront* sich die kältere Luft keilförmig unter die vorgelagerte warme Luft schiebt. Die Fronten sind als die Bereiche unterschiedlicher Temperatur und Luftfeuchte für das Wettergeschehen der gemäßigten Breiten von großer Bedeutung.

Frontalzone: Die planetarische F. ist der Bereich starker Luftdruckgegensätze zwischen 35 und 60 Grad geographischer Breite auf beiden Halbkugeln. Sie trennt zwei Bereiche einheitlicher Luftmassen mit jeweils nur geringen Temperaturunterschieden, nämlich die warme Tropikluft von der kalten Polarluft. Entsprechend groß sind im Bereich der F. die Temperatur- und gleichzeitig die Druckgegensätze.

Die Druckgegensätze werden mit zunehmender Höhe immer größer, weil die Flächen gleichen Drucks, die Isobaren, in der warmen Luftmasse vergleichsweise zu den kalten Bereichen der Atmosphäre immer weiter auseinanderliegen. Diese starken Druckgegensätze in großen Höhen führen zu weiträumigen Luftmassenverlagerungen, die für die atmosphärische Zirkulation wegen der hier auftretenden hohen Windgeschwindigkeiten (↑Strahlströme) einen wesentlichen Antrieb darstellen.

Frontier [engl. frʌntɪə]: Unter F. versteht man die äußerste noch von der europäisch bestimmten Zivilisation erfaßte Zone am Rande der Wildnis während der Besiedlung der USA und Kanadas. Aus der Vielzahl der F.s (F. der Entdekker, Missionare, Trapper, Goldsucher, Bergleute, Viehzüchter und Farmer) hat sich die zwischen den F.s der Viehzüchter und Farmer anzusetzende agrarische F. als allgemeingültiger Bewertungsmaßstab durchgesetzt: ihr statistisches Merkmal ist die Linie, jenseits von der eine Bevölkerungsdichte von 2 Einwoh-

nern pro Quadratmeile unterschritten wurde.
Das Vorrücken diese Linie von Ost nach West, in Kanada auch von Süden nach Norden bis zum Ende des 19. Jh. charakterisiert das Fortschreiten der Besiedlung. Die schnelle Weiterentwicklung der Verkehrsmittel (Planwagen, Postkutsche, Flußdampfer, Eisenbahn) beschleunigte etwa ab 1830 das Vorrükken der Frontier. Kennzeichnend für das Leben der Pioniere in der F. war die Grenzsituation, die die Trennung des einzelnen vom Leben der Nation und seine Bewährung in schwierigen Situationen und Gefahren aller Art erforderte. Diese Ausnahmesituation im privaten und öffentlichen Bereich (Selbsthilfe, Faustrecht, Verachtung und Verdrängung der Indianer, Abenteuer und Spekulation, aber auch Hilfsbereitschaft, Ausdauer und Entschlußfreudigkeit) schuf einen Pioniergeist, der den Charakter v.a. der amerikanischen Nation mitprägte. Mit dem Abschluß der Besiedlung der USA gegen Ende des 19. Jh. verschwand dort die F., in Kanada erst kurz vor Beginn des 1. Weltkrieges, als die Besiedlung und verkehrsmäßige Erschließung der für den Weizenanbau geeigneten Präriegebiete abgeschlossen war. Der Begriff der F. wird jedoch noch heute auf die seit den 20er Jahren vorangetriebene Ausweitung des Agrarlandes im nordkanadischen Waldland (große Rodungsinseln, im Westen v.a. das Peace River Country) sowie auf die punkthaften Bergbau- und Holzwirtschaftssiedlungen angewandt. Dank der modernen Verkehrs- und Nachrichtenmittel fehlt dieser modernen kanadischen F. jedoch das entscheidende Merkmal der risikoreichen Ausnahmesituation.

Frost: Unter F. verstehen wir den Zustand der atmosphärischen Luft bei Temperaturen unter dem Gefrierpunkt des Wassers, also unter 0 °C. In den Wintermonaten verursachen kalte kontinentale oder polare Luftmassen lange Frostperioden, diese bewirken auch das Auftreten von Spätfrösten im Frühling und von Frühfrösten im Herbst. Während wolkenloser Nächte kommt es in diesen Jahreszeiten oft zu verstärkter Wärmeausstrahlung von der Erdoberfläche und dadurch zu einer Abkühlung der bodennahen Luftschichten, was zuerst zu Bodenfrost und anschließend zum F. führen kann.

Frostmusterböden (Strukturböden): F. sind Ergebnis der ↑Solifluktion und ↑Kryoturbation.

Frosttage: In der Meteorologie werden Tage, an denen der niedrigste Wert der Lufttemperatur unter 0 °C liegt, als F. bezeichnet.

Fruchtwechselwirtschaft: Unter F. versteht man in der Landwirtschaft ein Anbausystem, bei dem in regelmäßigem Wechsel Halm- und Blattfrüchte angebaut werden, um eine Ermüdung des Bodens und eine Ausbreitung von Schädlingen und Krankheiten zu vermeiden.

Frühling: Der F. ist eine der vier ↑Jahreszeiten, in die das Jahr in den mittleren und hohen Breiten eingeteilt wird. Der F. beginnt mit der Frühlingstagundnachtgleiche, wenn die Sonne bei ihrem scheinbaren Weg am Himmel von der anderen Erdhalbkugel kommend den Äquator überschreitet, und endet mit der Sommersonnenwende, wenn die Sonne über dem Wendekreis steht. Dieser astronomische F. dauert auf der Nordhalbkugel vom 21. März bis zum 21. Juni, auf der Südhalbkugel vom 23. September bis 22. Dezember.
Der astronomische Frühling fällt aber nur teilweise mit den Erscheinungen zusammen, die wir als frühlingshaft empfinden. Wichtigstes Element hierbei ist der Wiederbeginn des Pflanzenwuchses und der Beginn der Blütezeit. So beginnt phänologisch der Vorfrühling mit der Blüte der Schneeglöckchen, der Vollfrühling mit der Apfelblüte.

Fumarole (Dampfquelle): F.n nennt man natürliche Austrittsstellen (Exhalation) von heißem Wasserdampf (200–800 °C), der hauptsächlich dem Grundwasser entstammt. F.n enthalten auch

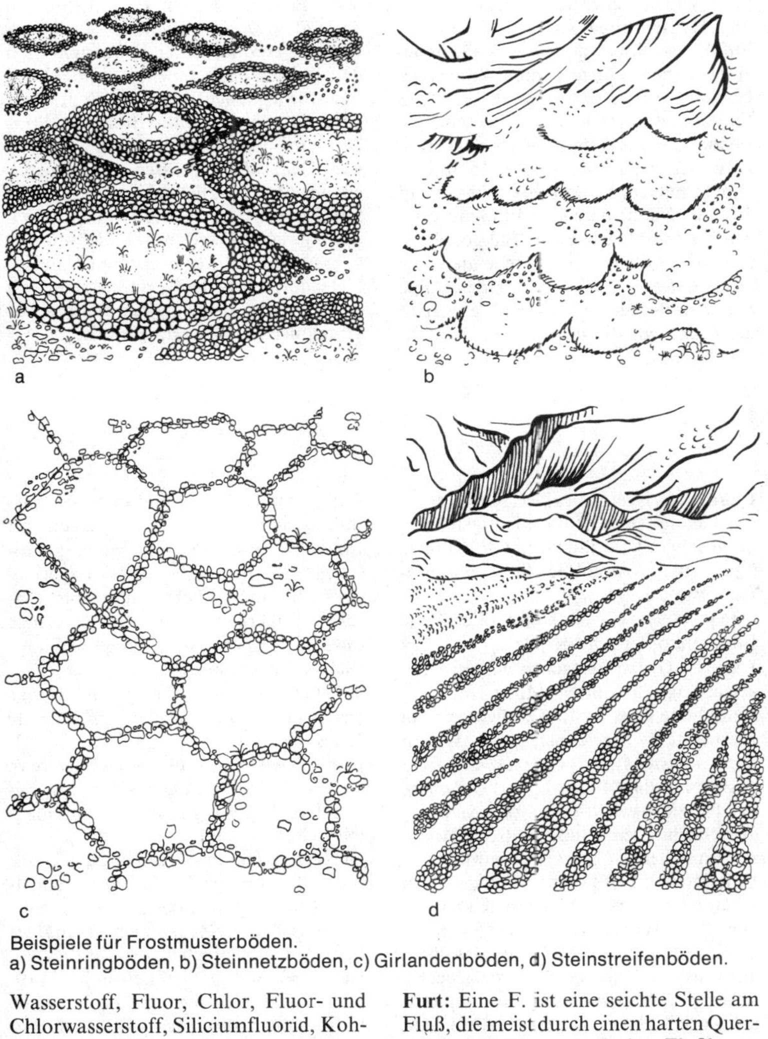

Beispiele für Frostmusterböden.
a) Steinringböden, b) Steinnetzböden, c) Girlandenböden, d) Steinstreifenböden.

Wasserstoff, Fluor, Chlor, Fluor- und Chlorwasserstoff, Siliciumfluorid, Kohlensäure, Kohlenmonoxid, Schwefelwasserstoff, Schwefeldioxid und Borsäure. F.n gehören zu den postvulkanischen Erscheinungen.

Fungizide: F. sind ↑Pestizide, die zur Bekämpfung von Schadpilzen u.a. verwendet werden.

Furt: Eine F. ist eine seichte Stelle am Fluß, die meist durch einen harten Querriegel im Untergrund des Flußbettes bedingt ist. Eine F. wird (bzw. wurde früher) dazu benutzt, um einen Fluß relativ gefahrlos zu durchqueren. An einer Furt kann es infolgedessen zu einer Ansiedlung kommen; auf diese Weise entstandene Städte sind an ihren Namen zu erkennen, z.B. Klagenfurt, Frankfurt, Ochsenfurt, Oxford.

Fußfläche: Am Fuß höherer Geländeaufragungen ist in ariden bis semiariden Gebieten oftmals ein leicht konkaver Verebnungsgürtel ausgebildet, der einen episodischen bis periodischen Abfluß aufweist. Das Gefälle von 8-15° unmittelbar am Gebirgsrand verflacht sich auf 3-4° und läuft an einem Fluß aus oder geht in eine abflußlose Salztonebene über. Die höheren, im anstehenden Fels ausgebildeten, meist nur eine dünne Sedimentdecke tragenden Teile werden als *Pediment,* die unteren, aus mächtigen Sedimentschichten aufgebauten Teile als *Glacis* bezeichnet.

Fußgängerzone: Unter F. versteht man den Bereich einer Innenstadt, der tagsüber für jeglichen Autoverkehr gesperrt ist und in dem die volle Breite der Straßen von Fußgängern genutzt werden kann. Nahe der F. müssen jedoch ausreichend Parkmöglichkeiten vorhanden sein, da sonst der Vorteil der F. wegen des Anmarschweges durch die nun verkehrsmäßig stärker belasteten Randgebiete der F. wieder verloren geht. F.n sind, richtig angelegt, ein Beitrag zur Humanisierung der Innenstädte.

G

Gabbro: G. ist ein körniges, schwarzgrünes Tiefengestein. Seine wichtigsten mineralischen Bestandteile sind Plagioklas (etwa 50 %), Augit (35-40 %) und Olivin (etwa 10 %).

Gagat (Jet): G. ist eine polierfähige Bitumenkohlenart; ↑ Kohle.

Galaxis: G. ist die fachsprachliche Bezeichnung für unser Milchstraßensystem. Seltener wird mit G. allgemein ein Sternsystem bezeichnet, man spricht dann meistens von *Galaxie.* Häufiger dagegen ist das Mehrzahlwort *Galaxien,* das für extragalaktische Sternsysteme - also Sternsysteme außerhalb des Milchstraßensystems - gebraucht wird.

Galeriewald: Der G. ist ein Waldstreifen entlang von Wasserläufen in den Savannen. Sein Wasserbedarf wird überwiegend aus dem Grundwasser, das auch am Fuß der Talhänge austritt, gedeckt. In der Feuchtsavanne ist der G. immergrün und ähnelt in Wuchsform und Artenzahl dem tropischen Regenwald. In der Trockensavanne setzt er sich teils aus immergrünen, teils aus regengrünen Bäumen zusammen. In der Dornstrauchsavanne wächst er in den periodisch trockenliegenden Tälern und ist ein Grundwasseranzeiger.

Gang: Als G. bezeichnet man die Ausfüllung von Spalten in Gesteinen mit Erzen u.a. Mineralen oder mit magmatischen Gesteinen. Nach Art der Lagerung der Gänge unterscheidet man schichtparallele Lagergänge, diskordante Gänge quer zur Schichtung, senkrechte Gänge (Saigergänge) und Ringgänge von zylindrischer oder konischer Form. Gänge treten oft als parallel verlaufende G.systeme auf.

Ganggesteine: Als G. bezeichnet man die als Spaltenfüllungen oder in gangförmiger Lagerung auftretenden ↑ magmatischen Gesteine.

Gariden: Unter der Bezeichnung G. faßt man alle Gebüschformationen des Mittelmeerraumes zusammen, die in etwa der floristischen Zusammensetzung der ↑ Garrigue entsprechen.

Garrigue (Garigue) [französisch ga'rig]: Die G. ist eine offene, bis zu 2 m hohe Gebüschformation des Mittelmeerraumes, die v.a. in Südfrankreich auftritt. Sie besteht v.a. aus Kermeseichen, Hartlaubzwergsträuchern, Zistrosen und aromatisch duftenden Zwergsträuchern wie Rosmarin, Thymian, Lavendel, Salbei u.a. Die G. ist eine Degradationsstufe des Hartlaubwaldes. Ähnliche Gebüschformationen mit örtlich etwas abweichender Zusammensetzung sind die *Tomillares* in Spanien, die *Phrygana* in Griechenland, die *Trachiotis* auf Zypern und die *Batha* in der Levante; man faßt alle diese Gebüschformationen unter dem Begriff der *Gariden* zusammen.

Gartenbau: Der G. ist eine kapital- und arbeitsintensive Form der landwirtschaftlichen Bodennutzung. Der Anbau erfolgt auf verhältnismäßig kleinen, meist hausnahen Flächen. Man unterscheidet den häuslichen Gartenbau zur Eigenversorgung und den marktorientierten *Erwerbsgartenbau,* der besonders in der Nähe größerer Städte betrieben wird. Bei letzterem werden hochwertige Pflanzen, wie z.B. Gemüse, Beerenobst, Gewürzpflanzen und Ziergewächse, angebaut. Er erfordert intensive Pflege und Düngung, dabei wird oft künstlich bewässert, meist in Form von ↑Beregnung. Zum Schutz der Pflanzen werden häufig Windschutzhecken oder Windschutzmauern angelegt. Besonders intensiv ist der Anbau in Glashäusern oder in Glasbeeten. Zum Gartenbau gehören auch Baumschulen, Obstbau und Weinbau. Der G. ist weltweit verbreitet. In Ostasien kann man von einer Gartenbaukultur sprechen; sie ist eine besonders intensive Form kleinbäuerlicher Landwirtschaft. Auch die Oasenwirtschaft ist eine Art des Gartenbaus. In Deutschland wird z.B. Gartenbau in größerem Umfang auf der Bodenseeinsel Reichenau betrieben, dessen Produkte u.a. in den Großstädten München und Stuttgart abgesetzt werden.

Gartenstadt: Bei der G. handelt es sich um einen 1898 konzipierten Stadttyp mit sozialreformerischen Zielsetzungen. Die G. sollte eine eigenständige, von Grünanlagen durchsetzte Siedlung in der Nähe übervölkerter Großstädte sein, durch die das übermäßige Großstadtwachstum und die Landflucht gehemmt werden sollten. Die G. sollte etwa 30 000 Einwohner haben und mit eigenen Arbeitsplätzen für ihre Bewohner ausgestattet sein. Ein beträchtlicher Teil ihrer Gemarkung sollte garten- und ackerbaulich genutzt werden. Diese städtebauliche Konzeption wird in Großbritannien mit bestimmten Abwandlungen heute noch in den ↑New Towns angestrebt. Besonders außerhalb Großbritanniens werden aber mit viel Grünanlagen dieser Art ausgestattete Vorstädte, die als reine Wohnbezirke angelegt wurden, als Gartenstädte bezeichnet.

Garúa (Garúanebel): G. wird der sich im Bereich des kalten Humboldtstromes vor der nordchilenischen und peruanischen Küste bildende Nebel genannt. Die G. führt, wie die Nebel vor der südafrikanischen Atlantikküste über dem kalten Benguelastrom, im Küstenbereich zur Bildung einer ↑Nebelwüste.

Gastarbeiter (amtlich als ausländischer Arbeitnehmer bezeichnet): G. ist jemand, der seinen und den Lebensunterhalt für seine Familie in einem anderen als seinem Heimatland verdient. Gastarbeiter kommen in der Regel aus wirtschaftlich weniger entwickelten Staaten in wirtschaftlich gut entwickelte Gebiete anderer Staaten. Sie leben im Gastland häufig isoliert und sind nur wenig in dessen Gesellschaft integriert, woraus sich große soziale Probleme ergeben.

GATT: Abkürzung für General Agreement on Tarifs and Trade. Es handelt sich beim GATT um ein allgemeines Zoll- und Handelsabkommen, das 1947 von 23 Staaten gegründet wurde und dem heute 97 Staaten angehören. Grundlage des Abkommens ist die Meistbegünstigungsklausel; sie garantier die Anwendung handelspolitischer Zugeständnisse, die sich zwei Mitgliedsländer gegenseitig gewährt haben, auch für die anderen Vertragspartner. Bei dem Problem der mengenmäßigen Beschränkungen des Handels sind nur Zölle, Abgaben und sonstige Belastungen als handelspolitische Maßnahmen zugelassen (Ausnahmen sind möglich). Für den Fall, daß ein Land offene Exportprämien gewährt, können sogen. Antidumpingzölle von den betroffenen Ländern erhoben werden. Die Bestimmungen des GATT verbieten die Ausweitung bestehender bzw. Einführung neuer Präferenzräume bei der Handelspolitik. Ausnahmen sind dabei nur für Entwicklungsländer und bei der Bildung von Zollunionen und Freihandelszonen möglich. Heute liegt ein Schwerpunkt der Arbeit des GATT auf dem Gebiet der besonderen Probleme der Entwicklungsländer. Im Rahmen des Abkommens sollen dabei die Industrienationen durch ihre Zoll- und sonstige Handelspolitik den Schwierigkeiten der wirtschaftlch noch schwachen Nationen Rechnung tragen durch Beseitigung von Zöllen, Einfuhrbeschränkungen u.a. Handelshemmnissen.

Gäulandschaften: Mit dieser Bezeichnung faßt man die unter einer Vielzahl lokaler Gäunamen bekannten Landschaften zusammen, die sich in Südwestdeutschland zwischen den Buntsandsteinlandschaften und den Keuperwaldbergen vom Hochrhein (Klettgau) bis zum Main (Schweinfurter Becken) erstrecken. Es handelt sich um den Landschaftstyp der meist von Löß oder Lößlehm überzogenen Muschelkalk- und Lettenkeupergebiete mit geringer Reliefenergie und für den Pflanzenwuchs günstigem Klima. Die G. wurden schon früh besiedelt (Altsiedelland) und sind heute mit ihren fruchtbaren Ackerböden durch eine hohe ländliche Siedlungsdichte, eine intensive agrarische Nutzung (hauptsächlich Getreide- und Hackfruchtbau) und das Fehlen größerer Waldareale gekennzeichnet.

GE: Abkürzung für ↑Getreideeinheit

Gebirge: G. nennt man die hochgelegenen Gebiete der Erde von größerer Ausdehnung, die durch Berge, Hochflächen, Täler und Senken gegliedert und meist durch einen *Gebirgsfuß* von tieferer, ebenerer Umgebung abgesetzt sind oder in einem Hügelland auslaufen; vom niedrigeren Berg- oder Hügelland ist keine scharfe Trennung möglich. Nach der Reliefenergie unterscheidet man: *Mittelgebirge* (500 bis 1000 m Höhenunterschied zwischen Gebirgsfuß und Gipfel), mit gerundeten Gipfeln und gewölbten Rücken, und *Hochgebirge* (über 1000 m Höhenunterschied), mit steilen Hängen, spitzen Gipfeln und schmalen Graten (Hochgebirge ragen vielfach über die Schneegrenze, so daß auch glaziale Kräfte formgebend sind). Nach der äußeren Form unterscheidet man *Kamm-, Ketten-, Kuppen-* und *Tafelgebirge.*

G. entstehen durch das Zusammenspiel endogener und exogener Kräfte, und zwar erst nach der oft bis in große Tiefen reichenden geologisch-tektonischen Gebirgsbildung (↑Orogenese) durch die nachfolgende Hebung; ihre geomorphologische Ausgestaltung erfahren die G. durch die Abtragung. Eine Besonderheit stellen die durch Eruption magmatischen Materials aufgebauten *vulkanischen Gebirge* dar.

Nach dem tektonischen Bau unterteilt man die G. in: *1.* die geologisch jungen *Faltengebirge* (einschließlich der durch Bildung von Decken entstandenen *Deckengebirge),* die durch seitlichen Druck zusammengepreßte und in Falten gelegte Teile der Erdkruste darstellen und deren Faltenbau z.T. mit dem geomorphologischen Erscheinungsbild übereinstimmt (z.B. Alpen); *2.* die *Bruchfalten-* oder *Faltenschollengebirge,* an deren Ausgestaltung Bruchbildung und Faltung gleichermaßen beteiligt sind; *3.* die *Bruch-* und *Schollengebirge,* bei denen die altgefalteten Massen, die zu Rumpfflächen abgetragen und eingeebnet worden sind, in einer jüngeren Faltungsära wegen zu großer Starrheit nicht nochmals gefaltet, sondern in einzelne, gegeneinander horizontal und vertikal verschobene Schollen zerlegt und gehoben wurden (Rumpfschollen-, Pultschollen-, Horstgebirge u.a.); zu letzteren gehören die meisten deutschen Mittelgebirge.

Gebirgsbildung: ↑Orogenese

Gebirgsflora: Als G. bezeichnet man die in Gebirgen vorkommenden Pflanzengesellschaften, wie z.B. Matten, Zwergstrauchheiden, Bergwälder, deren Zusammensetzung durch die in den verschiedenen Höhenstufen der Gebirge für die Pflanzen herrschenden Bedingungen, wie z.B. Intensität der Sonneneinstrahlung, Windstärke, Niederschlagsmenge und Dauer der Schneebedekkung, bestimmt werden. Daher unterscheidet man dann verschiedene ↑Höhenstufen der Vegetation.

Gebirgsklima: Das G. ist ein unter dem Einfluß des Gebirgsreliefs geprägtes Klima. Die typischen Merkmale sind Abnahme des Luftdruckes mit der Höhe, Absinken der Lufttemperatur mit größerer Tagesschwankung, verstärkte Ein- und Ausstrahlung, geringere absolute Feuchtigkeit der Luft, Zunahme der Niederschläge (in den Alpen bis auf über 2000 mm/Jahr) mit starker Beregnung der Luvseiten der Gebirge, langanhaltende Schneedecke, im Winter geringere, im Sommer stärkere Bewölkung als in der Ebene und größere Häufigkeit von Nebeltagen, besonders Nebeldecken in den Tälern.

Gebirgsknoten: Als G. bezeichnet man ein Gebiet, in dem mehrere Gebirgszüge zusammenlaufen, z.B. den Pamir.

Geburtenrate: Die Zahl der Lebendgeburten pro 1000 Einwohner innerhalb eines bestimmten Zeitraumes nennt man Geburtenrate; es handelt sich also um eine Promillezahl.

Geest: Die G. ist ein in Norddeutschland und Süddänemark vorkommender Landschaftstyp, der die höhergelegenen, sandigen und weniger fruchtbaren Altmoränengebiete umfaßt. Ihre größte Ausdehnung hat die G. zwischen Ems und Weser, wo sie sich deutlich durch einen Anstieg aus dem Marschenland heraushebt; die Mächtigkeit der pleistozänen Ablagerungen der G. schwankt dort zwischen 2 und 123 m. Ihr Südrand senkt sich allmählich zu den Talsanden der Urstromtäler ab. Lokal sind die glazialen Ablagerungen von lößähnlichen Bildungen (Flottlehmen) überdeckt, die fruchtbarer sind als die G. im allgemeinen. Infolge Bodenverarmung durch einseitige Nutzung durch den Menschen ist die G. heute vielerorts mit Zwergstrauch- und Kiefernheide bewachsen.

Gehöft: Unter G. versteht man die zu einem landwirtschaftlichen Betrieb (Hof) gehörenden Wohn- und Wirtschaftsgebäude. Aufgrund der unterschiedlichen Anordnung der einzelnen Gebäude zueinander unterscheidet man verschiedene Gehöftformen: Zweiseit-, Dreiseit- und Vierseithöfe. Offene G.e werden als Haufen- oder Streuhöfe bezeichnet. Eine Sonderform stellt das ↑Einheitshaus dar.

Geisterstadt: ↑Ghost town

Gekriech (Bodenfließen): An stark geneigten Hängen, die einen bestimmten Anteil toniger Gesteine enthalten und stark durchfeuchtet sind, kommt es zu einer langsamen Abwärtsbewegung von oberflächlichen Bodenpartien. Dieses Abgleiten wird als G. bezeichnet. Ausstreichende Schichten werden hierbei talwärts abgebogen; es entsteht das sogen. *Hakenschlagen* der Schichten. Die gleichzeitig abgleitenden Pflanzen sind stets gezwungen, wieder die Senkrechte zu erreichen, wodurch die Bäume das *Baumknie* erhalten, eine Wuchsanpassung, die *Säbelwuchs* genannt wird.

Gemarkung: Die G. ist die Gesamtfläche einer Gemeinde einschließlich der Parzellen, die im Besitz von Einwohnern anderer Gemeinden , also von sogen. Ausmärkern, sind. Somit gehört andererseits der Besitz der Gemeindeangehörigen in anderen Gemeinden nicht zur Dorfgemarkung.

gemäßigte Zone: Die g. Z. ist bei der klimatologischen Großeinteilung die Zone der mittleren Breiten zwischen den Wendekreisen und den Polarkreisen. In dieser Klimazone herrscht eine rege Tätigkeit von Tiefdruckgebieten, die sich an der Grenze zwischen tropischen und polaren Luftmassen entwickeln. Die g. Z. deckt sich größtenteils mit der Westwindzone, die allerdings ihre Lage dem Sonnenstand entsprechend verändert. Die g. Z. wird in ↑warmgemäßigte Zone und ↑kaltgemäßigte boreale Zone untergliedert.

Gemeinde: Unter G. versteht man die unterste Gebietskörperschaft innerhalb eines Staates. Für sie gelten die Prinzipien der kommunalen Selbstverwaltung. Ein anderer Name für G. ist *Kommune*. In der Bundesrepublik Deutschland gab es vor den 1968 einsetzenden Gebietsreformen rund 24 000 Gemeinden, heute sind es noch etwa 8 000.

Gemengelage: Von G. spricht man, wenn die Felder der einzelnen Landwirtschaftsbetriebe in der gesamten Gemarkung verstreut liegen. G. ist wegen zeitraubender Anfahrtswege und der beschränkten Möglichkeit von Maschineneinsatz wirtschaftlich nachteilig, deshalb wird ihre Beseitigung im Zuge der Flurbereinigung angestrebt. – Das Gegenteil von G. ist die ↑Einödflur.

Generalisierung: In der Kartographie bezeichnet man damit die vereinfachte Wiedergabe der Wirklichkeit in Karten. Beim Generalisieren muß der Karteninhalt einer großmaßstäblichen Karte hinsichtlich der Stoffauswahl und der Vereinfachung der Kartenelemente (Grundrisse, Linien, Flächen, Signaturen) sinnvoll für eine Karte kleineren Maßstabs erarbeitet werden.

Genossenschaften: G. dienen der Förderung der wirtschaftlichen Tätigkeit der Mitglieder und der Optimierung des daraus zu erzielenden Gewinns. Die einzelnen Mitglieder der G. bleiben selbständig, die genossenschaftliche Tätigkeit erstreckt sich nur auf Teilbereiche der Wirtschaft, z.B. auf Einkauf, Verkauf oder Werbung. G. sind besonders in der Landwirtschaft und auf dem Bausektor anzutreffen.

Geobotanik: Die G. beschäftigt sich mit der Verbreitung der Pflanzen auf der Erde. Sie ist ein Teilgebiet der Botanik. Man unterscheidet vier Teilgebiete: 1. die *floristische G.,* die sich mit den Verbreitungsgebieten von Pflanzenarten und -sippen beschäftigt; 2. die *soziologische G.,* die die Pflanzen auf Grund gemeinsamer Standorte zu Pflanzengesellschaften zusammenfaßt; 3. die *ökologische G.,* die die Wechselwirkungen zwischen Pflanze und Umweltbedingungen untersucht; sie ist jedoch heute der ↑Ökologie zugeordnet; 4. die *historische* oder *genetische G.,* die die Verbreitung der Pflanzen früherer erdgeschichtlicher Perioden und ihre Ausbreitungswege in ihre heutigen Verbreitungsgebiete untersucht.

Geodäsie: Unter G. versteht man die Wissenschaft und Technik der Bestimmung von Form und Größe, also der exakten Vermessung, der Erde.

Geofaktoren: G. sind die naturgeographischen Gegebenheiten, die das Aussehen einer Landschaft bestimmen, also u.a. geologische, klimatische, hydrographische Verhältnisse, Böden, Vegetation, aber auch vom Menschen verursachte Tatbestände.

Geographie: Die Wissenschaft G. beschäftigte sich ursprünglich mit der Beschreibung von Land und Leuten in aller

Generalisierung einer Küstenlinie am Beispiel Madagaskars (Ausgangsmaßstab 1 : 25 Millionen, Endmaßstab 1 : 190 Millionen)

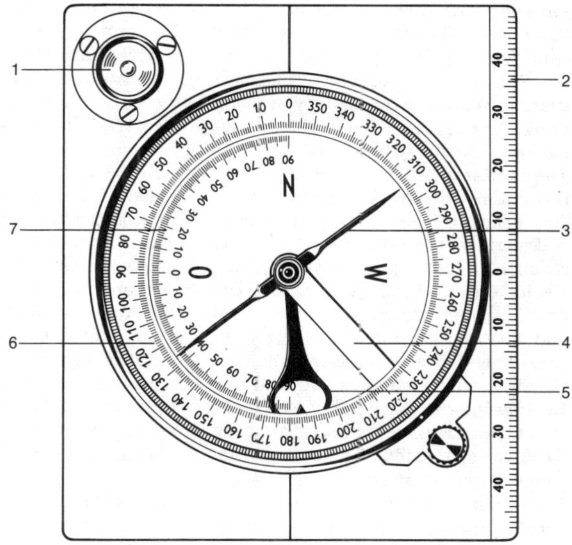

Geologenkompaß. 1 Libelle, 2 Millimeterskala, 3 Kompaßnadel, 4 Arretierung, 5 Klinometer zur Bestimmung des Fallwinkels, 6 linksläufige Gradeinteilung des Kompasses, 7 Gradeinteilung des Klinometers

Welt (Erdkunde). Die heutige G. konzentriert sich auf aktuelle Probleme der Umwelt von Menschengruppen, wobei die aufgegriffenen Themen zugleich auch von Nachbarwissenschaften behandelt werden. Es lassen sich vier Hauptgebiete nennen. 1. Die moderne, räumlich orientierte *Sozialgeographie* beschreibt Räume unterschiedlicher sozialer Verhaltensgruppen und Lebensformen, sie trifft sich mit weiteren Fächern in Fragestellungen der sogen. *Regionalwissenschaft:* Entwicklungsanalyse und -planung räumlicher Ordnung menschlicher Aktivitäten (Produktion und Versorgung, Siedlung, Bildung, Erholung und Verkehr) in Regionen verschiedener Größenordnung.

2. Die moderne *Geosystemforschung* begegnet sich mit anderen Naturwissenschaften, v.a. Biologie und Geologie, in der Erforschung von kurz- und mittelfristigen Entwicklungen, Gleichgewichten und Steuerungsmöglichkeiten des Naturhaushalts. Ein gesonderter Schwerpunkt findet sich im Ausbau der älteren (Reliefformen beschreibenden) *Geomorphologie* zur Geosystemforschung sehr langfristiger Prozesse in den verschiedensten Erdzonen.

3. Beide Seiten der G. finden sich im Zeichen der neueren Diskussion über die Umwelt häufig zusammen zur Aufdekkung und Lösung konkreter Gestaltungsprobleme einzelner Regionen, die etwa als Umweltgefährdung, Ressourcenerschöpfung, Zersiedelung und Sanierungsbedürftigkeit von Räumen, regionale Unterentwicklung oder Strukturunausgeglichenheit in Erscheinung treten. Dabei spielen gesellschaftskritische Überlegungen in der Bestimmung der Forschungsziele eine zunehmende Rolle.

4. Für die Analyse der erwähnten Fragen wird vielfach schon in der Bereitstellung der Materialien aus den verschiedensten Erdräumen unter weltweiten Vergleichskategorien ein selbständiger Wert gesehen. Das Ziel der G. wird hierbei in einer an aktuellen Problemen und praktischen Informationen (über Natur, Bevölkerung, Wirtschaft) orientierten *Länderkunde* gesehen.

geographische Breite: Unter der g.n B. versteht man den Abstand eines Punktes vom Äquator. Der jeweilige Abstand des Punktes vom Äquator ergibt sich aus dem Winkel zwischen der von einem Punkt der Erdoberfläche gefällten Lotlinie und dem Äquatorradius.

geographische Länge: Unter der g.n L. versteht man den Abstand eines Punktes der Erdoberfläche vom vereinbarten Nullmeridian von Greenwich. Alle Orte gleicher g.r L. haben die gleiche Zeit.

Geoid: Als G. wird die wahre Form der Erde, die kein reines Rotationsellipsoid und erst recht keine reine Kugel ist, bezeichnet. Die genaue Bestimmung des G.s. ist Ziel der Geodäsie. – ↑auch Erde.

Geologenkompaß (Bergkompaß): G. nennt man einen zur Feldausrüstung der Geologen gehörenden Kompaß mit Neigungsmesser, dem sogen. Klinometer, 360°-Teilung (oder 400-Gon-Teilung) der Himmelsrose, in den eine Libelle eingearbeitet ist und bei dem die Bezeichnung für Osten (O) und Westen (W) vertauscht sind. Der G. dient zur Bestimmung von Streichen und Fallen von Schichtpaketen und zum Messen von Störungen und Klüften. – Abbildung siehe Seite 105.

Geologie: Die G. ist die Lehre von der Entstehung, Entwicklung und Veränderung der Erde und der sie bewohnenden Lebewesen in erdgeschichtlicher Zeit. Enge Beziehungen bestehen zur Mineralogie, Petrologie, Petrographie, Paläontologie, Geophysik, Geochemie, Bodenkunde, Geographie, Meereskunde, Meteorologie, Klimatologie und Astronomie. Mit der Landung des Menschen auf dem Mond bahnt sich die Ausdehnung der Anwendung geologischer Methoden auf extraterrestrische Himmelskörper *(Selenologie, Astrogeologie)* an. Die Erforschung der gegenwärtigen Veränderungen der Erdrinde ist Aufgabe der *Aktuogeologie.* Die Anwendung geologischer Arbeitsmethoden für praktische Belange des Menschen ist der *angewandten Geologie* vorbehalten.

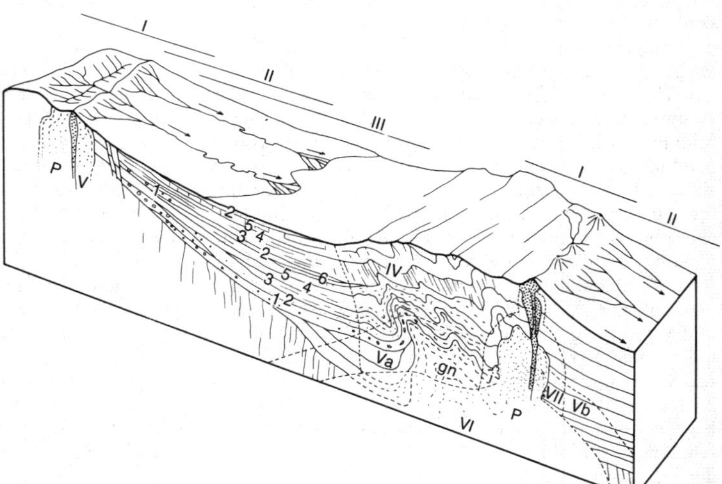

Der Stoffkreislauf in der Erdkruste als Blockbild (nach H. Cloos): I. Erosion, II. Transport, III. Sedimentation, IV. Faltung, Schieferung, Lineation, V. Regionalmetamorphose, VI. Anatexis, VII. Schmelzaufstieg und Kontaktmetamorphose (1 bis 6 Sedimente, p = Plutonite, v = Vulkanite, gn = Gneise).

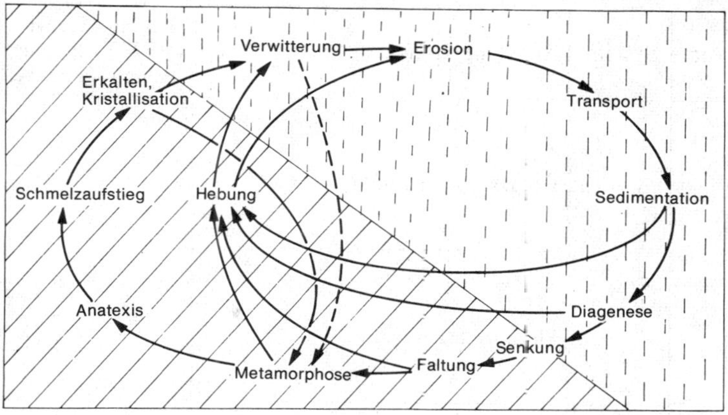

Der Kreislauf der geologischen Vorgänge

Die *allgemeine oder dynamische Geologie* befaßt sich mit den auf die Erdkruste einwirkenden geologischen Kräften, die sich in *exogene* oder außenbürtige, durch das Geschehen in der Luft- und Wasserhülle der Erde bedingte, also letztlich auf die Sonnenenergie zurückführende, und *endogene* oder innenbürtige, aus dem Erdinnern selbst stammende Kräfte einteilen lassen. Besonderer Forschungsschwerpunkt auf dem Sektor der exogenen Dynamik ist gegenwärtig die *Sedimentologie,* die die Bildungsvorgänge und Strukturen der Sedimentgesteine erforscht. Ein aktuelles Anwendungsgebiet ist die *Meeresgeologie,* deren moderne Ergebnisse erst in jüngster Zeit genauere Kenntnis von den zwei Dritteln der Erdoberfläche vermitteln, die von Wasser bedeckt sind. Mit den Oberflächenformen der Erde befaßt sich die in Deutschland meist im Rahmen der Geographie behandelte ↑Geomorphologie. Auf dem Sektor der endogenen Dynamik liegen die Forschungsschwerpunkte bei der *Tektonik,* die sich mit den Lagerungsformen der Gesteine, den Veränderungen im Bau der Erdkruste sowie den Ursachen dieser Strukturveränderungen befaßt, u.a. auch bezüglich des Zusammenwirkens von Tektonik und Gesteinsmetamorphose, und bei der *Vulkanologie,* die die verschiedenartigen Erscheinungsformen vulkanischer Aktivität erforscht, sowie beim Studium plutonischer Intrusionsmassen (↑Plutonismus).

Die Arbeitsweise des Geologen setzt zunächst die Aufnahme und Auswertung von Oberflächenaufschlüssen, von Tiefbohrungen, Geländeformen, Aufsammlungen von Proben (sogen. Lesesteinen), die Fossilsuche, Auswertung von Luftbildern und geophysikalischen Untersuchungsergebnissen usw. sowie die Befahrung von Grubenbauen unter Tage voraus. Das unmittelbare Ergebnis der Geländearbeit findet meist seinen Niederschlag in den geologischen Karten. Die Kartierung der Oberflächenverbreitung von Schichtgesteinen, im Zusammenwirken mit dem Einmessen der Lagerungsverhältnisse der Gesteine mit dem Geologenkompaß, ermöglicht den Entwurf geologischer Schichtenschnitte (Profile) und damit eine Extrapolation auf nicht unmittelbar der Beobachtung zugängliche Tiefenbereiche. Die Bergung und Ausdeutung von Versteinerungsfunden vorzeitlicher Pflanzen und Tiere, die Aufbereitung und Untersuchung von Gesteinsproben unter dem

Fortsetzung Seite 118

Ära	System		Abteilung/Stufe	Beginn vor... Mill. Jahren	Entwicklung der Pflanzen
Känozoikum (Neozoikum, Erdneuzeit)	Quartär		Holozän (Alluvium)	0,01	**Känophytikum** (Neophytikum)
			Pleistozän (Diluvium)	1,5–2	
	Tertiär	Jungtertiär (Neogen)	Pliozän	5 (7?)	
			Miozän	23	
		Alttertiär (Paläogen)	Oligozän	37	
			Eozän	54	
			Paläozän	65	

geologische Vorgänge	Entwicklung des Lebens
Nacheiszeit (Postglazial). ↑Tabelle Quartär S. 271	Kulturelle Entwicklung und Differenzierung der Menschheit. Der Mensch verändert seine natürliche Umwelt.
Infolge starker Klimaschwankungen mehrfacher Wechsel von Kalt-/Eiszeiten (Glaziale) und Warmzeiten (Interglaziale). ↑Tabelle Quartär S. 270	Den Klimaschwankungen entsprechende Veränderungen der Tier- und Pflanzenwelt. Rasche Entwicklung des Menschen.
Höhepunkt der alpidischen Orogenese. Faltung und Hebung im Bereich der Alpen und Südeuropas. Heutiges Mittelmeer als Rest der Tethys. Außerhalb der Geosynklinalen Bruchtektonik und Vulkanismus. Herausbildung der heutigen Festlandräume. Bildung von Braunkohle- und Salzlagerstätten. Im Jungtertiär allgemeiner Temperaturrückgang.	Auf dem Land Blütenpflanzen und Nadelhölzer. Entfaltung der Säugetiere, besonders der Raubtiere, Huftiere und Primaten (Herrentiere); seit dem Paläozän Halbaffen; aus ihnen gingen im Pleistozän die Hominoidea (Menschenartige) hervor; diese verzweigten sich wohl im Miozän in die Vorläufer der heutigen Menschenaffen und Menschen; sogen. Tier-Mensch-Übergangsfeld im Pliozän. Zahlreiche Reptilien und Insekten. Säugetiere auch im Meer (Seekühe, Wale, Robben). Vorherrschende Meeresbewohner: Foraminiferen, Moostierchen, Muscheln, Schnecken, Seeigel, Knochenfische.

<table>
<tr><th>Ära</th><th>System</th><th colspan="5">Abteilung/Stufe</th><th>Beginn vor... Mill. Jahren</th><th>Entwicklung der Pflanzen</th></tr>
<tr><td rowspan="9">Mesozoikum (Erdmittelalter)</td><td rowspan="2">Kreide</td><td colspan="5">Oberkreide</td><td>100</td><td>Känophytikum (Neophytikum)</td></tr>
<tr><td colspan="5">Unterkreide</td><td>140</td><td rowspan="8">Mesophytikum</td></tr>
<tr><td rowspan="3">Jura</td><td colspan="5">Malm (Oberer Jura, Weißer Jura)</td><td>160</td></tr>
<tr><td colspan="5">Dogger (Mittlerer Jura, Brauner Jura)</td><td>170</td></tr>
<tr><td colspan="5">Lias (Unterer Jura, Schwarzer Jura)</td><td>195</td></tr>
<tr><td rowspan="4">Trias</td><td>Obere Trias</td><td rowspan="4">alpine Trias</td><td>Rhät
Nor</td><td rowspan="4">germanische Trias</td><td rowspan="2">Keuper</td><td>205</td></tr>
<tr><td rowspan="2">Mittlere Trias</td><td>Karn</td><td rowspan="2">215</td></tr>
<tr><td>Ladin
Anis</td><td>Muschelkalk</td></tr>
<tr><td>Untere Trias</td><td>Skyth</td><td>Buntsandstein</td><td>225</td></tr>
</table>

geologische Vorgänge	Entwicklung des Lebens
Starke Ausbreitung des Meeres, v.a. in der Oberkreide. Beginn der alpidischen Orogenese in den Geosynklinalen (Tethys). Deutliche Trennung der Kontinente und Öffnung der Ozeane.	Optimale Entwicklung der Reptilien (Riesensaurier), sterben jedoch Ende der Kreide bis auf die kleinwüchsigen Nachfahren (Schildkröten, Eidechsen, Schlangen, Krokodile) aus. Auch Ammoniten und Belemniten sterben aus. Entfaltung der Säugetiere (Beuteltiere, Insektenfresser, Huftiere). Blütezeit der Foraminiferen. Mit der Entwicklung der Bedecktsamer beginnt das Känophytikum.
Eintiefung der alpidischen Geosynklinalen (zum Teil Tiefsee). Vorherrschaft des Meeres; auch in Mitteleuropa Schelfmeer (statt des festländischen Germanischen Beckens); Süddeutschland im Malm Randmeer der Tethys. Im Lias überwiegend tonige, im Dogger sandige, im Malm kalkige Ablagerungen.	Auf dem Land herrschen Farne u. Nacktsamer (Nadelbäume, Gingkogewächse, Samenfarne u.a.) vor (Mesophytikum); Saurier (u.a. erste Flugsaurier), im Malm erste Vögel (Archäopteryx); Säugetiere (Kleinraubtiere, Insektenfresser). Im Meer Riesensaurier, Fische, Ammoniten (wichtigste Leitfossilien), Belemniten, Schnecken, Muscheln, Seeigel, Korallen, Schwämme, Foraminiferen, Radiolarien.
In Mitteleuropa Germanisches Becken (festländische und epikontinentale Ablagerungen, d.h. die eines flachen Schelfmeeres: germanische Trias); im oberen Buntsandstein Salzbildung. In der einsetzenden alpidischen Geosynklinale (Tethysmeer, u.a. im Alpen- und Mittelmeerraum) marine Ablagerungen (alpine oder pelagische Trias). Weiterer Zerfall des Gondwanakontinents; auf der Südhalbkugel und in Indien weiterhin festländische Verhältnisse.	Nacktsamer herrschen vor, daneben Schachtelhalme und Farne. Kalkalgen als Riffbildner. Unter den Landtieren überwiegen Reptilien (Saurier), in Binnengewässern Fische und Amphibien (Saurier), im Meer Muscheln (häufigste marine Fossilien), Armfüßer und Ammoniten. Die Tetrakorallen werden durch die Hexakorallen ersetzt. In der obersten Trias erste kleine Säugetiere.

Ära		System	Abteilung/Stufe	Beginn vor...Mill. Jahren	Entwicklung der Pflanzen
Paläozoikum (Erdaltertum)	Jungpaläozoikum	Perm	Oberperm (Zechstein)	235	**Mesophytikum**
			Unterperm (Rotliegendes)	285	**Paläophytikum**
		Karbon	Oberkarbon (Siles)	320	
			Unterkarbon (Dinant)	350	
	Altpaläozoikum	Devon	Oberdevon	359	
			Mitteldevon	370	
			Unterdevon	405	

geologische Vorgänge	Entwicklung des Lebens
Ausklang der variskischen Orogenese. Hebungen, Bruchbildungen, Vulkanismus. Rand- und innerkontinentale Senken werden mit festländischen Ablagerungen gefüllt. Zechsteinmeer mit Salzablagerungen und Kupferschiefer. Am Ende des Perm Großkontinente Laurasia auf der Nord- und Gondwana auf der Südhalbkugel; dazwischen, vom heutigen Mittelmeer nach Osten reichend, das Tethysmeer. Fortsetzung der permokarbonen Vereisung der Südhalbkugel.	Trilobiten und viele Armfüßer und Stachelhäuter sterben aus. Moostierchen wichtigste Riffbildner. Starke Entwicklung der Reptilien (Saurier), aus denen in späterer Zeit Säugetiere und Vögel hervorgingen. Großwüchsige Foraminiferen (Fusulinen). Mit dem Zechstein setzt das Mesophytikum ein: Die Vorherrschaft der Gefäßsporenpflanzen (Farnpflanzen) der Steinkohlenflora wird durch die Vormacht der Nacktsamer ersetzt (vorwiegend Nadelhölzer, Beginn der Gingkogewächse).
Höhepunkt der variskischen Orogenese. In der von Nordfrankreich über das Ruhrgebiet bis Oberschlesien reichenden Randsenke bis 5000 m mächtige kohleführende Sedimente (paralische Kohle); in Binnensenken des aufsteigenden Festlandes limnische Sedimente mit Kohle (Saarland, Niederschlesien). Südlich des Tethysmeeres, auf der Festlandmasse der Südhalbkugel (Gondwana, einschließlich Indien) seit dem Oberkarbon ausgedehnte Vereisungen.	Üppige Pflanzenwelt, Grundlage der Kohlenentwicklung. Höhepunkt der niederen Gefäßpflanzen: baumförmige Bärlapp-, Schachtelhalm- und Farngewächse; daneben erste Samenpflanzen (Samenfarne und Nadelhölzer). Aus den Amphibien entwickeln sich im Oberkarbon die ersten Reptilien (Cotylosaurier). Erste Süßwasserschnecken. Im Meer v.a. Foraminiferen (Fusulinen), Korallen, Armfüßer, Muscheln, Schnecken, Ammoniten (Goniatiten); Knorpel- und Knochenfische verdrängen Panzerfische.
Als Folge der kaledonischen Orogenese entsteht im nördlichen Europa ein ausgedehntes Festland, der Old-Red-Kontinent. Südlich anschließend entwickelt sich die variskische Geosynklinale (Nordfrankreich-Rheinisches Schiefergebirge-Harz-Mittelpolen). Im Mittel- und Oberdevon Ausdehnung des Meeres. Beginn der variskischen Faltungen. Flachmeer bedeckt auch den Südkontinent (Gondwana).	Mit Amphibien, Knochen- und Knorpelfischen sowie Insekten besiedelt die Tierwelt das Festland. Im Meer Kopffüßer (Goniatiten), Korallen, Muschelkrebse, Armfüßer, Conodonten. Graptolithen sterben aus. Seit dem Unterdevon älteste Gefäßpflanzen bilden die erste Landvegetation: Psilophyten (Nacktfarnpflanzen), Bärlapp- und Schachtelhalmgewächse, Farne; erste Samenpflanzen.

Ära	System	Abteilung/Stufe	Beginn vor...Mill. Jahren	Entwicklung der Pflanzen
Paläozoikum (Erdaltertum) Altpaläozoikum	Silur		440	**Paläophytikum**
	Ordovizium		500	**Eophytikum**
	Kambrium	Oberkambrium Mittelkambrium Unterkambrium	570	

geologische Vorgänge	Entwicklung des Lebens
Ausbreitung des Meeres zu Beginn des Silurs. Höhepunkt der kaledonischen Orogenese (Schottland, Skandinavien); Entstehung der Kaledoniden (Kaledonisches Gebirge).	Reiche marine Fauna: Korallen (an der Riffbildung sind auch die zu den Nesseltieren gehörenden Stromatolithen sowie Kalkalgen und Moostierchen beteiligt), Arm- und Kopffüßer, Muscheln, Schnekken, Graptolithen, Stachelhäuter, Trilobiten, Panzerfische (erstmals auftretend). Neben den marinen Kalkalgen treten die ältesten Gefäßpflanzen (Psilophyten) auf; diese beginnen das Festland zu besiedeln.
Von den kaledonischen Geosynklinalen aus fortschreitende Meeresüberflutung. Beginn der kaledonischen Faltungen. Ziemlich geschlossener Süd- (Gondwana) und Nordkontinent (Laurasia).	Die Flora besteht nur aus Thallophyten (v.a. Algen). Mit den Kieferlosen (Agnathen) und Panzerfischen erscheinen die ersten Wirbeltiere. Unter den Wirbellosen sind erstmals u.a. Korallen, Muscheln, Seelilien, Seeigel, Seesterne, Schlangensterne, Haarsterne vertreten. Wichtig sind die Graptolithen; ferner Muschelkrebse, Schnecken, Armfüßer, Trilobiten, Moostierchen, Schwämme, Foraminiferen.
Entstehung der kaledonischen Geosynklinalen (u.a. Schottland-Skandinavien - Spitzbergen - Ostgrönland). Von hier greift das Meer auf die im Jungpräkambrium aufgestiegenen Landgebiete über. Zwei festländische Bereiche, die „Süderde" (Gondwana) und die „Norderde" (Laurasia). Zunehmende Erwärmung nach der vorkambrischen Vereisung.	Neben vergleichsweise armer Algenflora reiche marine Fauna. Außer den Wirbeltieren sind alle Tierstämme vertreten, besonders die zu den Gliederfüßern gehörenden Trilobiten (60% der fossilen Fauna) und die Armfüßer (30%), die riffbildenden, schwammähnlichen Archäocyathiden, ferner Foraminiferen, Radiolarien, Schwämme, Muschelkrebse, Moostierchen, Kopffüßer, Schnekken, Stachelhäuter, Graptolithen.

Ära	System	Abteilung/Stufe	Beginn vor...Mill. Jahren	Entwicklung der Pflanzen
Präkambrium (Erdfrühzeit)	Proterozoikum (Algonkium)	Jungpräkambrium	1900	Eophytikum
		Mittelpräkambrium	2500-2700	
	Archäozoikum (Archaikum)	Altpräkambrium		
	Azoikum		4000	

Das Silur wurde früher Gotlandium genannt. Die Bezeichnung Silur wurde ehemals auch zusammenfassend für die heute Ordovizium und Silur genannten Zeitabschnitte verwendet.

Die Gliederung der Erdgeschichte beruht v.a. auf der Entwicklung des tierischen Lebens. Im Gegensatz zum Präkambrium, das man wegen der wenigen erhaltenen Lebensspuren auch Kryptozoikum, d.h. Zeit des „verborgenen Lebens" nennt, bezeichnet man die gesamte übrige Erdgeschichte, vom Kambrium bis heute, als Phanerozoikum, d.h. die Zeit des „sichtbaren Lebens".

geologische Vorgänge	Entwicklung des Lebens
Vereisung.	Erste Vielzeller (niedere Wirbellose) um 650 Mill. Jahre alt.
Entstehung der Festlandkerne.	Älteste Pflanzen, die wenigstens zeitweise aus dem Wasser auftauchen, Pflanzen mit Zellkern (eukaryot) v.a. Algen, davor Stromatolithen (aus Blaualgen entstandene Kalkablagerungen).
Ausgedehnte Flachmeerablagerungen.	
Wasserkreislauf als Voraussetzung für die Bildung der ältesten Sedimente.	Älteste Spuren pflanzlichen Lebens (kugelige Organismen: protokaryote, d.h. zellkernlose Algen und Bakterien) in der 3,1–3,2 Mrd. Jahre alten Onverwacht-und Fig-Tree-Serie in Südafrika.
Atmosphäre anfangs ohne, erst seit etwa 1,8 Mrd. Jahren mit geringem freiem Sauerstoff. Entstehung einer beständigen Erdkruste.	Entstehung des Lebens.

Die Entwicklung der Pflanzenwelt ist etwas anders gegliedert. Im ältesten Abschnitt, dem Eophytikum (Algophytikum), der Zeit vor dem Silur, sind Bakterien und Algen entstanden. Das anschließende Paläophytikum ist durch das Vorherrschen der Farnpflanzen charakterisiert; es beginnt mit dem ersten Auftreten der Nacktpflanzen und endet mit dem Zurücktreten der Sporenpflanzen gegenüber den Nacktsamern. Diese kennzeichnen das Mesophytikum; es reicht vom Oberperm bis zur oberen Unterkreide. Im anschließenden Känophytikum, der Angiospermenzeit, entwickeln sich die Bedecktsamer.

Mikroskop mit Methoden der Petrologie und Gefügekunde, die Anwendung sedimentologischer und statistischer Verfahren sowie in geeigneten Fällen Experimente und die vergleichende Beobachtung rezenter geologischer Vorgänge gestatten Aussagen über den Ablauf der Erdgeschichte, über Veränderungen der Oberflächengestalt der Erde in Zeit und Raum sowie über die Entwicklung des tierischen und pflanzlichen Lebens auf der Erde. Diese Untersuchungsergebnisse sind Gegenstand der historischen Geologie.

Die Aufgabe der *historischen Geologie oder Erdgeschichte* ist es, ein möglichst genaues und vollständiges Bild von der Entwicklung der Erde und ihrer Bewohner zu erarbeiten. Gestützt wird die erdgeschichtliche Forschung durch die *Stratigraphie,* die sich mit der zeitlichen Abfolge und dem relativen Alter der Gesteine befaßt. Hinweise für die zeitliche Einstufung ergeben die Lagerungsverhältnisse (das Hangende ist in der Regel jünger als das Liegende, Intrusionsmassen sind jünger als das durchsetzte Nebengestein, ältere Strukturen werden von jüngeren geschnitten usw)., der Fossilinhalt *(Biostratigraphie)* sowie neuerdings in zunehmendem Maße die ↑physikalische Altersbestimmung. Im Rahmen der historischen G. versucht die *Paläogeographie* die vorzeitliche Verteilung von Land und Meer, die Anordnung aktiver Gebirgsbildungsgürtel und Vulkanzonen sowie die Art der festländischen und marinen Sedimentation zu rekonstruieren; die *Paläoklimatologie* zeichnet ein Bild vom klimatischen Werdegang der Erde. Die *Rangordnung* der biostratigraphischen Zeiteinheiten lautet: Zeitalter (Ära). Formation (Periode, System), Abteilung, Stufe, Unterstufe (Gruppe), Zone und Horizont. Letztgenannter ist die kleinste mittels Leitfossilien unterscheidbare geologische Zeiteinheit, auch *geologisches Moment* genannt, die jedoch noch immer Zeiträume der Größenordnung 100 000 bis 1 Mill. Jahre umfassen kann.

Die *Regionale Geologie* hat die geologische Erforschung räumlich mehr oder weniger begrenzter Gebiete zur Aufgabe.

geologische Formationen: siehe Tabelle Seite 108 ff.

geologisches Fenster (tektonisches Fenster): Als g.F. bezeichnet man eine durch Abtragung entstandene Lücke in einer Überschiebungsdecke (↑Decke), wodurch die autochthone Unterlage freigelegt wurde.

Geomedizin: Zweig der Medizin, der sich mit dem Einfluß geographischer Faktoren auf Krankheiten befaßt, auch mit deren Vorkommen und Ausbreitung.

Geomorphologie: Die G. ist ein Teilgebiet der allgemeinen Geographie; sie beschäftigt sich mit den Oberflächenformen der Erde, deren Entstehen sie zu erklären sucht. Hierbei untersucht die *analytische G.* Verwitterungsvorgänge und Bodenbildung, Massenbewegungen und die formenbildende Tätigkeit der Flüsse, der Gletscher, des Windes und der Meere. Die *synthetische G.* dagegen befaßt sich mit morphologischen Landschaftstypen, wie z.B. Schichtstufenlandschaft oder Inselberglandschaft, die als Ergebnis des Zusammenwirkens der vielfältigen formenbildenden Kräfte untersucht werden. Die *klimatische G.* oder *Klimageomorphologie* schließlich setzt sich mit den verschiedenen klimatischen Bedingungen der Formenbildung auseinander, da man erkannt hat, daß bei den einzelnen Oberflächenformen den jeweiligen klimatischen Verhältnissen ein erheblicher Einfluß beizumessen ist.

Geophysik: Die G. ist ein Teilbereich der Physik; sie befaßt sich mit den natürlichen physikalischen Erscheinungen auf der Erde, in ihrem Inneren wie auch in der Erdatmosphäre. Zum Forschungsbereich der G. gehören auch die Einflüsse anderer Himmelskörper auf die Erde und die sie umgebende Materie, insbesondere Wirkungen von Sonne und Mond.

Die meisten geophysikalischen Messungen werden auf der Erdoberfläche angestellt, v.a. auf dem Land, da die Messungen auf dem Meer sehr erschwert sind. Besonders wichtig sind dabei die Polargebiete, weil nur dort die magnetische Abschirmung der Erde gegen den Einfall geladener Teilchen aus dem Weltraum unterbrochen ist. Als augenfälligste Wirkung des Teilcheneinfalls beobachtet man die ↑ Polarlichter; weitere Untersuchungsobjekte sind in den Polargebieten z.B. die Eisbedeckung und der Wärmehaushalt. Deshalb spielten bei den beiden *Internationalen Polarjahren* (August 1882 bis August 1883 und August 1932 bis August 1933) geophysikalische Messungen die Hauptrolle. Auch im *Internationalen Geophysikalischen Jahr* (Juli 1957 bis Dezember 1958), im *Jahr der geophysikalischen Kooperation* (1959) und in den Jahren der *ruhigen Sonne* (Januar 1963 bis Dezember 1964) wurde den Polargebieten besondere Beachtung geschenkt. Zur Zeit bemüht man sich v.a. darum, alle geophysikalischen Messungen auch auf die Meeresgebiete auszudehnen. Magnetfeld und Schwerebeschleunigung werden von Schiffen und Flugzeugen aus bestimmt; am Meeresboden mißt man den Wärmefluß, der Untergrund des Meeresbodens wird seismologisch erforscht. Die Erforschung der Erdatmosphäre wurde nach dem 2. Weltkrieg durch den Einsatz von Forschungsraketen, künstlichen Satelliten und Raumsonden sehr gefördert.

Neben Auskünften über die erdgeschichtliche Vergangenheit erwartet man von der G. auch solche über die Zukunft. Vorhersagen sind gut zu geben, wenn es sich um periodische Vorgänge handelt: dabei dürfen auch zahlreiche verschiedene Perioden zusammenwirken, wie z.B bei den Gezeitenwasserständen. Diese lassen sich auf mehrere Jahre vorausberechnen. Auch die Voraussage von Funkstörungen, die mit der Sonnenaktivität gekoppelt sind, gelingt noch leidlich (die Sonnenrotation bringt eine 27tägige Periodizität, der Umlauf der Erde um die Sonne bewirkt jahreszeitliche Schwankungen usw.). Viel komplizierter ist die Wettervorhersage. Sie stützt sich auf weltweite Beobachtungen und Einsichten in die dynamischen Vorgänge der Atmosphäre. Fast hoffnungslos ist es einstweilen um die Vorhersage von Erdbeben bestellt.

Teilgebiete der G.: Die Abgrenzung der im folgenden aufgeführten, häufig genannten Teilgebiete ist zum größten Teil historisch bedingt. Die *Gravimetrie,* die Lehre von der Schwerkraft, umschließt gewöhnlich auch die Lehre von der Erdfigur und Erdrotation. Es handelt sich um ein gemeinsames Arbeitsfeld der G. und der Geodäsie. Die *Seismik* oder Erdbebenkunde befaßt sich neben der Lehre von den Erdbeben, ihrer Verbreitung, den Herdmechanismen usw. vor allem mit der Untersuchung der Ausbreitung elastischer Wellen im Erdkörper und zieht daraus Schlüsse auf die Struktur des Erdkörpers. Die *Lehre vom Erdmagnetismus* untersucht die natürlichen magnetischen Erscheinungen auf der Erde. *Ozeanographie* und *Meteorologie,* die Lehren von den Ozeanen und der Atmosphäre, haben einen solchen Umfang angenommen, daß sie gewöhnlich wie selbständige Disziplinen behandelt und allenfalls der G. im weiteren Sinne zugezählt werden. *Aeronomie* ist eine Anfang der 50er Jahre eingeführte Bezeichnung für die Physik der oberen Atmosphäre, in der die Luft im Gegensatz zur Luft der unteren Atmosphäre nicht völlig durchmischt und mehr oder weniger dissoziiert und ionisiert ist. In dieses Gebiet gehören die Erforschung der Ionosphäre, des Polarlichtes und des Nachthimmelslichtes, der Variationen der kosmischen Strahlung und der erdmagnetischen Variationen.

Angewandte G.: Bei der Suche nach nutzbaren Lagerstätten und wasserführenden Schichten sowie bei Baugrunduntersuchungen treten häufig Fragen

GEWÄSSERREGIONEN

Benthal (Bodenregion; Gewässerrand bis größte Wassertiefe)		**Pelagial** (Freiwasserzone; Oberfläche bis größte Wassertiefe)		**Fließgewässerregionen** (Quelle bis Mündung; Mitteleuropa)
Meer	stehende Süßgewässer	Meer (Halipelagial)	stehende Süßgewässer (Limnopelagial)	Bäche und Flüsse
Supralitoral: Spritz- oder Brandungszone; nur bei Sturmflut überspült	*Supralitoral:* Zone oberhalb des Gewässerrands; zeitweise Spritzwassereinwirkung	**trophogene Zone** *Epipelagial:* Wasseroberfläche bis etwa 150 bis 200 m Tiefe (Flachsee)	**trophogene Zone** *oberes Pelagial:* stets unter Wasser befindliche Uferzone bis zur Grenze des Pflanzenwuchses	**Krenal** (Quellzone) Zone des aus dem Boden quellenden Wassers; O_2-Gehalt mäßig; konstant kalt; keine oder nur mäßige Flora
Eulitoral: Gezeitenbereich	*Eulitoral:* Bereich des Wellenschlags am Ufer			**Rhithral** (Gebirgsbachregion) *Forellenregion:* oberster Abschnitt; kräftige Strömung, O_2-reich, konstant kalt; Bachforelle
Litoral: Hochwasserflutlinie bis Grenze des Schelfs bei 200 m Tiefe = Grenze des Pflanzenwuchses	*Litoral:* äußerster Gewässerrand bis Grenze des Pflanzenwuchses	**tropholytische Zone** *Bathypelagial:* Kontinentalabhang von etwa 200–800 m Tiefe und die Tiefsee >800 m Tiefe. Tiefsee auch gegliedert in:	Bei Seen auch: *Eulimnion* = Zone über der Sprungschicht; *Metalimnion* = Zone der Sprungschicht	*Äschenregion:* mäßige Strömung, O_2-reich, kühl; größere Wassertiefe als vorhergehende Zone; Äsche *Barbenregion:* noch relativ rasch strömend, meist O_2-reich, Temperatur jahreszeitlich stark schwankend; reiche Flora; Barben und Karpfenfische
Sublitoral: Übergangsregion	*Sublitoral:* Übergangsregion mit Ablagerungen (Schalenzone)		**tropholytische Zone** *unteres Pelagial:* Zone des offenen Wassers Bei Seen auch:	
Bathyal: Kontinentalabhang von 200 bis 3 000 m Tiefe (lichtlos; ohne autotrophe Pflanzen)	*Profundal:* die anschließende pflanzenlose Zone (Sedimentablagerungen)	*Hemipelagial:* Tiefen von 800 bis etwa 2 400 m		**Potamal** (Tieflandflußregion) *Bleiregion* (Brachsenregion): geringe Fließgeschwindigkeit; Wasser trüb, in der Tiefe O_2-arm; kein Pflanzenwuchs; artenreicher Fischbestand: u. a. Aal, Hecht, Karpfen, Karausche, Rotauge und Wanderfische aus dem Meer
Abyssal: Tiefen von etwa 1 000–3 000 m bis zu 6 000–7 000 m	*Abyssal:* zuweilen so genannte Bodenzone des Tiefwassers unterhalb (400 bis) 600 m	*Eupelagial:* Tiefen unterhalb 2 400 m, bis in die Tiefseegräben	*Hypolimnion:* Zone unter der Sprungschicht	*Brackwasserregion* (Kaulbarschregion): unterster Abschnitt vor der Flußmündung; Wasser sehr trüb, oft O_2-arm, Strömung und Salzgehalt wechselnd; Fische: Flunder, Kaulbarsch, Stichling und Wanderfische
Ultraabyssal (Hadal): unterhalb 7 000 m Tiefe				

auf, die sich mit Hilfe geophysikalischer Methoden beantworten lassen.

Geosynklinale (Geosynkline): G. nennt man ein weiträumiges Senkungsgebiet der Erdkruste, in dem sich große Mengen von Sedimentgesteinen und bestimmte Ergußgesteine, die Ophiolithe, ansammeln, die nach der Faltung als Gebirge herausgehoben werden (↑Orogenese).

geothermische Energie: Darunter versteht man die an Gebiete mit jungem Vulkanismus gebundene, in Form von Wasserdampf oder Thermalwasser nutzbaren Wärmeenergievorräte in der Erdkruste. Neben der Umwandlung in elektrische Energie, in sogen. geothermischen Kraftwerken, wird die g. E. auch unmittelbar zu Heizungszwecken verwendet (z.B. in Island).

geothermische Tiefenstufe: Als g.T. bezeichnet man den in Metern angegebenen Wert für die Zunahme der Erdwärme um 1 Celsiusgrad in Richtung auf den Erdmittelpunkt; sie beträgt in Oberflächennähe durchschnittlich 33 m (also 3 Celsiusgrade auf 100 m), ist jedoch vom geologischen Bau und der Leitfähigkeit der Gesteine abhängig, sie ist daher in vulkanischen Gebieten gering, in alten Massen dagegen besonders groß. Der größte, in einem Bohrloch in Transvaal festgestellte Wert betrug 127,7 m. Wesentliche Störungen der geothermischen Tiefenstufe treten unter den Ozeanen auf.

geozentrisch: G. sind Denkweisen und Weltsysteme, in deren Mittelpunkt die Erde steht. Das *geozentrische Weltbild* des Mittelalters, das auf Ptolomäus zurückgeht (daher auch ptolomäisches System genannt), besagte, daß sich die Sonne und die anderen Sterne um die Erde drehen; es wurde vom ↑heliozentrischen Weltbild abgelöst.

Geozoologie: svw. ↑Tiergeographie

Geröll: G.e sind durch Transport in fließendem Wasser oder in der Meeresbrandung gerundete Gesteinsbruchstükke; die ersteren werden nach Ablagerung als *Schotter* bezeichnet.

Geschiebe:
◊ G. nennt man vom Gletscher- oder Inlandeis transportierte und in den Moränen abgelagerte Gesteinsbrocken; sie sind meist nur kantengerundet und oft gekritzt. Besonders große G.blöcke heißen Findlinge oder ↑erratische Blöcke.
◊ Im technischen Sprachgebrauch bezeichnet man als G. (Flußgeschiebe) das ↑Geröll, besonders bei hohem Anteil an großen Blöcken, die durch das Wasser im Flußbett übereinander geschoben werden.

Geschiebemergel: Als G. bezeichnet man kalkige, aus Ton, Schluff, Sand und Kies, also sehr inhomogen, zusammengesetzte Ablagerungen, die vom Inlandeis oder von Gletschern als Grundmoräne abgelagert wurden; verwitterter und dadurch entkalkter G. wird *Geschiebelehm* genannt; enthält dieser besonders viele Gesteinsblöcke, wird er als *Blocklehm* bezeichnet.

Gesteine: G. nennt man natürliche feste Bildungen innerhalb der Erdkruste, die aus einem Mineralgemenge, aus einer einzigen Mineralart oder aus organischen Resten bestehen; nach der Entstehung unterscheidet man ↑magmatische Gesteine, Sedimentgesteine (↑Sedimentation), und ↑metamorphe Gesteine.

Getreideeinheit (Abkürzung GE) : Die G. ist ein Maß für die ernährungswirtschaftliche Produktion landwirtschaftlicher Betriebe. Dabei wird der Energiewert der Erzeugnisse in Stärkeeinheiten ausgedrückt, als Umrechnungswert wurde 1 Doppelzentner Getreide gleich 1 GE gesetzt. Daraus ergeben sich für andere Nahrungsmittel folgende Werte:

1 GE =	100 kg Getreide oder Mais
=	400 kg Kartoffeln
=	670 kg Mohrrüben
=	333⅓ kg Blumenkohl
=	83⅓ kg Erbsen oder Bohnen
=	125 l Vollmilch (mit 3,3% Fett)
=	20 kg Schweine- oder Rindfleisch
=	400 Eier

Gewann: Das G. ist ein Verband gleichlaufender, streifenförmiger Besitzparzellen in ↑Gemengelage. Es lassen sich Klein- und Großgewanne, Lang-, Kurz-, Schmal- und Breitstreifengewanne unterscheiden.

Gewannflur: Eine ganz oder überwiegend aus ↑Gewannen bestehende Flur wird G. genannt.

Gewässerkunde: deutsche Bezeichnung für die Disziplin Hydrographie, den wesentlichen Teilbereich der ↑Hydrologie.

Gewässerregionen: In stehenden und fließenden Gewässern sowie im Meer unterscheidet man verschiedene G., die unterschiedliche Gegebenheiten aufweisen und deshalb auch unterschiedliche Lebensräume darstellen. Diese G. sind in der Tabelle auf Seite 120 zusammengestellt.

Gewerbe: Unter diesem Ausdruck werden alle Tätigkeiten zusammengefaßt, die selbständig durchgeführt werden, auf Gewinn abzielen und für längere Zeit ausgeübt werden. Nicht dazu gehören jedoch die Landwirtschaft und die Tätigkeit in freien Berufen, also die Tätigkeit von Rechtsanwälten, Ärzten, Architekten usw.

Gewerbegebiet: Unter G. versteht man den Teil einer Gemeinde, der im Flächennutzungsplan als Standort für mittelständische Unternehmen, hauptsächlich Handwerksbetriebe und andere Kleinunternehmen, ausgewiesen ist. Luftverschmutzung und Lärmbelästigung dürfen nicht sehr groß sein, da diese Gebiete nicht weit vom Zentrum der betreffenden Gemeinde entfernt liegen. Einen größeren Abstand weisen die Industriegebiete auf, da hier die Umweltbelastung aufgrund der Größe und Art der Unternehmen größer ist.

Gewitter: Das G. ist eine Wettererscheinung, die durch besonders mächtige Quellwolken *(Gewitterwolken)* und durch fortwährende, zeitlich ganz unregelmäßige, mit starken Schallerscheinungen (Donner) verbundene elektrische Entladungen in Form von ↑Blitzen sowie durch kräftige Niederschläge und böige Winde gekennzeichnet ist. Man unterscheidet Wärmegewitter und Frontgewitter.

Wärmegewitter sind eine Folge starker Überhitzung der bodennahen Luftschichten bei gleichzeitig hohem Feuchtigkeitsgehalt. Sie entstehen an Konvergenzen innerhalb einer einheitlichen Luftmasse, an denen die feuchtwarme Luft zum Aufsteigen gezwungen wird. Wärmegewitter treten bei sommerlichen Wetterlagen und sehr flacher Luftdruckverteilung am häufigsten in den Nachmittagsstunden, über warmen Wasserflächen jedoch in den Abend- und Nachtstunden, auf und führen zu keiner nachfolgenden Wetterverschlechterung. Reine Wärmegewitter, bei denen die vertikale Labilisierung ausschließlich eine Folge der vom Erdboden ausgehenden Überhitzung der Troposphäre ist, sind allerdings in tropischen Gebieten, wo sie zum täglichen Wettergeschehen gehören, und subtropischen Gebieten der Erde weit häufiger als in gemäßigten Breiten.

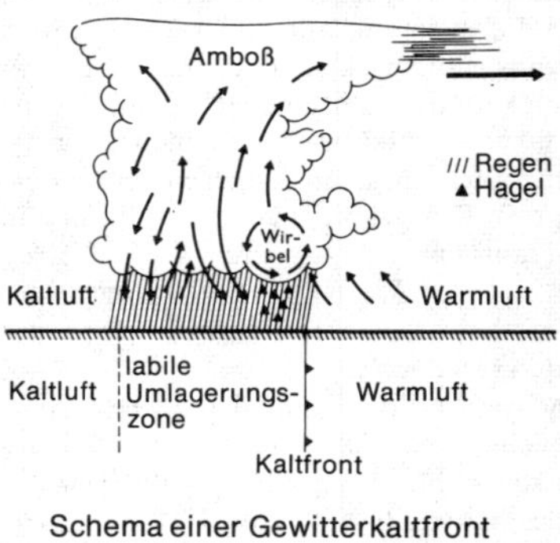

Schema einer Gewitterkaltfront

Frontgewitter entstehen durch Abkühlung der oberen Luftschichten infolge einbrechender Kaltluftmassen an einer Front, also im Grenzbereich zweier verschiedener Luftmassen. Sie sind die häufigste Art von G.n in gemäßigten Breiten und kommen zu allen Tages- und Jahreszeiten vor. Bevorzugt treten Frontgewitter in Verbindung mit [aktiven] Kaltfronten auf; Warmfrontge-

witter sind dagegen seltener. Von den Wärmegewittern unterscheiden sie sich durch ihre größere Ausdehnung und die Verbindung mit einer Front, mit der sie sich verlagern. Gewitterfronten können gelegentlich über Hunderte von Kilometern verfolgt werden.
Die Entstehung eines G.s läßt sich im einzelnen wie folgt darstellen: Jedes G. besteht aus mehreren etwa gleich großen Zellen; jede G.zelle durchläuft ihre eigene, typische Entwicklung. Jeweils mehrere Zellen sind in einem G. gleichzeitig wirksam; alte, absterbende Zellen werden durch neue ersetzt; erst wenn keine Zellen mehr neu gebildet werden, endet das Gewitter. Die Entwicklung einer G.zelle, wie sie besonders für ein Wärme-G. typisch ist, kann in drei Stadien unterteilt werden: 1. *Kumulusstadium* (Jugendstadium): Intensive Sonnenstrahlung verursacht eine starke Überhitzung der bodennahen Luftschichten; feuchtwarme Luft steigt auf und kühlt sich dabei ab. In einer bestimmten Höhe erfolgt Kondensation des Wasserdampfes, es entstehen Wolken. Aus einer kleinen Kumuluswolke entwickelt sich rasch eine mächtige Quellwolke. Innerhalb der Wolke herrscht ein Aufwind, dessen Geschwindigkeit mit der Höhe zunimmt. Von unten und von den Seiten her fließt der Quellwolke ständig Luft zu. Mit dem Aufwind werden die in der Wolke gebildeten Tröpfchen mit nach oben gerissen bzw. in der Schwebe gehalten, so daß kein Niederschlag ausfällt; die Wolke wächst weiter; bei starker Aufwärtsbewegung zerstieben die Tröpfchen, wobei gleichzeitig eine Ladungstrennung erfolgt: Positiv geladene Tröpfchen gelangen in den oberen Teil der Wolke, negativ geladene Tröpfchen sammeln sich unten an. 2. *Reifestadium:* Einige Zeit später hat sich mit beginnender Eisbildung im obersten Teil der Quellwolke aus der entladungsfreien Kumuluswolke eine Kumulonimbuswolke entwickelt, in der nun verstärkte Niederschlagsbildung und verstärkte elektrische Aufladung einsetzt. Zunächst können die Niederschlagsteilchen noch vom Aufwind getragen werden, aber ständig wächst ihre Menge, ihre Größe nimmt zu; schließlich beginnen sie gegen den Aufwind zu fallen, bremsen diesen dabei durch Reibung ab und wandeln ihn in einzelnen Gebieten der Wolke sogar in Abwind um. Im Reifestadium können die Aufwinde bis zu 30 m/s erreichen, die Abwinde sind schwächer. Der obere Teil der G.wolke, die bis zur Untergrenze der Stratosphäre reichen kann (mittlere Höhe in unseren Breiten: 6 bis 8 km), nimmt die Form eines Ambosses an: Über dem G.gipfel fließt Kaltluft auseinander und bildet den G.schirm aus unscharfen, schleierartigen Eiswolken mit meist unsymmetrischer Anordnung. Jetzt tritt das eigentliche G. mit Blitz und Donner und kräftigen Nieder-

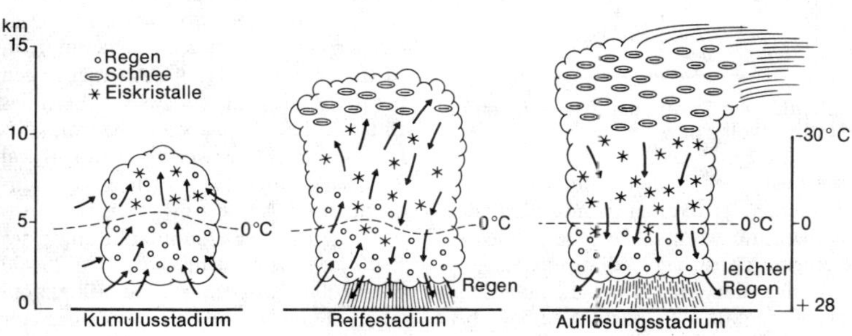

Schema der Entwicklungsstadien einer Gewitterzelle

schlägen auf. Gleichzeitig mit dem Starkniederschlag strömt gewittereigene Kaltluft aus dem Kumulonimbus aus, breitet sich in Erdbodennähe seitlich aus und erzeugt die typischen *Gewitterböen.*
3. *Auflösungsstadium* (Altersstadium): Die G.wolke regnet allmählich ab. Wenn keine neue Energie zugeführt wird, z.B. wenn die Überhitzung des Bodens gegen Abend nachläßt, sterben die Aufwinde ab; in der ganzen Wolke setzt sich der Abwind durch. Der Starkregen geht in leichten Regen über und hört langsam auf; die Wolke bildet sich zurück. – Frontgewitter weichen allerdings in ihrer Entwicklung von dem geschilderten Prozeß ab.
Die charakteristischen Erscheinungen eines G.s, Blitz und Donner, sind eine Folge der elektischen Ladungsverteilung in der Gewitterwolke. Eine G.wolke im Reifestadium ist wegen der bereits im Kumulusstadium einsetzenden Ladungstrennung in den oberen Teilen positiv, in den unteren negativ geladen;

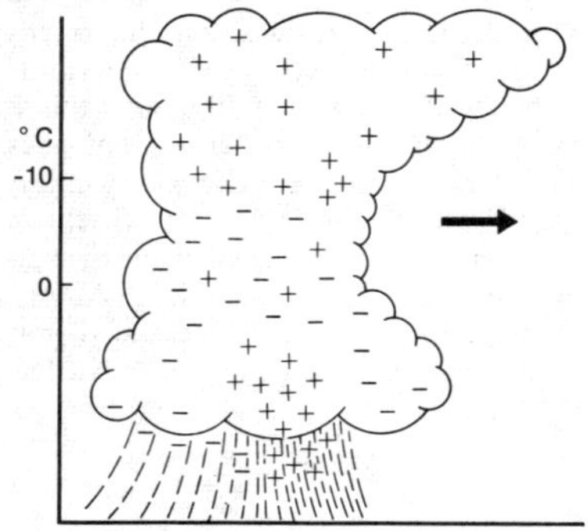

Schema des Ladungsaufbaus in einer Gewitterwolke bzw. -zelle

meist ist aber in den unteren, negativ geladenen Wolkenteilen in Nähe der Wolkenuntergrenze noch ein kleines Gebiet mit positiver Ladung eingelagert, das mit der Hauptniederschlagszone zusammenfällt. Erfahrungsgemäß beginnt die Elektrisierung in den Quellwolken mit der Bildung und Bewegung von Niederschlag. Da sich der Prozeß bei Temperaturen unter 0°C vollzieht, muß sowohl flüssiger als auch fester Niederschlag beteiligt sein. Zahlreiche Theorien, von denen die *Ionenfangtheorie* und die *Zersprühungstheorie* die bekanntesten sind, wurden zur Erklärung dieser Vorgänge entwickelt. Eindeutigkeit konnte jedoch noch nicht erzielt werden. Grundsätzlich können alle *Theorien* zu zwei Gruppen zusammengefaßt werden: Die eine geht von Influenzerscheinungen, die andere von Grenzflächeneffekten aus.
Die Folge dieser elektrischen Aufladung, die Entladung durch den *Blitz,* ist dagegen geklärt: Blitze treten als Erdblitze zwischen Wolke und Erde oder als Wolkenblitze innerhalb einer Wolke, zwischen verschiedenen Wolken oder zwischen einer Wolke und dem Luftraum auf. Der *Erdblitz* nimmt mit der Ausbildung eines elektrisch leitenden Kanals zwischen Wolke und Erde seinen Anfang. Diese Kanalbildung erfolgt in einzelnen Blitzvorstößen von der Wolke her, zwischen denen Pausen von 30 bis 60 millionstel Sekunden Dauer liegen. Jeder folgende Impuls wirkt lichtstärker als der vorhergehende und verlängert den Kanal um 10 bis 50 m und mehr gegen die Erde hin. Mit Verzweigungen erreicht der Kanal nach insgesamt einigen tausendstel Sekunden den Erdboden, jetzt beginnt der Hauptstromfluß in Richtung von unten nach oben. Nach dem Ende des Blitzes wird der leitende Kanal häufig noch von weiteren Entladungen von unten nach oben benutzt, im Mittel von vier bis fünf Teilentladungen pro Blitz (sie erklären das Flackern des Blitzes). Die beobachteten Stromstärken zeigen Höchstwerte von im Mittel 20 000 A, doch sind auch einige hunderttausend Ampere möglich. Die Temperaturen in der Hauptentladung eines Erdblitzes wurden im Mittel zu 25 000 bis 30 000°C bestimmt. Der Blitzkanal ist in dieser Phase wenige Zentimeter weit. Die *Blitzenergie,* also die während der Hauptentladung in Wärme umge-

setzte elektrische Energie, wird auf einige hundert Kilowattstunden geschätzt. Der Blitz leuchtet durch die glühend erhitzte Luft im Blitzkanal. Die äußerst starke Erhitzung der Luft bewirkt ihre explosionsartige Ausdehnung; die Druckwelle pflanzt sich als Schall in den Raum fort – der *Donner* ist also eine Folge des Blitzes.

Gewitterhäufigkeit: Im allgemeinen nimmt die Zahl der G. von den Tropen nach höheren Breiten ab. Andererseits sind G. auch in bestimmten Zonen der Passatgürtel über den Ozeanen selten. In der Äquatorialzone ist im Mittel mit 100 bis 150 Gewittertagen pro Jahr zu rechnen, in mittleren Breiten mit 15 bis 50, in der Nähe der Polarkreise mit 1 bis 2.

Schema eines Gewitterstromkreises

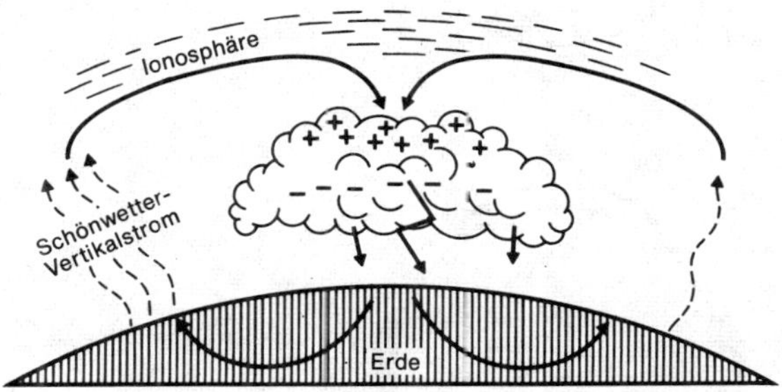

Mittels der Zeit, die zwischen Blitz und dazugehörendem Donner vergeht, kann man die Entfernung des Gewitters vom Beobachter ungefähr errechnen. Da der Schall in der Sekunde etwa 333 m zurücklegt, teilt man die Anzahl der vergangenen Sekunden durch drei und erhält so die Entfernung in Kilometern.
Blitze mit mehr oder weniger verzweigten Bahnen werden als *Linienblitze* bezeichnet. *Flächenblitze* sind wahrscheinlich meist als durch Wolken verdeckte Linienblitze anzusehen; echte Flächenentladungen werden noch angezweifelt. Der *Perlschnurblitz* ist möglicherweise daraus zu erklären, daß der Blitzkanal nach der Hauptentladung noch kurze Zeit nachleuchtet, an den einzelnen Knickpunkten der Blitzbahn länger als an anderen Stellen, wodurch der Eindruck einer Perlschnur entsteht. *Kugelblitze,* Blitze in Form einer leuchtenden Kugel, sind sehr selten zu beobachten und konnten photographisch bisher nicht nachgewiesen werden. *Wetterleuchten* ist der Widerschein von Gewittern in einer so großen Entfernung, daß der Donner nicht zu hören ist.

Über dem Festland sind G. viel häufiger als über den Ozeanen. Die G.häufigkeit nimmt zum Landinnern zu; sie erreicht gewöhnlich mit Annäherung an die Gebirge ihren Höchstwert. In Deutschland sind das Vorland der Alpen, das Oberrheinische Tiefland, das Vorland des Rheinischen Schiefergebirges, des Thüringer Waldes und der sächsischen Gebirge bevorzugte Entstehungsgebiete für Gewitter.
Geysir (Geisir, Geiser): Geysire sind heiße Quellen, die periodisch Wasser und Dampf springbrunnenartig ausstoßen. Sie werden durch Grundwasser, das sich in einem Becken sammelt, gespeist. Dieses Wasser wird durch vulkanische Wärme erhitzt. Wegen der Form der Quellröhre und der in ihr stehenden Wassersäule wird das gespeicherte Wasser überhitzt. Steigen endlich Dampfblasen auf, tritt Druckentlastung ein; durch die damit verbundene Siedepunkterniedrigung verdampft das gespeicherte Wasser und schleudert die über ihm stehende Wassersäule und anderes Wasser ruckartig heraus. Ein dauernder Zufluß von neuem Wasser

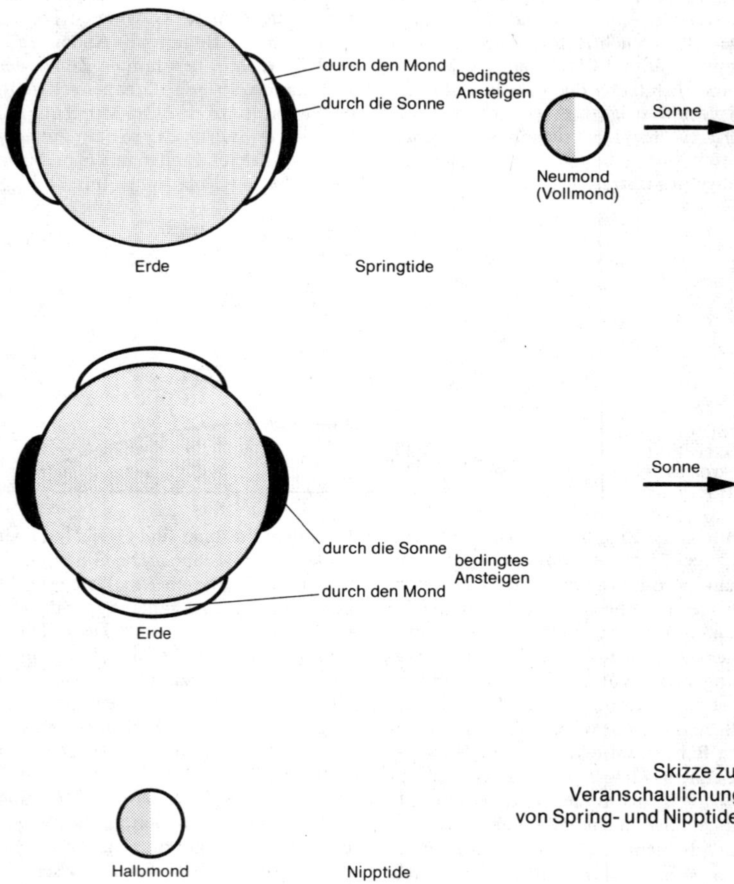

Skizze zur Veranschaulichung von Spring- und Nipptide.

bewirkt die ständige Wiederholung dieses Vorgangs – meist in regelmäßigen Abständen. Geysire, die z.T. bis zu 40 m hohe Fontänen ausstoßen, treten in jungvulkanischen Gebieten auf, so auf Island, auf der Nordinsel von Neuseeland, in Japan, auf der Halbinsel Kamtschatka und im Yellowstone National Park, USA. Die im Wasser gelösten Mineralstoffe lagern sich oft als Sinter um die Quelle ab.

Gezeiten (Tiden): Als G. bezeichnet man die periodischen Schwankungen des Meeresspiegels und des Luftdruckes. Sie entstehen durch die ständige Einwirkung der gezeitenerzeugenden Kräfte, d.h. durch periodische Störungen der Schwerkraft der Erde als Folge der Massenanziehungen zwischen Erde und Gestirnen. Hierbei sind vor allem die gezeitenerzeugenden Kräfte von Mond und Sonne bedeutungsvoll, während die der Planeten völlig zurücktreten (siehe Abbildung).

Die G. der festen Erde und der Atmosphäre haben untergeordnete Bedeutung. Besonders wichtig sind die G. des Meeres, da sie die Schiffahrt, den Wasserbau und das Leben der Küstenbewohner z.T. stark beeinflussen. Durch eine regelmäßige Gezeitenvorausberechnung und -vorhersage werden Häfen und Seeschiffen die zukünftigen Gezeitenstände übermittelt. Die G. des Meeres treten als senkrechte Wasserstandsschwankungen auf, die zu periodischen horizontalen Wasserverschiebungen (Gezeitenströmen) führen. Zur Messung der G. des Meeres dienen Pegel.

Das Steigen des Wassers heißt *Flut,* das Fallen *Ebbe.* Der höchste Wasserstand tritt zumeist kurz vor oder nach den Kulminationen des Mondes auf und wird *Hochwasser* (Thw) genannt, der tiefste heißt *Niedrigwasser* (Tnw). Das Mittel von Hoch- und Niedrigwasser nennt man *Mittelwasser* (Tmw), den Höhenunterschied zwischen Hoch- und Niedrigwasser bezeichnet man als *Tidenhub.* Steigen und Fallen von einem Niedrigwasser zum folgenden wird als *Tide* bezeichnet.

Wirken die Anziehungskräfte von Mond und Sonne in derselben Richtung, resultiert daraus eine *Springtide* mit besonders hohem Hochwasserstand (SpThw), wirken sie dagegen genau entgegengesetzt, ergibt sich eine *Nipptide* mit besonders niedrigem Hochwasserstand (NpThw).

An den Küsten des Weltmeeres herrscht zumeist die halbtägige Gezeitenform vor, wobei die Tide durchschnittlich 12 Stunden 25 Minuten dauert. Die G. verschieben sich von Tag zu Tag – entsprechend der Kulmination des Mondes – um etwa 50 Minuten.

Zur Ausbreitung des Hochwasserkammes in der Nordsee ↑Abbildung Seite 93.

Gezeitenkraftwerk: Das G. ist ein Wasserkraftwerk, das den Tidenhub der ↑Gezeiten zur Energieerzeugung ausnutzt. An Küsten mit besonders hohem Tidenhub wird bei Flut ein Becken gefüllt, bei Ebbe treibt das rückströmende Wasser die Turbinen an. Beim doppelt wirkenden G. wird auch das bei Flut einströmende Wasser zum Turbinenantrieb benutzt.

Im Mittelalter gab es bereits die sogen. Flutmühlen nach Entwürfen des Italieners Mariano (1438). Das erste G. der Erde wurde 1966 an der Mündung der Rance bei Saint-Malo an der Nordküste Frankreichs in Betrieb genommen (der Golf von Saint-Malo hat einen Tidenhub von 14 m). Der 750 m lange Damm dieses G.s enthält 24 Rohrturbinen zu je 10 MW, was etwa dem Vierfachen des Walchenseekraftwerkes entspricht. Weitere G.e sind in der Sowjetunion (bei Murmansk), in Großbritannien (am Severn), in Kanada (an der Bay of Fundy) und in Argentinien (am San-Matías-Golf) im Bau bzw. projektiert. Die jährliche Energieproduktion des G.es an der Rance beträgt etwa 800 Mill. kWh.

Die technische Auswertung des Tidenhubes ist aus mancherlei Gründen besonders schwierig. Die Tidenhübe weisen tägliche und daneben 14tägige Ungleichheiten, nämlich die Spring- und Nipptidenhübe auf, während der Flut treten erzwungene Betriebspausen auf, die sich zudem noch täglich mit den Hochwassereintrittszeiten verschieben, und weil eine allmähliche Verschlickung des Beckens erfolgt.

Gezeitenstrom: Der G. ist eine horizontale und periodisch im Gezeitenrhythmus auftretende Strömung im Meere, die durch die periodischen Wasserstandsschwankungen der ↑Gezeiten hervorgerufen wird. Da die Gezeiten des Meeres lange Wellen sind, wird vom G. die gesamte Wassersäule von der Meeresoberfläche bis zum -boden, auch im offenen Ozean, erfaßt. Der bei Flut laufende G. heißt Flutstrom, der bei Ebbe ablaufende Ebbstrom. Flut- und Ebbstrom bewegen sich in Landnähe küstenparallel, d.h. die Strömungsrichtung wechselt im Rhythmus der Gezeiten. Zwischen den beiden Strömen tritt kurze Zeit Stromlosigkeit ein; man

spricht vom *Stillwasser* und vom Kentern der Stromrichtung. Anders ist die Situation in offener See. Hier ist der G. nur selten alternierend, er ist vielmehr als „Drehstrom“ ausgebildet, d.h. er dreht entweder links oder rechts herum. Die Geschwindigkeit des G.s ist regional sehr unterschiedlich. Im offenen Ozean ist sie klein, etwa 10 cm/s, bei Querschnittsverengungen und in Küstennähe, d.h. auf dem Schelf und in Meeresstraßen, Ästuaren usw., treten erhebliche Steigerungen auf. So werden in der südlichen Nordsee und in der Deutschen Bucht häufig mehr als 1 m/s erreicht, in besonders engen Buchten, wie im Pentland Firth und bei den Lofotinseln, sogar 4,5 m/s Geschwindigkeit.
Der G. kann für Schiffe gefährlich werden, wenn bei Sturm die Oberflächenwellen gegen den G. anlaufen. Dann entstehen kurze, brechende Seen, wie z.B. der als Malstrom bekannte Moskenstraum zwischen zwei Lofotinseln. Zur Vorausbestimmung des G.s stehen dem Seefahrer G.atlanten und Angaben in den Seehandbüchern als Hilfsmittel zur Verfügung. Ein starker G. kann den Meeresboden erodieren, er hält die Priele in den Wattgebieten, die Seegatten zwischen den Friesischen Inseln und das Fahrwasser in den Tideflüssen offen. Er fördert die Ausbildung von Mündungstrichtern und verhindert Barrenbildungen in Flußmündungen. Durch einen starken G. können Sandbänke verlagert werden, wodurch der Verlauf von Abflußrinnen gestört wird.
Der G. kann auch zur Ausbildung und Wanderung von Sandrippeln am Meeresboden führen, die bis zu 16 m Höhe erreichen können. Die Sicherheit der Schiffahrt erfordert daher eine regelmäßige Kontrolle, d.h. Vermessung, der Tiefenlage des Meeresbodens, besonders in den Fahrwasserbereichen. Die im G. auftretenden gewaltigen Energien werden mancherorts durch ↑Gezeitenkraftwerke wirtschaftlich genutzt.
Ghetto: Unter einem Gh. versteht man ein Stadtviertel, das durch erzwungene oder freiwillige Absonderung [nur] von Angehörigen bestimmter Bevölkerungsgruppen bewohnt ist. Entstanden sind diese Viertel häufig im Zuge ethnischer oder sozialökonomischer Absonderung oder als Folge sozialen Auf- oder Abstiegs.
Ghost town [englisch 'goʊsttaʊn] (Geisterstadt): Als Ghost towns werden ehemalige Bergbaustädte und Goldsuchercamps bezeichnet, die, da häufig am Rand der Ökumene angelegt, nach Erschöpfung der Bodenschätze oder bei wirtschaftlichen Krisen verlassen worden sind und heute verfallen und unbewohnt Reste einer vergangenen Epoche darstellen.
Gipshut: Ein G. ist der oberste Teil eines ausgelaugten ↑Salzstocks.
Glazial: Fachwort für ↑Eiszeit
glazial: Alle diejenigen Bildungen, Formen und Ablagerungen nennt man g., die während einer Eiszeit (Glazialzeit) entstanden sind. Das Wort g. ist also als Zeit- und Klimabegriff aufzufassen im Gegensatz zu glaziär und glazigen.
Glazialerosion: Unter G. versteht man die ausschürfende Tätigkeit der Gletscher und des Eises. Bei G. wird das anstehende Gestein durch mitgeführte Geschiebe abgeschliffen, es kommt zu Gletscherschliff, Gletscherschrammen, und Kritzen; die vom Eis überwanderten Berge werden abgerundet, es entstehen Rundhöcker; Becken, Mulden und Täler werden erweitert bzw. übertieft (glaziale Übertiefung), es entstehen Trogtäler und Zungenbecken; Schwellen werden stärker herausmodelliert. Typische Ergebnisse von G. sind u.a. ↑Trogtal und ↑Kar.
glaziales Abflußregime: Hierbei handelt es sich um ein ↑Abflußregime eines Flusses, das ausschließlich von den Schmelzwässern der Gletscher bestimmt wird. Das Hochwasser dieser Flüsse liegt also im Sommer, auf der Nordhalbkugel im Juli und August, auf der Südhalbkugel im Januar und Februar.
glaziale Serie: Als g.S. faßt man die vom Inlandeis oder von Gletschern nach ih-

rem Abschmelzen hinterlassenen, stets in notwendig gleicher Abfolge aufeinanderfolgenden Landschaftsformen zusammen. Diese sind vom ehemaligen Eiszentrum her betrachtet im Norden Mitteleuropas flachwellige oder kuppige Grundmoränen, hügeligen Endmoränen, Sanderebenen und Urstromtal; im Alpenrandgebiet sind es Zungenbecken, Endmoränen und Schotterfelder.

Glazialeustasie: Als G. bezeichnet man die durch Veränderung des Wasser-Eis-Haushalts der Erde eingetretenen Schwankungen des Meeresspiegels (↑eustatische Meeresspiegelschwankungen).

Glazialisostasie: Die G. stellt einen Sonderfall der Isostasie dar; man versteht darunter durch Eisbelastung verursachte, lokal begrenzte Senkungen der Erdkruste sowie deren Heraushebung nach dem Abschmelzen der Eislast; wegen der Überlagerung mit glazialeustatischen Vorgängen (↑eustatische Meeresspiegelschwankungen) ist die Bestimmung der einzelnen Komponenten bei Küstenverschiebungen oft schwierig.

Glazialseen: G. sind infolge der Vergletscherung entstandene Seen, und zwar wurden sie entweder durch das Eis oder die Moränen aufgestaut *(Gletscherseen)* oder sie erfüllen von Gletschern ausgeschürfte Hohlformen im Gebirge *(Karseen)* oder im Vorland (v.a. die *Zungenbeckenseen)* oder sie entstanden im Zuge der Grundmoräne *(Sölle,* Seen in subglazialen Schmelzwasserrinnen u.a.).

glaziär: G. nennt man alle in Gletschernähe oder im Umkreis eines Gletschers bzw. des Inlandeises entstandenen Bildungen, z.B. Schmelzwasserablagerungen und der während der Kaltzeit ausgewehte Löß Mitteleuropas. Es handelt sich also um einen raumbezogenen Begriff, der den Entstehungsraum meint; g. ist damit von den Begriffen glazigen und glazial zu unterscheiden.

glazifluvial (glazifluviatil): svw. ↑fluvioglazial.

glazigen: G. sind alle unmittelbar durch die Wirkung des Eises entstandenen Ablagerungen und Abtragungen, wie z.B. Moränen, Drumlins, Oser, Trogtäler. G. ist also ein auf die Entstehungsursache bezogener Begriff; er ist daher von den Begriffen glazial und glaziär zu unterscheiden.

Glei (Gley): Der G. ist ein infolge Grundwassereinfluß vernäßter, überwiegend mineralischer Bodentyp in Senken und Talungen mit einem mittleren Grundwasserhorizont in etwa 80 cm Tiefe; der A-Horizont des Bodenprofils geht aufgrund der Oxydation in einen rostfleckig-grauen, zeitweise trocken fallenden G_o-Horizont über, darunter liegt der ständig vernäßte, graue G_r-Horizont (hier Reduktion); G.böden tragen meist Wiesen, bei Dränage ist auch Ackerbau möglich.

gleiten: in der Gewässerkunde Bezeichnung für eine ↑Fließgeschwindigkeit.

Gleithang: G. nennt man das sanftgeneigte, an der Innenseite einer Flußkrümmung liegende Ufer. Wegen geringer Fließgeschwindigkeit (der Stromstrich befindet sich am Gegenufer, dem Prallhang) ist er das Ablagerungsgebiet für das vom Fluß mitgeführte Sand- und Geröllmaterial. Der G. wird im flachen Gelände als *Gleitufer* bezeichnet.

Gletscher (in Salzburg, Kärnten und Osttirol Kees, im übrigen Tirol Ferner): G. sind Eismassen der Landoberfläche, die sich als Ströme, der Schwerkraft folgend, bewegen und bei größerer Ausdehnung und Mächtigkeit weite Teile des Festlandes unabhängig vom darunterliegenden Relief begraben können. G. entstehen oberhalb der Schneegrenze, wo in ausgedehnten Flächen Firneis zu ↑Gletschereis wird. Fließt das G.eis aus diesem *Nährgebiet* über die Schneegrenze, die auf dem G. Firnlinie genannt wird, abwärts, bildet es die sogen. *Gletscherzunge,* auf der die ↑Ablation größer ist als der Niederschlag (meist Schneefall), weshalb dieser Teil als *Zehrgebiet* bezeichnet wird. Während das G.eis in seinen unteren Bereichen mit Geschwindigkeiten von wenigen Metern bis zu 6 km pro Jahr (an der W-

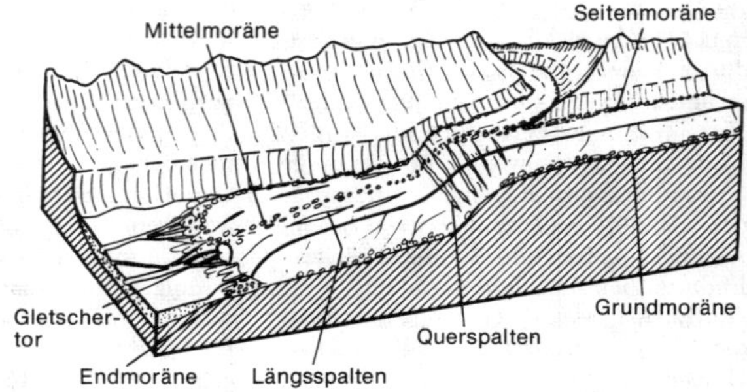

Längsschnitt-Blockbild eines Gletschers

Küste Grönlands) plastisch fließt, entstehen auf der Oberfläche *Gletscherspalten* in Form von Querspalten, die über Stufen im Untergrund aufreißen und zu ganzen *Gletscherbrüchen* werden können; in ihnen erscheint die G.oberfläche in Eisblöcke und Eistürme aufgelöst. Außerdem entstehen Randspalten entlang der durch Wärmerückstrahlung vom Fels gebildeten Randkluft und Radialspalten am Zungenende. Die Abschmelzvorgänge, die hauptsächlich durch die Sonneneinstrahlung und den Regen bewirkt werden, sind die Ursache der teils auf der G.oberfläche, teils in *Eistunneln* am G.grund fließenden *Gletscherbäche,* die am Zungenende aus dem *Gletschertor* austreten. Da die G. auch an der Unterfläche abtauen, nämlich infolge durch Druck und Reibung erzeugter Wärme sowie der Erdtemperatur, fließen G.bäche auch im Winter. Fließt aus dem Nährgebiet mehr Eis nach, als durch Ablation verlorengeht, erfolgt ein Vorstoß des G.s, ist dagegen die Ablation stärker, erfolgt ein Rückzug des G.s; der Wechsel zwischen beiden wird *Gletscherschwankung* genannt.

Die G. werden unterteilt in *Talgletscher,* bei denen das Zehrgebiet und auch ein Großteil des Nährgebietes in einem Tal liegen, *firnfeldlose Talgletscher,* die ihren Schnee- und Eisnachschub aus Lawinen und Eisauflagerungen an einem Hang erhalten, *Kargletscher,* die fast kein Zehrgebiet haben, und *Eisstromnetze,* die ein ganzes Talsystem durchfließen und niedrige Wasserscheiden überwinden. Neben diesen G.n, die alle nur in einer Richtung abfließen und als *Gebirgsgletscher* zusammengefaßt werden, gibt es große G.flächen, die nach vielen Seiten abfließen; sie werden untergliedert in die hochgelegenen *Plateaugletscher,* relativ kleine *Eiskappen* und das sehr große Flächen bedeckende *Inlandeis. Vorlandgletscher bilden sich durch* Zusammenfluß mehrerer Gebirgsgletscher. Die abtragende Tätigkeit der G. wird als ↑Glazialerosion bezeichnet. Das von den G.n transportierte und später abgelagerte Material sind im wesentlichen die ↑Moränen; die Ablagerungen der Schmelzwässer sind u.a. Sander und Schotterfelder.

Das gesamte von G.n. eingenommene Gebiet der Erde wird auf etwa 15 Mill. km^2 geschätzt, davon entfallen 84,5 % auf die Antarktis und die subantarktischen Inseln und 14% auf den arktischen und subarktischen Bereich, besonders auf Grönland.

Gletschereis: Das grünblaue Eis der Gletscher ist durch teilweises Schmelzen und anschließendes Wiedergefrieren des ↑Firns und des Firneises sowie durch den Druck der Schnee-(und Eis-)massen entstanden. Die Entwicklung des G.es erfolgt also vom Schnee über Firn und Firneis zu G., dessen Eiskörner einheitliche Kristalle sind, deren unregelmäßige Oberflächen gelenkartig ineinandergreifen. Im G. wechseln meist deutlich erkennbar weiche, weiße und blaue, harte Schichten miteinander ab; diese sind durch meteorologische Einflüsse und durch Ablagerung von Staub im Nährgebiet bedingt. Außerdem bewirkt die Eisdynamik eine diese Schichten kreuzende Blätterung.

Gletschermilch: G. ist der volkstümliche Ausdruck für das milchig-trübe Wasser eines Gletscherbaches; die Färbung rührt von dem mitgeführten sehr feinen Schuttmaterial, der sogen. *Gletschertrübe,* her.

Gletschermühle: Mit G. werden zwei verschiedene Erscheinungen benannt.

◊ In Gletscherspalten herabstürzendes Wasser schafft im Gletschereis eine spiralwandige Röhre, die G., auf deren Grund, also im anstehenden Fels, oft durch in Drehbewegung versetzte Gesteinsblöcke Strudellöcher entstehen. Diese z.T. tiefen Löcher nennt man *Gletschertöpfe.*

◊ Sehr häufig werden aber auch diese Gletschertöpfe als G. bezeichnet, besonders wenn in ihnen noch der runde Stein, der Mahlstein, der den Gletschertopf geschaffen hat, vorhanden ist.

G.n sind bei Inzell, bei Überlingen am Bodensee und im Gletschergarten von Luzern zu sehen.

Gletscherschliff: Als G. bezeichnet man eine vom Gletscher glattgeschliffene Fläche. Auf ihr können durch mitgeführte Geschiebe eingeritzte Schrammen, sogen. *Gletscherschrammen,* die Bewegungsrichtung des Eises anzeigen.

Gletscherschrammen: ↑Gletscherschliff

Gletschersee: Ein G. ist ein durch Moränen oder den Gletscher selbst, also durch das Gletschereis, aufgestauter See. Ein bekanntes Beispiel ist der Märjelensee am Großen Aletschgletscher.

Gletschertisch: G. nennt man eine von einem breiten Gesteinsblock gekrönte Eispyramide an der Oberfläche eines Gletschers. Der Steinblock schützt das unter ihm liegende Eis vor der Ablation, so daß nach geraumer Zeit diese geschützte Eissäule die ungeschützte Umgebung überragt.

Gletschertopf: ↑Gletschermühle

Gletschertor: G. wird die Austrittsstelle eines subglazialen Gletscherbaches aus dem ↑Gletscher genannt.

Gley: ein Bodentyp, ↑Glei.

Globigerinenschlamm: Der G. ist ein Meeressediment; er besteht aus den abgesunkenen Kalkschalen absterbender Globigerinen, einer Foraminiferengattung (einzellige Wurzelfüßer). Der G. bedeckt mit über 100 Mill. km² etwa 35% des Meeresbodens und rund die Hälfte des Tiefseebodens; er ist besonders im Osten des Atlantischen, im Westen des Indischen und im Süden des Pazifischen Ozeans verbreitet.

Globus: Ein G. ist das maßstabsgerecht verkleinerte Kugelmodell der Erde, auch anderer Himmelskörper (z.B. des Mondes, des Mars) oder der die Sterne zeigenden Himmelskugel. Der G. ist die einzige Darstellung der Erde, bei der sowohl Winkeltreue (wichtig für die Navigation), Flächentreue (wirkliche Größenverhältnisse der Staaten werden vergleichbar) und auch Längentreue (Strecken haben maßstabsgetreue Länge) gegeben ist. Bei den Erdgloben unterscheidet man physische und politische Globen, bei ersteren ist ein Gelände- und/oder Höhenschichtenkolorit bei letzteren ein farbiges Staatenkolorit aufgetragen, kombinierte physisch-politische Globen (meist in Form von Leuchtgloben, d.h. im erleuchteten G. erscheint das Relief, im unerleuchteten Zustand ist das Staatenkolorit erkennbar), geologische, meteorologische und tektonische Globen. Sonderformen sind Reliefgloben (mit dreidimensionaler Oberfläche) sowie Blinden- oder Tastgloben. Für mathematisch-physikalische Lehrzwecke gibt es ferner sogen. Induktionsgloben, die lediglich das Gradnetz zeigen.

Die G.kugel selbst wird heute überwiegend aus bedruckbarem Kunststoff hergestellt (früher aus den verschiedensten Metallen, aus Glas, Holz, Wachs, Papiermaché u.a.). Sie ist meist in einem halbkreisförmigen, mit einer Gradein-

teilung versehenen Gestell um die Achse drehbar montiert, wobei die Achse bei Erd- und Himmelsgloben gegenüber der horizontalen Standebene um den gleichen Winkel geneigt ist wie die Erdachse gegenüber der Erdbahnebene. Seit 1935 werden auch in einem ringförmigen Erdmessergestell allseitig bewegliche Rollgloben hergestellt, v.a. für Unterrichtszwecke.
Der älteste erhaltene Erdglobus stammt von M. Behaim (1492; heute im Germanischen Nationalmuseum in Nürnberg).
Glockenberg (Domberg, Helmberg, Zuckerhutberg): Der G. ist eine steilwandig-konvexe Bergform mit annähernd runder Grundfläche, die in den wechselfeuchten und immerfeuchten Tropen sowie einigen Monsungebieten häufig auftritt. G.e entstehen in Massengesteinen durch allseitige Abschuppung von Gesteinsplatten, die sogen. ↑Desquamation. Der bekannteste G. ist der Zuckerhut von Rio de Janeiro.
GMT: Abkürzung für Greenwich Mean Time, ↑Zeitzonen.
Gneis: G. nennt man eine Gruppe metamorpher Gesteine von hohem Umwandlungsgrad mit plattiger Absonderung; Hauptgemengteile sind Quarz, Feldspat und Glimmer; *Orthogneis* ist aus magmatischen Gesteinen, *Paragneis* aus Sedimentgesteinen hervorgegangen; *Mischgneis* wurde durch teilweise Aufschmelzung von Paragneis gebildet, ist also ein Migmatit.
Golfstrom: Der G. ist eine der wichtigsten ↑Meeresströmungen; er bildet einen Teil des Strömungssystems im Nordatlantik, das die mittleren nördlichen Breiten einnimmt und eine antizyklonal verlaufende Oberflächenzirkulation aufweist. Der G. ist der Abfluß des im Süden, also in der Passatwindzone, erzeugten Nordäquatorialstromes, der im Golf von Mexiko seine Richtung ändert, zwischen Floridastraße und Neufundlandbank den Namen G. trägt und im Norden in den Nordatlantischen Strom übergeht; dessen südöstlicher Zweig bildet den Portugal- und den Kanarenstrom, während der nordöstliche Strom bis nach Spitzbergen reicht.
Der G. ist gekennzeichnet durch besonders hohe Oberflächengeschwindigkeiten von 2 bis 2,5 m/s, große Mächtigkeiten von mehr als 1000 m, was zu einem riesigen Wassertransport führt, der rund 55 Mill. m^3/s beträgt (das 65fache des Zuflusses aller Festlandströme in das Meer). Im Vergleich zu seiner gewaltigen Länge besitzt er nur eine geringe Breite von rund 50 km. Seine Wassertemperaturen und sein Salzgehalt sind hoch im Vergleich zur Umgebung, was auf seiner linken Flanke durch einen sprunghaften Übergang besonders deutlich zum Ausdruck kommt. Von besonderer Bedeutung sind die günstigen klimatischen Auswirkungen des G.s auf West- und Nordeuropa. So übersteigt in Nordnorwegen, im Gebiet der Lofotinseln, die Januartemperatur den auf diesem Breitenkreises zu erwartenden Mittelwert um 28 Celsiusgrade. Infolge der vorherrschenden Westwinde reicht der günstige Einfluß des G.s im Winter bis über den Ural hinaus. Aus diesem Grunde bezeichnet man ihn auch als die „Warmwasserheizung Europas".
Gotlandium: ältere Bezeichnung für Silur, eine Formation des Paläozoikums, ↑Geologie, Formationstabelle.
Graben (Grabenbruch): G. nennt man die relative Einsenkung eines Erdkrustenstreifens zwischen stehengebliebenen oder gehobenen Schollen; die Einsenkung erfolgte längs mehr oder weniger parallelen Verwerfungen. Die davon betroffene Stelle der Erdoberfläche ist auch morphologisch oft als Senke ausgebildet. Durch entgegensetzte Bewegungen entsteht ein Horst.
Grabendorf: Das G. ist eine Sonderform des ↑Zeilendorfes.
Grabstock: Der G. ist ein einseitig zugespitzter Stock aus Holz oder Bambus, der beim Anbau von Kulturpflanzen zum Auflockern oder Umbrechen des Bodens dient; er ist durchschnittlich 1–2 m lang. Vorform des G.s ist der Wühlstock der Sammler; Sonderformen sind

der Trittgrabstock, der G. mit durchlochtem Beschwerstein und der Pflanzstock. Weiterentwicklungen des G.s. sind der Spaten und der Furchenstock. In den meisten Gebieten in denen die Hacke auftritt, hat diese den G. verdrängt.

Grabstockbau (Pflanzstockbau): Der G. ist eine alte, auch heute noch angewandte Anbautechnik, bei der der Boden mit einem ↑Grabstock aufgelockert und das Saatgut mit einem ↑Pflanzstock in den Boden eingebracht wird. G. wird heute v.a. von Naturvölkern in den Tropen ausgeübt und ist meist mit Brandrodung verbunden. Angebaut werden hauptsächlich Knollenfrüchte (Jams, Bataten, Maniok, Taro, Pfeilwurz u.a.) und Getreide (Mais, Reis).

Gracht: Ein Kanal innerhalb einer Stadt wird in den Niederlanden G. genannt; das entsprechende niederdeutsche Wort ist *Fleet.*

Gradient: Unter dem Gradient verstehen wir in der Meteorologie das Druckgefälle auf einer bestimmten Strecke innerhalb unterschiedlich temperierter Luftmassen. Je näher die Isobaren, die Linien gleichen Druckes, zusammenrücken, um so größer wird auch der G. und damit die G.kraft. Auf die daraus resultierenden Luftbewegungen in der freien Atmosphäre, die sogenannten *Gradientwinde,* wirken die ablenkenden Kräfte der Erdrotation (↑Corioliskraft) und die Zentrifugalkraft innerhalb der gekrümmt verlaufenden Isobaren. In Erdbodennähe erfahren dagegen Richtung und Stärke der Winde unter dem Einfluß der Bodenreibung beträchtliche Abweichungen.

Gradnetz: Das G. ist das aus den Meridianen (halben Längenkreisen) und den Breitenkreisen gebildete Netz, das zur genauen Lagebestimmung aller Punkte auf der Erde rechnerisch um diese gelegt wurde (geographisches G.) und auf Globen und Karten eingezeichnet wird. G.e können auch um andere Himmelskörper (Mond, Mars) gelegt werden, um diese zu unterteilen. Die sich von Pol zu Pol erstreckenden Meridiane des geographischen G.es sind Hälften von ↑Großkreisen, die sich in beiden Polen schneiden. Als Nullmeridian wurde der Meridian von Greenwich festgelegt. Von ihm aus werden die geographischen Längen bis 180° nach Osten (ö.L.) bzw. nach Westen (w.L.) gezählt. Von den Breitenkreisen ist nur der Äquator ein Großkreis, während alle anderen Breitenkreise polwärts immer kleiner werden Die geographischen Breiten zählt man vom Äquator aus bis 90° nach Norden (n.Br.) bzw. nach Süden (s.Br.). Von Meridianen und Breitenkreisen begrenzte Gebiete der Erdoberfläche bezeichnet man als *Gradabteilungen.*

Granit: G. ist das mengenmäßig häufigste Tiefengestein; es besteht aus Quarz, Kalifeldspat und Plagioklas sowie Glimmer und dunklen Gemengteilen (Augit, Hornblende u.a). Seine Farbe bestimmt meist der Feldspat, sie ist rötlich, bräunlich, grünlich bis weißlichgrau. G. kommt in Form von mächtigen Massiven, von sogen. Stöcken u.a. Intrusionskörpern sowie in Gängen vor. Absonderungen erfolgten in Form oberflächenparalleler Bankungen.

Granodiorit: G. ist ein hellgraues, meist grobkörniges, kieselsäurereiches Tiefengestein, das im wesentlichen aus den Mineralen Plagioklas (etwa 40 %), Quarz, Kalifeldspat und Biotit (je etwa 20 %) besteht.

Graupeln: Die G. sind eine feste Form des atmosphärischen Niederschlags. Sie entstehen dadurch, daß in einer Wolke unterkühlte Wassertröpfchen an Schneekristallen anfrieren; das Schneekristall vergraupelt. Geschieht dies bei tiefer Temperatur und geringem Aufwind innerhalb der Wolke, so entstehen *Reifgraupeln:* weiße, poröse und leicht zusammendrückbare Kügelchen. Geschieht die Vergraupelung dagegen bei geringer Unterkühlung und/oder heftigem Aufwind in der Wolke, so verteilt sich das Wasser zunächst über das Schneekristall (und später über den

Großräumliche Gliederung der Erde nach den Ernährungsgrundlagen

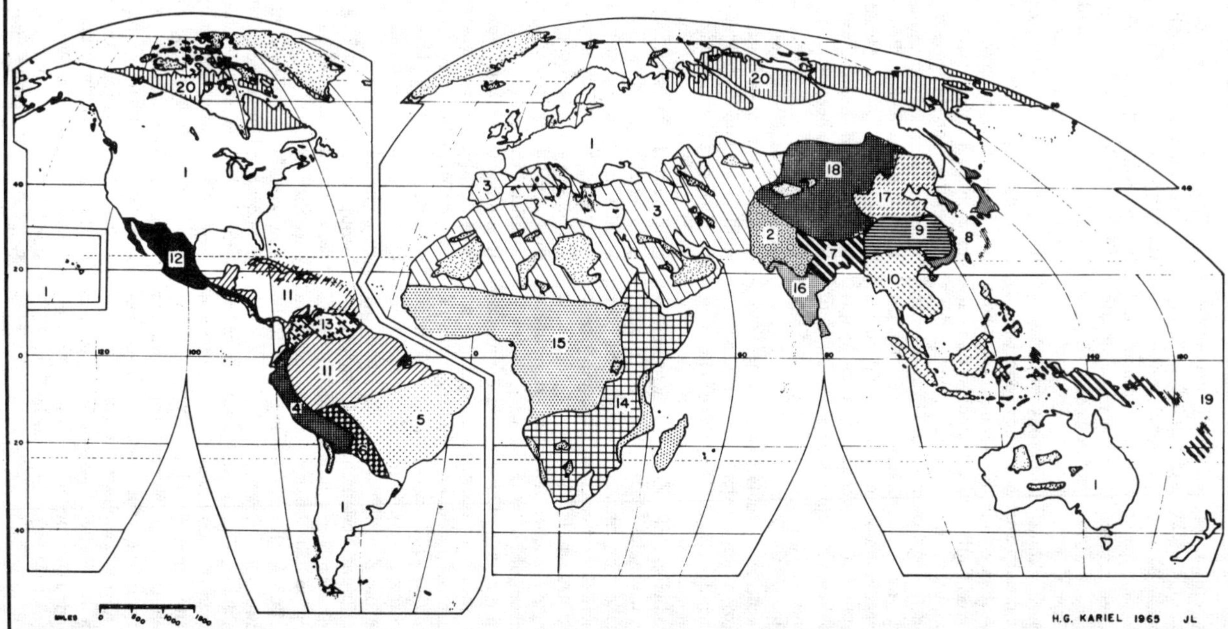

wachsenden Graupel) und gefriert zu einer Schicht um den Kern herum. Es entstehen *Frostgraupeln,* die große Durchmesser erreichen können und dann ↑ Hagel genannt werden.

Gravitation (Massenanziehung): G. ist die Kraft, die zwei oder mehrere Körper allein auf Grund ihrer (schweren) Masse aufeinander ausüben. Die Gravitation der Erde bezeichnet man auch als *Schwerkraft.* Sie ist die Ursache für die Gewichtskraft eines Körpers.
Für den Betrag der Kraft *F,* mit der sich zwei Körper gegenseitig anziehen, gilt das *Newtonsche Gravitationsgesetz:*

$$F = \gamma \cdot \frac{m_1 \cdot m_2}{r^2}$$

Hierbei sind m_1 und m_2 die Massen der beiden Körper, r der Abstand der Massenmittelpunkte beider Körper und γ die Gravitationskonstante.
Der Wert der *Gravitationskonstante ist:*

$$\gamma = 6{,}670 \cdot 10^{-11} \frac{\mathrm{m}^3}{\mathrm{kg} \cdot \mathrm{g}^2} =$$

$$= 6{,}670 \cdot 10^{-11} \frac{\mathrm{N} \cdot \mathrm{m}^2}{\mathrm{kg}^2}$$

Als *Gravitationsfeld* bezeichnet man den Raum in der Umgebung eines Körpers, in dem er auf andere Körper eine Anziehungskraft ausübt.

Greenwich Mean Time (Abkürzung GMT): eine Zonenzeit, ↑ Zeitzonen.

Griesel: G. sind weiße, schneeähnliche Körnchen von weniger als 1 mm Durchmesser; sie werden als Vorstufe der Reifgraupeln (↑Graupeln) angesehen.

Die Grundnahrungsmittel der verschiedenen Großregionen der Erde

	Hauptkalorienträger:	wichtige Eiweißträger:
1	Weizen, Kartoffel, Zucker, Fleisch, Fette und Öle	Rind-, Schweine-, Hammelfleisch, Milchprodukte
2	Weizen, Hirsen, Gerste, Reis	Trockenbohnen, Trockenerbsen, Kichererbsen, Linsen
3	Weizen, Mais, Gerste, Reis, Fette und Öle	Rind-, Schweine-, Hammelfleisch, Trockenbohnen, Kichererbsen
4	Weizen, Mais, Gerste, Kartoffel	Trockenbohnen
5	Weizen, Mais, Reis, Zucker	Rindfleisch, Trockenbohnen
6	Weizen, Mais, Maniok	Rindfleisch, Trockenbohnen
7	Reis	Trockenbohnen, Trockenerbsen
8	Reis, Weizen	Fisch, Sojabohnen
9	Reis, Mais, Süßkartoffel	Schweinefleisch, Fisch, Sojabohnen, Erdnüsse
10	Reis, Mais, Süßkartoffel, Kokosnüsse, Maniok	Fisch, Sojabohnen, Erdnüsse, Trockenbohnen
11	Reis, Mais, Bananen, Jams, Maniok, Zucker	Trockenbohnen, Trockenerbsen
12	Mais	Trockenbohnen
13	Mais, Weizen, Kartoffel	Rindfleisch, Trockenbohnen
14	Mais, Hirsen	Trockenbohnen, Trockenerbsen, Kichererbsen, Linsen
15	Hirsen, Mais, Reis, Jams, Taro, Süßkartoffel, Maniok, Bananen	Trockenbohnen, Trockenerbsen, Erdnüsse
16	Hirsen, Reis, Maniok, Kokosnüsse	Fisch, Trockenbohnen, Linsen, Erdnüsse
17	Hirsen, Weizen, Mais, Kartoffel	Schweine-, Hammelfleisch, Sojabohnen, Erdnüsse
18	Gerste	Milchprodukte, Hammel-, Ziegenfleisch
19	Maniok, Jams, Taro, Bananen, Kokosnüsse	Fisch, Schweinefleisch
20	Tierische Fette, Weizen	Fisch, lokal Wild

Bei dem Maßstab der vorgelegten Karte ist natürlich nur eine grobe Übersicht möglich, der viele Detailangaben fehlen. Das macht sich vor allem für die noch weniger intensiv untersuchten Tropen bemerkbar.

Großgrundbesitz: Dieser Begriff der Landwirtschaft besagt, daß der landwirtschaftlich nutzbare Boden unter wenigen Eigentümern aufgeteilt ist. Weitverbreitet ist diese Besitzform z.B. im Mittelmeerraum, wo das Land häufig nur extensiv genutzt werden kann und somit zu einer wirtschaftlichen Nutzung große Flächen notwendig sind. Diese Besitzform wurde häufig in die Kolonien übertragen, daher ist sie heute auch in Lateinamerika stark verbreitet.

Großkreis (Hauptkreis): Als G. wird die Schnittlinie der Oberfläche einer Kugel mit einer durch den Kugelmittelpunkt gelegten Ebene bezeichnet Vom Gradnetz der Erde stellen der Äquator und die Längenkreise G.e. dar, nicht aber die Breitenkreise. Der Kreisbogen eines G.es zwischen zwei Punkten der Kugeloberfläche ist die kürzeste Verbindung dieser zwei Punkte auf der Kugel; er ist die sogen. *Orthodrome.* Im Weitstrekkenverkehr der Luftfahrt und Schiffahrt werden daher die Routen nach Möglichkeit auf G.en geführt.

Großmacht: Als G. bezeichnet man einen Staat, der aufgrund seines politischen, militärischen oder wirtschaftlichen Potentials (oder auch seines Prestiges) einen erheblichen Einfluß auf andere Staaten oder auf das Gesamtverhalten der Staatengesellschaft ausüben kann.

Großstadt: In der Gemeindestatistik der Bundesrepublik Deutschland ist eine G. eine Stadt mit über 100 000 Einwohnern. Merkmale der G. im Rahmen der Stadttypisierung sind ein deutlich abgegrenztes Geschäfts- und Verwaltungszentrum (City) und Nebenzentren in den Außenbezirken, die oft durch Eingemeindung entstanden sind. Auch muß ein überregionaler Einzugsbereich vorhanden sein. Die G. ist ein Oberzentrum im System der Zentralen Orte.

Großvieheinheit (Abkürzung GV, auch GVE): Die G. ist eine Wertzahl, die es ermöglicht, landwirtschaftliche Betriebe mit unterschiedlicher Viehhaltunng in bezug auf Arbeitsaufwand und Ertrag miteinander zu vergleichen, Die Einheit 1 GV entspricht 500 kg Lebendgewicht zuzüglich dem gesamten Futterverbrauch innerhalb eines Jahres. Grob lassen sich daraus folgende Vergleichswerte ermitteln:

1 GV	=	1 Kuh (von 500 kg)
	=	3 Zuchtschweine
	=	5 Schweine (von 75 kg)
	=	10 Schafe
	=	250 Stück Geflügel

Großwetterlage: Unter G. verstehen wir bestimmte atmosphärische Zustände über einem Großraum (etwa Europa und angrenzender Nordatlantik), die sich während eines mehrtägigen Zeitraumes nicht wesentlich verändern. Ein wesentliches Kriterium hierbei ist die mittlere Luftdruckverteilung, gemessen am Boden. Das Wetter selbst kann während einer G. wechseln, der Charakter der Witterung bleibt erhalten. Die regionale Ausbildung und typische Aufeinanderfolge der G.n gestalten wesentlich das Klima eines Gebietes. Die Einteilung der G.n erfolgt nach der Strömungssituation (zyklonal oder antizyklonal) sowie nach der Lage der Aktionszentren (für Mitteleuropa ↑Azorenhoch und ↑Islandtief) in der Atmosphäre und der Frontalzonen. Für Europa lassen sich 28 verschiedene G.n unterscheiden; für Mitteleuropa können diese in acht Großwettertypen zusammengefaßt werden. Die G. ist für die Voraussage der Entwicklung des Wetters und der Witterung für einen längeren Zeitraum von großer Bedeutung.

Grunddaseinsfunktionen: ↑Daseinsgrundfunktionen

Grundgebirge: Als G. bezeichnet man die älteren, meist aus metamorphen oder Tiefengesteinen bestehenden Gesteinskomplexe, denen die jungen Gesteinsschichten als sogen. Deckgebirge meist diskordant auflagern.

Grundnahrungsmittel: Eine Übersicht über die Verbreitung der wichtigsten G. gibt die Karte auf Seite 134.

Grundwasser: G. ist durch Versickerung der Niederschläge oder aus Seen und

Flüssen in den Erdboden eingedrungenes Wasser (zuzüglich kleinem Anteil von ↑juvenilem Wasser); es füllt die Hohlräume der lockeren Erde und des porösen und klüftigen Gesteins, also Klüfte, Spalten, Haarrisse, Poren, Zwischenräume in Lockergesteinen (z.B. Sand und Kies) oberhalb einer wasserundurchlässigen Schicht, dem sogen. *Grundwasserstauer,* zusammenhängend aus. Unterirdische Teilstücke von sonst oberirdisch fließenden Flüssen, also v.a. Karstflüsse, werden nicht zum G. gerechnet.

Lagern mehrfach durchlässige und undurchlässige Schichten übereinander, können sich mehrere *Grundwasserstockwerke* ausbilden, die von oben nach unten gezählt werden.

Als *Grundwasserspiegel* wird die obere Grenzfläche des G.s bezeichnet; es ist also die Grenze zwischen lufthaltigem und wassergesättigtem Erdboden. Der G.spiegel liegt bei stehendem G. waagrecht, bei fließendem G. ist er in Fließrichtung geneigt. Je nach Beschaffenheit des *Grundwasserträgers* (auch *Grundwasserleiter)* fließt das G. mit unterschiedlicher Geschwindigkeit; diese beträgt im feinen Dünensand nur 4–5 m pro Jahr, in groben Sanden aber 1–3 m pro Tag, in Kiesen 3–10 m und in Schottern bis zu 15 m pro Tag. Bei größeren Mengen von fließendem G. spricht man sogar vom *Grundwasserstrom.* Das G. tritt am oberen Rand der stauenden Schichten in Quellen wieder zutage, und zwar dort, wo diese Schichten die Erdoberfläche erreichen (mit dem Fachwort: ausstreichen). Eine besondere Art ist das unter Druck stehende, sogen. *gespannte Grundwasser,* das in ↑artesischen Brunnen zutage tritt.

Das G. ist für den Wasserbedarf der Pflanzen wichtig, heute aber auch in zunehmendem Maße für die Trinkwasserversorgung. In diesem Zusammenhang ist noch das *fossile Grundwasser* zu erwähnen. Hierbei handelt es sich um G., das sich in früheren erdgeschichtlichen Perioden im Erdboden angesammelt hat und seitdem dort unverändert lagert. Würde man einen solchen fossilen G.see nutzen, etwa zur Bewässerung, wäre er – wie eine andere Rohstoffquelle auch – nach einer gewissen Zeit erschöpft. Denn da fossiles G. am heutigen allgemeinen Wasserkreislauf nicht teilhat, erneuert es sich auch nicht.

Grünland: G. ist eine Sammelbezeichnung für alle Arten von ↑Wiesen und ↑Weiden. Auf Standorten, die keine Akkernutzung erlauben, spricht man von absolutem Grünland.

Gruppenstadt: Mehrere benachbarte Kleinstädte, die gemeinsam die Funktion eines übergeordneten Zentrums ausüben, werden als G. bezeichnet.

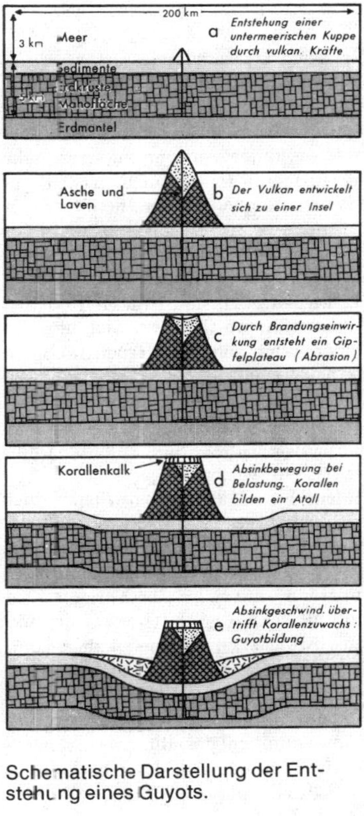

Schematische Darstellung der Entstehung eines Guyots.

Grus: G. nennt man den durch Verwitterung gebildeten feinen Gesteinsschutt.
Guano: G. ist eine hauptsächlich aus Exkrementen, aber auch Kadavern von Seevögeln zusammengesetzte organische Ablagerung, die sich an Küsten und auf Inseln regenarmer warmer Gebiete, z.B. in Peru und Chile, angesammelt hat. G. enthält bis zu 30 % Calciumphosphat und bis zu 15 % Stickstoff, der v.a. in Form von Harnsäure gebunden ist, und wird als Dünger verwendet. In steigendem Maße wird G. heute künstlich aus Seefischen und Fischabfällen *(Fischguano)* hergestellt.
Günzeiszeit: pleistozäne Eiszeit ↑Quartär
Günz-Mindel-Interglazial: pleistozäne Warmzeit ↑Quartär
Guyot [französisch gɥi'jo]: Eine submarine, tafelbergartige Aufragung aus vulkanischem Gestein wird als G. bezeichnet. Seine Entstehung veranschaulicht die Abbildung auf Seite 137.
GV (GVE): Abkürzung für ↑Großvieheinheit
Gyttja: G. ist eine faulschlammähnliche Schlammablagerung, aus der sich Bitumenkohlen entwickeln können; ↑Kohle.

H

Hacienda ↑Hazienda
Hackbau: Unter dem H. versteht man eine der einfachsten und wohl auch ältesten Formen des Ackerbaus, und zwar die unter Verwendung der Hacke als Hilfsgerät. Im allgemeinen ist H. mit Brandrodung verbunden; heute wird er v.a. noch im tropischen Westafrika sowie in Teilen Südafrikas und Asiens betrieben.
Hackfrüchte: H. sind Nutzpflanzen, bei denen während ihrer Entwicklung der Boden öfter gehackt werden muß; sie werden deshalb in größeren Abständen gepflanzt. Zu den H.n gehören alle Wurzel- und Knollenfrüchte (z.B. Kartoffeln) sowie Tabak, Sonnenblumen und viele Gemüsearten.
Hafen: Ein H. ist ein natürlicher oder künstlicher, gegen Sturm und Seebrandung, auch gegen Eisgang schützender Anker- und Anlegeplatz für Schiffe, der außerdem mit den für Verkehr und Güterumschlag, Schiffsreparatur und -ausrüstung erforderlichen Anlagen und Einrichtungen ausgerüstet ist. *Binnenhäfen* liegen in den Industrieballungsgebieten (z.B. Duisburg-Ruhrort) oder an Knotenpunkten der Binnenwasserstraßen (z.B. Minden an der Überführung des Mittellandkanals über die Weser). Um sichere Liegeplätze der Schiffe zu erhalten, muß ein Binnenhafen strömungsfrei sein; deshalb und auch um eine sichere Einfahrt (gegen den Strom) zu ermöglichen, sind Binnenhäfen meist als Becken mit stromabwärts gerichteter Einfahrt ausgebaut. *Seehäfen* werden als *Tidehäfen* gebaut (offene Verbindung zum Meer, geringer Tidenwechsel, z.B. 2 m in Hamburg) oder als *Dockhäfen* mit Schleusen gegen extrem hohen Gezeitenunterschied (z.B. 8 bis 10 m an der Kanalküste) abgeschlossen. Für die Küstenschiffahrt und Küstenfischerei sind oft *Fluthäfen* eingerichtet, die über die Priele des Wattenmeeres nur während des Hochwassers zu erreichen sind. Bei Einsetzen des Ebbstroms wird ein H.tor geschlossen, so daß der Hochwasserspiegel im H.becken gehalten wird. Für Massengutschiffe und Tanker mit mehr als 12 m Tiefgang werden besondere *Tiefwasserhäfen* angelegt. An den Küsten vieler Erdöl exportierender Staaten wurden sogen. Ladetonnen (mit Unterwasser-Pipelines vom Land) vor der Küste verankert, an denen die Großtanker festmachen können, um mit Erdöl beladen zu werden.
Die *Umschlagseinrichtungen* sind in einem modernen H. für die jeweiligen

Ladungsarten spezialisiert. Stückgüter werden als Paletten mit Kaikränen (3-t-Portalkräne mit 25 m Reichweite) auf Lkws, Waggons oder in Schuppen verladen, wodurch die typischen konventionellen Kaianlagen entstanden sind, mit Schiffsliegeplatz, Portalkran, Gleisanschluß, Ladestraße für Lkws, Schuppen und Speicher. Zum Beladen von Containerschiffen sind in allen modernen Häfen *Containerterminals* entstanden mit weiten Freiflächen als Zwischenlager, mit Packhallen und großen Containerverladebrücken (von 25 t bis 45 t Nutzlast). *Fruchtschiffe* werden mit Förderbändern entladen, wobei das Fruchtgut weder Temperaturunterschieden noch dem Tageslicht ausgesetzt ist. Lose gelagerte Güter, wie Getreide und Zucker, werden mit Getreidehebern aus dem Laderaum in Silos gesaugt. Für Massengüter, wie Kohle, Kies und Erz, wird Greiferbetrieb mit Verladebrücken und Portalkränen bevorzugt; Massengüter werden in Halden gelagert, Düngemittel in geschlossenen Silos. Für Fahrgastschiffe sind sogen. *Seebahnhöfe* mit zwei Verkehrsebenen angelegt worden. In den oberen Räumen sind Büros, Wartehallen und Zollabfertigungen für die Fahrgäste untergebracht, unten gelangt Proviant, Gepäck und Stückgut ins Schiff.

Haff: Ein H. ist eine durch eine ↑Nehrung fast völlig vom offenen Meer abgeschlossene, durch einmündende Küstenflüsse stark ausgesüßte Meeresbucht an einer Flachküste. Bekannte Beispiele sind das Frische Haff und das Kurische Haff an der ostpreußischen Küste. – Ein vollkommen vom Meer abgeriegeltes H. wird als *Strandsee* bezeichnet.

Hagel: Als H. bezeichnen wir feste Niederschläge in Form von Eiskugeln mit einem Durchmesser von über 5 mm. H. entsteht in hoch aufgetürmten Quellwolken, in denen starker Aufwind herrscht. Um schon vorhandene Schneekristalle und ↑Graupeln lagern sich schalenartig Schichten von gefrierenden unterkühlten Wassertröpfchen an. Da zum Anwachsen eines Graupelkorns über 5 mm hinaus eine lange Vergraupelungszeit nötig ist, entsteht H. auch nur in Wolken mit einer großen Höhenerstreckung (Kumulonimbus); oft werden die Hagelkörner durch sehr heftigen Aufwind auch wieder in der Wolke emporgetragen, so daß sich beim erneuten Fall weitere Eisschichten ansetzen können. Hierbei entstehen extrem große Hagelkörner, die v.a. in den Tropen beobachtet wurden.

In unseren Breiten kennen wir den H.schlag, der vor allem im Spätsommer verheerende Vernichtungen in der Landwirtschaft anrichten kann, dadurch daß die Getreidehalme umgeschlagen oder die reifen Getreidekörner von den Hagelkörnern ausgeschlagen werden.

Hagelabwehr: ↑künstlicher Regen

Halbblut: Als H. werden Nachkommen eines Weißen und einer nordamerikanischen Indianerin bezeichnet.

Halbfertigwaren: Bei H. handelt es sich um Waren, die noch weiter bearbeitet werden müssen, deren Weiterverarbeitung aber an einem anderen Ort erfolgen kann.

Halbnomadismus: H. ist eine neueren Gegebenheiten angepaßte Form des ↑Nomadismus'.

Halbpacht (Teilpacht): Die H. ist eine Form der Pacht, bei der der Pachtzins in einem Teil des Ertrages besteht. Diese Art der Pacht kann heute noch in Südfrankreich, hier *métayage* genannt, und in Italien, hier *mezzadria* genannt, angetroffen werden.

Halbwüste: Die H. ist der Übergangsraum von der eigentlichen Wüste zur Dornstrauchsavanne bzw. zur Steppe; bei Niederschlägen von 50–250 mm jährlich herrscht eine Trockenzeit von 10 bis 11 Monaten. Der Pflanzenwuchs besteht hauptsächlich aus harten Büschelgräsern, die Sträucher haben in den Blättern oder im Stamm Einrichtungen zur Wasserspeicherung. Nackter Boden nimmt über die Hälfte der Fläche ein. Die ausgedehnte H. am Südrand der Sahara wird ↑Sahel genannt.

Halde: Im Bergbaubereich versteht man unter H. eine künstliche Aufschüttung, meist von Abraum oder Rückständen der Aufbereitung, aber auch von den gewonnenen Produkten selbst, solange sie noch nicht verkauft sind, etwa Kohlehalden.

Halligen: H. werden die im Wattenmeer vor der Westküste Schleswig-Holsteins gelegenen Marschinseln genannt, die die Reste der durch große Sturmfluten (u.a. 1362 und 1634) zerstörten Küste darstellen. Einige H. sind auch heute noch unbedeicht, andere sind inzwischen durch einen Sommerdeich geschützt, einige sind durch einen Damm mit dem Festland verbunden. Die H. werden auch heute noch bei Sturmfluten, deren Hochwasser mehr als 1 m über das mittlere Hochwasser aufläuft, vom Meer überspült; die H. melden dann „Land unter". Zum Schutz vor diesen Sturmfluten wurden die Häuser auf künstlichen Erdhügeln, sogen. ↑Wurten, errichtet.

Halo: H. nennt man eine Lichterscheinung, die durch Brechung oder Spiegelung, selten durch Beugung an den Eiskristallen in der Atmosphäre entsteht. Am häufigsten treten H.s in Form von Ringen um Sonne und Mond auf, jedoch werden auch die auf gleiche Art entstehenden Lichterscheinungen in Form von Flecken oder Streifen zu den H.erscheinungen gerechnet. *Spiegelungshalos* sind weiß; es sind dies Lichtsäule, Lichtkreuz, Untersonne und Horizontalkreis. *Brechnungshalos* erscheinen durch die Zerlegung des Lichtes in die Spektralfarben meist farbig; zu ihnen zählen der 22°-Ring (kleiner oder gewöhnlicher Ring), der 46°-Ring (großer Ring), Nebensonnen, Zirkumzenitalbogen, Zirkumhorizontalbogen und die verschiedenen Berührungsbögen (siehe Skizze). Einige H.s entstehen sowohl durch Spiegelungs- als auch durch Brechungsvorgänge. H.s treten in Zirruswolken auf; sie sind bei gleichmäßigem, dünnem Zirrostratus am häufigsten und am besten ausgeprägt. Die Häufigkeit der einzelnen H.arten geht aus 22jährigen Beobachtungen (1918 bis 1939) in den Niederlanden hervor, danach treten im Jahresdurchschnitt der 22°-Ring an 209 Tagen, die Nebensonnen an 71 Tagen, die Lichtsäule an 34 Tagen, der Horizontalkreis an 13 Tagen und die Gegensonne an einem Tag auf.

Halokinese: Salzschichten, die von Gesteinen höherer Dichte überlagert werden, geraten leicht in einen Zustand des plastischen Fließens und suchen dann in Richtung des größten Druckgefälles auszuweichen. Diesen Vorgang nennt man Halokinese. Dabei kommt es zur Bildung von ↑Salzstöcken.

halophil: Organismen, die salzhaltige Orte bevorzugen, nennt man halophil.

Halophyten (Salzpflanzen): H. sind Pflanzen, die an Standorten mit über 0,5% Salzgehalt gedeihen. Solche Standorte sind die Küste, der Brackwasserbereich sowie die Ränder von Salzquellen und Salztonebenen. Man unterscheidet *obligate H.,* die nur auf Salzböden vorkommen, wie z.B. der Queller,

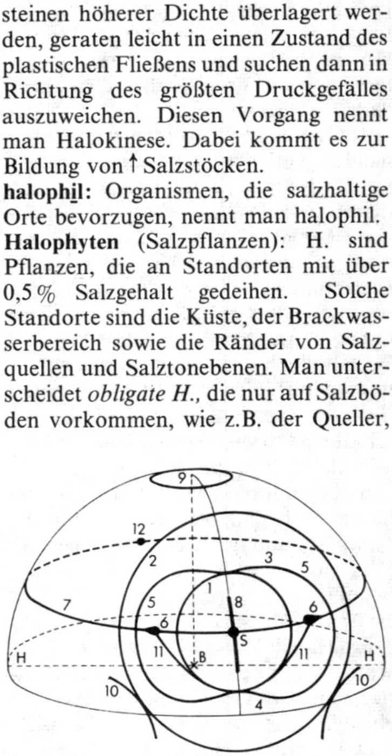

Lage der Halos an der Himmelshalbkugel
B Beobachter, S Sonne, H Horizont, 1 22°-Ring (kleiner, gewöhnlicher Ring), 2 46°-Ring (großer Ring), 3 oberer Berührungsbogen zum 22°-Ring, 4 unterer Berührungsbogen zum 22°-Ring, 5 umschriebener Halo (3 und 4 Teile von 5), 6 Nebensonnen, 7 Horizontalkreis, 8 Lichtsäule, 9 Zirkumzenitalbogen, 10 seitliche untere Berührungsbögen zum 46°-Ring, 11 Bogen von Lowitz (seitliche Berührungsbögen zum 22°-Ring), 12 Gegensonne

und *fakultative H.*, die sowohl auf salzhaltigen als auch auf salzfreien Böden gedeihen, wie die Meerstrandsimse. Der Queller wird z.B. in Norddeutschland bei der Landgewinnung zur Entsalzung des Bodens eingesetzt.

Hammada (Felswüste, Felsschuttwüste): Besonders in der Sahara findet man diese Art der Wüste, die nicht aus Sand, sondern überwiegend aus nacktem Gestein, groben Gesteinsscherben und -trümmern auf felsigem Untergrund besteht. Eine H. entsteht durch die Ausblasung des feinkörnigen Verwitterungsmaterials, das oft in der Nähe einer H. zu einem ↑ Erg angehäuft wird.

Handelsbilanz: Die H. ist die Aufrechnung von Export gegen Import eines Landes. Von aktiver H. spricht man, wenn der Wert des Exports den des Imports übersteigt. Im umgekehrten Falle ist die H. passiv. Sind beide Werte gleich, so ist die H. ausgeglichen.

Handelskette: Eine H. entsteht entweder dadurch, daß sich Händler der gleichen Branche in den Bereichen Einkauf und Vertrieb oder Verkauf zusammenschließen; dabei können sie unter gleichem, aber auch unter eigenem Namen auftreten; oder aber dadurch, daß ein Großunternehmen an verschiedenen Orten Filialen errichtet, die dann in der Regel den Namen des Großunternehmens tragen.

Handwerk: Das wichtigste Merkmal eines Handwerksbetriebes ist, daß Kapitalgeber und erster Arbeiter der Betriebsinhaber selbst ist. In der Regel erfolgt keine Massenproduktion, sondern nur Herstellung oder Leistung auf Bestellung und für ein kleineres Vorratslager. Der Kapitalbedarf ist gering, Maschinen spielen eine geringere Rolle als in der Industrie. Es handelt sich in der Regel um Kleinbetriebe, daher ist der Kundenkreis oft auf einen kleinen Raum beschränkt. Das H. gilt als die älteste gewerbliche Tätigkeit.

Hangendes: Als H. bezeichnet man die über einer bestimmten Gesteinsschicht oder Lagerstätte liegende, bei ungestörter Lagerung jüngere Schicht im Gegensatz zu der jene unterlagernden, meist älteren Schicht, dem *Liegenden.*

Hängetal: Ein H. ist das Nebental eines Trogtals; es mündet mit einer Stufe ins Haupttal. Das Nebental „hängt" also über dem Haupttal, das durch einen größeren Gletscher tiefer ausgearbeitet wurde als das Seitental. Die Mündung dieses schwächer überformten Seitentales erfolgt daher oft in einem Wasserfall.

Harmattan: Der H. ist ein trockener, heißer Nordostwind in Westafrika, der im Winter auch die Küste und z.T. auch die Kapverden erreicht. Er bringt staubreiche Luft aus der Sahara und da er zur Passatströmung (↑ Passate) gehört, hat seine Luft absteigende Tendenz, das heißt, er erwärmt sich adiabatisch (föhnartig) und hat daher eine austrocknende Wirkung, besonders auf die Böden.

Harsch: *Sonnenharsch* entsteht beim Wechsel von täglichem Auftauen und nächtlichem Gefrieren der Schneeoberfläche; diese wird dabei von Eiskristallen durchsetzt und verhärtet. *Windharsch* entsteht durch Oberflächenverdichtung infolge von Winddruck.

Hartlaubgewächse: Die H. sind an trokkene und heiße Sommer angepaßte Pflanzen mit meist kleinen, festen, immergrünen und saftarmen, manchmal auch nadelförmigen Blättern, die mit Wachs überzogen oder behaart sind. H. sind typisch für den Mittelmeerraum; zu ihnen zählen Lorbeer, Myrte, Zistrose und viele andere.

Hartlaubwald: Der H. ist ein immergrüner, lederblättriger Laubwald der Winterregengebiete. Der dichte Unterwuchs besteht aus Sträuchern. Die wichtigsten Bäume des H.es sind Stein- und Korkeiche, Ölbaum und Johannisbrotbaum. Durch Abholzung und Brand ist der H. im Mittelmeergebiet fast vollständig von der ↑ Macchie und der ↑ Garrigue verdrängt worden.

Härtling: Von einem H. spricht man bei einer Erhebung, die infolge ihres widerständigen Gesteins, z.B. vulkanisches Gestein oder Quarzit, der Verwitterung und Abtragung weniger unterlag als ihre Umgebung und nun über diese hinausragt.

Haufendorf: H. ist ein Oberbegriff für alle größeren geschlossenen Siedlungen mit unregelmäßigem Grundriß und unterschiedlich großen Höfen.

Haufenwolken: svw. ↑Kumulus

Hauptzentrum (Oberzentrum): Im System der ↑Zentralen Orte ist das H. ein Ort von hoher Zentralität.

Hazienda (spanisch: Hacienda [a'sjenda]: In Lateinamerika bezeichnet man einen landwirtschaftlichen Mittel- oder Großbetrieb als Hacienda. Sie erreicht Größen von über 2000 ha und ist meist auf Viehwirtschaft spezialisiert. Es gibt aber auch Betriebe mit Ackerbau und mit Dauerkulturen wie Kaffee. – In Brasilien heißt eine H. *Fazenda.*

Heckenlandschaft: In der H. sind die Parzellen (meist Blockfluren) des Kulturlandes durch Hecken, Wälle oder Wallhecken (in Schleswig-Holstein Knicks genannt) eingehegt. Neben der Abgrenzung dienen die Hecken dem Frost- und Windschutz sowie als Feuchtigkeitsregler. Diese H.en finden sich von Südskandinavien über Norddeutschland, besonders ausgeprägt in Schleswig-Holstein, wo sie *Knicklandschaft* genannt werden (es gibt dort fast 100000 km solcher Knicks), die Britischen Inseln, Nordwestfrankreich, wo man sie als *Bocage* bezeichnet, bis auf die Iberische Halbinsel. Die H.en sind teils frühgeschichtlich, teils gehen sie auf jüngere Maßnahmen zurück, so in Schleswig-Holstein auf die Verkoppelung im 18. Jahrhundert.

Heide: Die H. ist eine baumlose Zwergstrauchformation auf nährstoffarmen Böden. Typisch ist das kümmerliche Wachstum und das Fehlen des frischen Grüns. Die meisten Heiden sind dadurch entstanden, daß der ursprüngliche Wald vernichtet wurde. Durch Beweidung oder Brand wurde das Heranwachsen neuen Waldes verhindert.

Man unterscheidet: *Ozeanische Heiden,* deren bekanntester Vertreter die atlantische Heide Nordwestdeutschlands ist. Vorherrschend sind hier Zwergsträucher wie das Heidekraut sowie der Ginster und der gegen Verbiß unempfindliche Wacholder; sie besiedeln meist feucht-kühle und sandige Böden. Noch vor Jahrzehnten waren solche Heiden recht ausgedehnt. Da aber aus ihnen das Heidekraut samt dem Rohhumus abgehoben, dann als Streu und später zur Düngung verwandt wurde und auch die Schafzucht (Heidschnucken) zurückging, eroberte der Wald das verlorene Gebiet zurück. Echte Heideformationen findet man in der Lüneburger Heide daher nur noch im Gebiet um Wilsede, wo durch bewußte intensive Schafhaltung diese Pflanzengesellschaft erhalten wird. *Alpine Gebirgsheiden,* ebenfalls Zwergstrauchformationen auf den armen Böden, treten in der Mattenregion der Hochgebirge auf. Die Sträucher schmiegen sich hier teppichartig dem Boden an, vorherrschend ist die Alpenazalee. In den tropischen Gebirgen gehört zu ihnen in anderer Zusammensetzung die Pflanzengesellschaft des ↑Páramo. Bei den *subpolaren Heiden,* zu denen auch die Zwergstrauchtundra zu zählen ist, handelt es sich um Zwerg- und Halbstrauchformationen mit polsterartigen Zwergsträuchern und Flechten.

Heilbad: Ein H. ist ein Kurort, der wegen seiner ↑Heilquellen aufgesucht wird.

heilklimatischer Kurort (Klimakurort): Hierbei handelt es sich um einen Ort mit einem Klima, dessen Eigenschaften, in einer Klimaanalyse festgelegt, als therapeutisch wirksam anerkannt sind. Außerdem muß ein h. K. auch über entsprechende Kureinrichtungen und kurgemäße Unterkünfte verfügen. Nach der geographischen Lage unterscheidet man *Höhenkurorte* in etwa 900–1200 m Höhe, für die eine erhöhte Strahlung und niedriger Luftdruck kennzeichnend sind, *Mittelgebirgskurorte* mit einem ausgesprochenen Schonklima und *Seekurorte,* die durch Wind und salzhaltige Luft ein spezielles Reizklima aufweisen.

Heilquellen: H. nennt man diejenigen Quellen, deren Wasser infolge der Temperatur oder des Mineralgehaltes heilkräftig ist. Nach ihrer Temperatur unterscheidet man zwischen *Akratopegen,* H. mit normaler Wassertemperatur und einem geringen Gehalt an gelösten Stoffen aus geringer Tiefe, *Warmen Quellen (Thermen, Thermalquellen)* mit einer Wassertemperatur von mehr als 20°C und *heißen Quellen* mit einer Wassertemperatur von mehr als 50 °C. Warme Quellen, die außerdem einen geringen Anteil an gelösten Mineralstoffen haben, nennt man *Akratothermen.* Nach der Art der in heilkräftigeren Mengen gelösten Stoffe, Spurenelemente oder Kohlensäure unterscheidet man die verschiedenen ↑ Mineralquellen.

Heimindustrie: Es handelt sich hierbei um eine meist handwerkliche Tätigkeit, bei der Arbeiterinnen oder Arbeiter in ihren eigenen Wohnungen im Auftrag einer Firma bestimmte Produkte oder Teile von Produkten in Lohnarbeit herstellen.

heiße Quellen: H. Qu. treten mit einer Temperatur von mindestens 50 °C zu Tage.

heiter: Die meteorologische Bezeichnung h. steht für Tage, an denen der Himmel nur zu höchstens einem Viertel mit Wolken bedeckt ist. Solche Bewölkungsverhältnisse sind mit Hochdruckwetterlagen verbunden, die in Mitteleuropa in den Monaten April, Mai und September häufig auftreten. Die Gesamtzahl der heiteren Tage liegt bei uns in Mitteleuropa zwischen 20 und 60 pro Jahr.

Hektarertrag: Der H. ist ein Maß für die Produktivität einer landwirtschaftlich genutzten Fläche. Er wird in Doppelzentner je Hektar Landnutzungsfläche, unter rein betriebswirtschaftlichem Gesichtspunkt auch in Geldwert (etwa DM) pro Hektar angegeben. Durch Düngung, Pflanzenschutz und Züchtung ergiebigerer Pflanzensorten kann der H. bis zu einem gewissen Grad erheblich gesteigert werden.

heliozentrisch: H. sind Denkweisen und Weltsysteme, in deren Mittelpunkt die Sonne steht. Das *heliozentrische System* des Kopernikus (daher auch kopernikanisches System genannt), löste 1543 das geozentrische System des Ptolomäus (daher auch ptolomäisches System) ab. Seit dieser sogen. kopernikanischen Wende ist nicht mehr die Erde, sondern die Sonne als Zentrum unseres Planetensystems anerkannt.

Heller: In Ostfriesland gebräuchliche Bezeichnung für den Außengroden, den Hauptteil des ↑ Vorlandes.

hemipelagisch: Als hemipelagischer Bereich wird der Übergangsbereich von der Flachsee (bis 200 m Tiefe) zur Tiefsee (ab 1000 m Tiefe) bezeichnet.

Hemisphäre: H. bedeutet soviel wie Halbkugel, meist ist eine Erdhalbkugel gemeint. So ist die nördliche H. die Erdhalbkugel nördlich des Äquators, also die Nordhalbkugel, und die südliche H. die Südhalbkugel. Außerdem spricht man von östlicher und westlicher H. und meint damit den Raum der Alten bzw. der Neuen Welt. Als Wasserhemisphäre wird gelegentlich auch die ↑ Wasserhalbkugel der Erde bezeichnet.

Herbizide: H. sind ↑ Pestizide, die zur Bekämpfung von Unkräutern eingesetzt werden.

Herbst: Der H. ist eine der vier ↑ Jahreszeiten, in die das Jahr in den gemäßigten und den polaren Gebieten eingeteilt wird. Der H. beginnt mit der Herbsttagundnachtgleiche, wenn die Sonne auf ihrem scheinbaren Weg am Himmel den Äquator überschreitet, und endet mit der Wintersonnenwende, wenn die Sonne über dem Wendekreis der entgegengesetzten Erdhalbkugel steht. Der H. beginnt auf der Nordhalbkugel um den 23. September und endet am 22. Dezember, auf der Südhalbkugel dauert er vom 21. März bis 21. Juni.

Dieser astronomische Herbst fällt jedoch nur teilweise mit den Erscheinungen zusammen, die wir als herbstlich empfinden, zumal die Ernte, phänologisch ein Kriterium für Herbst, bei vielen

Früchten bereits im Spätsommer oder noch früher erfolgt. Typische Herbsterscheinungen im H. selbst sind u.a.: die Abnahme der Temperaturen, die Reife der Weintrauben, deren Ernte (Weinlese) in der Winzersprache herbsten genannt wird; die *Herbstfärbung* des Laubes, bei der nach dem Abbau des Blattgrüns die zurückbleibenden Produkte (rote Anthozyane, gelbe Karotinoide, braune Zersetzungsprodukte) die Farbe der Blätter bestimmen, und der folgende Laubfall, womit die Winterruhe der Pflanzen eingeleitet wird; sowie die Herbststürme.

Heterosphäre: Wird bei der vertikalen Gliederung der Atmosphäre die Zusammensetzung der Luft zugrunde gelegt, ergibt sich eine Zweiteilung in Homosphäre und die ab etwa 100 km Höhe darüber liegende Heterosphäre.
In der H. werden die atmosphärischen Gase unter der Einwirkung der Sonnenstrahlung dissoziiert und ionisiert; damit unterliegen die Bewegungen der Luft in zunehmendem Maße anderen Einflüssen als in der Homosphäre, z.B. dem erdmagnetischen Feld und den Gezeiten der Atmosphäre. Außerdem setzen sich in der H. die Gase ihrem Atomgewicht entsprechend ab: die schweren Gase in unteren Schichten, die leichteren in oberen. Den Übergang zwischen Homosphäre und Heterosphäre bildet eine zwischen etwa 80 und 130 km Höhe liegende Turbulenzschicht, in der sich völlig regellos und noch unerklärlich stärkste Luftströmungen aus entgegengesetzten Richtungen auf geringen Höhenunterschieden mit nur wenige hundert Meter dicken Schichten fast völliger Windstille ablösen.

Hinterland: Als H. wird der Einzugsbereich eines Hafens, aber auch eines Zentralen Ortes bezeichnet.

Hirtennomadismus: tautologische Erweiterung des Begriffes ↑Nomadismus.

historische Buchten: Unter diesem seerechtlichen Ausdruck versteht man nach dem Völkerrecht solche Buchten, deren Gewässer ungeachtet der Zugangsweite seit jeher der vollen Gebietshoheit des Küstenstaates unterliegen. H. B. sind u.a. die Delaware Bay, die Cheasepeake Bay, die Fonseca Bay, die Hudson Bay und das Weiße Meer.

Hochdruckgebiet (Hoch, Antizyklone): Als H. bezeichnen wir eine Luftmasse mit hohem Druck im Vergleich mit benachbarten anders beschaffenen Luftmassen. Die Luftströmung innerhalb eines H.es ist nach unten gerichtet, in den unteren Schichten fließt die Luft dann nach außen ab und erhält auf der Nordhalbkugel infolge der ablenkenden Kraft der Erdrotation eine Ablenkung im Uhrzeigersinn (auf der Südhalbkugel in entgegengesetzter Richtung). Als Folge dieser sogen. *Divergenz,* also dieses Auseinanderströmens der Luft aus dem

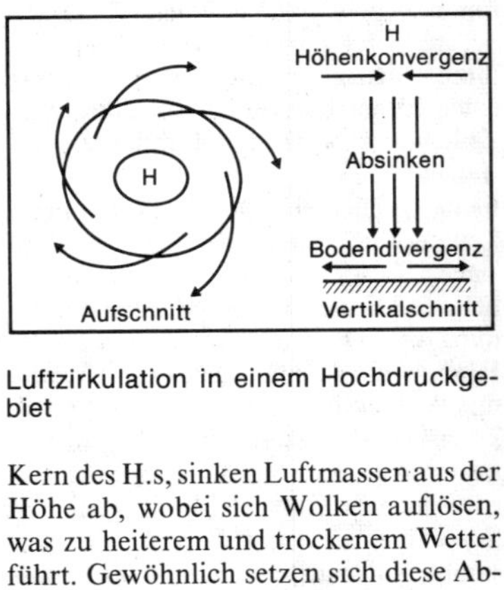

Luftzirkulation in einem Hochdruckgebiet

Kern des H.s, sinken Luftmassen aus der Höhe ab, wobei sich Wolken auflösen, was zu heiterem und trockenem Wetter führt. Gewöhnlich setzen sich diese Absinkbewegungen aber nicht bis zum Boden durch; sie enden in einiger Höhe, wo sich eine ↑Inversion ausbildet. An dieser Grenzfläche zwischen tiefer liegender kälterer und darüber liegender wärmerer Luft können sich Staub und Verunreinigungen sammeln, so daß eine Dunstschicht entsteht, an ihr kommt es besonders im Winter zu Hochnebelbildung. Über der Inversion herrscht dagegen wolkenloser Himmel. Im Sommer ist es tagsüber in einem H. meist wolkenlos, es bilden sich allenfalls Kumulus-

wolken, die sich gegen Abend wieder auflösen.
Man unterscheidet zwei Arten von H.en: kalte und warme Hochdruckgebiete. Das *kalte (thermische) Hoch (Kältehoch)* besteht in allen Höhen aus Kaltluftmassen, ist jedoch nur von relativ geringer vertikaler Mächtigkeit; in der oberen Troposphäre wird es von einem Tief überlagert. Dieses kalte Hoch, das verhältnismäßig schnell wandert, sich aber immer bald wieder herstellt, wird häufig über der Antarktis, Kanada und dem winterlichen Sibirien, in Mitteleuropa jedoch selten angetroffen. In mittleren Breiten ist ein anderer Typ von kalten H.en zu beobachten, der durch einen Kaltlufteinbruch hinter einer Kaltfront aufgebaut wird und durch starke vertikale Temperaturabnahme gekennzeichnet ist; er ist ebenfalls nur in der unteren Troposphäre ausgeprägt und meist nur kurze Zeit wetterwirksam (er bringt eine Wetterbesserung), da das H. bald wieder von einem nachfolgenden Tiefdruckgebiet abgebaut wird. Nach ihrem Auftreten zwischen zwei einander folgenden Tiefdruckgebieten werden diese kalten H.e vielfach als *Zwischenhochs* bezeichnet; sie wandern mit der Höhenströmung.

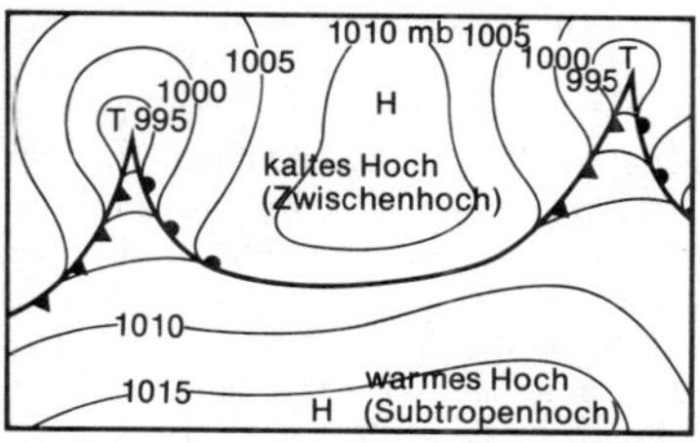

Verschiedene Arten von Hochdruckgebieten

Das *warme (dynamische) Hoch* ist v.a. in den Subtropen zu finden, tritt jedoch auch durch Vorstöße des subtropischen Hochdruckgürtels in nördlicheren Breiten auf. Über einer relativ kalten Grundschicht sind diese Hochs bis in große Höhen warm, und zwar durch Zufuhr von Warmluft aus südlicheren Breiten und Erwärmung durch Absinken, und bleiben oft längere Zeit nahezu an der gleichen Stelle. Dadurch sind in ihnen die typischen Eigenschaften der H.e besonders markant ausgeprägt.
Im Rahmen der ↑ Allgemeinen Zirkulation der Atmosphäre liegen beständige H.e. dort, wo die Luftmassen absteigen, also in den Subtropen und über den Polargebieten.

Hochebene: Ein reliefarmes Land in größerer Höhe über dem Meeresspiegel wird als H. bezeichnet.

Hochgebirge: Das H. ist ein durch schroffere Formen ausgezeichnetes Gebirge mit bedeutenden Höhenunterschieden, die oft 1000 m erreichen und auch überschreiten, und scharfen Gipfeln und Graten. H. ragen meist über die Waldgrenze hinaus und sind in ihren höchsten Bereichen häufig vergletschert. Bekannte Beispiele für H. sind die Anden, die Alpen und der Himalaya.

Hochgestade: svw. ↑ Hochufer

Hochkultur: Unter H. versteht man eine Entwicklungsphase einer Gesellschaft mit besonders hohem Stand von Verwaltung, Recht, Kunst und Wissenschaft. Als Voraussetzung für eine H. muß v.a. die Schrift genannt werden; erst diese ermöglicht eine Selbstdarstellung einer Gesellschaft.

Hochland: Ein Bergland in über 200 m Meereshöhe wird H. genannt. Oft wird es von randlichen Gebirgen umrahmt, wie z.B. das Hochland von Iran und das Hochland von Mexiko.

Hochsee: ↑ hohe See.

Hochseefischerei: Die Fischerei auf ↑ hoher See, also außerhalb der Küstengewässer, wird von der *großen H.* mit Loggern, Trawlern und Fischfabrikschiffen durchgeführt. In der Nord- und Ostsee wird sogen. *kleine H.* mit Kuttern betrieben.

Hochtal: Als H. bezeichnet man ein Tal, das in größerer Höhe über dem Meeresspiegel liegt. Dabei handelt es sich meistens um ein Seitental im Gebirge, das deshalb verkehrsfern und siedlungsarm ist. Daher haben sich hier oft bis in die Gegenwart Reliktformen menschlichen Wirtschaftens und Wohnens sowie des Brauchtums erhalten. Heutzutage stellt es zuweilen ein gesuchtes Fremdenverkehrsgebiet dar.

Hochterrasse: Eine H. markiert ein ehemaliges Flußbett, sie liegt über der heutigen Flußaue und der jüngeren Niederterrasse. Ihre Schotter wurden (in Mitteleuropa) während der pleistozänen Eiszeiten, im Alpenvorland während der Rißeiszeit aufgeschüttet.

Hochufer (Hochgestade): Unter H. versteht man den Rand der Talaue, der auch vom stärksten Hochwasser eines Flusses nicht mehr überflutet wird. Das H. entspricht in Mitteleuropa meistens dem Rand der letzteiszeitlichen ↑Niederterrasse. Es war bis in die Neuzeit der bevorzugte Ansatzpunkt menschlicher Ansiedlungen.

Hochwald: Der H. ist eine forstwirtschaftlich erstrebte Zustandsform der Forsten. Die Bestände werden ausschließlich von Oberholz gebildet. Die Bäume sind 60–120 Jahre alt, bevor man sie fällt. Die meisten Kulturwälder in Europa gehören heute dazu.

Hochwasser:

◊ H. herrscht im Rahmen der ↑Gezeiten am Ende der Flut, also auch zu Beginn der Ebbe.

◊ Als H. eines Flusses bezeichnet man einen Wasserstand, der erheblich über dem mittleren Wasserstand liegt, wobei der Fluß über seine Ufer treten und dadurch Überschwemmungen hervorrufen kann.

Hof: Unter H. versteht man die Gesamtheit eines landwirtschaftlichen Betriebes. Oft wird H. auch nur für die Gebäude allein verwendet, in diesem Sinne sollte man jedoch besser von Gehöft sprechen.

hohe Breiten: Unter dem allgemeinsprachlichen Ausdruck „in den hohen Breiten" versteht man die Erdgegenden, deren Koordinaten bei der Breitenangabe eine hohe Zahl aufweisen; etwa ab 60° oder auch erst 65° nördlicher bzw. südlicher Breite.

Hoheitsgewässer: Der seerechtliche Begriff H. umfaßt jene Gewässer, an denen staatliche Hoheitsrechte bestehen, also die Binnengewässer, die ↑Küstengewässer und ↑historischen Buchten; nicht jedoch die ↑angrenzende Zone.

Höhengrenze: Die H. ist ein durch klimatische Faktoren wie Temperatur, Niederschläge, Wind bedingter Grenzsaum oberhalb dessen eine Pflanzengruppe oder eine Pflanze nicht mehr gedeihen kann, weil für ihr Wachstum hier entweder die Temperatur zu niedrig oder der Niederschlag zu hoch oder der Wind zu stark ist; es können auch mehrere Gründe gleichzeitig vorliegen. Die H. für Baumwuchs wird ↑Baumgrenze genannt. Die H. des Anbaus, eine der ↑Anbaugrenzen, ist im wesentlichen eine Kältegrenze, also eine durch die Temperatur bestimmte Grenze. Die H. liegt in den einzelnen Erdteilen und Klimaten in recht unterschiedlicher absoluter Höhe; sie ist außerdem sehr von der Exposition der Hänge zu Sonne und Wind abhängig. Die H. geht in hohen Breiten in die ↑Polargrenze über.

Höhenklima: Als H. bezeichnen wir das Klima der Hochländer und Hochplateaus über 2000 m Höhe. Kennzeichnend sind geringere Temperaturen, niedriger Luftdruck, geringe absolute Luftfeuchtigkeit, stärkere Winde und infolge der dünnen und reinen Luft höhere Sonneneinstrahlung (↑Höhensonne). In gemäßigten Breiten treten dabei allerdings etwas häufiger Niederschläge auf. Oberhalb von 3000 m ü.d.M. besteht jedoch die Gefahr der ↑Höhenkrankheit.

Höhenkrankheit (Bergkrankheit, Bergkoller): Die H. tritt in Höhen über 3000 m auf und beruht zum größten Teil auf der Minderung der Sauerstoffsättigung des Blutes und der Gewebe in größeren Höhen. Die Symptome der H. sind Verminderung der körperlichen und geistigen Leistungsfähigkeit, verbunden mit einem dem Alkoholrausch ähnlichen Zustand *(Höhenrausch).* Im fortgeschrittenen Stadium finden sich mangelnde Bewegungskoordination, Atemnot, Bewußtseinsstörungen, Übelkeit und Erbrechen. Der im Mittelohr und in der Ohrtrompete behinderte Druckausgleich führt zu Ohrenschmerzen und Schwindel *(Höhenschwindel).* Bei länger anhaltendem Sauerstoffmangel treten Krämpfe, Herzrasen, Ohnmacht *(Höhenkollaps* und schließlich der Tod *(Höhentod)* ein. Der Sauerstoffmangel kann in Höhen unter 4 500 m durch Zunahme der Herz- Atemfrequenz kompensiert werden, im Bereich von 4 500 bis 7 000 m ist auch nach längerer Akklimatisation die Kompensation des Sauerstoffmangels nur unvollständig und die körperliche Leistungsfähigkeit herabgesetzt. Ab 6 500 m sind Sauerstoffgeräte erforderlich.

Höhenlinien: H. verbinden benachbarte Geländepunkte gleicher Höhe über oder unter einer Bezugsfläche (z.B. Normalnull). Werden H. in bestimmten Abständen verstärkt dargestellt, so bezeichnet man diese als *Zählhöhenlinien.* Bei der kartographischen Darstellung des Geländes ergibt die senkrechte Projektion der H. auf die Kartenebene das H.bild. Bei weitem Abstand der H. haben wir ein flaches, bei engerem H.abstand ein steileres Gelände vor uns.

Höhenschicht: Unter einer H. versteht man in der Kartographie eine Fläche zwischen zwei Höhenlinien. die nicht unbedingt benachbart sein müssen. Durch eine farbliche Abstufung der einzelnen H.flächen erhalten wir eine Höhenschichtenkarte.

Höhenschichtenkarte: Eine H. ist eine Geländeformenkarte, die durch farbliche Abstufung einzelner ausgewählter Höhenschichten einen reliefartigen Eindruck vermittelt.

Höhensonne: In der Meteorologie ist H. die Bezeichnung für die Sonnenstrahlung in größerer Höhe (besonders im Hochgebirge), die wegen geringerer Absorption infolge kleinerer durchstrahlter Luftmasse, geringerem Wasserdampfgehalt und geringerer Trübung der Atmosphäre wesentlich intensiver ist als im Tiefland und einen größeren Anteil an UV-Strahlung besitzt.

Höhenstrahlung (kosmische Strahlung, Ultrastrahlung): Die H. ist die von außen in die Erdatmosphäre eindringende Strahlung mit höherem Durchdringungsvermögen als dem der Gammastrahlen. Bei Messungen mit unbemannten Ballons und mit Raketen zeigte sich, daß die Strahlung die größte Intensität bei etwa 20 km Höhe hat und daß sie im oberen Teil der Atmosphäre einen konstanten Wert besitzt; dieser entspricht der Intensität der primären H., die von außen in die Atmosphäre fällt. Diese *Primärstrahlung* besteht aus sehr energiereichen, aus dem Weltall stammenden nuklearen Teilchen (Energie 10^9 bis 10^{18} eV). Beim Auftreffen auf die Atomkerne der atmosphärischen Gaspartikeln finden Kernzertrümmerungen statt. Primärteilchen und Kerntrümmer fliegen weiter und zertrümmern weitere Atomkerne, erzeugen Myonen und übertragen ihre Energie teilweise durch Stöße auf Atomelektronen, diese wiederum erzeugen durch Bremsstrahlungseffekte Photonen, die ihrerseits Elektron-Positron-Paare erzeugen usw., bis die ursprüngliche Energie aufgebraucht ist. Es entsteht eine immer teilchenreicher werdende *Sekundärstrahlung,* wodurch es zunächst zu einer Erhöhung der Intensität kommt. Beim weiteren Eindringen der Sekundärstrahlung in die Atmosphäre nimmt die Intensität dann jedoch infolge von Absorptionsprozessen ab. Am Erdboden wird nur noch Sekundärstrahlung beobachtet Man unterscheidet hier 1. die Nukleonenkomponente; sie besteht aus Protonen und Neutronen; 2. die harte Komponente; sie besteht aus Myonen und geht beim Durchqueren einer 1 m dicken Bleiplatte erst auf die Hälfte zurück (sie kann deshalb auch noch auf dem Grund von tiefen Seen gemessen werden); 3. die weiche Komponente; sie besteht aus Elektronen und Photonen und wird von 15 cm Blei völlig absor-

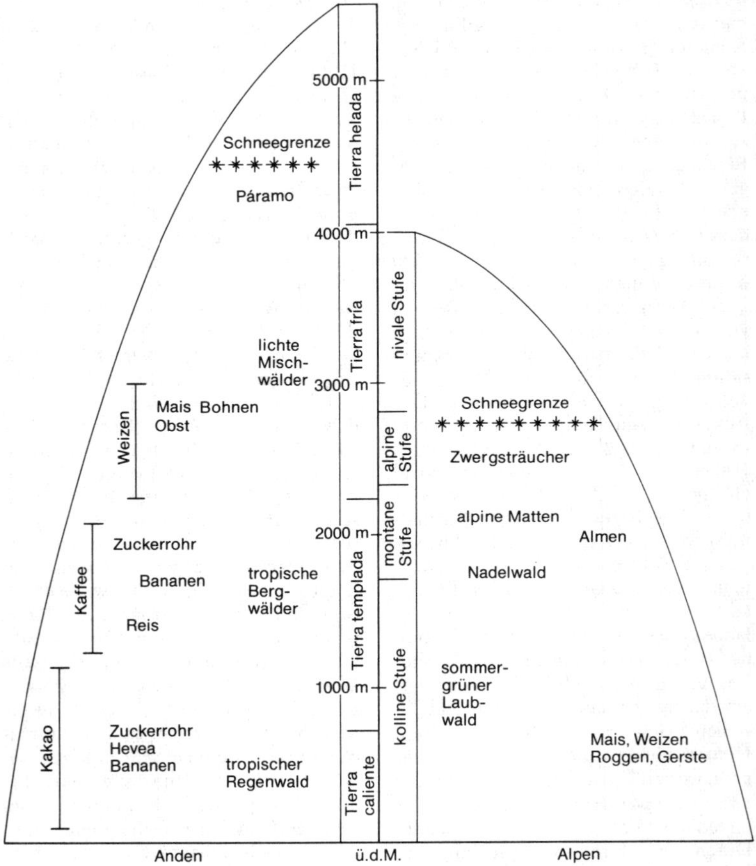

Höhenstufen der Vegetation in den Anden und in den Alpen

biert; 4. den Neutrinostrom, der allerdings nur äußerst schwach und sehr schwer zu messen ist.

Höhenstufen der Vegetation: Dies sind durch Temperatur und Niederschlag bedingte Vegetationsstufen, die an einem Gebirgshang aufeinander folgen. Sie unterscheiden sich in Bezug auf Klima, Vegetation und Wirtschaft. In unseren Breiten unterscheiden wir die ↑kolline Stufe, die ↑montane Stufe, die ↑alpine Stufe und die ↑nivale Stufe. In den Tropen Süd- und Mittelamerikas unterscheidet man ↑Tierra caliente, ↑Tierra templada, ↑Tierra fría und ↑Tierra helada.

höhere Breiten: Unter dem allgemeinsprachlichen Ausdruck „in höheren Breiten“ versteht man die Erdgegenden, deren Koordinaten bei der Breitenangabe eine merklich höhere Zahl als die der niederen Breiten aufweisen.

hohe See: Der seerechtliche Begriff h.S. umfaßt alle Meeresteile jenseits der ↑ Küstengewässer und ↑ historischen Buchten; zur hohen See gehört auch der Meeresgrund (außerhalb des Schelfes) und der Luftraum über der hohen See, nicht jedoch die Bodenschichten unterhalb des Meeresgrundes. Auf hoher See bestehen keinerlei Hoheitsrechte, allerdings dürfen einige in der ↑ angrenzenden Zone ausgeübt werden.

Höhlen: H. sind natürliche oder künstliche Hohlräume im Gestein. Bei den natürlichen H. unterscheidet man zunächst die *primären H.,* die bei der Gesteinsbildung selbst entstehen: *Lavahöhlen* bilden sich in magmatischem Gestein durch Abfließen von Lava und *Riffhöhlen* entstehen beim Aufbau von Korallenstöcken.

Die meisten H. sind jedoch sekundäre H., sie entstehen durch Einwirkung äußerer Kräfte: *Brandungshöhlen* werden durch die Brandung an Steilküsten geschaffen, *Karsthöhlen* als die größten H. sind das Ergebnis von Lösungsvorgängen im Gestein. Durch Karstgewässer können dabei weitverzweigte *Höhlensysteme* entstehen. Die Ausscheidung von Kalksinter aus den Sickerwässern führt zur Tropfsteinbildung, die betroffenen Karsthöhlen werden zu *Tropfsteinhöhlen.*

Höhlenflüsse ↑ Karst

Hohlkehle: svw. Brandungshohlkehle, ↑ Brandung.

Holozän: jüngere Abteilung des Quartärs, der jüngsten geologischen Formation, ↑ Geologie, Formationstabelle.

Holstein-Interglazial: pleistozäne Warmzeit in Norddeutschland, ↑ Quartär.

Homelands [englisch 'hoʊmlændz]: englische Bezeichnung für die ↑ Bantuheimatländer.

Homosphäre: Wird bei der vertikalen Gliederung der Atmosphäre die Zusammensetzung der Luft zugrunde gelegt, so ergibt sich eine Zweiteilung in die H. und die darüber befindliche ↑ Heterosphäre. Die H. umfaßt die untersten rund 100 km der Erdatmosphäre, die sich trotz großer Verschiedenartigkeiten in ihren einzelnen Stockwerken durch Gemeinsamkeiten auszeichnen, die sie deutlich von den darüberliegenden Luftschichten abgrenzen. Es ist dies v.a. die in der H. überall nahezu gleiche Zusammensetzung der Luft (↑ Atmosphäre). Die Luftbewegungen in der H. lassen sich mit den Gesetzen der Meteorologie beschreiben.

Horizont: Als H. bezeichnet man die sichtbare Grenzlinie, an der Himmelsgewölbe und Erde sich zu berühren scheinen. Dieser natürliche Horizont wird auf See *Kimm* genannt.

horizontale Mobilität: Darunter versteht man die Fähigkeit und Bereitschaft von Menschen, ihren Wohnsitz vorübergehend oder auf Dauer zu verändern. Besonders ausgeprägt ist diese Art der Mobilität in den USA, wo oft schon Gerüchte über gute Verdienstmöglichkeiten Leute veranlassen, in eine bestimmte Gegend zu ziehen. Hieran erkennt man, daß die Triebfeder der horizontalen Mobilität häufig im wirtschaftlichen Bereich zu suchen ist. Auch die Gastarbeiterbewegung in Europa ist ein Beispiel dafür.

Horizontallot: Das H. ist eine Spezialform des ↑ Echolots.

Horizontalverschiebung: ↑ Verwerfung

Horst: H. nennt man einen gehobenen oder infolge Absinkens der Umgebung stehengebliebenen, meist von parallelen Verwerfungen begrenzten Teil der Erdkruste; er ist auch morphologisch als Erhebung ausgebildet. Durch entgegengesetzte Bewegungen ensteht ein Graben.

Huerta: Als H. bezeichnet man das durch Kanäle und Gräben bewässerte, intensiv genutzte Gemüse- und Obstland in den feuchten oder bewässerbaren Gebieten im Umkreis größerer Siedlungen in Spanien. Die H. umfaßt heute aber fast die gesamte ↑ Vega. Im Zentrum dieser Baumgärten herrscht Kleinbesitz vor, während im äußeren Bereich, in den erst in jüngerer Zeit in die künstliche Bewässerung einbezogenen ehemaligen Trockenfeldern, größere Parzellen vorherrschen. Besonders bekannt sind die Huertas von Valencia, aus denen die meisten Orangen Europas kommen. Neben Gemüse wachsen hier u.a. Zitronen, Feigen, Mandeln und Maulbeeren.

Hufe: Die H. ist ein historisches Ackermaß. Die Größe der streifenförmigen Fläche mußte das Auskommen einer bäuerlichen Familie sichern. Da die Böden in den verschiedenen Gebieten aber nicht die gleichen Erträge brachten, entwickelten sich unterschiedliche Größenordnungen. Die Durchschnittsgröße lag bei 7–10 ha. Die Königshufe, v.a. im Bereich der deutschen Ostsiedlung, hatte doppelte Größe. Selbst die Flächengrößen in benachbarten Gemeinden können, auf Grund der unterschiedlichen Bodengüte, verschieden sein. Liegen mehrere solcher Besitzeinheiten nebeneinander, spricht man von gereihten Hufen. Dadurch entstanden in den verschiedenen Siedelgebieten Marschhufendörfer, Waldhufendörfer, Moorhufendörfer und Hagenhufendörfer.

Hufenflur: eine der ↑Flurformen; ↑auch Hufe.

Humboldtstrom: kalte Meeresströmung im Pazifischen Ozean, ↑Karte Meeresströmungen.

humid: Der in der Klimatologie verwendete Begriff h. kennzeichnet Klimate von Gebieten, in denen die Niederschläge während eines Jahres die mögliche Verdunstung übersteigen. Der nicht verdunstende Teil der Niederschläge fließt oberflächlich ab oder versickert in den Grundwasserbereich. *Vollhumid* sind Gebiete mit ausreichenden Niederschlägen in allen Monaten (das sind die Zone des immerfeuchten tropischen Regenwaldes und große Teile der gemäßigten Zonen). *Semihumid* sind Gebiete, in denen in einigen Monaten die mögliche Verdunstung größer als der Niederschlag ist. In humiden Gebieten finden wir dauernd fließende Wasserläufe, welche die Oberflächenformen in diesen Bereichen im wesentlichen gestalten. – Der Gegensatz zu h. ist arid.

Humidität: Die H. kennzeichnet den Feuchtigkeitsgrad von Gebieten mit humidem Klima. Die H. nimmt mit wachsendem Niederschlag zu, jedoch mit steigender Temperatur ab, da dann die Verdunstung ansteigt. – Der Gegensatz zu H. ist Aridität.

Humus: Der H. besteht aus abgestorbenen organischen Substanzen und ist reich an Kleinstlebewesen. Er ist von großer Bedeutung für den Boden, da er als Wasserspeicher dient. In unseren Breiten erhält der oberste Bodenhorizont seine dunkle Färbung durch die Humusstoffe. Helle Böden sind auf Humusarmut zurückzuführen. Unter ungünstigen Bedingungen, wenn nur eine unvollständige Zersetzung der organischen Substanz stattfindet, bildet sich der weniger wertvolle *Rohhumus,* z.B. als starke Deckschicht naßkalter, saurer und wenig durchlüfteter Waldböden (↑auch Moder). In warmen, trockenen und stickstoffreichen Wald- und Ackerböden entsteht aus leicht zersetzlichen Stoffen eine lockere H.form, der *Mull* oder *Mulm.*

Hungerquelle: Die H. ist eine episodisch fließende Quelle, die nur in besonders feuchten Jahren Wasser spendet. H.n treten v.a. in Karstgebieten auf, weil dort Schüttungen oft ausschließlich nach reichlichen Niederschlägen zu beobachten sind.

Hungersteine: Bei den H.n handelt es sich um ungewöhnlich große Felsklippen oder Steine am Rande von Seen oder in Flußbetten. Die H. werden nur bei geringer Wasserführung, also bei fehlenden Niederschlägen, sichtbar. In solchen extrem trockenen Jahren mußte dann früher bei anhaltender Dürre mit Mißernten und daraus folgenden Hungersnöten gerechnet werden.

Hurrikan: Der H. ist ein tropischer Wirbelsturm im Bereich des Karibischen Meeres und des Golfs von Mexiko. H.s entstehen meist aus Strömungen innerhalb der Passatströmung und immer über warmen Meeresgebieten mit einer Wassertemperatur von 26 bis 27°C, also

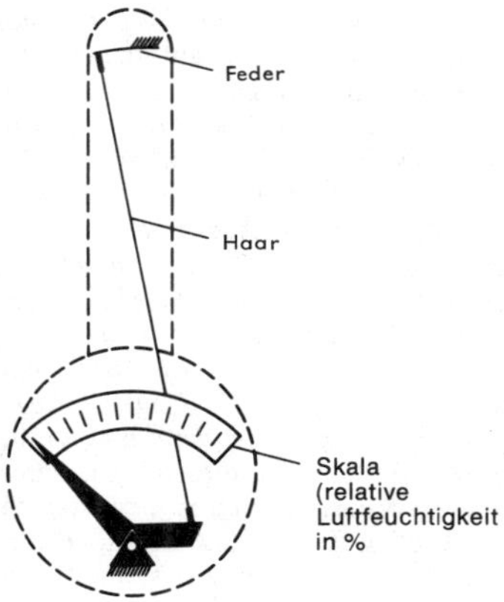

Haarhygrometer (Standhygrometer)

am häufigsten im Sommer und Spätherbst. Der Durchmesser eines H.s beträgt einige hundert Kilometer; das Druck- und Windfeld, die Wolken und die Niederschlagszonen ordnen sich symmetrisch um das Zentrum des Wirbels an, in dem Windgeschwindigkeiten von mehr als 200 km pro Stunde auftreten. Ein typisches Merkmal der H.s ist das sogen. Auge des Sturmes, eine windschwache, niederschlagsfreie und wolkenarme Zone von etwa 20 km Durchmesser im Wirbelzentrum; am Rande des Auges erhebt sich dagegen eine mächtige Wolkenwand.

H.s können nur über dem Meer längere Zeit bestehen; beim Übertritt auf das Festland schwächen sie sich rasch ab, richten jedoch durch den von Wolkenbrüchen begleiteteten Orkan und durch Sturmfluten verheerende Zerstörungen an. Zur Unterscheidung werden die einzelnen H.s eines Jahres mit englischen Mädchennamen in alphabetischer Reihenfolge benannt. Zur rechtzeitigen Erkennung und laufenden Verfolgung eines H.s werden Aufnahmen von Wettersatelliten herangezogen, Wettererkundungsflüge durchgeführt und weitreichende Radargeräte eingesetzt.

Hüttenindustrie: Teil der ↑Schwerindustrie

Hutung (Magerweide, Trift): Die H. ist ein nicht eingezäuntes, wenig ertragfähiges und unregelmäßig bestocktes Weideland auf schlechten Böden. Man findet sie meist in Gebirgslagen. Sie wird überwiegend als Gemeinschaftsbesitz genutzt, z.B. durch eine Gemeindeherde mit Dorfhirten, oder verpachtet.

Hydratation: Unter H. versteht man die Anlagerung von Wassermolekülen an Ionen, neutrale Moleküle oder Kolloidteilchen innerhalb von Mineralien, bei der es meist nicht zu einer erkennbaren chemischen Umwandlung kommt. Durch die Volumenvergrößerung erfolgt oft eine Gefügelockerung, die sich in Haarrissen oder noch stärker in Gesteinssprengung äußert.

Hydrogeographie: Der Teil der physischen Geographie, der sich mit dem Wasser als Glied des geographischen Komplexes beschäftigt, wird H. genannt.

Hydrologie: Unter H. versteht man die Lehre vom Wasser, seinen Erscheinungsformen, natürlichen Zusammenhängen und Wechselwirkungen mit den umgebenden Medien unter, über und auf der Erdoberfläche. H. ist weitgehend *Hydrographie* (Gewässerkunde), die sich mit den fließenden und stehenden unter- und oberirdischen Gewässern des Festlandes befaßt. Sie gliedert sich in *Hydrogeologie* (Grundwasser- und Quellenkunde), *Limnologie* (Seenkunde), *Potamologie* (Flußkunde), und *Glaziologie* (Gletscherkunde). Die H. untersucht auch Fragen des Wasserhaushaltes und ist damit für die Wasserwirtschaft von Bedeutung. Weitere Teilgebiete sind Hydrobiologie und Hydrochemie. Im weiteren Sinne ist auch die ↑Ozeanographie ein Teilgebiet der H., sie wird in Nordeuropa und Nordamerika oft sogar H. genannt.

Hydrosphäre: Die Wasserhülle der Erde wird als H. bezeichnet; sie umfaßt neben den Meeren auch das Grundwasser, alle Binnengewässer, das in Gletschereis ge-

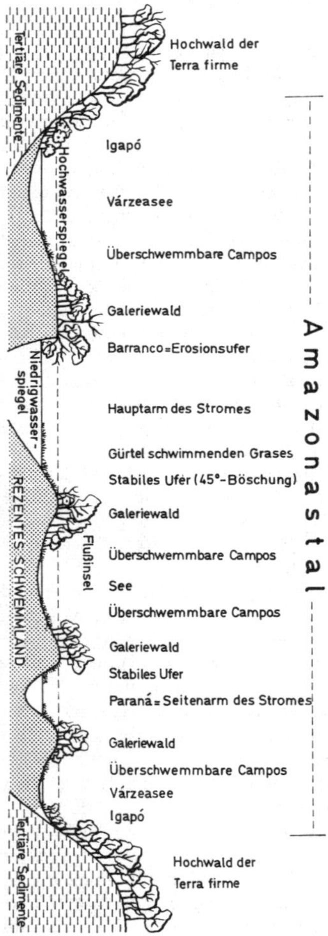

Schematischer Querschnitt durch das Tal des unteren Amazonas

bundene sowie das in der Atmosphäre vorhandene Wasser. Die H. bildet also keinen geschlossenen Bereich, hängt aber durch den allgemeinen Wasserkreislauf zusammen.

Hygrometer: Das H. ist ein Gerät zum Messen der Luftfeuchte. Man macht sich beim H. die Eigenschaft des menschlichen Haares zunutze, das mit zunehmendem Wasserdampfgehalt der Luft seine Länge verändert. Eine Zunahme der Feuchte bewirkt eine Verlängerung des Haares, bei abnehmender Feuchte verkürzt es sich. Viele gängige H. sind daher *Haarhygrometer;* bei ihnen sind in einem Metallrahmen ein oder mehrere Haare aufgespannt, deren unterer Teil um eine als Zeigerachse gelagerte Welle läuft oder über einen Hebelmechanismus den Zeiger bewegt; hinter dem Zeiger liegt die Ableseskala. Anstelle des Haares werden bei neueren Geräten Kunststofffasern benutzt, die die gleichen Eigenschaften wie Haare besitzen, aber nicht so schnell ihre Dehnbarkeit verlieren. – Abbildung Seite 151.

Außer dem beschriebenen Haarhygrometer, das meist als *Dosenhygrometer,* in dem die Meßhaare durch Löcher in der Seitenwand belüftet werden, gebaut wird, werden auch *Absorptionshygrometer* und *Elektrolythygrometer* verwandt. Diese beruhen auf hygroskopischen Eigenschaften bestimmter chemischer Stoffe bzw. auf der Änderung der elektrischen Leitfähigkeit eines Elektrolyten infolge Absorption von Wasserdampf.

Hyläa: Als H. bezeichnet man den immergrünen Regenwald des Amazonastieflandes. Aufgrund des unterschiedlichen Wasserstandes kann man drei Bereiche unterscheiden: *Terra firme,* das überschwemmungsfreie Gebiet mit dem vollentwickelten tropischen Regenwald, *Várzea,* das jedes Jahr während der Hauptregenzeit überschwemmte Gebiet an den Weißwasserflüssen, auf dessen Auenböden ein hochstämmiger Weichholzwald mit Palmen und Heveaarten wächst, und *Igapó* ein Uferwald an den Klar- und Schwarzwasserflüssen und -seen, der oft unter dem Niveau des Flusses liegt. Er ist nur 10–20 m hoch und hat einen dichten Unterwuchs aus Palmen und Bambusarten. Hier gedeiht die Victoria Regia, deren runde, auf der

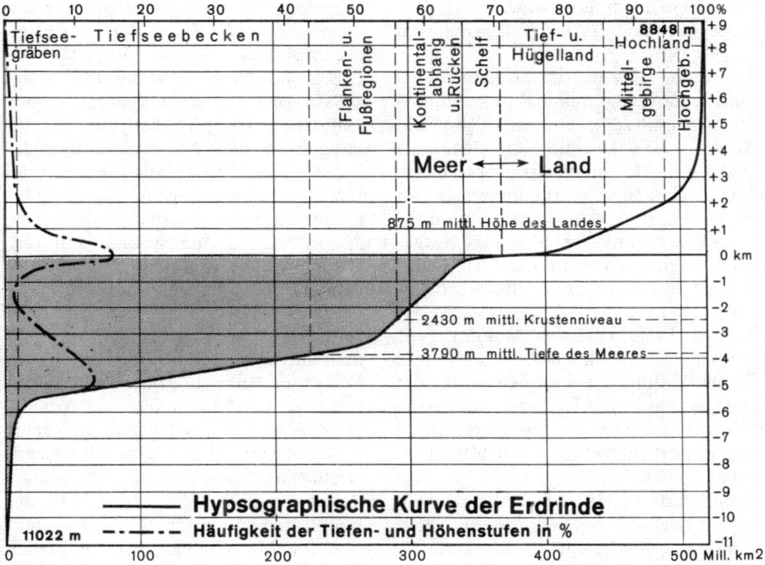

Wasseroberfläche schwimmende Blätter einen Durchmesser von mehreren Metern erreichen können.

Hypozentrum: Das H. ist die Stelle im Erdinnern, von der ein ↑Erdbeben ausgeht, also der *Erdbebenherd.*

hypsographische Kurve (hypsometrische Kurve): Die hypsographische Kurve ist eine graphische Darstellung des Flächenanteils der verschiedenen Höhen- und Tiefenareale an der Erdoberfläche, siehe Abbildung.

I

Iberoamerika ↑Lateinamerika

Igapó: I. wird der Uferwald an den Klar- und Schwarzwasserflüssen innerhalb der ↑Hyläa des Amazonastieflandes genannt.

Iglu: Unter I. versteht man die überwiegend als Winterwohnung benutzte, aus würfelförmigen Schneeblöcken errichtete, kuppelförmige Hütte der Eskimo.

Ignimbrit (Schmelztuff): I. ist ein vulkanisches Förderprodukt; es entstand aus dem Auswurfmaterial von Glutwolken, das nach Ablagerung an der Erdoberfläche infolge seiner hohen Temperatur zu festen Gesteinsdecken zusammensinterte. Die ausgestoßenen Glutwolken bestehen aus einem erhitzten Gemisch von Gas und Lavateilchen und wälzen sich an den Vulkanhängen mit hoher Geschwindigkeit (bis über 150 m/s) bergab. Durch eine solche von der Montagne Pelée ausgehende Glutwolke wurde 1902 die Stadt Saint-Pierre auf der Antilleninsel Martinique vernichtet. I. enthält in der fest verschweißten Grundmasse als Einsprenglinge große Kristalle sowie Lapilli und Blöcke in völlig regelloser Verteilung.

immerfeuchte innere Tropen: eine ↑Klimaregion nach der Klimaklassifikation von Weischet.

Immission: Der Begriff I. ist heute weitgehend eingeengt auf das Einleiten luftfremder und verunreinigender Stoffe in die Luft, was v.a. durch die chemische und die Hüttenindustrie geschieht. Durch gesetzliche Maßnahmen sind in vielen Fällen Höchstwerte für Immissionskonzentrationen aller Art festgesetzt. Gemessen wird diese in Milligramm verunreinigenden Stoffs pro Kubikmeter Luft.

Import (Einfuhr): Unter diesem Begriff werden alle Rohstoffe, Waren und Dienstleistungen zusammengefaßt, die vom Ausland geliefert bzw. vom Ausland erbracht werden. Die Aufrechnung von Export gegen Import wird Handelsbilanz genannt.

Imprägnation: Als I. bezeichnet man die feine Verteilung von Erdöl oder Erzen in Klüften, Poren u.a. Hohlräumen eines Gesteins.

Individualverkehr: Unter diesem Begriff wird der Verkehr zusammengefaßt, der nicht über öffentliche Verkehrsmittel abgewickelt wird. Allein der einzelne Verkehrsteilnehmer bestimmt Art, Richtung, Zeitpunkt der Fortbewegung. In der Regel versteht man unter I. die Fortbewegung im eigenen Kraftwagen, aber auch mit Motorrad, Moped, Fahrrad.

Industrial farming: I.f. bedeutet soviel wie industrialisierte Landwirtschaft. Die Bewirtschaftung des Bodens erfolgt in großen Farmen mit Betriebsgrößen von über 400 ha nach industriellen Gesichtspunkten. Der Betrieb ist vollständig mechanisiert. Auf dem ganzen Land gibt es kein Pferd, keine Kuh und oft auch keine hier ansässigen Menschen. Der Farmer oder Verwalter lebt fern in einer Stadt. Nur während der Saat- und Erntezeit findet man auf den Feldern Traktorenfahrer und Mechaniker. Mit riesigen Maschinen kann ein Mann an einem Tag über 40 ha Land bearbeiten, eine für unsere Verhältnisse unvorstellbare Arbeitsleistung. In Kalifornien und Louisiana wird z.B. der Reis vom Flugzeug aus gesät. In diesen Wirtschaftsbetrieben werden auch Mißernten als Geschäftsrisiko mit einkalkuliert.

Industrialisierung: I. bedeutet das Ingangsetzen und die Ausbreitung der industriellen Wirtschaftsweise mit all ihren Folgeerscheinungen; also die industrielle Entwicklung seit dem 18. und 19. Jh. in Europa (industrial revolution), ebenso wie die in unseren Tagen erfolgende Errichtung von Industriebetrieben in den Entwicklungsländern.

Industrie: Unter diesem Begriff versteht man die gewerbliche Herstellung von Waren in zumeist größeren Betrieben mit Hilfe von Maschinen. Der Arbeitsvorgang ist dabei weitgehend in einzelne Fertigungsvorgänge aufgeteilt. Kennzeichnend ist weiter ein rationelles Herstellungsverfahren (etwa mit Hilfe des Fließbandes) und die Massenproduktion für Massenbedarf. Grundsätzlich wird die I. in zwei Bereiche eingeteilt: die *Grundstoffindustrie,* die industriell verwendbare Grundstoffe, etwa Metalle und Metallegierungen, Chemikalien, Zement, erzeugt, und die *verarbeitende Industrie,* die Halbfertig- und Fertigwaren, sowohl Investitionsgüter als auch Konsumgüter, herstellt.

Industriegasse: Unter I. versteht man einen Raum, in dem Industrieanlagen bandartig verdichtet auftreten. In der Regel sind die I.n an das Relief gebunden, d.h. an Täler oder talähnliche Einschnitte. Solche I.n findet man z.B. in Schwarzwaldtälern, aber auch in den Alpen, wo z.B. die Mur-Mürz-Furche eine wichtige I. Österreichs darstellt.

Industriegesellschaft: Als I. bezeichnet man die Gesellschaftsform moderner Industriestaaten. Das Wirtschaftsleben und das gesellschaftliche Leben sind in der I. weitgehend von der Industrie abhängig und werden von ihr bestimmt. Die Agrarwirtschaft spielt dagegen nur noch eine untergeordnete Rolle.

Industrielandschaft: Eine I. ist eine von der Industrie geprägte Landschaft. Diese Ausprägung ist so stark, daß andere Landschaftsfaktoren in den Hintergrund treten. Beispiele sind das Ruhrgebiet und der Raum um Pittsburgh in den USA.

Industriepflanzen: Der Begriff I. meint Pflanzen, die für den Verkauf als Industrierohstoffe angebaut werden. Es handelt sich dabei besonders um Faserpflanzen, wie Flachs, Hanf und Jute, und Ölfrüchte, wie Erdnüsse, Raps und Lein, aber auch um Gewürzpflanzen; auch der Hopfen ist eine solche Industriepflanze.

Industriestaat: Ein I. ist ein Staat, dessen Bevölkerung überwiegend in der Industrie, dem Gewerbe und dem Handel beschäftigt ist. Gegensatz ist Agrarstaat.

Infrarotstrahlen (IR-Strahlen): I. sind allgemein nicht sichtbare elektromagnetische Strahlen, die sich an das im Spektrum rote Ende des Lichtes anschließen. Ihre Wellenlänge liegt zwischen 1 mm und 760 μm (=0,00076 mm). Die Infrarotstrahlung der Sonne (auch Wärmestrahlung genannt) wird in der Erdatmosphäre von Wasserdampf, Kohlendioxid und Ozon zum Teil absorbiert (d.h. verschluckt). Für den Wärmehaushalt der Erde ist daher die Infrarotabsorption durch die Wolken und andererseits die Reflexion durch Schnee und Eis von entscheidender Bedeutung.

Infrastruktur: Unter I. versteht man den notwendigen Unterbau, der zur wirtschaftlichen Entwicklung eines Raumes unabdingbar ist, und zwar die Gesamtheit aller durch den Staat oder andere Gebietskörperschaften des öffentlichen Rechts getragenen Einrichtungen der sogen. *Vorsorgeverwaltung;* z.B. die der Allgemeinheit dienenden Einrichtungen wie Verkehr und Beförderung, Fernsprech- und Fernmeldewesen, Gas-, Wasser- und Elektrizitätsversorgung, Müllabfuhr, Abwasserbeseitigung, Bildung und Kultur, Krankheitsvorsorge und Krankenbehandlung, Totenbestattung. Die Abgrenzung von entsprechenden privaten Einrichtungen ist dabei strittig.

Ingression: I. nennt man das langsame Eindringen des Meeres in festländische Senkungsgebiete als Teilvorgang einer großräumigen Transgression; dabei erfolgt ein allmählicher Übergang von terrestrischen bzw. limnischen zu marinen Ablagerungen; zu den dabei entstehenden I.sküsten mit ertrunkenen Tälern gehören die Fjord-, Schären- und Riaküsten.

Inkohlung: Als I. bezeichnet man die Umbildung pflanzlicher Substanz, besonders von Zellulose und Lignin, über die Stadien Torf, Braunkohle, Steinkohle zu Anthrazit, unter Umständen auch Graphit, im Verlauf langdauernder geologischer Prozesse (Diagenese bzw. Metamorphose). Voraussetzung für I. ist die Entwicklung großer Pflanzenmassen auf feuchten Standorten und anschließende rasche Überlagerung mit dicken Schichten mineralischer Sedimente; dies trifft v.a. bei Landsenkungen ein. Die I. erfolgt unter Luftabschluß bei Hitze und hohem Druck, wobei der Gehalt des Materials an Wasserstoff und Sauerstoff abnimmt, der relative Kohlenstoffgehalt dagegen ansteigt. Die Stufen der *Inkohlungsreihe* sind der Tabelle auf Seite 156 zu entnehmen.

Die I. läßt sich in eine biochemische, eine diagenetische (geochemische) und eine metamorphe Phase gliedern: In der ersten entstand unterhalb der Vegetationszone, die das pflanzliche Ausgangsmaterial liefert, eine geringmächtige Oxydationszone mit teilweisem Abbau der organischen Substanz unter Einwirkung von Bakterien, Pilzen und niederen Tieren; dabei entstehen Humusstoffe als Stoffwechselprodukte von Mikroben. Unter dieser Zone folgt die mächtigere Reduktionszone als Lebensbereich anaerober Mikroben mit weiterem Abbau der ursprünglichen Pflanzensubstanz. In der diagenetischen Phase schließt sich die mit Entwässerung von 90% Wasseranteil auf etwa 40% Wasseranteil verbundene Kondensation infolge des Belastungsdrucks an. Damit ist etwa das Stadium der Weichbraunkohlen

Inkohlungsreihe

	Anteil an Kohlenstoff	Wasserstoff	Sauerstoff	Stickstoff	Wasser
Zellulose	50 %	6 %	43 %	1 %	35–70 %
Torf	55–64 %	7–5 %	37–33 %	2 %	75–95 %
Braunkohle	65–75 %	9–5 %	30–12 %	1 %	15–65 %
Steinkohle	75–92 %	6–4 %	16– 3 %	1 %	3–15 %
Anthrazit	92–98 %	4–1 %	3– 1 %		1– 2 %
Graphit	98–99 %	0,5–0 %	0,5– 0 %		0,5– 2 %

erreicht. Die weitere Umwandlung zu Hartbraunkohlen und Steinkohlen erfolgt zunächst unter vorwiegender Kohlendioxidabspaltung, im Stadium der geringflüchtigen Steinkohlen unter weitgehender Methanabspaltung. Die Umwandlung zu Graphit ist den Gebieten mit fortgeschrittener Gesteinsmetamorphose vorbehalten . Für die I. ist außer der Überlagerungsmächtigkeit v.a. erhöhte Temperatur, infolge geothermischer oder magmatischer Erwärmung, maßgebend. - ↑auch Kohle.

Inlandeis: Sehr große Gletschermassen, die nach vielen Seiten abfließen, werden I. genannt, ↑Gletscher.

innenbürtig: deutsche Bezeichnung für ↑endogen.

innertropische Konvergenz (Abkürzung ITC): Als innertropische Konvergenz bezeichnet man die nur 100–200 km breite Zone in der Nähe des Äquators, in der die Passate der Nord- und der Südhalbkugel zusammentreffen; hier muß sich daher notwendigerweise eine nach oben gerichtete Ausgleichsströmung entwickeln. In der aufsteigenden Luft kommt es zu starker Wolkenbildung und zur Entstehung heftiger Niederschläge, sogen. Zenitalregen. Die ITC fällt nicht mit dem geographischen Äquator zusammen; sie wandert, dem Sonnenhöchststand folgend, auf den Festländern weit nach N und S, über Indien bis zu 30° n. Br., über Afrika bis etwa 20° n. Br. oder s. Br., über Südamerika und Australien bis zu 20° südl. Breite. Häufig spaltet sie sich dann in einen nördlichen und einen südlichen Zweig auf.

Innovation: Dieser Ausdruck, der besonders in Landwirtschaft und Industrie Anwendung findet, meint den Vorgang der Ausbreitung von Neuerungen, z.B. neuer Kulturpflanzen und Produktionstechniken. Dabei wird die betreffende Neuerung ständig nachgeahmt. Ausgehend von einem sogen. *Innovationszentrum* läuft der Innovationsprozeß, von der Entfernung zu diesem Zentrum bestimmt, in mehreren Phasen ab. Oft bilden sich auch sekundäre Innovationszentren.

Insektizide: I. sind ↑Pestizide, die zur Bekämpfung der pflanzenschädlichen Insekten eingesetzt werden.

Insel: Eine I. ist ein allseitig von Wasser umgebener Teil des Festlandes, wobei allerdings die Kontinente ausgenommen sind (ein Kontinent ist durch Definition keine Insel). Nach ihrer Lage werden die Meeresinseln in *kontinentale Inseln* oder *Schelfinseln* (z.B. die Halligen und die Britischen Inseln), die im Bereich des Schelfes liegen, und in *ozeanische Inseln* oder *Tiefseeinseln* unterschieden. Zu Gruppen angeordnete I.n werden als *Archipel* bezeichnet.

Inselberg: Der I. ist eine Abtragungsform, die überwiegend in den semihumiden Savannen auftritt. Es handelt sich um steilwandige isolierte Berge oder Berggruppen, die aus dem gleichen Gestein bestehen wie ihre – niedrigere – Umgebung. I.e entstehen also meist im Rahmen von Rumpfflächen, sie sind von der allgemeinen Abtragung – noch – nicht erfaßte Restberge. Die charakteristischen steilen Hänge, die sich mit einem deutlichen Bergfuß von der Ebene

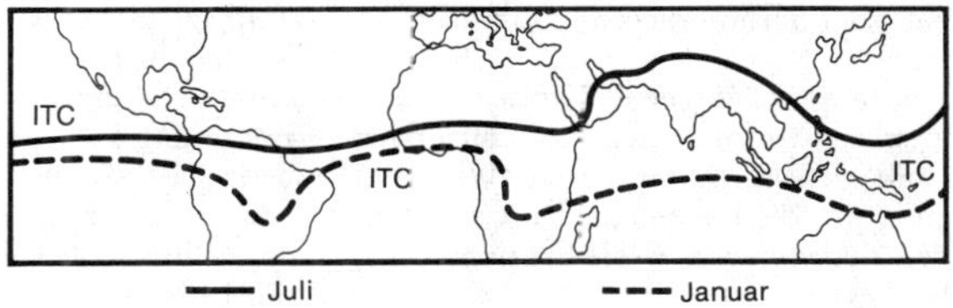

Mittlere Lage der innertropischen Konvergenz (ITC)

absetzen, entstehen und erhalten sich durch die schnelle Vergrusung und chemische Zersetzung des am Bergfuß anfallenden Gesteinsmaterials, das dann in der Regenzeit leicht abgespült werden kann.

Insolation: Unter der I. verstehen wir die Einstrahlung der Sonne auf die Erde. Der Grad der Erwärmung der Erdoberfläche ist vom Stand der Sonne und der jeweiligen geographischen Breite abhängig, da in höheren Breiten die gleiche Fläche der Erde infolge der hier schrägeren Einstrahlung weniger Strahlung erhält als in Gebieten mit senkrechter Einstrahlung. Die polaren Gebiete erhalten demzufolge die geringste Insolation.

Interglazial (Warmzeit, Zwischeneiszeit): I. nennt man die zwischen zwei ↑Eiszeiten (Glazialen) liegende Zeit mit wesentlicher Erwärmung. I.e wurden für das Eiszeitalter des Quartärs nachgewiesen; sie sind gekennzeichnet durch den Rückgang der Gletscher und den damit verbundenen eustatischen Meeresspiegelanstieg (↑eustatische Meeresspiegelschwankungen) und ↑Glazialisostasie, das Auftreten wärmeliebender Pflanzen (daher Wiederbewaldung) und Tiere und das Einsetzen einer ausgeprägten Bodenbildung.

intermittierend: Von i.en Quellen spricht man, wenn kurze, heftige Wasserschüttungen (meist durch komprimiertes Gas bedingt) mit mehr oder weniger langen Ruhepausen, während deren kein Wasser fließt, abwechseln. Bekanntestes Beispiel für i.e Quellen sind die ↑Geysire.

Interstadial: I. nennt man die Zeit der kurzzeitigen Erwärmung zwischen zwei kühleren Phasen (↑Stadium) einer ↑Eiszeit.

interstellare Materie: Als i. M. bezeichnet man die den Raum zwischen den Sternen erfüllende Materie sehr geringer Dichte. Die i. M. macht sich in leuchtenden, unregelmäßig gestalteten, diffusen Materieansammlungen bemerkbar, sogen. *galaktischen Nebeln,* aber auch durch mehr oder weniger starke Absorption des Lichts der hinter nichtleuchtender i.r M. stehenden Sterne; dadurch erscheinen für den Beobachter stark wolkige Strukturen, sogen. *Dunkelwolken,* die an dieser Stelle somit Sternleere vortäuschen.

intramontanes Becken: Darunter versteht man eine innerhalb einer Gebirgslandschaft auftretende, oft an einen Flußlauf gebundene, beckenartige Verebnung.

Intrusion: Als I. bezeichnet man den Vorgang des Eindringens und Erstarrens von Magma in Gesteine der festen Erdkruste; von den dabei gebildeten *I.skörpern,* den Plutonen, gehen meist zahlreiche Gänge aus; die entstehenden Gesteine werden *Intrusivgesteine* genannt, sie gehören zu den Tiefengesteinen.

Inversion: Nimmt mit zunehmender Höhe die Temperatur in einer mehr oder weniger mächtigen Schicht der Atmosphäre zu, sprechen wir von einer I., denn normalerweise nimmt die Temperatur mit der Höhe ab. Diese Schicht verhindert die vertikale Bewegung der Luft, weshalb sie auch als Sperrschicht bezeichnet wird; oft reichert sich hier auch Staub an, es entsteht eine Dunstschicht. Dies führt an heißen Sommertagen zu einer ungewöhnlichen Aufhei-

zung der darunterliegenden Luftschichten.
Bei starker nächtlicher Wärmeausstrahlung der Erdoberfläche kommt es bei wolkenlosem Himmel und im Winter zu einer nur die bodennahe Luft erfassenden *Bodeninversion,* die häufig von Nebel begleitet ist.
Absinkvorgänge in Hochdruckgebieten setzen sich meist nicht bis zum Erdboden, sondern nur bis zur Obergrenze einer kalten Luftschicht durch: Es bildet sich eine *Absinkinversion,* die im Winter oft so kräftig ist, daß sie durch die Sonnenstrahlung nicht aufgelöst werden kann; es kommt zu langanhaltendem Nebel oder Hochnebel unter der Inversion.

Investitionsgüter: I. werden die Waren genannt, die selbst in irgendeiner Weise am Produktionsprozeß teilnehmen, um neue Waren zu produzieren. Meistens handelt es sich um Maschinen und Werkzeuge. Das Gegenteil sind Konsumgüter, die nur zum Ge- und Verbrauch bestimmt sind. Ob es sich um I. oder um Konsumgüter handelt, wird allein von der Verwendung, nicht von der Ware an und für sich bestimmt. Ein Kraftwagen z.B. ist für einen Privatmann ein Konsumgut, für ein Taxiunternehmer jedoch ein Investitionsgut, da er die Voraussetzung für die Ausübung des Gewerbes ist, aus ihm also wirtschaftlicher Nutzen gezogen wird.

Investitionslenkung: Bei der I. versucht der Staat, bei Art und Umfang der Investitionen der Firmen „mitzusprechen". Die Ursache hierfür kann der Wunsch sein, einen bestimmten Wirtschaftszweig besonders zu fördern, Neuerungen zu beschleunigen oder zu bremsen u.a. Die I. geschieht in der Regel über die Steuer, d.h. es werden Steuererleichterungen gewährt oder Sondersteuern erhoben. Bei der I. handelt es sich also um ein Instrument der Wirtschaftspolitik.

Inwertsetzung: Bei der I. handelt es sich in der Regel um die I. von Räumen, d.h. es wird ein wirtschaftlich nicht oder wenig genutzter Raum durch bestimmte Maßnahmen so gefördert, daß er wirtschaftlich genutzt werden kann. Diese Förderung kann sich sowohl auf Landwirtschaft als auch auf Industrie beziehen. Beispiele für I. von Räumen sind das kalifornische Längstal, der Negev im Süden Israels u.a. Eine I. ist aber auch anders möglich, z.B. durch Förderung des Tourismus.

Ionosphäre: Die I. ist der durch mehr oder weniger starke Ionisation der atmosphärischen Gase charakterisierte Teilbereich der oberen Erdatmosphäre. Die kurzwellige Sonnenstrahlung (UV- und Röntgenstrahlung) zerlegt in den höheren Schichten der Atmosphäre, von 100 km Höhe aufwärts, den molekularen Sauerstoff und in geringerem Maße auch den molekularen Stickstoff. Von dieser Höhe ab beginnen die einzelnen Gase auch, sich zu entmischen, so daß der Anteil an leichteren Gasen, etwa Helium und Wasserstoff, immer größer wird.

Irmingerstrom: warme Meeresströmung um Island, ↑Karte Meeresströmungen.

Islandtief. Das I. ist ein über dem Nordatlantik im Bereich von Island nahezu immer ausgebildetes Tiefdruckgebiet innerhalb der planetarischen ↑Frontalzone. Das I. ist ein für Europa wetterwirksames ↑Aktionszentrum, durch das v.a. der west- und nordwesteuropäische Raum den überwiegenden Teil seiner Niederschläge erhält. In den Wintermonaten führt seine besonders starke Ausprägung zu orkanartigen Luftbewegungen im Bereich der Nordsee.

Isolinien: I. sind die auf Karten erscheinenden Linien, die benachbarte Punkte mit gleichen Werten miteinander verbinden. Die Zeichnung von I. ist abhängig von einem möglichst dichten Netz von Beobachtungsdaten. I. werden hauptsächlich in der Geographie, der Geophysik und der Meteorologie verwendet. – Oft verwendete I. sind:
Isakusten – Linien gleicher Schallstärke

Isallobaren – Linien gleicher Luftdruckänderung in einem bestimmten Zeitraum
Isollothermen – Linien gleicher Temperaturänderung in einem bestimmten Zeitraum
Isanabasen – Linien gleicher Hebung (Tektonik)
Isanemonen – Linien gleicher mittlerer (jährlicher oder täglicher) Windgeschwindigkeit
Isanomalen – Linien gleichgroßer Abweichung von einem Normalwert
Isepiren – Linien gleicher hygrischer Kontinentalität in Hochgebirgen
Isoagrothermen – Linien gleicher Temperaturverhältnisse in bezug auf ihre landwirtschaftlichen Auswirkungen
Isoamplituden – Linien gleicher mittlerer (jährlicher oder täglicher) Temperaturunterschiede zwischen Minimum und Maximum
Isobaren – 1) Linien gleichen Luftdrucks
2) svw. ↑Isopiesten
Isobathen – Linien gleicher Wassertiefe
Isobathythermen (Isothermobathen) – Linien gleicher Tiefentemperatur unter dem Wasserspiegel
Isochalazen – Linien gleicher Hagelhäufigkeit
Isochasmen – Linien gleicher Polarlichthäufigkeit
Isochimenen – Linien gleicher mittlerer Wintertemperatur
Isochionen – 1) Linien gleicher Tageszahl mit Schneefall
2) Linien gleicher Schneedeckendauer
3) Linien gleicher Schneegrenzenhöhe
Isochoren – Linien gleicher Eisenbahnentfernung
Isochronen (Isohemeren) – 1) Linien gleichzeitigen Auftretens bzw. Eintreffens bestimmter Erscheinungen (z.B. Meteorologie, Seismologie)
2) Linien gleicher mittlerer Reisedauer von einem Ort
Isodensen 1) svw. ↑Isooiken
2) svw. ↑Isopyknen
Isodynamen – Linien gleicher erdmagnetischer Intensität
Isodynen – 1) Linien gleicher Kraft
2) Linien gleicher wirtschaftlicher Anziehungskraft einer Stadt
Isofloren – Linien gleichzeitigen Blütebeginns einer bestimmten Pflanze
Isogammen – Linien gleicher Abweichung vom Normalfeld der Schwerkraft
Isogeothermen – Linien gleicher Tiefentemperaturen unter der Erdoberfläche
Isogonen – Linien gleicher erdmagnetischer Deklination
Isohalinen – Linien gleichen Salzgehalts
Isohelien (Isohelen) – Linien gleicher mittlerer Sonnenscheindauer
Isohumiden – Linien gleicher relativer Luftfeuchtigkeit (Meteorologie)
Isohyeten – Linien gleicher Niederschlagsmenge
Isohygromenen – Linien, die Orte mit gleicher Anzahl humider Monate miteinander verbinden.
Isohypsen (Höhenlinien) – Linien gleicher Höhenlage
Isokatabasen – Linien gleicher Senkung (Tektonik)
Isokatanabaren – Linien gleicher monatlicher Luftdruckschwankungen
Isokeraunen – Linien gleicher mittlerer Gewitterhäufigkeit
Isoklinen – Linien gleicher erdmagnetischer Inklination
Isokrymen – Linien gleichzeitigen Zufrierens von Gewässern
Isomenen – Linien gleicher mittlerer Monatstemperatur
Isomeren – Linien gleichen Anteils eines Monats an der jährlichen Niederschlagsmenge
Isometabolen – Linien gleicher Veränderlichkeit meteorologischer Größen
Isonephen – Linien gleichen Bewölkungsgrades
Isonotiden – Linien gleichen Regenfaktors
Isooiken – Linien gleicher Bevölkerungsdichte
Isoombren – Linien gleichgroßer Wasserverdunstung
Isopachen (Isopachyten) – Linien gleicher Schichtmächtigkeit (Geologie; auch meteorologisch für Luftschichten)

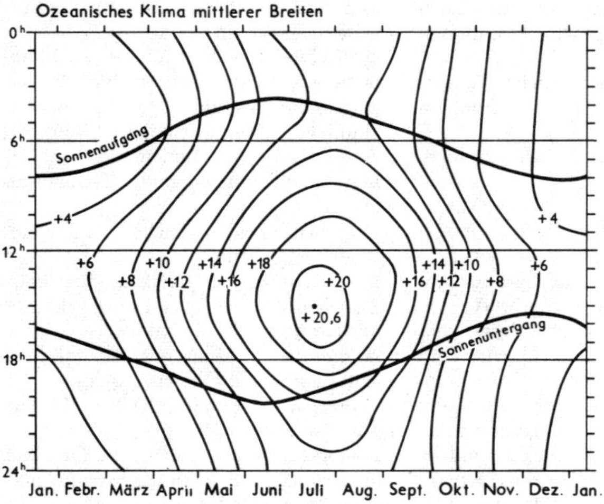

Thermoisoplethen bei ozeanischem Klima in mittleren Breiten

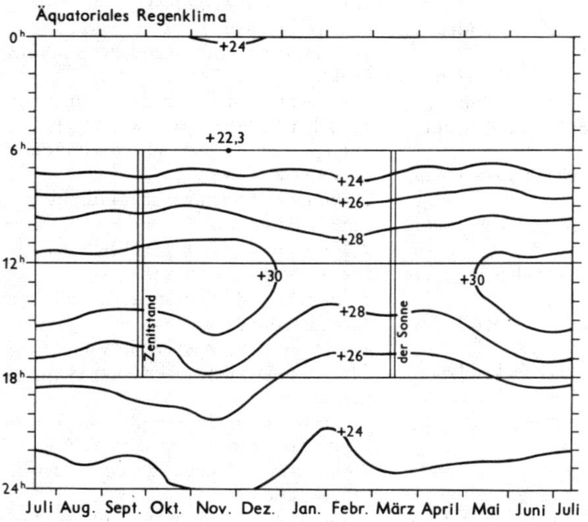

Thermoisoplethen bei äquatorialem Regenklima

Isopagen – Linien gleicher Zeitdauer der Eisbedeckung von Gewässern
Isophanen (Isophänen) – Linien gleichen Beginns oder gleicher Dauer phänologischer Phasen
Isophytochronen – Linien gleichlanger Vegetationsperiode
Isopiesten – Linien konstanten Drucks (Thermodynamik)
Isopreten – Linien gleicher Frachsätze
Isopyknen (Isodensen) – Linien gleicher Luftdichte
Isorezessen – Linien, die den alljährlichen Rückzug des Eises darstellen

Isorrhachien – Linien gleichzeitigen Fluteintritts
Isoseisten – Linien gleicher Erdbebenstärke
Isosynechenen – Linien gleicher Verkehrsdichte
Isotachen – Linien gleicher Geschwindigkeit (Fließ- oder Windgeschwindigkeit u.a.)
Isotalantosen – Linien gleicher jährlicher Temperaturunterschiede
Isothermen – Linien gleicher Lufttemperatur
Isothermobathen – ↑Isobathythermen
Isothymen – Linien gleicher Verdunstungsintensität
Isovaporen – Linien gleichen Dampfdrucks, zur Darstellung der absoluten Luftfeuchtigkeit (Meteorologie)

Isopleten: I. sind Linien gleicher Zahlenwerte bei der flächenhaften Darstellung eines von zwei verschiedenen Faktoren gleichzeitig abhängigen Phänomens in einem Koordinatensystem. Durch Thermoisoplethen z. B. lassen sich gleichzeitige Tages- und Jahresschwankungen der Temperatur an einem bestimmten Ort darstellen.

Isostasie: I. nennt man Vorgänge, die zur Herstellung des Gleichgewichts zwischen den einzelnen Teilstücken des oberen Bereichs der Erdkruste (Sial) und der darunter befindlichen Unterkruste (Sima), auf der diese gleichsam schwimmen und je nach ihrer Masse und Dichte verschieden tief eintauchen, führen. Nach dieser Theorie hat die Abtragung eines Gebirges eine Hebung zur Folge. – ↑auch Glazialisostasie.

Isthmus: Die Bezeichnung wurde von dem Isthmus von Korinth übernommen und meint eine natürliche, schmale Landbrücke, die die Verbindung zwischen bedeutend größeren Landgebieten herstellt; die deutsche Bezeichnung lautet daher *Landenge*.

J

Jacales [span. xa'kales]: Bezeichnung für Slumsiedlungen in Mexiko, ↑Slum.

Jäger und Sammler: Dieser völkerkundliche Begriff bedeutet das gleiche wie ↑Wildbeuter.

Jahreszeiten: Die Einteilung des Jahres in vier durch die scheinbare Sonnenbahn an der Sphäre gegebene Zeitabschnitte, die durch die Tagundnachtgleichen und die Sonnenwenden festgelegt werden, ergibt die astronomischen Jahreszeiten. Die unterschiedliche Länge der J. ist bedingt durch die unterschiedlich schnelle Bewegung der Erde in ihrer Bahn um die Sonne. Frühling und Sommer haben auf der Nordhalbkugel eine Länge von zusammen 186 Tagen und 10 Stunden, Herbst und Winter hingegen eine Länge von zusammen 178 Tagen und 20 Stunden. Die Dauer der einzelnen Jahreszeiten ist infolge der Apsidendrehung und der Präzession leicht veränderlich.

Die klimatischen Unterschiede der J. beruhen auf der Neigung der Erdbahnebene gegen den Äquator (Schiefe der Ekliptik); die Sonne erreicht deshalb über den Wendekreisen eine Neigung zum Äquator von +23° 27′ (zur Sommersonnenwende) bzw. von −23° 27′ (zur Wintersonnenwende). In den verschiedenen geographischen Breiten erreicht die Sonne also zu verschiedenen J. unterschiedliche Höhen über dem Horizont. Dieser Unterschied der Höhe, der zwischen den beiden Extremwerten, der Sommer- und Wintersonnenwende, rund 47° ausmacht, bedingt einen unterschiedlich schrägen Einfall der Sonnenstrahlen auf der Erde. Dazu kommt ein weiterer Effekt: Die Tages- bzw. Nachtlänge eines Tages ist auch von der Höhe der Sonne über dem Horizont abhängig. Nur wenn die Sonne über dem Äquator steht (also zum Zeitpunkt der Tagundnachtgleiche), sind Tag und Nacht gleich lang. (Allerdings erscheinen an allen Orten zwischen den Wendekreisen wegen zu geringer Unterschiede alle Tage des Jahres gleich lang). Im Sommerhalbjahr ist, abhängig von der geographischen Breite, der Tag länger als die Nacht und die Dauer der Sonneneinstrahlung deshalb größer. Die längere Sonneneinstrahlung und der steilere Einfall der Sonnenstrahlen bedingen die klimatischen Unterschiede der Jahreszeiten.

Jahreszeitenfeldbau: Der J. ist im Gegensatz zum Dauerfeldbau an eine bestimmte Jahreszeit gebunden, da die Vegetationszeit durch Trockenheit oder Kälte unterbrochen wird. Man unterscheidet daher den *Sommerfeldbau* der gemäßigten Breiten, den *Winterfeldbau* der Winterregengebiete und den *Regenzeitenfeldbau* der tropischen wechselfeuchten Gebiete. Unter diesen Formen gibt es vielfältige Übergänge.

Jahreszeitenklima: Von J. spricht man, wenn im Klimaablauf jahreszeitlich auffallende Temperaturunterschiede auftreten. In mittleren und höheren Breiten sind diese deutlich ausgeprägt, da sich hier, bedingt durch die Schrägstellung der Erdachse (↑Ekliptik), der Einfallswinkel des Sonnenlichtes auf die Erdoberfläche im Laufe des Jahres stark verändert. Daher sind in diesen Bereichen die jährlichen Temperaturunterschiede größer als die täglichen. In den Tropen, wo die täglichen Temperaturunterschiede größer sind, spricht man daher – im Gegensatz zum J. – vom Tageszeitenklima.

Jetstream [englisch 'dʒɛt͵striːm]: svw. ↑Strahlstrom

Joch: lokale Bezeichnung für ↑Paß

Jungmoränenlandschaft: Eine J. wurde während der letzten Eiszeit (Weichsel bzw. Würm) geschaffen und ist daher in ihrer ursprünglichen Form und Zusammensetzung noch deutlich erkennbar; die sie aufbauenden Ablagerungen wurden nur wenig verfestigt und verwittert. Typisch für eine J. sind zahlreiche Seen; hierbei handelt es sich um durch das Eis gebildete Wannen und Rinnen, die sich nach dem Abtauen des Eises mit Wasser füllten. Die Schmelzwässer transportierten Sand und Geröll in das Gebiet vor der Endmoräne; so entstanden die für die J. charakteristischen ↑Sander und ↑Urstromtäler.

Jungsiedelland: Beim J. handelt es sich um ein Gebiet, das erst einige Zeit nach der ersten Besiedlung, der sogen. Landnahme, in den heutigen Siedlungsraum Mitteleuropas einbezogen wurde. Gewöhnlich rechnet man die seit dem 9. Jh. kolonisierten Gebiete zum Jungsiedelland. Der Gegensatz ist das z. Z. der Landnahme besiedelte Altsiedelland.

Jura: mittlere Formation des Mesozoikums, ↑Geologie, Formationstabelle.

Jurte: Die J. ist das zerlegbare, runde Zelt der Nomaden in West- und Zentralasien. Die J. besteht aus einem senkrecht stehenden Holzstangengitter, das mit Filzdecken belegt ist; es ist mit gebogenen Holzstangen, die in einem Firstring zusammen gehalten werden und ebenfalls mit Filzdecken belegt sind, eingewölbt. Die J. ist 2–3 m hoch und hat einen Durchmesser von 6–8 m.

juveniles Wasser: Als j.W. bezeichnet man Tiefenwasser, das aus dem Magma des Erdinneren stammt und noch nicht am allgemeinen Wasserkreislauf teilgenommen hat. Es wird bei vulkanischen Vorgängen frei (z.B. bei Schüttungen von Thermalquellen) und gelangt so neu in den irdischen Wasserkreislauf. Mengenmäßig ist j.W. jedoch fast ohne Bedeutung. – Der Gegensatz ist vadoses Wasser.

K

Kabbelung: Kleine Wellen, die an der Berührungslinie verschieden gerichteter, konvergierender Strömungen oder bei starken Gezeitenströmen über unebenem Grund auftreten, nennt man Kabbelung. Stellenweise werden diese kurzperiodischen Wellen von glatter See unterbrochen. K. ist im Meer oft an der langgestreckten Ansammlung von Treibmassen (Tang, Eis usw.) oder an Schaumstreifen zu erkennen. So bildet sich z. B. beim Zusammentreffen des Südäquatorialstromes mit dem Pazifischen Gegenstrom ein deutlich erkennbares Gischtband aus.

Kabotage (Cabotage) [...'ta:ʒə]: Der rechtliche Begriff K. beinhaltet die meist den eigenen Staatsangehörigen eines Staates vorbehaltene Erbringung von Beförderungsleistungen zwischen zwei Punkten des Inlandes. Völkerrechtlich ist die K. zulässig, weil das allgemeine Völkerrecht nirgends die völlige rechtliche Gleichstellung von Ausländern mit Inländern verlangt; etwas anderes kann jedoch aufgrund zwischenstaatlicher Vereinbarungen gelten. Die K. kann sich auf Land-, See- (Kabotageschiffahrt) und Luftverkehr beziehen. Ein K.vorbehalt ist in manchen Gesetzen (der Klarheit halber) ausdrücklich ausgesprochen.

kalben: Brechen unter großem Getöse die vordersten Teile von einer Gletscherzunge oder von Inlandeismassen ab und stürzen in den vor dem Gletscher liegenden See, spricht man von k.; bei Hängegletschern kann der Absturz ebenfalls in einen See, aber auch auf einen anderen Gletscher erfolgen. Ebenso spricht man von k., wenn die randlichen Teile von Schelfeismassen abbrechen, die dann als Eisberge im Meer treiben.

Kalifornischer Strom: kalte Meeresströmung im nördlichen Pazifik, ↑Karte Meeresströmungen.

Kalium-Argon-Methode: Die K. ist eine Möglichkeit der ↑physikalischen Altersbestimmung.

kalkliebende Pflanzen (Kalkpflanzen, Kalkholde): K. Pf. sind Pflanzen, die kalkreiche, warme, trockene und nichtsaure Böden bevorzugen. Das Calcium der Böden dient als Nährstoff und als Stoffwechselregulator. Durch k. Pf. wird der Wärme- und Wasserhaushalt des Bodens gefördert und der Boden aufgelockert. Die biologischen Vorgänge im Boden werden günstig beeinflußt. Bei den k.n Pf. treten jedoch alle Übergänge zwischen echten Kalkzeigern, die nur auf Kalkböden wachsen können, und bodenvagen Pflanzen auf, die keine klare Bindung an Kalkböden haben und auch auf trockenen und warmen Sandsteinböden anzutreffen sind. Echte Kalkpflanzen sind z. B. Rittersporn, Aronstab, Akelei und viele Orchideen.

Kalksinter (Kalktuff, Süßwasserkalk): K. nennt man einen aus fließendem Wasser durch rasches Entweichen von Kohlensäure ausgefällten Kalkstein. Infolge Verunreinigungen und durch Überkrustung von Pflanzen weist er eine lockere, poröse Struktur auf; er bildet krustenartige Überzüge, niedrige Wälle und Terrassen (Sinterterrassen), in Höhlen auch Tropfsteine. – ↑auch Travertin.

Kalkstein: K. ist ein Sedimentgestein, das überwiegend aus Calciumcarbonat ($CaCO_3$) besteht, und zwar hauptsächlich aus dem Mineral Calcit, daneben auch aus Aragonit oder Dolomit; es entsteht überwiegend im Meer (besonders in warmen Flachmeeren), aber auch auf dem Festland, d.h. in Quellen, Flüssen und Seen. K. bildet sich sowohl durch unmittelbare chemische Ausfällung als auch biogen aus Kalkschalen oder -skeletten von Muscheln, Schnekken, Korallen, Foraminiferen u.a. Tieren oder unter wesentlicher Beteiligung pflanzlicher Organismen. Man unterscheidet 1. dichten, feinkörnigen, gut geschichteten oder als *Massenkalk* in unregelmäßigen Korallenriffstöcken vorkommenden, durch Verunreinigungen unterschiedlich gefärbten K., 2. porösen K. (↑Kalksinter), 3. oolithischen K. (↑Oolith), 4. erdigen K. (↑Kreide), 5. kristallinen K. (↑Marmor).

Kalktuff: svw.↑Kalksinter

Kalmen: Als K. bezeichnet man Gebiete innerhalb der Äquatorzone, die durch Windstille oder nur leichte, veränderliche Luftbewegungen gekennzeichnet sind. Sie sind über den Meeren besonders ausgeprägt und werden seemännisch auch *Mallungen* genannt. Da die K. im Bereich der ↑innertropischen Konvergenz liegen, verschieben sie sich mit dem Sonnenhöchststand und liegen im Südsommer bei etwa 5° südlicher Breite, im Nordsommer zwischen 10° und 15° nördlicher Breite. Die K. sind außerdem reich an Bewölkung und Niederschlägen.

Kältepol: Als K. wird die Stelle auf der Erde bezeichnet, an der die niedrigste Temperatur gemessen wurde. Diese liegt für die Südhalbkugel in der Ostantarktis, wo in der Station Wostock am 24. August 1960 eine Temperatur von −88,3°C, und später in der Nähe des Südpols eine von −94,5°C gemessen wurde, auf der Nordhalbkugel in Oimjakon an der Indigirka, Ostsibirien, wo −70°C als tiefster Wert gemessen wurde.

Kältewüste: Als K. bezeichnen wir polare und subpolare Gebiete sowie Teile der Hochgebirge, die wegen Wärmemangels durch eine Pflanzenarmut oder -leere geprägt sind.

Wo durch die völlige Bedeckung mit Eis oder Schnee jeder Pflanzenwuchs unmöglich ist, sprechen wir von einer *Eiswüste;* dies ist in der Antarktis und in den vergletscherten Hochgebirgsregionen der Fall.

Kaltfront: Als K. bezeichnet man in der Meteorologie eine ↑Front, bei der sich kältere Luftmassen unter vorgelagerte warme Luft schieben.

kaltgemäßigte boreale Zone: In dieser Klimazone, die nur auf der Nordhalbkugel auftritt, liegen die mittleren Julitemperaturen bei einem nur kurzen Sommer bei mindestens 10°C, die Winter sind durch tiefe Temperaturen und eine geschlossene Schneedecke geprägt; ihre Nordgrenze bildet die polare Waldgrenze. In Nordamerika erstreckt sich die k.b.Z. in einem weiten, um die kalten Wasser der Hudsonbai nach Süden schwingenden Bogen von Alaska bis Labrador, in Europa von Skandinavien ostwärts über Nordsibirien, in den Mündungsgebieten der sibirischen Flüsse weit nach Norden bis zum Nordpolarmeer ausgreifend, bis zum Ochotskischen Meer.

Je nach Lage zu den benachbarten Meeresgebieten kann die k.b.Z. in einen ozeanischen, kontinentalen und hochkontinentalen Klimatyp untergliedert werden, Kriterien hierfür sind eine Vergrößerung der Jahresamplitude der Temperatur und ein Rückgang der Niederschläge.

Kaltluftsee: Kaltluftseen sind kalte Luftmassen, die sich aufgrund ihrer Schwere in Geländevertiefungen und abgeschlossenen Tälern absetzen oder dorthin abfließen. Oft kühlen sich nach nächtlicher Ausstrahlung an der Erdoberfläche die aufliegenden Luftschichten ab, worauf sich diese jetzt schweren Luftmassen in tiefer gelegene Geländeteile verlagern, wo daher dann zuerst Fröste auftreten.

Kaltzeit: ↑Eiszeit

Kambrium: älteste Formation des Paläozoikums, ↑Geologie, Formationstabelle.

Kames: K. sind durch fließendes Wasser zwischen Gletscher- und Inlandeisresten aufgeschüttete Hügel und Rücken aus geschichteten Sanden und Kiesen. Im Unterschied zum wallförmigen Os sind sie kuppen- oder kegelförmig mit ebener Oberfläche; K. sind im allgemeinen 10–20 m hoch.

Kamp: Die Kampflur ist eine regionale Ausprägung der Blockflur; ↑Flurformen.

Kamsin (Chamsin): Der K. ist ein starker, trockener und heißer Wind in Nordafrika. Er weht überwiegend im Frühling und Frühsommer aus südlicher bis westlicher Richtung und führt große Mengen von Sand und Staub mit sich.

Kanal: Einen künstlich angelegten Binnenschiffahrtsweg nennt man Kanal. Die Höhenunterschiede des Reliefs werden durch ↑Schleusen oder ↑Schiffshebewerke überwunden. Kanäle verbinden die Binnengewässer miteinander (z.B. Rhein-Rhône-Kanal); nicht schiffbare Flüsse erhalten oft einen *Seitenkanal* (z.B. Lippe-Seitenkanal). *Stichkanäle* stellen den Binnenwasserstraßenanschluß zu einer Stadt her (z.B. Zweigkanal nach Salzgitter vom Mittellandkanal). *Seekanäle* (z.B. Panama-, Sues-, Nord-Ostsee-Kanal) sind Durchstiche von Landengen, die von Hochseeschiffen benutzt werden können.

Kanarenstrom: kalte Meeresströmung im nördlichen Atlantik, ↑Karte Meeresströmungen.

Kanat (Qanat, persisch Kares, in Nordafrika Foggara): Ein K. ist ein unterirdischer Kanal, über den in Trockengebieten Grundwasser über längere Strekken (bis zu 20 km) auf die Felder der Oasen geleitet wird. Die Kanate, die oft in großer Tiefe (bis zu 100 m) meist am Gebirgsrand (oft in Schwemmfächern) aber auch in Wadis ihren Anfang nehmen, sind mit leichtem Gefälle angelegt, so daß das Wasser frei (von alleine) fließen kann. Unmittelbar vor den zu bewässernden Feldern erreicht der K. die Erdoberfläche, das Wasser fließt in ein oberflächliches Bewässerungssystem ein. Zum Bau und zur Erhaltung sind zahlreiche Schächte (die an der Oberfläche als runde, umwallte Löcher erscheinen) in kurzen Abständen notwendig, durch die das ausgegrabene Material (und später Verunreinigungen, das sind v.a. nachstürzende Erdbrocken) an die Oberfläche befördert werden. Kanate, die heute in Nordafrika und Vorderasien verbreitet sind, erfordern somit einen großen Arbeitsaufwand; ihr Vorteil ist die stetige Wasserversorgung und eine geringe Verdunstungsrate.

Känozoikum (Neozoikum): erdgeschichtliche Ära, ↑Geologie, Formationstabelle.

Kaolin (Porzellanerde): K. ist ein dichtes, feinerdiges Gestein, ein Gemisch v.a. der wasserhaltigen Tonerdesilicate Kaolinit, Dickit und Nakrit der *K.reihe,* die alle die chemische Zusammensetzung $Al_2O_3 \cdot 2SiO_2 \cdot 2H_2O$ besitzen, sowie von Allophanen. Aus dem Rohkaolin der Lagerstätte gewinnt man durch Schlämmen, Flotation u.a. den *technischen K.* (Feinkaolin); dieser ist ein hochwertiger keramischer Werkstoff, der zur Herstellung von Porzellan verwendet wird. K.e werden auch als Füllstoffe in der Papierindustrie, in der Kunststoff- und Seifenindustrie verwendet.

Kar: Ein K. ist eine nischenartige Hohlform an einem ehemals vergletscherten Hang; es wird im Rücken und auf den beiden Seiten durch steile, häufig zu Graten emporführende Wände, die *Karwände,* begrenzt. Der wannenförmig vom Eis ausgeschliffene *Karboden* besitzt rückläufiges Gefälle und wird talwärts durch die z.T. mit Moränen überdeckte *Karschwelle* abgeschlossen. In den K.en lagen früher Gletscher, sie können auch heute noch kleine *Kargletscher* enthalten; z.T. sind sie heute von *Karseen* erfüllt. Durch Vereinigung nebeneinanderliegender kleiner K.e entstehen *Großkare,* mehrere übereinander auftretende K.e bilden eine *Kartreppe.* Die K.e sind meist aus fluviatilen Vorformen durch die Frostverwitterung und die besondere Wirkung des Eises (↑Glazialerosion) hervorgegangen; heute werden sie vielfach durch Hangschutt stark aufgefüllt.

Karawanserei: K.en nennt man Rast- und Übernachtungsstationen für Karawanen. Sie wurden auch als Umschlagplätze genutzt. K.en sind überall im Orient anzutreffen, ihre Bedeutung sank jedoch seit Einführung des Lastwagens ständig. Heute sind sie weitgehend bedeutungslos und oft nur noch als Ruinen vorhanden. K.en sind in der Regel rechteckige Anlagen, bei denen die Räumlichkeiten für Menschen und Waren einen Innenhof umgeben, in dem die Tiere nachts Schutz finden.

Karbon: Formation des Paläozoikums, ↑Geologie, Formationstabelle.

Kares: in Iran übliche Bezeichnung für ↑Kanat.

Karn: jüngste Stufe der alpinen Mittleren Trias, ↑Geologie, Formationstabelle.

Karren (Schratten): K. nennt man eine morphologische Kleinform der Lösungsverwitterung im Karst, also in Kalk-, Gips- und Dolomitgestein. Bei den furchenartigen, durch schmale, oft scharfe Rippen getrennten, fast parallelen *Rinnen-* oder *Rillenkarren* ist neben der Lösung auch die Abspülung durch das abrinnende Regen- und Schneeschmelzwasser von Bedeutung; sie treten nur an Hängen auf, unabhängig von der Gesteinsschichtung. Die bis über 20 m tiefen *Kluft-* und *Schichtfugenkarren* bilden sich, auch auf flachem Gelände, durch Erweiterung von Klüften bzw. Schichtfugen. Auf größeren bloßliegenden Kalkoberflächen können ausgedehnte *Karrenfelder* ausgebildet sein, z.B. das Gottesackerplateau im Bregenzerwald.

Karst: Der Name ist von einer slowenischen Landschaft im Triester Hinterland übernommen und steht allgemein für den durch ↑Korrosion in leicht wasserlöslichen Gesteinen (Kalk- und Gipsgesteine) entstehenden Formenschatz. Die starke Wasserdurchlässigkeit dieser Gesteine läßt an der Oberfläche nur eine kärgliche oder gar keine Pflanzenwelt entstehen, so daß sich oft regelrechte Steinwüsten bilden; man spricht von einer *Verkarstung* des entsprechenden Gebietes. Das Niederschlagswasser versickert in das klüftige Kalkgestein und bildet dort verzweigte unterirdische Gewässernetze, die manchmal auch Höhlen durchfließen und somit *Höhlenflüsse* bilden. Die Stellen, an denen dieses Wasser zutage tritt, nennt man *Karstquellen.* Es handelt sich hierbei jedoch nicht um natürlich gereinigtes Quellwasser, da z.T. große Mengen Schwebstoff mitgeführt werden. Die einzelnen Erscheinungsformen des K.es wie ↑Höhlen, ↑Dolinen, ↑Uvalas, ↑Poljen, ↑Ponore, ↑Karren u.a., sind in ihrer Ausbildung von der Gesteinsbeschaffenheit, dem Klima, der Vegetation und besonders den Wasserverhältnissen abhängig. An der Grenze von Kalk und undurchlässigem Nebengestein können sich *Karstrandebenen* bilden; solche Verebnungen sind besonders typisch für die Verkarstung in den Tropen und in den sommerfeuchten Subtropen wegen der hier verstärkten Lösung des Gesteins im Niveau des Grundwasserspiegels. Dabei bleiben vielfach steilwandige Kalkkuppen oder -türme als Reste einer ehemals höhergelegenen Landoberfläche erhalten, wir sprechen hier von *Kegel-* oder *Turmkarst.*

Karstquelle ↑Karst

Karte: Als K. bezeichnet man eine verebnete, in einem bestimmten Maßstab verkleinerte und generalisierte Abbildung der Erdoberfläche (Erdkugel) oder eines Teiles von ihr, anderer Weltkörper oder des Weltraums. Bei der Abbildung der Erdkugel in eine Ebene treten stets Verzerrungen auf, die je nach dem Bestimmungszweck der Karte durch die Wahl des ↑Kartennetzentwurfes stärker oder schwächer in Erscheinung treten.

Kartennetzentwurf (Kartenprojektion): Beim K. handelt es sich um die Darstellung der Erde (Kugelgestalt) oder Teile von ihr in einer Ebene (Fläche). Da wir alle Punkte der Erde mit Hilfe des Gradnetzes bestimmen können, wird also bei einem K. das Gradnetz in eine Ebene projiziert. Eine Kugeloberfläche können wir aber nur in eine Ebene bringen, wenn wir die Kugel aufschneiden, sie aufrollen und in eine Ebene zu pressen versuchen. Dabei muß die Kugeloberfläche entweder an ihren Rand aufreißen oder in ihrem Wölbungsbereich zusammengedrückt werden. Sowohl beim Aufreißen

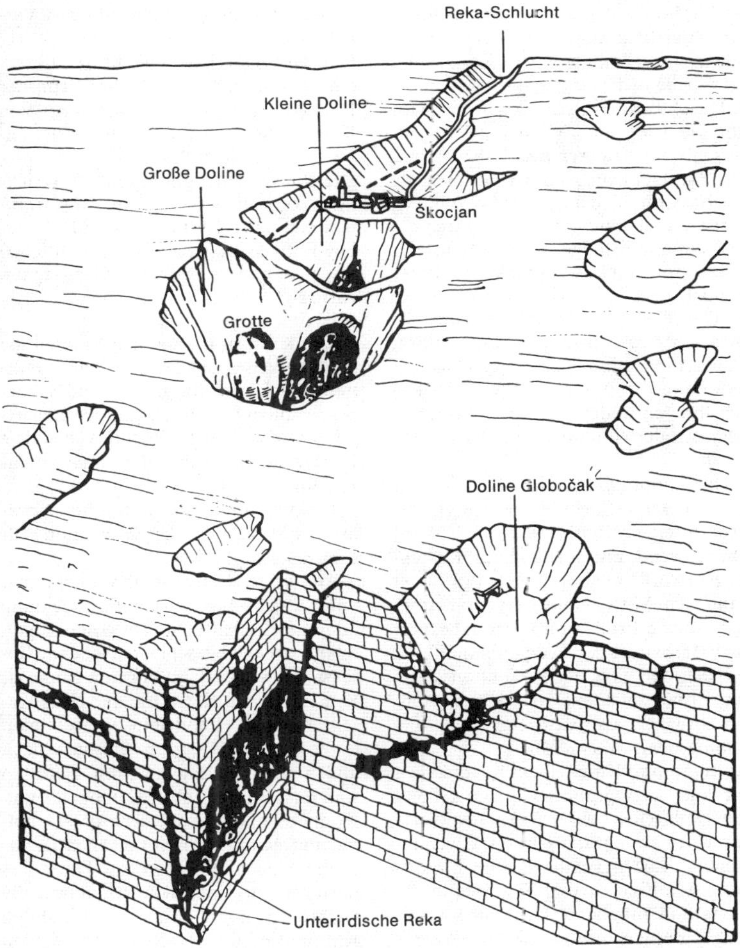

Karst bei Škocjan (Sankt Kanzian), Istrien. Reka-Schlucht, Dolinen und Höhlen

als auch beim Zusammendrücken wird die Erdoberfläche (Kugeloberfläche) deformiert, d.h. verzerrt. Es gibt also keine verzerrungsfreie Darstellung der Erde in einer Ebene.
Wir haben die Möglichkeit, mit Hilfe mathematischer Berechnungen die Erde entweder längentreu (abstandstreu), flächentreu oder winkeltreu abzubilden. Eine Ausnahme bildet der vermittelnde K., bei dem versucht wird, die flächenhafte Darstellung der Erde annähernd so wie auf dem Globus wiederzugeben. Eine solche Darstellung ist weder längen-, noch flächen-, noch winkeltreu. Es gibt drei grundsätzliche Möglichkei-

ten die Erde auf eine Fläche zu projizieren. Hierfür kommen die Projektionsflächen des Zylinders, des Kegels und der Ebene in Frage.

1. Die *Zylinderprojektion:* Hierbei wird um die Erde ein Zylinder gelegt, der verschiedene Achsenlage haben kann. Der Zylinder kann zum Beispiel die Erde am Äquator, also an einem ↑Großkreis, berühren, er kann aber auch durch die Erde hindurchstoßen, wie es z.B. bei der ↑Mercatorprojektion (winkeltreu) der Fall ist.

2. Die *Kegelprojektion:* Bei einer K. wird ein Kegel über die Erde gestülpt, wobei die Achsenlage unterschiedlich sein kann. Im Normalfall wird die Kegelachse entweder mit einer Erdachse oder mit der Äquatorebene zusammenfallen.

3. Die *Azimutalprojektion:* Bei der A. ist die Projektionsfläche eine Ebene, die die Erde in einem Punkt berührt. Sie wird überwiegend als polständiger Kartennetzentwurf angewandt; ein Pol bildet dann den Mittelpunkt der Projektion. Eine solche Projektion kann daher nur eine Halbkugel der Erde abbilden.

Je nach der Lage der Projektionsachse zur Erdachse bezeichnen wir Kartennetzentwürfe als *polständig, äquatorständig* oder *schiefachsig.*

Kartogramm: Unter einem K. verstehen wir die kartographische Darstellung geographischer oder statistischer Werte auf einer topographisch stark vereinfachten Kartengrundlage. Die Einordnung der Figuren und Symbole in die Karte soll möglichst lagerichtig erfolgen. Wir unterscheiden u.a. *Punktkartogramme* (jeder Punkt verkörpert eine Mengeneinheit), *Flächenkartogramme* (eine bestimmte Fläche entspricht einer bestimmten Mengeneinheit), *Körperkartogramme* (für Mengendarstellungen setzt man dreidimensionale Symbole, z. B. Würfel), *Diakartogramme* (in Abschnitte unterteilte Kreise, Quadrate oder Säulen, z.B. Klimadiagramme) und *Bandkartogramme* (verschieden breite Banddarstellungen geben z.B. Auskunft über die Intensität des Verkehrs).

Kartographie: Unter K. versteht man die Wissenschaft und Technik von der Herstellung und Vervielfältigung von Karten und kartenähnlichen Darstellungen.

Die älteste kartographische Aufzeichnung kennen wir aus dem Zweistromland auf einer Tontafel um 3 800 v.Chr. Die Entwicklung der wissenschaftlichen K. geht auf die griechischen Geographen zurück.

Kasba:

◊ Die K. ist in islamischen Städten die an der höchstgelegenen Stelle der Stadtmauer gelegene Burg, die dem Schutz gegen äußere Feinde und der Beherrschung der Stadt diente. Auch viele Dörfer im Randgebiet der Sahara besitzen eine Kasba.

◊ In Algier und anderen Städten Nordafrikas ist K. auch die Bezeichnung für die Altstadt, die Medina.

Kaste: Im weitesten Sinne versteht man unter K. jede durch eigene Entscheidung oder gesellschaftliche Diskriminierung relativ streng abgeschlossen lebende Gesellschaftsschicht. Im engeren Sinne ist K. eine soziale Kategorie der Hindugesellschaft. Im Hinduismus versteht man unter K. eine Gruppe, die sich nach außen durch Endogamie, d.h. Heiraten sind nur innerhalb einer K. möglich, und Kommensalität, d.h. durch das Gebot, nur mit Mitgliedern der eigenen K. zusammen zu essen, abgrenzt. Die Zugehörigkeit zu einer K. wird durch die Geburt bestimmt. Traditionell sind den K.n bestimmte berufliche Tätigkeiten zugeordnet, dies wird jedoch in der Praxis nicht streng durchgehalten; die K.n behindern also merklich die ↑vertikale Mobiltät. Ferner wird eine K. durch gemeinsame Sitten und Gebräuche zusammengehalten sowie durch kastenspezifische Verpflichtungen, die jeder einzelne zu erfüllen hat. Ursprünglich bestanden nur vier „warna" (der indische Ausdruck für K.), und zwar Brahmanen (Priester), Kschatrija (Krieger),

Waischja (Bauern und Handwerker), Schudra (Knechte). Im Laufe der Zeit bildeten sich z.B. durch Mischehen von Angehörigen verschiedener „warna" und durch Aufnahme fremder Gruppen immer neue K.n heraus, so daß die Vierereinteilung mehr und mehr zu einer wirklichkeitsfremden Theorie wurde. Die sich so ergebende große Anzahl von K.n, die „jati" (Geburt) genannt werden, läßt sich für das heutige Indien auf etwa 3000 schätzen, wobei Name und K. von Gebiet zu Gebiet wechseln und die Neubildung von K.n jederzeit möglich ist. Außerhalb des K.nsystems stehen die K.nlosen oder Parias, die auch ihrerseits verschiedene Untergliederungen kennen. Das K.nsystem ist in Indien auch in den Islam eingedrungen. Reformsekten versuchten, das K.nsystem abzuschaffen; moderne Reformer wie Gandhi bekämpften seine Auswüchse. Nach der indischen Verfassung sind kastenbedingte Vorrechte und Benachteiligungen beseitigt, das K.nsystem ist jedoch auch heute noch in Indien einflußreich.

Katarakt: Ein K. ist eine durch einen Querriegel aus härterem Gestein verursachte Stromschnelle größerer Ausdehnung. Von K. spricht man im allgemeinen beim Nil, dessen sechs Katarakte von der Mündung aus gezählt werden (wobei allerdings der zweite inzwischen vom Nassersee überflutet wurde).

Katasterkarte (Flurkarte): Als K. bezeichnet man großmaßstäbige Pläne (Darstellung ohne Höhenlinien) oder Karten (mit Höhenlinien) des Maßstabs 1 : 1000 bis 1 : 5000. Die K. weist Besitzverhältnisse aus und ist daher nicht im Handel zu erhalten. Interessenten können jederzeit bei den Katasterämtern Einsicht in die K. nehmen und sie auch erwerben.

Kaufheirat (Kaufehe, Brautkauf, Frauenkauf): Die K. ist eine Heiratsform bei Naturvölkern, bei der der Ehemann seinem Schwiegervater als Ausgleich für den Verlust des Mädchens Geld oder andere materielle Güter, den sogen. *Brautpreis,* übergibt. Dieser stellt zugleich eine Garantie für eine dauerhafte Ehe dar und verfällt, wenn der Mann seine Frau schlecht behandelt und diese ihn verläßt. Der Brautpreis muß aber vom Brautvater zurückgezahlt werden, wenn die Ehe kinderlos bleibt.

Kavernenspeicher: Bei einem K. handelt es sich um einen künstlich angelegten, ausgebauten oder erweiterten unterirdischen Hohlraum, der zur Lagerung von Erdöl oder Erdgas verwendet wird.

Kawir: K. ist die Bezeichnung für eine ↑Salztonebene in Iran.

Kees: in Salzburg, Kärnten und Osttirol übliche Bezeichnung für ↑Gletscher.

Kegelkarst (Turmkarst): K. ist ein für die Tropen und feuchten Subtropen typisches Ergebnis der Karstverwitterung, ↑Karst.

Kegelprojektion: Die K. ist ein ↑Kartennetzentwurf zur Darstellung der Erde in einer Ebene.

Keuper: jüngste Abteilung der germanischen Trias, ↑Geologie, Formationstabelle.

Kibbuz (Mehrzahl Kibbuzim): Ein K. ist eine ländliche Siedlung in Israel, in der kollektive Wirtschafts- und Lebensweisen herrschen. Jedes Mitglied des Kollektivs (zwischen 400 und 1500) ist Arbeiter in einem Wirtschaftszweig des Kibbuzes. Die erwirtschafteten Überschüsse werden gemäß den Bedürfnissen des Betriebes (Investitionen) und der Mitglieder (Lebensunterhalt, Erziehung, Kultur) ausgegeben. Ursprünglich war ein K. ein rein landwirtschaftlicher Betrieb (300 bis 600 ha) mit hoher Mechanisierung. Viele K.im unterhalten heute aber bereits Industriebetriebe, etwa zur Verarbeitung landwirtschaftlicher Produkte, einige auch Erholungsheime für Touristen. Der erste K. wurde 1909 im Jordantal gegründet, heute gibt es etwa 230 Kibbuzim mit 80 000 Mitgliedern.

Eine Sonderform des K. ist der *Nahal* (Grenzkibbuz); seine Mitglieder sind Angehörige der Armee, die bei Angriffen sofort voll einsatzfähig sind, um die Grenze zu verteidigen.

Kies: K. ist ein klastisches fluviatiles, glazifluviales oder marines Sediment aus gerundeten Gesteinsbrocken von 2 mm bis 60 mm Durchmesser; er wird unterteilt in *Feinkies* (2–6 mm), *Mittelkies* (6–20 mm) und *Grobkies* (20–60 mm).

Kieselsinter: K. nennt man Ausscheidungen von Kieselsäure (Siliciumdioxid) aus fließendem Wasser; sie treten v.a. an heißen Quellen, besonders an Geysiren, auf.

Kieswüste: svw: ↑Serir

Kimberlit: K. ist ein zu den Peridotiten gehörendes Tiefengestein, das im wesentlichen aus den Mineralen Olivin und Augit besteht und in engen, ovalen oder runden Eruptionsschloten, den sogen. Pipes, als Explosionsbreccie aus sehr großer Tiefe bis an die Oberfläche gefördert wurde. K. kommt v.a. in Südafrika vor und enthält hier die unter hohem Druck auskristallisierten Diamanten.

Kimm: K. ist auf See die Bezeichnung für den ↑Horizont.

Kippe: Eine K. ist ein Platz, an dem Bodenmaterial an- oder aufgeschüttet wird, z.B. der beim Tagebau anfallende Abraum. Einfache, ungeordnete Mülldeponien werden als Müllkippe bezeichnet.

Klamm: Als. K. bezeichnet man ein enges, aber sehr tiefes Gebirgstal mit fast senkrechten, z.T. sogar überhängenden Felswänden, und zwar noch enger und tiefer als eine Schlucht. Eine K. entsteht, wenn ein Bach oder Fluß bei tiefliegender Erosionsbasis zu Tiefenerosion in morphologisch sehr widerständigem Gestein gezwungen wird, z.B. die Bäche der Hohen Tauern beim Durchqueren der randlichen Kalkphyllite (Liechtensteinklamm, Gasteiner Klamm, Kitzlochklamm).

Klan (Clan): Das Wort K. ist eine völkerkundliche Bezeichnung für eine Gruppe, die ihre Abstammung von einem gemeinsamen, nicht realen bzw. genealogisch nicht nachweisbaren Vorfahren, oft einem mythischen Totemwesen, ableitet.

Klarwasserflüsse: K. nennt man Flüsse mit relativ klarem, durchsichtigem, gelb- bis olivgrünem Wasser im Amazonastiefland, mit geringem Gehalt an Schwebstoffen; z.B. Rio Tapajós, Rio Xingu. Die K. kommen von den alten, stark abgetragenen Massiven Zentralbrasiliens und Guayanas, die verhältnismäßig wenig Verwitterungsmaterial liefern und außerdem im wechselfeuchten Klima liegen, wo sich die Flußwässer in der Trockenzeit klären können. Gegensätze zu den K.n sind Schwarzwasserflüsse und Weißwasserflüsse.

klastische Gesteine (Trümmergesteine): K.G. sind Sedimentgesteine, die aus den Bruchstücken älterer Gesteine gebildet worden sind. Sie stehen also im Gegensatz zu den chemischen Sedimentgesteinen, die durch Ausfällung entstanden sind und den organogenen Gesteinen.

Klause:

◊ Mit diesem Namen werden v.a. im Alpenraum ganz allgemein Engtalstrekken bezeichnet. z.B. die Salurner Klause, die die Grenze zwischen deutschem und italienischem Sprachgebiet in Trentino-Südtirol markiert.

◊ Im Schweizer Jura sind speziell die ↑Klusen gemeint.

Kleiböden: Als K. bezeichnet man die Böden der ↑Marschen.

Kleinstadt: In der Gemeindestatistik ist eine K. eine Stadt mit 5000 bis 20000 Einwohnern. Im zentralörtlichen Schema entspricht eine K. einer Mittelpunktsiedlung bzw. einem Unterzentrum. Sie kann als solche nur eine aber auch mehrere Funktionen ausüben; sie besitzt keine Differenzierung in einzelne Stadtviertel.

Kleinzentrum (Unterzentrum): Im System der ↑Zentralen Orte ist ein K. ein Ort mit geringer Zentralität.

Kliff: Durch die ständige Arbeit der Meeresbrandung, die ↑Abrasion, entsteht an der Küste ein Steilabfall, der K. genannt wird. Die auf der Abrasionsplatte anlaufenden Wellen untergraben das Steilufer durch Brandungshohlkehlen, das überhängende Gestein bricht nach, und die *Kliffküste (Abbruchküste, Steilküste)* rückt somit im Laufe der Zeit immer weiter landeinwärts.

Klima: Unter K. versteht man die Gesamtheit der meteorologischen Erscheinungen, die den mittleren Zustand der Atmosphäre an irgendeiner Stelle der Erdoberfläche kennzeichnen, zum anderen aber auch die Gesamtheit der Witterungen eines längeren oder kürzeren Zeitabschnittes (innerhalb eines Jahres), wie sie durchschnittlich in diesem Zeitraum einzutreten pflegt. Das K. ist eine Folge physikalischer Vorgänge, die in der Atmosphäre durch die Bestrahlung der Erde durch die Sonne in Gang gesetzt werden. Der Verlauf dieser Prozesse wird wesentlich durch geographische Breite, Verteilung von Festland und Meer, Meeresströmungen, aber auch durch Relief, Vegetation, Bebauung u.a. mitgestaltet. Man bezeichnet diese geographischen Voraussetzungen als *Klimafaktoren.* Ihr Einfluß auf den Gang und die Größe der *Klimaelemente,* das sind Sonnen- und Himmelsstrahlung, Temperatur, Luftfeuchtigkeit, Wind, Bewölkung, Niederschlag usw. ist deutlich nachweisbar. So unterscheidet man ein ↑ Höhenklima, ↑ Stadtklima, ↑ maritimes Klima und ↑ kontinentales Klima und andere Klimate. – Nach der Größenordnung der klimatologisch untersuchten Gebiete wird eine Dreiteilung vorgenommen in *Großklima* (Makroklima). das K. im eigentlichen Sinn, das für die ↑ Klimaklassifikation, Gliederung der Erdoberfläche in Klimaregionen, entscheidend ist, in *Lokalklima,* Mesoklima, das K. abgeschlossener Räume wie Talkessel, Stadt usw., und in *Mikroklima,* das K. der bodennahen Luftschicht mit nur geringer räumlicher Ausdehnung. Diese drei Bereiche sind nicht scharf voneinander zu trennen, da sie vielfältig aufeinander einwirken.

Mit der wissenschaftlichen Erforschung des K.s. befaßt sich die Klimatologie.

Klimaänderung: Von einer K. sprechen wir bei einer nachhaltigen Änderung der klimatischen Gegebenheiten. Die ständig nur in einer Richtung verlaufenden Abweichungen vom bisherigen mittleren Zustand bleiben dann über einen längeren Zeitraum wirksam. Kurzzeitige Veränderungen, die auch einmal in der Gegenrichtung verlaufen können, werden dagegen Klimaschwankungen genannt; beide sind aber nicht immer klar voneinander zu trennen. K.en, die mit kosmischen Vorgängen zu erklären sind, bestehen meist für ganze geologische Zeiträume.

Klimadiagramm: Das K. ist eine graphische Darstellung der Klimaelemente Temperatur und Niederschlag für einen bestimmten Ort. Dabei werden alle gemessenen Einzelwerte berücksichtigt und zu Monatsmittelwerten verrechnet. Der Beobachtungszeitraum erstreckt sich über wenigstens 30 Jahre, um tatsächlich eine typische Aussage über die jährlich auftretenden Abläufe dieser Erscheinungen zu gewährleisten. Ein wesentlicher Nachteil des K.s besteht darin, daß bestimmte Vorgänge des Wettergeschehens in ihren jährlichen Häufigkeitsverteilung zugunsten der Mittelwertdarstellug nicht mehr zu erkennen sind. Umfassende Klimadiagramme, von denen auf Seite 172 Beispiele wiedergegeben sind, berücksichtigen außerdem noch einen Reihe weiterer Klimaelemente.

Vgl. hierzu die ausführlichen Erläuterungen auf Seite 173.

Klimaelemente: Als K. bezeichnet man die meßbaren meteorologischen Erscheinungen der Atmosphäre, wie Strahlung, Luftdruck und die dadurch ausgelösten Windverhältnisse, Temperatur, Bewölkung, Luftfeuchtigkeit, Niederschläge, Verdunstung. Die K. bewirken in Abhängigkeit von den örtlich gegebenen ↑ Klimafaktoren das Klima eines bestimmten Gebietes.

Klimafaktoren: Unter den K. verstehen wir die jeweiligen geographischen Gegebenheiten eines Gebietes, welche entscheidenden Einfluß auf das Klima ausüben. Dazu gehören die Höhenlage, die geographische Breitenlage, die Lage

Fortsetzung S. 174

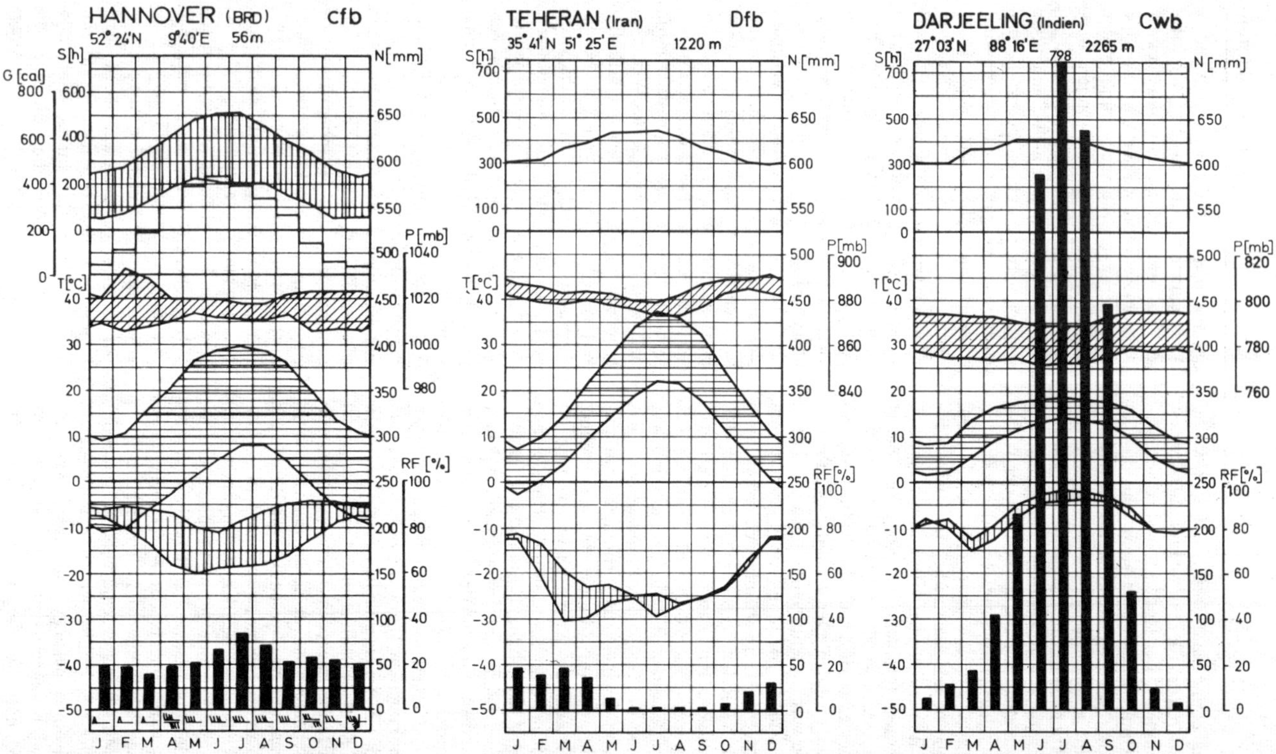
HANNOVER (BRD) cfb
52° 24'N 9°40'E 56m
TEHERAN (Iran) Dfb
35° 41' N 51° 25' E 1220 m
DARJEELING (Indien) Cwb
27° 03' N 88° 16' E 2265 m
798
S[h]
N[mm]
G [cal]
T[°C]
P[mb]
RF [%]
J F M A M J J A S O N D

Erläuterung der Klimadiagramme

Die auf diesen Seiten abgebildeten ausführlichen Klimadiagramme sind wie folgt zu lesen.

1. Ortsangabe. Diese steht als Überschrift über dem Diagramm und enthält auch die geographischen Koordinaten der meteorologischen Station, in der die dargestellten Daten gemessen wurden, sowie deren Höhenlage ü.d.M.

2. Gliederung des Jahres. An der Fußleiste des Diagramms erscheinen die Monatsnamen mit ihren Anfangsbuchstaben. In der Säule über dem Monatsbuchstaben erscheinen also die für diesen Monat ermittelten langjährigen Durchschnittswerte der einzelnen Klimaelemente, im allgemeinen wird eine 30jährige Meßperiode, die sogen. Normalperiode, ausgewertet.

3. Temperatur. Den unteren Teil der linken Diagrammbegrenzung bildet die Skala T [°C], also Lufttemperatur in Grad Celsius, und zwar gemessen in strahlungsgeschützter, natürlich belüfteter Meßhütte in 2 m Höhe über Rasen. Das dazugehörige Kurvenpaar ist durch waagerechte Striche als Feld sichtbar gemacht, dessen untere Begrenzungskurve meistens in der Nähe der °C-Linie verläuft, die auch durch einen etwas kräftigeren Strich hervorgehoben ist. Diese untere der beiden Kurven gibt die mittleren monatlichen Minimaltemperaturen, die obere die entsprechenden Maximaltemperaturen an. Je größer nun das waagerecht schraffierte Feld dabei wird, desto größer ist die Tagesamplitude der Temperatur, desto größer ist aber auch der Spielraum der tatsächlich auftretenden Temperaturen.

4. Niederschlag. Die monatliche Niederschlagshöhe (gemessen in Regenmessern mit 200 cm^2 Auffangfläche in 1 m Höhe) erscheint als schwarze Säule im unteren Teil des Diagrammes. Die dazu gehörige Skala nimmt die gesamte rechte Begrenzung des Diagramms ein: Skala N [mm], also Niederschlag in Millimetern. Sollte der zur Verfügung stehende Raum nicht ausreichen, wie z.B. im Juli im Diagramm von Darjeeling, wird der absolute Wert über das nur scheinbare Ende der Säule gesetzt.

5. Windverhältnisse. Im Kästchen unmittelbar über den Monatsnamen ist die in diesem Monat häufigste Windrichtung, und zwar im allgemeinen mittags, durch die Richtung des Zeichens und die Windgeschwindigkeit durch die Zahl der am Windrichtungsende eingezeichneten Fähnchen dargestellt. Die Fähnchen zeigen die mittlere Windgeschwindigkeit des Gesamtwindes in Meter pro Sekunde, und zwar bedeutet ein Strich = 1 m/s, ein Dreieck 5 m/s. Sind zwei Zeichen eingetragen, bedeutet das, daß diese beiden Windrichtungen gleich häufig auftreten. In Hannover z.B. tritt im Dezember Westwind ebenso häufig auf wie Südwind, und zwar in der gleichen Stärke. Bei fehlenden genauen Messungen wird nur die häufigste Windrichtung durch einen Pfeil angegeben. Außerdem können hier folgende Zeichen auftreten: 0 = keine ausgeprägte Windrichtung, c = Windstille (Kalmen), • = keine Angaben vorhanden.

6. Relative Luftfeuchtigkeit. Diese wird durch das unterste, senkrecht schraffierte Feld dargestellt, die Werte sind an der Extraskala RF [%], also relative Luftfeuchtigkeit in Prozent, rechts unten abzulesen. Hier verzeichnet die obere Kurve die Maxima in den Morgenstunden, die untere Kurve die Minima des frühen Nachmittags.

7. Luftdruck. Dieser wird durch das schräg schraffierte Feld dargestellt, wobei die untere Kurve die niedrigsten Durchschnittswerte einer hier nur zehnjährigen Beobachtungsperiode, die obere die entsprechenden durchschnittlichen Höchstwerte verzeichnet. Die dazugehörige Skala findet sich rechts außen als Skala P [mb], also Luftdruck in Millibar. Bei diesen absoluten Werten handelt es sich um korrigierte und reduzierte Werte (↑Luftdruck).

8. Sonnenschein. Im obersten Teil des Diagramms wird die Sonnenscheindauer dargestellt, genau gesagt die mittleren Monatssummen der Sonnenscheindauer, mit der Skala S [h], also Sonnenscheindauer in Stunden, an der linken Diagrammbegrenzung oben. Die untere Kurve gibt die tatsächliche Sonnenscheindauer an, die mittels eines sogen. Sonnenscheinautographen, der eine Brennspur auf Spezialpapier schreibt, aufgezeichnet wurde. Die obere Kurve zeigt die astronomisch mögliche Sonnenscheindauer (von Sonnenaufgang bis Sonnenuntergang), die allerdings bei tiefem Sonnenstand (unter 5°) wegen der Abschwächung der schräg einfallenden Sonnenstrahlen tatsächlich nicht erreicht werden kann. Die Differenz zwischen den beiden Kurven, die im Diagramm durch senkrechte Striche verbunden sind, ist außerdem ein Richtmaß für die durchschnittliche Bewölkung.

9. Globalstrahlung. Darunter versteht man die globale Bestrahlungsstärke mit solarer Strahlung der Wellenlänge 0,3 μm bis 3 μm auf die Horizontalfläche, sie setzt sich aus der direkten Sonnenbestrahlung und der diffusen Himmelsbestrahlung zusammen. Die Messung erfolgt mit einem kalorimetrischen Meßgerät, das die einfallende Strahlung absorbiert und in Einheiten elektrischer Spannung umsetzt. Früher wurde diese Wärmemenge in Kalorien je Flächen- und Zeiteinheit (cal/cm^2 min) angegeben, die Skala (links oben außen) lautet daher G [cal]. Nach dem internationalen Maßsystem lautet die neue Einheit nun Wärmeäquivalent pro Quadratmeter: W/m^2, wobei 1 cal/cm^2 min = 697,8 W/m^2 entspricht. Im Diagramm erscheinen die Monatsmittelwerte einer meist zehnjährigen Registrierungsperiode als Stufendiagramm, um von der Sonnenscheindauer unterscheidbar zu sein.

zum Meer und zu größeren Gebirgen. Daneben spielen noch die Vegetationsdecke und die Bodenbeschaffenheit eine Rolle.

Klimakurort: svw. ↑heilklimatischer Kurort

Klimaregion: Bei einer Klimaklassifikation, die die ↑Allgemeine Zirkulation der Atmosphäre mit berücksichtigt, ergeben sich nach W. Weischet folgende zehn Klimaregionen:

1. Die immerfeuchten inneren Tropen: Hier treten ganzjährig Niederschläge im Bereich der innertropischen Konvergenz auf; an den Ostseiten der Kontinente jedoch unter dem Einfluß kontinentaler Passatluft merklich weniger. Die stets hohen Tagesmitteltemperaturen zeigen im Laufe des Jahres nur geringe Schwankungen; die Unterschiede zwischen Tag- und Nachttemperatur dagegen sind bedeutender.

2. Die sommerfeuchten äußeren Tropen:
Als Folge der durch die Passate bedingten Trockenheit im Winter sind die Niederschläge hier auf die Zeit des Sonnenhöchststandes beschränkt. Die Tagesmitteltemperaturen, die jahreszeitlich bereits Unterschiede aufweisen, sind kurz vor der Regenzeit am höchsten.

3. Die subtropisch-randtropischen Trockengebiete:
Da die sommerliche Regenzeit mit größerer Entfernung von Äquator immer kürzer wird, die Niederschläge immer unergiebiger werden und schließlich ganz ausbleiben, ist die Trockenheit – bei hohen Temperaturen – für diese K. das kennzeichnende Klimaelement. Sie ist auf der Westseite der Kontinente ausgeprägter als auf der Ostseite, da sich hier Ausläufer des Monsuntiefs bemerkbar machen.

4. Die subtropischen Winterregengebiete (auf den Westseiten der Kontinente):
Diese K. wird im Winter, wenn die subtropisch-randtropische Antizyklone relativ nahe dem Äquator liegt, vom zyklonalen Wettergeschehen höherer Breiten beeinflußt, das heißt Kaltlufteinbrüche mit Niederschlägen, die im Gebirge als Schnee fallen, wechseln rasch mit Hochdruckwetter mit intensiver Sonnenstrahlung ab. Im Sommer dagegen wird diese K. ganz von der subtropischen Antizyklone selbst bestimmt, das bedeutet Trockenheit und hohe Lufttemperaturen.

5. Die subtropischen Sommerregengebiete (auf den Ostseiten der Kontinente):
Im Winter herrschen hier ähnliche Bedingungen wie auf den Westseiten. Im Sommer jedoch bringt der Monsun große Mengen ozeanischer, d.h. wasserdampfhaltiger, Luftmassen ins Land, die zu starken Regenfällen führen. Diese übertreffen die gelegentlichen Winterniederschläge, welche oft als Schnee fallen, bei weitem. Die Wintertemperaturen liegen merklich unter denen an den Westseiten.

6. Subtropisches Kontinentalklima:
Diese K. wird vom Winterregengebiet im Westen und vom Sommerregengebiet im Osten beeinflußt, von beiden aber nur in relativ geringem Maße, für sie ist daher insgesamt wenig und zudem unergiebiger Niederschlag charakteristisch, der außerdem noch ganz unregelmäßig über das Jahr verteilt fällt, je nachdem, welcher Einfluß sich wann und wo durchsetzen kann. Typisch sind weiterhin niedrige Winter- und hohe Sommertemperaturen. Diese K. kann deshalb als Ausläufer der subtropisch-randtropischen Trockengebiete angesehen werden.

7. Zyklonales Westwindklima (an den Westseiten der Kontinente):
Diese K. wird ganzjährig von maritimen Luftmassen bestimmt, so daß auch ganzjährig Niederschläge fallen, die im Winter am stärksten sind, und auch die Temperaturen das ganze Jahr über gemäßigt erscheinen.

8. Kontinentalklima der hohen Mittelbreiten:
Typisch für diese K. ist die große Jahresamplitude der Temperatur, d.h. der sehr hohe Unterschied zwischen tiefen

Winter- und recht hohen Sommertemperaturen. Die Niederschläge fallen auch hier das ganze Jahr über, jedoch am häufigsten im Sommer, da sie durch Konvektion entstehen.
9. Außertropisches Ostseitenklima:
Das Kennzeichen dieser K. sind heftige Kaltlufteinbrüche sowohl im Winter (aus dem Kontinent) als auch im Sommer (aus den Polargebieten). Die meisten Niederschläge fallen ebenfalls im Sommer.
Die K.en 7 bis 9 werden als Klimate der hohen Mittelbreiten zusammengefaßt, also die Klimate innerhalb der planetarischen Frontalzone, in der die außertropische Westwindzone witterungsbestimmend und die kurzfristig auftretenden zyklonalen Wirbel aus der Polarfront wetterbestimmend sind. Charakteristisch ist die unterschiedliche Tageslänge und damit der sehr komplizierte Wärmehaushalt im Laufe des Jahres, woraus sich die für diese Breiten typischen thermischen Jahreszeiten ergeben.
10. Die Polarregionen:
Diese K. wird durch ganzjährige Kälte bestimmt, daher sind die Niederschläge gering; sie fallen im Sommer.

Klimascheide: Von einer K. sprechen wir bei einem Gebirge, welches aufgrund seiner Erstreckung und seiner Höhe zwei Räume mit unterschiedlichen klimatischen Gegebenheiten trennt. Als K. wirken meist küstenparallel verlaufende Gebirge, welche die maritimen Einflüsse auf die Küstenbereiche begrenzen. Dies wirkt sich in erster Linie auf die absolute Menge der Niederschläge aus (sie sind im Luv des Gebirges hoch, im Lee dagegen gering) oder führt zu Unterschieden in der jährlichen Verteilung der Niederschläge. Herrscht auf der dem Meer zugewandten Seite nur ein gemäßigter jährlicher Temperaturgang, so entwikkeln sich zum Innern des Kontinentes hin ein merklich kontinentaler ausgebildeter jährlicher Temperaturverlauf, d.h. die Unterschiede zwischen wärmstem und kältestem Monat sind bedeutend größer. Ein typisches Beispiel für eine Klimascheide bildet das Dinarische Gebirge in Jugoslawien, das die klimatisch unterschiedlich geprägten Räume der Dalmatinischen Küste und des Donautieflandes trennt.

Klimaschwankungen: K. sind kurzzeitige Veränderungen der klimatischen Gegebenheiten um einen mittleren Wert, der sich über einen sehr langen Zeitraum hin ergibt. K. stehen im Gegensatz zu nachhaltigen, langen Veränderungen des Klimas, die nur in einer Richtung verlaufen, den *Klimaänderungen,* sind aber von diesen nicht immer deutlich zu unterscheiden. Deshalb werden beide zusammenfassend als *Klimaveränderungen* bezeichnet. Auffällige Erscheinungen der K. sind Temperaturerhöhung oder -rückgang, Anstieg, Abschwächung oder andere jahreszeitliche Verteilung der Niederschläge und – damit im Zusammenhang stehend – auch des Luftdrucks.

Klimatologie (Klimakunde): K. ist die Lehre vom Klima der Erde. Sie beschäftigt sich mit dem gesetzmäßigen Witterungsverlauf im Jahresablauf, um daraus eine Aussage über den mittleren Zustand der Atmosphäre abzuleiten. Ihre Grundlage sind die Beobachtung der verschiedenen ↑ Klimaelemente. Diese werden an den Klimastationen zu festgelegten Tageszeiten (7, 14, 21 Uhr Ortszeit) nach vereinbarten Richtlinien und mit vergleichbaren Instrumenten und Methoden durchgeführt; sie werden zu Monatstabellen zusammengefaßt und von den Zentralen der Wetterdienste in Form von Jahrbüchern veröffentlicht. Das Netz der K.stationen auf der Erde ist noch ungleichmäßig und lükkenhaft.

Klimazonen: Als K. werden großräumig Gebiete zusammengefaßt, in denen die wesentlichen Züge des Klimas gleichartig sind. Legt man den Einfallswinkel der Sonnenstrahlen auf die Erde zugrunde, erhält man durch diese rein mathematische Einteilung die zum Äquator parallel verlaufenden *solaren Klimazonen.* Diese Zonierung erweist sich aber als wenig sinnvoll, da bei gleicher geographischer Breitenlage unterschiedliche ↑Klimafaktoren zu abweichenden klimatischen Erscheinungen führen können. So führen größere zusammenhängende Landmassen zu einem kontinentalen Charakter des Klimas und andererseits weite Meeresflächen zu Klimaten mit maritimem Charakter. Es kommt also in der Wirklichkeit zu einer Auflösung der rein zonalen Anordnung, weshalb man heute auch mehr eine Einteilung nach Klimaregionen vornimmt. Die weiteste Verbreitung hat die Klimaklassifikation von *W. Köppen* gefunden, die auf der Grundlage von Schwellenwerten der Temperatur und Niederschläge basiert, jedoch auch die jahreszeitliche Verteilung dieser Elemente berücksichtigt; außerdem gehen Andauerwerte von Temperatur und Niederschlag in die Klassifikation ein, und es werden die Auswirkungen des Klimas auf die Vegetation berücksichtigt. Zur Kennzeichnung der Klimagebiete dient Köppen die sogen. Klimaformel, eine Aneinanderreihung von Buchstaben, von denen der erste die Klimazone, der zweite den Klimatyp und der dritte den Klimauntertyp kennzeichnet. Die fünf Klimazonen werden dabei durch die Buchstaben A bis E unterschieden:

A. Tropische Klimate

Diese K. umfaßt den Wirkungsbereich der innertropischen Konvergenz, wo das jährliche Temperaturmittel nicht unter 25°C absinkt und kein Monatsmittel unter 18°C liegt. Die Tagesschwankungen der Temperatur sind größer als die Jahresschwankung von höchstens 6 Celsiusgraden. Die über das ganze Jahr verteilten Niederschläge betragen wenigstens 1500 mm. Jeweils mit dem Sonnenhöchststand erreichen die Niederschläge in der jährlichen Verteilung ein Maximum.

B. Trockenklimate

Diese sind im Gegensatz zu den vier anderen Klimazonen entscheidend durch die Niederschlagsmengen gekennzeichnet, wenngleich auch die Temperatur und deren Einfluß auf die Verdunstung die Grenze der Trockengebiete mit beeinflußt. Eine jährliche Niederschlagsmenge von 700 mm und ein jährliches Temperaturmittel von 25°C beschreibt die Trockengrenze.

C. Warmgemäßigte Klimate

In dieser K. liegen die Temperaturen des kältesten Monats zwischen +18°C und −3°C. Die jährlichen Niederschläge sind ungleich verteilt. Deshalb wird u.a. zwischen wintertrockenen und sommertrockenen C-Klimaten unterschieden.

D. Schneeklimate (kaltgemäßigte boreale Klimate)

Bei geschlossener Schneedecke während des Winters herrschen in dieser K. Januartemperaturen im Mittel von unter −3°C. In der kurzen Sommerzeit steigen aber die Monatsmittelwerte über +10°C. Die Länge der sommerlichen Periode ist ausschlaggebend für die in dieser K. anzutreffenden Waldarten. So genügt der anspruchslosen Birke schon ein Monat im Jahr mit einem Mittelwert von über +10°C (Birkenklima). Mit der Verlängerung der sommerlichen Vegetationsperiode stellen sich geschlossene Fichtenwälder ein (Fichtenklima) und endlich bei mehr als viermonatigem Sommer mit den oben genannten Mittelwerten der Temperatur ergeben sich die idealen Wachstumsbedingungen für die Eiche. Das Gebiet des Eichenklimas erstreckt sich in Eurasien zwischen dem Bottnischen Meerbusen und dem Schwarzen Meer als ein Dreieck mit nach Osten gerichteten Spitze, die im Gebiet des Baikalsees liegt. Dieser Raum entspricht auch dem agrarisch genutzen Teil der Sowjetunion (Agrardreieck). Diese K. fehlt auf der Südhalbkugel, weil hier mit Ausnahme der Antarktis selbst die Kontinente nicht weit genug polwärts reichen.

E. Eisklimate

Diese K. findet man in Gebieten, in denen die Temperatur der wärmsten Monate im Mittel nicht über 10°C liegt. Sie umfaßt die nördlichen Küstenregionen Asiens und Nordamerikas zum

Nordpolarmeer, dessen ganzjährige Eismassen und die weit ausgreifende Treibeiszone die angrenzenden Küstengebiete klimatisch stark beeinflussen, sowie den antarktischen Raum.
Aus diesen fünf Klimazonen ergeben sich die elf, durch Hinzufügen eines zweiten Buchstabens gekennzeichneten *Hauptklimatypen,* die den meisten Klimakarten zugrunde liegen.
Unter Berücksichtigung der ↑Allgemeinen Zirkulation der Atmosphäre ergibt sich eine weit differenzierte Klimaklassifikation, wie sie Weischet in seinen ↑Klimaregionen erarbeitet hat.
Klinge: Als K. wird ein kurzes, schmales, jedoch gefällstarkes Tälchen ohne Talboden bezeichnet; es ist eine Sonderform des Kerbtals.
Klippe:
◊ Nahe an die Meeresoberfläche oder darüber hinausragende einzelne Felsen werden als Klippen bezeichnet. Sie finden sich häufig an Steilküsten, wo sie durch die Brandung herausgearbeitet wurden.
◊ Auch eine durch anstehende Felsen bedingte Untiefe in einem Fluß wird als K. bezeichnet.
◊ Eine in Gebirgen isoliert aufragende Felsgruppe kann K. genannt werden.
Kluft: K. nennt man einen Riß oder eine Fuge im Gestein; sie ist manchmal zu einem Spalt erweitert. Klüfte entstehen v.a. durch tektonischen Zug oder Druck sowie bei der Erstarrung magmatischer Gesteine. Diese *Klüftung* erfolgt meist in bestimmten Richtungen *(Kluftsysteme).* Klüfte bilden sich auch bei der Druckentlastung, wenn infolge der Abtragung der auf dem Gestein lastende Überlagerungsdruck nachläßt und sich daher mächtige Gesteinsschalen an meist oberflächenparallel verlaufenden Flächen ablösen *(Druckentlastungsklüftung).*
Kluse (Klause, Klus): Bei einer K. handelt es sich um einen engen Taldurchbruch durch eine Antiklinale; sie ist meist tektonisch angelegt und besonders gut ausgeprägt und häufig im Schweizer Jura. Es sind dort kurze Quertäler, in denen größere Flüsse die Ketten durchbrechen. Alle größeren Klusen wurden durch Flüsse geschaffen, die schon vor der Entstehung des Jura vorhanden waren. Die Gebirgsbildung verlief so langsam, daß sich die Gewässer der Hebung entgegenwirkend einschneiden und damit behaupten konnten, es entstanden antezedente Durchbruchstäler.
Knoten: In der *Astronomie* bezeichnet man den Schnittpunkt der Bahn eines Himmelskörpers mit der Grundebene eines astronomischen Koordinatensystems, speziell mit der Ebene der Ekliptik, als Knoten. Den K., in dem der Himmelskörper die Grundebene (Ekliptikebene) in nördlicher Richtung durchstößt, bezeichnet man als den *aufsteigenden Knoten,* denjenigen, in dem die Grundebene in südlicher Richtung durchstoßen wird, als *absteigenden Knoten.* Zur Festlegung der Bahn eines Himmelskörpers des Sonnensystems benutzt man als Bahnelement die sogen. Knotenlänge, den in der Ebene der Ekliptik gemessenen Winkelabstand des aufsteigenden K.s vom Frühlingspunkt.
Knoten (Einheitszeichen kn): In der Seefahrt wird die Geschwindigkeit von Schiffen (gegenüber dem Wasser) in Knoten angegeben. 1 kn = 1 sm/h (also eine Seemeile pro Stunde) = 1,852 km/h.
Kohle: K. nennt man alle kohlenstoffreichen festen Brennstoffe, im engeren Sinne die brennbaren Überreste von Pflanzen u.a. organischen Substanzen, die in langen geologischen Zeiträumen durch den Vorgang der ↑Inkohlung in braune bis schwarze Sedimentgesteine verwandelt wurden. Die brennbare Substanz muß mehr als 50% ausmachen. Bei geringerem Gehalt spricht man von *Brandschiefer;* dies sind mit Kohlensubstanz durchsetzte Schiefertone. Nach der Art der organischen Ausgangsstoffe unterscheidet man *Humus-* und *Bitumenkohlen,* zwischen denen aber Übergänge bestehen. Humuskohlen sind aus dem Lignin und der Zellulose von Pflanzen hervorgegangen, Bitumenkohlen aus den Eiweiß- und Fettstoffen.

Die Humuskohlen machen über 80 % aller K.n aus. Nach dem Inkohlungsgrad u.a. damit in Zusammenhang stehenden Merkmalen teilt man sie in zwei Gruppen ein, Braunkohle und Steinkohle, diese wiederum in verschiedene Arten. Bei der *Weichbraunkohle* unterscheidet man erdige (weiche) und stückige Sorten, bei der *Hartbraunkohle* Mattbraunkohle und Glanzbraunkohle; letztere wird in Bayern *Pechkohle* genannt. Die einzelnen Arten der *Steinkohle* (mit zunehmendem Inkohlungsgrad) sind: Flammkohle, Gasflammkohle, Gaskohle, Fettkohle, Eßkohle, Magerkohle und Anthrazit.

Die Bitumenkohlen entwickelten sich aus ↑ Faulschlamm (Sapropel) und faulschlammähnlichen Schlammablagerungen *(Halbfaulschlamm* oder *Gyttja)* nährstoffreicher Seen. Sie entstanden unter ständigem bzw. zeitweisem Sauerstoffabschluß und bilden meist nur flözförmige Einlagerungen in der Braun- oder Steinkohle. Zu diesen Bitumenkohlen gehören die blättrig-schiefrig ausgebildete *Blätter-* oder *Papierkohle (Dysodil),* die derbe, mattglänzende *Kännel-* oder *Kerzenkohle,* die aus reinen Algenablagerungen entstandene *Bogheadkohle* und der tiefschwarze, dichte, polierfähige *Gagat* oder *Jet,* der zu Schmuck verarbeitet wird. Aus Wachs, Harz, Blatthäuten und Pollen, also schwer verweslichen Pflanzenbestandteilen, gingen die sogen. *Liptolithe* hervor. Ihr wichtigster Vertreter ist die *Schwelkohle;* sie tritt in der Form von Bänken oder Streifen in der Braunkohle auf. Die reinste Form der Liptolithe stellt die *Wachskohle (Pyropissit)* dar; sie bildet knollen- und nesterförmige Einlagerungen in Schwelkohlenflözen. Auch der *Bernstein* kann hierzu gerechnet werden; denn er ist ein fossiles Harz.

Kohle tritt in Form von mehr oder weniger dicken Schichten, den *Flözen,* auf, die in Sedimentgesteinsschichten eingelagert sind; Flöze, die für einen Abbau zu geringmächtig sind, nennt man *Schmitze.*

Die Struktur der Kohle, eingelagerte Baumstümpfe und Wurzeln u.a. lassen erkennen, daß die meisten K.vorkommen aus waldreichen Flachmooren über das Stadium des ↑ Torfs hervorgegangen sind. Die Mächtigkeit der K.lager läßt auf eine üppige Vegetation, d.h. auch auf ein warm-feuchtes Klima (tropisch, subtropisch oder sogar gemäßigt) schließen. Da unter der Einwirkung der Luft (Sauerstoff) Pflanzen verwesen, können so mächtige Torfschichten, wie sie den großen K.vorkommen zugrundeliegen, nur entstanden sein, wenn die Moore über lange Zeit hinweg bei gleichem Grundwasserstand höher gewachsen sind; also muß sich der Untergrund der Moore ständig gesenkt haben. Solche Senkungen sind typisch für ↑ Geosynklinalen. Viele K.vorkommen, z.B. die des Ruhrgebiets, zeigen einen Wechsel von einzelnen Kohlenflözen und marinen Sedimenten (Sanden und Tonen). Diese sogen. *paralischen Kohlen* sind in Küstennähe entstanden; zeitweise war die Senkung des Landes so stark, daß das Meer die Moore überflutete. *Limnisch* nennt man dagegen die K.n, die in Bekken innerhalb eines Festlandes, ohne Einfluß des Meeres gebildet wurden, z.B. die Steinkohlen des Saarlandes.

Alle Humuskohlen sind solche unter Luftabschluß durch Vertorfung entstandenen Kohlen; man nennt sie auch *autochthon,* da die Moorpflanzen am Bildungsort der Kohle gewachsen sind. Die Bitumenkohlen dagegen sind *allochthone* Bildungen; sie sind aus zusammengeschwemmtem Pflanzenmaterial entstanden. Da dieses lange Zeit der Luft ausgesetzt war, besteht es nur aus den widerstandsfähigeren Bestandteilen wie Sporen, Blatthäuten, Harzen und Wachs.

Die chemische Zusammensetzung der K.n ist äußerst kompliziert. Bei der Steinkohle liegen nur 10 % des Kohlenstoffs frei vor, der Rest ist in einem Verbindungsgemisch enthalten, das v.a. aus aliphatischen und aromatischen Kohlenwasserstoffen besteht, in denen

Zusammensetzung von Kohle (deutsche Einteilung)

	Wassergehalt (frisch) gefördert) %	flüchtige Bestandteile %	Kohlenstoff %	Wasserstoff %	Sauerstoff %	Heizwert in J/kg
		in wasser- und achefreier Substanz				
Weichbraunkohle	45–60	70–50	65–70	5–9	18–30	25100–26800
Hartbraunkohle	10–30	64–45	70–75	5–6	12–18	26800–28500
Flammkohle	4–7	45–40	75–82	5,8–6,0	>9,8	<32850
Gasflammkohle	3–6	35–40	82–85	5,6–5,8	9,8–7,3	bis 33900
Gaskohle	3–5	28–35	85–87	5,0–5,6	7,3–4,5	bis 35000
Fettkohle	2–4	19–28	87–89	4,5–5,0	4,5–3,2	bis 35400
Eßkohle	2–4	14–19	89–90	4,0–4,5	3,2–2,8	35400
Magerkohle	1–3	10–14	90–91,5	3,75–4,0	2,8–2,5	bis 35600
Anthrazit	<2	6–10	>91,5	<3,75	<2,5	bis 36000

außer Sauerstoff z.T. auch Schwefel und Stickstoff chemisch gebunden sind. Bei Braunkohle bestehen die organischen Bestandteile aus dem Bitumenanteil (v.a. Harze und Wachse) sowie aus Huminstoffen, wobei auf die Huminsäuren die Farbe der Braunkohlen zurückzuführen ist. Daneben enthält jede K. anorganische Ballaststoffe (Aschebestandteile).

Kohlevorkommen sind über die ganze Erde verbreitet; sie entstanden v.a. im Jungpaläozoikum (Karbon, Perm) und im Tertiär, aber auch im Mesozoikum (z.B. Kreide). Da die jungpaläozoischen K.n eine längere Bildungsperiode durchlaufen haben und meist von mächtigeren Deckschichten überlagert wurden, handelt es sich bei ihnen meist um Steinkohle, bei den tertiären K.n dagegen meist um Braunkohle; es gibt aber auch karbonische Braunkohlen (z.B. im Moskauer Becken) und tertiäre Steinkohlen (z.B. in Japan). Die geringe Mächtigkeit der Deckschichten bei Braunkohlen läßt meist den Tagebau zu, die große Mächtigkeit bei Steinkohlen erfordert in der Regel den Tiefbau.

Die Steinkohlenvorräte der Erde werden auf über 8000 Mrd. t, die Braunkohlenvorräte auf über 2500 Mrd. t geschätzt. Davon sind aber nur 50–60 % abbauwürdig. 1975 wurden auf der Erde rund 2,4 Mrd. t Steinkohle, und 863 Mill. t Braunkohle gefördert.

Die größten Mengen an K. werden zur Energiegewinnung verwendet. Die K. trug 1975 30 % zur Energiegewinnung auf der Erde bei, 1950 waren es noch 58 %. V.a. die Steinkohle ist aber auch ein wichtiger Grundstoff der Schwer- und chemischen Industrie.

Kolchose: Bei der K. handelt es sich um einen landwirtschaftlichen Großbetrieb im sozialistischen Wirtschaftssystem. Die K. entstand durch Zusammenlegung und stufenweise Kollektivierung bäuerlicher Privatbetriebe. Sie kann auch aus einer oder mehreren Siedlungseinheiten bestehen (alte Dörfer oder Neusiedlungen), die durch einheitliche Betriebsführung und Gemeinschaftseinrichtungen eine Betriebseinheit bilden. Die Großblockflur ist vorherrschend. In der DDR werden die K.n Landwirtschaftliche Produktionsgenossenschaften (LPG) genannt.

Kolk (Strudelloch, Strudelkessel, Strudeltopf): Ein K. ist eine senkrechte, oft mehrere Meter tiefe, kesselförmige Aushöhlung (Auskolkung) im Gestein einer Flußsohle. Ein K. entsteht durch die strudelnde Bewegung von Wasser, das Sand und Geröll mit sich führt, und zwar besonders in Flußengen und Klammen. K.e am Steilhang eines Wasserfal-

les entwickeln sich dadurch, daß ein Teil des niederstürzenden Wassers an der Aufprallstelle zurückgesaugt wird. Es entsteht eine Wasserwalze, die eine Nische in das Gestein des Steilhangs arbeitet, ihn somit unterhöhlt. Das Nachbrechen des Gesteins über der Unterhöhlung trägt zur allmählichen Zurückverlegung des Wasserfalls bei.
Auskolkungen werden auch durch die Brandungswellen an Felsküsten bewirkt, hier entstehen dadurch sogen. *Meermühlen,* sowie unter Gletschern, wobei unter Gletschermühlen sogen. *Gletschertöpfe* entstehen.

Kollektiv: Bei einem K. handelt es sich in der Regel um eine Arbeits- und Produktionsgemeinschaft. Beispiele sind die ↑Kolchosen in der UdSSR und die Kibbuzim in Israel. Es gibt aber auch Theaterkollektive, Autorenkollektive und andere Arbeitsgruppen ohne individualistische Antriebe, die nur auf solidarisches Handeln bedacht sind.

Kollektivbesitz: K. sind alle Dinge innerhalb eines Kollektivs, die nicht Einzelpersonen gehören, also besonders der Boden und die Produktionsmittel, aber auch viele andere Einrichtungen und Güter.

Kollektivwirtschaft: Hierbei handelt es sich um ein Wirtschaftssystem, das in großem Maßstab Gemeineigentum und -wirtschaft betreibt. Die zugrunde liegende Ideologie sieht als entscheidende Kraft der Geschichte die Masse, nicht das Individium. Die politische Ausdrucksform der K. ist häufig der totalitäre Staat.

kolline Stufe (colline Stufe, Hügellandstufe): Die k. St. ist die unterste Höhenstufe der Vegetation in den gemäßigten Breiten; sie umfaßt das Hügelland und die Hanglagen der Mittelgebirge bis 500 (maximal 800) m ü.d.M.; kennzeichnend sind wärmeliebender Eichenmischwald und Kiefernwald; in sehr trokkenen Lagen tritt Steppenheidevegetation auf. Die k. St. ist aber heute an den meisten Standorten durch Kulturland verdrängt.

Kolonialismus: Unter K. versteht man die wirtschaftliche Expansion, die in Form politischer Beherrschung einer unterlegenen Zivilisation abgesichert wird. Der neuzeitliche K. begann im Zeitalter der Entdeckungen im 15. Jh. in einer Verbindung von Rohstoffausbeutung und Missionsgedanken und bestimmte seitdem das Verhältnis der europäischen Staaten zu den überseeischen Gebieten, den Kolonien. Diese Politik lief wesentlich auf die Ausbeutung der Kolonien hinaus; die wirtschaftlichen Aktivitäten wurden auf das Mutterland beschränkt. Die Kolonien hatten Rohstoffe zu liefern und mußten Fertigwaren vom Mutterland abnehmen.
Der Ausdruck K. wird heute auch häufig verwendet, um die Abhängigkeiten eines Staates von einem anderen zu kennzeichnen, wiederum auf wirtschaftlicher, häufig aber auch auf politisch-ideologischer Ebene; man spricht von Neokolonialismus.

Kombinat: Unter einem K. versteht man die räumliche und organisatorische Zusammenfassung von Industriebetrieben unterschiedlicher Produktionsstufen sowie ihrer Nebenbetriebe. Hauptgrund für die Errichtung von K.en ist neben der Rationalisierung die erhoffte bestmögliche Lösung von staatspolitischen und wirtschaftlichen Zielsetzungen. K.e sind besonders in sozialistischen Volkswirtschaften anzutreffen.

Kometen: K. sind nicht scharf konturierte Himmelskörper, die sich auf langgestreckten Bahnen großer Exzentrizität um die Sonne bewegen und ihr Aussehen mit dem Abstand von der Sonne in unterschiedlicher Weise ändern. Der nahezu die gesamte Kometenmasse in sich vereinigende *Kometenkern* (Durchmesser zwischen 1 und 100 km) besteht aus Stein und Nickeleisen (ähnlich der Meteoritenmaterie). Dieses Material ist verbunden und vermischt mit einer Art „Eis“, das bei Annäherung des K. an die Sonne verdampft; dabei werden u.a. Wasser, Ammoniak und Methan frei, deren Moleküle durch photochemische Prozesse weiter zerkleinert und durch die Sonnenstrahlung zum Fluoreszenz- und Resonanzleuchten angeregt werden. Die so entstandene Gaswolke legt sich um den festen Kometenkern. Durch den Strahlungsdruck der Sonnenstrahlung wird die Kometenmaterie nach „hinten“ weggedrückt. Die als *Koma* verzeichnete neblige Gashülle um den Kern mißt etwa 10000 bis 100000 km im Durchmesser. Die durch den Strahlungsdruck bzw. den solaren Wind „fortgeblasene“, den sogen. *Kometenschweif* bildende Materie ist auf einer Länge von 1 Mill. bis 100 Mill. km und bis zu einer Breite von 1 Mill. km beobachtbar; sie erreicht Geschwindigkeiten von 100 bis 1000 km/s.

Die *langperiodischen K.* haben Ellipsenbahnen mit Umlaufszeiten in der Größenordnung von 100 bis 1 Mill. Jahren; beide Umlaufsrichtungen, rechtläufige wie retrograde Bewegung, kommen in etwa gleicher Häufigkeit vor. Verschiedene Beobachtungsergebnisse legen nahe, daß die K. Bestandteil unseres Sonnensystems sind; sie kommen aus einer das ganze System umgebenden Wolke, die die Sonne auf ihrem Weg im Milchstraßensystem begleitet. Die *kurzperiodischen K.* bewegen sich auf Ellipsenbahnen, deren Aphele in der Nähe der Bahn eines der großen Planeten liegen. Dies und andere Befunde deuten darauf hin, daß es sich um von den großen Planeten eingefangene, ehemals langperiodische K. handelt (der Jupiter-Kometenfamilie z.B. werden 68 Mitglieder zugerechnet).

Nur wenige K. sind mit bloßem Auge zu sehen, Riesen-K. sind nur einmal, höchstens zweimal im Jahrhundert beobachtbar; etwa ein Dutzend mittlerer K. haben im Jahrhundert für einige Tage Helligkeiten, die es eventuell möglich machen, sie mit bloßem Auge zu beobachten. Weitaus die meisten entdeckten K. (derzeit etwa 5 bis 6 pro Jahr) bleiben teleskopische Objekte, und nur ein verschwindend kleiner Teil der tatsächlich vorhandenen K. wird überhaupt aufgefunden.

Kompaß: Der K. ist ein v.a. für Schiffahrt, Luftfahrt und Geodäsie wichtiges Instrument zur Bestimmung der Himmelsrichtung bzw. einer horizontalen Bezugsrichtung. Beim Magnetkompaß wird die Richtkraftwirkung ausgenutzt, die das erdmagnetische Feld auf einen (Permanent)magneten ausübt. Im einfachsten Fall, beim sogen. Marschkompaß, ruht ein kleiner Magnetstab mit zugespitzten Enden *(Magnetnadel),* leicht in einer Horizontalebene drehbar, mit seinem Schwerpunkt auf einer feinen Spitze *(Pinne)* über einer Scheibe, auf der die Himmelsrichtungen angegeben sind, der sogen. ↑Windrose. Diese Magnetnadel stellt sich bei ungestörtem erdmagnetischen Feld in die jeweilige erdmagnetische Nord-Süd-Richtung ein, die von der geographischen Nord-Süd-Richtung um die lokale ↑Mißweisung abweicht. Anstelle der Magnetnadel kann ein Magnetkompaß auch eine drehbare, gleichstromdurchflossene Magnetspule mit Weicheisenkern enthalten, wie es bei dem für die Luftfahrt entwickelten *(Erd)induktionskompaß* der Fall ist.

Alle Magnetkompasse werden infolge Störungen des erdmagnetischen Feldes z.B. durch in der Nähe befindliche Eisenmassen (v.a. auf Schiffen) oder stromdurchflossene elektrische Leiter in ihrer Anzeige beeinflußt; diese Störungen können z.T. durch eiserne Kugeln oder Hohlzylinder kompensiert werden. Auf dem Zusammenspiel von Erddrehung, Drehimpulserhaltung und Schwere beruht der *Kreiselkompaß,* der wegen seiner Größe und Schwere aber nur auf Schiffen verwendet wird. Er nutzt die Tatsache, daß ein schnell rotierender Kreisel mit nur zwei Freiheitsgraden, dessen Drehachse gezwungen wird, in der Horizontalebene zu bleiben, diese Achse parallel zur Erdachse zu stellen sucht: Während die Horizontalebene infolge der Erddrehung ihre Lage im Raum verändert, sucht der Kreisel die

Lage seiner Drehachse beizubehalten; da aber die Drehachse z.B. durch ein Pendelgewicht in der Horizontalebene gehalten wird, kann sie sich nur in Richtung des geographischen Meridians einstellen. Die Umdrehungszahlen der Kreisel liegen bei 15000 - 20000 U/min. Der durch die Corioliskraft bedingte Fahrtfehler, der auf Nord-Süd-Kurs am größten, auf Ost-West-Kurs null ist und mit der Geschwindigkeit und in höheren Breiten zunimmt, wird auf unterschiedliche Weise berücksichtigt und korrigiert. In der Nähe der Pole zeigt der Kreiselkompaß wegen fehlender Richtkraft nicht an; hier ermittelt man die Himmelsrichtungen mit dem ↑Astrokompaß.

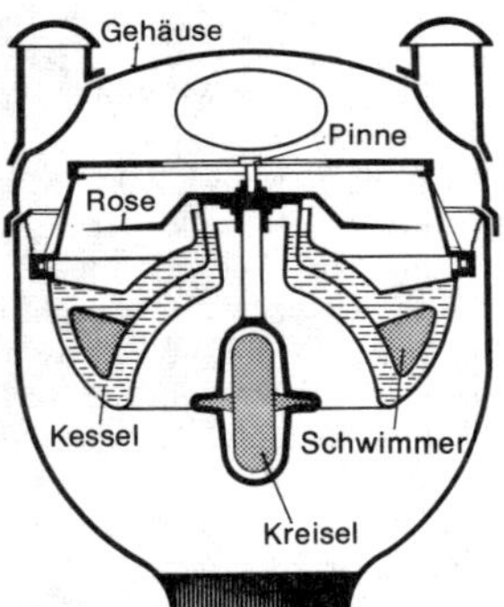

Kompaß. Einfacher Kreiselkompaß im Schnitt. Die im quecksilbergefüllten Kompaßkessel befindlichen Schwimmer dienen der Schwingungsdämpfung

Kompaßrose: exakter Ausdruck für ↑Windrose.

Kompostierung: Bei der K. werden tierische und pflanzliche Abfälle mit Boden und Kalk durchmischt und an einem schattigen Platz zu Haufen von 1,50 m Breite und Höhe aufgeschichtet. Bei ausreichender Feuchtigkeit und guter Durchlüftung entsteht durch die Abbauarbeit der im Boden vorhandenen Bakterien ein wertvoller, mineralreicher Naturdünger. Durch Zusatz von Bakterien und häufiges Wenden kann die K. beschleunigt werden. Der Kompost wird v.a. im Gartenbau verwandt. Neuerdings wird auch der Müll zu Kompost verarbeitet (↑Müllkompostierung).

Kompostwerk: Anlage zur ↑Müllkompostierung.

Kondensation: K. nennt man den Übergang des Wassers von seinem gasförmigen Zustand (Wasserdampf) in den flüssigen (Wasser); bei dieser Zustandsänderung wird Kondensationswärme frei. K. tritt dann ein, wenn die Luft sich unter den Taupunkt abkühlt. Hierbei dienen die in der Luft vorhandenen Schmutzpartikel, Salzkristalle und Ionen als sogen. *Kondensationskerne,* um die sich die Wassertröpfchen anlagern. Die Höhe, ab welcher die K. beginnt, nennen wir das *Kondensationsniveau.*

Konglomerat: Ein K. ist ein grobkörniges Sedimentgestein aus gerundeten Gesteinsbruchstücken (Geröll), die durch tonige, kalkige, kieselige oder eisenhaltige Bindemittel verkittet sind.

Konkretion: K. nennt man eine Mineralausscheidung aus Lösungen in Sedimentgesteinen. K.en sind trauben-, kugel-, nieren- oder linsenförmig; sie sind im Gegensatz zur Sekretion von innen nach außen gewachsen und entstehen bei der Sedimentation oder der anschließenden Diagenese. Beispiele für K.en sind Lößkindel und Feuersteinknollen.

Konkordanz: Von K. spricht man bei gleichsinniger Übereinanderlagerung von Schichten einer Gesteinsserie mit jeweils gleichem Streichen und Fallen. Bei entgegengesetzten Verhältnissen spricht man von ↑Diskordanz.

Konsumgüter: K. sind die Güter, die unmittelbar dem Verbrauch zugeführt werden, also selbst nicht weiter im Produktionsprozeß Verwendung finden. Das Gegenteil sind ↑Investitionsgüter.

Kontaktgestein: Als K. bezeichnet man ein durch ↑Kontaktmetamorphose entstandenes Gestein.

Kontaktmetamorphose: K. nennt man die Gesteinsumwandlung (↑Metamorphose), die durch Berührung mit aufsteigendem Magma und den vom Magma ausgehenden Gasen und heißen Wässern hervorgerufen worden ist. Bei reiner Hitzewirkung – dies ist der häufigste Fall – spricht man von *thermischer K.;* werden auch mineralische Stoffe zugeführt, so bezeichnet man diese K. als *pneumatolytisch;* wenn heiße Wässer einwirken, liegt die sogen. *hydrothermale K.* vor. Die von der K. betroffenen Gesteine werden auch als *Kontaktgesteine* bezeichnet und sind im Gefüge und Mineralbestand verändert.

Kontinent (Erdteil): Als Kontinente bezeichnen wir die großen Landmassen (Festland) der Erde einschließlich des zugehörigen Kontinentalsockels (↑Schelf) und Kontinentalabhangs sowie der dem Schelf aufsitzenden Inseln. Als Kontinente gelten Europa, Asien (beide zusammen werden auch als einheitlicher K. aufgefaßt und so Eurasien genannt), Afrika, Nord- und Südamerika (zusammenfassend auch als Doppelkontinent Amerika bezeichnet), Australien und Antarktika.

kontinental: Das Adjektiv k. bezeichnet in der Klimatologie Erscheinungen und Vorgänge, die für Gebiete innerhalb großer Landmassen und Kontinente typisch sind; z. B. das ↑kontinentale Klima.

Kontinentalabhang: Den Steilabfall vom Schelf zur Tiefsee nennt man K. oder *Kontinentalböschung.* Der K. beginnt in etwa 200 m Tiefe und reicht bis etwa 2400 m Tiefe.

kontinentales Klima (Kontinentalklima, Landklima, Binnenklima): Ein Klima, wie es sich über großen Landmassen in allen Klimazonen ausbilden kann, nennen wir kontinentales Klima. Es zeigt (im Gegensatz zum maritimen Klima) stärkere jährliche und tägliche Schwankungen der Temperatur. Der Grund hierfür liegt in der schnelleren Erwärmung und Abkühlung der Festländer (gemeint ist schneller als Wassermassen). Der Temperaturunterschied zwischen wärmstem Monat und kältestem Monat ist also besonders groß. Die durchschnittliche Luftfeuchtigkeit ist hier wegen der Meeresferne recht niedrig. In der Niederschlagsverteilung finden wir meist im Sommer einen Höhepunkt, da die Niederschläge infolge der verstärkten Sonneneinstrahlung und der Erwärmung des Festlandes als konvektive Niederschläge (↑Konvektion) fallen. Während der Wintermonate liegt in höheren Breiten eine anhaltende Schneedecke, wodurch die Jahreszeiten Frühling und Herbst sehr verkürzt werden.

Kontinentalklima der hohen Mittelbreiten: ein Klima bei der Klassifikation in ↑Klimaregionen.

Kontinentalverschiebung (Kontinentaldrift): Als K. bezeichnet man die erstmals 1912 gleichzeitig von A. Wegener und dem Amerikaner F. B. Taylor unabhängig voneinander angenommene, sehr langsame Horizontaldrift (Epeirophorese) der aus relativ leichtem Material (Sial) aufgebauten Erdkrustenteile, der sogen. Kontinentaltafeln, auf dem schweren plastischen Untergrund (Sima), insbesondere das Auseinanderdriften des amerikanischen Doppelkontinents und der Alten Welt (relative Westdrift der Neuen gegenüber der Alten Welt), die zur Entstehung des Atlantischen Ozeans geführt hat, und das Auseinanderstreben von Afrika, Antarktika, Australien und Indien. Die *Drift-* oder *K.stheorie* geht von einem großen Urozean (Urpazifik) und einem großen zusammenhängenden Urkontinent *(Pangäa)* aus, der bis ins Jungpaläozoikum oder bis zum Mesozoikum bestanden haben soll und zunächst in zwei Teile zerbrach, aus denen einerseits Nordamerika und Eurasien und andererseits Südamerika, Afrika, Antarktika, Australien und Indien entstanden, die seitdem in verschiedene Richtungen auseinander- (bzw. aufeinander zu-) driften; dabei sollen sich z.B. die Faltengebirge an der Westküste Amerikas durch Stau gebildet und Indien sich auf die eurasische Scholle aufgeschoben haben. Argumente für eine K. sind die

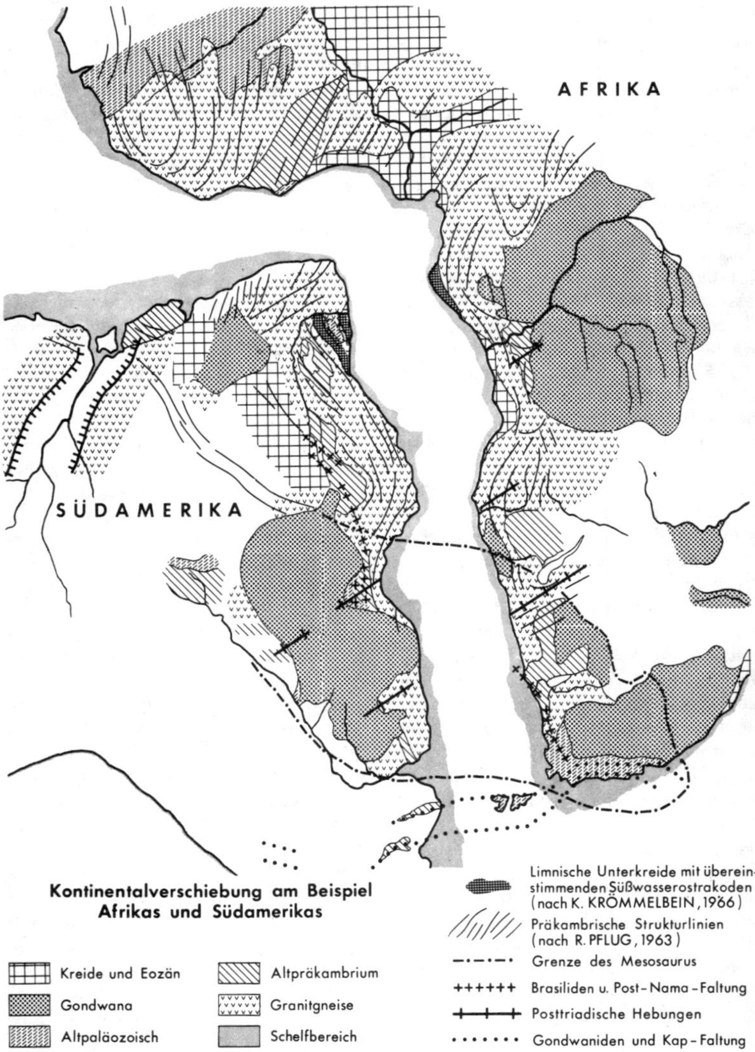

Kontinentalverschiebung am Beispiel Afrikas und Südamerikas

Übereinstimmung der gegenüberliegenden Kontinentalränder von Afrika und Südamerika und dieser Linien mit dem Südatlantischen Rücken, die geologischen, paläontologischen und biogeographischen Entsprechungen sowie auch paläoklimatologische Hinweise (v.a. die permokarbonische Vereisung der südlichen Kontinentteile). Nach zuerst weitgehender Ablehnung durch die Fachwelt hat die K.stheorie, die die Annahme von Landbrücken oder versunkener Zwischenkontinente überflüssig macht, neuerdings durch paläomagnetische Messungen an vortertiären Gesteinen beiderseits des Atlantiks (Untersuchungen des remanenten Gesteinsmagnetismus; ↑Paläomagnetismus) sowie durch magnetische Profilaufnahmen im Bereich der untermeerischen Rücken (v.a. des Mittelatlantischen Rückens) eine erhebliche Stütze erhalten. Die Ursache für das Zerreißen der Kontinente bzw. Kontinentaltafeln und der Antrieb bzw. der Energielieferant für ihre Driftbewegung, deren Geschwindigkeit einige cm pro Jahr beträgt, wird allerdings nicht mehr in einer besonderen Polfluchtkraft, in der Gezeitenreibung u.a. gesucht, sondern in Bewegungen des Erdmantels (v.a. Konvektionsströmungen in ihm) und damit in der Öffnung und Erweiterung der Ozeane (englisch: ocean-floor spreading). In den Mittelozeanischen Rücken quillt Materie des Erdmantels auf und erstarrt (unter Ausrichtung ihrer Magnetisierung parallel zum jeweiligen Erdmagnetfeld); auf der dadurch entstehenden Erhöhung gleitet die ozeanische Erdkruste wie auf einer schiefen Ebene ab, wobei sie z.B. Afrika und Südamerika vor sich her schiebt oder an den Rändern des Pazifiks unter die Kontinente geschoben wird. – ↑auch Plattentektonik.

Kontraktionstheorie (Schrumpfungstheorie): Als K. bezeichnet man eine geotektonische Hypothese, nach der die tektonischen Bewegungen der Erdkruste auf Volumenverminderung der Erdkugel infolge Wärmeabgabe oder gravitativer Verdichtung des Erdinnern zurückzuführen sind. Die K. steht damit im Gegensatz zur Expansionstherorie.- Die heute am häufigsten diskutierte diesbezügliche Theorie ist jedoch die der ↑Plattentektonik.

Konvektion: Als K. bezeichnet man in der Klimatologie die von der Erdoberfläche nach oben gerichtete Luftbewegung, die durch die Erwärmung des Untergrundes infolge der Sonneneinstrahlung ausgelöst wird. Die erwärmte Luft steigt infolge ihrer geringeren Dichte auf und kühlt sich dabei ab; wird das Kondensationsniveau erreicht, bilden sich Kumuluswolken. Die auf diesem Wege hervorgerufenen Niederschläge werden *Konvektivniederschläge* genannt. – Der Gegensatz zu Konvektion ist Advektion.

Konvektionsströme: K. sind Strömungen in Flüssigkeiten und Gasen, die aus Temperatur- und Dichteunterschieden resultieren und zu deren Ausgleich führen. K. treten u.a. in der Atmosphäre auf, wo sie deren Allgemeine Zirkulation auslösen, und im ↑Erdinnern, hier allerdings nur mit Geschwindigkeiten von einigen Zentimetern pro Jahr, wodurch die Kontinentaldrift verursacht wird (↑Plattentektonik).

Konvergenz:

◊ in der *Meteorologie* meint K. den Zustand im Strömungsfeld der Atmosphäre, bei dem in einem Gebiet in der Zeiteinheit mehr Luft zu- als abfließt. Am Boden sind Tiefdruckgebiete gewöhnlich K.gebiete; da eine K. mit aufsteigender Luftbewegung verbunden ist, kommt es hier zur Wolken- und Niederschlagsbildung. Im Bereich des ↑innertropischen Konvergenz treffen die Passatströmungen der beiden Erdhalbkugeln aufeinander. – Der Gegensatz zu K. ist Divergenz.

◊ In der *Ozeanographie* bedeutet K. das Aufeinandertreffen und Zusammenlaufen von Strömungen des Meerwassers. Zwischen den kalten (polaren und subpolaren) und warmen (subtropischen) Wassermassen entstehen deutlich ausgeprägte K.zonen: die beiden subtropischen K.en beiderseits des Äquators sowie die antarktische und arktische K. (beide auch Polarfront genannt.).

Konzerne: Bei K.n handelt es sich um einen Zusammenschluß von mehreren selbständigen Unternehmungen unter einer einheitlichen wirtschaftlichen Führung zum Zweck der Kostenersparnis und der Absatzsicherung.

Koog: K. ist die in Nordfriesland übliche Bezeichnung für einen ↑Polder.

Koordinaten (ko-or...): Als K. gelten alle Längen- und Breitenkreise des geographischen Gitternetzes, deren Schnittpunkte jeden Punkt auf der Erde zahlenmäßig genau festlegen. Die Zählung zur Lagebestimmung erfolgt vom Nullmeridian von Greenwich und vom Äquator aus. So hat Mannheim die geographischen K. 8° 24′ 35″ ö. L. und 49° 29′ 06″ n. Br. (Wasserturm).

Neben den geographischen K. gibt es auch noch geodätische K. Ausgehend vom Mittelmeridian eines Kartennetzentwurfes unterteilen sie als rechtwinkliges Gitternetz (Gauß-Krüger-Netz) topographische und geographische Karten zum Zwecke der Orientierung.

kopernikanisches System: svw. ↑heliozentrisches System

Koppel: Die K. ist eine v.a. in Norddeutschland gebräuchliche Bezeichnung für eine von Zäunen, Hecken, hier Knicks genannt, oder Gräben umgebene Weide- oder Ackerfläche.

Koppelwirtschaft: in Norddeutschland Bezeichnung für die ↑Feld-Gras-Wirtschaft, die hier in der Form der Feld-Weide-Wirtschaft betrieben wird.

Korallenriff: Das K. besteht aus den Skeletten von koloniebildenden Steinkorallen. Die Korallen leben im lichtdurchfluteten, sauerstoff- und nährstoffreichen Wasser der warmen Meere. Sie vertragen keine Wassertemperaturen unter 20°C und sind deshalb nur in Breiten zwischen 30° nördlicher und 30° südlicher Breite zu finden. In höheren Breiten treten sie nur als versteinerter Rest auf und geben dadurch einen Hinweis auf die veränderten klimatischen Bedingungen dieses Raumes.

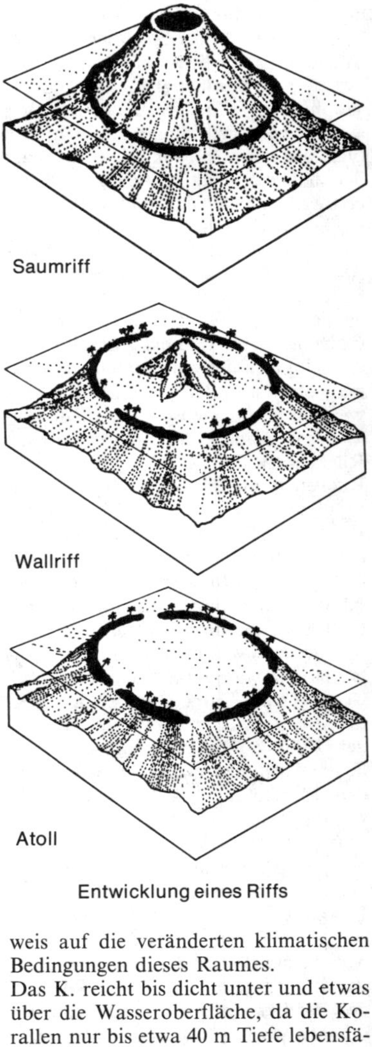

Entwicklung eines Riffs

Das K. reicht bis dicht unter und etwas über die Wasseroberfläche, da die Korallen nur bis etwa 40 m Tiefe lebensfähig sind. Die Korallen bilden an vielen Küsten und Inseln mächtige *Saumriffe,* die aus oben genannten Gründen nahe an der Küste liegen. Bei Senkung des Untergrunds oder Anstieg des Meeresspiegels bauen die Korallen das Riff in

die Höhe, während die unteren Regionen absterben. Dabei wird der Abstand zur Küste naturgemäß größer, es entsteht ein *Wallriff,* auch *Barriereriff* genannt. Versinkt eine von einem Wallriff umwachsene Insel vollständig im Meer, so entsteht ein ↑Atoll, eine *Koralleninsel.* Außerdem gibt es *Krustenriffe,* das sind unregelmäßig gewachsene Korallenbänke auf dem Meeresgrund der Flachsee.
Das größte K. der Erde ist das 2000 km lange Große Barriereriff vor der Ostküste Australiens.
Kein Lebensraum des Meeres ist so dicht von Tieren und Pflanzen besiedelt wie ein Korallenriff.

Korona: Die K. ist der äußerste, strahlenförmige Bereich der ↑Sonne.

Korrasion: Als K. wird die abschleifende Wirkung bewegter fester Stoffe auf anstehendes Gestein bezeichnet; sie erfolgt einerseits in Flußbetten durch das Transportmaterial (besonders in Periglazialgebieten), andererseits in Trokkengebieten durch den sandführenden Wind, daher *Windschliff* genannt. Bei großer Kälte können auch vom Wind mitgeführter Schnee und Eiskristalle eine ähnliche Wirkung haben, man spricht dann von *Schneeschliff.*

Korrosion: Bei der K. erfolgt eine Zersetzung von Gesteinen durch die chemische Wirkung des Wassers und der in ihm gelösten Säuren, Basen und Salze. Besonders die Karsterscheinungen sind Ergebnisse von Korrosionsvorgängen.

Kral: Ein K. ist eine von einem Dornverhau umschlossene Rundplatzsiedlung afrikanischer Bauern, bei der die Hütten kreisförmig um einen offenen oder eingezäunten Platz angeordnet sind, der als dadurch geschützter Schlafplatz des Viehs dient.

Krater: K. nennt man die Öffnung des Schlotes von Vulkanen, durch den die Lava an die Erdoberfläche tritt; er ist trichter- oder kesselförmig ausgebildet. Der zentrale Schlot, durch den die Hauptmasse der Lava strömt, endet im *Zentralkrater,* am Hang auftretende kleine K. heißen *Adventiv-, Parasitär-* oder *Nebenkrater.*

Kreide (erdiger Kalkstein): K. ist ein weißer feinkörniger, weicher und lockerer Kalkstein; er enthält oft Feuersteinknollen.

Kreide (Kreidezeit): jüngste Formation des Mesozoikums, ↑Geologie, Formationstabelle.

Kreolen:

◊ Als K. werden in Lateinamerika allgemein die Nachkommen von kolonialzeitlichen Einwanderern aus romanischsprachigen Ländern Europas bezeichnet (weiße Kreolen).

◊ In Brasilien werden auch die Nachkommen von Negersklaven K. genannt (schwarze Kreolen).

◊ In Surinam und den anderen Guayaländern werden Mischlinge aus Negern und Europäern K. genannt.

kretazisch: Vorgänge und Erscheinungen, die sich auf die Kreidezeit beziehen, werden k. genannt.

Kristallin: Als K. bezeichnet man das aus magmatischen und metamorphen Gesteinen aufgebaute Grundgebirge.

kristalline Gesteine: Kristallin nennt man Gesteine, deren sämtliche Gemengteile aus vollkommen oder teilweise ausgebildeten Kristallen bestehen.

kristalline Schiefer: Dies ist eine veraltete Bezeichnung für ↑metamorphe Gesteine.

Kryoturbation (Mikrosolifluktion): Auf ebenen und kaum geneigten Hängen (unter 2°) erfolgt im polaren, subpolaren und subnivalen Bereich eine Umlagerung der Bodenteilchen am Ort infolge des jahreszeitlich oder tageszeitlich wechselnden Gefrierens und Auftauens des Bodens. Durch diesen K. genannten Vorgang entstehen in gleichartigem Bodenmaterial *Texturböden,* die auch als *Brodel-, Würge-* und nach dem Aussehen der Bodenschlieren (im Anschnitt) als *Taschenböden* bezeichnet werden. In aus unterschiedlichem Material bestehenden Böden findet eine Sortierung der Bodenteile statt, die auch oberflächlich sichtbar wird, es entstehen auf den Böden vieleckige Steinringe oder lange Steinstreifen, sogen. ↑*Frostmusterböden (Strukturböden.)*

Kryptodepression: Eine K. ist eine ↑Depression, die mit Wasser erfüllt ist und daher nicht als solche zu erkennen ist. Eine K. ist z.B. der Tanganjikasee im Ostafrikanischen Grabensystem: Sein Seespiegel liegt 773 m ü.d.M., da er aber bis 1435 m tief ist, liegt der Seeboden also unter dem Meeresspiegel, an der tiefsten Stelle nämlich 662 m.

Kryptozoikum: Bezeichnung für das Präkambrium, die älteste erdgeschichtliche Ära, ↑Geologie, Formationstabelle.

kühl-gemäßigte Zone: Die k.Z. ist ein Klimatyp in den mittleren Breiten mit kühlen, wolkenreichen Sommern und überwiegend kalten Wintern. Sie schließt sich auf der Nordhalbkugel im Süden an den Bereich der kaltgemäßigten borealen Zone an. Entscheidend für die k.Z. ist allein der Einfluß maritimer Luftmassen, die starke jahreszeitliche Extreme im Witterungsablauf verhindern.

Kulturgeographie: Die K. untersucht, wie der Mensch die Naturlandschaft umformt. Dabei ist auch Untersuchungsgegenstand, wie der Mensch dann als Teil des von ihm geschaffenen Raumes von diesem beeinflußt wird. Die Hauptzweige der K. sind Siedlungs-, Wirtschafts- und Verkehrsgeographie.

Kulturlandschaft: Als K. wird eine Landschaft angesprochen, die wesentlich vom Menschen umgestaltet wurde.

Kulturpflanzen: K. sind Pflanzen, die vom Menschen planmäßig in Kultur genommen und weitergezüchtet wurden. Alle K. stammen von Wildpflanzen ab. Sie wurden entweder direkt vom Menschen in Kultur genommen, sogen. *primäre K.,* wie Weizen, Hirse, Erbse, Linse, Flachs oder sind auf dem Umweg über Unkraut, als das sie lange Zeit galten, zu K. *(sekundäre K.)* geworden wie etwa Roggen, Hanf, Mohn und Möhre. K. sind hauptsächlich durch zufällige Veränderungen der Erbanlagen entstanden. Der Mensch hat dann durch gezielte Züchtung und Auslese diese Merkmale stabilisiert. Die K. haben meist einen größeren und derberen Wuchs als die Wildformen. Sie zeigen oft einen Riesenwuchs, der zu einer Ertragsteigerung führt und nicht selten auch mit einer Qualitätsverbesserung verbunden ist. Vielfach ist die Fähigkeit zur geschlechtlichen Vermehrung verloren gegangen, was zu einer Abnahme der Blüten-, Frucht- und Samenzahl, ja bis zur Samenlosigkeit, wie bei der Weinrebe und einigen Zitrusfrüchten, führte. Der erstrebte Effekt dabei ist, daß die Blüten und damit die Früchte größer werden. Die Verringerung der Vegetationsperiode und gleichmäßige Reifezeiten waren außerdem Voraussetzungen für die Ausdehnung des Anbaues bestimmter K. über die natürliche Anbaugrenze hinaus. Durch gezielte Züchtung konnte man weiterhin Gift- und Bitterstoffe entfernen, etwa bei Obst, Rüben, Lupinen, oder eine größere Formenmannigfaltigkeit, z.B. die Kopfbildung bei Kohl und Salat, oder weitere Farbvarianten, z.B. bei Zierpflanzen, erzielen.

Kultursteppe: Der Begriff K. charakterisiert offene, durch den Menschen genutzte Landschaften, die in ursprünglichen Waldgebieten durch Entwaldung infolge Rodung oder starker Beweidung entstanden sind. Neben einer Verarmung an ursprünglich vorhandenen Tier- und Pflanzenarten treten häufig starke Störungen des ökologischen Gleichgewichtes als Folgeerscheinungen auf, z.B. verstärkte Bodenerosion durch zeitweilige oder dauernde Freilegung der Bodenoberfläche.

Kulturstufe: Als K. wird der Entwicklungsgrad der Kultur eines Volkes bezeichnet. Als niedrigste K. wird die der Wildbeuter angesehen. Die höchsten Kulturstufen werden als Hochkulturen bezeichnet.

Kumulonimbus (Comulonimbus): Eine dicke, dichte, hochreichende Haufenwolke in Form eines gewaltigen Berges (etwa 5000–7000 m Mächtigkeit) nennt man K; ihr Wolkengipfel ist meist abgeflacht und breitet sich häufig amboßförmig nach den Seiten hin aus. K.wolken bilden sich durch ↑Konvektion in sehr hochreichend labil geschichteten Luftmassen, die sich oft durch die gesamte Troposphäre erstrecken, sie bestehen aus Wassertröpfchen und im oberen Teil aus Eiskristallen. Außerdem enthalten sie große Regentropfen und oft auch Schneeflocken, Reifgraupeln, Eiskörner, Frostgraupeln oder Hagelkörner, die als Schauerniederschläge ausfallen. K. bildet sich häufig an heißen Sommertagen in den späten Nachmittagsstunden. Dabei werden durch die lokale Aufheizung der bodennahen Luftschichten kräftige vertikale Luftbewegungen ausgelöst, sogen. Turbulenzen. Die hohen Geschwindigkeiten der aufsteigenden Luftmassen lassen sich deutlich am schnellen Anwachsen der Wolkentürme ablesen. K. ist die typische Gewitterwolke; ↑auch Gewitter.

Kumulus (Cumulus, Haufenwolke): Eine einzelne, scharf begrenzte Wolke in Form von Haufen und Türmen, deren oberer, quellender Teil häufig einem Blumenkohl ähnelt, nennen wir K.; über einer nahezu horizontalen und dunkleren Wolkenbasis leuchten die von der Sonne beschienenen Wolkenteile weiß. K.wolken bilden sich meist durch ↑Konvektion in einer hochreichend labil geschichteten Atmosphäre, sie bestehen gewöhnlich nur aus Wassertröpfchen. Normalerweise fällt aus ihnen in unseren Breiten kein Niederschlag; sie werden daher auch Schönwetterwolken genannt.

künstlicher Regen: Regen fällt aus den Wolken nur aus, wenn genügend Kondensationskerne vorhanden sind. Will man – etwa um einen Hagelschlag zu vermeiden – dennoch die Wolke aus unterkühlten Wassertröpfchen zum Abregnen bringen, müssen in die Wolke Kondensationskerne eingebracht werden. Man tut dies bei der Hagelabwehr mittels Flugzeugen oder Raketen in Form von fein verteiltem Silberjodid- oder Kohlesäurekristallen. Weil diese die gleiche Kristallstruktur haben wie Eis, wirken diese Kristalle, sobald sie mit den unterkühlten Wassertröpfchen der Wolke in Berührung kommen, als Gefrierkerne: Es bilden sich Eisteilchen und diese leiten nun als Kondensationskerne in der unterkühlten Wolke die Bildung von Niederschlägen ein; es regnet. Da diese Methode nur bei unterkühlten Wassertröpfchen möglich ist, wird sie v.a. zur Verhinderung von Hagelbildung angewandt. Die Wassertröpfchen würden sich nämlich bei natürlichem Ablauf des Geschehens in der Wolke als Schalen um sich dann in großen Maßen bildende Eiskügelchen ablagern – es entstünde Hagel.

Kupsten: K. sind durch Ausblasung unregelmäßig geformte Dünenhügel an der Küste, die teilweise bewachsen sind.

Kuroschio: warme Meereströmung im nördlichen Pazifik, ↑Karte Meeresströmungen.

Küste: Der Bereich der K. umfaßt den Grenzsaum zwischen Festland und Meer, wobei sowohl die Randgewässer als auch ein Festlandstreifen einbezogen sind und der Strand die eigentliche Berührungszone darstellt. Durch Brandung, Gezeiten, Meeresströmungen, Hebungs- und Senkungserscheinungen, Meeresspiegelschwankungen und durch die Ablagerungen der Flüsse wird die K. ständig verändert. Das Zusammenwirken aller dieser Kräfte führt zu verschiedenen Küstentypen.

Nach ihrer Gestalt unterscheidet man Steil- und Flachküste. Die *Steilküste* ist das Ergebnis der marinen ↑Abrasion, bei der *Flachküste* läuft die Brandung am flachen Ufer aus und bildet durch Materialanschwemmung einen Strand. Eine *Ausgleichsküste* entsteht durch ↑Strandversetzung.

Nach dem Einfluß von Krustenbewegungen auf die Küstenformung lassen sich Hebungs- und Senkungsküsten unterscheiden. Bei der Hebungsküste sind Bereiche des ehemaligen Strandes sowie vormals submarine Gebiete zu Land

KÜSTENFORMEN

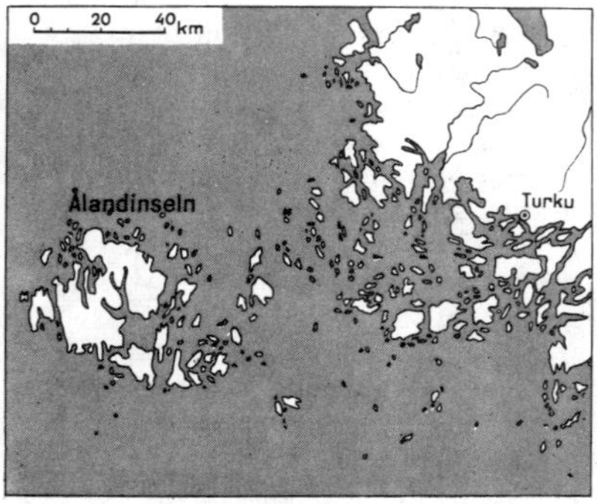

Schärenküste

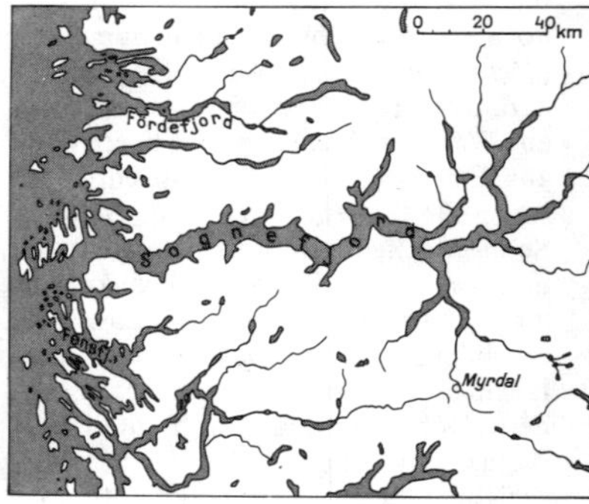

Fjordküste

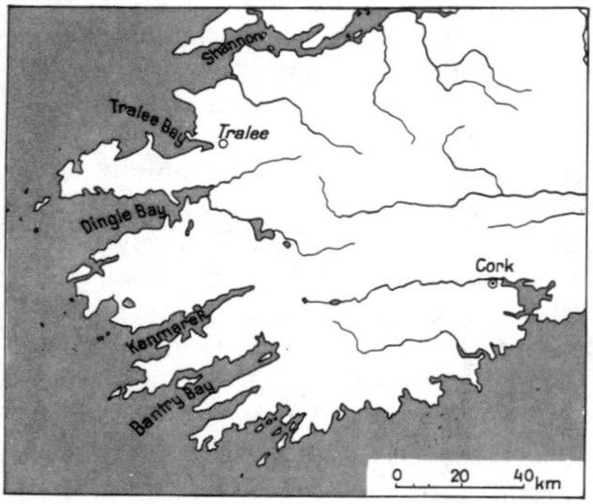

Riaküste

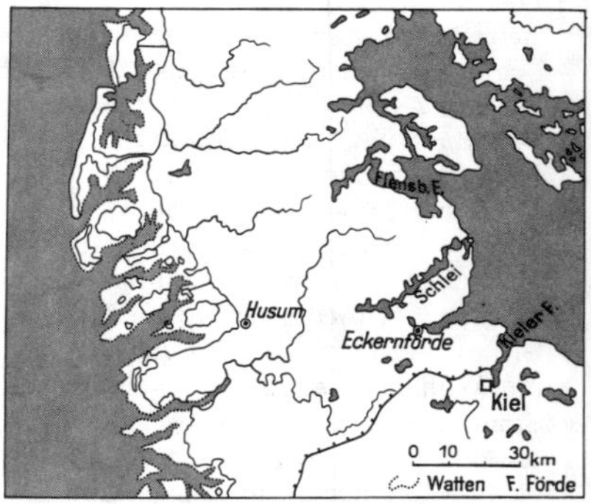

Wattenküste (im Westen) und Fördenküste

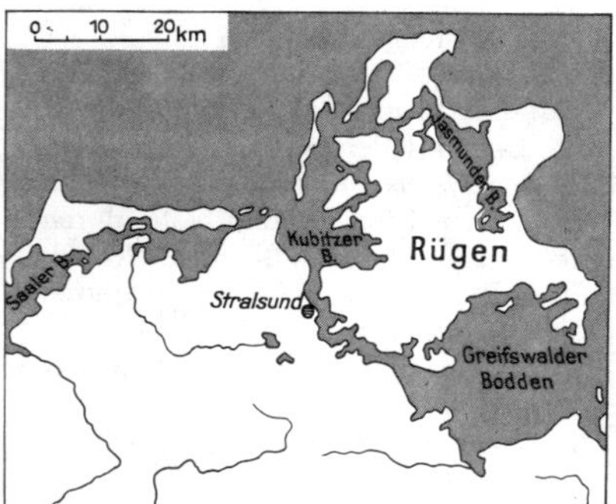

Boddenküste

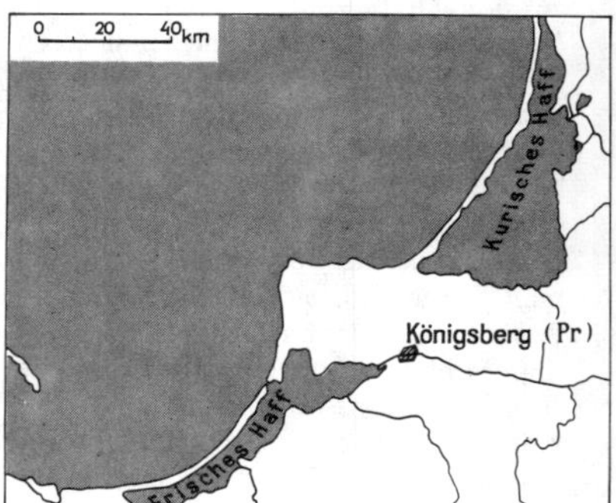

Haffküste

geworden, wovon oftmals gehobene Abrasionsplatten, landeinwärts gelegene Kliffe und alte Strandwälle zeugen. Senkungsküsten entstehen durch das Eindringen des Meeres in den Festlandbereich, wobei je nach dem überfluteten Relief verschiedene Küstenformen entstehen können, z.B. Riaküsten, Fjordküsten, Schärenküsten, Boddenküsten.

Küstenfischerei: Fischerei innerhalb der ↑Küstengewässer.

Küstengewässer (Küstenmeer): Die K. sind die der Hoheit des angrenzenden Küstenstaates unterstehenden Meeresgebiete (Territorialgewässer). Sie beginnen an der Niedrigwasserlinie der Küste, der sogen. Basislinie, die als Staatslandgrenze gilt und reichten bisher allgemein 3 sm (= 5 556 m) ins Meer hinaus *(Dreimeilenzone).* Eine Reihe von Staaten hat die Größe aber bereits auf 12 sm (= 22 224 m) ausgedehnt. Auch viele Staaten der Dritten Welt erstreben eine solche *Zwölfmeilenzone,* um über Fischgründe und Bodenschätze im Schelf sicher verfügen zu können (dieses Gebiet wird dann *exklusive Fischereizone* bzw. *exklusive Wirtschaftszone* genannt, da die Nutzung nur [also die anderen ausschließend = exklusiv] dem Anrainerstaat gestattet ist). In den K.n muß allen Schiffen die friedliche Durchfahrt gestattet werden. Jenseits der K. beginnt die hohe See, auf der die ↑Freiheit der Meere herrscht.

Küstenhof: Als K. wird eine relativ kleine, abgeschlossene Küstenebene bezeichnet, die einer ausgedehnten Steilküste eingeschaltet ist. Küstenhöfe treten besonders in Karstgebieten auf.

Küstenschiffahrt: Unter K. versteht man die Beförderung von Personen und Gütern mit kleineren Schiffen entlang der Küste zwischen Seehäfen desselben Staates. Die K. ist aufgrund der ↑Kabotage meist Schiffen des Küstenstaates vorbehalten. Die *große K.* umfaßt den gesamten Verkehr auf Binnenmeeren.

Küstenschutz: Die Maßnahmen des K.es umfassen alle baulichen Vorkehrungen, um Deiche, Vorländer, Strände und Dünen an der Küste gegen Zerstörung durch das Meer, also durch Brandung, Strömung, Eis usw., zu sichern. Zum *aktiven K.* gehören Maßnahmen, die die Angriffslinie der See möglichst weit seewärts verlagern, also Anlagen zur Landgewinnung, Unterwasserbuhnen, die die Gezeitenströmungen abweisen, künstliche Strandaufspülungen, Errichtung von Strauchstreifen oder Drahtgitterzäunen, die Sand festhalten und so neue Dünen aufbauen. *Passiven K.* bewirken unmittelbar an den zu schützenden Küstenabschnitten errichtete Anlagen, die die Angriffskräfte des Wassers auffangen und unwirksam machen. Das sind v.a. Steinbänke am Deichfuß (an der Deichberme) und an abbrechenden Vorländern, Strandbuhnen, die den ständig auf den Strand gespülten Sand (durch die Brandung) vor dem Rücktransport ins Meer (durch die Strömungen) bewahren und ebenfalls sandsammelnde Zäune. Im Binnenland wird unter K. oft nur die Sicherung der Küste gegen Sturmfluten verstanden.

Küstenversetzung: ↑Strandversetzung.

Küstenwüste: Die K. ist ein extremer Wüstentyp im Küstenbereich, der sich unter dem Einfluß eines kalten Meeresstromes, verstärkt durch Auftriebwasser (hervorgerufen durch ablandige Passatwinde) in den Tropen und Subtropen entwickelt.

Durch die Überlagerung warmer Passatluftmassen auf kalte Meeresluft entsteht eine Inversion, die Konvektion und damit Niederschlagsbildung verhindert. Dagegen kommt es an der entstehenden Dunstschicht an der Unterseite der Inversion zu Nebelbildung, da die Meeresluft feucht ist. Im entsprechenden Küstenstreifen ist eine K. dann als ↑Nebelwüste ausgebildet. Die bekanntesten K.n sind die Namib in Südwestafrika und die Atacama in Nordchile.

Kutter: Fischkutter sind meist motorgetriebene Fischereifahrzeuge der Küsten- und der kleinen Hochseefischerei, die mit dem Schleppnetz arbeiten.

L

Labradorstrom: kalte Meeresströmung im nördlichen Atlantik, ↑ Karte Meeresströmungen.

Ladin: mittlere Stufe der alpinen Mittleren Trias, ↑ Geologie, Formationstabelle.

Ladino: Ladinos werden Mischlinge zwischen Euopäern und Indianern in Zentralamerika genannt.

Lagerstätten: L. nennt man alle nutzbaren Anreicherungen natürlicher Mineral-, Kohlen-, Erdöl- und Erdgasvorkommen in der Erdkruste. Die wichtigsten Anreicherungsvorgänge sind Trennung von Mineralgemischen im Zuge der Abtragung (↑ Seifen), chemische Abtrennung beim Auskristallisieren aus Schmelzen, heißen Lösungen oder Dämpfen, Absinken von spezifisch schweren Frühabscheidungen in Gesteinsschmelzen, örtlich günstige Wachstums- und Einbettungsbedingungen der später in Kohle umgewandelten Pflanzen, Wanderung von Erdöl und -gas in geeignete Speichergesteine. L. können gleichzeitig (syngenetisch) mit dem umgebenden Gestein oder nachträglich (epigenetisch) entstanden sein. – ↑ auch Erzlagerstätten.

Lagune:
◊ Als L. wird einerseits eine durch eine Nehrung oder Sandinseln vom offenen Meer abgetrennte, seichte Brackwasserfläche bezeichnet; L. steht somit für ↑ Haff, manchmal auch für ↑ Strandsee.
◊ Andererseits meint L. auch die von den Koralleninseln umgebene Wasserfläche innerhalb eines ↑ Atolls.

Lahnung (Schlenge): Lahnungen werden zur Schlickablagerung in Landgewinnungsgebieten an der Küste angelegt. Sie sind niedrige Dämme aus Strauchwerk, das zwischen zwei Pfahlreihen fest eingepackt und mit Draht verschnürt wird. Lahnungen werden wie Buhnen senkrecht zum Küstenverlauf angelegt und dienen ebenfalls der Strömungsverminderung.

Landenge: deutsche Bezeichnung für ↑ Isthmus.

Landesentwicklung: Die L. befaßt sich im Rahmen der ↑ Landesplanung besonders mit den Räumen, die einer intensiven Förderung, z.B. der Infrastruktur, bedürfen.

Landespflege: Unter L. versteht man die auf lange Sicht und für größere Räume (z.B. ein Bundesland) zutreffenden Maßnahmen für Schutz, Pflege und Entwicklung von Boden, Wasser, Luft, Pflanzen- und Tierwelt. Die L. nimmt also im Rahmen der Landesplanung die Belange des Umwelt- und Naturschutzes wahr.

Landesplanung: Aufgabe der L. ist die übergeordnete koordinierende Planung der künftigen Entwicklung eines bestimmten Gebietes. Sie erstreckt sich besonders auf die Entwicklungen der Siedlungen, der Industrie, des Verkehrs, der Erholungsräume u.a. Ziel der L. ist es, Chancengleichheit für möglichst alle Bürger eines bestimmten Gebietes herzustellen sowie die Lebensqualität unterschiedlich entwickelter Gebiete einander anzugleichen.

Landflucht: Unter L. versteht man die Abwanderung vom Land, also vom bäuerlichen Bereich, weg in die Städte, meistens in die Industriestädte. Die Ursachen sind in der Regel Mangel an Arbeits- und Aufstiegsmöglichkeiten auf dem Land, was aus dem niedrigen Preis für Agrarprodukte resultiert; es verlocken also im Grunde die besseren Verdienstmöglichkeiten in der Stadt.

Landgewinnung: Bei der L. an der Küste handelt es sich um die Gewinnung von Bodenflächen zum Schutze des Hauptdeiches, zur landwirtschaftlichen Nutzung, zur Besiedlung oder als Standort von Industrieanlagen. Das übliche konventionelle Verfahren im Gezeitenbereich der Küsten ist die Begünstigung und Förderung der natürlichen Auflandung durch Schlickablagerung. Dazu dient unter Beachtung der örtlichen Meeresströmungen (v.a. Gezeitenströme) ein System von Dämmen und Gräben *(Landgewinnungswerk);* ↑Buhnen verhindern Querströmungen, ↑Lahnungen dienen außerdem als Schlickfänger. Zwischen ihnen kommt das bei Flut einströmende Seewasser zur Ruhe und setzt den mitgeführten Feinsand und Schlick auf den Wattflächen, v.a. aber in den kleinen, in regelmäßigen Abständen senkrecht zur Deichlinie angelegten Gräben, den sogen. *Grüppen,* ab. Wenn die Grüppen im Laufe der Zeit mit Schlick angefüllt sind, werden sie wieder freigegraben (heute oft maschinell), wobei der ausgehobene Schlick auf die Wattflächen zwischen den Grüppen, die sogen. *Beete* geworfen wird, die sich dadurch erhöhen und allmählich zu Land werden. Nach Bildung eines sogen. *Algenrasens* siedelt sich bei Erreichen einer Höhe von etwa 25 cm unter mittlerem Tidehochwasser (mThw) der bodenfestigende Queller mit Schlickgras und Seegras an. Hat die Schlickablagerung im Schutze dieser sogen. *Quellerwiesen* eine Höhe von etwa 30 cm über mThw erreicht, folgen Andel, Strandaster und Stranddreizack. Sie bilden die sogen. *Salzwiesen,* die als Schafweide genutzt werden. Mit zunehmender Auflandung und Entsalzung werden Süßgräser und Weißklee eingesät. Wenn etwa 80 cm Höhe über mThw erreicht sind, wird das Gelände eingedeicht. Aus dem bisherigen Vorland ist ein ↑Polder (oder Koog) geworden, die *Vorlandgewinnung* wurde zur *Neulandgewinnung.* Vor dem neuen Hauptdeich müssen nun erneut Maßnahmen zur Vorlandgewinnung als Teil des aktiven Küstenschutzes (für den neuen Deich) einsetzen. An die Stelle dieses klassischen Verfahrens treten heute vielfach *mechanische Verfahren,* v.a. bei der Industrieansiedlung. Mit Deichbauten (heute auch im Gezeitenbereich), auch unter Einbeziehung von Inseln und Halbinseln, werden größere Meeresteile abgeriegelt, um mit eingespültem Material eine schnelle Auflandung herbeizuführen (z.B. Voslapper Wattprojekt in Wilhelmshaven). In anderen Fällen (z.B. Zuiderseeprojekt) wird die eingedämmte Fläche wie bei der Trockenlegung von Binnenseen leergepumpt und in Kultur genommen. An alle Verfahren schließen sich je nach Verwendungszweck und örtlichen Gegebenheiten unterschiedliche Folgearbeiten an, wie Meliorationen, Einsatz von Schöpfwerken, Anlage von Graben- und Schleusensystemen zur Grundwasserregulierung.

Landhalbkugel: Gegenstück zur ↑Wasserhalbkugel

Landklima: svw. ↑kontinentales Klima

Landregen: Vom L. sprechen wir bei mäßig starkem, aber lang andauerndem ↑Regen, der über einem größeren Gebiet niedergeht. Diese Form des Regens ist meist an das Vordringen von Warmfronten gebunden.

Landschaft: Der Begriff L. bezeichnet einen bestimmten Teil der Erdoberfläche, der nach seinem äußeren Erscheinungsbild und durch das Zusammenwirken der hier herrschenden Geofaktoren (einschließlich der menschlichen Tätigkeit) eine charakteristische Prägung besitzt und sich dadurch vom umgebenden Raum abhebt.

Neben dem einzelnen, einmaligen *L.sindividuum* hat man auch bestimmte *L.stypen* herausgearbeitet, die sich über die Erde hin als *L.sgürtel* oder *-zonen* (v.a. klimatisch und vegetationsgeographisch) verfolgen lassen. Dabei ist zu beachten, daß die ursprüngliche Naturlandschaft heute weithin durch menschliche Einwirkung in Kulturlandschaft umgewandelt worden ist. Die *L.skunde* nimmt eine vermittelnde Stellung zwischen der allgemeinen Geographie und der Länderkunde ein.

Landschaftsschutz: Der L. versucht einen Ausgleich zwischen den Lebensbedürfnissen des Menschen und der Belastbarkeit der Natur herzustellen. Der L. kennt nicht die strengen Schutzbestimmungen wie der Naturschutz. Die *Landschaftsschutzgebiete* werden nämlich land- und forstwirtschaftlich genutzt. Veränderungen des Landschaftsbildes, z. B. durch Besiedelung, bedürfen jedoch der Genehmigung. Dadurch soll einer Zerstörung der Landschaft Einhalt geboten werden. Die Landschaftsschutzgebiete erfüllen wichtige Aufgaben für den Menschen. Sie dienen der Gesundheit, der Erholung und der Förderung des Verständnisses für die Natur. Zur Zeit gibt es etwa 7000 Landschaftsschutzgebiete in der Bundesrepublik Deutschland, die etwa 17,3 % der Gesamtfläche einnehmen.

Land-See-Wind: Der Land-See-Wind ist eine in den Küstengebieten auftretende Luftzirkulation. die sich jeweils in den Nachmittags- und Morgenstunden umkehrt. Die Richtung der Luftströmung erklärt sich durch die unterschiedlich schnelle Erwärmung und Abkühlung des Festlandes und der Wassermassen. Während der täglichen Sonneneinstrahlung entwickelt sich über dem Land eine aufwärts gerichtete Luftströmung, die am Boden durch kühlere Luft aus den untersten Schichten der Atmosphäre über dem weiten Wassergebiet gespeist wird: Es weht der *Seewind.* In der Höhe erfolgt eine Abkühlung und die Luftmassen fließen seewärts ab, so daß ein geschlossener Kreislauf entsteht. Während der Abend- und Nachtstunden erfolgt die Bewegung in entgegengesetzer Richtung, da sich die Luft über dem Festland schneller abkühlt als über der Wasserfläche. Jetzt weht der – allerdings schwächere – *Landwind* in das relativ wärmere Meeresgebiet.

Dieses Windsystem ist an ungestörte Hochdruckwetterlagen gebunden und ist in den Tropen deutlicher ausgeprägt als in den mittleren Breiten. An der deutschen Nordseeküste setzt der Seewind nach genügender Erwärmung des Landes gegen 11 Uhr ein und bringt eine angenehme Milderung der mittäglichen Hitze, bis er sich in den Nachmittagsstunden gegen 16 Uhr wieder legt.

Land unter: Dies ist der volkstümliche Ausdruck für die Überflutung des Grünlandes der ↑ Halligen, die bei auflandigen Winden durch den dadurch erhöhten Tidehochwasserstand – also bei einer Sturmtide – eintritt. L. u. tritt durchschnittlich 10- bis 12mal im Jahr ein.

Landwechselwirtschaft: Unter der L. versteht man die in einem bestimmten Zeitraum wechselnde Nutzung eines Stückes Land als Ackerland – Grünland – Waldland, und zwar durch Bewohner von Dauersiedlungen. Die wichtigsten Formen in unseren Breiten sind ↑ Feld-Gras-Wirtschaft und Feld-Wald-Wechselwirtschaft. Bei der tropischen L. (land rotation) folgt nach der ↑ Brandrodung eine ein- oder mehrjährige Ackernutzung, danach wird der Boden zur Erholung für einen langen Zeitraum sich selbst überlassen, wobei eine unkontrollierte Wiederbewaldung stattfindet, es entsteht der sogen. Sekundärwald.

Landwind: Teil des Zirkulationssystems ↑ Land-See-Wind.

landwirtschaftliche Nutzfläche (Abkürzung: LNF oder LN): Die LNF ist die gesamte agrarisch genutzte Fläche eines Betriebes, einer Gemeinde oder sonstigen Einheit. Sie setzt sich aus der ↑ Flur und der ↑ Allmende zusammen.

landwirtschaftliche Produktionsgenossenschaft (Abkürzung LPG): Die LPG ist eine landwirtschaftliche Arbeits- und Produktionsgemeinschaft in der DDR. Sie ist im Jahre 1952 nach dem sowjetischem Beispiel der Kolchosen eingeführt worden. Dabei wurden die Besitzgrenzen beseitigt und die Grundbucheintragungen gelöscht, so daß gemeinsam bewirtschaftete Großbetriebe mit mehreren 100 Hektar Fläche entstanden. Aus selbständigen Bauern wurden abhängige Landarbeiter. Diesen Prozeß bezeichnet man als *Kollektivierung.*

Zunächst erfolgte der Zusammenschluß auf freiwilliger Basis; im Jahre 1960 mußten auch die bis dahin noch selbständigen Bauern (45 %) einer LPG beitreten (Zwangskollektivierung). Man unterscheidet drei Typen: Bei Typ 1 bringt der Bauer nur das Ackerland ein, während alles übrige sein Privatbesitz bleibt. Bei Typ 2 muß der Bauer neben dem Ackerland auch noch das Grünland, sämtliche Maschinen und einen Teil des Viehs einbringen. Im Typ 3 bleibt ihm nur das Wohnhaus, wohingegen Wald, Vieh und Wirtschaftsgebäude ebenfalls an die LPG übergegangen sind. Das Genossenschaftsmitglied darf nur 0,5 ha Hofland, 1 Schwein, 1 Kuh, 5 Schafe sowie Geflügel zur privaten Bewirtschaftung behalten. Heute gehören so gut wie alle Betriebe dem Typ 3 an.

Längengrad: Unter einem L. verstehen wir die Entfernung zwischen zwei benachbarten Meridianen.

Längenkreis: Unter einem L. verstehen wir einen ↑Großkreis, der durch beide Pole hindurchgeht. Man unterteilt die Erdkugel durch 360 L.e, die vom Nullmeridian von Greenwich jeweils bis 180° in westlicher bzw. östlicher Richtung gezählt werden.

Langstreifenflur: Die L. ist eine der häufigen ↑Flurformen.

Lapilli (Mehrzahlwort): Als L. bezeichnet man vulkanische Auswürflinge mit Durchmessern von 2–20 mm; sie bestehen aus Bruchstücken alter Laven und werden im Gegensatz zu vulkanischen Bomben in festem Zustand ausgeworfen.

Lash-Schiff: Lash ist die Abkürzung für lighter aboard ship = Leichter-an-Bord-Schiff. Bei dieser neuen Beförderungsart im Überseeverkehr werden Leichter auf Spezialschiffen über die Weltmeere gebracht. Im Küstenbereich werden die Leichter zu Wasser gelassen, um mit eigener Kraft die Häfen zu erreichen. Während diese Leichter zu den verschiedenen Häfen fahren, um dort entladen – und dann wieder beladen – zu werden, nimmt das L. andere bereits beladene Leichter, die zu ihm gefahren sind, an Bord, um sie quasi im Huckepackverkehr über den Ozean zu bringen.

Lateinamerika: Als L. werden die überwiegend spanisch- und portugiesischsprachigen Länder Süd- und Mittelamerikas und Mexiko bezeichnet. Denn Spanisch und Portugiesisch sind romanische, und damit vom Lateinischen abstammende Sprachen. Da es sich aber kulturell gesehen um die von der Kultur der Iberischen Halbinsel geprägten Länder handelt, ist für L. auch die Bezeichnung *Iberoamerika* gängig. – Der Begriff L. wird als Gegenbegriff zu Angloamerika gebraucht.

Laterit: Der L. ist ein gelber bis roter Bodentyp in den wechselfeuchten Tropen; er ist ein Rest- und Verwitterungsprodukt silicatischer Gesteine mit hohem Anteil an Aluminium- und Eisenoxiden bei fast völligem Fehlen der Kieselsäure. Bei Austrocknung können sich panzerartige Krusten bilden. L. entsteht hauptsächlich im Schwankungsbereich von Stau- und Grundwasser. Aluminium (↑Bauxit) und Eisen *(L.eisenerze)* können zu abbauwürdigen Lagerstätten angereichert sein.

Latifundium: Das L. ist eine aus der Römerzeit überkommene Bezeichnung für den Großgrundbesitz in den südeuropäischen und lateinamerikanischen Ländern. Es kann eine teilweise Bewirtschaftung durch Kleinpächter stattfinden. Die Latifundien sind v.a. in Lateinamerika ein großes Problem. In Guatemala umfaßten bei einer Zählung 834 Betriebe von über 450 ha Größe 35 % des bebauten Landes.

Lava: L. ist das bei Vulkanausbrüchen aus Schloten oder Spalten mit Temperaturen von 1000–1300° C an die Erdoberfläche austretende Magma. Je nach Ausbreitungsweise entstehen *L.ströme* oder *L.decken.* Erstarrung tritt ab 900–700° C ein. Die Erstarrungsformen sind von Temperatur, Viskosität (saure Schmelzen sind zähflüssiger als basische) und Gasgehalt der Gesteinsschmelze sowie von der Gestalt der unterlagernden Erdoberfläche abhängig. Aus einer dünnflüssigen, weitgehend entgasten Schmelze entsteht die eine glatte Oberfläche zeigende *Fladen-* oder *Pahoehoelava;* durch Zusammenschieben der rascher erstarrenden Oberschicht einer noch fließenden L.masse kann sie seilartig gewunden und gedreht (*Seil-* oder *Stricklava*) oder schollenartig aufgetürmt werden (*Schollenlava*). Aus weniger dünnflüssigen und entgasten Schmelzen bildet sich die zu schlakkigen, zackigen bis rundlichen Brocken zerstückelte *Brocken-* oder *Aalava.* Die aus einer zähflüssigen, sehr gasreichen Schmelze hervorgegangene *Blocklava* zeigt rasch eine dicke, rauhe Erstarrungskruste, die bei der Abkühlung vielfach durch Schwundrisse in eckige Blökke zerfällt. Bei besonders großer Viskosität können Staukuppen entstehen. Eine Sonderform stellen die untermeerischen Ergüsse dar; diese sogen. *Pillow-* oder *Kissenlava* besteht aus rundlichen, kissen- bis sackförmigen Gebilden, die bis 1 m Durchmesser erreichen können. Die aus L. entstehenden Gesteine sind Ergußgesteine.

Lawine: Lawinen nennen wir die an Gebirgshängen plötzlich abrutschenden großen Schnee- und Eismassen. Lawinen gehen dann ab, wenn die Mächtigkeit der Schneedecke auf geneigtem Untergrund zu groß wird und sie ihren inneren Zusammenhalt verliert, oder bei Wasserdurchtränkung des Schnees (v.a. zur Zeit der Schneeschmelze) oder durch menschliche Einflüsse (z.B. Skifahren). Man unterscheidet: 1. *Staublawinen (Trockenschneelawinen)* aus trockenem Pulverschnee, die bei Frost und Neuschnee in Form von Pulverschneewolken niedergehen und von starken Luftwirbeln begleitet sind (Zerstörungen erfolgen hierbei durch Luftdruckwirkung); sie werden durch die Temperaturunterschiede zwischen Alt- und Neuschnee ausgelöst. 2. *Grundlawinen (Feuchtschneelawinen)* aus nassem Schnee, die v.a. im Spätwinter und Frühjahr (bei Föhn und Tauwetter) meist an rinnenförmigen Lawinenbahnen abgleiten und bis zum Untergrund alles mitreißen; Ursache der z.T. gewaltigen Grundlawinen ist eine bei stärkerer Sonneneinstrahlung einsetzende Unterspülung des Schneehanges. 3. *Schneebrettlawinen* aus gespanntem, (wind)-gepreßtem Schnee, die in Form großer, kompakter Schneestollen *(Schneebretter)* mit lautem Knall abreißen und auf älteren Schneeschichten abgleiten, oft schon bei kleinsten Störungen (am häufigsten ausgelöst durch Anschneiden mit Skiern). 4. *Eislawinen (Gletscherlawinen)* aus Firneis oberhalb eines Gletschers oder aus Eis vom Gletscherrand. Die starke Abholzung des Waldes, der den besten Schutz vor Lawinen darstellt, in den neu entstandenen Skigebieten der Alpen begünstigt die Lawinenbildung. In den Lawinenbahnen versucht man durch das Errichten künstlicher Hindernisse, die sogen. *Lawinenverbauung,* ein Abgleiten der Schneemassen zu verhindern oder deren Abwärtsbewegung aufzuhalten. Verkehrswege werden durch Überbauungen, sogen. *Lawinengalerien,* geschützt.

Lebenserwartung: Unter L. versteht man die statistisch zu erwartende, mittlere Lebensdauer eines Menschen.

Lebensqualität: Das Wort L. wurde in letzter Zeit häufig in der Politik gebraucht, um die Versorgung der Bevölkerung im Bereich der ↑Daseinsgrundfunktionen zu kennzeichnen.

Lebensstandard: Als L. bezeichnet man die Art und Weise der Lebenshaltung der Menschen in einem bestimmten Gebiet. Auf den L. sind die wirtschaftlichen Möglichkeiten sowie das kulturelle, soziale und politische Entwicklungsniveau von Einfluß. – Außerdem spricht man auch von L. einer bestimmten sozialen Schicht, etwa von Berufsgruppen, aber auch von einzelnen Menschen.

Lee: Als L. wird diejenige Seite eines Gebirges, auch eines Waldes, Gebäudes, oder sonstigen Gegebenheiten bezeichnet, die der Windrichtung abgewandt ist; diese Seite liegt im Wind- und damit im Regenschatten. Beide Wettererscheinungen, Wind und Niederschläge, werden hier also nur in abgeschwächter Form wirksam. – Der Gegensatz zu L. ist Luv.

Legende: Die L. ist die Zusammenfassung und Erläuterung aller in einer Karte oder in einem Kartenwerk verwendeten Kartenzeichen, Farben und Schriften. Nur ein genaues Durchsehen der L. ermöglicht ein volles Verständnis der Karte.

Lehm: L. ist ein durch Eisenverbindungen gelb bis bräunlich gefärbtes Gemenge aus verkitteten Tonmineralen und feinen Quarzkörnern (Sand); es entsteht bei der Verwitterung kalkiger Gesteine durch Lösung von Kalk und Neubildung von Tonmineralen. – ↑auch Auelehm, ↑Geschiebemergel, ↑Löß.

Lehmböden: Als L. bezeichnet man ↑Bodenarten, die weniger als 55 % Schluff und bis 30 % Ton enthalten; der Sandanteil beträgt meist über 30 %. Wasserspeichervermögen, Wasserdurchlässigkeit und Durchlüftung sind hier im allgemeinen gut, ebenso die chemischen Eigenschaften. L. gehören daher zu den wertvollsten Böden.

leichte Brise: Name für die ↑Windstärke 2 auf der Beaufort-Skala.

Leitfossilien: L. nennt man fossile Tier- und Pflanzenarten (↑Fossilien), die für eine bestimmte stratigraphische Einheit, also eine Schicht oder Schichtenfolge mit gleichem geologischen Alter charakteristisch („leitend") sind. Um als L. zu gelten, müssen die Tier- und Pflanzenarten räumlich sehr weit verbreitet gewesen sein, dürfen aber zeitlich gesehen nicht zu lange gelebt haben, also nur während der Ablagerung der betreffenden Schicht. Mit Hilfe der als L. erkannten Fossilien lassen sich auch isolierte Reste von Gesteinsschichten sicher datieren; dies stellt eine wesentliche Methode der ↑Stratigraphie dar. Wichtige L. stellen z.B. Trilobiten für das Kambrium, Ammoniten für das Mesozoikum, Mollusken für das Tertiär dar; als L. für festländische Ablagerungen werden v.a. pflanzliche Fossilien und Landwirbeltiere verwendet. – Die stratigraphisch wertlosen Arten mit sehr langer Lebensdauer nennt man *Durchläufer*.

Lessivierung: L. nennt man die Verlagerung von Ton im Boden unter wechselfeuchten Klimabedingungen v.a. der mittleren Breiten; Ausgangsmaterial ist ein kalkhaltiges Lockersediment; der Ton wird im Oberboden ausgewaschen (A_l-Horizont, unterhalb des Humushorizonts) und im Unterboden, im sogen. B_t-Horizont, dem Tonanreicherungshorizont, angereichert, so daß Böden mit A_h-A_l-B_t-C-Profil entstehen. Durch L. entsteht z.B. die Parabraunerde.

Letten: L. nennt man unverfestigte rote, braune oder grünliche, seltener auch graue oder schwarze Schiefertone, die in Wasser quellen und beim Austrocknen zerfallen.

Levante: Unter dem Begriff L. versteht man die Länder des östlichen Mittelmeeres, besonders deren Küste (Levanteküste). Die L. wurde im Mittelalter durch den Handel der italienischen Stadtstaaten mit dem Orient geprägt. Typisch für L.städte war die europäisch-orientalische Mischbevölkerung, sogen. *Levantiner* (oft katholische Christen), die sich ausgezeichnet auf den Handel verstand; weltweit stehen heute noch die Libanesen in dieser Tradition.

Levittown [engl. 'lɛvɪtaʊn]: L. ist ein Ausdruck, der auf die USA beschränkt ist. Dort versteht man darunter eine neue Stadt, die schlüsselfertig gebaut und übergeben wird; in der Regel von einem Großunternehmer. Der erste, der dies in großem Umfang verwirklichte, war der Unternehmer A.S. Levitt. Die erste von ihm so errichtete Vorortsiedlung auf Long Island im Vorortbereich von New York trägt diesen Namen und wurde namengebend für alle folgenden Wohnstädte dieser Art.

ley farming: in Großbritannien Bezeichnung für die ↑Feld-Gras-Wirtschaft.

Lias (Schwarzer Jura): die älteste Abteilung des Jura, einer Formation des Mesozoikums, ↑Geologie, Formationstabelle.

Lichtjahr (Einheitszeichen Lj): L. ist eine in der Astronomie verwendete Längeneinheit; sie entspricht der Entfernung, die das Licht in einem tropischen Jahr zurücklegt:

1 Lj = 9460,5 Mrd. km = 0,3069 Parsec.

Lido: L. ist die aus dem Italienischen stammende Bezeichnung für ↑Nehrung, besonders für eine Nehrungsinsel.

Liegendes: Als L. bezeichnet man in der Geologie die unter dem ↑Hangenden liegende Gesteinsschicht.

Lignit: Als L. bezeichnet man v.a. im englischen Sprachgebrauch niederwertige Braunkohle (Weichbraunkohle), besonders die mit Bestandteilen, die noch typische Holzstruktur aufweisen.

Liman: Am Nordrand des Schwarzen Meeres finden sich diese haffähnlichen Buchten. Ein L. ist zwar durch eine Nehrung (hier *Peressyp* genannt) abgetrennt, aber im Unterschied zum Haff aus einer ertrunkenen Flußmündung entstanden. Der L. verläuft daher senkrecht zur Küstenlinie und hat wegen der starken Verdunstung des eindringenden Meerwassers salziges Wasser.

Limneameer: postglaziales Stadium der Ostsee, ↑Quartär.

limnisch: Als l. bezeichnet man die im Süßwasserbereich vorkommenden Pflanzen und Tiere, sowie die hier gebildeten Ablagerungen.

limnische Kohle: Limnisch nennt man Kohlen, die in Festlandsenken entstanden sind; sie befinden sich – anders als die paralischen Kohlen – in Wechsellagerung mit anderen limnischen Sedimenten.

Linienschiffahrt: Als L. wird die Schiffahrt auf festgelegten Routen *(Linien)* nach einem festen Fahrplan, unabhängig vom Ladungsangebot bezeichnet; der Gegensatz ist die Trampschiffahrt. Zur Regelung des Wettbewerbs und zur Abstimmung der Fahrpläne schließen sich die die gleiche Route befahrenden Reedereien meist zu sogen. Konferenzen zusammen.

Liparit (Rhyolith): L. ist ein junges (tertiäres oder quartäres), saures Ergußgestein von grauer, gelblichgrüner oder rötlicher Farbe, mit Einsprenglingen (Sanidin, Plagioklas, Quarz und Biotit) in einer dichten, glasigen Grundmasse. L. besteht hauptsächlich aus Alkalifeldspat (etwa 60%), Quarz (30%) und Oligoklas (5%), einem Feldspat. Das entsprechende alte Ergußgestein ist der Quarzporphyr.

Lipolithe: L. werden Kohlen genannt, die aus schwer verweslichen Pflanzenbestandteilen hervorgegangen sind; ↑Kohle.

Litho..., litho..., Lith..., lith...: Bestimmungswort in Zusammensetzungen mit der Bedeutung Stein..., Gestein..., gesteins... u.ä.; z.B. Lithosphäre.

Lithosphäre: L. nennt man die bis in 1000–1200 km Tiefe reichende Gesteinszone der Erde, sie umfaßt die Erdkruste und den oberen Bereich des Erdmantels und ist überwiegend aus Verbindungen der sogen. lithophilen Elemente aufgebaut; zu diesen gehören v.a. Sauerstoff, Silcium, Aluminium, Alkalimetalle, Erdalkalimetalle, Titan.

Litoral: eine ↑Gewässerregion innerhalb des Benthals.

Litorinameer: postglaziales Stadium der Ostsee, ↑Quartär.

Llanos [lja:nɔs]: Als Ll. werden die tropischen und subtropischen baumarmen bis baumlosen Ebenen in Lateinamerika, hauptsächlich aber die Ll. des Orinokotieflandes bezeichnet. Typisch für sie ist eine Vegetation aus Savannen und Grasländern, durchsetzt von Galeriewäldern, Dammuferwäldern, lichten Dornbuschwäldern und Krüppelgebüsch.

LNF (LN): Abkürzung für ↑landwirtschaftliche Nutzfläche.

Logger: L. sind Fischereifahrzeuge von etwa 300 BRT, die in der Hochseefischerei hauptsächlich zum Heringsfang in der Nordsee eingesetzt werden. Sie arbeiten heute mit dem Schleppnetz, das meist seitlich angebracht ist.

Löß: L. ist ein aus Trocken- oder Kältewüsten ausgewehtes äolisches Sediment, gelbbraun, locker, mehlfein (Korngröße überwiegend 0,01–0,05 mm), besteht aus durchschnittlich 60–70 % Quarz, 10–30 % Kalk, 10–20 % Tonerdesilicaten (Feldspäte, Glimmer u.a.). Der L. ist meist schichtungslos, von feinen senkrechten Röhrchen, den ehemaligen

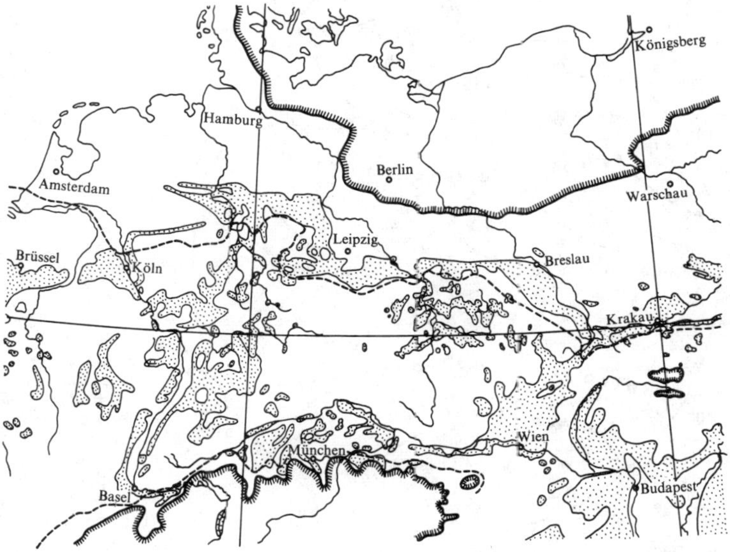

Lößverbreitung in Mitteleuropa (punktiert) und Außenrand der letzten Vereisung im Norden und in den Alpen. Die gestrichelte Linie markiert den Rand der vorletzten Vereisung.

Wurzeln der den L.staub auffangenden Pflanzen der Tundren und Steppen, durchsetzt und sehr standfest; bei der auch anthropogen bedingten Abtragung bilden sich daher oft tief eingeschnittene *Lößschluchten.* Durch Umlagerung, besonders an Hängen, entsteht der geschichtete *Schwemmlöß.*

Der in Europa, Nord- und Südamerika, Südsibirien und der Ukraine verbreitete L. ist während der pleistozänen Kaltzeiten durch Auswehung aus Moränen, Sander- und Schotterflächen, Hochflutablagerungen und periglazialen Frostschuttgebieten entstanden (in den Pampas Südamerikas ist er aber überwiegend interglazial) und umgibt gürtelartig die damals vergletscherten Räume; er reicht in Mitteleuropa, besonders am Nordrand der deutschen Mittelgebirgsschwelle und im Randbereich von Rhein, Donau und Elbe, bis in 400 m, in den Karpaten bis in 600 m Höhe und ist meist unter 10 m mächtig (im Kaiserstuhl bis 30–40 m). Unter den veränderten nacheiszeitlichen Klimaverhältnissen sind die oberen Zonen der L.ablagerungen entkalkt und zu braunem *Lößlehm* verwittert, der Kalk in tieferen Partien in unregelmäßigen Konkretionen, den sogen. *Lößkindeln (Lößpuppen),* wieder ausgeschieden worden. Im Gegensatz zu diesen fossilen Lössen geht in Nordafrika, auf Grönland und Island, besonders aber in Ostasien die L.ablagerung noch heute vor sich. Der aus den innerasiatischen Wüsten seit Ende des Tertiärs nach Nordchina transportierte Staub ist hier durchschnittlich 30–80 m, maximal 250–400 m mächtig und reicht im Osten bis in 200–300 m, im Westen bis in 2000 m Höhe.

Die auf L. entstandenen Böden sind je nach den klimatischen und anderen Gegebenheiten unterschiedlich entwickelt; den höchsten ackerbaulichen Wert haben die Steppenschwarzerden. Wegen der hohen Standfestigkeit sind im L.

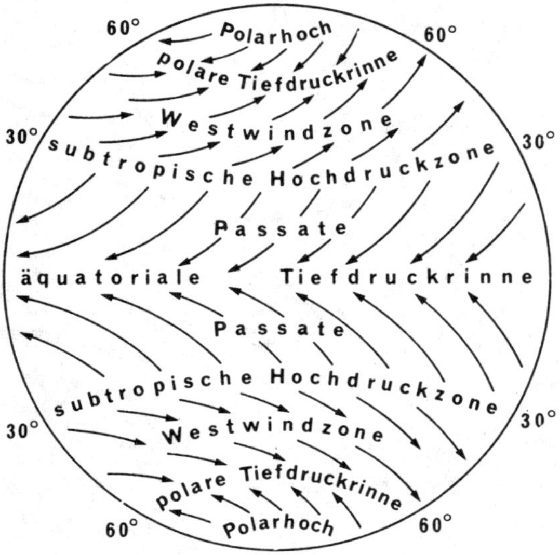

Schematische Darstellung der planetarischen Luftdruckgürtel und der daraus resultierenden Windsysteme in der Troposphäre

vielfach Höhlenwohnungen und Vorratsräume angelegt worden.

Loxodrome: Als L. bezeichnet man die Kurve auf einer Kugeloberfläche, die alle Längenkreise (auf der Erdkugel Meridiane) unter dem gleichen Winkel schneidet.

LPG. Abkürzung für ↑Landwirtschaftliche Produktionsgenossenschaft.

Luftbild: Das L. ist ein von einem Flugkörper aus aufgenommener Teil der Erdoberfläche oder eines anderen Weltkörpers. Man unterscheidet Schrägaufnahmen von Senkrechtaufnahmen. Jedes L., das von der lotrechten Aufnahme abweicht, muß entzerrt werden. Das L. wird heute in Forschungsbereichen verwendet, so z.B. in der Archäologie und bei der Suche nach Bodenschätzen.

Luftbildauswertung: Die L. ist der der ↑Photogrammetrie folgende Arbeitsgang, um aus ersterer allgemein lesbare Karten entwerfen zu können.

Luftdruck (atmosphärischer Druck): Unter L. versteht man den Druck, den die Luft infolge der Schwerkraft auf eine Fläche ausübt; er entspricht dem jeweiligen Gewicht der Luftsäule über einem horizontalen Querschnitt von 1 cm^2. Der L. beträgt im Mittel im Meeresniveau 1013,2 mbar (=760 Thorr, das sind auch 760 mm Hg). Er wird mit Barometern bzw. Barographen gemessen bzw. registriert. Im Meeresniveau können L.werte zwischen 930 und 1070 mbar auftreten; die extremen Werte sind jedoch äußerst selten. Mit zunehmender Höhe nimmt der L. ab; die Druckabnahme erfolgt um so stärker, je niedriger die Lufttemperatur ist. Aus Gründen der Vergleichbarkeit aller gemessenen L.werte müssen diese auf die Temperatur von 0°C, auf die Höhe des Meeresspiegels und auf die unter 45° geographischer Breite herrschende Normalschwere reduziert werden. – Die räumliche Verteilung des L.s wird meist durch Isobaren, Linien, die auf das Meeresniveau bezogene gleiche L.werte in einer Karte miteinander verbinden, dargestellt. Zwischen Gebieten verschieden hohen L.s treten entsprechend dem L.gefälle Ausgleichsströmungen, die Winde, auf, die in den bodennahen

Schichten von Gebieten höheren L.s, den Hochdruckgebieten, zu solchen tieferen L.s, den Tiefdruckgebieten, wehen. Als Druckgradient wird die Abnahme des L.s auf eine bestimmte horizontale Entfernung (111 km) senkrecht zu den Isobaren bezeichnet. Je enger in einer Wetterkarte die Isobaren liegen, um so größer sind die L.gradienten und folglich auch die Windgeschwindigkeiten. – Die ungleichmäßige Verteilung des L.s auf der Erde ist eine Folge der unterschiedlichen Erwärmung der Erdoberfläche. Aus der unterschiedlichen Verteilung des L.s auf der Erde folgen die großen Luftströmungen, die unter dem Einfluß der Erdrotation zur ↑ Allgemeinen Zirkulation der Atmosphäre führen.

Luftfeuchtigkeit (Luftfeuchte, Feuchtigkeit, Feuchte): Die L. ist der Wasserdampfgehalt der Luft. Der tatsächliche Wasserdampfgehalt wird in Gramm pro Kubikmeter gemessen. Da die höchstmögliche Luftfeuchtigkeit direkt von der Lufttemperatur abhängig ist, ergeben sich für diese als *absolute Luftfeuchtigkeit* bezeichnete Größe unterschiedliche Werte je nach Lufttemperatur:

Wasserdampfgehalt	30,3	17,3	9,4	4,8	2,2	1,1	0,5 g/m³
bei	+30	+20	+10	0	-10	-20	-30 °C.

Der in Prozent angegebene Wert der *relativen Luftfeuchtigkeit* ist das Verhältnis zwischen der vorhandenen und der maximal möglichen Menge der Luftfeuchtigkeit. Sind beide Werte gleich groß, wenn die relative Feuchte also 100 % beträgt, ist der sogen. Taupunkt erreicht.

Luftkurort: Ein L. ist ein Kurort, dessen Heilerfolge hauptsächlich auf seinem Klima beruhen. Der Ort kann durchaus alle Merkmale eines Kurbades aufweisen, kann den Titel Bad aber nicht bekommen, da dieser an das Vorhandensein von Heilquellen gebunden ist (ausgenommen bei Kneippbädern). In der Regel weisen L.e aber eine einfachere Kurausstattung aus.

Luftverschmutzung: Die L. wird hauptsächlich durch die Immissionen von Industrie, Hausbrand und Straßenverkehr hervorgerufen. Der Anteil der drei Verursacherbereiche an der L. war lange Zeit umstritten, jedoch herrscht heute die Meinung vor, daß die Verschmutzung durch Hausbrand dominierend ist.

lunar: L. meint: den Mond betreffend.

Luv: Als L. wird diejenige Seite eines Gebirges, auch eines Waldes, Gebäudes oder einer sonstigen Gegebenheit bezeichnet, die der Windrichtung *zu*gewandt ist. Diese Seite ist also die Wetterseite, sie erhält die meisten Niederschläge und ist dem Wind am stärksten ausgesetzt. – Der Gegensatz zu L. ist Lee.

M

Mäander: Unter M. versteht man mehr oder weniger weit ausschwingende Flußschlingen; der Lauf eines mäandrierenden Flusses gleicht also einer unregelmäßigen Schlangenlinie. Ursache für diese Erscheinung ist, daß der Fluß aus irgend einem Grunde nicht auf kürzestem Wege dem Gefälle folgt, daß vielmehr sein Stromstrich zum Pendeln angeregt wird. Die Gründe hierfür sind nicht ganz klar, wesentlich ist jedoch, daß das Gefälle des Flusses sehr gering ist. Daher können Unebenheiten im Flußbett oder die Mündung eines Nebenbaches leicht eine Änderung der Stromstrichrichtung bewirken. Auf diese Weise entstehen *freie Mäander* (auch *Flußmäander* und *Wiesenmäander* genannt), die raschen Veränderungen unterliegen, zumal nun durch den ständig von einem Ufer zum anderen wechselnden Stromstrich an diesen sehr unterschiedlich starke Sei-

tenerosion erfolgt. So wird das *Prallufer,* das Ufer an dem der Stromstrich entlangführt, unterschnitten und abgetragen, am gegenüberliegenden *Gleitufer,* wo viel geringere Strömungsgeschwindigkeiten auftreten, lagern sich dagegen Schwebstoffe ab. Bei dieser ständigen Laufveränderung können Altarme und bei tropischen Tieflandsflüssen Dammuferseen und Umlaufseen entstehen.
Schneidet sich ein solcher Fluß nun bei der Hebung des von ihm durchflossenen Gebietes in das entstehende Bergland ein, entstehen *eingesenkte Mäander,* die auch, da das gesamte Tal das Mäandrieren nachzeichnet, *Talmäander* genannt werden. Bei diesen Flüssen (z. B. die Mosel im Rheinischen Schiefergebirge) treten dieselben unterschiedlichen Seitenerosionserscheinungen auf: Der sogen. *Prallhang,* an dem der Stromstrich entlanggleitet, wird unterschnitten und damit abgetragen, am gegenüberliegenden *Gleithang* erfolgt Aufschüttung. Da sich Talmäander nicht verlagern können, kann ein Fluß zwei Rücken an Rücken liegende Prallhänge im Laufe der Zeit so abtragen, daß ein Durchbruch erfolgt. Der von dieser Mäanderschlinge umflossene Berg wird also abgeschnitten; er wird zu einem sogen. *Umlaufberg.*

Maar: Ein M. ist eine durch vulkanische Gasexplosion entstandene, rundliche, trichterförmige Vertiefung in der Erdoberfläche; sie ist oft von einem niedrigen Wall aus Lockermaterial umgeben; dieses besteht hauptsächlich aus Nebengestein, das beim Ausbruch mitgerissen wurde, daneben auch aus Tuffen. M.e sind meist mit Wasser erfüllt.

Macchie ['makiə]: Die M. ist eine immergrüne Gebüschformation der feuchten, küstennahen Hügel- und Gebirgslagen des Mittelmeerraumes. Sie besteht aus 1–5 m hohen Hartlaubsträuchern, verstrauchten Bäumen und anderen mediterranen Florenelementen, unter denen Steineiche, Kermeseiche, Erdbeerbaum, Baumheide, Lorbeer, Zistrose, Myrte, Mittelmeerginster und Wacholder typisch sind. Mit zunehmender Trockenheit geht die M. in die ↑ Garrigue über. Die M. ist durch den Menschen entstanden, der den ursprünglichen Hartlaubwald vernichtet hat.
In Nordamerika ist der entsprechende Vegetationstyp der ↑ Chaparral.

mächtig: M. ist in der Geologie und in der Meteorologie das Fachwort für dick; eine geologische Schicht etwa ist 3 m mächtig. Entsprechend wird die Dicke Mächtigkeit genannt; Kumulonimbuswolken etwa erreichen eine Mächtigkeit von 5 bis 7 km.

Mafitite: Die Gesteine der Peridotitgruppe der ↑ magmatischen Gesteine werden auch M. genannt.

Magerweide: svw. ↑ Hutung

Magma: Als M. bezeichnet man die glühend-flüssige, überwiegend silicatische Schmelze der Erdtiefe; ihre Erstarrungsprodukte sind die ↑ magmatischen Gesteine. Man unterscheidet die sich an oder nahe der Erdoberfläche auswirkenden Erscheinungen des ↑ Vulkanismus von den sich in größerer Erdtiefe abspielenden Vorgängen des ↑ Plutonismus; zwischen beiden läßt sich jedoch keine scharfe Grenze ziehen. Die ursprüngliche Zusammensetzung des M.s kann man nur aus den Erstarrungsprodukten erschließen. Den Hauptanteil haben die schwerflüchtigen Bestandteile, v.a. die Oxide von Silicium, Aluminium, Eisen, Calcium, Natrium und Kalium; daneben sind in geringerer Menge meist auch Titan-, Mangan- und Phosphoroxide vorhanden. Die schwerflüchtigen Bestandteile bleiben größtenteils in den magmatischen Gesteinen erhalten. Die leichtflüchtigen Bestandteile bestehen v.a. aus Wasserstoff und Wasser, Kohlenmonoxid und -dioxid, Methan, Stickstoff und Ammoniak, Schwefel, Schwefeldioxid und -wasserstoff, Kohlenoxidsulfid, Chlor und Chlorwasserstoff, Fluor und Fluorwasserstoff sowie Argon; sie werden bei vulkanischen Ausbrüchen von den schwerflüchtigen Bestandteilen getrennt: Während diese als ↑ Lava ausfließen und erstarren, entweichen die leichtflüchtigen Bestandteile größtenteils als Gase und Dämpfe in die Atmosphäre; im übrigen werden sie in Gesteinsporen eingeschlossen oder in Minerale eingebaut. Die Temperatur des M.s wurde v.a. beim Ausfließen basischer Laven gemessen: an den Ausflußstellen liegen die Werte um 1200°C, bei sauren Magmen wohl niedriger. Über die Magmen im Erdmantel lassen sich nur aus experimentellen Ergebnissen Angaben machen; danach bilden sich granitische Schmelzen bei hohem Druck schon unter 700°C.

Unter den Erstarrungsprodukten herrschen zwei Gesteinsarten vor, bei den Tiefengesteinen die Granite und bei den Ergußgesteinen die Basalte. Da die Granite aus sauren Magmen, die Basalte aus basischen Magmen entstanden sind, ist Plutonismus meist mit sauren Magmen verbunden, der Vulkanismus mit basischen Magmen. Man nimmt an, daß das basaltische M. aus größerer Tiefe, d.h. aus dem Erdmantel, stammt; von hier kann es, da unter hohem Druck stehend, durch tiefreichende Spaltenbildung und damit verbundene Druckentlastung aktiviert und zur Erdoberfläche gefördert werden. Das granitische M. dagegen ist überwiegend durch Wiederaufschmelzen (Anatexis) von Sediment- und metamorphen Gesteinen entstanden.

magmatische Gesteine (Magmatite, Erstarrungsgesteine, Eruptivgesteine): M. G. sind die durch Erstarrung von ↑ Magma entstandenen Gesteine. Nach der Entstehung unterscheidet man die als Folge des ↑ Vulkanismus auftretenden ↑Ergußgesteine, die mit dem ↑Plutonismus verbundenen ↑ Tiefengesteine und die zwischen beiden vermittelnde Gruppe der ↑ Ganggesteine. Die Einteilung der m.n G. erfolgt aufgrund des Mineralbestandes, des Gefüges und der chemischen Zusammensetzung. Das äußere Erscheinungsbild wird hauptsächlich durch die mineralische Zusammensetzung und das Gefüge bestimmt. Unter den wesentlichen Mineralen überwiegen die Silicate (Quarz, Feldspäte, Augite, Hornblenden, Glimmer).

Man kann die magmatischen Gesteine in folgende Gruppen gliedern, und zwar in der Rangfolge von chemisch sauren zu chemisch basischen bis extrem basischen (ultrabasischen) Gesteinen:

1. Granitgruppe: Diese Gesteine bestehen hauptsächlich aus Quarz und Feldspäten. Unter den Tiefengesteinen sind Granit, Granodiorit und Quarzdiorit zu nennen; unter den Ergußgesteinen entsprechen ihnen Liparit, Dazit und Quarzporphyr.

2. Syenitgruppe: Wichtigste mineralische Bestandteile sind Alkalifeldspäte und Hornblenden; auch Glimmer oder Augite kommen vor, aber wenig oder kein Quarz. Zu den entsprechenden Tiefengesteinen gehören Syenit, Monzonit, Mangerit und Larvikit, zu den Ergußgesteinen Trachyt, Latit und Keratophyr.

3. Diorit-Gabbro-Gruppe: Diese Gesteine setzen sich überwiegend aus Feldspäten, und zwar besonders Plagioklasen, sowie aus Hornblende zusammen. Unter den Tiefengesteinen sind Diorit, Gabbro, Norit, Anorthosit und Troktolith zu nennen, unter den Ergußgesteinen Andesit, Basalt, Tholeiit, Porphyrit, Melaphyr und Diabas.

4. Feldspatvertreter führende Gruppe: Diese Gruppe wird zweigeteilt. Der eine Teil weist auch Feldspäte auf; das sind unter den Tiefengesteinen Foyait, Shonkinit, Essexit und Theralith, unter den Ergußgesteinen Phonolith. Der andere Teil besteht fast ausschließlich aus Feldspatvertretern; das sind unter den Tiefengesteinen Fergusit, Ijolith und Missourit, unter den Ergußgesteinen Nephelinit, Leucitit und Italit.

5. Peridotitgruppe: Diese auch ultrabasische Gesteine, Ultrabasite oder Mafitite genannten Gesteine haben v.a. Olivin und Augite als mineralische Bestandteile. Zu den Tiefengesteinen gehören Peridotit, Dunit, Lherzolith, Pyroxenit und Jacupirangit; entsprechende Ergußgesteine sind sehr selten.

Magnetpol: Die Magnetpole der Erde sind der mehr oder weniger lokalisierbare Bereich, in dem alle Feldlinien des erdmagnetischen Feldes entspringen bzw. münden. Der positive Pol weist nach Norden und heißt daher Nordpol, der negative entsprechend nach Süden. Die Lage der M.e unterliegt der Säkularvariation. ↑ Erdmagnetismus.

Magnitudenskala (Richterskala): Die M. ist eine Skala zur Bestimmung der Stärke von ↑ Erdbeben.

Mahlbusen: Als M. bezeichnet man die teichartige Verbreiterung des Hauptentwässerungskanals vor einem ↑ Siel.

Mähweide: Auf der M. wechseln sich Schnitt (Mahd) und Beweidung der Grasflächen ab, wobei das gewonnene Heu als Winterfutter dient. Diese intensive Nutzung wird z. T. durch Düngung der Grünflächen ermöglicht.

Maiensäß: Das M. ist eine Zwischenweide, auf der im Rahmen der ↑ Almwirtschaft die Tiere für einige Wochen im Frühjahr (während des Almauftriebes) und manchmal auch im Herbst weiden.

Mallungen: M. ist die seemännische Bezeichnung für unregelmäßige Winde, daher werden in der Schiffahrt sowohl die Kalmenzone (↑ Kalmen) als auch die ↑ Roßbreiten mit dem Namen M. belegt.

Malm (Weißer Jura): die jüngste Abteilung des Jura, einer Formation des Mesozoikums, ↑ Geologie, Formationstabelle.

Mandelstein: M. nennt man ein Ergußgestein mit zahlreichen Blasenhohlräumen, den sogen. Mandeln oder Geoden, die ganz oder teilweise mit mineralischen Stoffen (v.a. Achat, Quarz, Kalkspat, Zeolith, Chlorit) ausgefüllt wurden. M.ausbildung findet sich v.a. bei Melaphyren, Porphyriten, Diabasen und Basalten.

Mangrove: M. ist die amphibische Vegetation im Gezeitenbereich der flachen, oft sandigen Küstenzonen der Tropen; ihre hohen Stelzwurzeln werden bei Hochwasser überflutet. Diese bilden ein dichtes Geflecht, in dem sich der Schlick bei Ebbe ansammelt. Wegen des sauerstoffarmen Bodens bilden die Pflanzen Atemwurzeln aus. Bei optimalen Bedingungen ergeben sie einen 10 bis 20 m hohen, artenarmen Wald, der an den Verbreitungsgrenzen nur strauchartig ausgebildet ist. Mangroveküsten sind verkehrsfeindlich, da sie wegen der Schlickansammlung schnell verlanden. In Südostasien, Australien und Afrika unterscheiden sie sich in ihrer Artenzusammensetzung von denen in Amerika.

Manufaktur: Bei der M. handelt es sich um die überwiegend manuelle Produktion von Gütern. M. en waren gewerbliche Betriebe, die zwischen Handwerksbetrieb und Industriebetrieb standen; sie produzierten schon in großem Umfang, aber mit geringerem Maschineneinsatz.

marin: Das Eigenschaftswort m. bedeutet: zum Meer gehörend, aus dem Meer stammend, im Meer lebend.

maritimes Klima (ozeanisches Klima, Seeklima): Als maritim bezeichnet man ein Klima, das in erster Linie durch die Einflüsse der großen Wassermassen der Ozeane geprägt ist. Diese wirken nämlich auf das Klima der benachbarten Landgebiete ausgleichend, und zwar deshalb, weil die während der warmen Jahreszeit zur Erwärmung des Wassers verbrauchte Energie zu einer entsprechend geringeren Erwärmung der unteren Schicht der Atmosphäre führt und andererseits in der kühleren Jahreszeit die in den Wassermassen gespeicherte Wärme wieder an die Atmosphäre abgegeben wird. Kennzeichnend sind deshalb lange und kühle Sommer sowie milde Winter. Die Temperatur des kältesten Monats liegt im Mittel nicht unter +2°C. Außerdem verursacht die ständige Verdunstung über dem Meer auf dem angrenzenden Festland ganzjährig reiche Niederschläge.

In Europa unterliegen besonders Irland, Südwestengland, die Beneluxländer, Westfrankreich und Nordwestspanien dem Einfluß des Meeres, hier des Atlantiks; man spricht deshalb in bezug auf diese Gebiete auch von atlantischem Klima.

Markt:
◊ M. ist der Platz, an dem Verkäufer und Käufer, Erzeuger und Verbraucher von Gütern sich zu Handelszwecken treffen. Der *M.platz* war in der antiken Stadtkultur darüber hinaus Austragungsort von Veranstaltungen des öffentlichen Lebens. Nach der Völkerwanderung bildeten die Märkte – meist an günstigen Küstenplätzen, Schnittpunkten wichtiger Straßen und Flußübergängen sowie in der Nähe politischer und religiöser Zentren angelegt – Elemente des aufblühenden Städtewesens. Die M.plätze bildeten meist den Mittelpunkt der Stadt, um den neben Patrizierhäusern die wichtigsten Verwaltungs- und Wirtschaftsgebäude errichtet wurden. Größere Städte hatten M.straßen sowie mehrere Märkte für die verschiedenen Güter.
◊ (Marktgemeinde): In Bayern und Österreich gibt es den Titel Markt auch heute noch, er wird Gemeinden verliehen, deren Bedeutung und Funktionen zwischen denen von Dorf und Stadt liegen.
◊ In der Preistheorie versteht man unter M. die abstrakte Zusammenfassung aller Angebots- und Nachfragebeziehungen bezüglich eines bestimmten Gutes, ohne daß eine örtlich oder zeitlich feststehende M.veranstaltung vorzuliegen braucht.

Marktwirtschaft: freie ↑ Marktwirtschaft und ↑ soziale Marktwirtschaft.

Marmor: M. ist ein grobkörniger kristalliner Kalkstein, der durch Metamorphose aus sedimentärem Kalkstein entstanden ist, und zwar durch Sammelkristallisation der den M. hauptsächlich aufbauenden Calcitkristalle; er ist weiß, durch Metalloxide (braun, gelb, rötlich), Graphit (grau, schwarz) oder Chlorit (grünlich) gefärbt. Im technischen Sinne bezeichnet man als M. jeden polierbaren feinkristallinen bis dichten Kalkstein oder Dolomit.

Marsch (Marschen, Marschland): M. ist die an Flachmeerküsten mit starker Gezeitenwirkung sich bildende Niederung *(Küsten- oder Seemarsch),* die an den Trichtermündungen der Flüsse weit ins Land hinein reicht *(Flußmarsch);* sie ist der zwischen Watt und Geest etwa in Höhe des Meeresspiegels gelegene Teil (z. T. auch tiefer) der Küstenebene. Die M.en sind in den letzten 7 500 Jahren (Holozän) durch natürliche Verlandung des ↑ Watts entstanden, in historischer Zeit z. T. auch künstlich durch Eindeichung. Sie werden aus den von organischem Material durchsetzten sandigen oder tonigen schlammigen Ablagerungen (Schlick) aufgebaut, die durch das Meer an die Küste transportiert oder durch die Flüsse (Flußtrübe) herangeführt und dort durch die Flut abgelagert werden (monatlich bis zu 3 mm). Der erhöhte Boden wird schließlich von Pflanzen besiedelt und wächst durch Sinkstoffzufuhr bei Sturmfluten auch über die Höhe des mittleren Tidenhochwassers hinaus. Zuerst werden die schweren, meist sandigen Schlicke abgelagert; dabei entsteht das sogen. *Hochland,* das großenteils für den Ackerbau geeignet ist. Aus dem weiter binnenwärts transportierten feineren, tonigen Material bildet sich das im allgemeinen 1 – 2 m tiefer gelegene niedrige *Sietland* (die tiefste Stelle am Geestrand ist oft versumpft oder vermoort), das nur als Grünland genutzt werden kann. Mit der natürlich einsetzenden, v.a. aber durch die künstlichen Landgewinnungsmaßnahmen bewirkten Absenkung des Grundwasserspiegels und der Auswaschung der Salze durch die Niederschläge beginnt die große Fruchtbarkeit der M. wirksam zu werden. Die kalk- (10 bis 35% Calciumcarbonat, meist aus Muschel- und Schneckenschalen), nährstoff- und humusreichen Böden (Marschböden, Kleiböden) verlieren jedoch im Laufe der Zeit durch Entkalkung, Verdichtung und andere Vorgänge an Wert, weshalb man dann zwischen *Jungmarschen und Altmarschen* unterscheidet. – Die Küsten- und Flußmarschen an der deutschen Nordseeküste umfassen rund 5500 km².

Marschhufendorf: Das M. entstand zur Zeit der mittelalterlichen Kolonisation in Marschgebieten. Es handelt sich um eine Reihensiedlung, bei der sich an die einzelnen Gehöfte, die geschlossene Akkerflur (z.T. im Hufenmaß) anschließt, die wegen des eng angelegten Entwässerungsnetzes meist lang und schmal ist. Abbildung ↑Siedlungsformen.

Massengestein: M. nennt man jedes kompakte Gestein von großer Mächtigkeit, im Gegensatz zu gut geschichteten oder stark klüftigen Gesteinen; dies trifft v.a. auf Tiefengesteine, besonders Granit, zu, aber auch auf massige Sandsteine und Kalksteine (Massenkalk). – M. wird auch als Synonym für magmatische Gesteine gebraucht.

Massengüter: Bei M.n, einem Wort aus dem Transportwesen, handelt es sich um Güter, die in loser Schüttung, also ohne Verpackung, befördert werden wie z.B. Erze, Kohle, Sand und Kies. Das Gegenteil sind Stückgüter, die einzeln in Verpackung befördert werden.

Massenverkehr: M. wird mit Massenverkehrsmitteln betrieben. Hierzu gehören u.a. Eisenbahnen, U-Bahnen, Omnibusse. Im Gegensatz zum M. steht der Individualverkehr.

Massiv:

◊ In der Geomorphologie ist M. ein ungegliedertes Gebirge mit gedrungenem Umriß, wie z.B. der Harz.

◊ In der Geologie meint M. eine durch Abtragung freigelegte, alte Tiefengesteinsmasse, wie z.B. das Lausitzer Granitmassiv.

Maßstab: Der M. einer Karte gibt das Verhältnis zwischen einer Strecke auf der Karte und der tatsächlichen Länge dieser Strecke in der Natur an. Der M. wird auf Karten durch eine Meßstrecke mit Zentimeterstrichteilung wiedergegeben, an der die natürlichen Längen eingetragen sind. Zu merken ist, daß ein großer M. Einzelheiten im Gelände genau zeigt, ein kleiner M. stark verallgemeinert, also keine Details wiedergibt. Es entsprechen bei einem M. von 1 : 10 000 (großer Maßstab) 1 cm auf der Karte 10 000 cm (= 100 m) in der Natur, bei einem M. von 1 : 5 000 000 (kleiner Maßstab) 1 cm auf der Karte 5 000 000 cm (= 50 km) in der Natur. Eine der gebräuchlichsten deutschen Karten ist das Meßtischblatt mit einem M. 1 : 25 000.

Matten: Die M. sind natürliche Grasfluren oberhalb der Baumgrenze, gebildet aus Stauden, Gräsern und Zwergsträuchern. Sie sind Teil der ↑alpinen Stufe der Hochgebirge (Mattengürtel). Die M. wurden durch Beweidung verändert und auch unter die natürliche Baumgrenze ausgedehnt.

Medina: Als M. wird die ursprünglich von einer Mauer umgebene Altstadt einer islamischen Stadt bezeichnet. Zur M. gehören eine Hauptmoschee, der Basar und oft die Kasba. Ursprünglich herrschte in der M. ein Straßengewirr mit vielen Sackgassen, in neuerer Zeit erfolgte in manchen Städten eine Öffnung der M. durch neu angelegte, breite Straßen.

mediterran: das Mittelländische Meer betreffend, sowie das Gebiet um dieses Meer.

Mediterrane Roterde: ↑Terra rossa

mediterranes Klima (Mittelmeerklima, Etesienklima, Winterregenklima): Das mediterrane Klima ist durch trockene, heiße Sommer und regenreiche, milde Winter gekennzeichnet. Die auffallenden jahreszeitlichen Gegensätze im Witterungsablauf erklären sich aus der Verschiebung der verschiedenen Luftdruckbereiche innerhalb der Allgemeinen Zirkulation der Atmosphäre, die ihrerseits vom jeweiligen Sonnenhöchststand abhängig ist. So liegt das europäische Mittelmeergebiet im Sommer unter dem Einfluß der subtropischen Hochdruckzone (mit Monatsmitteln der Temperatur um 22°C), die sich im Herbst dann wieder äquatorwärts verschiebt, so daß das Mittelmeergebiet den Einflüssen der nachrückenden Westwindzone ausgesetzt wird. Nun überwiegen die Auswirkungen der westwärts wandernden Tiefdruckgebiete, die dem Mittelmeerraum

Fläche, Inhalt, mittlere und größte Tiefe der Ozeane und ihrer Nebenmeere

Meere		Fläche in Mill. km²	Inhalt in Mill. km³	Tiefe Mittel in m	Tiefe Maximum in m
Ozeane, ohne Nebenmeere					
Pazifischer Ozean		166,24	696,19	4 188	11 022[1]
Atlantischer Ozean		84,11	322,98	3 844	9 219[2]
Indischer Ozean		73,43	284,34	3 872	7 455[3]
	Summe	323,78	1 303,51	4 026	—
Mittelmeere, interkontinental					
Arktisches a)		12,26	13,70	1 117	5 449
Australasiatisches b)		9,08	11,37	1 252	7 440
Amerikanisches		4,36	9,43	2 164	7 680
Europäisches c)		3,02	4,38	1 450	5 092
	Summe	28,72	38,88	1 354	—
Mittelmeere, intrakontinental					
Hudson Bay		1,23	0,16	128	218
Rotes Meer		0,45	0,24	538	2 604
Ostsee		0,38	0,04	101	459
Persischer Golf		0,24	0,01	25	170
	Summe	2,30	0,45	193	—
Randmeere					
Beringmeer		2,26	3,37	1 491	4 096
Ochotskisches Meer		1,39	1,35	971	3 372
Ostchinesisches Meer		1,20	0,33	275	2 719
Japanisches Meer		1,01	1,69	1 673	4 225
Golf von Kalifornien		0,15	0,11	733	3 127
Nordsee		0,58	0,05	93	725[4]
Sankt-Lorenz-Golf		0,24	0,03	125	549
Irische See		0,10	0,01	60	272
übrige		0,30	0,15	470	—
	Summe	7,23	7,09	979	—
Ozeane mit Nebenmeeren					
Pazifischer Ozean		181,34	714,41	3 940	11 022[1]
Atlantischer Ozean		106,57	350,91	3 293	9 219[2]
Indischer Ozean		74,12	284,61	3 840	7 455[3]
Weltmeer		362,03	1 349,93	3 729	11 022[1]

a) Nordpolarmeer einschließlich Randmeere + Baffinmeer + Hudson Bay.
b) Einschließlich Andamanensee.
c) Einschließlich Schwarzes Meer.

[1] Witjastiefe I im Marianengraben.
[2] Milwaukeetiefe im Puerto-Rico-Graben.
[3] Planettiefe im Sundagraben.
[4] Im Skagerrak gelegen.

im Herbst und Winter die starken Niederschläge bringen. Wegen des maritimen Einflusses im Winter treten Fröste normalerweise nicht auf oder sind zumindest sehr selten.
Wegen der von Mai bis Oktober im östlichen Mittelmeerraum sehr beständig wehenden Nord- bis Nordwestwinde, der Etesien, wird das mediterrane Klima auch Etesienklima genannt.
Das mediterrane Klima gehört nach der Klassifikation in ↑Klimaregionen zu den subtropischen Winterregengebieten auf den Westseiten der Kontinente.

Meer (Weltmeer): M. ist die die Kontinente umgebende zusammenhängende Wassermasse der Erde. Die heutige Wassermenge des Weltmeeres beträgt 1350 Mill. km^3, seine Gesamtoberfläche 362 Mill. km^2, d.h. 70,8 % der Erdoberfläche. Seine größte Tiefe, 11022 m, liegt im Marianengraben (Witjastiefe I). Das Weltmeer gliedert sich in drei Ozeane: Pazifischer, Atlantischer und Indischer Ozean mit einer Anzahl von Nebenmeeren (siehe Tabelle). M. und Kontinente sind ungleich auf Nord- und Südhalbkugel verteilt. Insgesamt entfallen von der Nordhalbkugel 60,7 %, von der Südhalbkugel 80,9 % der Gesamtfläche auf das Weltmeer.
Die prozentuale Verteilung von Land und Wasser, berechnet für die einzelnen geographischen Breiten, wird graphisch in der sogen. *morphographischen Kurve* dargestellt (siehe Abbildung S. 228).

Meerenge: Eine schmale Meeresstraße, wie z.B. der Bosporus, die Dardanellen und die Straße von Gibraltar, wird auch M. genannt. Eine M. verbindet zwei größere Meeresteile miteinander und ist daher von strategischer Bedeutung.

Meereskunde ↑Ozeanographie

Meeresspiegelschwankungen: M. sind kurzzeitige (periodisch oder sporadisch auftretend), jahreszeitliche und langjährige Änderungen des Wasserstandes des Meeres. Die kurzzeitigen M. entstehen durch Gezeiteneinwirkung oder kurzfristige, meteorologisch bedingte Veränderungen; die monatlichen Schwankungen werden vor allem durch den Jahresgang von Luftdruck, Windrichtung und -stärke, Dichteschichtungen im Meere und Wasserführung der Flüsse verursacht. Langjährige Änderungen sind die Folge von Hebungs- oder Senkungserscheinungen der Küsten (isostatisch bedingte M.) oder von einer Zu- oder Abnahme der Gesamtwassermenge des Meeres (eustatisch bedingte M.). So hat z.B. der Rückgang der Eismassen, der für Grönland und die meisten Hochgebirge seit Beginn des 20. Jahrhunderts nachweisbar ist, von 1900 bis 1936 zu einer Zunahme des mittleren Wasserstandes des Meeres von 1,1 mm/Jahr geführt. Zur Messung des Wasserstandes dienen Küsten- und Hochseepegel.

Meeresströmungen: Diese horizontale Verfrachtung von Wassermassen im Weltmeer wird durch Druckkräfte, Schubkräfte des Windes und gezeitenerzeugende Kräfte hervorgerufen. Vorhandene Strömungen werden durch Reibungskräfte und die Corioliskraft (ablenkende Kraft der Erdrotation) beeinflußt. M. besitzen eine mittlere Geschwindigkeit von 40 bis 60 km pro Tag, in Extremfällen bis zu 200 km pro Tag. Wir unterscheiden Oberflächen- und Tiefenströmungen.
Oberflächenströmungen werden überwiegend durch die Schubkräfte des Windes erzeugt (Driftströme); in höheren Breiten, wo unbeständige Winde vorherrschen, treten die Driftströme zurück gegenüber den durch Druckkräfte entstehenden Strömungen (Gradientströme). Hierbei handelt es sich v.a. um Auswirkungen horizontaler Dichteunterschiede im Wasser, die wiederum durch horizontale Temperatur- und Salzgehaltsunterschiede hervorgerufen werden. Auch der windbedingte Wasseraustausch und die Luftdruckänderungen in der Atmosphäre können zur Ausbildung der Druckkräfte beitragen.
Tiefenströmungen werden überwiegend durch Druckkräfte erzeugt. Diese werden auf ozeanographischen Expeditionen aus Messungen der Dichtevertei-

Oberflächenströmungen im Weltmeer

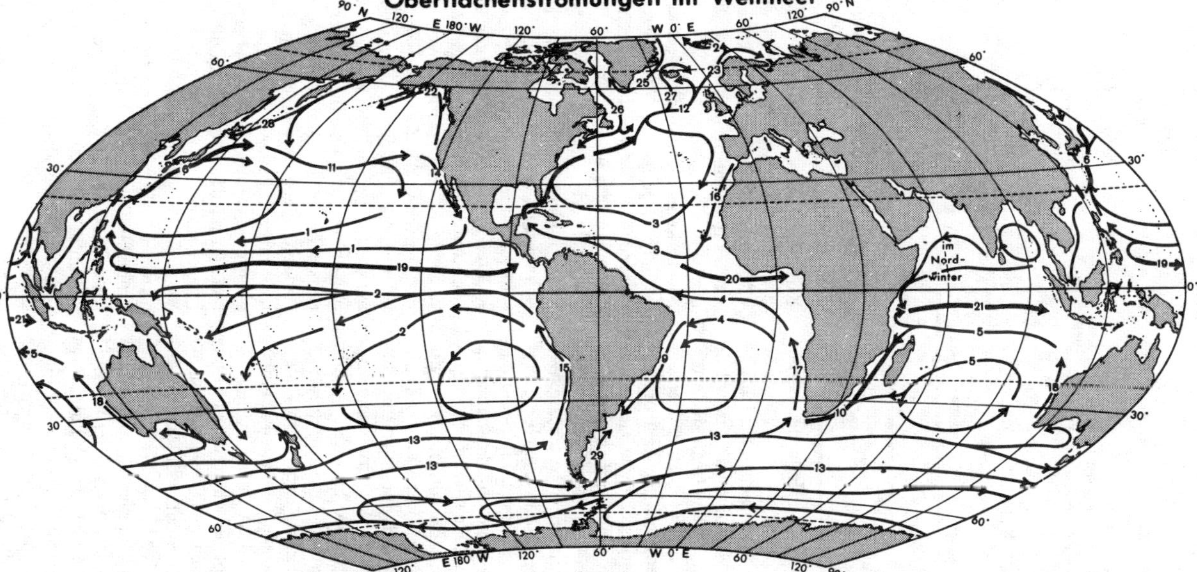

1-5	*Nord- und Südäquatorialströme*	10	*Agulhasstrom*	15	*Humboldtstrom*	22	*Alaskastrom*	27	*Irmingerstrom*
6	*Kuroschio*	11	*Nordpazifischer Strom*	16	*Kanarenstrom*	23	*Norwegischer Strom*	28	*Ojaschio*
7	*Ostaustralstrom*	12	*Nordatlantischer Strom*	17	*Benguelastrom*	24	*Westspitzbergenstrom*	29	*Falklandstrom*
8	*Golfstrom*	13	*Westwindtrift*	18	*Westaustralstrom*	25	*Ostgrönlandstrom*	←	*besonders schmale, starke Strömungen*
9	*Brasilstrom*	14	*Kalifornischer Strom*	19-21	*Äquatorialströme*	26	*Labradorstrom*		

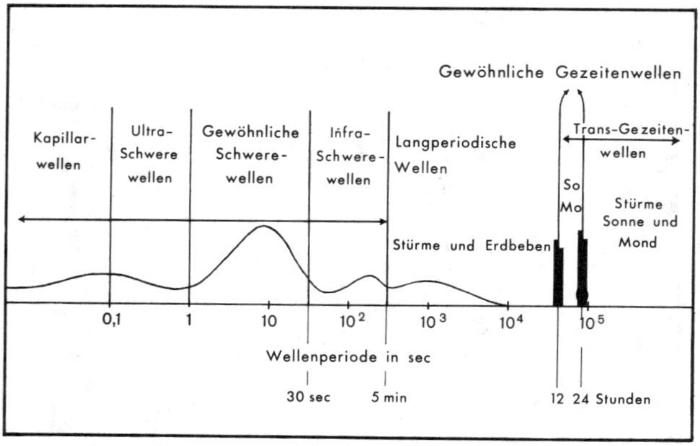

Einteilung der Meereswellen.

lung von der Meeresoberfläche bis zum Boden abgeleitet.

M. können in mehrfacher Schichtung übereinander vorkommen. So wurde zuerst im Atlantischen Ozean eine großräumige Schichtung in Oberflächenstrom, Zwischenstrom, Tiefenstrom und Bodenstrom festgestellt. Die Tiefenströmungen zeigen sehr deutlich den Austausch von Wassermassen zwischen tropischen und polaren Gebieten an. Wie ihre Erzeugung, so hängt auch die Verteilung der M. in erster Linie von der Schubkraft des Windes und den inneren Druckkräften ab. Hierfür gibt es mehrere Theorien, deren wichtigste die Driftstromtheorie (↑Drift) von V.W. Ekman ist, die das Ergebnis für einen unendlichen, homogenen Ozean beschreibt. Darauf bauen weitere Theorien auf, die eine Erklärung für die Konzentration der polwärts gerichteten M. im Westen der Ozeane in den niederen Breiten geben und für den ↑Auftrieb im äquatorialen und subtropischen Bereich am Ostrand der Ozeane. Die Gradientströme der höheren Breiten unterliegen in besonderem Maße der Wirkung der Corioliskraft, so daß sie sich randlich an die Kontinente anlehnen. Hierbei liegt auf der Nordhalbkugel das Land zur Rechten, auf der Südhalbkugel zur Linken. Das hat für die Nordhalbkugel zur Folge, daß jeweils die Westseiten der Kontinente durch Wasser aus niederen Breiten relativ warm gehalten werden, während die Ostseiten durch kaltes Wasser aus höheren Breiten beeinflußt werden.

Meereswellen: M. sind periodische Bewegungsvorgänge im Meerwasser, wobei jedes Wasserteilchen regelmäßige Schwingungen an Ort und Stelle ausführt. Diese Schwingungen werden durch äußere Störungen (Druck- und Schubkräfte des Windes, Luftdruckschwankungen, gezeitenerzeugende Kräfte, Seebeben usw.) hervorgerufen. Man unterscheidet fortschreitende und stehende M. nach Höhe, Wellenlänge und Periode. Bei *fortschreitenden M.* legen alle schwingenden Wasserteilchen die gleiche Bahn (Orbitalbahn) zurück, obwohl sie unterschiedliche Bewegungsphasen haben. In *stehenden M.* legen die Wasserteilchen verschieden große Bahnen zurück, bevor sie zu ihrem Ausgangspunkt zurückkehren. Hierbei haben alle in jedem Augenblick die gleiche Phase.

M. besitzen sehr unterschiedliche Dimensionen: Ihre Höhe reicht von unter 1 mm bis 30 m, ihre Länge von unter 1 mm bis über 1000 km, ihre Periode von unter 0,1 Sekunden bis über 1 Jahr. Die Einteilung der Wellen geschieht zumeist nach ihrer Periode (siehe Abbildung).

Man unterscheidet Kapillarwellen, Ultraschwerewellen, gewöhnliche Schwerewellen, Infraschwerewellen und langperiodische Wellen. *Kapillarwellen* sind durch Oberflächenspannung bedingt und entstehen bei einer Windgeschwindigkeit von 69,5 cm/s. *Ultraschwerewellen* kennzeichnen den Übergang zu den durch die Schwerkraft bestimmten *gewöhnlichen Schwerewellen,* die den Seegang bilden. Die Seegangswellen gehen im Flachwasser in die Brandung über, wenn die Wassertiefe kleiner wird als die halbe Wellenlänge. Die Bahn der Wasserteilchen geht hierbei von der Kreisbahn in eine geradlinige Hin-und-Herbewegung über, die die ganze Wassersäule bis zum Boden erfaßt. Dies gilt auch für die *Infraschwerewellen* und alle *langperiodischen Wellen.* Hierzu gehören vor allem die durch Seebeben ausgelösten Tsunamis, die Sturmflutwellen (↑Sturmflut), die ↑Gezeiten- und die Transgezeitenwellen. Eine Besonderheit unter den langperiodischen M. sind die *Seiches,* so bezeichnet man die Eigenschwingungen der Wassermassen in Becken und Buchten. Ihre Periode richtet sich nach den Dimensionen des betreffenden Meeresraumes. Die Hauptschwingung der Ostsee beträgt z.B. 27,5 Stunden.

M. treten auch im Inneren der Wassermassen auf, und zwar überall dort, wo die Wasserdichte sich mit der Tiefe ändert. Sie werden als *interne Wellen* bezeichnet und sind an periodischen Hebungen und Senkungen von Wasserschichten gleicher Temperatur und gleichen Salzgehaltes erkennbar. Ihre Periode hängt vom vertikalen Dichtegefälle ab.

Meermühle: Als M. wird eine dem ↑Kolk entsprechende Auskolkung an der Felswand einer Küste bezeichnet.

Megalopolis [engl. mɛgəˈlɔpəlɪs]: Diese 1961 geprägte Bezeichnung steht für die fast 1 000 km lange Verstädterungszone an der Nordostküste der USA, von Boston über New York, Philadelphia, Baltimore bis Washington reichend, mit über 20 % der Bevölkerung der USA auf etwa 3 % der Gesamtfläche. Durch günstige Verkehrslage zu Europa, gute Möglichkeiten der Hafenanlage, Reichtum an Bodenschätzen (Kohle, heute auch Erdöl) und zahlreiche Bildungszentren bevorzugt, entwickelte sich in diesem Gebiet schon früh die Industrie. M. ist nicht durchgehend städtisch bebaut.

Melaphyr: M. ist ein grünlich-schwarzes, basaltähnliches Ergußgestein aus dem Jungpaläozoikum (Perm, Karbon). M. besteht hauptsächlich aus den Mineralen Plagioklas, Augit und Olivin; er ist oft als Mandelstein ausgebildet.

Melioration: Unter M. versteht man kulturtechnische Maßnahmen zur Werterhöhung des Bodens, also zur Steigerung seiner Ertragsfähigkeit, zur Vereinfachung seiner Bewirtschaftung und zum Schutz vor Zerstörung und Schädigung. Solche Maßnahmen sind z.B. die Bewässerung und Entwässerung, die Eindeichung von Überschwemmungsgebieten, die Urbarmachung von Ödland.

Menapeiszeit: pleistozäne Eiszeit in Nordwesteuropa, ↑Quartär.

Menschenrassen: M. sind die lokalisierbaren Formengruppen der Art Homo sapiens, die sich durch erbbedingte charakteristische Konstitutionsmerkmale mehr oder weniger deutlich voneinander unterscheiden lassen. Der Prozeß der M.bildung, die *Rassengenese,* ist eines der Ergebnisse der menschlichen Evolution. Er hing hauptsächlich von den Faktoren Isolation, Mutation und Selektion (bzw. Anpassung) ab. Da zwischen M. keine biologischen Kreuzungsschranken bestehen, könnten durch *Rassenmischungen* die Grenzen zwischen den Rassen leicht verwischt werden. Einer größeren Nivellierung von Rassenunterschieden stehen jedoch v.a. soziale, kulturelle und ideologische Kreuzungssperren im Wege. Andererseits haben eine hohe Wanderbeweglichkeit und eine weitgehende Unabhängigkeit gegenüber Klima und Ernährungsbasis gerade beim Menschen (im Gegen-

satz zu den meisten Rassen im Tierreich) zu relativ starker Vermischung der Rassen geführt. Zudem gibt es – besonders in den Kontaktzonen – fließende Übergänge in den Merkmalskombinationen bei den einzelnen Rassen.
Charakteristische *Merkmalsunterschiede* der M. betreffen *morphologisch* neben dem Komplex der Pigmentierung (Haut-, Haar- und Augenfarbe) v.a. Gestalt und Wuchs (Körperhöhe, Robustheit oder Grazilität) sowie Kopf-, Gesichts-, Haar-, Augen-, Nasen-, Wangen-, Mund- und Kinnform und Unterschiede im Blutserum, soweit Signifikanz festzustellen ist. – Daneben bestehen gewisse *physiologische* und *psychologische* Merkmalsunterschiede.
Unterteilt werden M. am häufigsten nach ihrer Hautfarbe in eine weiße Rasse, die Europiden, eine gelbe Rasse, die Mongoliden und eine schwarze Rasse, die Negriden; vielfach wird noch eine „vierte" Rasse auf dem amerikanischen Kontinent, die Indianiden, hinzugerechnet. Diese *Groß-* oder *Hauptrassen* lassen sich in Einzelrassen (Varietäten) und auch weiter in Unter- oder Lokalrassen gliedern.

Mercalli-Skala: Die M. ist eine Einteilung zur Bestimmung der Stärke von ↑Erdbeben.

Mercatorprojektion: Die M. ist eine Art der Projektion, d.h. der Abbildung, der Kugelgestalt der Erde in eine Ebene. Hierbei handelt es sich um eine konforme, normalachsige Zylinderabbildung der Erde (↑Kartennetzentwurf), bei der sich die Meridiane und Breitenkreise senkrecht schneiden. Die M. ist daher weder abstands- noch flächentreu; nach den Polen zu nimmt die Verzerrung sogar überhand, weshalb M.en meist nur bis 70° oder 80° nördlicher oder südlicher Breite reichen. Wegen ihrer Winkeltreue ist die M. aber noch heute für die Navigation von Bedeutung.

Mergel: Als M. bezeichnet man Sedimentgesteine, die hauptsächlich aus Ton und Kalk bestehen; je nach dem Mischungsverhältnis unterscheidet man Kalkmergel, eigentlichen M. und Tonmergel. Oft enthält M. auch Beimengungen von Sand, Gips, Dolomit u.a. mineralischen Stoffen.

Meridian: Ein M. ist ein halber ↑Längenkreis (von Pol zu Pol reichend) im gedachten Gradnetz der Erde.

Merkantilismus: Es handelt sich beim M. um ein Wirtschaftssystem aus der Zeit des europäischen Absolutismus. Er war gekennzeichnet durch staatliche Lenkung und Förderung von Handel und industrieller Entwicklung zur Bereicherung eines Landes. Besonders wichtig war hierbei die Erhöhung des Besitzes an Edelmetallen, also der Finanzkraft des Landesherren.

Meseta: Im spanischen Sprachbereich ist M. die Bezeichnung für ein Hochland.

Mesosphäre ↑Atmosphäre.

Mesozoikum: erdgeschichtliche Ära, ↑Geologie, Formationstabelle.

Meßtischblatt: Das M. ist eine topographische Karte im Maßstab 1 : 25 000, die ursprünglich mit Hilfe des Meßtisches im Gelände aufgenommen wurde; heute ist die photogrammetrische Aufnahme die Regel. Wegen ihres Maßstabes – 1 km in der Natur entspricht 4 cm auf der Karte – wird sie auch *4-cm-Karte* genannt. Der Bereich der Bundesrepublik Deutschland ist durch 2 068 Meßtischblätter, die von den Landesvermessungsämtern erarbeitet wurden, vollständig erfaßt. Jedes M. ist 6 Breitenminuten hoch und 10 Längenminuten breit.

Mestize: Mestizen werden Mischlinge zwischen Europäern und Indianern in Südamerika genannt.

metamorphe Gesteine (Metamorphite): M.G. nennt man die durch ↑Metamorphose entstandenen Gesteine. Dabei unterscheidet man nach der Herkunft die aus magmatischen Gesteinen gebildeten sogen. *Orthogesteine* von den aus Sedimentgesteinen hervorgegangenen *Paragesteinen.* Der Entstehungsweise nach lassen sich die Gesteine der Regional- und die der Kontaktmetamorphose unterscheiden. Bei der Kontaktmetamorphose entstehen aus Sandsteinen Quarzite, aus Kalksteinen Marmor, aus tonigen Gesteinen Fleck-, Frucht-, Garben- und Knotenschiefer sowie Feldspathornfelse, aus Dolomit Magnesiasilicatfelse, aus magmatischen Gesteinen hauptsächlich Hornfelse. Außer vom Ausgangsgestein hängt die Mineralzusammensetzung dabei vom Grad der Metamorphose bzw. von der Nähe zum Kontakthof ab. Das gleiche gilt für die bei der Regionalmetamorphose gebildeten Gesteine, die, sofern sie ein schiefriges Gefüge aufweisen, auch als kristalline Schiefer bezeichnet werden. Aus Sandsteinen gehen hier Quarzite hervor, aus tonigen Gesteinen Phyllite, Glimmerschiefer und Gneise, aus Mergel und Kalksandstein Kalkphyllite, Kalkglimmerschiefer, Kalksilicatfels und Kalksilicatschiefer, aus Kalkstein Marmor und Kalkschiefer; Granite und Liparite werden zu Gneisen und Granuliten umgewandelt, Diorite und Dazite zu Hornblendeschiefer und Gneisen, Gabbro und Basalte zu Grünschiefer, Amphiboliten und Eklogiten, schließlich Peridotite und andere ultrabasische Gesteine zu Serpentiniten, Talk- und Chloritschiefern. Die durch Aufschmelzung (↑ Ultrametamorphose) entstandenen Gesteine (Migmatite, Diatexite) nehmen eine Sonderstellung ein.

Metamorphose: M. nennt man in der Gesteinskunde die Umwandlung und Umformung eines Gesteins in ein anderes, ein sogen. *metamorphes Gestein.* Zurückzuführen ist die M. auf eine Änderung der Druck- und besonders der Temperaturbedingungen, denen das Gestein ausgesetzt ist; dabei finden neben mechanischen und Gefügeveränderungen, z.T. auch chemische Veränderungen, d.h. Änderungen des Mineralbestandes, statt: Werden Sediment- oder magmatische Gesteine durch natürliche Einflüsse hinlänglich stark erwärmt, so bilden sich je nach erreichter Temperatur und Art der eintretenden chemischen Reaktionen neue, d.h. jeweils für einen bestimmten Druck- und Temperaturbereich stabile Mineralgruppierungen. Diese Umwandlung erfolgt im allgemeinen im Inneren der Erdkruste unter Erhaltung des festen Zustandes, d.h. noch unterhalb des Schmelzpunktes; der Bereich der M. schließt nach oben, d.h. mit steigenden Temperaturen, an den Bereich der niedrigtemperierten Gesteinsverfestigung, an die ↑ Diagenese der Sedimentgesteine, an und reicht bis an die Grenze der Aufschmelzung (↑ Ultrametamorphose). Die Temperaturerhöhung kann durch Versenkung in größere Krustentiefe, durch Verstärkung des regionalen Wärmeflusses aus dem Erdinnern oder durch lokale Erwärmung bei Kontakt mit schmelzflüssigem Magma erfolgen. Im letzteren Falle, bei der sogen. *Kontaktmetamorphose,* klingt die Temperatur je nach Größe des heißen Magmenkörpers innerhalb eines cm- bis km-breiten Saumes, dem *Kontakthof,* relativ rasch ab; es entstehen *Kontaktgesteine* mit neugebildeten Mineralarten und einem dichten Gefüge (z.B. Hornfels). Bei Versenkung ausgedehnter Krustenareale bzw. Erhöhung des Wärmeflusses erfolgt eine regional verbreitete Gesteinsumwandlung. Diese sogen. *Regionalmetamorphose* zeigt ein langsames, ausgeglicheneres Temperaturgefälle. Neben der Temperaturerhöhung sind hier auch mechanische Vorgänge beteiligt, und zwar durch tektonische Bewegungen; dabei werden die Bestandteile der Gesteine plastisch deformiert oder zertrümmert und dadurch Rekristallisation und Umwandlung des Gefüges eingeleitet; so entsteht die weit verbreitete Schiefrigkeit der metamorphen Gesteine (↑ Schieferung).

Meteor: Als Meteore bezeichnet man alle kurzzeitigen, plötzlich auftretenden atmosphärischen Leuchterscheinungen in Form von langen, häufig nachleuchtenden Bahnen, die durch das Eindringen außerirdischer Kleinkörper, sogen. ↑ Meteorite, in die Erdatmosphäre hervorgerufen werden. Das Leuchten kommt folgendermaßen zustande: Die in die irdische Lufthülle eindringenden

Meteorite verdampfen an ihrer Stirnseite durch den Aufprall der Luftmoleküle. Die Moleküle der sich dadurch um sie herum bildenden, erheblich größeren Dampfwolke (Durchmesser bis zu einigen 100 m und mehr) stoßen ebenfalls mit den Luftmolekülen zusammen, wobei ein Teil dieser Moleküle ionisiert und zum Leuchten angeregt wird. Es entsteht der für Bruchteile von Sekunden sichtbare Einschußkanal, der von einem leuchtenden Plasma ausgefüllt ist. Entlang der Bahn verstärkt sich die Intensität der vorwiegend weißen Leuchterscheinung, wobei Funkenschauer, kurzstreckige Lichtausbrüche sowie Teilungen der Leuchterscheinung nicht selten sind und extrem helle Meteore auf dem letzten, hellsten Teil ihrer Bahn sogar am Tage sichtbar sind (in einigen Fällen wurde sogar die Helligkeit der Sonne erreicht). Am Tage auftretende große Meteore hinterlassen meist einen Rauchschweif (Rauchbahn, Rauchwolke) aus glutflüssig abgestreiftem und feinstzerstäubtem Meteoritenmaterial, der erst allmählich von den Luftbewegungen verwischt wird.

Je nach der Stärke der Leuchterscheinung unterscheidet man: 1. die mit bloßem Auge nicht wahrnehmbaren *teleskopischen Meteore,* die durch Meteorite mit Massen bis zu 0,001 g (vor dem Eintritt in die Erdatmosphäre) hervorgerufen werden; 2. die in jeder sternklaren Nacht mit bloßem Auge wahrnehmbaren *Sternschnuppen;* sie werden von Meteoriten mit Massen bis zu 10 g verursacht, die dann bis auf winzige Restkörper verdampfen; 3. die sehr hellen *Feuerkugeln* oder *Bolide,* deren Helligkeit größer als die mittlere Helligkeit des Planeten Venus ist, was ab etwa 70 km über der Erdoberfläche der Fall ist. Die verursachenden, häufig bis zur Erdoberfläche gelangenden Meteoriten haben bei *gewöhnlichen Feuerkugeln* (bereits sehr selten) Massen bis zu 1 kg, bei *detonierenden Feuerkugeln* Massen bis zu 1 t. Bei noch größerer Masse erzeugt der Meteorit neben der meteorischen Leuchterscheinung ein donnerartiges Geräusch und verursacht bei Aufschlag auf fester Erdoberfläche einen Krater sowie starke Verwüstungen *(verheerende Feuerkugel).*

Das Aufleuchten der Meteore in den hohen Atmosphärenschichten erfolgt in etwa 120 bis 80 km Höhe, wobei teleskopische Meteore und Sternschnuppen bereits in etwa 80 bis 90 km Höhe erlöschen, da die sie verursachenden Meteoriten dann bereits vollständig verdampft sind. Hellere Meteore erreichen kleinere Endhöhen als lichtschwächere. Feuerkugeln z.B. Endhöhen von 50 km bis unter 10 km. In den Endhöhen sind die verursachenden Meteorite entweder vollständig verdampft und die von ihnen erzeugten Dampfwolken so abgekühlt, daß sie nicht mehr leuchten, oder die Geschwindigkeit der Meteoritenreste reicht nicht mehr aus, eine leuchtende Gaswolke zu erzeugen.

Meteorit: Meteorite sind feste [Klein]-körper extraterrestrischen Ursprungs, die beim Eindringen in die Erdatmosphäre unter teilweiser oder vollständiger Verdampfung die als ↑Meteore bezeichneten Leuchterscheinungen hervorrufen. Im engeren Sinne versteht man unter Meteoriten die zur Erdoberfläche niederfallenden Reststücke solcher Körper. Im erweiterten Sinne sind alle Kleinkörper, die sich sowohl in „Strömen" als auch in ungeordneten Einzelbahnen durch das Sonnensystem bewegen und beim Zusammentreffen mit der Erde eine Meteorerscheinung hervorrufen würden, Meteoriten.

Meteoriten sind in der Mehrzahl wahrscheinlich Überreste von Kometen, sehr große Exemplare wohl auch Trümmer zerstörter Planetoiden. Körper, die kleiner als etwa 0,1 mm im Durchmesser sind, werden als *Mikrometeoriten* bezeichnet, wobei Masseteilchen von nur wenigen tausendstel Millimeter Durchmesser den sogen. *meteoritischen Staub* (*kosmischen Staub*) bilden. Letztere ergeben keine merkliche Meteorerscheinung.

Die nicht verdampften Überreste großer Meteoriten erreichen als einzelnes größeres Stück, meist aber infolge Zerplatzens in mehreren (bis zu vielen tausend) kleineren Zerfallsstücken über weite Gebiete verstreut als sogen. *Meteoritenschauer* oder *Steinregen* die Erdoberfläche. Hier werden sie je nach Bodenbeschaffenheit beim Aufschlag zertrümmert oder sie dringen in das Erdreich ein. Die Eindringtiefe ist meist kleiner als 1 m, jedoch hat man auch sehr viel tiefere *Meteoritenkrater,* mit Tiefen von über 100 m und Durchmessern bis zu mehr als 1 km gefunden; zu ihnen gehört der Meteor Crater in Arizona, USA, mit 1380 m Durchmesser und 180 m Tiefe. Diese sind auf den Einschlag von sehr großen Meteoriten zurückzuführen, die beim Aufprall explosionsartig verdampft sind. Derartige *Riesenmeteoriten* (Masse weit über 1 000 t) richten auch bei vorhergehendem Zerplatzen in großer Höhe noch großflächige Zerstörungen an.

Die Zahl der jährlich auf die gesamte Erdoberfläche niederfallenden Meteoriten wird auf über 10 000 geschätzt, wovon weniger als 10 zur wissenschaftlichen Untersuchung gelangen. Der größte bisher entdeckte Meteorit ist ein bei Grootfontein in Südwestafrika entdeckter Eisenblock von 60 t Gewicht.

Die aufgefundenen Meteoriten, zu denen auch der Hadschar in der Kaaba von Mekka gehört, sind völlig unregelmäßig geformte, von einer schwarzen, meist weniger als 1 mm dicken Schmelzrinde umgebene Gesteins- oder Nickeleisenkörper. Man unterscheidet nach ihrer chemischen Zusammensetzung mehrere Hauptgruppen: 1. *Steinmeteoriten (Aerolithe)* bestehen überwiegend aus Silicaten; sie enthalten im Mittel 42 % Sauerstoff, 20,6 % Silicium, 15,8 % Magnesium, 15,6 % Eisen. Sind rundliche silicatische Körper *(Chondren)* in die silicatische Grundmasse eingebettet, was bei etwa 90 % der Steinmeteoriten der Fall ist, so bezeichnet man sie als Chondriten. 2. *Eisenmeteoriten (Nickeleisenmeteoriten, Holosiderite)* bestehen überwiegend aus meteoritischem Eisen, ein nur in Meteoriten vorkommendes Nickeleisen, das 6–12 % Nickel und bis zu 0,5 % Kobalt und Spuren anderer Elemente enthält. 3. *Stein-Eisen-Meteoriten* sind solche, bei denen [tropfenartige] Steine in Eisen eingebettet sind oder umgekehrt. 4. *Glasmeteoriten* oder ↑Tektite.

An den Meteoritenfällen sind Steinmeteoriten mit 92 %, Eisenmeteoriten mit 6 %, Zwischenformen mit 2 % beteiligt, wobei aber Eisenmeteoriten im Durchschnitt erheblich größer (gewichtsmäßiger Anteil 64 %) als Steinmeteoriten (Gewichtsanteil 33 %) sind.

Meteorologie: Die M. ist ein Teilgebiet der Geophysik, das die Physik der Atmosphäre, die Lehre von den physikalischen Erscheinungen und Vorgängen in der Lufthülle nebst ihren Wechselwirkungen mit der festen und flüssigen Erdoberfläche [und dem Weltraum] sowie die Lehre vom Wettergeschehen umfaßt. In neuerer Zeit beschränkt sich die M. zunehmend auf den als Homosphäre bezeichneten Teilbereich der Atmosphäre, der bis 100 km Höhe reicht, da in der darüberliegenden Heterosphäre wesentlich andere Bedingungen und Gesetzmäßigkeiten herrschen (diese werden heute von der Aeronomie behandelt). Zur Beobachtung des Wetters bzw. der verschiedenen meteorologischen Elemente, deren Änderungen unmittelbar mit dem Wettergeschehen verknüpft sind, dienen meteorologische Stationen *(Wetterstationen).*

Die moderne M. besteht aus mehreren Teilgebieten, die sich mehr oder weniger scharf gegeneinander abgrenzen lassen, teilweise aber auch eng miteinander verbunden sind: Die *theoretische* oder *dynamischen M.* untersucht die meteorologischen Prozesse und Bewegungsvorgänge physikalisch-mathematisch unter Zugrundelegung der wichtigsten das Wettergeschehen erfassenden Größen: Luftdruck, Lufttemperatur, Wind, Luftfeuchte und Luftdichte. Die *synop-*

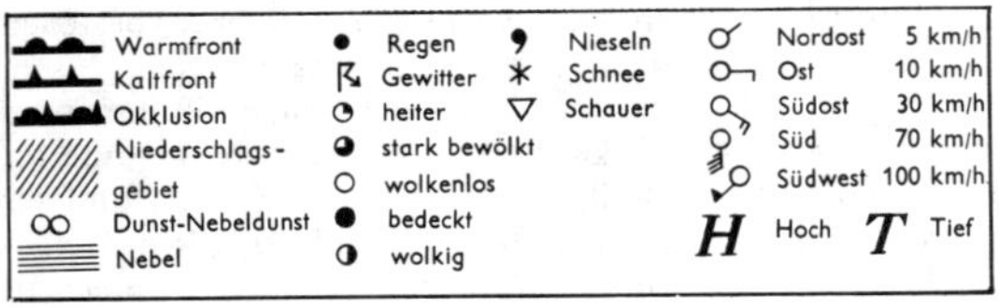

Meteorologische Zeichen. Bei den Windzeichen kann natürlich jede Windrichtung mit jeder Windgeschwindigkeit kombiniert dargestellt werden.

tische M. studiert den Wetterzustand zu einem bestimmten Zeitpunkt über einem mehr oder weniger großen Gebiet anhand von Wetterkarten mit dem Ziel, die weitere Entwicklung des Wettergeschehens zu erkennen und eine Vorhersage aufzustellen.
Die Aufgabe der *angewandten M.,* deren Teilgebiete eine immer größere Bedeutung erlangen, liegt in der Anwendung der von den übrigen Zweigen der M. ausgearbeiteten Erkenntnisse und Unterlagen auf speziellen Gebieten, etwa der Bioklimatologie, Agrarmeteorologie und Flugmeteorologie. Die *maritime M.* ist der Zweig der M., der sich mit Forschungen in der Atmosphäre über See sowie in der Grenzschicht zwischen Lufthülle und Meeresoberfläche beschäftigt; die Ergebnisse kommen in der Hauptsache dem *Seewetterdienst* zugute, dem die meteorologische Sicherung der Seefahrt obliegt.
Metropolisierung: Dieser Begriff der Stadtgeographie steht für die Tatsache, daß sich in vielen Staaten, v.a. in Entwicklungsländern, nur eine einzige Stadt, meist die Hauptstadt, zu einer Großstadt entwickelt und somit zur das ganze Land beherrschenden Metropole wird, während das gesamte übrige Land in den traditionellen Lebensformen verharrt. Für die heranwachsende Bevölkerung wird dieses damit uninteressant, denn aller Fortschritt konzentriert sich auf die Metropole, die damit eine ungeheuere Anziehungskraft ausübt. Es ergibt sich eine ständige Binnenwanderung zur Metropole, womit nicht nur die M. weiter vorangetrieben wird, sondern ebenso die Bildung von ↑Slums verbunden ist, da die Metropole die in sie gesetzten wirtschaftlichen Hoffnungen der Zugezogenen meist nicht erfüllen kann.
Metropolitan Area [englisch mɛtrəˈpɔlɪtən ˈɛərɪə] (heute amtlich: Standard Metropolitan Statistical Area; Abkürzung SMSA): Es handelt sich hierbei um eine 1930 in den USA eingeführte administrative Einheit, mit der Stadtregionen abgegrenzt werden.
Eine SMSA umfaßt eine County mit ein bis drei nicht weiter als 20 Meilen (= 32 km) voneinander entfernten Städten mit mindestens je 50 000 Einwohnern sowie benachbarte Counties mit je über 65 % Erwerbstätigen im nichtagrarischen Bereich oder Counties mit an die Kernstadt angrenzendem, geschlossen besiedeltem Gebiet mit über 150 Einwohnern pro Quadratmeile oder wenn dieses über 10 000 im nichtagrarischen Bereich Tätigen als Arbeits- oder Wohnplatz dient. Die SMSA umschließt also im Gegensatz zur städtischen Agglomeration (Urbanized Area) oft auch umfangreiche landwirtschaftlich genutzte oder ländliche Gebiete. In den Neuengland-Staaten besteht die SMSA aus Cities oder Towns (mindestens zwei benachbarte Städte mit insgesamt 50 000 Einwohnern). 1970 wohnten in den 230 ausgewiesenen SMSA 136 Mill. Menschen, d.h. $^2/_3$ der Bevölkerung der USA.
In *Australien* umfaßt die M.A. das städtische Gebiet um die Hauptstädte der Bundesstaaten, und zwar alle Zählbezirke um die eigentliche Stadt, soweit diese – ohne Rücksicht auf ihre kommunale Zugehörigkeit – eine Bevölkerungsdichte von über 500 Einwohnern pro Quadratmeile haben, und solche mit geringerer Bevölkerungsdichte, wenn sie gänzlich von Bezirken der ersten Kategorie

umgeben sind oder mit höchstens 2 Meilen (3,2 km) die Verbindung zu einem anderen städtischen Zentrum herstellen, so daß dieses dadurch an die M. A. angeschlossen wird. Aufgrund dieser Kriterien ist das Stadtgebiet (die M. A.) jeder Stadt bei jeder Volkszählung ein anderes, d.h., es wird von einem Jahrfünft zum anderen aus einer größeren Anzahl von Zählbezirken gebildet, worauf ein Teil des statistisch erscheinenden, aber teils nur scheinbaren Bevölkerungsanstiegs zurückzuführen ist.

MEZ: Abkürzung für mitteleuropäische Zeit, eine Zonenzeit, ↑Zeitzonen.

Migmatite: M. nennt man Gesteine, die ihrer chemischen Zusammensetzung und ihrem Gefüge nach zwischen metamorphen Gesteinen und Magma stehen; sie entstehen durch teilweise Aufschmelzung eines Gesteins.

Mikroklima: Das M. ist das Klima der bodennahen Luftschicht bis etwa 2 m Höhe; es entsteht durch die Nähe der Bodenoberfläche. Es herrschen hier schwächere Luftbewegungen, aber größere Temperaturunterschiede.

Die Verschiedenheit des Bodens, des Geländes und des Pflanzenbewuchses kann auf engem Raum große Klimagegensätze entstehen lassen. Das M. ist besonders für niedrige Pflanzen von entscheidender Bedeutung, da sie ihr klimaempfindlichstes Lebensstadium in der bodennahen Luftschicht durchlaufen.

Mikrosolifluktion: svw. ↑Kryoturbation

Milchstraßensystem (Galaxis): M. ist die Bezeichnung für unser Sternsystem, dem die Sonne und alle anderen sichtbaren Sterne (etwa 5 000) sowie etwa 200 Milliarden weitere Sterne angehören. Den Hauptanteil dieses Systems bildet eine abgeflachte, linsenförmige Scheibe, die sich zum Zentrum hin und zu einem Kern, dem galaktischen Zentrum, verdickt. Das ganze M., das neben den Sternen auch Wolken interstellarer Materie umfaßt, rotiert um den zentralen Kern. Es besitzt vermutlich eine Spiralstruktur. Die stark abgeflachte Scheibe mit ihrer Spiralstruktur ist umgeben von einem fast sphärischen System, dem galaktischen Halo.

Millibar (Einheitszeichen mbar und mb): Ein M. ist der tausendste Teil der Druckeinheit Bar; im M. wird in der Meteorologie die Stärke des Luftdrucks angegeben:
1 mb = 10,19716 kp/m².

Millionenstadt: Zwar besagt der Ausdruck M. lediglich; daß in dieser Stadt über einer Million Menschen leben, aber am Anteil der in Millionenstädten lebenden Bevölkerung im Vergleich zur Gesamtbevölkerung dieses bestimmten Gebietes läßt sich doch auf den Grad der Verstädterung der Bevölkerung schließen. Andererseits zeigt die Verteilung der Millionenstädte auf der Erde, welche Regionen am meisten verstädtert sind;

Prozentualer Anteil der Städte über 100 000 Einwohnern und der Millionenstädte in den einzelnen Erdregionen

Region	Städte über 100 000 Einwohner 1900	und 1960	Millionenstädte 1900	und 1960
Afrika	1,5 %	4,4 %	—	3,7 %
Asien	21,9 %	33,8 %	17,6 %	39,4 %
Europa	47,5 %	23,4 %	48,5 %	20,7 %
UdSSR	6,7 %	9,5 %	5,1 %	5,1 %
Angloamerika	} 21,0 %	18,6 %	28,8 %	17,1 %
Lateinamerika		9,0 %	—	12,7 %
Australien	1,4 %	1,3 %	—	1,2 %
Erde	100 %	100 %	100 %	100 %

beim Vergleich mit früheren Jahren lassen sich dabei auch die Regionen mit besonders großem Bevölkerungswachstum erkennen (vergleiche Tabelle).

Milpa-System: Als M. wird die mit Brandrodung verbundene Art des ↑Wanderfeldbaus in Mexiko und Zentralamerika bezeichnet.

Mindeleiszeit: pleistozäne Eiszeit, ↑Quartär.

Mindel-Riß-Interglazial: pleistozäne Warmzeit, ↑Quartär.

Minderheit (Minorität): Als M. bezeichnet man eine Bevölkerungsgruppe, die sich von der Mehrheit der Bevölkerung eines Staates (oder einer anderen Einheit), dem (bzw. der) sie an sich angehört, durch bestimmte personale Merkmale, etwa Rasse, Religion, Moral, soziale Funktion u.a., unterscheidet und deshalb oft, zumeist aufgrund von Vorurteilen, der Diskriminierung durch die Mehrheit unterliegt. Hieraus sich ergebende Feindseligkeiten können bis zur Ausrottung der M. führen (z.B. Juden im nationalsozialistischen Deutschland).

Minerale (Mineralien): Als M. werden alle aus anorganischen oder, selten, organischen Verbindungen sowie aus chemischen Elementen bestehenden Substanzen bezeichnet, die als Bestandteile der Erdkruste, des Erdmantels oder von Meteoriten in der Natur vorkommen. M. sind – mit Ausnahme des Quecksilbers – feste Körper mit nahezu einheitlicher chemischer Zusammensetzung; sie treten meist kristallisiert, seltener amorph auf. M. bilden als Gemenge die Gesteine der Erdkruste und des Erdmantels oder sie wachsen frei auf Hohlräumen, Klüften und Gängen im Gestein oder als Ausblühungen und Abscheidungen an der Erdoberfläche. Von den über 2000 bekannten M.n kommen rund 300 häufiger vor, die 10 häufigsten bauen über 90 % der Erdkruste auf.

Die wichtigsten, sogen. *gesteinsbildenden Minerale* sind:

1. *Quarz* (SiO_2), das mit 18 Volumprozent an der Erdkruste beteiligt ist.

2. *Feldspäte* (64 %, einschließlich der Feldspatvertreter), das sind Natrium-, Kalium- und Calciumalumosilicate. Man unterscheidet zwei chemische Mischungsreihen:

a) *Alkalifeldspäte,* Gemische zwischen den Zusammensetzungen Na $[AlSi_3O_8]$ und K $[AlSi_3O_8]$, in reiner Form *Albit* bzw. *Orthoklas;* wichtig ist auch der *Anorthoklas* (K,Na) $[AlSi_3O_8]$.

b) *Kalknatronfeldspäte* oder *Plagioklase,* Gemische von Ca $[AlSi_2O_8]$ und Na $[AlSi_3O_8]$, in reiner Form *Anorthit* bzw. *Albit.*

3. *Feldspatvertreter* oder *Foide,* das sind Silicate, die SiO_2-ärmer als die Feldspäte sind. Wichtig sind v.a. *Leuzit* K $[AlSi_2O_6]$ und *Nephelin* (Na,K) $[AlSiO_4]$.

4. *Glimmer* (4 % der Erdkruste), ebenfalls Silicate. Dazu gehören der dunkle Magnesiumeisenglimmer *Biotit* K $(Mg, Fe, Mn)_3$ $[(OH, F)_2$ $AlSi_3O_{10}]$ und der helle Tonerdeglimmer *Muskovit* KAl_2 $[(OH, F)_2 \mid AlSi_3O_{10}]$.

5. *Augite* oder *Pyroxene* (4 % der Erdkruste), das sind Silicate von Calcium, Magnesium und Eisen.

6. *Hornblenden* oder *Amphibole* (5 % der Erdkruste), das sind Silicium-Magnesium-Silicate, mit oder ohne Aluminium und Eisen; sie sind, ebenso wie die Augite, SiO_2-ärmer als Feldspäte, Feldspatvertreter und Glimmer.

7. *Olivin* oder *Peridot* (2 % der Erdkruste), $(Mg, Fe)_2$ SiO_4.

Unter den mengenmäßig zurücktretenden gesteinsbildenden Mineralen, den sogen. *Nebengemengteilen,* die insgesamt 3 % der Erdkruste ausmachen, sind v.a. zu nennen:

Magnetit: $FeO \cdot Fe$ oder Fe_3O_4
Ilmenit: Fe TiO_3
Hämatit: Fe_2O_3
Pyrit: FeS_2
Apatit: Ca_5 (F, Cl, OH) $(PO_4)_3$
Zirkon: Zr SiO_4
Titanit: CaTi $[O|SiO_4]$
Flußspat: CaF_2

Mineralquellen: M. sind Quellen, deren Wässer je Kilogramm mindestens 1000 mg gelöste Stoffe oder andere pro

Kilogramm Wasser genau festgelegte Mengen von Spurenelementen oder Kohlensäure enthalten, soweit sie eine besondere heilende Wirkung ausüben. Im einzelnen handelt es sich um folgende Quellen: *Alkalische Quellen* enthalten überwiegend Natrium- und Calciumhydrogenkarbonat (z.B. Bad Ems). *Bitterquellen* besitzen erhebliche Mengen an Natrium-, Magnesium-, Calciumsulfaten (z.B. Bad Kissingen, Bad Mergentheim). Bei einer *Kochsalzquelle* sind mindestens 1000 mg Kochsalz in 1 kg Wasser gelöst (*Sole* hat mehr als 1,5 % Kochsalz; z.B. Baden-Baden, Bad Homburg v.d. Höhe, Bad Reichenhall). *Säuerlinge (kohlensaure Quellen)* enthalten mindestens 250 mg freies Kohlendioxid je 1 kg Wasser (z.B. Karlsbad, Marienbad, Bad Nauheim). *Eisenquellen* enthalten 10 mg Eisensalz pro kg Wasser (Bad Pyrmont). In *Arsenwässern* sind mindestens 0,7 mg Arsen in 1 kg Wasser gelöst (z.B. Bad Dürkheim). *Schwefelwässer* besitzen mindestens 1 mg titrierbaren Schwefelwasserstoff, *Jodquellen* enthalten 1 mg Jod je kg Wasser. *Radioaktive Quellen* enthalten Radon oder spurenweise gelöste radioaktive Salze mit 10^{-7} mg Radium pro kg Wasser bei einer Radioaktivität von mindestens 80 ME (z.B. Bad Kreuznach, Bad Gastein).

Minette: Die M. ist ein oolithisches Eisenerz, das v.a. in Schichten des unteren Dogger in Lothringen und Luxemburg vorkommt; es enthält bis zu 40 % Eisen, v.a. in Form von Fe_2O_3 (Brauneisenstein) sowie als Eisenphosphat, -silicat und -carbonat.

Minifundium: Das M. ist eine Bezeichnung für einen landwirtschaftlichen Kleinbetrieb im ehemals spanischen Lateinamerika. Es ist oft die einzige Einnahmequelle einer Großfamilie und erreicht meist nur die Fläche eines größeren Gartens. Die Produkte, die auf diesen Minifundien erzeugt werden, dienen v.a. dem Eigenverbrauch und erreichen darüber hinaus bestenfalls den örtlichen Markt. Oft reichen sie aber noch nicht einmal zur Selbstversorgung aus. Über die Hälfte aller Landbesitzer in Lateinamerika verfügen nur über solche Minifundien, in Ecuador sind es z.B. über 90 %.

Miombowald: Der M. ist ein Trockenwald, der nur auf der Südhalbkugel vorkommt, und zwar im tropisch-wechselfeuchten Afrika. Die weit auseinanderstehenden Bäume haben sich der 5 bis 7 Monate dauernden Trockenzeit angepaßt, sie werfen in dieser Zeit ihr Laub meistens ab. Charakteristisch sind Bäume mit Hülsenfrüchten und breitkronige Schirmbäume, die aber alle nur 8 bis 15 m Höhe erreichen.

Miozän: Abteilung des Tertiärs, ↑Geologie, Formationstabelle.

Mir-System: Unter dem M. versteht man das unter Großgrundbesitzverhältnissen in Rußland übliche System der Verteilung der Besitzparzellen durch Verlosen. Dies diente der gerechteren Zuteilung des Bodens, da die Dorfgemeinschaft als Ganzes die Steuern an den Grundherren zu entrichten hatte. Das M. wurde 1917 bei der russischen Revolution abgeschafft.

Mischkultur: Unter diesem landwirtschaftlichen Fachausdruck versteht man den gleichzeitigen Anbau mehrerer Nutzpflanzenarten gleicher oder verschiedener Produktionsrichtung. Dies kann in der Reihe (z.B. Möhre und Porree), in Zwischenreihen (z.B. Lein und Sojabohnen; Ölbaum und Weinrebe), in Streifen (z.B. Trockenreis und Bataten oder Mais), als ↑Stockwerkkultur (z.B. Banane und Kaffee oder Tee) oder als Unterkultur (z.B. Grünland oder Gemüse unter Obsthochstämmen) erfolgen.

Mischlinge: Man bezeichnet Menschen, deren Eltern verschiedenen Rassen angehören, als Mischlinge. Unter diesen haben einige besondere Namen, so ist ein *Halbblut* ein Nachkomme eines Weißen und einer nordamerikanischen Indianerin. *Mestizen* sind M. zwischen Europäern und südamerikanischen Indianern; in Mittelamerika werden die dortigen *Ladino* genannt. *Mulatten* sind

M. zwischen Weißen und Negern, *Zambos* (bzw. *Zambas,* wenn weiblich) zwischen Negern und Indianern.
Die amtliche Bezeichnung für M. in der Republik Südafrika ist *Coloureds* (englisch) bzw. *Kleurlinge* (afrikaans).

Mischwald: Unter einem Mischwald versteht man in der Forstwirtschaft einen ↑Forst, der aus zwei oder mehr Baumarten besteht. Dieser Begriff M. unterscheidet sich also erheblich von dem umgangssprachlichen, denn hier meint man mit M. lediglich einen Wald, der sowohl aus Laub- als auch aus Nadelbäumen besteht.

Mißweisung (Deklination): Da die Kompaßnadel nicht nach dem geographischen, sondern nach dem magnetischen nördl. Pol zeigt, liegt zwischen der geographischen und der magnetischen Nordrichtung ein Winkel. Diesen Winkel bezeichnet man als Mißweisung. Die M. ist Abweichungen unterworfen, da die Lage des Magnetpoles nicht konstant ist.

Mistral: Der M. ist ein im Graben der unteren Rhone auftretender kalter und trockener Wind, der bis zu Sturmstärke erreichen kann. Es handelt sich dabei um eine Luftmassenverlagerung aus einem Hochdruckgebiet über dem Atlantik in einen Bereich tiefen Luftdrucks über dem Golf von Genua. Die Gebirge beiderseits des Flusses, im Westen das Zentralmassiv und im Osten die französischen Voralpen, bieten den Winden einen natürlichen Durchlaß, der außerdem wie eine Düse verstärkend auf die Windgeschwindigkeit wirkt. Der M. tritt v.a. im Winter und Frühjahr auf; die kalten Luftmassen fließen dabei meist vom Zentralmassiv herab in dieses Windsystem ein (Sogwirkung).

mitteleuropäische Zeit (Abkürzung MEZ): eine Zonenzeit, ↑Zeitzonen.

Mittelgebirge: Ein M. zeichnet sich durch abgerundetere Formen und Höhenunterschiede von meist weniger als 1000 m aus. Die durchschnittliche Höhe liegt bei 600-1400 m. Die deutschen Mittelgebirge wie z.B. der Harz, das Rheinische Schiefergebirge, der Schwarzwald und der Bayerische Wald sind zum größten Teil bewaldet.

Mittelmeere: Als M. bezeichnet man zwischen zwei Kontinenten oder innerhalb eines Kontinentes gelegene ↑Nebenmeere; Meerengen oder untermeerische Schwellen trennen sie vom offenen Ozean. Die zwischen den Kontinenten gelegenen M. bezeichnet man als *interkontinentale M.,* die innerhalb eines Kontinentes gelegenen als *intrakontinentale M.* Drei der interkontinentalen M. liegen im Bereich des Atlantischen Ozeans: das Arktische, das Amerikanische und das Europäische Mittelmeer. Zu den intrakontinentalen M. zählen u.a. Hudsonbai, Ostsee, Schwarzes Meer und Persischer Golf.

Mittelmeerklima ↑mediterranes Klima

Mittelpunktschule: Die M. wurde in weiten Bereichen der Bundesrepublik Deutschland eingeführt, um die zu kleinen Schulen zu beseitigen. Zur M. kommen die Kinder mehrerer Gemeinden, so daß für jede Jahrgangsstufe genügend Kinder und Lehrer zur Verfügung stehen. Die M. besteht in der Regel aus Grund- und Hauptschule. Um den Kindern den durch die Schaffung der M. entstandenen weiten Schulweg zu erleichtern, müssen Schulbusse eingesetzt werden.

Mittelstadt: In der Gemeindestatistik ist eine M. eine Stadt mit 20 000 bis 100 000 Einwohnern. Kennzeichnend für die M. ist eine stärkere räumliche Trennung von Wohn- und Arbeitsstätten, die Ausbildung eines kleineren zentralen Geschäftsviertels und Ansätze zu Subzentren. Die M. kann mono- oder multifunktional sein, ein ausgebautes Nahverkehrsnetz muß vorhanden sein.

Mittelwasser: M. bezeichnet den Mittelwert zwischen Hoch- und Niedrigwasser in Rahmen der Gezeiten.

Mittelzentrum (Regionalzentrum): Im System der ↑Zentralen Ort ist M. ein Ort von mittlerer Zentralität.

Mitternachtssonne: M. ist die populäre Bezeichnung für den *Polartag,* d.h. für

die Zeit, in der die Sonne länger als 24 Stunden über dem Horizont bleibt, also „Tag und Nacht“ scheint. Ursache für Polartag und -nacht ist die Neigung der Erdachse gegen die Ekliptik. M. tritt daher nur an Orten zwischen dem nördlichen Polarkreis und dem Nordpol bzw. südlichen Polarkreis und Südpol auf, und zwar um die Zeit der jeweiligen Sommersonnenwende. Die Länge des Polartages, also die Zeit, in der M. beobachtet werden kann, nimmt mit höherer geographischer Breite zu und dauert am Pol selbst ein halbes Jahr, am Polarkreis dagegen nur wenige Tage.
Die M. spielt für den Fremdenverkehr in Nordnorwegen eine große Rolle. Sie dauert z.B. in Bodø vom 5. Juni bis 9. Juli, also 34 Tage, in Svolvær auf den Lofotinseln vom 29. Mai bis 15. Juli (47 Tage), in Tromsø vom 21. Mai bis 23. Juli (63 Tage), in Hammerfest vom 17. Mai bis 28. Juli (72 Tage) und am Nordkap vom 14. Mai bis 30. Juli, also 77 Tage.
An allen Orten mit M. herrscht aber um die Zeit der Wintersonnenwende die etwas kürzere ↑Polarnacht.

mittlere Breiten : Unter dem allgemeinsprachlichen Ausdruck „in den mittleren Breiten“ (Mittelbreiten) versteht man die Erdgegenden, deren Koordinaten bei der Breitenangabe eine Zahl zwischen 30 und 60 aufweisen.

Mittlerer Osten: Als Länder des Mittleren Ostens gelten Afghanistan, Pakistan, Indien, Nepal, Bhutan, Bangladesch und Sri Lanka.

MM-Skala: Abkürzung für modifizierte Mercalli-Skala, eine Einteilung zur Bestimmung von Erdbebenstärken, ↑Erdbeben.

Mobilität: In der Geographie ist mit M. die Fähigkeit und Bereitschaft des Menschen zur Veränderung gemeint. Man unterscheidet die horizontale und die vertikale M. In heutigen Industriegesellschaften ist die M. ein zentraler Begriff, wird es doch durch ständige Neuerungen immer notwendiger, sich räumlich und beruflich zu verändern. Der Staat fördert die M. durch Mobilitätszulagen, um beim Arbeitnehmer die Bereitschaft zur beruflichen Umschulung und zum Umzug zu fördern, denn die M. spielt eine wichtige Rolle im Kampf gegen Arbeitslosigkeit

Moder: Der M. ist eine Humusform, die auf kalkarmen Böden durch Zersetzen von organischer Substanz entsteht. Er besteht aus relativ widerstandsfähigen Kotkrümeln von Bodenkleintieren (v.a. Hornmilben) und aus Partikeln braun verfärbter Pflanzenreste mit lose untermischten Mineralteilchen. Der M. ist reich an Bakterien und Pilzen. Man erkennt ihn am typischen Modergeruch.

Mofette: M. nennt man eine Austrittsstelle (Exhalation) von Kohlendioxid mit Temperaturen unter 100 °C. Ein Beispiel stellt die Hundsgrotte in den Phlegräischen Feldern bei Neapel dar. M.n gehören zu den postvulkanischen Erscheinungen.

Mohorovičić-Diskontinuität [serbokroatisch mohɔ'rɔvi:tʃitɕ]: Die M. ist die seismisch nachgewiesene Grenze zwischen Erdkruste und Erdmantel, ↑Erdinneres. Die M. wurde 1910 von dem jugoslawischen Seismologen A. Mohorovičić entdeckt.

Molasse: M. nennt man eine jungtertiäre, in der nördlichen Randsenke der Alpen seit dem unteren Oligozän bis zum Pliozän abgelagerte Schichtenfolge, die bis zu mehreren tausend Metern mächtig ist. Hauptsächlich handelt es sich um kalkreiche Konglomerate (Nagelfluh) und Sandsteine. Durch zwei Meeresvorstöße in das M.becken entstand eine viergliedrige Schichtenfolge: untere Meeresmolasse, untere Süßwassermolasse, obere Meeresmolasse und obere Süßwassermolasse. Durch die Heraushebung der Alpen wurde der alpennahe M.gürtel, die *subalpine* oder *gefaltete Molasse,* in die Faltung miteinbezogen; nach Norden bis zur Klifflinie auf der Schwäbischen Alb erstreckt sich die *ungefaltete* oder *Außenmolasse.* In der bayerischen Süßwassermolasse liegen Erdölvorkommen und Pechkohlen-

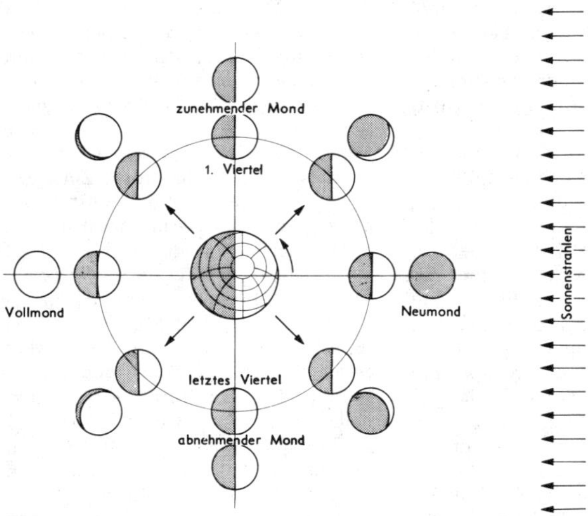

Die Mondphasen. Im äußeren Ring sind die Mondphasen so aufgezeichnet, wie sie von der Erde aus zu sehen sind.

flöze. – Ähnliche Ablagerungen finden sich am Rand anderer alpidisch gefalteter Gebirge, z.B. der Karpaten.

Mond:

◊ Allgemein bezeichnet man als M. einen Trabanten (einen natürlichen Begleiter) eines Planeten.

◊ Umgangssprachlich ist M. gleichbedeutend mit Erdmond (Erdtrabant, lateinisch Luna), der natürliche Satellit der Erde. Der M. bewegt sich, von der Erde aus gesehen, auf einer nahezu kreisförmigen Ellipsenbahn um die Erde. Diese Bewegung läßt sich mit Hilfe der Keplerschen Gesetze nur sehr ungenügend beschreiben, da das System Erde–Mond starken Störungen durch die Gravitationswirkung der Sonne unterliegt, deshalb ist die Theorie der Mondbewegung eines der schwierigsten himmelsmechanischen Probleme.

Zu den auffälligsten Erscheinungen, die auf der unterschiedlichen Stellung von Sonne, Erde und M. zueinander beruhen, gehören für den irdischen Beobachter neben den ↑Gezeiten sowie ↑Sonnen- und ↑Mondfinsternis die *Lichtphasen* des Mondes, auch *Mondphasen* genannt, mit *Vollmond, Halbmond* und *Neumond.* Da der M. kein selbstleuchtender Himmelskörper ist, sondern lediglich von der Sonne angestrahlt wird, sind die M.phasen von der Stellung dieser beiden Himmelskörper zueinander abhängig. Ihr Ablauf ist aus der Abbildung ersichtlich. Die Trennlinie zwischen beleuchtetem und unbeleuchtetem Teil der M.scheibe, der *Terminator,* ist im ersten und letzten Viertel eine gerade Linie, während der anderen Phasen eine Halbellipse. Aus der Stellung der Sonne zum Mond ergibt sich ferner, daß man den zunehmenden M. nur am Abendhimmel, den abnehmenden M. nur am Morgenhimmel sehen kann. – Die bei M.aufgang bzw. -untergang zu beobachtende starke Vergrößerung der M.scheibe ist eine optische Täuschung.

M o n d o b e r f l ä c h e

Die Oberfläche des M.es kann, da er keine nachweisbare Atmosphäre besitzt, von der Erde aus ungehindert betrachtet werden. Von der Erde aus sind Details der Bodenformen auf der M.oberfläche bis zur Größe von 200 m – bei besten Beobachtungsverhältnissen bis etwa 100 m – und Erhebungen von einigen Metern Höhe zu erkennen. Bei der

Oberflächenbeschreibung unterscheidet man Groß- und Kleinformen. Zu den Großformen zählen die schon mit bloßem Auge auf der M.scheibe wahrnehmbaren dunklen Flecken, die je nach Größe als Meer (lat. *Mare* [Mehrzahl Maria]; auch *Oceanus*), Meerbusen *(Sinus)*, Sumpf *(Palus)* oder See *(Lacus)* bezeichnet werden, sowie die als *Terrae* (Einzahl Terra) bezeichneten, relativ hellen und hochliegenden Flächen der inselartigen Strukturen, die meist ein deutliches Relief zeigen. Die Maria sind relativ dunkle und tiefliegende Areale ohne auffallendes Relief, oft völlig eben erscheinend. – Zu den Kleinstrukturen zählen die *Rillen*, grabenförmige schmale Rinnen mit glatten Rändern, verschiedenen Profilen und geradem oder geknicktem, auch flußartigem Verlauf; ihre Breite liegt bei 1 km, ihre Länge kann mehrere Kilometer erreichen; sie sind häufig von zahlreichen Kleinstkratern besetzt. Von diesen Rillen sind die *Spalten* und *Klüfte* zu unterscheiden, die auf Spannungen im Gestein hindeuten. Weiter sind die lunaren *Täler* zu nennen, die breite, lange, gerade, steil begrenzte Rinnen mit flachem Boden darstellen. – Am auffallendsten und am häufigsten jedoch sind ringförmige und polygonale Oberflächenformen, die je nach Größe als *Krater*, *Ringgebirge* oder *Wallebene* bezeichnet werden; sie reichen von Rundformen mit weniger als 1 km Durchmesser bis zu den Wallebenen von mehreren hundert Kilometern Durchmesser. Bei dieser Einteilung handelt es sich um eine rein äußerliche, die nichts über die Entstehung dieser Formen aussagt.

Entfernung, Bahn und Größe des Mondes

mittlere Entfernung von der Erde	384 405 km
größte Entfernung von der Erde	406 700 km
kleinste Enfernung von der Erde	356 400 km
Neigung der Bahn gegen die Ekliptik	5° 8′ 43,4″
Neigung des Mondäquators gegen die Ekliptik	1° 31′ 22″
siderische Umlaufszeit	27,321 66 mittlere Tage
drakonitische Umlaufszeit (d.h. auf den Knotenpunkt der Mondbahn bezogen)	27,212 22 mittlere Tage
synodische Umlaufzeit (d.h. von einem Neumond zum nächsten)	29,530 59 mittlere Tage
Umlaufzeit des Knotens	18,613 4 tropische Jahre
Umlaufzeit des Perigäums	8,8479 tropische Jahre
wahrer Halbmesser	1738,0 km (= 0,272 Erdhalbmesser)
Umfang	10 920 km
Oberfläche	3 796 Mill. km² (= 0,0744 Erdoberfläche)
Volumen	21,99 Mrd. km³ (= 0,0203 Erdvolumen)
Masse	$73{,}5 \cdot 10^{18}$ (Trillionen) t (= 1/81,53 Erdmasse)
mittlere Dichte	3,341 g/cm³ (= 0,606 Erddichte)
Schwerebeschleunigung an der Oberfläche	161,93 cm/s²
Oberflächentemperatur bei Vollmond	etwa + 120° C
bei Neumond	etwa – 130° C

Mondfinsternis: Die M. ist ein rein geometrisch-optisches Phänomen: Die Erde tritt zwischen die gerade Verbindungslinie Sonne–Mond; der Mond liegt dann im Schattenkegel der Erdkugel (im sogen. Erdschatten); er kann von der Sonne nicht mehr beleuchtet werden, also nicht mehr zurückleuchten. Die Mondbahn ist gegen die Ekliptik um 5° 8′ geneigt, eine M. kann deshalb nur eintreten, wenn der Mond in der Nähe des aufsteigenden oder absteigenden Knotens seiner Bahn steht. Da ferner Sonne, Mond und Erde in einer Linie stehen müssen, können Mondfinsternisse nur bei Vollmond auftreten.

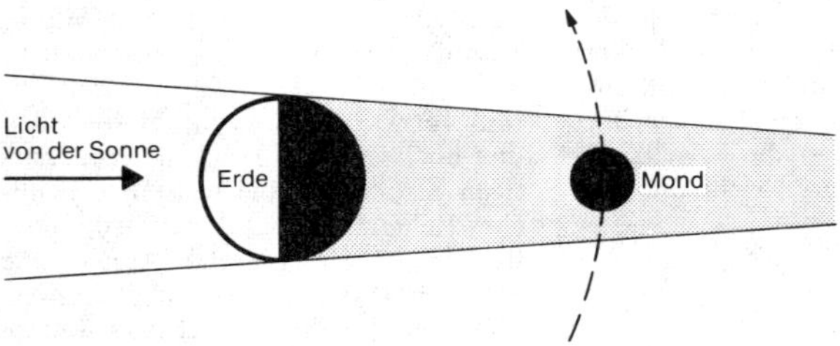

Skizze zur Veranschaulichung einer Mondfinsternis. Die Zeichenebene entspricht der Ekliptikebene.

Entgegen dem Anschein sind Sonnenfinsternisse häufiger als Mondfinsternisse. Von 1971 bis 1980 treten auf der Erde 22 Sonnen-, aber nur 15 Mondfinsternisse ein. Eine Mondfinsternis kann aber im Gegensatz zu einer Sonnenfinsternis auf der ganzen dem Mond zugekehrten Erdhälfte gesehen werden.

Mondphasen: Kurzbezeichnung für die Lichtphasen des Mondes, ↑Mond.

Monokultur: Unter M. versteht man den jährlich wiederkehrenden alleinigen Anbau einer einzigen Nutzpflanze auf der gleichen Fläche. Diese Bewirtschaftung führt leicht zur Bodenermüdung, da die Nährstoffe des Bodens einseitig ausgenutzt werden. Die Schädlingsvermehrung ist sehr groß, da diese ein optimales Nahrungsangebot erhalten; deshalb sind die Ernten auch oft bedroht. M. führt außerdem zu einer völligen Abhängigkeit vom [Welt]markt und damit vom Marktpreis. Betriebe mit Monokulturen sind deshalb besonders krisenanfällig. Eine typische M.-Wirtschaft ist die tropische Plantagenwirtschaft.

Monsun: Monsune sind tropische Winde, die beständig wehen, aber halbjährlich ihre Richtung wechseln. Sie werden hervorgerufen durch die jahreszeitliche Verlagerung der ↑innertropischen Konvergenz (ITC), was seinerseits mit der unterschiedlichen Erwärmung von Meer und Landmasse zusammenhängt. Besonders ausgeprägt tritt der M. im süd- und südostasiatischen Raum (bis nach Ostafrika) auf; hier weht im Nordwinter, wenn die ITC weit im Süden liegt, der Nordostpassat als trockener, kühler *Wintermonsum* (Nordostmonsun), im Nordsommer dagegen, wenn die ITC nach Norden verschoben ist, der zur äquatorialen Westwindzone gehörende *Sommermonsun* (Südwestmonsun). Wenn letzterer vorher über weite, erwärmte Meeresflächen streicht, ist er feuchtwarm und bringt dem Kontinent starke Niederschläge, die für die Wirtschaft dieser Länder von entscheidender Bedeutung sind. In dem auf der Südhalbkugel südöstlich anschließenden M.gebiet, im Bereich von Indonesien und Nordaustralien, wechselt eine sommerliche (Südsommer) West- bis Nordweströmung mit einer winterlichen Südost- bis Oströmung ab. In den übrigen Tropen sind die diesem M. entsprechenden Erscheinungen nicht so deutlich zu erkennen; besonders schwach sind sie im tropischen Amerika ausgeprägt.

Monsunwald: Der M. ist ein überwiegend regengrüner, tropischer Wald mit zwei Baumschichten Das obere Stockwerk, das 25–35 m hoch wird, ist in der Trockenzeit völlig entlaubt, während das untere Stockwerk nur z.T. entlaubt ist. Die immergrüne Strauchschicht ist häufig mit Bambus durchsetzt. Insgesamt ist der Baumbestand nicht so vielfältig wie im tropischen Regenwald. Die Monsunwälder haben ihre größte Ausdehnung in den asiatischen Tropen. Man findet sie aber auch in anderen regenreichen Gebieten mit nur 3–5 Trockenmonaten. Ein klassisches Beispiel sind die Teakwälder Südostasiens.

montane Stufe: Die m.St. ist eine ↑Höhenstufe der Vegetation in den Gebirgen der mittleren Breiten; sie liegt zwischen

↑kolliner und ↑alpiner Stufe. Sie wird im allgemeinen von einer charakteristischen Waldformation gebildet. In den Alpen sind es Fichtenwälder, die je nach Lage 1500 m bis 2400 m ü.d.M. hinaufreichen.

Montanindustrie: svw. ↑Schwerindustrie.

Moor: Das M. ist ein dauernd durchfeuchtetes Gelände, welches aus unvollständig zersetzten Pflanzenresten (↑Torf) und einer durch Wassertümpel unterbrochenen Pflanzendecke besteht. Als Pflanzen treten hauptsächlich Hartgräser und Moose auf. Auf Grund der Entstehung unterscheidet man Flachmoore, Hochmoore und als Zwischenstufe Übergangsmoore; alle drei sind auch in ihrem Pflanzenbestand verschieden.

Flachmoore entstehen durch Verlandung von Seen: Absterbende Pflanzen und Tiere lagern sich am Seegrund ab und bilden den Faulschlamm. Zwischen dem Schilfbestand am Ufer sammeln sich die Reste der abgestorbenen Uferpflanzen an. Der See wird ständig flacher und die Uferpflanzen wachsen immer weiter zur Seemitte hin. Sumpfpflanzen verdrängen mit der Zeit die Unterwasserpflanzen. Der See verlandet, es entsteht ein *Flachmoor* (auch Niedermoor, Wiesenmoor oder Ried genannt). Das Grundwasser steht sehr hoch, so daß der Boden naß und luftarm ist. Auf dem relativ nährstoffhaltigen Boden siedeln sich hauptsächlich Seggen an, nach Verschwinden der freien Wasserfläche dann Schwarzerlen und Weiden; es entsteht ein Bruchwald. Mit der Zeit lagern sich immer mehr abgestorbene Pflanzen ab, dadurch wird der Boden immer höher und trockener, er wächst über den Grundwasserspiegel hinaus. Es siedeln sich anspruchsvollere Holzgewächse an, wie Beerensträucher, Kiefern und Birken; es entsteht ein *Übergangsmoor* (auch Zwischenmoor genannt).

Durch erneute Versumpfung auf Grund klimatischer Veränderungen, kann der Prozeß der Moorbildung weitergehen. In dem luftfreien Torf können die ansässigen Pflanzen keine Wurzeln mehr schlagen und werden durch grundwasserunabhängige Pflanzen, wie das Torfmoos (Bleichmoos) verdrängt. Diese schnellwuchernden Moose ersticken die anderen noch verbliebenen Pflanzen samt dem Bruchwald, da deren Wurzeln keinen Sauerstoff mehr bekommen. Ihre Nährstoffe erhalten sie nur durch den Sandanflug und die Niederschläge. Das untere Ende der Bleichmoore vertorft allmählich, während die oberen Teile weiterwachsen. Die Abschnitte des Moores zum ehemaligen Seerand hin trocknen stärker aus als die zentralen Gebiete so daß letztere schneller wachsen. Dadurch kommt es zur uhrglasförmigen Wölbung des somit entstandenen *Hochmoores.* Hochmoore können auch gleich als solche, unabhängig vom Grundwasser entstehen, nämlich in Einmuldungen aufgrund sehr hoher Niederschläge; man spricht bei diesen Mooren daher auch von *ombrogenen* (= durch den Regen entstandenen) Mooren. Durch Aufreißen der Moordecke können kleine Moorseen, sogen. *Mooraugen,* entstehen.

Trocknet das Moor allmählich ab, so siedeln sich Sauergräser, später Süßgräser, mit der Zeit dann Zwergsträucher wie Heidekraut und Moorbeere und der insektenfressende Sonnentau an; später kommen dann typische Heidepflanzen hinzu.

Eine besondere Form ist das *Schwingrasenmoor,* bei dem ein hauptsächlich aus Seggen bestehender schwimmender Rasen, der Schwingrasen, zunächst ohne Verbindung zum Grund in das verlandende Gewässer hinauswächst.

Die Moore sind wichtig für den Grundwasserhaushalt; etliche werden durch den Abbau von Torf wirtschaftlich genutzt. Durch Entwässerung und Düngung kann man sie auch in Weide- und Ackerland umgestalten. Reste von Mooren findet man z.B. rund um das Steinhuder Meer in Norddeutschland, im Schwarzwald sowie im Alpenvorland.

Moorbrandkultur: Die M. ist die älteste ↑Moorkultur.

Moorhufendorf: Das M. ist eine planmäßig angelegte Siedlung. Durch Trokkenlegen der Moore konnten neue landwirtschaftlich nutzbare Flächen gewonnen werden. Entlang den Entwässerungskanälen liegen in regelmäßigen Abständen die Häuser der Siedlung. Das Land hinter den Höfen bildet die langgestreckte, rechteckige Landwirtschaftsfläche in der Größe einer ↑Hufe, sie wird als Feld oder Weide genutzt. Die einzelnen Hufen sind von Gräben umgrenzt. Solche Moorhufendörfer findet man in großer Anzahl im Emsland.

Moorkultur: Unter der M. versteht man die Gesamtheit der Maßnahmen zur

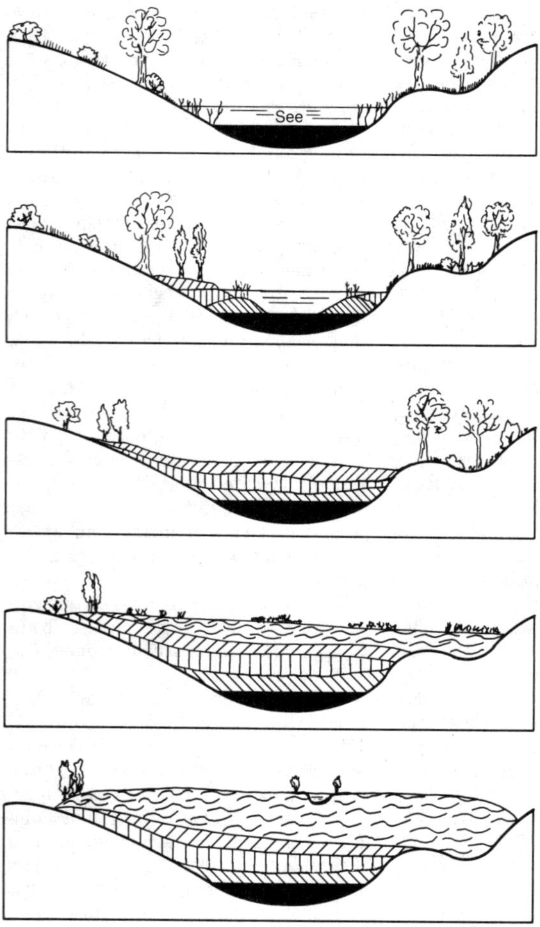

Die Entwicklungsstadien eines Moores, ausgehend von einem See (oberes Bild). Das letzte Bild zeigt die Torfschichten in einem Hochmoor, in dem sich auch ein Moorauge gebildet hat.

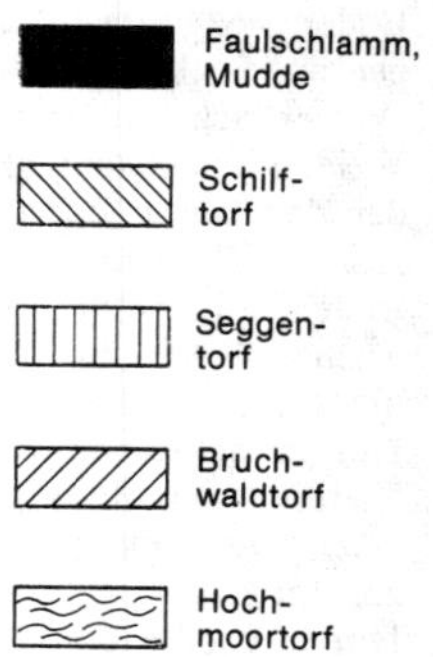

Umwandlung von Moorgebieten in landwirtschaftlich nutzbares Land. Dabei werden die Wasserverhältnisse reguliert und ein zum Anbau geeigneter Boden geschaffen. Man unterscheidet verschiedene Kulturarten.
Bei der *Moorbrandkultur,* der ältesten, aber auch unwirtschaftlichsten M., wird die oberste Moorschicht aufgepflügt und abgebrannt. Dann wird darauf bis zu zehn Jahre Getreide angebaut. Diese Kultur ist jetzt nur noch mit Genehmigung gestattet, da das Moorbrennen durch ungewollte Ausbreitung gefährlich werden kann und außerdem der Boden ausgebeutet wird.
Bei der *Fehnkultur* wird vom Fluß aus ein Kanal durch das Moor gezogen; er dient als Entwässerungskanal und Verkehrsweg. Die oberen Torfschichten werden abgetragen und zur Seite gelegt, die darunter liegenden Schichten dienen der Torfgewinnung. Die aufgehobene obere Torfschicht wird mit Dünger vermischt und in den von Torf befreiten und dadurch freigelegten Sandboden eingearbeitet. Dadurch entsteht ein sehr fruchtbarer Boden, auf dem auch der sehr anspruchsvolle Weizen und Raps angebaut werden können. Im wesentlichen dient die so gewonnene Wirtschaftsfläche jedoch der Viehweide. Diese ist die Hauptkulturart der niederländischen Hochmoorgebiete. In Deutschland sind Fehnkulturen nur in der Nähe der Ems entstanden, mit den sogen. Fehnkolonien. Die bedeutendste Fehnkolonie ist Papenburg (1631 gegründet).
Bei der *Deutschen Hochmoorkultur* werden in Abständen von 8 bis 15 m 40 bis 60 cm tiefe Gräben angelegt, um die obere Moorschicht zu entwässern. Die Flächen zwischen den Gräben werden dann stark gedüngt. Hier lassen sich dann Getreide, Kartoffeln und Hülsenfrüchte anbauen. Legt man Entwässerungsröhren und walzt dann den Boden mit schweren Walzen platt, entstehen gute Weiden. Diese Methode ist billiger als die Fehnkultur und führt auch rascher zu Erträgen.
Bei der *Niedermoorkultur* wird der oberflächlich entwässerte Boden mit einer Sandschicht überdeckt, gedüngt und gepflügt. Auch bei Mooren mit geringer Mächtigkeit begnügt man sich mit Tiefpflügen und Düngung,

Mopanewald: Der M. ist ein regengrüner, lichter Trockenwald im südlichen Afrika, v.a. in Angola und Rhodesien. Er besteht aus 3–15 m hohen Bäumen, unter denen die fiederblättrige Art Colophospermum mopane vorherrscht.

Moräne: Als M. bezeichnet man das von Gletschern mitgeführte und abgelagerte, kantige oder kantengerundete Gesteinsmaterial; dieses liegt ungeschichtet und unsortiert, besteht also aus einem Gemenge von Sand, Kies, Schottern, Erde, Lehm und Gesteinsbrocken unterschiedlicher Größe. Man unterscheidet die *Obermoräne* auf dem Gletscher, die aus Material, das in Lawinen und Steinschlag von den umgebenden Felsen herabstürzt, gebildet wird, die *Innenmoräne,* bei der es sich um ins Eis eingedrungenes Material der Obermoräne handelt, *Seitenmoränen* am Rande des Gletschers, die sich, wenn Gletscher zusammenfließen, zur *Mittelmoräne* des neuen Gletschers vereinigen, sowie die *Grundmoräne (Untermoräne)* am Gletscherboden. Letztere besteht aus nach unten abgesunkenem Material (aus der Innenmoräne) und aus Geschiebe, das aus dem vom Gletscher überströmten Grund ausgeschürft worden ist. Das am Gletscherende, also an der Stelle des weitesten Vorstoßes an der sogen. Gletscherstirn, abgelagerte M.material ergibt die *Endmoräne* (auch *Stirnmoräne),* die durch erneute kräftige Vorstöße des Gletschers vor dessen endgültigem Rückzug zur wallartigen *Stauchmoräne* (auch *Staumoräne)* zusammengestaucht werden kann. Solche Endmoränen umgeben oft wie eine Girlande die vom Gletscher ausgeschürften Zungenbekken.
Die nach dem Abschmelzen des Eises zurückbleibende Grundmoräne nimmt im Bereich ehemaliger Vorlandgletscher

und v.a. der Inlandeismassen große Flächen ein; sie ist hier reich an lehmigen Bestandteilen, da der Geschiebemergel zu Geschiebelehm verwittert, und enthält nur wenige Findlinge.
Die während der quartären Eiszeiten abgelagerten M.n werden nach dem Alter, und dadurch bedingt nach dem Aussehen, in die letzteiszeitlichen Jungmoränen, die eine ↑Jungmoränenlandschaft bestimmen, und die inzwischen überformten Altmoränen der vorletzten Eiszeit (und älterer Eiszeiten), die die ↑Altmoränenlandschaft prägen, unterteilt.

Morgenland: veraltete Bezeichnung für ↑Orient.

Morgenrot: Das M. ist die dem ↑Abendrot entsprechende Erscheinung, die morgens während oder nach dem Sonnenaufgang auftritt.

morphographische Kurve: Hierbei handelt es sich um die graphische Darstellung der prozentualen Verteilung von Land und Wasser auf der Erdoberfläche, berechnet für die einzelnen geographischen Breiten.

Moshav [hebräisch mɔ'ʃav] (Mehrzahl Moshavim): Ein M. ist eine landwirtschaftliche Gruppensiedlung in Israel. Sie ist durch vier Prinzipien gekennzeichnet: Alle Mitglieder sind zur Eigenarbeit und zur gegenseitigen Hilfeleistung verpflichtet; Einkauf und Vermarktung erfolgen kooperativ, wobei aber jeder seinen Anteil erhält; der Boden ist Staatseigentum. Jeder Siedler lebt und wirtschaftet auf seinem Grundstück (3–5 ha) selbständig (im Gegensatz zum Kibbuz). 1975 gab es 350 M. im, in denen 4% der Bevölkerung lebten.

Moshav Shitufi [hebräisch mɔ'ʃav ʃitu'fi]: Bei dieser Gruppensiedlung in Israel handelt es sich um eine Mischung aus ↑Moshav und ↑Kibbuz. Die Bewirtschaftung erfolgt kollektiv, die Familie ist wie im Kibbuz arbeitsanteilig am Gewinn beteiligt.

Mulatte: Mulatten sind Mischlinge zwischen Weißen und Negern.

Mulde: ↑Falte

Mull: Der M. ist eine schwärzliche, gut krümelnde Form des Humus ohne Pflanzenstruktur. Durch die Tätigkeit

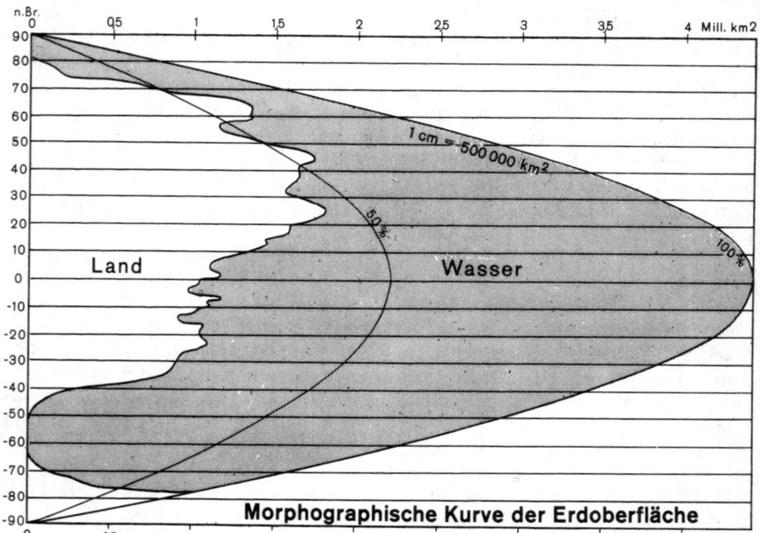

von Bodenorganismen (z.B. Regenwürmern) entsteht ein schwer trennbarer Ton-Humus-Komplex, der sehr fruchtbar ist. Man findet ihn in Gebieten mit mildem Bodenklima, Nährstoffreichtum, gutem Wasserhaushalt und guter Durchlüftung. M. bildet die Auflageschicht der Schwarzerde.

Müllkompostierung: Bei der M. wird der anfallende Müll zu einem wertvollen Humusdünger verarbeitet. Die M. ist neben der kostspieligeren Müllverbrennung die sinnvollste Art der Müllbeseitigung. Dabei wird der Müll zerkleinert und von nicht verrottbarem Material, wie Metallen, Glas und verschiedenen Kunststoffen befreit. Der so vorbereitete Müll kann nun nach verschiedenen Methoden einem Verrottungsprozeß ausgesetzt werden. In der Regel erfolgt eine Ablagerung in Halden (in der Halle oder im Freien), bei denen eine gute Durchlüftung gewährleistet sein muß. Häufig wird der Müll mit dem in Kläranlagen anfallenden Klärschlamm durchmischt. Bakterien und Pilze bewirken in einem Zeitraum von etwa drei Monaten, daß aus dem abgelagerten Müll ein wiederverwertbarer Humus wird.

Das erste *Kompostwerk* der Bundesrepublik Deutschland wurde im Jahre 1953 in Blaubeuren entwickelt. Zur Zeit (1977) gibt es bei uns etwa 20 Kompostwerke; sie sind das Ergebnis eines steigenden Umweltbewußtseins.

Mündungsbarre: ↑Barre

Municipio [spanisch muni'sipjo] (portugiesisch Município [muni'sipju]): M. ist eine Verwaltungseinheit in Lateinamerika und Portugal von sehr unterschiedlicher Größe und Funktion (Gemeinde, Amtsbezirk, Kreis u.a.). Ein M. umfaßt vielfach außer dem eigentlichen Ort oder der eigentlichen Stadt ein größeres rein ländliches Gebiet.

Mure: Nach starken Regenfällen und zur Zeit der Schneeschmelze können im Hochgebirge, meist in Bachbetten, Gesteins- und Schlammströme entstehen, die mit oft verheerender Wirkung talwärts gleiten. Diese Muren sind ein breiiges Gemisch aus Wasser, Erde, Gesteinsbrocken aller Größen und sonstigem mitgerissenen Material, z.B. Sträucher und Baumstämme. Besonders gefährdet sind steile Hänge mit großem Schuttreichtum und fehlender Vegetationsdecke. Die auslaufenden Muren bilden Schwemmkegel, die Flüsse abdämmen (die Folge ist eine Überschwemmung) sowie Verkehrswege, Landwirtschaftsflächen und Siedlungsteile verschütten können.

Muschelkalk: Mittlere Abteilung der germanischen Trias, ↑Geologie, Formationstabelle.

Mutterboden: Unter M. versteht man in der Umgangssprache die durch tierische und pflanzliche Organismen umgewandelte oberste, humusreiche Bodenschicht. Er entspricht im wesentlichen dem A-Horizont des ↑Bodenprofils.

Muttergestein:

◊ In der Geologie bezeichnet man als M. einen Gesteinskomplex, in dem sich Bitumina (z.B. Erdöl) syngenetisch, also gleichzeitig mit dem Gestein, gebildet haben.

◊ In der Bodenkunde versteht man unter M. den C-Horizont des ↑Bodenprofils, also das unveränderte Ausgangsgestein.

Myameer: postglaziales Stadium der Ostsee, ↑Quartär.

N

Nachal (Mehrzahl Nachalim): Der N. ist eine Sonderform des ↑Kibbuz.

Nachfolgekultur: Als N. wird eine Kulturpflanze bezeichnet, die in einem stark marktorientierten Landwirtschaftsbetrieb eine andere Kulturpflanze ablöst und mit dieser vergleichbare Kapital- und Arbeitsintensität aufweist. In der

Regel handelt es sich um Weinreben und Hopfen, an deren Stelle Obst und Gemüse als N.en treten.

Nacht: N. ist die Zeit zwischen Sonnenuntergang und -aufgang. Ihre Dauer hängt von der Jahreszeit und der geographischen Breite des Beobachtungsorts ab. Nur am Äquator ist die N. immer 12 Stunden lang, an allen anderen Orten der Erde beträgt ihre Dauer nur zum Zeitpunkt der Äquinoktien genau 12 Stunden, sonst schwankt sie zwischen 24 Stunden während der Zeit der ↑*Polarnacht* und 0 Stunden während der *Mittsommernacht,* zur Zeit des Polartages. Diese beiden Extreme treten jedoch nur in den polnahen Gebieten jenseits der Polarkreise auf. In unseren Breiten (um 50°) schwankt die Nachtlänge zwischen rund 7 Stunden 20 Minuten zur Zeit der Sommersonnenwende (bei uns am 21. Juni) und 16 Stunden 10 Minuten zur Zeit der Wintersonnenwende (bei uns um den 22. Dezember).

Nadir: Als N. wird der Durchstoßpunkt des nach unten verlängert gedachtenLotes durch die unendlich groß angenommene Himmelskugel bezeichnet. Der Gegenpunkt ist der ↑Zenit.

Naher Osten: Als Länder des Nahen Ostens gelten die Türkei, Zypern, Syrien, Libanon, Israel, Jordanien, Ägypten, Saudi-Arabien, die Arabische Republik Jemen, die Demokratische Volksrepublik Jemen, Oman, die Vereinigten Arabischen Emirate, Katar, Bahrain, Kuwait, Irak und Iran.

Nährgebiet: Das N. ist der obere Teil eines ↑Gletschers, in dem der Niederschlag größer ist als die Ablation.

Nahrungskette: Tiere sind nicht in der Lage, aus anorganischen Stoffen und Sonnenenergie organische Verbindungen (wie Kohlenhydrate) aufzubauen. Das kann nur die grüne Pflanze. Daher bilden die *grünen Pflanzen* das erste Glied der Nahrungskette. Im Wasser wird die pflanzliche Grundlage überwiegend von grünen Algen gebildet, während auf dem Land die höheren Pflanzen vorherrschen. Die folgenden Glieder der N. sind die verschiedenen *tierischen Konsumenten:* die Pflanzenfresser und als nächstes Glied die Fleischfresser. Zwischen den ausgesprochenen Pflanzen- und Fleischfressern stehen die Allesfresser; zu ihnen zählt auch der Mensch.

Den Schluß der N. bilden die *abbauenden Organismen,* die sogen. *Reduzenten;* das sind Bakterien, Pilze und viele bodenbewohnende Tiere, die sich von toter organischer Substanz ernähren, das heißt von dem, was von den obengenannten Gliedern der N. ausgeschieden wird bzw. übrigbleibt. Sie leben im Humus und produzieren anorganische Substanz, die die Pflanze wiederum zum Leben benötigt.

Naßgalle: Als N. wird eine durch geringe Mengen austretenden Grundwassers ständig feuchte Stelle im Gelände bezeichnet. Auf Wiesen wachsen an diesen Stellen Sauergräser.

Nationalitätenstaat (Vielvölkerstaat): Beim N. handelt es sich um einen Staat, der aus mehreren Nationen gebildet wird, Beispiele hierfür sind Jugoslawien und die UdSSR.

Nationalpark: Ein N. ist ein meist großräumiges, dem Schutz der Natur dienendes, in Staatsbesitz befindliches Gebiet, das im allgemeinen nur in beschränktem Umfang für den Fremdenverkehr offen ist. N.e wurden in den USA seit 1872 (Yellowstone National Park) eingerichtet und ähnlich dann auch in anderen Ländern v.a. in Ost- und Südafrika (z.B. Krüger- und Serengeti-N.); der erste N. der Bundesrepublik Deutschland besteht seit 1970 in Bayerischen Wald. Der Schweizer N. im Engadin besteht seit 1909/59. – Zum Teil deckt sich der Begriff N. mit ↑Naturpark.

Naturhafen: Buchten, die ohne künstliche Ausbauten als Anker- und Anlegeplätze für Schiffe benutzt werden können, werden als N. bezeichnet.

Naturlandschaft: Die N. ist eine vom Menschen unberührte Landschaft. Sie steht im Gegensatz zur Kulturlandschaft. Es gibt heute nur noch wenige

Landschaften, die vom Menschen nicht beeinflußt sind. Dazu gehören Teile der Hochgebirge, der Wüsten und der Polargebiete.

Naturpark: Den Status eines N.s erhält in der Bundesrepublik Deutschland ein in sich geschlossener, größerer Landschaftsbereich, der sich durch natürliche Eigenart, Schönheit und Erholungswert auszeichnet und in seinem gegenwärtigen Zustand erhalten werden soll. N.e werden im allgemeinen nach Grundsätzen der ↑Landschaftspflege behandelt und sind mit Einrichtungen für Erholung und Fremdenverkehr versehen. Ihre Verwaltung obliegt Gebietskörperschaften oder staatlichen bzw. kommunalen Behörden. In der Bundesrepublik Deutschland gab es 1975 56 N.e mit Größen zwischen 38 km^2 (Harburger Berge) und 3000 km^2 (Altmühltal) und einer Gesamtfläche von 45 268 km^2. In Österreich existieren z.Z. die N.e Sparbach (4 km^2) und Tormäuer am Ötscher (40 km^2); weitere sind geplant.

naturräumliche Gliederung: Darunter versteht man eine nach der Landesnatur, d.h. den physisch-geographischen Verhältnissen (Gesteinsaufbau, Oberflächengestalt, Böden, Klima, Wasserhaushalt, Vegetation u.a.) durchgeführte Gliederung der Erdoberfläche in Einheiten gleicher natürlicher Ausstattung, wobei eine Stufung in Haupt- und Untereinheiten vorgenommen wird. Die kleinsten ökologisch homogenen Grundeinheiten werden *Fliesen, Physiotope* oder *Geotope* genannt.

Naturschutz: Der N. soll die Natur vor dem Eingriff des Menschen schützen. Er erstreckt sich auf den Schutz bestimmter Arten von Pflanzen und Tieren, von einzelnen Objekten (Naturdenkmälern) und ganzen Arealen (Naturschutzgebiete und Landschaftsschutzgebiete). In der Bundesrepublik Deutschland wird der N. durch das Naturschutzgesetz von 1935 geregelt. Er ist Aufgabe der Länder. Dabei wird z.B. auch bei nicht geschützten Pflanzen das Zerstören ihrer Bestände verboten.

Nach Umfang des Schutzes unterscheidet man: 1. *Vollnaturschutzgebiete:* Eingriffe und Nutzungen sind nur zur Erhaltung des natürlichen Zustandes erlaubt, das Betreten ist verboten (Banngebiete). 2. *Teilnaturschutzgebiete:* Gebiete mit speziellen Schutzzielen und den dazu notwendigen Nutzungsbeschränkungen, hierzu gehören auch Pflanzenschutzgebiete und Tierschutzgebiete (z.B. die Vogelschutzgebiete). 3. *Landschaftsschutzgebiete:* Hierbei handelt es sich um naturnahe Flächen, die zur Erhaltung ihrer ökologischen Vielfalt sowie eines ausgeglichenen Naturhaushaltes und ihres Erholungswertes gegen Veränderungen (also gegen Abholzung, Aufforstung, Überbauung, Industrialisierung) geschützt werden. Zur Zeit gibt es in der Bundesrepublik Deutschland etwa 900 Naturschutzgebiete; dies entspricht rund 1,1% der Gesamtfläche. Wichtige N.gebiete sind z.B. das Königsseegebiet, Karwendel und Karwendelgebirge, der Große Arbersee und die Arberseewand, das Federseegebiet, der Naturpark Lüneburger Heide und das Biberschutzgebiet an der mittleren Elbe. Bedeutende N.gebiete im benachbarten Ausland sind die Hohen Tauern (Österreich), der Aletschwald (Schweiz) und die Camargue (Frankreich).

Naturwaldreservate (Naturwaldzellen): N. sind durch ministeriellen Erlaß der Länder der Bundesrepublik Deutschland unter unumschränkten Schutz gestellte Waldteile mit charakteristischen Vegetationsgesellschaften. Die N., die mindestens 5 ha groß sein müssen, dienen v.a. der Ökosystemforschung; ihre Erhaltung gehört zu den Aufgaben der Landespflege. Es existieren in den Ländern Baden-Württemberg (hier Bannwälder genannt), Bayern, Niedersachsen, Nordrhein-Westfalen, Rheinland-Pfalz und Saarland 296 N., mit einer Gesamtfläche von über 8 900 ha (Stand Mitte 1975).

Nebel: N. ist kondensierter, d.h. in kleinsten Tröpfchen (Durchmesser etwa 0,02

mm) flüssig gewordener, und damit sichtbar schwebender Wasserdampf in der Luft; er tritt meist in der Nähe der Erdoberfläche auf. In der Meteorologie wird von N. gesprochen, sobald die Sicht unter 1 km zurückgeht. N. entsteht wenn sich feuchte Luft bei Anwesenheit einer ausreichenden Zahl von Kondensationskernen unter den Taupunkt abkühlt. Nach der Ursache dieser Abkühlung unterscheiden sich die einzelnen Nebelarten:
Strahlungsnebel tritt in klaren, windstillen (oder windschwachen) Nächten auf, wenn sich als Folge starker Wärmeausstrahlung der Erdoberfläche der Boden und die bodennahen Luftschichten bis unter den Taupunkt abkühlen. Über feuchten Niederungen (Wiesen, Mooren, Sumpfgebieten) und über Seen, wo die feuchte Bodenoberfläche bzw. die Wasseroberfläche zusätzlich durch Verdunstung die N.bildung begünstigt, ist er als flacher, dem Erdboden aufliegender *Bodennebel* (z.B. als *Wiesen-, Tal-* oder *Seenebel*) zu beobachten. – Durch Ausstrahlung an der Dunstobergrenze einer Inversion bildet sich *Hochnebel* in Form einer Schichtwolke. Diese Art von N. tritt v.a. in den Herbst- und Wintermonaten auf und hält bei winterlichen Hochdrucklagen oft tagelang an. – *Mischungsnebel* entstehen durch Mischung verschiedener Luftmassen, z.B. wenn relativ warme, feuchte Luft im Winter vom Meer in das Festland strömt, sich mit der dort lagernden kalten Luft mischt und unter den Taupunkt abkühlt. – Wird warme und feuchte Luft über eine kalte Unterlage geführt, bildet sich *Advektionsnebel.* Die Nebel der ↑Nebelwüsten und auch die berüchtigten (da die Schiffahrt behindernden) *Neufundlandnebel* gehören zu dieser Art. – Wo sehr kalte Luft über eine relativ warme Wasserfläche streicht, kommt es durch Verdunstung zur Bildung von ↑Dampfnebel, was als „Rauchen" der Wasseroberfläche beobachtet wird. – Großstädte und Industriegebiete haben bei starker Luftverunreinigung [und infolgedessen hohem Gehalt der Luft an Kondensationskernen] eine besonders große Nebelhäufigkeit. Der z.B. über London auftretende N., bei dem die Herabsetzung der Sicht außer durch Wassertröpfchen auch durch Rußteilchen erfolgt, wird *Smog* genannt.
Im N. beträgt die relative Feuchtigkeit der Luft über 90%. Die N.tröpfchen können sich auch zu größeren Tropfen vereinigen und bei Luftbewegung an der Erdoberfläche oder an Gegenständen absetzen oder ausfallen; wir sprechen dann von *Nebelniederschlag* oder *nässendem Nebel.* Auch bei Lufttemperaturen unter 0°C besteht N. aus Wassertröpfchen, die sich an festen Oberflächen aber sofort als Eis absetzen; wir sprechen dann von *Nebelfrostablagerungen.*

Nebelwald: Der N. befindet sich in der Nebelregion tropischer und subtropischer Gebirge in Höhen von 2000–3000 m, am Ostrand der Anden bis 4000 m. Die Wachstumszeit wird nicht durch eine Frostperiode unterbrochen; der N. ist also immergrün. Das Wachstum ist aber im Vergleich zu den Regenwäldern des Tieflandes langsamer, da mit ansteigender Höhe die Temperaturen abnehmen. Der N. ist artenärmer als die Tieflandwälder; typisch sind Baumfarne und auf Bäumen lebende Pflanzen (sogen. Epiphyten). Die Stämme sind mit Moosen und Flechten bewachsen.

Nebelwüste: N. ist ein schmaler küstennaher Streifen einer ↑Küstenwüste in 300–800 m ü.d.M., der für sechs bis acht Monate jährlich fast ständig von Nebel überzogen ist. Die hohe relative Luftfeuchtigkeit in Bodennähe wird u.a. von Gewächsen, die Flüssigkeit am Blattgrund aufnehmen und wurzellos dem staubtrockenen Boden (Gesteinsschutt, Dünen) aufliegen, und von Flechten genutzt. N.n treten in Peru, Nordchile und Südwestafrika auf.

Nebenerwerbsbetrieb: Der N. ist ein Landwirtschaftsbetrieb der nebenberuflich bewirtschaftet wird. Der N. bietet keine Lebensgrundlage für eine Familie, der Besitzer geht einem nichtlandwirtschaftlichen Hauptberuf nach.

Nebengeschäftszentrum: Man findet Nebengeschäftszentren in Städten ab Mittelstadtgröße. Sie dienen hauptsächlich der Versorgung der in ihrer Umgebung wohnenden Bevölkerung. Ihre Entstehung verdanken sie der zu großen Entfernung zur City und der oft sehr weitgehenden Spezialisierung der dortigen Geschäfte.

Nebengestein: N. nennt man das an einen Gesteinskörper, z.B. einen Gang, grenzende Gestein. Die Bezeichnung wird besonders bei Lagerstätten verwendet.

Nebenmeer: Ein durch Festlandsflächen und Inselketten mehr oder weniger vom offenen Ozean abgeschnürtes Meeresgebiet bezeichnet man als Nebenmeer. Man unterscheidet Randmeere, die dem Festland randlich angelagert sind (Beispiele: Beringmeer, Ochotskisches Meer, Ostchinesisches Meer, Japanisches Meer, Golf von Kalifornien, Nordsee) und ↑Mittelmeere, die weitgehend von Festlandsgebieten umschlossen sind.

Nehrung: Der schmale, aus Sand aufgebaute Strandstreifen, der flache Buchten weitgehend vom Meer trennt, wird als N. bezeichnet. Diese langgestreckte Landzunge entsteht durch Strandversetzung, wobei sich zunächst an einem Kap ein *Nehrungshaken* bildet, der in die Richtung der Küstenströmung weist. Der Haken wächst weiter, so daß ein *Haff* entsteht. Erreicht die N. am anderen Ende wieder die Küste, entsteht ein *Strandsee.* Wird die Verbindung mit der Küste durchbrochen, spricht man von einer *Nehrungsinsel,* die auch Lido genannt wird.

Nematozide: N. sind ↑Pestizide, die zur Bekämpfung von Fadenwürmern eingesetzt werden.

Neogen: zusammenfassende Bezeichnung für die jüngeren Abteilungen des Tertiärs, ↑Geologie, Formationstabelle.

Neokolonialismus: N. ist ein Ausdruck, der besonders in der Politik vorkommt. Hier beschuldigen sich besonders die USA und die UdSSR gegenseitig des Neokolonialismus; sie meinen damit, der andere Staat versuche, andere Länder in wirtschaftliche Abhängigkeit zu bringen. Dieser Vorwurf bezieht sich besonders auf die Länder der Dritten Welt, die über große Rohstoffvorräte verfügen oder strategisch günstig liegen.

Neozoikum (Känozoikum): erdgeschichtliche Ära, ↑Geologie, Formationstabelle.

Nettoproduktionswert (Bruttowertschöpfung): Der N. ist der um die Vorleistungen verminderte ↑Bruttoproduktionswert.

Nettosozialprodukt (Volkseinkommen): ↑Bruttosozialprodukt

Neue Stadt: deutsche Übersetzung für den stadtgeographischen Begriff ↑New Town.

Neue Welt: Bezeichung für den neu entdeckten Erdteil Amerika, im Gegensatz zur ↑Alten Welt.

Neulandgewinnung: ↑Landgewinnung

Neumond: N. ist eine Lichtphase des ↑Mondes (eine Mondphase). Bei N. steht der Mond zwischen Sonne und Erde, seine der Erde zugewandte Seite kann also an keiner Stelle von der Sonne beleuchtet werden; der Mond ist darum nicht sichtbar.

New Town [englisch 'nju: 'taʊn] (Neue Stadt): Dieser aus Großbritannien stammende stadtgeographische Begriff steht für eine nach modernen funktionalen Gesichtspunkten geplante und neuerbaute Stadt; diese kann sich auch an eine schon bestehende Siedlung anlehnen. Ihre Aufgabe ist hauptsächlich die Entlastung der großen Ballungszentren. Die N.T. besitzt zentralörtliche Einrichtungen, Wohn- und Gewerbeviertel. Typisch ist die Einrichtung sogen. Nachbarschaften, die sich um ein Zentrum mit den öffentlichen Einrichtungen und Geschäften gruppieren.

In Großbritannien existieren 32 New Towns; in Israel wurden 30 gegründet, davon 19 ohne alten Siedlungskern. Beispiele in anderen Ländern sind

Wolfsburg, Sennestadt und Hochdahl in der Bundesrepublik Deutschland, Eisenhüttenstadt in der DDR. Lelystadt und Emmeloord in den Niederlanden, die zahlreichen *villes nouvelles,* etwa Noisy-le-Grand, Evry, Mantes-la-Jolie, im Pariser Ballungsraum, Brasília in Brasilien, Chandigarh in Indien, Canberra in Australien und zahlreiche Stadtneugründungen in der UdSSR.

niedere Breiten: Unter dem allgemeinsprachlichen Ausdruck „in den niederen Breiten" versteht man die Erdgegenden, deren Koordinaten bei der Breitenangabe eine niedrige Zahl, meist unter 30, aufweisen.

Niederschlag: Als N. werden alle aus der Atmosphäre zur Erdoberfläche fallenden oder sich dort erst bildenden Formen des Wassers bezeichnet. Von den fallenden Niederschlägen, wie Regen, Schnee, Graupel, werden die abgesetzten Niederschläge, wie Tau und Reif, die sich unmittelbar an der Erdoberfläche ausbilden, unterschieden.

Es können nach der Art ihrer Entstehung drei Arten des Niederschlages beobachtet werden: Die zyklonalen Niederschläge (↑Zyklone), die konvektiven Niederschläge (↑Konvektion) und die orographisch bedingten Niederschläge (↑Steigungsregen).

Die Menge der Niederschläge wird in Millimeter gemessen. Hierbei wird die Höhe angegeben, bis zu der die Erdoberfläche mit Wasser bedeckt wäre, wenn kein Wasser versickern, abfließen oder verdunsten würde. Ein Millimeter Niederschlag entspricht einer Niederschlagsmenge von einem Liter auf einer Fläche von einem Quadratmeter.

Niederterrasse: Eine N. markiert ein ehemaliges Flußbett, und zwar das, das der Fluß während der letzten Eiszeit benutzte, also während der Würmeiszeit im Alpenvorland, während der Weichseleiszeit in Norddeutschland. In es hat sich dann während des Postglazials der Fluß durch Tiefenerosion eingeschnitten, so daß es nun höher als die heutige Talaue liegt und damit zur Terrasse wurde. Die hochwasserfreie N. war von der Vorzeit bis in die frühe Neuzeit ein bevorzugter Ansatzpunkt für Siedlungen und Verkehrswege.

Niederwald: N. ist die forstwirtschaftliche Bezeichnung für einen Laubwald, bei dem sich der Baumbestand durch Austrieb aus Stöcken (sogen. Stockausschlag) und Wurzeln der alle 10–30 Jahre gefällten Bäume erneuert. Der N.betrieb war früher zur Gewinnung von Brennholz, Gerbrinde, Flechtmaterial, Zaun- und Rebpfählen und im Rahmen der ↑Feld-Wald-Wechselwirtschaft sehr verbreitet. Heute ist er in Deutschland nur noch vereinzelt als Schutzwald (z.B. an Berghängen und in Flußtälern) von örtlicher Bedeutung.

Niedrigwasser:

◊ N. herrscht im Rahmen der ↑Gezeiten am Ende der Ebbe, also auch zu Beginn der Flut.

◊ Als N. eines Flusses bezeichnet man einen Wasserstand, der erheblich unter dem mittleren Wasserstand liegt. Extremes N. kann die Einstellung der Schiffahrt erfordern.

Ni-Fe-Kern (Nife): Viele Forscher nehmen an, daß der Erdkern aus Nickel und Eisen (lateinisch Ferrum) besteht und sprechen daher von einem Ni-Fe-Kern.

Nimbostratus: N. nennen wir schwarzgraue, meist geschlossene Wolkendekken, hinter der die Sonne nicht sichtbar ist und aus denen gewöhnlich anhaltend Niederschlag fällt. An ihrer ausgestülpten oder aufgelösten Untergrenze ziehen oft niedrige zerfetzte Wolken. N. setzt sich aus unterkühlten Wassertröpfchen, Schneekristallen und Schneeflocken zusammen.

Nipptide (nur in bezug auf die Flut wird von Nippflut gesprochen): da die ↑Gezeiten von der Massenanziehung von Mond und Sonne bewirkt werden, tritt zu der Zeit, wenn die Anziehungskräfte beider Gestirne im Winkel von 90° zueinander wirken, eine besonders niedrige Gezeitenwelle auf, mit dem sogen. Nipptidehochwasser (NpThw). Dies ist bei exaktem Halbmond, sowohl zu- als abnehmendem, der Fall. – Der Gegensatz zur N. ist die Springtide. – ↑Auch Abbildung Seite 126.

nivales Abflußregime: Hierbei handelt es sich um das ↑Abflußregime eines Flusses, der seine geringste Wasserführung im Winter, seine höchste nach der Schneeschmelze hat. Auf der Nordhalbkugel tritt also das Hochwasser dieser Flüsse, wenn es sich um Tieflandflüsse handelt, im April oder Mai, wenn es sich um Flüsse des Berglandes handelt, im Juni auf. Liegen auch Gletscher im Einzugsbereich dieser Flüsse, haben diese ein ↑nivoglaziales Abflußregime.

nivales Klima: Fallen die Niederschläge das ganze Jahr über als Schnee und bilden sich eine geschlossene Schneedecke oder Gletscher aus, herrscht in diesem Bereich nivales Klima. Vollnivales Klima haben die Polargebiete und einige vergletscherte Hochgebirge; bei seminivalem Klima dagegen können die Niederschläge in einer nur kurzen wärmeren Jahreszeit auch als Regen fallen. In noch größerer Polferne finden sich Räume mit *subnivalem Klima,* wie beispielsweise die Tundra, wo sich nur im Winter eine geschlossene Schneedecke hält.

nivale Stufe: Die n. St. ist die oberste ↑Höhenstufe der Vegetation der höheren Gebirge, und zwar die über der klimatischen Schneegrenze. Diese liegt in den Alpen zwischen 2 700 m (am Westrand der Westalpen) und 3 100 m. Die hier noch wachsenden Moose und Flechten kommen nicht mehr in Gesellschaften, sondern in Gruppen oder nur noch einzeln vor und sind auf schneearme Standorte beschränkt. Wenige Blütenpflanzen (einige Gräser, Gletscherhahnenfuß, Alpenleinkraut) kommen jedoch auch in Höhen über 4 000 m vor.

nivoglaziales Abflußregime: Hierbei handelt es sich um ein modifiziertes ↑nivales Abflußregime eines Flusses, in dessen Einzugsbereich auch Gletscher liegen. Die geringste Wasserführung tritt im Winter auf, die größte nach der Schneeschmelze; aber im Sommer, wenn die Gletscher viel Schmelzwasser liefern, tritt ein zweites Maximum auf. Bei diesen Flüssen liegen daher die Abflußwerte des Juli und des August über den Werten des Mai (auf der Nordhalbkugel).

nivopluviales Abflußregime: Hierbei handelt es sich um das ↑Abflußregime eines Flusses, das von Schneeschmelze und Regen in gleichem Maße abhängt. Hohe Wasserstände treten also nach der Schneeschmelze und nach der Zeit der als Regen fallenden Niederschläge auf; dazwischen ist die Wasserführung jeweils geringer. Hat die Schneeschmelze einen geringeren Anteil, liegt die durch sie bewirkte Hochwasserspende also deutlich unter der durch den Regen bewirkten, spricht man von einem *pluvionivalen* Abflußregime.

NN: Abkürzung für ↑Normalnull.

Nomaden: N. sind die Menschen, die in der Wirtschafts- und Gesellschaftsform des ↑Nomadismus leben.

Nomadismus (Hirtennomadismus): Der N. ist eine Wirtschafts- und Gesellschaftsform, die ausschließlich oder überwiegend auf Viehwirtschaft beruht und die mit nichtseßhafter Lebensweise verbunden ist. Die *Nomaden,* die auch Besitzer der Herden sind, begleiten das Vieh im geschlossenen Familienverband mitsamt dem Hausrat auf ständiger Wanderung, meist in einem bestimmten jahreszeitlichen Rhythmus, um die jeweiligen Weiden aufzusuchen. Der häufige Wechsel des Wohnplatzes erfordert transportable, schnell auf- und abzubauende Behausungen (meist Zelte). Die Weideplätze sind oft Eigentum der Nomaden und ebenso wie die Wanderwege genau festgelegt. Wichtigste Herdentiere sind Schafe, Ziegen, Rinder, Jaks, Dromedare, Kamele, Rene und Pferde. Sie dienen z.T. auch als Reit- und Transporttiere. Feldbau wird äußerst selten und nicht regelmäßig betrieben. Pflanzliche Nahrungsmittel werden von der Ackerbau treibenden Bevölkerung eingetauscht oder gekauft. Manche Nomadengruppen haben sich auch auf den

Handel spezialisiert. Der N. stellt eine extensive Wirtschaftsweise dar; er dominierte in den ariden und semiariden Gebieten der Alten Welt und kommt dort bis heute vor.
Wird diese Wirtschaftsform ausschließlich betrieben, spricht man von *Vollnomadismus*. Im Zuge der staatlichen Grenzziehung in ehemals meist unbefriedeten Gebieten, wodurch oft eine Trennung von Winter- und Sommerweidegebieten erfolgte, und der staatlicherseits gleichzeitig gewünschten Seßhaftwerdung der Nomaden, haben diese ihre ursprüngliche Wirtschaftsform vielerorts teilweise aufgegeben, so daß sie heute oft in – allerdings nicht ständig oder zumindest nicht von allen ständig bewohnten – Dauersiedlungen in der Nähe der Winterweiden wohnen, wo einige Mitglieder der Gruppe dann auch Anbau treiben (Wintergetreide). Für diese angepaßte Form des N. wurde die Bezeichnung *Halbnomadismus* geprägt. Halbnomadische Lebensformen treten aber auch sonst auf, etwa in der Form, daß im Herbst irgendwo ein Stück Land mit Getreide besät und dann im Frühjahr bei der Rückwanderung abgeerntet wird; mitunter wird auch ein Stück bewässertes Land oder ein Baumhain bewirtschaftet.

Noor: Als N. wird in Schleswig-Holstein ein verlandender Strandsee im innersten Winkel einer Förde bezeichnet.

Nor: ältere Stufe der alpinen Oberen Trias, ↑Geologie, Formationstabelle.

Nordäquatorialströme: in allen drei Ozeanen vorhandene äquatornahe Gegenströmungen, ↑Karte Meeresströmungen.

Nordatlantischer Strom: warme Meeresströmung im nördlichen Atlantik, geht aus dem ↑Golfstrom hervor, ↑Karte Meeresströmungen.

Nordlicht: N. ist die allgemein übliche Bezeichnung für auf der Nordhalbkugel auftretendes ↑Polarlicht.

Nordpazifischer Strom: warme Meeresströmung im nördlichen Pazifik, ↑Karte Meeresströmungen.

Nord-Süd-Dialog: Hiermit sind Gespräche der Industriestaaten mit den Ländern der Dritten Welt über Fragen der Entwicklungshilfe und der Entwicklungspolitik gemeint. Der Ausdruck entstand in Anlehnung an den Ausdruck Ost-West-Gespräche. Die Industriestaaten werden unter Nord, die Entwicklungsländer unter Süd zusammengefaßt.

Normalnull: Unter N., abgekürzt NN, versteht man einen Bezugspunkt für alle amtlichen deutschen Höhenangaben, der sich auf das Niveau des mittleren Wasserstandes des Meeres bezieht. Da der Meeresspiegel schwankt, haben sich die Staaten feste Bezugspunkte (Landmarken) geschaffen, auf die sie sich bei ihren Vermessungen beziehen. Seit 1912 liegt der deutsche Höhenbezugspunkt 38 km östlich von Berlin bei Dahlwitz-Hoppegarten (Landkreis Strausberg). Dieser N.nullpunkt liegt 16 mm über dem Amsterdamer Pegel. Da jedes Land seinen eigenen Höhenausgangspunkt hat, können Höhendifferenzen in den Karten der einzelnen Staaten auftreten.

Northers [englisch 'nɔːðəz] (spanisch: Nortes): N. werden in Nordamerika die winterlichen kalten Nordwinde genannt, die polare Luftmassen über das Mississippibecken bis in den Golf von Mexiko und sogar noch bis Zentralamerika bringen, wo sie dann einen spürbaren Temperaturrückgang hervorrufen. Ein über dem Golf von Mexiko gelegenes Tiefdruckgebiet mit seinen aufsteigenden Luftmassen verstärkt hierbei durch seine Sogwirkung die nach Süden gerichteten kalten Winde.

Norwegischer Strom: relativ warme Meeresströmung in nördlichen Atlantik, geht aus dem Nordatlantischen Strom hervor, ↑Karte Meeresströmungen.

Nova ['nɔwa]: Eine N. ist ein veränderlicher Stern, der durch einen plötzlich auftretenden Helligkeitsausbruch charakterisiert ist, wobei das Maximum schon in Stunden oder höchstens in Tagen erreicht wird. Die Helligkeit nimmt dabei um das 5 000 bis 100 000-

fache des ursprünglichen Wertes zu; danach fällt sie in einem Zeitraum von einigen bis zu 100 Jahren ab. Während des ganzen Helligkeitsanstieges expandieren die leuchtenden Oberflächenschichten der N. mit Radialgeschwindigkeiten von 600 bis 3 000 km/s. Im Zustand maximaler Helligkeit verweilt die N. nur wenige Stunden; der dann einsetzende Helligkeitsabfall erfolgt gleichmäßig oder mit unregelmäßigen Schwankungen. Insgesamt werden bei einem N.ausbruch Gasmassen in der Größe von etwa 0,001 Sonnenmassen in den umgebenden Raum ausgestoßen und Energien freigesetzt, wie sie die Sonne in etwa 2 000 Jahren ausstrahlt. Ursache eines N.ausbruchs sind vermutlich plötzlich einsetzende Kernreaktionsprozesse im Innern, die eine den ganzen Stern durchlaufende und die Expansion hervorufende Stoßwelle auslösen. Die Häufigkeit von N.ausbrüchen im Milchstraßensystem wird auf 50 im Jahr geschätzt, von denen etwa 3 beobachtet werden. – Bei 10^8 facher Leuchtkraftsteigerung spricht man von *Supernova.*

Nullmeridian: Der N. ist der Ortsmeridian von Greenwich, auf den seit 1911 nach internationaler Vereinbarung die ↑geographische Länge bezogen wird. In der Antike wurde von Ptolemäus der Längenkreis der Kanarischen Insel Hierro als Anfangsmeridian bestimmt und 1634 offiziell als *N. von Ferro* eingeführt.

Nunatak (Mehrzahl Nunatak[ke]r): Ein N. ist ein Felsen oder ein Berggipfel, der aus den Inlandeismassen herausragt, also allseits von Eis umgeben ist.

Nutation: In der Astronomie versteht man unter N. die periodischen Schwankungen der ↑Präzession der Erdachse; sie beruht v.a. auf der Gravitationswirkung (also der Anziehungskraft) des Mondes.

O

Oase: Eine O. ist eine in oder am Rande von Wüsten und Wüstensteppen gelegene Wasserstelle mit reichem Pflanzenwuchs. Dieser wird ermöglicht durch Quellwasser, wir sprechen dann von einer *Quelloase,* oder durch Grundwasser *(Grundwasseroase)* oder durch einen Fremdlingsfluß, es handelt sich dann um eine *Flußoase;* bekannteste O. diese Art ist die des Nil. Oasen können durch künstliche Bewässerung mittels Brunnen oder ↑Kanate erweitert werden. So werden v.a. durch die Kanatbewässerung *Gebirgsfußoasen,* das sind Grundwasser-O.n, in denen das am Gebirgsfuß austretende Grundwasser genutzt wird, erweitert, oft aber auch erst ermöglicht. In besiedelten O.n befinden sich intensive und differenzierte Nutzpflanzenkulturen, oft auf engstem Raum neben- und übereinander. In dieser sogen. Oasenwirtschaft werden Gemüse, Knollenpflanzen, Getreide, Dattelpalmen, Öl- und Obstbäume kultiviert. Für nordafrikanische und vorderasiatische Oasen ist die Dattelpalme die Charakterpflanze; sie liefert Nahrung und Baumaterial – und dadurch auch Tauschobjekte. Typisch ist die äußerst scharfe Grenze zwischen Oase und Wüste. Für viele Oasen ist daher die Versandung eine stetige Gefahr.

Oberboden: O. ist eine ungenaue Bezeichnung für den oberen Teil eines Bodens; meist versteht man darunter den A-Horizont eines ↑Bodenprofils.

Oberzentrum (Hauptzentrum): Im System der ↑Zentralen Orte ist ein O. ein Ort von hoher Zentralität.

Ödland: Als Ö. bezeichnet man unbebautes Gelände, das nicht land- oder forstwirtschaftlich genutzt wird, aber kultiviert werden könnte. Dazu zählt man z.B. Moor- und Heideflächen und Flächen, die als Sand- und Kiesgruben genutzt werden. In der deutschen Statistik werden auch ehemalige Waldflächen als Ö. bezeichnet, wenn sie seit mehr als 10 Jahren unbestockt und ungenutzt sind.

OECD: Abkürzung für Organization for Economic Cooperation and Development. Es handelt sich hier um eine Gruppe von Industrieländern (18 westeuropäische Staaten, Kanada, USA und Japan), die ihre Wirtschaftsbeziehungen untereinander und gemeinsam gegenüber der Dritten Welt besser organisieren wollen.

OEZ: Abkürzung für osteuropäische Zeit, eine Zonenzeit; ↑Zeitzonen

Ojaschio: kalte Meeresströmung im nördlichen Pazifik, ↑Karte Meeresströmungen.

Okklusion: Unter diesem meteorologischen Begriff verstehen wir das Zusammentreffen einer Warm- und einer Kaltluftfront, die endlich zu einer einzigen Front verschmelzen. Dabei schieben sich im Endstadium einer Zyklone kältere Luftmassen unter die vorgelagerte wärmere Luft, die dann ganz von der Erdoberfläche abgehoben wird. Dieses Stadium ist dann erreicht, wenn die nachlaufende Kaltfront die sich langsamer bewegende Warmfront eingeholt hat. Jetzt treffen, im Vergleich zur verdrängten Warmluft, zwei kältere Luftmassen aufeinander. Da die Gegensätze in der Beschaffenheit beider Luftmassen an der neu entstandenen Front geringer sind, treten die Wettererscheinungen an der O. auch nur in abgeschwächter Form auf. Die Windstärke nimmt ab und es herrschen Wolkenfelder vor, aus denen kaum Niederschläge fallen. – Abbildung ↑Tiefdruckgebiet.

Ökologie: Die Ö. untersucht die Wechselbeziehungen zwischen Lebewesen und ihrer Umwelt. Diese Umwelt besteht nicht nur aus anderen Lebewesen, sondern wird auch durch Klima, Bodenbeschaffenheit und andere Faktoren geprägt. Die Gesamtheit dieser Wechselwirkungen, das sogen. ↑Ökosystem, gibt uns Auskünfte über die Belastbarkeit von ↑Biotopen, z.B. Flüssen, Seen, Wäldern. Dabei wird auf Folgen einseitiger Eingriffe durch den Menschen (z.B. chemische Schädlingsbekämpfung, Verschmutzung von Gewässern) hingewiesen. Heute beschränkt sich die Ö. nicht mehr nur auf die Wechselwirkung Pflanze/Umwelt (Pflanzenökologie) oder Tier/Umwelt (Tierökologie), sondern achtetet immer stärker darauf, wie der Mensch seine Umwelt beeinflußt. Damit handelt es sich nicht mehr um eine rein biologische Wissenschaft, sondern auch Geographie und Sozialwissenschaften haben wichtige Aussagen zu machen.

Ökosystem: Das Ö. ist ein Wirkungsgefüge, das zwischen Lebewesen verschiedenster Arten und ihrer anorganischen Umwelt besteht. In einem Ö. findet ein stetiger Austausch statt; es werden Stoffe zugeführt, und es treten auch Verluste auf. Deswegen sprechen wir von einem offenen System. Die Zahl der Arten und der Einzellebewesen bleiben innerhalb einer gewissen Schwankungsbreite konstant. Das Ö. hat die Fähigkeit zur Selbstregulation. Diese Regulationsmöglichkeiten sind jedoch nicht unbegrenzt. So kann z.B. das Ö. See durch dauernde Zufuhr von Abwasser aus dem Gleichgewichtszustand geraten und nach einer Übergangszeit wieder in einen stabilen Zustand gelangen, der aber nun einem anderen Ökosystem entspricht.

Für jedes Ö. sind vier Grundkomponenten von Bedeutung, eine abiotische und drei biotische:

1. die abiotische Umwelt. Hierzu gehören klimatische Faktoren, Einflüsse, die lagebedingt (orographisch) sind, sowie Einwirkungen, die vom Boden abhängen (edaphisch bedingt sind).
2. die Produzenten (die Erzeuger). Dies sind Organismen, die aus anorganischem Material organisches Material aufbauen, also die grünen Pflanzen.
3. die Konsumenten (die Verbraucher). Dazu gehören die pflanzenfressenden Tiere und deren Feinde.
4. die Reduzenten oder Destruenten (die Zersetzer). Sie bauen die abgestorbenen

Organismen zu einfacheren anorganischen Stoffen ab und führen sie den Produzenten wieder zu. Zu ihnen gehören z.B. die Bakterien und Pilze.

Ökumene: In der Geographie ist die Ö. der von naturgegebenen Grenzen bestimmte menschliche Siedlungs- und Wirtschaftsraum der Erde. – Der vom Menschen unbesiedelte Raum ist die Anökumene.

Okzident: Gegenbegriff zu ↑Orient

oligotroph: Gewässer und Böden, die arm an Nährstoffen sind, nennt man oligotroph. Die oligotrophen Pflanzen leben auf mageren, mineralarmen Böden, z.B. auf Dünen. – Der Gegensatz zu o. ist eutroph.

Oligozän: mittlere Abteilung des Tertiärs, ↑Geologie, Formationstabelle.

Ölsande: Ö. nennt man Sande und Sandsteine mit hohem Bitumengehalt. Am bekanntesten sind die sogen. Athabasca-Ö. in der kanadischen Provinz Alberta; sie stammen aus dem Mesozoikum, sind 40–60 m mächtig und enthalten durchschnittlich 12% schwefelhaltiges Öl. Sie werden bei Fort McMurray im Tagebau abgebaut und in einer Aufbereitungsanlage zu Benzin, Wasserstoffgas und Schwefel verarbeitet. Eine Erweiterung des Abbaus ist im Gang, eine Gewinnung des Öls durch Einpressen von heißem Dampf in die Erde geplant.

Ölschiefer: Ö. sind dunkle tonige Gesteine mit hohem Bitumengehalt, die aus verfestigtem Faulschlamm entstanden sind; der durchschnittliche Gehalt an Kohlenwasserstoffen beträgt etwa 5 bis 25%. Die Ö. bilden ein riesiges Energie- und Rohstoffreservoir auf der Erde. Das durch Schwelung aus dem Bitumen gewonnene Öl kann zu Benzin, Diesel- und Heizöl verarbeitet werden. Wegen der heute noch vorhandenen Erdöl- und Erdgasvorkommen ist seine technische Gewinnung jedoch noch unrentabel, so daß man nur in erdöl- bzw. erdgasarmen Gegenden von ihm Gebrauch macht. Insgesamt wird aber der Energiegehalt der abbaubaren Ö. auf ein Mehrfaches der heute bekannten Kohle-, Erdöl- und Erdgasvorkommen geschätzt. Bekannte Ö. sind der estländische Kuckersit, die Alaunschiefer Schwedens sowie die Posidonienschiefer Süd- und Norddeutschlands.

Oolith [o-o'li:t] (Erbsenstein): O. nennt man ein aus verkitteten Ooiden gebildetes Sedimentgestein. Ooide sind ei- oder kugelförmige Mineralkörner, die aus mikroskopisch dünnen, konzentrisch aneinandergelagerten, schalenförmigen oder auch radialstrahlig faserigen Abscheidungen, v.a. von Kalk (Aragonit, der bei der Diagenese im Kalkspat umgewandelt wird) oder Eisenhydroxid, aufgebaut sind und sich meist in der Brandungszone des Meeres durch Abscheiden der Schalensubstanzen an mineralischen Kristallisationskernen (auch Organismenresten) bilden; ihr Durchmesser beträgt zwischen 1 und 10 mm. Unter den O.en unterscheidet man nach der chemischen Zusammensetzung die aus Kalkspat bestehenden, häufig vorkommenden *Kalkoolithe,* die überwiegend aus Kieselsäuren bestehenden *Kieseloolithe* und die aus Eisenmineralen bestehenden, als Eisenerz wichtigen *Eisenoolithe. Rogenstein* werden Kalkoolithe mit sandigem oder tonigem Bindemittel genannt. Die Bezeichnung Erbsenstein *(Pisolith, Sprudelstein)* wird auch auf kugelförmige Quellsinterabscheidungen von Calciumcarbonat angewandt (z.B. Karlsbader Sprudelstein).

Ordovizium: Formation des Paläozoikums, ↑Geologie, Formationstabelle.

organogene Gesteine (biogene Gesteine): O. G. nennt man alle Sedimentgesteine, die unter wesentlicher Beteiligung tierischer oder pflanzlicher Organismen entstanden sind. Dabei unterscheidet man die *phytogenen Gesteine,* die, wie Kohle und Torf, pflanzlicher Herkunft sind, und die *zoogenen Gesteine,* die tierischen Ursprungs sind, also v.a. die Kalke.

Orient: Der Begriff O. wurde für die Gebiete im Osten (d.h. östlich von Europa) geprägt; Europa selbst wurde im

Gegensatz dazu als *Okzident* bezeichnet. Die beiden Begriffe gehen auf das Lateinische zurück und bedeuten aufgehend bzw. untergehend; gemeint ist jeweils die Sonne. Die entsprechenden deutschen Begriffe sind *Morgenland,* ein Ausdruck der mittlerweile veraltet ist, und *Abendland,* einer der sich bis heute als kultur- und geistesgeschichtlicher Begriff erhalten hat.

Die genaue Bedeutung des Begriffs O. wechselt je nach den kulturell oder politisch im Vordergrund stehenden Regionen. Heute versteht man unter O. die Länder islamischer Kultur in Vorderasien und Nordafrika, im engsten Sinne nur die arabischen Länder Vorderasiens.

Der kulturhistorische Begriff *Alter Orient* umfaßt die alten Hochkulturen von Iran bis Ägypten, und zwar bis etwa 330 v.Chr. (Eroberung durch Alexander den Großen).

Orkan: Als O. werden Winde mit Geschwindigkeiten von mehr als 32,6 km/h bezeichnet, also ab ↑Windstärke 12 auf der Beaufort-Skala. Windstärke 11 trägt den Namen *orkanartiger Sturm.*

Orogen: O. nennt man den Bildungsraum eines Faltengebirges sowie jede durch ↑Orogenese geschaffene Faltengebirgseinheit.

Orogenese: Bei der O., der Bildung eines geologischen Gebirges, handelt es sich im Gegensatz zur ↑Epirogenese um eine vergleichsweise kurzfristige, aber nachhaltige Verformung begrenzter Bereiche der Erdkruste. Die O. ist mit vertikalen und horizontalen Verlagerungen der Gesteine, mit Faltung, Bruchtektonik, Deckenbau, Vulkanismus, Plutonismus, Gesteinsmetamorphose und seismischer Aktivität (Erdbeben) verbunden; sie ruft im Zusammenhang mit Hebungs- und Senkungsvorgängen Oberflächenformen von hoher Reliefenergie (Kettengebirgsgürtel, Inselbögen und Tiefseerinnen) hervor. Sie wird primär ausgelöst durch Bewegung des Erdmantels, der die relativ dünnere Erdkruste mehr passiv folgt. Zonen der O. sind Bereiche mit verstärkter Wärmeabgabe des Erdinnern; die dadurch bewirkten Prozesse der Umkristallisation und teilweisen Aufschmelzung lassen die Lagerungsverhältnisse in Erdkruste und -mantel instabil werden. Die O. konzentriert sich auf langgestreckte, meist schmale, vielfach bogenförmig verlaufende Zonen der Erde. Im Laufe der Erdgeschichte wurde die gesamte Erdoberfläche z.T. mehrfach in solche orogenen Vorgänge einbezogen. Heute bestehen noch zwei erdumspannende, orogen aktive Gürtel: ein zirkumpazifischer Gürtel rings um den Pazifik sowie ein zweiter, mediterraner Gürtel, der sich vom Mittelländischen Meer über Vorderasien und den Himalaja bis Indonesien erstreckt.

Die mit der O. verbundenen Verformungen der Erdkruste, die tektonischen Erscheinungen, lassen sich wie folgt gliedern:

1. *Bruchtektonik:* Sie umfaßt alle Bauformen der Erdkruste, bei denen der ursprüngliche Gesteinsverband an ↑Verwerfungen zerrissen und versetzt ist. Da Verwerfungen meist gesellig auftreten, entstehen Horste, Gräben und Staffelbrüche. Die Störungszonen sind als Aufstiegswege von Schmelzen und Lösungen für die magmatischen Erscheinungen wichtig.

2. *Faltenbau:* Das wohl verbreitetste Kennzeichen der O. ist die ↑Faltung, d.h. die Verbiegung ursprünglich ebener Schichten im Gesteinsverband, besonders die Verbiegung der Schichtflächen (↑Falte).

3. *Deckenbau:* Die überraschendste Leistung der O. ist der in manchen Gebirgen vorkommende Horizontaltransport mächtiger Gesteinspakete längs einer flach geneigten Überschiebungsbahn über manchmal Hunderte von Kilometern, also die Entstehung von tektonischen ↑Decken. Hierbei wirken Einengung des Untergrundes und Gefälle zum Vortiefentrog vor einer vorrückenden Orogenfront in charakteristischer Weise zusammen: Vergleichbar etwa dem Be-

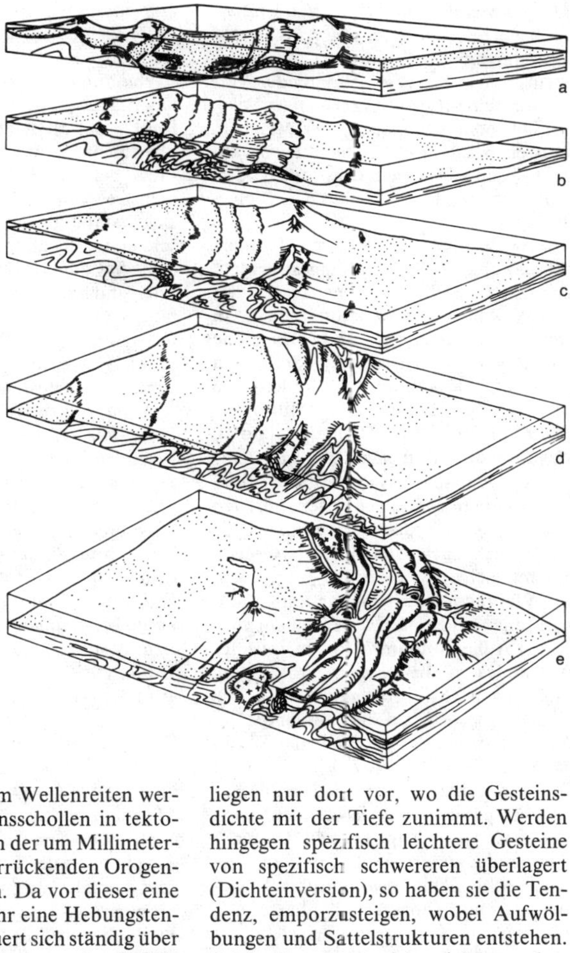

Entwicklungsschema eines Orogens in fünf aufeinanderfolgenden Stadien: Geosynklinalstadium mit zentralem Stammtrog und randlichen Miogeosynklinaltrögen, durch Schwellen abgetrennt (a), fortschreitende Faltung der Tröge und Schwellenbereiche (b, c, d) bis zur Ausbildung eines Frontgebirges mit Faltungs- und Überschiebungsbau, Einsinken der Rücktiefe mit Rückseitenvulkanismus (e)

wegungsantrieb beim Wellenreiten werden isolierte Gesteinsschollen in tektonisch hoher Position der um Millimeterbeträge pro Jahr vorrückenden Orogenfront vorangetragen. Da vor dieser eine Senkungs-, hinter ihr eine Hebungstendenz herrscht, erneuert sich ständig über geologisch lange Zeiträume das Gefälle in der Transportrichtung der Decken, so daß die Schweregleitung infolge des Eigengewichtes der Deckschollen laufend neuen Impuls erhält, bis die Verlagerung der Orogenfront selbst und damit auch die Deckenbewegung schließlich zum Stillstand kommt.

4. *Salz- und ähnliche Bewegungen:* Stabile Lagerungsverhältnisse der Gesteine liegen nur dort vor, wo die Gesteinsdichte mit der Tiefe zunimmt. Werden hingegen spezifisch leichtere Gesteine von spezifisch schwereren überlagert (Dichteinversion), so haben sie die Tendenz, emporzusteigen, wobei Aufwölbungen und Sattelstrukturen entstehen. Solche Vorgänge spielen sich besonders deutlich bei den Salzlagern ab; hier entstehen ↑Salzstöcke. Ähnliche Erscheinungsformen, aber in größerem Umfang, werden durch Dichteinversion innerhalb der Orogengürtel infolge tektonischer Einengung, Metamorphose und beginnender Aufschmelzung ausgelöst.

5. *Gefügeprägung:* In engem Zusam-

menhang mit der Faltung erfolgt im Orogen vielfach eine Umformung innerhalb der Gesteine, teilweise bis in den Einzelkornbereich hinein. Da das Gesteinsmaterial bei fortschreitender Verengung der Sattelkerne gezwungen wird, seitlich oder nach oben auszuweichen, entstehen Relativverschiebungen auf tektonisch angelegten, engständigen Parallelflächen; dabei entsteht u.a. ↑Schieferung.

Die O. beginnt mit einer nachhaltigen Absenkung eines langgestreckten, schmalen Sedimentationstroges, der Geosynklinale; diese kann in sich in mehrere Teilbecken und trennende Schwellen gegliedert sein. Schwellen nahe am Beckenrand verhindern die ausreichende sedimentäre Auffüllung des zentralen Beckens (Eugeosynkline), das sich durch einen intensiven, überwiegend basischen, submarinen Vulkanismus auszeichnet, den sogen. *initialen Vulkanismus.* Später verlagert sich die Trogachse nach außen: Das Orogen nimmt mehr und mehr die Bogenform an. Während die Einengung am konkaven Innenrand einsetzt, werden am konvexen Außenrand immer neue Teile des Vorlandes in die orogene Absenkung einbezogen (Miogeosynklinale). – Die Anhäufung von Lockersedimenten im Vortiefentrog *(Vor-, Rand-* oder *Saumtiefe* genannt) erzeugt ein Massendefizit und damit eine negative Schwereanomalie, die später in Auftriebstendenz nach dem Isostasieprinzip übergeht. Dadurch werden die zuvor bereits gefalteten Gesteine schließlich als orographische Gebirge emporgehoben und abgetragen, bis wieder Schweregleichgewicht erreicht ist. Störungen der Dichteverteilung im tieferen Untergrund werden durch teilweise Aufschmelzung im Mantel und in der Kruste ausgeglichen; die aufsteigenden Gesteinsschmelzen beliefern den ↑Plutonismus und ↑Vulkanismus. Dieser *synorogene Magmatismus* konzentriert sich im fortgeschrittenen Stadium der O. auf die konkave rückwärtige Flanke des Gebirges mit ihrer spätorogenen Bruch- und Grabentektonik; in diesem Fall spricht man von *subsequentem Magmatismus.*

Orthodrome: Die O. ist die kürzeste Verbindungslinie zweier Punkte auf der Oberfläche einer Kugel, z.B. zweier Punkte der als Kugel idealisierten Erdoberfläche. Sie verläuft auf einem Großkreis, der die zu den Polen hin zusammenstrebenden Meridiane unter einem sich ständig verändernden Winkel schneidet. Bei gnomonischer Projektion erscheint die O. als Gerade. Von Bedeutung sind die O.n v.a. für See- und Luftfahrt.

Ortstein: Als O. bezeichnet man die durch Eisen- und Humusanreicherung steinhart verfestigten und bräunlichschwarz gefärbten oberen Teile des B-Horizonts von mächtig entwickelten Podsolen; sie weisen zapfenförmige Ausbuchtungen nach unten auf. O. ist v.a. auf Sanden unter Heidevegetation ausgebildet; er beeinträchtigt stark die Vegetation, da der O.horizont fast wasserundurchlässig ist und auch von den Wurzeln kaum durchstoßen werden kann. Bei geringer Verhärtung des O.horizonts spricht man von *Orterde.*

Ortszeit:

◊ In der Astronomie versteht man unter O. die auf den Meridian eines bestimmten Ortes bezogene exakte Sonnenzeit. Sie ist für alle Orte auf diesem Meridian gleich, aber auch *nur* für die Orte dieses Meridians gültig. Die O. weicht von der Weltzeit (das ist die mittlere Greenwichzeit) je nach der Entfernung vom Nullmeridian ab, und zwar für je 15° der geographischen Länge um 1 Stunde.

Deshalb wurde die Erde in etwa so breite Bereiche eingeteilt, in denen dann eine den jeweiligen Ortszeiten angenäherte Zonenzeit die allgemein verbindliche Zeit dieses Raumes ist, der in dieser Hinsicht eine sogen. ↑Zeitzone bildet.

◊ Im Verkehrswesen, besonders in der Luftfahrt, versteht man unter O. (englisch: lokal time) die an einem Ort zum Zeitpunkt der Landung bzw. des Startes gültige Zonenzeit.

Os (Mehrzahl Oser; schwedisch Ås; englisch Esker): Oser sind langgestreckte, schmale, wallartige Kiesrücken in Grundmoränenlandschaften; sie wurden in Schmelzwasserrinnen am Grunde von Inlandeismassen abgelagert. Sie sind daher oft mit Rinnenseen vergesellschaftet. Oser sind wenige hundert bis einige tausend Meter lang.

Ösch: svw. ↑Zelge

Ostaustralstrom: warme Meeresströmung im Pazifik, ↑Karte Meeresströmungen.

Ostgrönlandstrom: kalte Meeresströmung im nördlichen Atlantik, ↑Karte Meeresströmungen.

Ozean: Die einzelnen durch Kontinente voneinander getrennten Teile des Weltmeeres bezeichnet man als O.e; es sind dies der Atlantische, der Indische und der Pazifische Ozean. Auch die gesamte Wassermasse des ↑Meeres wird oft O. genannt.

ozeanisches Klima: svw. ↑maritimes Klima

Ozeanographie: O. ist die Wissenschaft vom Meere, im weiteren Sinne ist O. gleichzusetzen mit Meereskunde, Meeresforschung, im engeren Sinne ist sie auf die Bereiche der physikalischen und chemischen Meereskunde beschränkt und damit der Meeresbiologie, der Meeresgeologie und der Meeresgeophysik gegenüberzustellen.

O. (im weiteren Sinne) befaßt sich mit der Beschreibung und Erforschung des Meerwassers, seiner Eigenschaften und der in ihm gelösten und schwebenden Substanzen, mit der dem Meere zur Verfügung stehenden Energie (Meeresströmungen, Meereswellen, Gezeiten) sowie mit dem Meeresboden, seinen Formen und Ablagerungen, aber auch mit den Lebewesen, die das Meereswasser und den Meeresboden bevölkern. Bei den meisten ozeanographischen Untersuchungen handelt es sich um die Erforschung bestimmter Prozesse, die Stoffhaushalt, Raumänderungen, Energiehaushalt und Lebenszyklen betreffen. Nahezu alle Bereich der O. sind von praktischer Bedeutung für den Menschen, z.B. Nutzung der mineralischen Rohstoffe des Meersbodens und des Meerwassers sowie der Fischbestände, Nutzung für den Seeverkehr, für die Energiegewinnung und als Erholungsgebiet.

Ozonschicht: Die O. ist der Bereich der Atmosphäre, in dem Ozon in hoher Konzentration vorhanden ist. Die O. hindert einen Teil der ultravioletten Sonnenstrahlung (UV-Strahlung), v.a. dessen Anteil an Röntgenstrahlung, an einem weiteren Eindringen in die Erdatmosphäre. Da diese Strahlung in größeren Mengen für den lebenden Organismus schädlich ist, hat die O. eine für das Leben auf der Erde sehr wichtige Funktion.

P

Packeis: Dieses zu Eiswällen aufgetürmte Meereis entsteht durch den auf eine Treibeisdecke einwirkenden seitlichen Druck. Hierbei kommt es zum Aneinanderpressen und Übereinanderschieben der einzelnen Schollen. P. bedeckt vor allem das Nordpolarmeer, wo es zwei bis sechs Jahre alt wird und 2,5 bis 3,5 m dick ist, bevor es nach Süden zwischen Grönland und Spitzbergen in das Europäische Nordmeer hinaustritt.

Paläogen: zusammenfassende Bezeichnung für die älteren Abteilungen des Tertiärs, ↑Geologie, Formationstabelle.

Paläomagnetismus (remanenter Magnetismus, fossiler Magnetismus): Unter P. versteht man den vom Erdmagnetfeld in früheren erdgeschichtlichen Epochen verursachten und heute noch vorhandenen (mit dem Fachwort: remanenten) Anteil des Gesteinsmagnetismus (↑Erdmagnetismus) in bestimmten Mineralen

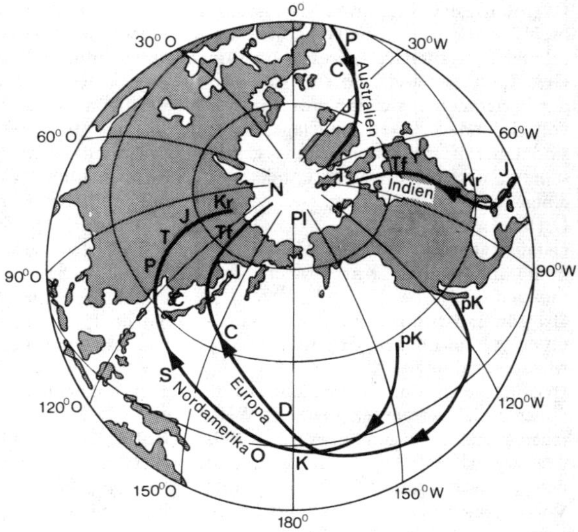

Polwanderungskurven im Verlauf der Erdgeschichte nach paläomagnetischen Messungen für verschiedene Kontinente (pK Präkambrium, K Kambrium, O Ordovizium, S Silur, D Devon, C Karbon, P Perm, T Trias, J Jura, Kr Kreide, Tf frühes Tertiär, N Neogen, Pl Pleistozän)

und Gesteinen. Bei Sedimentgesteinen, besonders bei eisenschüssigen Sandsteinen, wird die remanente Magnetisierung (sogenannte *Sedimentationsremanenz)* durch die Einstellung ferro- oder ferrimagnetischer Partikeln in die Richtung des Erdmagnetfeldes während des Ablagerungsvorgangs hervorgerufen (die Diagenese fixiert dann die Einregelungen). Bei den Ergußgesteinen ist der Vorgang der Magnetisierung komplizierter. – Die Untersuchung der remanenten Gesteinsmagnetisierungen ermöglicht die Bestimmung des erdmagnetischen Hauptfeldes und seiner Richtung auch für geologisch weit zurückliegende Zeiträume (bis ins Präkambrium), falls die untersuchten Minerale und Gesteine eine geologische Datierung zulassen, seit ihrer Entstehung tektonisch ungestört geblieben sind und außerdem zu Ummagnetisierungen führende chemische und physikalische Vorgänge (z.B. Blitzeinschläge) ausgeschlossen werden können. Es ergaben sich dabei folgende Befunde: 1. Die Richtung des erdmagnetischen Hauptfeldes hat sich in allen Epochen der Erdgeschichte (ausgenommen im Perm) immer wieder umgekehrt (in den letzten 4 Mill. Jahren jeweils etwa nach 1 Mill. Jahren), wobei die dazwischenliegenden (kurzen) magnetfeldfreien Intervalle wegen Fehlens einer magnetischen Abschirmung der Höhenstrahlung für die genetische Mutation in der Pflanzen- und Tierwelt eine Rolle spielen. 2. Langsame Variationen mit Zeitkonstanten von etwa 200 Mill. Jahren deuten darauf hin, daß die magnetischen Pole im Laufe der Erdgeschichte gewandert sind, und zwar (sieht man von den Feldumkehrungen ab) in stetiger Weise auf die heutige Lage zu. Die an jeweils gleichaltrigen Gesteinen in den verschiedenen Kontinenten durchgeführten Richtungsbestimmungen ergaben für die verschiedenen Kontinente (bzw. Teilkontinente) unterschiedliche *Polwanderungskurven,* die aber in Übereinstimmung mit den unterschiedlichen ↑Kontinentalverschiebungen auf der nördlichen und südlichen Erdhalbkugel stehen. – Vgl. auch Abbildung auf Seite 260.

Paläontologie: P. nennt man die Wissenschaft, die sich mit den Lebewesen der geologischen Vergangenheit und ihren Überresten, den Fossilien, befaßt. Die *allgemeine Paläontologie* untersucht die Entstehung von ↑Fossilien (Fossilisation), die Lebensspuren, die stammesgeschichtliche Entwicklung der Lebewesen und die Entstehung der Arten (Phylogenie), ökologische u.a. allgemeine Fragen. Die *spezielle Paläontologie* hat die Aufgabe, die fossilen Lebewesen zu beschreiben und systematisch einzuordnen. Sie gliedert sich in die *Paläobotanik,* die sich mit der fossilen Pflanzenwelt, und die *Paläozoologie,* die sich mit der fossilen Tierwelt befaßt. Eine gewisse Sonderstellung besitzt die *Mikropaläontologie,* die Wissenschaft von den nur mikroskopisch, also nur mit optischen Hilfsmitteln, beobachtbaren Fossilien; sie spielt v.a. bei der Erdölsuche eine Rolle. Als *angewandte Paläontologie* bezeichnet man die Wissenschaft von den ↑Leitfossilien als Hilfswissenschaft der Geologie, d.h. als eine Grundlage der Stratigraphie. Auch die *Paläanthropologie,* die Wissenschaft von den fossilen Menschen und Menschenartigen, wird oft zur P. gerechnet.

Paläozän: älteste Abteilung des Tertiärs, ↑Geologie, Formationstabelle.

Paläozoikum: erdgeschichtliche Ära, ↑Geologie, Formationstabelle.

Pampas: Die P. sind eine Großlandschaft Argentiniens; sie stellen jedoch keine vegetationsmäßige oder sonstige Einheit dar. Klimatisch liegen die P. im Übergangsgebiet vom humiden zum ariden Klima. Die Böden sind feinkörnig, locker und gut wasserhaltend. Daher wird die östliche Pampa húmeda (feuchte Pampa) und die westliche Pampa seca (trockene Pampa) unterschieden. Letztere liegt ganz im ariden Klimabereich, trägt regengrüne Dornstrauchvegetation, im Norden schon mit tropischem, regengrünem Trockenwald durchsetzt. Die Pampa húmeda (rund 530 000 km^2) ist eine Steppe; sie ist heute der wirtschaftliche Kernraum Argentiniens mit 60% des Viehbestandes und 90% des Ackerlandes. Vorherrschend ist die Rinderzucht, und zwar sowohl als Mast- als auch als Milchwirtschaft; im Süden findet sich Schafzucht.

Parabraunerde: P. nennt man einen durch Lessivierung entstandenen Bodentyp. Unter dem humosen A-Horizont folgt ein tonverarmter, heller A_l-Horizont, dann ein mit Ton angereicherter B_t-Horizont und schließlich der C-Horizont. Ausgangsmaterial sind meist pleistozäne kalkhaltige Lockersedimente. Die P. tritt im Übergangsbereich vom Laubwaldgürtel zu den Steppen der hohen Mittelbreiten auf.
Bei sehr starker Tonverlagerung spricht man von *Fahlerde.*

paralische Kohle: Paralisch nennt man Kohlen, die in Küstennähe entstanden sind; bei ihnen wechseln – im Gegensatz zu den limnischen Kohlen – marine Horizonte mit festländischen, kohleführenden Schichten.

Parallaxe: Die P. ist der Winkel zwischen den Sehstrahlen von zwei Beobachtungsorten aus zum selben Objekt. Parallaxenmessungen werden in der Astronomie zum Zweck der Feststellung der Entfernung eines Gestirns durchgeführt; der Ausdruck P. wird in der Astronomie darum auch für die Entfernung eines Gestirns gebraucht, und zwar v.a. dann, wenn diese im Winkelmaß angegeben wird. Man versteht dann unter P. den Winkel, unter dem die Basis, das ist der halbe gegenseitige Abstand der beiden Beobachtungspunkte, vom Objekt aus erscheinen würde. Bei Körpern in Erdnähe, z.B. dem Mond, genügen als Meßpunkte zwei möglichst weit voneinander entfernte, ungefähr auf gleichem Längengrad liegende Orte auf der Erde.

Páramo: P. ist eine lichte immergrüne Vegetationsformation in den tropischen Hochgebirgen Mittel- und Südamerikas oberhalb der Waldgrenze. Auf dem wegen des ständig feucht-kühlen Klimas humosen, z.T. anmoorigen Boden wachsen bis 1 m hohe Horstgräser, Polsterpflanzen, stammbildende Espeletien und Rosengewächse. Die P.s werden durch extensive Viehhaltung (Schafe, Lamas, Rinder) genutzt. Ähnliche Vegetationsformationen treten in Ostafrika (Äthiopien, Kilimandscharo, Mount Kenya, Ruwenzori), im Malaiischen Archipel und auf den Hawaii-Inseln (Mauna Kea) auf.

Parklandschaft: Die P. ist ein Mosaik aus vom Boden abhängigen Vegetationseinheiten. Hier wechseln Baumgruppen mit offenem Grasland ab; die Parklandschaft ähnelt also äußerlich der Savanne.

Parsec (Einheitszeichen pc): P. ist eine in der Astronomie verwendete Längeneinheit; sie entspricht der Entfernung, aus der der Radius der Erdbahn unter einem Winkel von 1 Bogensekunde erscheint. 1 pc = 3,26 Lichtjahre = 30,87 Bill. km

Parzelle: Eine P. ist die kleinste im Grundbuch erfaßte Besitzeinheit einer Gemarkung. Ihre Hauptbestimmungsmerkmale sind Größe und Form sowie ihre Lage zu benachbarten Parzellen. Die Grundformen sind Block und Streifen. Hat eine P. den gleichen Eigentümer wie die benachbarten Parzellen, handelt es sich um einen geschlossenen Besitz, sogen. Einödlage; gehören die Nachbarparzellen anderen Eigentümern, handelt es sich um Gemengelage. Parzellen mit gleichartigen Merkmalen ordnen sich zu Parzellenverbänden. Parzellenverbände können in einer Flur zu Parzellenkomplexen mit spezifischem Gefüge zusammengeschlossen sein.

Paß:

◊ Als P. wird eine niedrige Stelle bezeichnet, über die ein Gebirge oder Gebirgsabschnitt überschritten werden kann. Die Pässe sind somit für den gebirgsquerenden Verkehr von entscheidender Bedeutung; über viele wurden daher Straßen geführt (sogen. *Paßstraßen),* oft mit erheblichem baulichem Aufwand an den Gebirgshängen: Tunnel, Viadukte, kehrenreiche Straßenführung. In den Alpen werden für P. lokal auch die Bezeichnungen *Joch* (Stilfser Joch), *Törl* (Fuscher Törl) und *Tauern* (Felber Tauern) verwendet.

◊ P. wird mitunter auch eine Engstelle in einem Durchbruchstal eines ein Gebirge querenden Flusses genannt, z.B. der Paß Lueg der Salzach südlich von Salzburg.

Passate: P. sind beständige, trockene Winde, die aus den subtropischen Hochdruckgürteln zum Äquator wehen, wobei sie wegen der Erdrotation abgelenkt werden, so daß sie auf der Nordhalbkugel – als Nordostpassat – aus nordöstlicher und auf der Südhalbkugel – als Südostpassat – aus südöstlicher Richtung wehen. Da eine deutliche Inversion, die *Passatinversion,* Wolken- und damit Niederschlagsbildung verhindert, kommt es nur selten, und dann zu unergiebigen Passatschauern. Lediglich an den Gebirgen auf den Ostseiten der Kontinente kommt es zu stärkeren Niederschlägen und zwar als Steigungsregen, wobei die Inversion zerstört wird. Die P. sind Teil der ↑Allgemeinen Zirkulation der Atmosphäre, bilden jedoch keinen geschlossenen Kreislauf.

Passivraum: Beim P. handelt es sich um einen Raum mit geringer wirtschaftlicher Aktivität. Er zeichnet sich dadurch aus, daß das erzielte gesamtwirtschaftliche Ergebnis im Verhältnis zu den in diesem Raum lebenden Menschen unterdurchschnittlich ist. Dabei ist es möglich, daß einzelne Sektoren stärker sind. Der Lebensstandard in einem P. ist relativ niedrig. Passivräume werden daher häufig zu Auswanderungsgebieten.

Pechkohle: P. nennt man in Bayern eine Hartbraunkohle; ↑Kohle.

Pediment: P. nennt man den höher gelegenen Teil einer ↑Fußfläche.

Pedosphäre: Als P. bezeichnet man den Bodenbereich der ↑Biosphäre, in dem Bodenbildung stattfindet; sie umfaßt auch die in diesen Bereich eindringenden Teile der Litho-, Hydro- und Atmosphäre.

Pegel: Der P. dient zum Ablesen des Wasserstandes eines Gewässers, v.a. um der [Binnen]schiffahrt die jeweils vorhandenen Wassertiefen angeben zu können. Einfachste Ausführung ist der *Lattenpegel,* eine im Wasser stehende Metall- oder Holzlatte mit gut sichtbarer Maßeinteilung. Eine andere Ausführung ist der *Schwimmpegel,* die sogen. *Pegeluhr,* deren Zeiger durch einen Schwimmer bewegt wird. Bei beiden muß der akute Wasserstand bei Bedarf abgelesen werden. Automatische und ständige Aufzeichnungen des Wasserstandes ermöglicht der *Schreibpegel* oder *Limnigraph,* eine Pegeluhr, bei der auf einer Schreibtrommel die jeweiligen Werte auf Diagrammbögen fortlaufend aufgezeichnet werden. – Jeder P. hat seinen eigenen Nullpunkt, jeweils in einer Höhe, die von den tatsächlichen Wasserständen nie unterschritten wird. Die [über den Rundfunk verbreiteten] Wasserstandsmeldungen von Binnengewässern stellen also weder die absolute Wassertiefe noch die Höhe des Wasserspiegels über Normalnull dar.

Pelagial: Als P. wird die ↑Gewässerregion des freien (also bodenfernen) Wassers bezeichnet.

Pendler: P. sind Personen, die, um von ihrem Wohn- zu ihrem Arbeits- bzw. Ausbildungsort zu gelangen, regelmäßig eine größere Entfernung zurücklegen müssen. Dies kann täglich (Tagespendler) oder einmal in der Woche (Wochenpendler) geschehen. Im letztgenannten Fall muß eine Zweitwohnung am Arbeits- bzw. Ausbildungsort vorhanden sein.

Die Pendler sind in Bezug auf ihre Wohngemeinde *Auspendler,* in Bezug auf die Gemeinde ihres Arbeits- bzw. Ausbildungsplatzes *Einpendler.*

perennierend: Flüsse und Quellen sind p., wenn sie das ganze Jahr hindurch Wasser führen. – Gegensätze zu p. sind periodisch und episodisch.

Peridotit (Olivinfels): P. ist ein dunkles, grünliches, auch bräunliches bis fast schwarzes ultrabasisches Tiefengestein, das hauptsächlich aus den Mineralen Olivin und Augit oder Hornblende besteht.

Perigäum [...'gɛ-um]: P. ist der Punkt der Bahn eines Himmelskörpers um die Erde, der der Erde am nächsten ist; die deutsche Bezeichnung ist daher *Erdnähe.* – Der erdfernste Punkt heißt Apogäum.

periglazial: Das Wort p. bezieht sich auf die räumliche Umgebung des Eises, also auf die Nachbarschaft von Inlandeismassen und Gletschern. Für p.e Gebiete sind u.a. Frostböden und Solifluktion typisch. P. sind alle klimabedingten Bildungen, die in der weiteren Umgebung der pleistozänen Vereisung im subnivalen Klima erfolgten, aber auch die heutigen Erscheinungen im subpolaren Bereich sowie im nivalen und subnivalen der Hochgebirge.

Perihel: P. ist der Punkt der Umlaufbahn eines Himmelskörpers um die Sonne, der der Sonne am nächsten ist. Der sonnenfernste Punkt heißt Aphel.

periodisch: Vorgänge, die in regelmäßigen Abständen – also in gewissen Perioden – auftreten, werden als p. bezeichnet. Periodische Flüsse z.B. fließen nur zu bestimmten Jahreszeiten, etwa in und nach der Regenzeit.

Perm: jüngste Formation des Paläozoikums, ↑Geologie, Formationstabelle.

Permafrost: P. ist ein Kurzwort aus permanent und Frost; es bedeutet soviel wie ↑Dauerfrostboden.

permanent: Gegebenheiten, die ständig vorhanden sind, werden – im Gegensatz zu ähnlichen, jedoch nicht ständig vorhandenen – p. genannt; z.B. permanente Flüsse (im Gegensatz zu periodischen) permanente Siedlungen (im Gegensatz zu Saisonsiedlungen).

Pestizide: P. sind chemische Substanzen, die zur Schädlingsbekämpfung eingesetzt werden. Sie werden als Lösung versprüht oder in Pulverform zerstäubt. In der Bundesrepublik Deutschland sind etwa 1500 Präparate mit rund 300 verschiedenen Wirkstoffen zugelassen (Stand Februar 1976).

Man unterscheidet *Herbizide,* die zur Bekämpfung von Unkräutern eingesetzt werden, *Insektizide,* die als Atem-,

Fraß- und Kontaktgifte gegen Insekten wirken, wobei sie allerdings auch nützliche Insekten schädigen, *Fungizide,* die zur Bekämpfung von Schadpilzen, v.a. im Obst- und Weinbau, sowie als Beizmittel für das Saatgut verwendet werden, und *Nematozide,* Mittel gegen Fadenwürmer.

Petrographie: Die P. oder beschreibende Gesteinskunde ist die Lehre von der mineralischen und chemischen Zusammensetzung der Gesteine, ihrer Gefüge, ihrer Nomenklatur und Klassifikation. Zur Bestimmung der Mineralgemengteile der Gesteine stehen optische Untersuchungen an Dünnschliffen, Anschliffen und Streupräparaten im normalen und polarisierten Licht im Vordergrund. Qualitative chemische Nachweisreaktionen und die quantitative chemischen Analyse ergänzen die mineralogischen Methoden unter dem Polarisationsmikroskop. Die technische Gesteinskunde befaßt sich v.a. mit den physikalisch-technischen Eigenschaften der Gesteine, ihrer Dichte, Härte, Druck- und Schlagfestigkeit, Witterungs- und Farbbeständigkeit, Porosität, Kapillarität, Oberflächenbeschaffenheit, Bearbeitbarkeit und anderem.

Petroleum [...e-um]: Die englische Bezeichnung Petroleum für Erdöl wurde früher auch im Deutschen verwendet. Heute ist P. in der deutschen Sprache als ein Destillationsprodukt des Erdöls definiert.

Petrologie: Die P. ist die Wissenschaft von der Bildung und Umwandlung der Gesteine. Im Gegensatz zur Petrographie befaßt sich die P. mit den physikalisch-chemischen Bedingungen der Gesteinsentstehung, in neuerer Zeit besonders unter Einsatz der modernen Hochdruck- und Hochtemperaturforschung, die die Bildungsbedingungen der tiefen Schichten der Erdkruste nachzuahmen versucht (experimentelle Petrologie).

Pflanzenformation: Dieser in der Botanik gebrauchte Fachausdruck meint eine höhere Einheit bei Pflanzengesellschaften. Eine Pf. wird durch das Vorherrschen einer bestimmten Wuchs- oder Lebensform gekennzeichnet, deren floristische Zusammensetzung beliebig variieren kann. Solche Pf.en sind z.B. immergrüne Hartlaubgehölze, moosreiche Moore, Heiden.

Pflanzengeographie: Pf. ist eine Bezeichnung, die sowohl für ↑Geobotanik als auch für ↑Vegetationsgeographie stehen kann.

Pflanzengesellschaft: Die Pf. ist eine Gemeinschaft verschiedener Pflanzenarten, die an ihre Umwelt ähnliche oder gleiche Ansprüche stellen. Nur Pflanzen die sich den bestehenden Umweltbedingungen anpassen können, haben eine Wettbewerbschance, die anderen unterliegen der Auslese. Die Pflanzengesellschaften sind alo ein wichtiger Anzeiger der Standortbedingungen. Man nennt die jeweils dominierenden Pflanzen deshalb auch Standortanzeiger oder Indikatorpflanzen. Zu den wichtigsten deutschen Pflanzengesellschaften gehören die Getreideunkrautgesellschaften, die Dünengesellschaften, die atlantischen Eichen-Birken-Wälder und die mitteleuropäischen Laubmischwälder.

Pflanzgarten (Kamp): Als Pf. bezeichnet man in der Forstwirtschaft ein eingefriedetes Stück Land, das mit Jungpflanzen von meist wenigen Holzarten bestellt ist. Die Anzucht der Jungpflanzen dient dem Eigenbedarf eines Forstbetriebs; heute werden allerdings meist Großkämpe für den Bedarf mehrerer Forstbetriebe angelegt. Der Pf. kann stationär *(Dauerkamp)* oder mit wechselnden Standorten *(Wanderkamp)* angelegt sein.

Pflanzstock: Der Pf. ist ein altes landwirtschaftliches Gerät, und zwar ein rundum zugespitzter oder einseitig abgeschrägter, bis 2 m langer, kräftiger Knüppel, mit dem nach Einstoßen in den nicht umgebrochenen Boden durch Hinundher- und Kreisbewegungen ein Pflanzloch zur Aufnahme der Pflanzen gebildet wird. – ↑auch Grabstockbau.

Pflanzung: Die Pf. ist ein landwirtschaftlicher Betrieb in den Tropen und

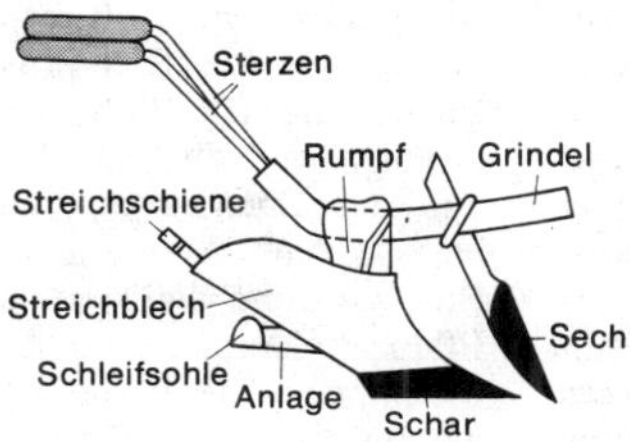

Scharpflug mit seinen wichtigsten Teilen

Einige Arten einfacher Pflüge:

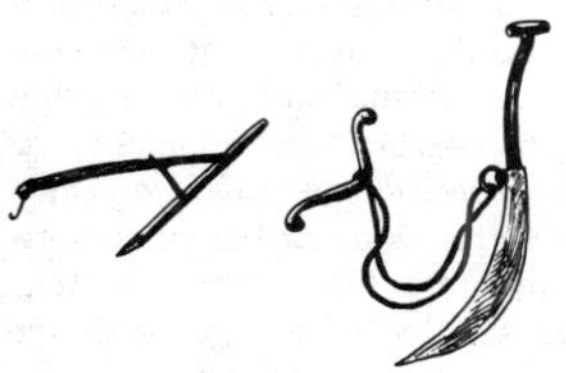

Stabpflüge; China, Japan

Sohlpflug; Indien

Krümelpflug; Irak

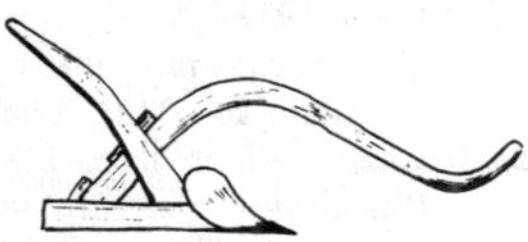

Wendepflug; Thailand

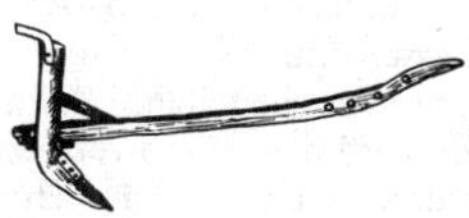

Hakenflug; Irak

Vierkantpflug; China

Zweischariger Pflug; Indien

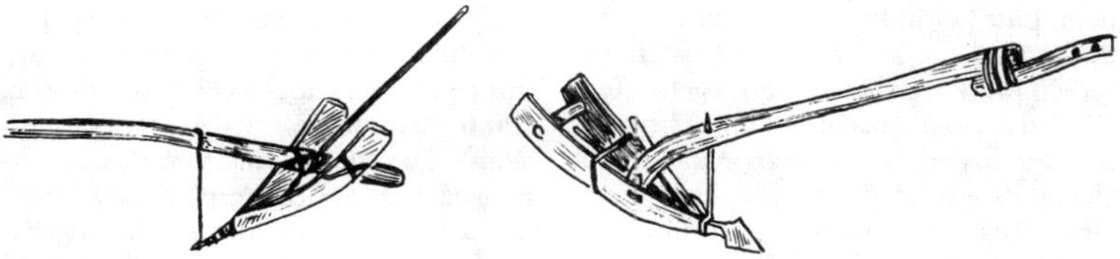

Zweisterziger Pflug; Äthiopien

Subtropen, der sich auf den marktorientierten Anbau von mehrjährigen Nutzpflanzen oder Dauerkulturen spezialisiert hat. Eine Pf. wird im Gegensatz zur Plantage vom Eigentümer selbst geleitet und erreicht auch nicht deren Größe und Mechanisierungsstand.

Pflug: Der Pf. ist ein landwirtschaftliches Gerät zum Wenden und Lockern des Ackerbodens sowie zur Vernichtung („Unterpflügen") unerwünschter Vegetation. Nach dem Verwendungszweck unterscheidet man *Saatpflüge* (Bearbeitungstiefe 20–35 cm), *Schälpflüge* (bis etwa 15 cm) und *Spezialpflüge* (z.B. zur Melioration, Häufelpflüge für Spezialkulturen u.a.), nach der Werkzeugausbildung Schar-, Scheiben-, Kreisel- und Spatenpflüge. – Die verbreitetste Form ist der *Scharpflug;* siehe Abbildung. Nach der Anzahl der Pf.körper unterscheidet man *Einschar-* und *Mehrscharpflüge.* Die einfachste Form des (von Zugtieren gezogenen) *Gespannpflugs* ist der *Schwingpflug.* Der *Karrenpflug* läßt sich durch Änderung des Auflagepunktes des Grindels auf einem Radgestell auf unterschiedliche Arbeitstiefe und Furchenbreite einstellen. Beim *Rahmenpflug* wird dies durch versetzt angebrachte und getrennt in der Höhe verstellbare Räder erreicht. – *Beetpflüge* können den Furchenbalken nur nach einer Seite wenden. Arbeitstechnisch ist es jedoch oft zweckmäßiger, an Hängen notwendig, den Furchenbalken nach beiden Seiten werfen zu können. Eine solche Arbeitsweise gestatten die *Kehrpflüge,* das sind *Drehpflüge* mit rechts- und linkswendenden, an einem Grindel drehbar gelagerten Pf.körpern sowie *Kipp-* oder *Pendelpflüge* mit zwei Grindeln. Eine besondere Konstruktion stellt der *Scheibenpflug* dar. Er besitzt als Arbeitswerkzeug gewölbte, an geneigten Zapfen drehbar gelagerte Stahlscheiben, die durch den Boden gezogen werden, sich dabei drehen und die Erde über einen Abstreifer zur Seite werfen.

Pflugbau: Der Pf. ist die höchstentwickelte und verbreiteste Form der landwirtschaftlichen Bodenbearbeitung. Wichtigstes Arbeitsgerät ist der ↑ Pflug.

Phänologie: Die Ph. versucht einen Zusammenhang zwischen der Witterung und der Entwicklung der Lebewesen herzustellen. Man unterscheidet die Pflanzen- und die Tierphänologie. Die Pflanzenphänologie stellt z.B. die Zeit der Blüte und der Reife der Pflanzen und die der Aussaat und der Ernte unserer Kulturpflanzen in den verschiedenen Gebieten fest. Diese Termine werden unter Berücksichtigung von Meereshöhen, Bodenverhältnissen und anderen Einflüssen in großmaßstäblichen Karten eingetragen. Die Orte mit gleichen Daten werden durch sogen. *Isophänen* miteinander verbunden. Bei Beobachtungen über mehrere Jahre geben die Mittelwerte dieser Beobachtungen wichtige Hinweise auf das lokale Klima. Während die Apfelblüte z.B. an der Bergstraße im Durchschnitt schon in der Zeit zwischen dem 10. und 19. April beginnt, beginnt sie im Schwarzwald und in Dänemark erst nach dem 20. Mai. Die Landwirtschaft macht sich diese Erkenntnisse der Ph. zunutze, indem sie die Eignung verschiedener Kulturpflanzen für ein bestimmtes Lokalklima ermittelt.

In der Tierphänologie hält man z.B. Termine des Vogelzugs, die Paarungszeit, den Beginn und das Ende des Winterschlafs auf Karten fest.

Phonolith (Klingstein): Ph. ist ein grünlichgraues, auch bräunliches, alkalireiches Ergußgestein; er besteht hauptsächlich aus den Mineralen Sanidin (65 bis 70%), einem Alkalifeldspat, Feldspatvertretern (Leuzit, Nephelin; 15–20%) sowie Augit, Sodalith, Hauyn, Titanit und Apatit. Der Ph. weist oft säulen- oder plattenförmige Absonderung auf; dünne Platten klingen beim Anschlagen.

Photogrammetrie ([Raum]bildmessung): Die Ph. ist eine Verfahrenstechnik, nach der photographische Meßbilder *(Photogramme)* hergestellt, gegebenenfalls geometrisch umgebildet und graphisch ausgewertet werden. Die

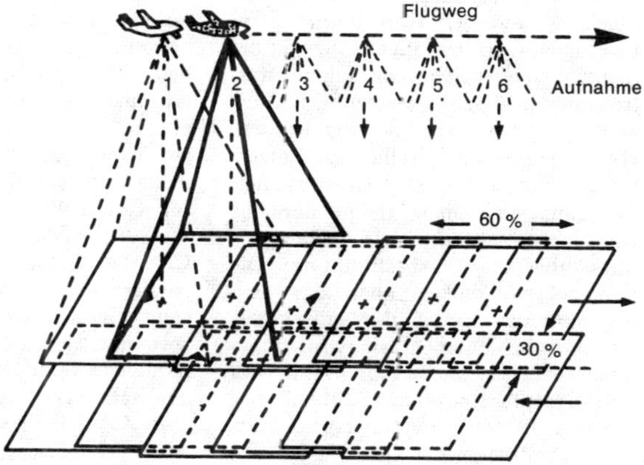

Reihenmeßflug mit 60 % Längs- und 30 % Querüberdeckung

grundlegenden Verfahren der Ph. wurden fast ausschließlich im Zusammenhang mit der Behandlung geodätisch-meßtechnischer Probleme entwickelt.
Je nach der Lage der Aufnahmeorte unterscheidet man zwischen *Erdbildmessung (terrestrischer Photogrammetrie)* und *Luftbildmessung (Aerophotogrammetrie).* Die Erdbildmessung wird im geodätischen Bereich heute nur noch in besonderen Fällen eingesetzt. z.B. bei topographischen Aufnahmen im Hochgebirge und bei Ingenieurvermessungen; in nichtgeodätischen Bereichen hat sie jedoch nach wie vor große Bedeutung. Die Topographie und die anderen Fachwissenschaften, die sich mit der Erforschung und Beschreibung der Landschaft oder mit ihrer Erschließung und Gestaltung befassen, benutzen heute fast ausschließlich die Luftbildmessung. Im geometrischen Sinne ist jedes hierbei gewonnene Meßbild *(Luftbild)* eine zentralperspektivische Abbildung. Die systematische Aufnahme eines Gebietes erfolgt mit einer in einem Flugzeug eingebauten automatischen Meßbildkamera *(Luftbildkammer),* besonders mit einer Reihenmeßkammer. Aufnahmen mit fast lotrechter Aufnahmerichtung bezeichnet man als *Senkrechtaufnahmen,* bei größeren Abweichungen spricht man von *Schrägaufnahmen.* Hat das kameratragende Flugzeug eine festgelegte Flughöhe erreicht, dann wird während des Geradeausfluges ein Gebietsstreifen so aufgenommen, daß aufeinanderfolgende Bilder sich im allgemeinen zu 60% oder mehr überdecken (Längsüberdeckung); ein Überdeckungsregler steuert entsprechend die Belichtungsfolge. Sind mehrere Bildstreifen zur Erfassung des Gebietes erforderlich, wird meist eine Überdeckung zum Nachbarstreifen von etwa 30% angestrebt (Querüberdeckung).
Der Luftbildaufnahme steht die *Luftbildauswertung* gegenüber; sie umfaßt die Zuordnung photographischer Strukturen, wie Tönungsflächen, Kontrastgebung u.a., zu realen Gestalten, Folgerungen aus dem gestaltmäßig Erkannten hinsichtlich übergeordneter Zusammenhänge, wie Klima, geologischer Aufbau oder Wirtschaftsstruktur, sowie die meßtechnische Auswertung. Man unterscheidet zwischen der Einbildmessung und der Zweibild- oder Doppelbildmessung. Die direkt am Luftbild vorgenommene *Einbildmessung* wird erleichtert, wenn das Luftbild zuvor durch Umbilden weitgehend „kartenähnlich" gemacht wurde. Ziel der *geometrischen* Umbildung ist es, die eventuellen Ein-

flüsse der Verzeichnung des Aufnahmeobjektivs und der Erdkrümmung zu beseitigen. Darüber hinaus sollen die bei Senkrecht- oder Schrägaufnahmen auftretenden Bildpunktversetzungen (Verzerrungen) weitgehend beseitigt werden. Hierzu wurde eine Reihe von Entzerrungsverfahren und -geräten entwickelt.

Phrygana: eine der ↑Garrigue ähnliche Gebüschformation in Griechenland.

physikalische Altersbestimmung: Die rein geologischen Methoden der Altersbestimmung von geologischen Ereignissen und Schichten sowie von vorgeschichtlichen Funden mit Hilfe der ↑Stratigraphie, besonders anhand von ↑Leitfossilien, ergeben nur ein relatives Alter. Außerdem versagen sie bei den Schichten, die keine Fossilien enthalten. Andere Methoden liefern zwar absolute Alterswerte, haben aber nur sehr beschränkten räumlichen oder zeitlichen Aussagewert. Dazu gehörten die ↑Dendrochronologie und die ↑Warwenchronologie; nützliche Hinweise gibt oft auch die Pollenanalyse.

Die seit der Entdeckung der Radioaktivität eingeführten physikalischen Methoden der Altersbestimmung beruhen auf dem Zerfall der radioaktiven Isotope, die in dem zu datierenden Material enthalten sind. Seit Entstehung der Elemente vor etwa 6 Milliarden Jahren nimmt der Gehalt an radioaktiven Mutterisotopen unter Bildung starker Tochterisotope ständig ab. Nach dem Zerfallsgesetz nimmt die Konzentration der Muttersubstanz exponentiell mit der Zeit ab; gleichzeitig wächst die Konzentration des stabilen Tochterisotops an. Die Zeit, in der die Zahl der ursprünglich unzerfallenen Atome auf die Hälfte abgesunken ist, heißt Halbwertszeit. Die gegenwärtige Konzentration des Mutterisotops in der Probe kann durch eine Massenspektrumsanalyse oder durch eine Aktivitätsmessung bestimmt werden; die Anfangskonzentration ergibt sich als Summe der gegenwärtigen Konzentrationen von Tochter- und Muttersubstanzen.

Die in der Tabelle zusammengestellten radioaktiven Zerfälle, die für die ph. A. herangezogen werden, bilden hinsichtlich der Zerfallsgeschwindigkeit zwei Gruppen. In die im Vergleich zum Erdalter (etwa 4 Milliarden Jahre) langlebige Gruppe gehört das heute zu 0,0119% in natürlichem Kalium enthaltene Isotop Kalium 40, das mit einer Halbwertszeit von 1,3 Milliarden Jahren zu 89% in Calcium 40 und zu 11% in Argon 40 (radiogenes Argon) zerfällt. Da die meisten Minerale neben Kalium auch „ursprüngliches" Calcium enthalten, dessen häufigstes Isotop gerade ^{40}Ca ist, kann der seit der Mineralbildung erfolgte ^{40}Ca-Zuwachs meist nicht genau bestimmt werden. ^{40}K-^{40}Ca-Altersbestimmungen gelangen nur an sehr alten Kaliumsalzen und präkambrischen Glimmern. Argon hingegen wird bei der Mineralbildung nur in sehr kleinen Konzentrationen eingebaut, so daß die *Kalium-Argon-Methode* zuverlässige Daten für alte und junge Proben liefert. Sehr zuverlässige K-Ar-Datierungen wurden an Glimmern und Hornblenden erzielt.

Die zur Datierung rubidiumhaltiger Minerale, z.B. Biotit, herangezogene *Rubidium-Strontium-Methode* (^{87}Rb-^{87}Sr-Methode) ist der K-Ar-Methode sehr ähnlich, das Zerfallsprodukt liegt hier jedoch nicht gasförmig, sondern fest vor. Die ebenfalls in die langlebige Gruppe gehörenden Uranisotope ^{235}U und ^{238}U, auf deren Zerfall die für die Datierung von Zirkonen und Titanit wichtige *Uran-Blei-Methode* beruht, sowie Thorium 232 zerfallen nicht direkt in die stabilen Bleiisotope, sondern über eine Reihe instabiler Zwischenisotope, deren langlebigste, Protactinium 231, Uran 234 und Thorium 230, um mehrere Größenordnungen kleinere Halbwertszeiten als die Muttersubstanzen haben.

Radiocarbonmethode (C-14-Methode): Der kurzlebige Radiokohlenstoff ^{14}C wird ständig in der Atmosphäre durch Kernreaktionen von Höhenstrahlneutronen mit Stickstoffkernen gebildet und zu Kohlendioxid oxydiert. Durch CO_2-Austausch zwischen dem atmosphärischen Kohlendioxid und dem im Ozean gelösten Bicarbonat gelangen 96% des ^{14}C in einem ständigen Strom in den Ozean, weitere 2% werden durch Assimilation in pflanzlichen und damit auch in tierischen Organismen eingebaut, so daß nur 2% am Erzeugungsort, der Atmosphäre, verbleiben. Im gesamten ^{14}C-Reservoir herrscht Gleichgewicht, d.h. das durch Zerfall verlorengegangene ^{14}C wird durch neu produziertes ersetzt. Wird kohlenstoffhaltiges Material aus dem ^{14}C-Reservoir entfernt (Absterben eines Organismus' oder Kalkausfällung aus dem Ozean), so fällt der dem Gleichgewichtsfall entsprechende Rezentwert mit 5730 Jahren Halbwertszeit ab. Nach der *C-14-Methode* mißt man das Verhältnis der Radioaktivität des zu bestimmenden (fossilen) Kohlenstoffs zu derjenigen von rezentem Kohlenstoff (z.B. in frischem Holz) und errechnet daraus die seit der Entfernung der Probe aus dem ^{14}C-Reservoir verstrichene Zeit. Damit werden Datierungen bis zu 50000 Jahren durchgeführt. Datiert werden Holz, Holzkohle, Muschelschalen, Knochen, Kalkablagerungen u.a. Bei der Probensammlung und -aufbereitung ist darauf zu achten, daß die Probe nicht durch jüngeren Kohlenstoff verunreinigt ist. Die wesentliche Voraussetzung für die Zuverlässigkeit der C-14-Methode ist die Konstanz des Rezentwertes und damit die Konstanz der Intensität der kosmischen Strahlung über Jahrzehntausende hinweg. Anhand von Jahresringen einiger tausend Jahre alter Bäume konnten schwache, kurzzeitige Änderungen der Höhenstrahlenintensität (bis 4%) nachgewiesen werden, die eine entsprechende Korrektur der ^{14}C-Daten erfordern. Der ^{14}C-Gehalt rezenter Proben hat seit Ende des letzten Jahrhunderts infolge des sogen. *Industrieeffekts* ständig abgenommen. Durch die Verbrennung großer Kohlenmengen, die wegen ihres hohen Alters kein ^{14}C enthalten, wurde der CO_2-Gehalt der Atmosphäre erhöht; dies führte zu einer Abnahme des ^{14}C-Gehaltes um 3‰. Man bezieht sich daher bei den Datierungen auf den Rezentwert von 1900. In jüngster Zeit ist das Gleichgewicht im ^{14}C-Reservoir durch die Kernwaffenexperimente, bei denen große ^{14}C-Mengen in die Atmosphäre geschleudert wurden, erheblich gestört worden. Diese einmaligen ^{14}C-„Impfungen" haben jedoch keinen Einfluß auf

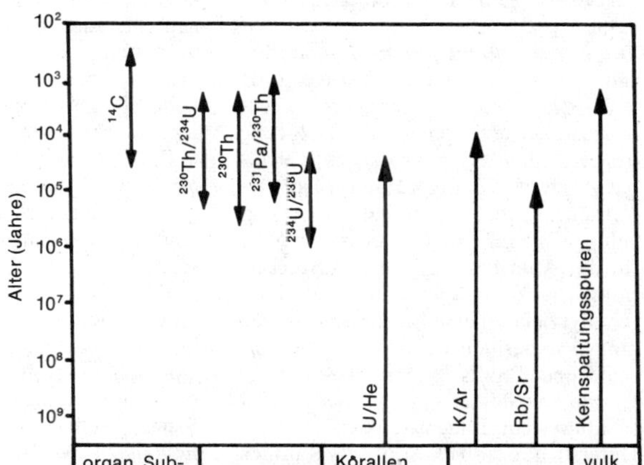

Zeiträume, auf die die einzelnen Methoden der physikalischen Altersbestimmung anwendbar sind.

die Datierungen. An dem gestörten ^{14}C-Gleichgewicht untersucht man vielmehr Transportvorgänge in der Atmosphäre und im Ozean.
Meßtechnische Unsicherheiten (mittlerer statistischer Zählfehler, systematische Fehler in der Bestimmung der Isotopenkonzentration), aber auch Unsicherheiten in der Güte der Proben begrenzen die mit jeder Methode zugänglichen Daten auf ein oberes und unteres Alter. Um zuverlässige Daten zu erhalten, darf einerseits das Alter im Vergleich zur Halbwertszeit nicht zu groß sein, weil sonst die Mutterkonzentration zu weit abgefallen ist bzw. die Probenaktivität nicht mehr exakt nachgewiesen werden kann; andererseits darf das Alter auch nicht zu kurz sein, weil dann die Konzentration des Tochterelements zu gering ist bzw. die Probenaktivität sich nicht deutlich genug von der rezenter Proben abhebt.
Von den einzelnen Methoden der Altersbestimmung überstrichene Zeiträume für einige typische Materialien sind aus der Abbildung ersichtlich.
Bei der *Uran-Helium-Methode* (U-He-Methode) wird statt der Tochterkonzentration die der beim Uranzerfall emittierten α-Teilchen gemessen, die sich in der Probe zu Heliumatomen umwandeln.
Die *Kernspaltungsspuren-Methode* beruht auf der spontanen Kernspaltung von ^{238}U. Die energiereichen Kernbruchstücke erzeugen durch Zerstörung des Kristallgitters mikroskopisch sichtbare Spuren, die ausgezählt werden. Das Verhältnis der Spurendichte (Anzahl/cm^2) zum ^{238}U-Gehalt ist ein Maß für das Alter des vorliegenden Stückes.

physische Geographie: Je nach Forschungsziel und den Kausalbeziehungen gibt es innerhalb der Geographie verschiedene Teildisziplinen, die in ihrer Gesamtheit das geographische Wissenschaftssystem bilden. Lassen sich die Untersuchungsobjekte in den Rahmen von Naturgesetzen einfügen, ist die Geographie eine Naturwissenschaft, die nach naturgesetzlichen Zusammenhängen die Erdoberfläche untersucht. Dieser Teilbereich wird ph. G. genannt und untergliedert sich in die Zweige Geomorphologie, Klimatologie, Hydrogeographie, Bodengeographie, Vegetationsgeographie und Tiergeographie.

Piedmontfläche [englisch 'pi:dmənt]: Die P. ist eine flachwellige bis ebene, sanft geneigte Rumpffläche an einem Gebirgsfuß, die sich mit einem deutlichen Hangknick gegen das Gebirge absetzt. Haben sich durch mehrere Hebungen verschiedene P.n hintereinander ausgebildet, spricht man von einer *Piedmonttreppe.*

Pilzfelsen: Ein P. ist ein Einzelfelsen, dessen unterer Teil (Sockel) schmaler als der obere Teil ist. Entstehen kann ein P. im ariden Klima durch Sandschliff, im humiden Bereich durch Verwitterung, wenn die unteren den Felsen aufbauenden Gesteinsschichten weniger widerstandsfähig sind als die überlagernden, und schließlich an Küsten durch eine allseitig wirkende Brandung an einem isolierten Felspfeiler.

Pionierpflanzen:
◊ Als P. bezeichnet man einerseits diejenigen Pflanzen, die als erste einen vegetationslosen Boden besiedeln. Dazu gehören z.B. Flechten, die Felsflächen und neu entstandene Erdhänge besiedeln.
◊ P. sind andererseits Kulturpflanzen, die minderwertige Böden für anspruchsvolle Pflanzen bewohnbar machen; z.B. Lupine, Steinklee und Esparsette.
◊ P. sind endlich auch die *Pionierbaumarten,* Baumarten, die sich durch Genügsamkeit, Schnellwüchsigkeit intensive Wurzelausbildung (Bodenerschließung) u.a. Eigenschaften zur ersten Aufforstung unkultivierter oder kulturfeindlicher Standorte (z.B. Müllkippen, Abraumhalden, Meeresdünen, Ödland und Straßenränder) eignen. Pionierbaumarten sind z.B. Birke, Robinie, Espe, Weißrüster, Bergkiefer, Erle, Feldahorn, Weißdorn, Weichselkirsche, Traubenkirsche, Pappelarten sowie Weiß- und Roterle. Diese Baumarten

eignen sich auch zur Anlage eines sogen. Vorwaldes, in dessen Schutz (vor Frost, Hitze, Schädlingen) der Wirtschaftswald nachgezogen wird.

Pioniersiedlung: Unter P. versteht man eine Siedlung, die als erster Stützpunkt der Landerschließung angelegt wurde. Man findet P. en heute in tropischen und subpolaren Gebieten im Randbereich der Ökumene. – ↑auch Frontier.

Pipeline [englisch 'paɪplaɪn]: Eine P. ist eine über größere Strecken verlegte Rohrleitung zum Transport einer Flüssigkeit (besonders Erdöl oder Erdölprodukte, aber auch Wasser, Salzsole oder Milch), eines Gases (v.a. Erdgas, auch Wasserstoff, Äthylen u.a.) oder feinkörniger Feststoffe (Zement, Kohle, Erze, Schwefel u.a.), die in Wasser als Trägerflüssigkeit suspendiert sind. Die Rohre bestehen aus Beton oder Stahl und weisen einen Durchmesser bis zu 1,60 m auf. Je nach den klimatischen und geographischen Verhältnissen werden sie ober- oder unterirdisch verlegt (auch auf dem Meeresboden). In bestimmten Abständen (maximal 250 km) eingebaute Pumpstationen sorgen für den zur Beförderung des Gutes notwendigen Druck. Im allgemeinen Sprachgebrauch versteht man unter P. meist eine P. für Erdöl. Manche Erdöl-P.s sind innen mit wendelförmigen Windungen versehen, die der Ölströmung einen Drall erteilen, wodurch die Reibung verringert wird und die Durchflußmenge gesteigert werden kann.

Planet (Wandelstern): Planeten sind nicht aus sich selbst, sondern nur im reflektierten Licht eines Sterns leuchtende Himmelskörper, die das sie beleuchtende Zentralgestirn auf kreis- bzw. ellipsenförmigen Bahnen umlaufen. Planeten sind bisher nur in unserem Sonnensystem bekannt, doch muß aus den Schwerpunktsbewegungen einzelner Sterne geschlossen werden, daß auch andere Sterne Planeten besitzen. Im Sonnensystem sind neun große Planeten bekannt; hiervon sind fünf mit bloßem Auge zu sehen (sie waren schon im Altertum bekannt): Merkur, Venus, Mars, Jupiter und Saturn (nach wachsender Entfernung von der Sonne geordnet). Die gleichfalls zu den großen Planeten zählende Erde ist zwischen Venus und Mars einzuordnen. Drei weitere Planeten wurden erst nach der Erfindung des Fernrohrs entdeckt; Uranus (unter besonders günstigen Bedingungen auch mit bloßem Auge zu sehen), Neptun und Pluto. Nach einem zehnten, transplutonischen, Planeten wurde zeitweilig gesucht; er wurde aber bis heute nicht entdeckt. – Die Bewegungen der Planeten auf ihren Bahnen um die Sonne werden in guter Näherung (von gegenseitigen Beeinflussungen abgesehen) durch die Keplerschen Gesetze beschrieben.

Die Planeten erscheinen im Fernrohr je nach ihren Entfernungen und Größen als mehr oder weniger ausgedehnte Scheibchen, im Gegensatz zu den stets punktförmigen Fixsternen; wegen dieser merklichen Winkelausdehnung ist ihre Szintillation geringer als die der Fixsterne, sie leuchten deshalb in einem „ruhigeren" Licht. Die Planeten sind aufgrund ihrer unterschiedlichen Entfernung, Größe und Albedo verschieden hell; ihre Helligkeiten schwanken aber

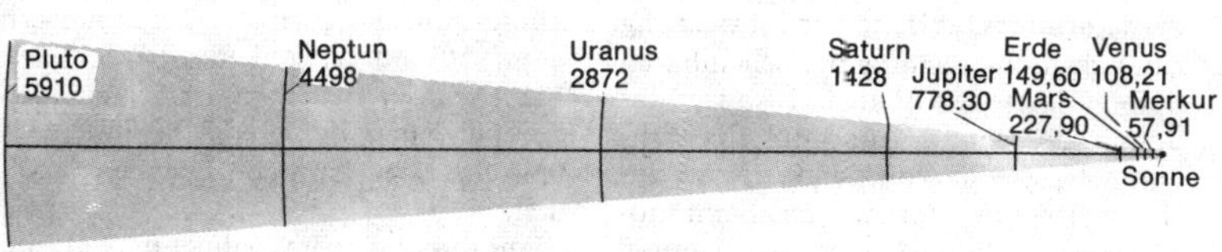

Maßstabsgetreue Darstellung der mittleren Entfernung der Planeten von der Sonne, in Millionen Kilometer

entsprechend ihren Stellungen zur Sonne und Erde beträchtlich.
Merkur und Venus werden, da ihre Bahnen um die Sonne innerhalb der Erdbahn liegen, als *untere Planeten,* Mars bis Pluto als *obere Planeten* bezeichnet; eine weitere gebräuchliche Einteilung unterscheidet zwischen *inneren Planeten,* das sind Merkur bis einschließlich Mars, getrennt durch die ↑Planetoiden von den *äußeren Planeten* Jupiter bis Pluto. Ferner wird aufgrund des Aufbaus der Planeten von *terrestrischen* bzw. *erdähnlichen Planeten* (Merkur, Venus, Erde, Mars [und Pluto]) und *iovianischen* bzw. *jupiterähnlichen Planeten* gesprochen. Die erste Gruppe hat eine etwa doppelt so hohe mittlere Dichte wie die „Riesenplaneten" (Jupiter, Saturn, Uranus und Neptun) und eine feste Oberfläche; die Massen dieser Planeten sind relativ gering, verglichen mit den großen Planeten der zweiten Gruppe. Pluto stellt in der Reihe der äußeren Planeten eine Ausnahme dar; er erweckt durch die große Exzentrizität und Neigung seiner Bahn den Eindruck, als hätte er ursprünglich nicht zum Sonnensystem gehört oder als wäre er früher ein Satellit des Planeten Neptun gewesen, dessen Bahn er schneidet.

planetarische Nebel (Ringnebel): Diese Bezeichnung der Astronomie steht für kleine, ring-, kreis- oder scheibenförmige, nebelartige Flecken kosmischer Objekte, in deren Zentrum oft ein schwacher Stern, der Zentralstern, gefunden wird. Gegenwärtig sind etwa 300 p. N. in unserem Sternsystem bekannt.

planetarische Zirkulation: häufig gebrauchte Bezeichnung für die ↑Allgemeine Zirkulation der Atmosphäre.

Planetarium: Das P. ist eine Einrichtung zur Veranschaulichung der scheinbaren Bewegungen der Planeten sowie der Sonne, des Mondes und des Fixsternhimmels, wie sie von der Erde aus am Himmel beobachtet werden. Beim modernen *Projektionsplanetarium* werden die Gestirne als Lichtbilder an die Innenwand einer halbkugelförmigen Kuppel projiziert; die Kuppel (ihr Durchmesser schwankt zwischen 16 und 30 m) stellt für den Betrachter im Innern das Himmelsgewölbe dar. Die Bewegung der einzelnen Himmelskörper am „Planetariumshimmel" wird durch mechanische Bewegung der Projektoren mittels Motoren und Getrieben erzielt. Ein derartiges P. ermöglicht die Darstellung des ganzen Sternhimmels, wie er von einem beliebigen Erdort aus zu beliebiger Tages- und Jahreszeit, auch in Vergangenheit und Zukunft zu sehen ist, und läßt die zeitlichen Änderungen im Zeitraffertempo erleben.

Planetoid (Asteroid, kleiner Planet): Ein P. ist ein planetenähnlicher Kleinkörper, der – wie ein [großer] Planet – nur im reflektierten Sonnenlicht leuchtet und wie dieser auf einer elliptischen Bahn die Sonne umläuft. Die P.enbahnen liegen überwiegend zwischen der Mars- und der Jupiterbahn, doch können einzelne P.en wegen ihrer starken Bahnexzentrizität bis in die Nähe der Merkur- oder Saturnbahn vordringen. Einige P.en kommen auch der Erde sehr nahe (z.B. Hermes auf etwa doppelte Mondentfernung). Mit gesicherten Bahnen sind z.Zt. etwa 1900 P.en numeriert, davon rund 1550 mit Namen aus der griechischen Mythologie, mit Frauennamen oder mit Namen der Entdecker bzw. der Bahnberechner versehen.
Nur bei den größten vier P.en sind die Durchmesser bekannt, sie liegen zwischen 750 und 200 km. Alle anderen P.endurchmesser sind kleiner. Aus photometrischer Messungen kommt man zu folgender Abschätzung: 200 P.en mit Durchmessern über 100 km, 500 P.en mit Durchmessern zwischen 100 und 50 km, die übrigen P.en mit Durchmessern unter 50 km. Aus dem beobachteten Lichtwechsel der P.en muß man den Schluß ziehen, daß es sich bei ihnen um teilweise sehr kantige „Brocken" handelt.

Plankton: Als P. bezeichnet man alle im Wasser schwebenden Kleinstlebewesen, die sogen. *Planktonten* oder *Plankter.*

Diese haben keine Eigenbewegung, so daß Ortsveränderungen in horizontaler Richtung, fast ausschließlich durch die Wasserströmungen erfolgen. Vertikale Bewegungen sind dem P. aufgrund von Lichtintensität, Temperatur und Sauerstoffgehalt jedoch in tages- oder jahreszeitlichem Rhythmus möglich.

Zum P. zählen neben zahllosen (v.a. pflanzlichen) Einzellern besonders viele Hohltiere und Krebse sowie Larvenstadien der verschiedensten Tiergruppen. Pflanzliches P. bezeichnet man als *Phytoplankton,* tierisches als *Zooplankton.* Nach dem Lebensraum unterscheidet man *Meeresplankton (Haliplankton)* und *Süßwasserplankton (Limnoplankton).*

Das P. ist die Nahrungsgrundlage für viele Tierarten, besonders für Fische und Wale. In neuester Zeit versucht auch der Mensch das eiweißreiche P. für seine Ernährung direkt heranzuziehen. Durch die zunehmende Verschmutzung der Weltmeere sind in manchen Gebieten die Planktonbestände gefährdet; viele Fische und Wale verlieren dann ihre Nahrungsgrundlage, was zu einem Rückgang der Bestände führen würde, was seinerseits Auswirkungen auf die Ernährungslage der Menschen hätte.

Plantage [...ʒə]: Die P. ist ein landwirtschaftlicher Großbetrieb in den Tropen und Subtropen, in dem hochwertige Nutzpflanzen, wie Tee, Kaffee, Kakao, Öl, Kautschuk, Bananen, Zucker u.a., für den Weltmarkt angebaut werden. Charakteristisch ist die Spezialisierung auf ein oder wenige Produkte, die auf Wirtschaftlichkeit ausgerichtete Betriebsführung sowie eine industriellen Großbetrieben vergleichbaren Arbeitsorganisation, bei der sich Betriebsführung und Lohnarbeiter gegenüberstehen. Die P. hat ein eigenes innerbetriebliches Verkehrsnetz und Aufbereitungsanlagen für ihre Produkte. Dies erfordert einen hohen Kapitaleinsatz, daher waren P. früher meist im Besitz von Europäern oder US-amerikanischen Gesellschaften, heute sind sie meist Staatsbetriebe. Aufgrund der geschilderten Betriebsstruktur entstand mit der Plantage eine Plantagensiedlung. Diese besteht aus drei räumlich getrennten Einheiten: dem Verwaltungsgebäude mit den Aufbereitungsanlagen, der planmäßig angelegten, oft einfachen und einförmigen Wohnsiedlung für die Plantagenarbeiter und der isoliert gelegenen Villa des Managers.

Planwirtschaft: Bei der P. handelt es sich um eine Wirtschaftsform, die die Deckung des Güterbedarfs nicht dem freien Kräftespiel von Angebot und Nachfrage überläßt, sondern durch planerische staatliche Maßnahmen regelt. Sie ist in unterschiedlicher Ausprägung in allen sozialistischen Ländern anzutreffen. – Der Gegensatz ist freie Marktwirtschaft.

Plateau [pla'to:]: Eine hochgelegene, reliefarme Landschaft kann neben den Bezeichnungen Hochebene oder Hochfläche auch den französischen Namen P. tragen.

Plattentektonik: Die P. ist eine hauptsächlich auf geophysikalischen Untersuchungen im ozeanischen Bereich beruhende neue geotektonische Theorie; nach ihr besteht die die Erdkruste und die obersten Partien des Erdmantels umfassende *Lithosphäre* der Erde aus einer Reihe mehr oder weniger starrer, bis zu 100 km dicker Tafeln oder Platten, die auf der fließfähigen Unterlage des oberen Erdmantels, der *Astenosphäre,* bewegt werden. Neben sechs großen (Afrikanische, Amerikanische, Antarktische, Eurasiatische, Indisch-Australische und Pazifische Platte) werden zahlreiche kleinere Platten unterschieden. Die Verschiebung der Platten und die damit im Zusammenhang stehende Entstehung der Ozeane wird auf mehrere von den großen mittelozeanischen Schwellen ausgehende Öffnungen der Erdkruste zurückgeführt („sea-floor spreading" oder „ocean-floor spreading"). Diese Schwellen sind von einem Zentralgraben („rift valley") durchzogen und randlich von einer Reihe paralleler

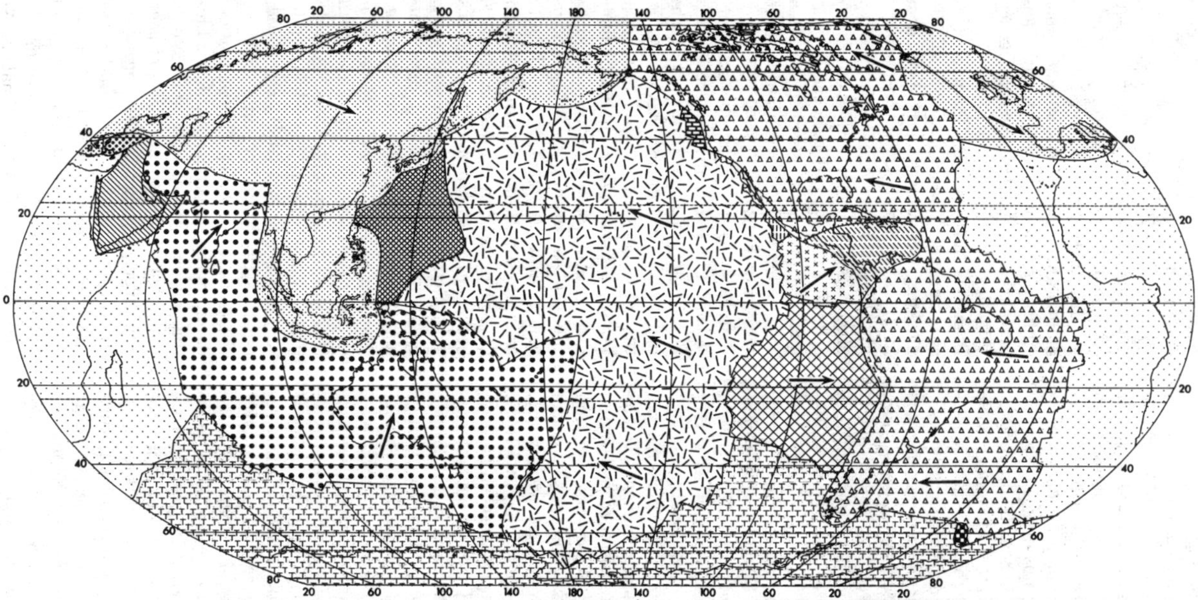

Plattentektonik

- Eurasiatische Platte
- Afrikanische Platte
- Indisch-Australische Platte
- Pazifische Platte
- Amerikanische Platte
- Antarktische Platte
- Juan-de-Fuca-Platte
- Rivaer Platte
- Kokosplatte
- Karibische Platte
- Ostpazifische Platte
- Südsandwichplatte
- Philippinenplatte
- Arabische Platte
- Türkische Platte
- Agäische Platte

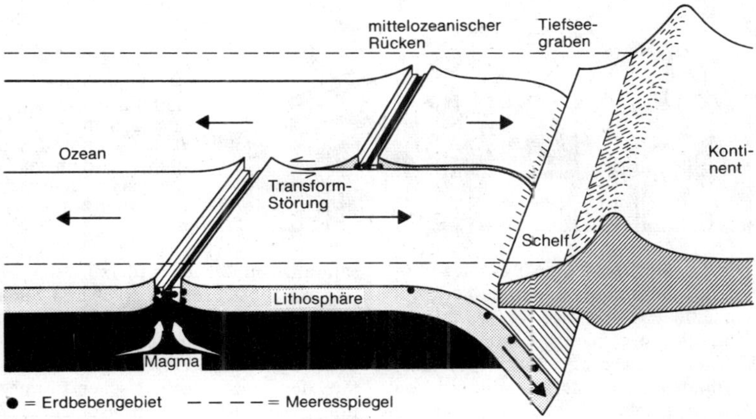

Schematische Darstellung des Meeresbodens mit angrenzendem Kontinent (nach Anderson). Die Erdbebengebiete sind nur im Schnitt eingezeichnet; Erdbeben können in der gesamten Ausdehnung der mittelozeanischen Rücken und der Tiefseegräben auftreten.

Senken begleitet (v.a. im Atlantischen Ozean); sie zeichnen sich durch hohe seismische Aktivität, intensiven basaltischen Vulkanismus und besonders starke Wärmestrahlung aus; ferner sind sie von Querbrüchen (Transform-Störungen; „transform faults") durchsetzt, die Horizontalverschiebungen bis zu mehreren 100 km, aber auch große vertikale Sprunghöhen aufweisen. Durch das infolge der Dehnung an den mittelozeanischen Schwellen aufsteigende basaltische Schmelzflußmaterial der Astenosphäre wird ständig neue ozeanische Erdkruste gebildet; sie breitet sich symmetrisch nach beiden Seiten aus, wobei die kontinentalen Platten aus granitischer Kruste zusammen mit den auflagernden Sedimenten verfrachtet werden (z.T. unter Rotation), und wird dann in Einengungszonen, den Orogenen, am Rande der Platten durch Abtauchen und Verschluckung (Subduktion) wieder abgebaut. Diesen Gegebenheiten entspricht, daß die auf der basaltischen ozeanischen Kruste der Tiefseeböden liegenden Sedimente im Atlantik von der zentralen Schwelle zu den Rändern hin immer älter werden und überhaupt erst seit dem Jura belegt sind. Außerdem wurden parallel zu den mittelozeanischen Schwellen verlaufende Streifen mit unterschiedlicher Magnetisierungsrichtung (bedingt durch mehrmalige Umpolungen des Magnetfeldes der Erde [↑Paläomagnetismus]) festgestellt, aus denen man die Öffnungsgeschwindigkeit der Ozeane errechnet hat. Als Ursachen der Bewegungen werden v.a. Konvektionsströmungen (Ausgleichsströmungen) im unterlagernden Erdmantel angenommen.

Statt des bisher angenommenen Ablaufs der Gebirgsbildung (↑Orogenese) erscheint diese nach den Vorstellungen der P. als Folge des Zusammenpralls von Platten; dabei taucht eine ozeanische unter eine kontinentale Platte (z.B. an der Westküste Südamerikas und im Bereich der Tiefseegräben und Inselbögen am Westrand des Pazifiks), oder zwei kontinentale Platten werden unter starker Einengung und Faltung miteinander verschweißt (z.B. Himalaja, Al-

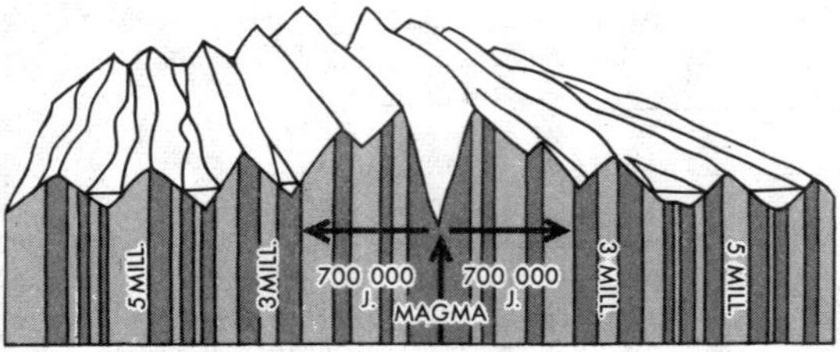

Blockbild eines mittelozeanischen Rückens; in der Mitte der Zentralgraben, in dem das Magma aus dem Erdmantel aufsteigt.

pen u.a. Gebirge des mediterranen Orogens). Man nimmt an, daß im Perm ein einheitliches Weltmeer (*Panthalassa,* Vorläufer des heutigen Pazifiks) und eine einheitliche Landmasse *(Pangäa)* bestanden; die Landmasse teilte sich von einem Mittelmeer, der Tethys, aus in zwei riesige Kontinente (Laurasia im Norden, Gondwana im Süden). Innerkontinentale Brüche, alte Schwächezonen, erweiterten sich seit dem Perm, besonders seit der Wende Trias/Jura, zu ausgedehnten Großgrabenzonen, aus denen sich ozeanische Schwellen entwickelten, worauf die Landmassen zerfielen und neue Ozeane entstanden. Den Zerrungsvorgängen entsprachen an anderer Stelle, wie im Gebiet des Mittelländischen Meeres, die Einengungzonen der Orogene. Für die vorpermische Zeit glaubt man aus den in den alten Orogenen (Kaledonisches und Variskisches Gebirge) erhaltenen Resten alter ozeanischer Kruste ähnliche Bildungsvorgänge erschließen zu können. Es scheint danach, als hätten sich der Atlantik und andere Ozeane im Laufe der Erdgeschichte mehrfach gebildet und wieder geschlossen. Die P. stellt eine Weiterentwicklung der Theorie der ↑Kontinentalverschiebung dar. Aus der Sicht der Geologie der Kontinente sind allerdings erhebliche kritische Einwände erhoben worden.

Platzdörfer: P. werden solche Dörfer genannt, deren Grundriß durch einen zentralen, in Gemeindebesitz befindlichen Platz bestimmt ist. Um den Platz reihen sich die Höfe und Gemeinschaftsbauten. P. wurden im Zuge der Kolonisation besonders im mittleren Osteuropa, in Südosteuropa, Afrika und Südamerika angelegt. Regionale Typen sind Angerdorf und Rundling.

Pleistozän: ältere Abteilung des Quartärs, der jüngsten geologischen Formation, ↑Geologie, Formationstabelle.

Pliozän: jüngste Abteilung des Tertiärs, ↑Geologie, Formationstabelle.

Plutone: Als P. bezeichnet man große Tiefengesteinskörper innerhalb der Erdkruste. Von ihnen gehen meist Gänge mit Ganggesteinen aus. – ↑auch Plutonismus.

Plutonismus: Als P. bezeichnet man die mit dem Magma im Zusammenhang stehenden Vorgänge im Erdinnern, v.a. die Entstehung, Veränderung, Wanderung und Platznahme natürlicher Gesteinsschmelzen innerhalb der Erdkruste. Das Erdinnere ist bis 2900 km Tiefe normalerweise in festem, d.h. nicht schmelzflüssigem Zustand. Wo örtlich in der Gegenwart und in der erdgeschichtlichen Vergangenheit Gesteinsschmelze nachweisbar ist, wurde diese aus zunächst festen Gesteinen des Mantels und der Unterkruste durch Aufschmelzung neu gebildet. Hierzu sind in Abhängigkeit von der Gesteinszusammensetzung, dem Wassergehalt und der Tiefenlage unterschiedliche Temperaturen erforderlich. Durch tektonische Versenkung von Gesteinen der Oberkruste in größere Tiefe oder durch Verstärkung des Wärmeflusses aus dem Erdinnern kann örtlich der Schmelzpunkt überschritten werden; dabei wird in der Regel nicht das gesamte Gestein auf einmal aufgeschmolzen, sondern jeweils nur der am leichtesten schmelzbare Anteil der Mineralgemengteile. Leicht schmelzfähige Komponenten sind die an Siliciumdioxid reichen, spezifisch leichten, hellen Gemengteile, wie z.B. Quarz, Kalifeldspat, Plagioklas. Wasser im Ausgangsgestein setzt den Schmelzpunkt erheblich herab; so reagieren wasserfreie granitische Gesteine selbst bei Temperaturerhöhung auf über 960 °C außerordentlich träge, während wassergesättigte bei ausreichendem Druck schon unterhalb 700 °C schmelzen. Allerdings steigen die Schmelzkurven bei Wassersättigung mit fallendem Druck stark an; derartige Schmelzen erstarren daher häufig bereits innerhalb der Erdkruste, d.h., sie können die Erdoberfläche nicht erreichen. Wasserarme bzw. -freie Schmelzen werden mit abnehmender Krustentiefe beweglicher. Man kann daher den P. als die magmatische Tätigkeit wasserführender Schmelzen definieren, im Gegensatz zum ↑Vulkanismus, der von wasserarmen bis -freien Schmelzen beliefert wird. Die generelle Anreicherung spezifisch leichter Komponenten in der Schmelze bewirkt in beiden Fällen, daß diese vom Ort ihrer Entstehung an unter Dichteauftrieb stehen; daher rührt ihr Bestreben, in flachere Krustentiefen bzw. an die Erdoberfläche aufzusteigen und dadurch Intrusionen zu bilden. – Der Schmelzaufstieg wird weiter begünstigt durch tektonische Vorgänge wie Druckzunahme in Faltungszonen und Druckentlastung in Dehnungszonen der Erdkruste, u.a. durch Aufreißen von Förderspalten bei der Bruch- und Grabentektonik. In diesen Schmelzkammern erstarrt wasserhaltiges Magma infolge Druckabnahme meist innerhalb der obersten 2 bis 3 km Krustentiefe. Bei langsamer Abkühlung kann die Schmelze in der Regel voll auskristallisieren; daher sind Tiefengesteine meist voll kristallisiert, arm an Porenräumen und frei von Glas. Im Gegensatz zu den Ergußgesteinen, bei denen Basalte mit rund 50% SiO_2-Gehalt vorherrschen, überwiegen bei den Tiefengesteinen die Granite und Granodiorite mit 60 bis 70% SiO_2; sie erstarren aus Schmelzen, die aus der Erdkruste selbst stammen. Die quarzfreien Gesteine mit Feldspatvertretern sind dagegen vergleichsweise selten. Die Dichte nimmt vom Granit zum Peridotit, dem SiO_2-ärmsten Tiefengestein, von 2,67 auf 3,3 g/cm³ zu; daher sind SiO_2-arme, basische oder ultrabasische Tiefengesteine meist spezifisch schwerer als ihre Umgebung und muldenförmig in diese eingelagert, während die SiO_2-reichen, sauren Tiefengesteine (mit vorherrschend hellen Gemengteilen) stockförmige Aufwölbungen in der Erdkruste bilden.

Die unterschiedliche Zusammensetzung der Tiefengesteine ist primär bedingt durch die Gesteinsbeschaffenheit sowie die Druck- und Temperaturbedingungen im Herdbereich während der Schmelzenbildung. Veränderungen der Schmelze beim Aufstieg infolge Entmischung, Aufnahme von Fremdmaterial sowie Differentiation (Abtrennung von Frühausscheidungen, etwa durch gravitative Abseigerung) und Lagerstättenbildung, kommen hinzu.

pluviales Abflußregime: Hierbei handelt es sich um ein ↑Abflußregime eines Flusses, das ausschließlich von den als Regen fallenden Niederschlägen bestimmt wird; seine Hochwasser folgen also deren jahreszeitlichem Gang, sowohl in Bezug auf Höhe, als auch auf monatliche Verteilung.

Pluvialzeit (Pluvial): P. nennt man einen relativ niederschlagsreichen Zeitabschnitt in den heutigen subtropischen Trockengebieten und im Mittelmeerraum. Die P.en entsprechen den pleistozänen Eiszeiten, und zwar hauptsächlich deren Frühphasen, in den gemäßigten und höheren Breiten; sie wurden durch die Südwärtsverlagerung der außertropischen Westwinddrift hervorgerufen. Die mit Temperaturabsenkung verbundene Erhöhung der Niederschläge führte zu stärkerer Vergletscherung und Schuttbildung (Solifluktion) sowie zur

Entstehung oder Vergrößerung von Seen. Gegenüber diesen *polaren* oder *mediterranen Pluvialzeiten* scheinen die v.a. am Südrand des saharisch-arabischen Trockengürtels nachgewiesenen P.en, die *tropischen Pluvialzeiten,* dagegen durch Ausweitung der innertropischen Regenzone während der Interglaziale verursacht zu sein.

pluvionivales Abflußregime: Hierbei handelt es sich um ein modifiziertes ↑nivopluviales Abflußregime eines Flusses, bei dem die Schneeschmelze nur eine geringere Rolle spielt. Das heißt, das größte Hochwasser tritt zur Zeit der als Regen fallenden Niederschläge auf, das sekundäre Hochwasser, das aus der Schneeschmelze resultiert, bleibt dagegen deutlich hinter ersterem zurück.

Podsol (Aschenboden, Bleicherde): Der P. ist ein Bodentyp des kühlgemäßigten, humiden bis stark humiden Klimabereichs; er entsteht überwiegend unter Nadelwäldern mit Zwergsträuchern und aus siliciumdioxidreichen, calcium- und magnesiumarmen, wasserdurchlässigen Gesteinen. Wegen intensiver Verwitterungs-, Auswaschungs- und Verlagerungsvorgänge, der sogen. *Podsolierung,* ist er stark sauer und nährstoffarm. Unter einer Rohhumusauflage (O-Horizont) und einem geringmächtigen dunklen, humusreichen A_h-Horizont folgt der gebleichte, aschgraue Eluvialhorizont (A_e), dann der mit organischer Substanz und Eisen- und Aluminiumoxiden angereicherte, braunschwarze bis rotbraune B-Horizont, der zu Ortstein verhärtet sein kann und in das Ausgangsgestein (C-Horizont) übergeht. In Nordwestdeutschland ist der P. z.T. anthropogen bedingt (Heideboden). Er wird v.a. forstwirtschaftlich genutzt.

Pol (Erdpol): Die Durchstoßpunkte der Drehachse der Erde auf der Erdoberfläche bezeichnet man als *geographische Pole (Nordpol* und *Südpol),* die Durchstoßpunkte der [verlängert gedachten] Erdachse durch das Himmelsgewölbe als *Himmelspole,* wobei der Nordpol des Himmels dem Nordpol der Erde gegenüberliegt. Die Durchstoßpunkte der geomagnetischen Achse durch die Erdoberfläche sind die *geomagnetischen Pole* (Magnetpole der Erde).

Polarfront: Unter einer P. verstehen wir in der Meteorologie den Grenzbereich zwischen den entgegengesetzt fließenden Luftmassen der polaren Kaltluft und der subtropischen Warmluft. Im Gegensatz zu den wetterwirksamen ↑Fronten der Tiefdruckgebiete, trennt die P. zwei sogen. Hauptluftmassen, weshalb sie auch als klimatische Front bezeichnet wird. Sie ist nicht als gleichmäßiger Gürtel ausgebildet, sondern verschiebt sich mit dem großräumig unterschiedlichen Vordringen polarer und warmer Luftmassen nach Süden bzw. Norden. Die P. ist als Verwirbelungszone das Ursprungsgebiet der in den höheren Mittelbreiten das Wettergeschehen stark bestimmenden dynamischen Tiefdruckgebiete.

Polargebiete: Die Gebiete um die beiden Pole der Erde sind die P.; das Nordpolargebiet wird *Arktis,* das Südpolargebiet *Antarktis* genannt. Die Arktis liegt im Bereich des Nordpolarmeeres, das bis auf randliche Gebiete ständig von Eis bedeckt ist; rechtlich gilt sie dessen ungeachtet als ↑hohe See. Die Antarktis umfaßt den Erdteil *Antarktika* mit umgebenden Meeresteilen; verschiedene Staaten erheben auf Teile von ihm (Sektoren bis zum Südpol) hoheitliche Ansprüche.

Polargrenze: Die P. ein von klimatischen Faktoren bestimmter Grenzsaum, in dem polwärts die Verbreitung von bestimmten Pflanzen, Tieren oder Erscheinungen (Besiedlung, Anbau u.a.) endet. Polwärts bedeutet auf der Nordhalbkugel nordwärts, weshalb hier die P. gleichbedeutend mit Nordgrenze ist; auf der Südhalbkugel meint polwärts südwärts, die P. ist hier also identisch mit der Südgrenze. Jede Tier- und Pflanzenart hat, da sie an die Umwelt die unterschiedlichsten Ansprüche stellt, eine andere P., die daher für die einzelnen Tier- und Pflanzenarten kennzeichnend ist. Unter den Bäumen haben auf der Nordhalbkugel die Birken, Weiden und Kiefern die am weitesten nach Norden reichende P., unter den Kulturpflanzen sind es Sommergerste und Kartoffel. Die P. des menschlichen Lebensraumes liegt im allgemeinen jenseits der Anbaugrenze. Die wirtschaftliche Grundlage des menschlichen Lebens ist hier Jagd, Fischfang, Viehhaltung, Holznutzung oder Bergbau; oft mehreres nebeneinander.

Polarklima: Als P. bezeichnet man die klimatischen Verhältnisse an den Polkappen bis etwa zu den Polarkreisen. Die Monatsmittelwerte der Temperatur liegen in allen Monaten unter + 10 °C. Zur Winterzeit, während der langen ↑Polarnacht, herrschen sehr tiefe Temperaturen, aber auch zur Zeit des nebelreichen Sommers, während des ↑Polartages, bleibt es kalt. Die Niederschläge fallen beinahe das ganze Jahr über ausschließlich als Schnee. Auswirkungen zeigt das P. auch in den anschließenden niederen Breiten.

Polarkreise: P. heißen die beiden Parallelkreise der Erde, bis zu denen das Phänomen von ↑Polarnacht und -tag auftritt. Sie sind vom jeweiligen Pol um 23° 30′ entfernt. Der nördliche Polarkreis liegt also bei 66° 30′ nördlicher, der südliche bei 66° 30′ südlicher Breite.

Polarlicht: Das P. ist eine nachts in den Polargebieten auftretende Leuchterscheinung der Atmosphäre; es wird auf der Nordhalbkugel als *Nordlicht,* auf der Südhalbkugel auch als *Südlicht* bezeichnet. Das P. entsteht dadurch, daß von der Sonne ausgeschleuderte, elektrisch geladene Teilchen in die Erdatmosphäre eindringen, wobei Atome der hohen Atmosphäre zum Leuchten in grünlicher bis rötlicher Farbe angeregt werden. Sein Auftreten in Polnähe wird durch die Ablenkung der Teilchen im Magnetfeld der Erde auf dessen Pole hin verursacht. Der Vorgang findet normalerweise in 100 und 200 km Höhe statt. Das P. erscheint in Form erleuchteter Bänder, Bögen oder Bündel von Lichtstreifen. 1978 gelang es erstmals einem Forschungssatelliten, ein P. vollständig zu fotografieren, und zwar ein Nordlichtoval von 1500 km Länge und 400 km Breite.

Polarnacht: P. ist die Zeit, in der die Sonne länger als 24 Stunden unter dem Horizont bleibt, also überhaupt nicht scheint, so daß es „Tag und Nacht" dunkel, zu Beginn und gegen Ende der P. gegen Mittag höchstens mehr oder weniger dämmrig ist. Ursache für Polarnacht und -tag ist die Neigung der Erdachse gegen die Ekliptik. P. tritt daher nur an Orten zwischen den Polarkreisen und den jeweiligen Polen auf, und zwar um die Zeit der jeweiligen Wintersonnenwende. Die Länge der P. nimmt mit höherer geographischer Breite zu und dauert am Pol selbst ein halbes Jahr, am Polarkreis dagegen nur wenige Tage, an denen es mittags nur etwas dämmrighell wird. Die P. dauert z.B. in Bodø vom 15. bis 29. Dezember, also 14 Tage, in Svolvær auf den Lofotinseln vom 5. Dezember bis 9. Januar (35 Tage), in Tromsø vom 26. November bis 18. Januar (53 Tage), in Hammerfest vom 21. November bis 23. Januar (63 Tage) und am Nordkap vom 19. November bis 25. Januar, also 67 Tage (alle genannten Orte liegen in Nordnorwegen).
An allen Orten mit P. herrscht um die Zeit der Sommersonnenwende der etwas längere Polartag, wenn die ↑Mitternachtssonne beobachtet werden kann.

Polarregionen: Die P. ist eine ↑Klimaregion.

Polarstern ([Stella] Polaris, Nordstern): Der P. ist der hellste Stern im Sternbild Kleiner Bär (Kleiner Wagen); er ist ein visueller und spektroskopischer Doppelstern. Seine Auszeichnung verdankt er der Tatsache, daß er als relativ heller Stern in der Nähe (nicht ganz 1° entfernt) vom nördlichen Himmelspol steht; er gilt deshalb als Richtungsweiser der Himmelsrichtung Nord. Wegen der ↑Präzession wird der P. bis zum Jahre 2100 noch näher zum Pol hin wandern, dann wird sich sein Abstand zum Pol wieder vergrößern.

Polartag: P. ist die exakte Bezeichnung für die Zeit, in der die ↑Mitternachtssonne beobachtet werden kann; P. ist das Gegenstück zur ↑Polarnacht.

Polder: Im Zuge der Neulandgewinnung eingedeichtes Marschland an der Nordseeküste wird in West- (Niederlande) und Ostfriesland P. genannt, in Nordfriesland *Koog;* eine allgemeine Bezeichnung ist *Binnengroden.* Der P. wird landwirtschaftlich genutzt und muß deshalb über ein gutes Entwässerungssystem verfügen. Der Hauptentwässerungskanal, das *Sieltief (Binnentief)* leitet dabei das Waser zu einem ↑Siel oder einem Schöpfwerk.

Polje: Das P. ist ein in Karstgebieten auftretendes langgestrecktes, geschlossenes Becken von wenigen bis zu mehreren hundert Quadratkilometern Größe. Typisch ist der ebene, randlich scharf abgesetzte Poljeboden, der oft mit fruchtbarem Verwitterungsmaterial bedeckt ist. Dieses wurde von Bächen, die aus randlichen Karstquellen ins P. einströmen und durch ebenfalls randliche Ponore wieder versickern, eingeschwemmt. Durch Verschlammung der Ponore können die P.n zeitweise überflutet werden; manche P.n sind ständig von einem See erfüllt. Die meisten P.n sind wohl durch seitlich wirkende ↑Korrosion aus verkarsteten Talböden hervorgegangen, die durch eingeschwemmten Ton abgedichtet wurden.

Pollenanalyse: Bei der P. untersucht man den Blütenstaub, die Pollen, der sich in den verschiedenen Schichten eines Moores oder in älteren erdgeschichtlichen Ablagerungen findet. Daraus ergibt sich ein Bild über die Zusammensetzung vorgeschichtlicher Wälder und daraus wiederum über die jeweiligen klimatischen Verhältnisse. Aus den zu untersuchenden Ablagerungen gewinnt man das Material an Stichwänden, z.B. in einem Torfstich, oder durch Bohrungen. Aus diesen Proben stellt man Präparate her, so daß man die Pollen unter dem Mikroskop auszählen und bestimmen kann. In der Regel findet man bei einer 300- bis 400fachen Vergrößerung 100 bis 150 Pollen im Gesichtsfeld des Mikroskops. Die Sum-

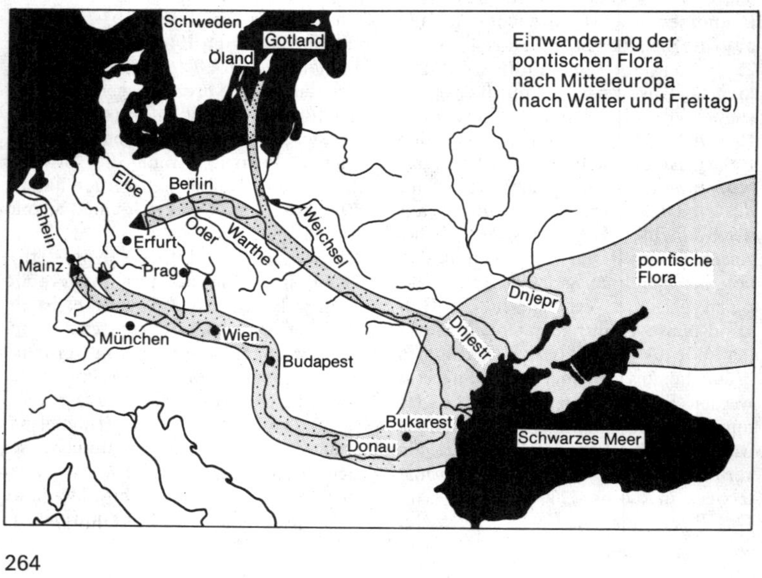

me der Pollen setzt man als 100 an, berechnet dann den prozentualen Anteil der verschiedenen Pollenarten und zeichnet sie in ein Pollendiagramm ein. Durch die P. mitteleuropäischer Moore konnte man nachweisen, daß unsere Baumarten sich in der Nacheiszeit nicht gleichzeitig angesiedelt haben.

polständige Projektion: Die p. P. ist ein spezieller ↑Kartennetzentwurf, der einen der Pole in den Mittelpunkt der Projektion rückt, so daß die Projektionsachse mit der Erdachse zusammenfällt.

Ponor: In Karstgebieten kann ein Bach oder Fluß ganz oder teilweise verschwinden und danach unterirdisch weiterfließen. Diese Stelle wird als *Flußschwinde, Schluckloch,* mit dem serbokroatischen Namen P. oder mit dem griechischen *Katavothre* bezeichnet.

pontisch: In der Pflanzengeographie bezeichnet man wärmeliebende Pflanzen, deren Hauptverbreitungsgebiet am Schwarzen Meer und in Mittelasien liegt, als pontisch. Im Wärmeoptimum der Nacheiszeit haben sie sich bis nach Mitteleuropa ausgebreitet, wo sie in den mittel- und süddeutschen Steppenheiden auch heute noch mit einigen Vertretern zu finden sind.

Porphyr: Als P. bezeichnet man alle magmatischen Gesteine mit sogen. porphyrischem Gefüge. In ihnen sind große Kristalle als Einsprenglinge in einer feinkörnigen oder glasigen Grundmasse enthalten. Porphyrisches Gefüge entsteht durch rasche Abkühlung einer Schmelze und ist besonders bei Erguß-, aber auch bei Ganggesteinen ausgebildet.

Porphyrit: Der P. ist ein Ergußgestein des Jungpaläozoikums mit etwa 55% Siliciumdioxidgehalt, mit Einsprenglingen von Plagioklas, Hornblende, Augit und Biotit in einer dichten Grundmasse; wenn auch Quarzeinsprenglinge vorhanden sind, spricht man von Quarzporphyrit. Der P. entspricht etwa dem Andesit der jungen Vulkanite.

Postglazial (Nacheiszeit): Als P. bezeichnet man in den ehemals, und zwar während des Pleistozäns, vergletscherten Gebieten die Zeit nach dem Abschmelzen der letzteiszeitlichen Eismassen (also aus der Würm- bzw. der Weichseleiszeit) und dem Ausklingen der glazialen und periglazialen Geschehnisse bis heute. Das P. begann in Mitteleuropa vor rund 10 000 Jahren, es entspricht damit dem Holozän. – ↑auch Quartär, besonders die Tabelle Seite 270.

Präboreal: Zeitabschnitt des Postglazials, ↑Quartär.

Prägekern (Skulptursteinkern): P.e sind eine besondere Art von ↑Fossilien.

Präkambrium (Kryptozoikum): älteste erdgeschichtliche Ära, ↑Geologie, Formationstabelle.

Prallhang: Der P. ist das steile, an der Außenseite einer Flußkrümmung liegende Ufer, besonders bei mäandrierenden Flüssen. Am P. ist die Fließgeschwindigkeit und damit die zerstörende Wasserkraft am größten, so daß dieser durch den aufprallenden Stromstrich unterschnitten und versteilt wird. Der P. wird in flachem Gelände als *Prallufer* bezeichnet. Dem P. gegenüber liegt der Gleithang; ↑auch Mäander.

Prärie: Die P. ist das natürliche Grasland in Nordamerika, zwischen der Laubwaldzone des Zentralen Tieflandes, den Rocky Mountains und dem borealen Nadelwald. Von Ost nach West nehmen die Niederschläge ab, entsprechend lassen sich drei Zonen unterscheiden: 1. *Hoch-* oder *Langgrasprärie* mit zusammenhängender Narbe mannshoher Gräser und zahlreichen Kräutern; 2. *Übergangsprärie* mit Lang- und Kurzgräsern und Halbsträuchern, bei unter 500 mm Niederschlag im Jahr; 3. *Kurzgrassteppe,* die vielfach nicht mehr zur eigentlichen P. gerechnet wird. Die Grenzen zwischen diesen Zonen sind fließend, da sie von der Niederschlagsmenge abhängen. Hochgras- und Übergangs-P. werden heute überwiegend akkerbaulich genutzt; im übrigen ist die Vegetation durch Beweidung stark verändert. Charakteristische Tiere der P. sind bzw. waren Bison, Wapiti, Präriehund, Präriewolf und Präriehuhn.

Präzession: Unter P. versteht man im engeren Sinne die Drehbewegung der Erdachse, die ihr bzw. der Erde durch die Gravitationskräfte des Mondes und der Sonne *(Lunisolar-P.)* und in geringerem Maße durch die der Planeten *(Planeten-P.)* aufgezwungen wird. Diese Kräfte versuchen, die gegen die Ekliptik geneigte Erdachse aufzurichten. Ent-

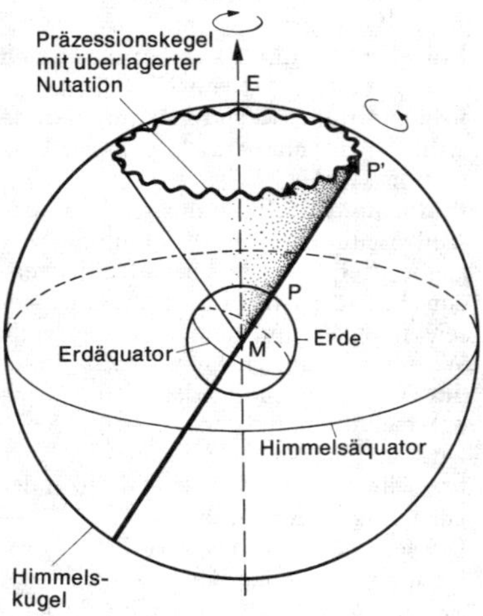

Präzession (mit überlagerter Nutation) der Erdachse P um die Achse E der Ekliptik (M Mittelpunkt, P Pol der Erde)

sprechend dem Verhalten eines Kreisels bewegt sich die Erdachse auf einer Kegelfläche um den Pol der Ekliptik mit (vom Norden aus) im Uhrzeigersinn erfolgender Drehung, wobei diese Kegelfäche in etwa 25 800 Jahren einmal umschrieben wird. Diesen Zeitraum nennt man *platonisches Jahr*. Durch Überlagerungen der Gravitationskräfte von Mond und Sonne werden dieser Bewegung noch Schwankungen mit einer Periode von 19 Jahren aufgeprägt, diese Schwankungen werden *Nutation* genannt.

Preisindex: Der P. ist eine von der amtlichen Statistik erstellte Indexzahl, die zum Ausdruck bringt, in welchem Ausmaß sich die Preisbewegungen bei den Waren und Dienstleistungen, die von den privaten Haushaltungen für die Lebenshaltung in Anspruch genommen werden, auf die Haushaltungsausgaben ausgewählter Verbrauchergruppen auswirken, Da nicht alle Faktoren, die von Einfluß sind, berücksichtigt werden können, werden nur die *Preisänderungen* erfaßt. Zu diesem Zweck arbeitet man mit einem bestimmten Verbrauchsschema, dem sogen. Warenkorb, der einzelne Waren nach Art, Qualität und Menge festlegt, sowie die persönlichen Dienstleistungen (Friseur, Schuhmacher u.a.) und Nutzungen (Miete, Elektrizität, Eisenbahn u.a.) umfaßt. Dieses Verbrauchsschema wird über längere Zeit unverändert gehalten. Um die Indexberechnung in einem vertretbaren Rahmen zu halten, werden nur die wichtigsten Waren und Leistungen genannt; z.B. steht die Position „Leberwurst" stellvertretend für alle einfachen Wurstarten. Weitere bedeutende Preisindizes sind die der Erzeugerpreise industrieller und landwirtschaftlicher Produkte, der Einzelhandelspreise, der Großhandelspreise, der Ein- und Ausfuhrpreise (Terms of Trade) sowie der Aktienindex.

Pricke: Pricken kennzeichnen bei Hochwasser die Fahrrinne in einem ↑Priel.

Priel: Priele sind flußähnliche Vertiefungen im Watt, die auch bei Niedrigwasser mit natürlichem Gefälle Wasser führen. Sie sammeln das Wasser der bei Ebbe allmählich trocken fallenden Wattrinnen und münden in Baljen. Aufgrund sich ändernder Wasserströmungen verlagert der P. im Laufe der Zeit sein Bett. An Prielen, die der Wattschiffahrt dienen, sind randlich *Pricken* (bis 8 m hohe abgeschlagene Birken- oder Eichenbäumchen) eingesteckt, damit die Fahrrinne auch bei Hochwasser – wenn der P. überflutet ist – auszumachen ist.

primärer Sektor: Die Arbeitswelt wird in den primären, den sekundären und den tertiären Sektor eingeteilt. Der pri-

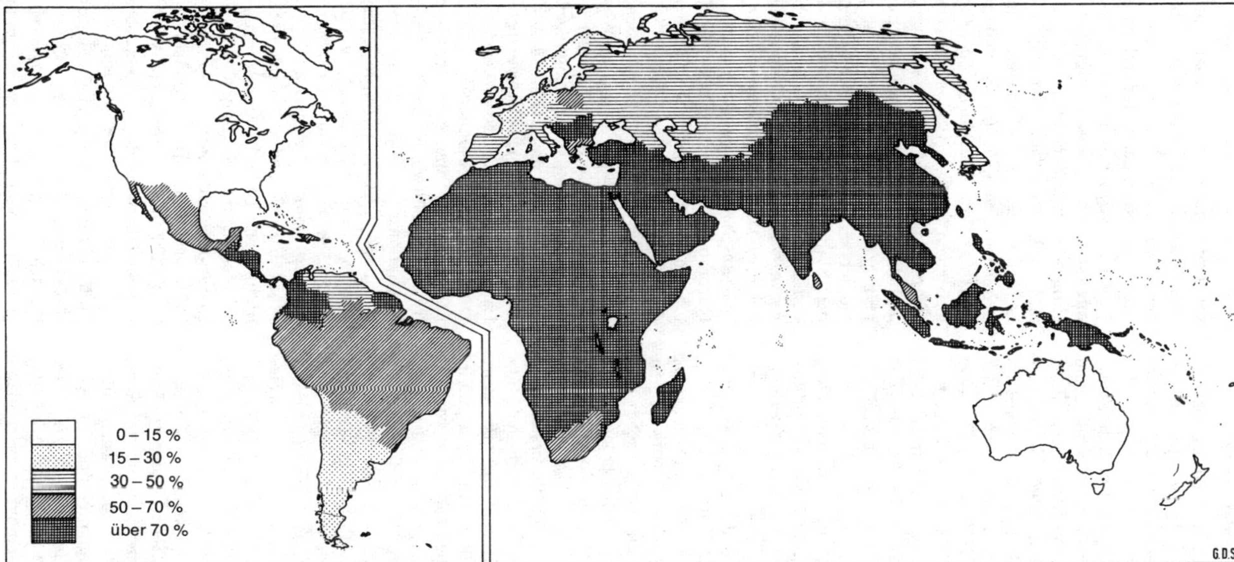

In der Landwirtschaft tätiger Bevölkerungsanteil, in Prozent der gesamten arbeitenden Bevölkerung. Die starke agrarische Orientierung der Bevölkerung (Werte über 50 %) reicht bis in die Rand- und Subtropen hinein. Die etwas geringeren Werte in Südafrika, Malaysia, Mexiko, Brasilien und einigen Andenländern dürften sich aus der größeren Bedeutung des Bergbaus, einer langsam einsetzenden Industrialisierung und Ansätzen zur Verstädterung, verbunden mit tertiären Diensten, erklären.

märe Sektor ist der Bereich der Urtätigkeiten des Menschen; dazu gehören Ackerbau, Viehzucht, Waldnutzung und Fischfang.

Profil (Schnitt): P. nennt man die zeichnerische Wiedergabe eines senkrechen Schnitts durch einen Erdkrustenteil; es dient der Darstellung der Lagerungsverhältnisse der Gesteine *(geologisches Profil)* oder der Aufeinanderfolge der Bodenhorizonte (↑Bodenprofil) sowie der Veranschaulichung der Reliefverhältnisse eines bestimmten Gebiets *(geomorphologisches Profil).* In das geomorphologische P. werden auch zusätzliche Angaben, wie klimatische Gegebenheiten, Vegetation, Landnutzung eingetragen, um ihre ursächlichen Zusammenhänge aufzuzeigen *(synoptisches* oder *Kausalprofil).*

Projektion in der Bedeutung Kartenprojektion ↑Kartennetzentwürfe.

Prospektion: Unter P. versteht man das Ausfindigmachen von abbauwürdigen Lagerstätten durch geologische und physikalische Methoden. Dabei kommt es nicht zu größeren Bohr- oder Schürfarbeiten.

Protektionismus: Unter P. versteht man eine Haltung von Staaten in der Handelspolitik. Durch ein *Schutzzollsystem,* also im wesentlichen hohe Einfuhrzölle, soll die inländische Produktion vor ausländischer Konkurrenz geschützt werden. Eine weitere Maßnahme ist die *Kontingentierung,* d.h. mengenmäßige Beschränkung der Produkte, die eingeführt werden dürfen.

Proterozoikum: jüngste Formation des Präkambriums, ↑Geologie, Formationstabelle

Protuberanzen: P. sind die über die Chromosphäre der Sonne hinausragenden glühenden Gasmassen, die man zuerst bei Sonnenfinsternissen am Sonnenrand beobachtete. Heute stehen zu ihrer Beobachtung moderne Instrumente, z.B. der Koronograph und das Lyot-Filter, zur Verfügung. Auch auf der Sonnenscheibe kann man P., die man dort wegen ihrer fadenförmigen Struktur *Filamente* nennt, sichtbar machen. Die wesentlichen Formen der P. lassen sich wie folgt beschreiben: *Aktive Protuberanzen* zeichnen sich durch lebhafte Materiebewegungen aus, die in Knoten oder Strömen in ein Attraktionszentrum (Magnetfeld) am Sonnenrand fließen. Am eindrucksvollsten sind die aufsteigenden P., die mit großen Geschwindigkeiten (oft zwischen 500 und 700 km/s) in Höhen von 100 000 bis 500 000 km aufsteigen. Bei *Fleckenprotuberanzen* strömt Gasmaterie aus Reservoiren, die als helle Knoten über einer Fleckengruppe liegen, auf den Sonnenrand zu. Sehr langlebige P., die bis zu zehn Perioden der Sonnenrotation überdauern können, bezeichnet man als *ruhende Protuberanzen.* Eine weitere Gruppe stellen die *koronalen Protuberanzen* dar, die sich anscheinend im Raum über der Chromosphäre formen und ihre Gasmassen auf die Sonnenoberfläche „niederregnen“ lassen.

Pseudogley (Staugley, Staunässegley): Der P. ist ein durch zeitweisen Wasserstau geprägter Bodentyp, der sich unter wechselfeuchten Klimabedingungen auf schwer- oder undurchlässigem Gesteinsuntergrund in überwiegend ebenen Lagen bildet. Infolge Wechsels von Durchnässung (besonders im Frühjahr) und Austrocknung (Sommer, Herbst) treten fleckenförmige Oxydations- und Reduktionserscheinungen in dem zwischen A- und C-Horizont liegenden S-Horizont auf, dieser zeigt im oberen, hellgrauen Teil rostigbraune bis gelbe Flecken und schwarzbraune Eisen-Mangan-Konkretionen, im unteren, bräunlichen Teil fahlgraue Flecken und Streifen (Marmorierung).

Pteropodenschlamm: Der P. ist eine kalkreiche Ablagerung am Grunde v.a. tropischer und subtropischer Meere; er besteht überwiegend aus den Schalen von Meeresschnecken, den Pteropoden.

ptolomäisches System: svw. ↑geozentrisches Weltbild

Pultscholle: P. nennt man einen schräggestellten, von Brüchen umgrenzten

Erdkrustenkomplex mit stark unterschiedlicher Sprunghöhe der Verwerfungen an zwei gegenüberliegenden Flanken. Ein typisches Beispiel ist der Harz mit steiler Nordrandstörung und flacher, mehr flexurartiger Abbiegung des Südrandes.

Puna: Die P. ist ein Hochland in den zentralen Anden in etwa 3000 – 4500 m Höhe. Den klimatischen Gegebenheiten zwischen dem Trockenklima Nordchiles und dem Äquatorialklima des Amazonasbeckens entspricht die Vegetation: Dornsträucher und Sukkulenten im Südwesten, Zwergsträucher (Punaheide), Polsterpflanzen (Llareta) und Horstgräser (Ichu) im südlichen Altiplano, dem abflußlosen Nordteil. Die P. dient überwiegend der Viehhaltung (Lama, Alpaka, Vikunja, Schafe).

Pygmäen: P. nennt man zwergenhafte, bambutide Bevölkerungsgruppen in den Regenwäldern Äquatorialafrikas, vom Atlantik bis in den Ruwenzori. Sie lassen sich in drei auch äußerlich voneinander unterschiedene Gruppen gliedern, unter denen die *Mbuti* im Nordosten von Zaïre (im Gebiet des Ituri) die kleinstwüchsigen heute lebenden Menschen sind (1,30 bis 1,40 m). Heute leben noch etwa 150 000 P.; sie sind durch Körperwuchs, Organismus und Psyche an den feuchtwarmen Lebensraum sehr gut angepaßt; sie sind Wildbeuter ohne Dauersiedlungen: Die Männer treiben Jagd auf Waldtiere, einzeln mit Pfeil (z.T. vergiftet) und Bogen, z.T. mit Speer, in Gruppen Treibjagd mit Hund, z.T. auch mit Netz; die Frauen sammeln Knollen, Früchte, Pilze, Schnecken u.a., beide Geschlechter Insekten (v.a. Termiten) und Honig. Jede Familie benötigt etwa 10 km² Wald als so zu nutzenden Lebensraum. Die Beute ist Eigentum der Gruppe, die zusammen in Kuppelhütten aus Ruten und großen Blättern lebt, die in einem Kreis auf Waldlichtungen nahe dem jeweiligen Jagd- und Sammelrevier errichtet werden. Mit den benachbarten Bantu besteht eine gewisse Lebensgemeinschaft (Tausch von Wild gegen Feldfrüchte, Pfeilspitzen, Schälmesser u.a.), heute aber oft eine sklavereiähnliche Abhängigkeit. Die P. sprechen auch nur die Sprache des jeweiligen Nachbarstammes. Da durch den sich ständig ausweitenden Feldbau und durch kommerziellen Holzeinschlag der Lebensraum der P. ständig verkleinert wird, sind die P. gezwungen, in die Savanne, einen für sie physisch wie psychisch völlig ungeeigneten Lebensraum mit hoher Sonneneinstrahlung und trockener Luft auszuweichen, in dem zudem noch unbekannte Jagdmethoden angewandt werden müssen. Sie werden hier daher von Herzschwäche, Seh- und Kreislaufstörungen, Haut-, Augen- u.a. Krankheiten befallen und verfallen in Angstneurosen und Apathie. Die Kindersterblichkeit liegt bei den P. heute bei 70 – 80%; Ethnologen rechnen daher damit, daß die P. nur etwa bis zur Jahrtausendwende überleben können.

Q

Qanat ↑Kanat

Quartär: Das Qu. ist die jüngste Formation des Känozoikums (↑Geologie, Formationstabelle); es wird in die beiden Abteilungen Pleistozän (Diluvium) und Holozän (Alluvium) untergliedert. Das Pleistozän ist in weiten Teilen der Erde durch eine Abfolge von mehreren Vereisungsperioden (Eis- oder Kaltzeiten, Glaziale) und dazwischenliegenden Interglazialen oder Warmzeiten gekennzeichnet; man spricht daher dort vom Eiszeitalter. Die weltweite Parallelisierung (Korrelierung) dieser Perioden, die von den klassischen Forschungsgebieten des nördlichen Alpenvorlandes und des norddeutsch-nordeuropäischen Vereisungsraumes ausging, schien bis vor

Gliederung des Spät- und Postglazials in Mitteleuropa

	Vor bzw. nach Chr.	Zeitabschnitt (jüngere Nachwärmezeit)	vorherrschende Vegetation	Klima-charakter	Stadien der Ostsee	Nordsee
Postglazial		Subatlantikum II	(land- und forstwirtschaftl. Nutzung)	kühler und feuchter	Myameer	Dünkirchener Transgression
	600 n.Chr.	Subatlantikum I (ältere Nachwärmezeit, Buchenzeit)	Buchenwald und buchenreicher Mischwald		Limneameer	
	800 v.Chr.	Subboreal (späte Wärmezeit)	Eichenmischwald zu Buchenwald umgewandelt	noch warm, etwas feuchter		Regression bzw. Stillstand
	2500	Atlantikum II (mittlere Wärmezeit. Eichenmischwaldzeit)	Eichenmischwald	warm, mäßig feucht (Klima-optimum)	Litorinameer	Flandrische Transgression
	4000	Atlantikum I				
	5500	Boreal (frühe Wärmezeit, Haselzeit)	haselreicher Kiefern- und Eichenmischwald	warm, trocken	Ancylussee	
	6800	Präboreal (Vorwärmezeit, Birken-Kiefern-Zeit)	Birken- und Kiefernwald	Erwärmung	Yoldiameer	
Spätglazial (Spät-Würm)	8150	jüngere Dryaszeit (jüngere subarkt. Zeit)	Birken- und Kiefernwald, z. T. Tundra	Kälte-rückschlag	Baltischer Eis-stausee	Eis-bedeckung (z. T.)
	8800	Allerödzeit (mittlere subarkt. Zeit)	Birken- und Kiefernwald	geringe Erwärmung (Interstadial)		
	9800	ältere Dryaszeit (ältere subarkt. Zeit)	Tundra	kalt		
	10500	Böllingzeit	lichter Birken- und Kiefernwald	geringe Erwärmung (Interstadial)		
	11500	älteste Dryaszeit (älteste subarkt. Zeit)	Tundra	kalt	Eis-bedeckung	

Pleistozäne Eis- oder Kaltzeiten und Interglaziale oder Warmzeiten

Zeit	Beginn vor: (in 1000 Jahren)	nördliches Alpenvorland	Nordwesteuropa Norddeutschland
Jung-pleistozän	10 70	Würm-eiszeit { Stephanskirchener Stadium (oder Ammerseestadium) Ölkofener Stadium Ebersberger Stadium Kirchseeoner Stadium (Inngletscherbereich)	Weichsel-eiszeit { Salpausselkä-Stadium Pommersches (Baltisches) Stadium Frankfurter Stadium Brandenburger Stadium
	128	*Riß-Würm-Interglazial*	*Eem-Interglazial*
Mittel-pleistozän	143–150	Rißeiszeit im engeren Sinne { Jungriß Hauptriß Altriß (Paareiszeit)	Saale-Eiszeit { Warthezeit (Warthestadium) *Gerdau-Interstadial (Großes Interstadial)* Drenthezeit (Drenthestadium, Saale-Eiszeit im engeren Sinne) *Wackenwarmzeit* Mehlbeckeiszeit
	230	*Mindel-Riß-Interglazial*	*Holstein-Interglazial*
Altpleistozän	300	Mindeleiszeit	Elstereiszeit
	330	*Günz-Mindel-Interglazial*	*Cromer-Interglazial*
	470	Günzeiszeit	Menapeiszeit
	540	*Donau-Günz-Warmzeit*	*Waal-Warmzeit*
Ältest-pleistozän		Donau- und Biber-Kaltzeitgruppen	Eburonkaltzeit
			Tegelenwarmzeit
	1600–2000		Prätegelen-Kaltzeiten (Brüggen-Kaltzeit)

Eis- oder Kaltzeiten sind normal, Interglaziale oder Warmzeiten kursiv gesetzt wenigen Jahren noch greifbar nahe, ist mit fortschreitender Forschung in jüngster Zeit aber wieder problematischer geworden. Pollenanalyse, isotopengeologische Altersbestimmungen, sedimentologische und geophysikalische Untersuchungen u.a. ergaben eine Fülle neuer Daten und Erkenntnisse, die noch nicht voll in Übereinstimmung gebracht werden konnten, so daß einer Korrelierung der verschiedenen Vereisungsräume bisher enge Grenzen gesetzt sind. Sogar die Korrelierung des Jung- und Mittelpleistozäns des deutschen Alpenvorlands mit dem Norddeutschlands ist unsicher geworden. Die absoluten Altersangaben basieren auf Datierungen des z.T. kontinentweit auseinanderliegenden Untergrundes und können nur als ungefährer Richtwert dienen. Besser bekannt ist die letzte Phase der letzten Eiszeit, das Spätglazial oder Spät-Würm, und die nachfolgende Zeit des Holozäns, das auch Postglazial oder Nacheiszeit genannt wird.

Quarz: Qu. ist die wichtigste Erscheinungsform des Siliciumdioxids (SiO_2). Er kommt als kristallisiertes Mineral vor, das nach den Feldspäten das häufigste gesteinsbildende Mineral der Erdkruste ist. Die Kristallform des Quarzes hängt von der Bildungstemperatur ab. Der normale Nieder- oder Tiefquarz (α-Quarz) geht bei oberhalb 573 °C in Hochquarz (β-Quarz) über, bei 870 °C in Tridynit, bei 1470 °C in Cristobalit. Unter besonderen Druckverhältnissen, z.B. beim Meteoriteneinschlag, entstehende Formen sind Coesit, Keatit und Stishovit. Qu. ist sehr hart und chemisch widerständig, er ist daher auch Hauptbestandteil der Sedimentgesteine (Sandsteine, Tone u.a.). Eine feinkristalline Abart des Quarzes ist der *Chalzedon.* Der aus amorphem Siliciumdioxid bestehende Opal wird als eigenes Mineral betrachtet. – Viele Arten des Quarzes finden als Schmucksteine Verwendung, so z.B. der farblose und häufig wasserklare Bergkristall, ferner gefärbte Abarten wie Amethyst, Aventurin, Milchquarz, Prasem, Rauchquarz und Rosenquarz; ↑auch Übersicht Schmucksteine. Im übrigen wird Qu. in der Technik benutzt, z.B. Quarzsand als Rohstoff der Glas- und Keramikindustrie, Quarzkristalle wegen ihrer optischen und elektrischen Eigenschaften als Bauelemente in der Optik, Elektronik und Nachrichtentechnik.

Quarzit: Qu. ist ein sehr hartes, meist dichtes, feinkörniges, hauptsächlich aus Quarz bestehendes metamorphes Gestein; es entstand aus Sandstein durch Wachstum und Verzahnung der Quarzkristalle, meist ohne Bindemittel. Diese Qu.e werden auch *Felsquarzite* genannt; bei ausgeprägtem Parallelgefüge spricht man von *Quarzschiefer.* Die sogen. *Süßwasser-* oder *Tertiärquarzite* sind dage-

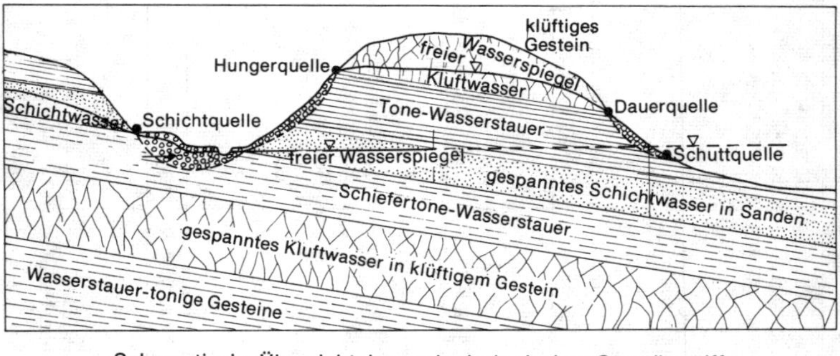

Schematische Übersicht der geohydrologischen Grundbegriffe

gen durch nachträgliche, diagenetische Verkieselung aus lockeren tonigen Sand- oder Kiesablagerungen des Tertiärs gebildet worden; oft handelt es sich um unregelmäßige, ungeschichtete Massen, die teilweise auch nur knollen- oder linsenartig auftreten.

Quarzporphyr: Qu. ist ein jungpaläozoisches Ergußgestein, das seiner mineralogischen Zusammensetzung nach dem Granit entspricht; es weist meist porphyrische Struktur auf, d.h. hat Einsprenglinge von Quarz. Kalifeldspat oder Plagioklas in einer dichten, oft rötlich gefärbten Grundmasse. Qu. tritt auf Gängen, als Stöcke oder Deckenergüsse im Rotliegenden Mitteleuropas auf.

Quellen: Qu. sind örtlich begrenzte natürliche Austritte von Grundwasser an der Erdoberfläche; sie können auch am Grund von Flüssen, Seen oder Meeren auftreten. Qu. bilden sich meist dort, wo die Grundwasser führende Schicht die Erdoberfläche schneidet oder wo die geologisch-tektonischen Verhältnisse Grundwasser stauen und zum Austritt zwingen. Je nach der Art dieser Wasseraustritte haben die Qu. unterschiedliche Fachbezeichnungen wie Schichtquelle, Überlaufquelle, Verwerfungsquelle usw. Wird die Wasser führende Schicht auf größerer Länge geschnitten, so daß mehrere Qu. nebeneinander austreten, spricht man von einem *Quellhorizont.* Tritt nur wenig Grundwasser aus, so daß nur eine feuchte Stelle entsteht, spricht man von einer *Naßgalle.*

Je nach der Dauer des Wasseraustritts im Laufe des Jahres unterscheidet man zwischen perennierenden (permanenten) Qu., die ständig, periodischen Qu., die jahreszeitlich, und episodischen Qu., die nur gelegentlich fließen, wie z.B. die Hungerquellen. Außerdem gibt es intermittierende Qu., die zwischen springbrunnenartigen Wasserausstößen kürzere oder längere Ruhepausen ohne Wasserschüttung haben (z.B. die Geysire). Eine besondere Art ist die ↑Karstquelle.

Qu. mit normaler Temperatur bis 20 °C bilden die Gruppe der *Pegen;* Qu. mit einer Wassertemperatur von über 20 °C nennt man *warme Qu.* oder *Thermen,* solche mit über 50 °C *heiße Quellen.* Letztere haben wie die ↑Mineralquellen, in denen bestimmte Mengen von Spurenelementen, Kohlensäure u.a. gelöst sind, oft eine heilkräftige Wirkung, weshalb sie als *Heilquellen* genutzt werden. Die erodierende Wirkung des austretenden Wassers kann in flachem Gelände zu muldenförmigen *Quellmulden,* an Steilhängen zu nischenförmigen *Quellnischen* und bei besonderen geologischen Verhältnissen, v.a. im Karst, zu *Quelltrichtern (Quelltöpfen)* führen.

Quellhorizont: Wenn an einer Grundwasser führenden Schichtfläche mehrere Quellen nebeneinander austreten, entsteht ein Quellhorizont.

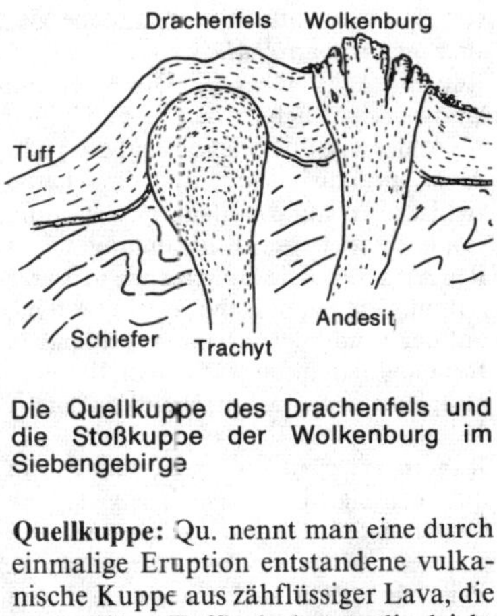

Die Quellkuppe des Drachenfels und die Stoßkuppe der Wolkenburg im Siebengebirge

Quellkuppe: Qu. nennt man eine durch einmalige Eruption entstandene vulkanische Kuppe aus zähflüssiger Lava, die unter einer Tuffbedeckung, die leicht abgetragen werden kann, aufgestaut wurde; z.B. der Drachenfels im Siebengebirge.

Quelltopf: Bei Karstquellen treten wegen der starken Wasserschüttung oft seenartig erweiterte Quellaustritte, sogen. Quelltöpfe, auf (z.B. der Blautopf in Blaubeuren).

R

Racheln (italienisch Calanche): Durch die abspülende Wirkung oberflächlich abfließender, heftiger Regengüsse bilden sich auf geneigten Hängen besonders in entwaldeten Gebieten Rinnen und Furchen, die als R. bezeichnet werden.

Radiocarbonmethode (C-14-Methode): Die R. ist eine Möglichkeit der ↑physikalischen Altersbestimmung.

Radiolarienschlamm [...ri-en...]: Der R. ist ein rotes, toniges Tiefseesediment; er stellt eine an Kieselskeletten der Radiolarien (Strahlentierchen), das sind einzellige Wurzelfüßer, reiche Abart des Roten Tiefseetons dar. Er bedeckt 2% des Meeresbodens. Das durch Diagenese verfestigte, aus R. entstandene Gestein nennt man *Radiolarit.*

Ranch [englisch: rɛntʃ]: Die R. ist ein landwirtschaftlicher Großbetrieb in den USA, der sich überwiegend auf die Viehzucht spezialisiert hat. Ihr Wirtschaftsziel ist nicht nur die Fleischproduktion, sondern auch der Entwicklung neuer Rinderrassen. Die King Ranch in Texas z.B. umfaßt eine Fläche von 400 000 ha, auf der rund 80 000 Rinder weiden.

Ranchos [spanisch 'rrantʃos]: Bezeichnung von Slumsiedlungen in Venezuela, ↑Slum.

Randmeer: Als R. wird ein vom Ozean durch Inselgruppen oder Inselgirlanden abgetrennter Meeresteil bezeichnet. R.e gehören zur Gruppe der ↑Nebenmeere. Beispiele für R.e sind Nordsee, Golf von Kalifornien, Japanisches Meer, Ostchinesisches Meer, Ochotskisches Meer und Beringmeer.

Randstörung (Randtief): Mit diesem meteorologischen Begriff wird eine oft nur schwach ausgeprägte Erniedrigung des Luftdruckes bezeichnet, die durch eine Ausbuchtung der Isobaren am Rande einer meist absterbenden Zyklone (↑Tiefdruckgebiet) erkennbar ist. Die R. kann im weiteren Verlauf der Entwicklung wieder absterben, sich jedoch auch sehr plötzlich in ein selbständiges Tief umbilden. Nahezu alle großen Sturmzyklonen der gemäßigten Breiten entstehen aus einer Randstörung.

Randtiefe (Vortiefe, Saumtiefe): In der R. sammeln sich die Lockersedimente während einer ↑Orogenese.

Randtropen: R. nennt man die äußere Tropenzone. Hier herrscht ein Wechsel zwischen einfacher sommerlicher Regenzeit nach dem Zenitstand der Sonne und langer Trockenzeit mit äquatorwärts abfließenden Passatwinden. Der charakteristische jährliche Temperaturverlauf zeigt zwei Höhepunkte: kurz vor und nach der Regenzeit. Die R. bilden den Übergangsraum zum subtropischen Trockengürtel.

Ranker: Der R. ist ein flachgründiger Bodentyp mit A-C-Profil auf festen oder lockeren, kalkarmen oder -freien, silicatischen Gesteinen. Der Humushorizont (A) liegt dem Muttergestein (C) unmittelbar auf; der R. stellt eine geringe Weiterentwicklung des Rohbodens dar; im gemäßigten Klima in Steilhanglage sowie in sehr trockenen Gebieten ist er das Endstadium der Bodenbildung, sonst wird er rasch zu Braunerde oder Podsolen weiterentwickelt.

Raseneisenerz (Sumpferz, Wiesenerz, See-Erz): R. nennt man ein mit Ton vermengtes Eisenerz, das bei der Mischung von eisenhaltigem Grundwasser mit sauerstoffreichem Wasser in Seen, Bächen oder sumpfigen Wiesen ausgeschieden worden ist. R. wurde früher vielfach zur Eisengewinnung abgebaut.

Rassen: ↑Menschenrassen

Rassentrennung: Die bekannteste Art der R. ist heute die in der Republik Südafrika praktizierte ↑Apartheid.

Rät: jüngste Stufe der Trias, ↑Geologie, Formationstabelle.

Rat für gegenseitige Wirtschaftshilfe (Abkürzung RGW): Dies ist die exakte deutsche Namensform für die unter der Abkürzung der englischen Übersetzung, ↑COMECON, bekannte Wirtschaftsgemeinschaft der Ostblockstaaten.

Raubbau: Dieses stets im negativen Sinne gebrauchte Wort kennzeichnet eine Wirtschaftsführung, die nur auf einen hohen Ertrag zur Deckung des unmittelbaren Bedarfs gerichtet ist und dadurch ohne Rücksicht auf die Zukunft die Grundlagen der Erzeugung schädigt. Im Prinzip ist jeglicher Bergbau R.; von R. spricht man aber v.a. beim Ackerbau, wenn dem Boden keinerlei Regenerationsmöglichkeiten (etwa durch Düngung, Brache u.a.) gegeben werden, bei der Waldnutzung, wenn mehr Holz geschlagen wird als in der gleichen Zeit nachwächst, sowie bei ↑Überweidung und ↑Überfischung. Das Wort R. wird heute in entsprechender Bedeutung auch bei außerwirtschaftlichen Vorgängen angewandt, z.B. Raubbau an der Gesundheit.

Rauhfrost: Als R. bezeichnet man aus [unterkühltem] Nebel bei Wind entstehende Eisbildungen an Bäumen, Sträuchern und anderem, gewöhnlich in Form faseriger, weißer Zapfen oder „Fahnen", die dem Winde entgegenwachsen. Bei der Bildung kompakter Eisüberzüge spricht man häufig auch von *Rauheis.*

Rauhreif: Als R. bezeichnet man diejenige Art des Niederschlags, bei der sich der Wasserdampf der Luft in Form von Eiskristallen an Gegenständen absetzt. Die Reifbildung tritt dann ein, wenn der ↑Taupunkt der Luft unter dem Gefrierpunkt liegt, und der Wasserdampf beim Erreichen dieses Punktes nicht kondensiert, sondern sublimiert, d.h. direkt in den festen Aggregatzustand des Wassers übergeht. Für Reifbildung ist Windstille, zumindest aber eine sehr geringe Windgeschwindigkeit, Voraussetzung.

Raumordnung (Raumplanung): Unter R. versteht man die zusammenfassende, übergeordnete, ordnende Planung, die über das Gebiet der kleinsten Verwaltungseinheit hinausgeht. Die R. ist überörtliche Planung und koordiniert vielfältige Fachplanungen. Sie vollzieht sich grundsätzlich auf vier Ebenen: im örtlichen Bereich durch die gemeindliche Bauleitplanung, im überörtlichen Bereich durch die Regionalplanung, die Landesplanung und die Bundesplanung. Aufgabe der R. ist es u.a., das Bundesgebiet in seiner allgemeinen räumlichen Struktur einer Entwicklung zuzuführen, die der freien Entfaltung der Persönlichkeit in der Gemeinschaft am besten dient; dabei sind die natürlichen Gegebenheiten sowie die wirtschaftlichen, sozialen und kulturellen Erfordernisse zu beachten. Die Ordnung des Gesamtraumes und die Ordnung der Einzelräume sollen unter Berücksichtigung der gegenseitigen Belange erfolgen. Zu den Grundzügen der R. gehört es, für alle Gebiete, auch für Verdichtungsgebiete und zurückgebliebene Gebiete, eine räumliche Struktur mit gesunden Lebens- und Arbeitsbedingungen sowie ausgewogenen wirtschaftlichen, sozialen und kulturellen Verhältnissen anzustreben.

Realteilung: Bei der R. wird der bäuerliche Besitz zu gleichen Teilen an die Kinder vererbt. Dies führt im Laufe der Zeit zu einer Besitzzerstückelung, das bedeutet, daß die schmalen Parzellen über die gesamte Dorfflur verteilt sind und außerdem reichen die Betriebsgrößen oft bald nicht mehr aus, um eine bäuerliche Familie zu ernähren. In Gebieten mit R. sind deshalb der Vater und die erwachsenen Kinder gezwungen, ihren Lebensunterhalt außerhalb des Hofes, meist in der Fabrik oder im Dienstleistungsgewerbe in der Stadt, zu verdienen, während die Mutter tagsüber den Hof versogt. Dadurch wird die Landwirtschaft zum Nebenerwerb. Man findet die R. vor allem in Südwestdeutschland. – Der R. steht das Anerbenrecht gegenüber.

Recycling [englisch ˈriːˈsaɪklɪŋ]: Mit R. meint man die Wiederverwendung von Abfällen, Nebenprodukten oder [verbrauchten] Endprodukten der Konsumgüterindustrie als Rohstoffe für die Herstellung neuer Produkte. Das R. ist auf manchen Gebieten als Methode der Rohstoffbeschaffung, u.a. bei der Wiedergewinnung von Edelmetallen aus Münzlegierungen oder bei der Gewinnung von Faserrohstoffen aus gebrauchten Textilien, sehr alt, gewinnt aber im Zuge der Verknappung von Rohstoffen und unter den Aspekten des Umweltschutzes (schwindende Möglichkeiten für die Ablagerung von Müll, Belastung der Flüsse durch Abfallstoffe, Energieverknappung) auf zahlreichen weiteren Gebieten der chemisch-technischen Produktion und der Energiegewinnung zunehmend an Bedeutung. Wichtige Beispiele für R. bestehen z.B. in der Wiederverwertung von Eisenschrott, in der Aufarbeitung von Altaluminium, in der Wiederaufbereitung von Altöl, in der Verarbeitung von Altgummi und Kunststoffabfällen und in der Regenerierung von Lösungsmitteln.

Reede (offene Reede): Ein außerhalb des Hafens liegender, vor Seegang und Brandung geschützter Ankerplatz für Schiffe wird R. genannt. Auf R. liegende Schiffe werden mittels ↑Leichtern ent- und beladen, Passagiere werden aus- bzw. eingebootet.

Regen: Unter dem R. versteht man die am häufigsten auftretende Form des flüssigen Niederschlages. Der R. entsteht, wenn durch Abkühlung der Luft der Taupunkt unterschritten wird und ein Teil des Wasserdampfes zu kleinen Wassertröpfchen kondensiert. Durch das Zusammenfließen dieser Wassertröpfchen, die nun schwerer werden und vom Luftstrom nicht mehr getragen werden können, setzt der R. ein.

Nach der Tropfengröße können verschiedene Arten des R.s. unterschieden werden. Der gewöhnliche, großtropfige R. besteht aus vielen Tropfen mit einem Durchmesser von mindestens 0,5 mm, die mit einer Geschwindigkeit von mehr als 3 m/s fallen. Er bildet sich v.a. im Grenzgebiet zwischen warmen und kalten Luftmassen und dauert meist einige Stunden, mitunter länger als einen Tag an. Beim *Sprühregen,* auch als *Nieseln* bezeichnet, beträgt der Tropfendurchmesser weniger als 0,5 mm, die Fallgeschwindigkeit der Tropfen weniger als 3 m/s; er fällt meist aus Nebel oder Hochnebel aus. *Regenschauer,* aus großen R.tropfen bestehend, fallen aus hochreichenden Quellwolken; sie beginnen meist ebenso plötzlich, wie sie wieder aufhören. Beim *Wolkenbruch,* einem meist kurzen, außerordentlich starken Regenschauer, treten Tropfengrößen von über 8 mm auf; die Regenmenge pro m^2 beträgt über 40 Liter nach einer halben Stunde.

Eine andere Unterteilung legt die Stärke des R.s. zugrunde. Danach werden mäßige Niederschläge, die sich über ein größeres Gebiet erstrecken, als *Landregen* bezeichnet; sie treten v.a. in Verbindung mit Warmfronten und Schleifzonen auf.

Ein Landregen von mindestens sechs Stunden Dauer mit einer stündlichen Niederschlagsmenge von wenigstens 0,5 mm wird *Dauerregen* genannt; diese entstehen meist beim Stau von Wolken an Gebirgen. *Starkregen* sind Niederschläge, bei denen in einem bestimmten Zeitabschnitt eine bestimmte Mindestmenge an Niederschlag fallen muß (mindestens 5 l/m^2 innerhalb der ersten 5 Minuten. 10 l/m^2 nach 20 Minuten, 17 l/m^2 nach 1 Stunde). *Strichregen* wird ein nur schmale Landstriche überziehender, jeweilig nur kurz andauernder R. genannt, *Platzregen* ein starker R. von nur einigen Minuten Dauer, wie er häufig in Verbindung mit Gewittern auftritt. Als *Schwefelregen* und *Blutregen* werden durch Staub, Pollen (Blütenstaub) und Kleinlebewesen verfärbte Niederschläge bezeichnet. *Eisregen* ist ein R. aus Eiskörnchen, der sich gelegentlich bildet, wenn Regentropfen aus einer warmen Luftschicht in eine kältere fallen und dabei gefrieren. *Unterkühlter Regen* besteht aus kleinen Wassertröpfchen, die trotz Temperaturen unter dem

Gefrierpunkt noch flüssig sind, bei Berührung des Bodens, der Gebäude usw. jedoch gefrieren und zur Bildung von Glatteis führen; man spricht auch hierbei von Eisregen.

Regenbogen: Der R. ist eine atmosphärische Lichterscheinung, und zwar ein in Spektralfarben leuchtender Kreisbogen auf den der Sonne gegenüberliegenden Regenwolken oder Regenstreifen. Der Mittelpunkt des zugehörigen Kreises ist der Gegenpunkt der Sonne. R. entstehen durch Brechung des Sonnenlichtes an der Grenzschicht zwischen Luft und Wassertropfen, ein- oder zweimaliger Reflexion an der Innenfläche der Tropfen und Überlagerung der gebrochenen und reflektierten Lichtstrahlen. Zu unterscheiden sind der *Hauptregenbogen* im Abstand von 42° und der seltenere *Nebenregenbogen* in einer Entfernung von 51° vom Sonnengegenpunkt. Bei am Horizont stehender Sonne können beide R. ihre größte Ausdehnung, die Form eines Halbkreises, annehmen. Die Farbenfolge des Hauptregenbogens ist von außen nach innen: Rot, Orange, Gelb, Grün, Blau, Indigo, Violett *(Regenbogenfarben),* beim Nebenregenbogen umgekehrt von Violett (außen) nach Rot (innen); häufig fehlt jedoch eine Spektralfarbe, vielfach Blau. Während das Gebiet zwischen Hauptregenbogen und Nebenregenbogen frei ist, schließen sich oft an den Hauptregenbogen nach innen, an den Nebenregenbogen nach außen *sekundäre Regenbogen (Interferenzregenbogen)* an, deren Farben der Farbfolge des Bogens, an den sie anschließen, entspricht. Bei sehr tiefstehender (roter) Sonne fehlen zuweilen die blauen bis gelben Spektralanteile, man spricht dann von einem *roten Regenbogen* oder *Dämmerungsregenbogen.* – Während bei großtropfigem Regen gut ausgeprägte, farbige R. entstehen, beobachtet man bei kleintropfigem Regen weißliche breite R., bei Nebel einen bis zu 10° breiten *weißen Regenbogen,* den sogen. *Nebelregenbogen.* – Regenbogenähnliche Erscheinungen können unter ähnlichen Bedingungen auch anderenorts beobachtet werden, z.B. im Sprühwasser von Springbrunnen.

Regenfeldbau (Trockenfeldbau): Bei dieser Form des Ackerbaus decken die Nutzpflanzen ihren Wasserbedarf unmittelbar aus den Niederschlägen, es findet also keine künstliche Bewässerung statt. Wegen der kalten Winter kommt in Mitteleuropa der R. nur als Sommerfeldbau vor. In den inneren Tropen ist dagegen Dauerfeldbau möglich. In den Savannengebieten ist der R. ein typischer Regenzeitfeldbau. Die durch den Niederschlag bedingte Grenze der Verbreitung des R.s bezeichnet man als Trockengrenze.

regengrüner Wald: Der regengrüne Wald ist ein nur in der Regenzeit belaubter Wald; er tritt in den wechselfeuchten Tropen auf.

Regenschatten: Die den regenbringenden Winden abgewandte Seite von Gebirgen liegt im Regenschatten. Auf dieser Seite fallen im Vergleich zur *Wetterseite,* die diesen Winden ausgesetzt ist, weniger Niederschläge. Die Unterschiede in der Niederschlagsmenge nehmen mit der Höhe der Gebirge zu. Deutlich kann diese Wirkung der Gebirge am Harz beobachtet werden, der die atlantischen feuchten Luftmassen staut und zum Aufsteigen zwingt, so daß ein Großteil der Feuchtigkeit als Regen ausfällt. Weite Teile der südlich des Harzes im Lee, also in seinem R., gelegenen Leipziger Tieflandsbucht erhalten daher wesentlich geringere Niederschläge.

Regenwald: Der R. ist die charakteristische Pflanzenformation der ganzjährig feuchten Gebiete der Erde. Die Folge dieser Wachstumsbedingungen ist eine üppige Vegetation, die sich durch Artenvielfalt auszeichnet. Die Bäume sind immergrün und haben häufig derbe Blätter als Schutz vor den starken Niederschlägen. Der Laubwechsel verteilt sich über das ganze Jahr, ebenso die Blüte und die Fruchtreife. Das Holz zeigt keine Jahresringe, da während des ganzen Jahres ein gleichmäßiges Dik-

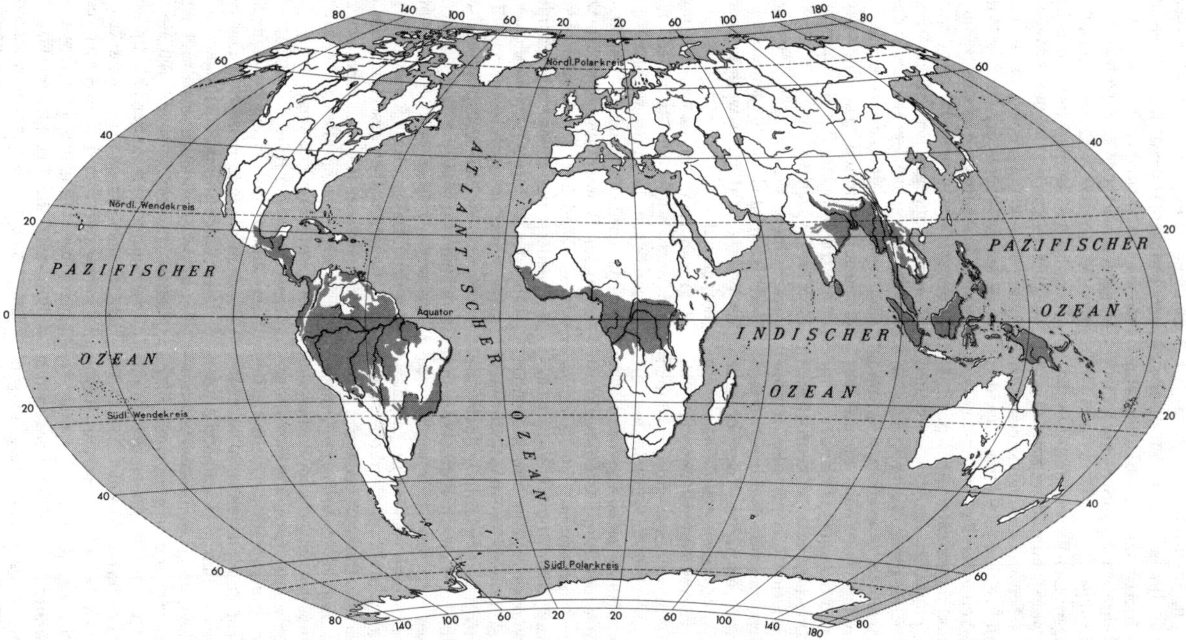

Verbreitung der tropischen Regenwälder

kenwachstum möglich ist. Je nach geographischer Breite unterscheidet man den tropischen Regenwald, den subtropischen Regenwald und den temperierten Regenwald der frostfreien Außertropen. Entscheidend für die unterschiedliche Ausbildung sind v.a. die Temperaturen des kältesten Monats: ihr Mittelwert liegt in den Tropen bei 15 °C, in den Subtropen bei 7-8 °C und im temperierten Bereich bei 5-6 °C.

Tropischer Tieflandregenwald: Er ist mit mehr als 100 Baumarten pro Hektar die artenreichste Vegetationsformation der Erde. Er ist durch 3 (selten 5) Baumstockwerke gekennzeichnet: Das oberste besteht aus 50–60 m hohen Baumriesen, das mittlere aus 30–40 m hohen Bäumen, die ein geschlossenes Kronendach bilden, das untere erreicht 15 m Höhe, es handelt sich z.T. um Jungwuchs; manche Bäume erreichen jedoch bis 90 m Höhe und haben riesige Brettwurzeln als Stützen. Dieser Wald ist reich an Lianen, die sich zum Licht hinaufranken und deren Stämme bis zu 20 cm Dicke erreichen können. Baumgräser machen ihn oft undurchdringlich. Epiphyten, wie z.B. Orchideen, setzen sich in den Astgabeln hoher Bäume fest. Wegen des Lichtmangels fehlt eine Krautschicht fast vollständig.

Tropischer Gebirgsregenwald: Man findet ihn in Höhen von 1000–2000 m ü.d.M; wegen der abnehmenden Temperaturen ist er etwas artenärmer als der Tieflandregenwald. Die Bäume werden bis zu 30 m hoch und bilden nur zwei Stockwerke. Über 50% der Blütenpflanzen sind Sträucher und Kräuter. Man findet viele Epiphyten, v.a. Orchideen.

Subtropischer Regenwald: Er unterscheidet sich vom tropischen Tieflandregenwald durch das geringere Vorkommen von Lianen und Epiphyten. Die Baumfarne sind dagegen häufiger und es treten auch Nadelhölzer auf, z.B. die Kopalfichte.

Temperierter Regenwald: Nur wenige Arten bilden diesen Wald, häufig ist die Scheinbuche. Die Bäume erreichen mittlere Höhen von 20–30 m und können von Eukalyptusbäumen überragt werden. Baumfarne bilden das Strauchstockwerk. Mit den tropischen Gebirgsregenwäldern haben sie den Reichtum an Moosen, Flechten und Farnen gemeinsam, die auf den Bäumen wachsen. Typisch ist weiterhin eine oft erhebliche Beteiligung von Nadelhölzern. Sie treten v.a. in Südchile, in Victoria (Australien), auf Tasmanien und Neuseeland auf.

Eine lückenlose Abfolge aller Typen des Regenwaldes findet sich an der Ostküste Australiens, nach Süden über Tasmanien bis Neuseeland fortgesetzt.

Regenzeit: Die R. ist eine Jahreszeit in den Tropen, in denen bekanntlich die astronomischen Jahreszeiten ohne Bedeutung sind. Die R. ist die Zeit, in der die Niederschläge fallen. Da diese überwiegend Konvektionsniederschläge sind, sind sie von der Lage der äquatorialen Tiefdruckrinne, also der ↑innertropischen Konvergenz, und damit vom Sonnenstand abhängig. Da die Niederschläge somit mit dem Höchststand der Sonne zusammenfallen, werden sie auch *Zenitalregen* genannt. Aus dem scheinbaren Gang der Sonne ergibt sich somit in den äquatornahen Gebieten eine doppelte Regenzeit, die mit zunehmender Äquatorferne zu einer einfachen Regenzeit wird, da die Sonnenhöchststände in nur kurzen Zeitabständen aufeinanderfolgen. Die R. beginnt hier etwa einen Monat vor dem Höchststand der Sonne und endet etwa zwei Monate nach dem (zweiten) Sonnenhöchststand. Daraus ergibt sich, daß die R. zum Rand der Tropen hin immer kürzer und damit auch unergiebiger wird und im randtropischen Bereich nur knapp drei Monate dauert. Die übrige Zeit des Jahres herrscht die andere tropische Jahreszeit, die *Trockenzeit.* Diese ist am Äquator dagegen kaum ausgeprägt; sie ist hier vielmehr eine relativ regenarme Zeit.

Regionalismus: Unter R. versteht man Bestrebungen zur Selbstverwaltung und zur begrenzten Unabhängigkeit einzelner Gebietsteile (Regionen) eines Landes. Die Erscheinung des R. ist besonders bei zentral verwalteten Staaten zu beobachten, in denen auf regionale Besonderheiten wenig Rücksicht genommen wird.

Regionalplanung: Teil der ↑Raumordnung

Regionalzentrum (regionales Zentrum, Mittelzentrum): Im System der ↑Zentralen Orte ist ein R. ein Ort von mittlerer Zentralität.

Regression: Als R. bezeichnet man das Zurückweichen des Meeeres aufgrund von Landhebung, d.h. infolge von epirogenetischen Bewegungen, oder Absinken des Meeresspiegels, d.h. infolge eustatischer Meeresspiegelschwankungen. – Den Gegensatz nennt man Transgression.

Regur: ein Bodentyp, ↑Tirs

Reichweite: In der Sozialgeographie wird der Begriff R. gelegentlich verwendet, um den ↑Einzugsbereich einer bestimmten Einrichtung, allgemein: einer bestimmten Funktion eines ↑Zentralen Ortes, zu umreißen.

Reif: svw. ↑Rauhreif

Reizklima: Unter dem R. versteht man ein Klima mit ständig wechselndem Witterungscharakter. Heftige Winde und große tägliche Temperaturunterschiede sind typisch. Die Küstengebiete der Nord- und Ostsee haben ein solches Reizklima, das aber auch in den Hochgebirgen angetroffen wird. Für kranke Menschen kann der Aufenthalt in Gebieten mit R. heilende, aber auch schädliche Wirkungen haben, je nach Art der Krankheit.

Rekultivierung: Unter R. versteht man die wirtschaftliche Wiedererschließung und landschaftliche Neugestaltung eines durch menschliche Eingriffe zerstörten oder zeitweise verschlechterten Geländes, etwa von Kiesgruben, Steinbrüchen und Abraumhalden. Die ausgedehntesten zerstörten Gebiete hinterläßt in der Bundesrepublik Deutschland jedoch der Braunkohlenbergbau in der Ville. An der R. sind v.a. Wasser-, Wohnungs- und Straßenbau sowie Land- und Forstwirtschaft beteiligt. Die Pflanung erfolgt in Zusammenarbeit mit der zuständigen Landesbehörde und ist Teil der Raumordnung.

relative Höhe: Die r. H. gibt die Höhe eines Berges über dem Talgrund an. Die *absolute Höhe* dagegen gibt die Höhe über dem Meeresspiegel an.

Relief:

◊ In der Geomorphologie ist R. eine zusammenfassende Bezeichnung für die Oberflächenformen der Erde.

◊ In der Kartographie wird ein Geländemodell, das eine verkleinerte, plastische Nachbildung eines Erdoberflächenausschnitts darstellt, als R. bezeichnet. Wird die gesamte Erde in dieser Art dreidimensional darstellt, entsteht ein *Reliefglobus*.

Die Nachbildung wird meist überhöht und in Gips, neuerdings auch in Kunststoff, ausgeführt.

Reliefenergie: Die R. gibt die einem bestimmten Ausschnitt der Erdoberfläche aufgrund seiner Höhenunterschiede (zwischen dem höchsten und niedrigsten Punkt) innewohnende potentielle Energie an, die bei der Abtragung wirksam wird. Gemessen wird die R. in Meter pro Quadratkilometer (m/km^2).

Reliefkarte: Die R. versucht das Relief mit Hilfe von Licht und Schatten herauszuarbeiten und so ein plastisches Bild der Erdoberfläche zu geben. Ursprünglich ist die R. aus der photographischen Aufnahme des Reliefs bei Nordwestbeleuchtung hervorgegangen.

Reliefumkehr: Durch die unterschiedliche Widerstandskraft verschiedener Gesteinsschichten kann es zu der R. genannten geomorphologischen Erscheinung kommen, daß Landschaftsbild und tektonischer Bau nicht übereinstimmen: Geologische Mulden und Gräben bilden Erhebungen, geologische Sättel und Horste liegen dagegen tiefer als ihre Umgebung. R. liegt auch vor, wenn in Täler und Senken eingeflossene Lavaströme im Laufe der Abtragung der Umgebung zu Rücken und Plateaus herauspräpariert wurden.

remanẹnter Magnetismus: svw: ↑Paläomagnetismus

Rendzịna (Fleinserde, Humuscarbonatboden): Die R. ist ein Bodentyp mit flachgründigem, stark humosem, schwarz bis schwarzbraun gefärbtem A-Horizont über hellem C-Horizont; sie bildet sich auf festem Carbonatgestein (Kalk, Dolomit) unter Laubmischwäldern der Mittelgebirge und Hügelländer in den gemäßigten Breiten, meist in Hang-, seltener in ebener Lage; sie wird meist als Grün- oder Waldland genutzt; sie entspricht dem Ranker auf Silicatgestein.

Rentenkapitalismus: Darunter versteht man ein v.a. im Orient verbreitetes Wirtschaftssystem, bei dem das kapitalistische Erwerbsstreben der im wesentlichen städtischen Oberschicht nicht auf die Produktion von Gütern ausgerichtet ist, sondern sich auf das dauernde Abschöpfen von Ertragsanteilen (Renten) aus den von ihnen abhängigen Betrieben der meist hoch verschuldeten Bauern und Gewerbetreibenden konzentriert. Investitionen zur Erhaltung oder gar Steigerung der Produktivität werden nicht geleistet.

Reservat (Reservation):

◊ Als R. bezeichnet man einerseits ein bestimmten Bevölkerungsgruppen vorbehaltenes Siedlungsgebiet, besonders in Nordamerika, wo zahlreiche Indianerreservate eingerichtet wurden, und in Australien. Eine politische Weiterentwicklung von R.en sind die ↑Bantuheimatländer.

◊ R. nennt man aber auch ein zur Überlebensregion bestimmtes, kleineres oder größeres Gebiet, in dem bestimmte Tier- und/oder Pflanzenarten vor der Ausrottung durch den Menschen geschützt sind. Diesem Zweck können z.B. voll geschützte Naturschutzgebiete, Vogelschutzgebiete und Nationalparks wie etwa die Serengeti (als Lebensraum für zahlreiche Huftiere) dienen.

Residuat (Rückstandsgestein): Als R. bezeichnet man das wegen seiner geringeren Löslichkeit verbleibende Restmaterial der Lösungsverwitterung, wie z.B. Kaolin, Bauxit, die Böden und einige Tongesteine.

Ressourcen [rɛˈsʊrsən]: Mit diesem Fremdwort bezeichnet man die natürlichen Produktionsmittel für die Wirtschaft, also v.a. die Rohstoffe, aber auch die nutzbare Wasserkraft und anderes.

Restberg (Fernling): Überragt ein isolierter Einzelberg eine Rumpffläche und besteht aus dem gleichen Material wie diese, so spricht man von einem Restberg.

rezẹnt: Vorgänge und Lebewesen, die heute [noch] auftreten bzw. leben, und Gegebenheiten, die sich gegenwärtig bilden, werden als r. bezeichnet. – Der Gegensatz ist fossil. – ↑auch subrezent.

Rhyolith: svw. ↑Liparit

Ria: Eine R. ist eine tief in das Land reichende, schlauchförmige Meeresbucht, die durch das Eindringen des Meeres in ein Flußtal entstanden ist. Dieses Flußtal ist aber im Gegensatz zum Fjord nicht glazial überformt. Rias treten besonders an der Nordwestküste Spaniens sowie an den Küsten der Bretagne und Südirlands auf; diese durch sie geprägten Küsten werden daher *Riaküsten* (Riasküsten) genannt.

Richterskala (Magnitudenskala): Die R. ist eine Skala zur Bestimmung der Stärke von ↑Erdbeben.

Ried: Das R. ist ein anmooriges Gebiet mit einer entsprechenden Vegetation nasser Standorte. Hier wachsen hauptsächlich Schilf und Sauergräser, wie z.B. die Segge und das Wollgras. Es geht häufig in ein Flachmoor über. In Süddeutschland werden auch Moore als Ried bezeichnet.

Riedel: R. nennt man einen flachen, meist langgestreckten und schmalen Geländerücken zwischen zwei Tälern.

Rieselbewässerung: R. ist die gebräuchlichste Art der künstlichen Bewässerung, nämlich die durch ↑Berieselung der Felder.

Rieselfelder: R. sind Wiesen oder Akkerflächen, die der biologischen Reinigung von verschmutztem Wasser dienen. Man leitet das Wasser durch Gräben den Flächen zu und läßt es dann versickern. Besonders geeignet sind dabei sandige Böden mit einem nicht zu hohen Grundwasserstand. Die im Wasser vorhandenen Abfallstoffe werden durch die Sandschicht ausgefiltert und mit Hilfe von Bodenbakterien abgebaut. Die Endprodukte, wie z.B. Stickstoff und Kali, können dann wieder von den Pflanzen, meist handelt es sich um Hackfrüchte und Gemüse, genutzt werden. Durch den Einsatz der leistungsfähigeren biologischen Kläranlagen kommt man von dieser Art der Wasserreinigung und Düngung der Felder immer mehr ab. Heute dienen die ehemaligen R. in der Bundesrepublik Deutschland oft der Grundwasseranreicherung oder der Trinkwassergewinnung.

Riff: Ein R. ist eine für die Schiffahrt gefährliche Aufragung von Felsen, die nahe an die Wasseroberfläche reichen. Im tropischen Bereich findet sich häufig das aus Kalkablagerungen von Korallen entstehende ↑Korallenriff.

Riffkalk: R. ist ein Kalk, der durch die Tätigkeit riffbildender Meeresorganismen (v.a. Korallen, aber auch Schwämme, Moostierchen, Kalkalgen) abgeschieden und zu Kalkstein verfestigt wurde; er ist meist ungeschichtet und von beträchtlicher Mächtigkeit, er wird deshalb dann auch *Massenkalk* genannt; bei der Diagenese wird er z.T. in Dolomit umgewandelt.

Rift valley [englisch 'rɪft 'vælɪ]: Hierbei handelt es sich um die englische Bezeichnung für Grabenbruch; sie wird v.a. für langgestreckte tektonisch bedingte Einsenkungen der Erdkruste (z.B. Ostafrikanischer Graben), auch im Bereich der Ozeane (Zentralspalte der mittelozeanischen Rücken [↑Plattentektonik]) gebraucht.

Rillenspülung (Rinnenspülung): R. ist ein Abtragungsvorgang in den Trockengebieten der Erde, in denen die starken, aber seltenen Niederschläge nicht in einem regelmäßigen Gewässernetz abfließen, sondern auf geneigten Flächen scharf eingerissene Spülrinnen verursachen; sie sind eine Hauptform der Bodenzerstörung.

Rinnensee: R.n treten in ehemals vergletscherten Gebieten auf; sie erfüllen die ↑Schmelzwasserrinnen.

Rißeiszeit: pleistozäne Eiszeit, ↑Quartär

Riß-Würm-Interglazial: pleistozäne Warmzeit, ↑Quartär

Rodung: Als R. bezeichnet man die Beseitigung von Wald, einschließlich der Baumstümpfe, um landwirtschaftlich nutzbares Land oder Siedlungsfläche zu gewinnen. Solcherart gerodete Flächen, die isoliert liegen, bezeichnet man als *Rodungsinseln,* an Flüssen oder anderen als Leitlinien dienenden Gegebenheiten vorangetriebene Rodungen nennt man *Rodungsgassen.*

In Deutschland sind v.a. in der sogen. Rodezeit des Früh- bis Spätmittelalters Rodungsinseln entstanden. Häufig weist der Ortsname auf diese Entstehungsart der Siedlung hin.

Rohboden: Als R. bezeichnet man einen im Anfangsstadium der Entwicklung befindlichen Bodentyp, der unter besonderen physisch-geographischen Bedingungen, wie Steilhanglage, starke Abtragung oder Wüstenklima, auf kompakten Gesteinen (dann *Lithosol* genannt) oder auf frisch sedimentierten Lockergesteinen (dann *Regosol* genannt) entsteht. Der A-Horizont ist unzusammenhängend, dürftig bewachsen und fast humusfrei und liegt dem C-Horizont unmittelbar auf. Der R. der gemäßigten Breiten *(Syrosem)* entwikkelt sich auf Silicatgestein im allgemeinen zum Ranker, auf Carbonatgestein zur Rendzina. Die Rohböden der Polargebiete und Hochgebirge werden *Råmark,* die der Wüsten und Halbwüsten *Yerma* genannt; beide Rohböden entwickeln sich unter vorherrschender physikalischer Verwitterung.

Rohstoffe: Als R. werden Naturstoffe bezeichnet, die dem Menschen zur Herstellung von Gebrauchsgegenstände dienen. Dazu gehören sowohl Bodenschätze als auch tierische und pflanzliche Produkte, etwa Baumwolle, Wolle, Kautschuk. Die Bodenschätze werden außerdem in Energieträger (z.B. Kohle, Erdöl) und Nichtenergieträger (z.B. Metalle) unterteilt.

Roller: Als R. werden hohe brandende Dünungswellen an den Küsten sturmreicher Meeresgebiete bezeichnet.

Roll-on-roll-off-Schiff (Kurzform Ro-Ro-Schiff, Ro / Ro-Schiff): Ein R. ist ein Frachtschiff, das von Land aus über eine Heckklappe oder Seitenpforten befahrbar ist. Die Anlegestelle muß dafür dementsprechend als sogen. Roll-on-Roll-off-Anlage ausgebaut sein. R.e dienen v.a. dem Autotransport und dem Transport von Containern auf Sattelanhängern, sogen. Trailern. Schiffe ausschließlich für letztere werden *Trailerschiffe* genannt.

Roßbreiten: R. werden die subtropischen Hochdruckgürtel zwischen etwa 25° und 35° nördlicher bzw. südlicher Breite genannt. Auf der Nordhalbkugel sind die Druckzellen wegen der hier größeren Landmasse gegenüber der Südhalbkugel um etwa 5 Breitengrade nach Norden verschoben. In den R. der Nordhalbkugel liegt auch das ↑Azorenhoch.

Rotation: R. ist das lateinische Wort für Drehung, es steht u.a.

◊ in der Astronomie für die Drehung eines Himmelskörpers (z.B. die ↑Erde) um seine eigene Achse (Rotationsachse).

◊ in der Landwirtschaft für die Fruchtfolge bei ↑Fruchtwechselwirtschaft.

Roterde: R. ist ein tiefgründiger, durch Eisenoxide und -hydroxide rot gefärbter Bodentyp der wechselfeuchten Tropen mit ABC-Profil. Er entsteht auf Silicatgesteinen unter Auswaschung von Siliciumverbindungen bei hoher Temperatur und Wasserüberschuß und unter Anreicherung von Eisen- und Aluminiumverbindungen, die in der Trockenzeit irreversibel koagulieren und verhärten. Im Gegensatz zum Rotlehm weist sie ein stabiles, erdiges und sprödes Gefüge auf und ist nicht plastisch, da sie wenig Ton enthält. R. besitzt meist günstige physikalische, aber schlechte chemische Eigenschaften; sie ist u.a. meist sehr sauer und nährstoffarm, daher schwer für den Anbau zu nutzen. R. wird mit dem weniger stark entwickelten Bodentyp der *Gelberde* unter dem Begriff *Latosol* zusammengefaßt. Auch der Laterit gehört zu den Latosolen.

Roter Tiefseeton: Der Rote T. ist ein Tiefseesediment, das nur in Tiefen von mehr als 5 000 m vorkommt; durch Eisenoxid ist er rotbraun gefärbt, er enthält oft Manganknollen. Da das kohlensäurehaltige, unter hohem Druck stehende Tiefseewasser den Kalk löst, ist der Ton sehr kalkarm. Der Rote T. bedeckt rund 30% des gesamten Meeresbodens, im Pazifischen Ozean die Hälfte, im Atlantischen und Indischen Ozean je ein Viertel.

Rotlehm: R. ist ein tiefgründiger, durch Eisenoxid rot gefärbter Bodentyp mit ABC-Profil, der in tropischen und subtropischen Klimaten auf Silicatgesteinen entsteht. Er entwickelt sich unter weniger intensiven Verwitterungsbedingungen als die Roterde; d.h. die Siliciumverbindungen werden nicht völlig ausgespült, so daß Kaolinit gebildet werden kann. Dieser Tonanteil bedingt einen lehmigen und plastischen Charakter dieser Böden; man faßt sie mit den entsprechend weniger stark entwickelten Bodentypen, dem subtropischen *Braunlehm* und dem unter Staunässeeinfluß gebildeten *Grau-* oder *Weißlehm* auch als *Plastosole* zusammen.

Rotliegendes (Unterperm): ältere Abteilung des Perm, der jüngsten Formation des Paläozoikums, ↑Geologie, Formationstabelle.

Rubidium-Strontium-Methode: Die R. ist eine Möglichkeit der ↑physikalischen Altersbestimmung.

rückschreitende Erosion: ↑Erosion

Rückstandsgestein: svw. ↑Residuat

Rückzugsstadien ↑Stadium

Rückzugsvölker: Als R. werden Restgruppen von Bevölkerungen bezeichnet, die sich unter dem Druck ihnen überlegener Völker in Randgebiete des Siedlungsraumes (sogen. *Rückzugsgebiete*) zurückgezogen und dort an die Umgebung angepaßt haben, so daß sie jetzt ein zwar materiell verarmtes, technisch und wirtschaftlich jedoch hochspezialisiertes Dasein führen. Dies gibt ihnen bei einem gerade noch tragbaren Existenzminimum den nicht zutreffenden Anschein größter Altertümlichkeit, weshalb sie oft fälschlicherweise als noch lebende Vertreter des Urzustandes der Menschheit angesehen wurden.

Rumpffläche: Die R. ist eine meist flachwellige Verebnungsfläche, bei der schräggestellte oder gefaltete Schichten durch Abtragungsvorgänge gekappt und eingerumpft wurden.

Rumpfgebirge: Als R. bezeichnet man einen nach Abschluß der Orogenese mehr oder weniger flächenhaft abgetragenen Gebirgskörper; aus geologischer Sicht stellt er trotz der Einebnung ein Faltengebirge dar. Diese R. wurden nachträglich oft erneut gehoben, wobei der Gebirgskörper meist nicht nur an einer Flexur verbogen, sondern auch an Verwerfungen in einzelne, unterschiedlich gehobene Bruchschollen zerstückelt wurde; in diesem Fall spricht man von *Rumpfschollengebirge.*

Rundhöcker: R. sind durch die Bewegung des Eises abgerundete längliche Felshügel von bis zu 100 m Höhe; sie sind daher heute in ehemals vergletscherten Gebieten anzutreffen. R. haben eine glatte, flach ansteigende Seite, die dem ehemaligen Eisstoß zugewandt war, d.h. auf die das Eis aufglitt, und eine schroff verwitterte, steilere Rückseite. Zahlreich auftretende R. bilden eine *Rundhöckerlandschaft,* so besonders in Schweden und Finnland. Wird eine solche flach vom Meer überflutet, so daß nur noch die oberen Teile der R. aus dem Wasser schauen, entsteht eine *Schärenküste.*

Rundling: Beim R. handelt es sich um einen besonderen Typ des Weilers. Er kommt nur im ehemaligen deutsch-slawischen Grenzraum in Mitteleuropa vor, also in Mecklenburg, Ostniedersachsen, in der Altmark, in Thüringen und Sachsen. Um den platzartigen Innenraum (meist mit Anger), in dem die Stichstraße von der Überlandstraße endet, liegen in runder Anlage die Hofstellen, die alle unmittelbaren Anschluß an die Flur, die einen Streifengemengverband darstellt, haben. – Abbildung ↑Siedlungsformen.

Runse: Die R. ist eine durch fließendes Wasser gebildete Auswaschungsrinne an steilen Berghängen; sie bildet oft gleichzeitig eine Steinschlag- und Lawinenbahn.

S

Saaleeiszeit: pleistozäne Eiszeit in Norddeutschland, ↑Quartär

Sahel: Als S. wird die Übergangszone vom eigentlichen Wüstengebiet der Sahara zur Dornstrauchsavanne am Saharasüdrand bezeichnet; er bildet einen breiten Gürtel vom Atlantik bis zum Roten Meer und ist etwa 2 Mill. km² groß. In diesem Lebensraum treten regelmäßig Dürren auf, auf die die Bevölkerung ursprünglich eingestellt war: Die Nomaden kannten und respektierten Weide- und Brunnenrechte; es gab auch Land- und Wasserreserven, die nur in den Dürrezeiten aufgesucht wurden. Es gab also eine durchaus ausreichende Selbstversorgungswirtschaft, wenn auch in einem recht labilen Gleichgewicht. Die natürlichen Gegebenheiten regelten somit nicht nur den Viehbestand, sondern auch die Bevölkerungsdichte. Mit dem Aufkommen der staatlichen Verwaltung, die Geld benötigte (Viehsteuer; Anbau von Devisen bringenden Feldfrüchten) waren die Bewohner gezwungen, die Reserven in ständig zu nutzende

Gebiete umzuwandeln; um das zu ermöglichen, wurden zahlreiche Brunnen für die Bewässerung und als Viehtränken erbohrt. Außerdem wuchs damit die Bevölkerungsdichte (verbunden mit einer besseren medizinischen Versorgung). So wurde von mehr Menschen mehr Vieh gehalten, und es wurde mehr Land bestellt, als der Naturraum eigentlich zuläßt. Als nun die zu erwartende Dürreperiode ab 1968 einsetzte, stand kein Reserveland zur Verfügung, weder für die Bevölkerung noch für den angewachsenen Viehbestand. Die Katastrophe war unvermeidlich. Die Herden gingen zu 60–80%, bei einigen Tuaregstämmen sogar zu 90% ein. Die Ernten erbrachten kaum die Hälfte der Durchschnittsjahre, vielerorts und bei einigen Früchten sogar weniger. Eine Hungersnot nie gekannten Ausmaßes (denn nie lebten so viele Menschen in diesem ungünstigen Lebensraum) war die Folge, die Menschen, z.T. mit Vieh, flohen in günstigere Gebiete im Süden und belasten nun hier das Gleichgewicht zwischen Natur und Mensch. Mit dem Wiederbeginn der Niederschläge 1974 wurde der Notstand nicht beendet, denn während der Dürre wurde die Holz- und Strauchvegetation durch Viehverbiß oder Abholzung vernichtet und die dünne Humusschicht zerstört; die Wüste hat sich ausgedehnt (Diesen Vorgang bezeichnet man als Desertifikation). Maßnahmen zur Eindämmung der Wüste werden deshalb jetzt geplant.

Saisonsiedlung [zɛ'zõ:]: Es handelt sich hierbei um eine nur während einer bestimmten Zeit im Jahr bewohnte Siedlung. Außerdem unterscheidet man dabei nach der Funktion zwischen Wirtschafts- und Freizeitsiedlungen; zur ersten Gruppe gehören die Sennereien der Almen und die ↑Cannery-Siedlungen, zur zweiten die Skihütten und Feriendörfer.

Salar: Bezeichnung für eine ↑Salztonebene in Südamerika.

Saline: Eine S. ist eine Anlage, in der aus natürlichen wässrigen Salzlösungen (also Meerwasser, Wasser von Salzseen, kochsalzhaltige Quellen) durch Verdunstung des Wassers Kochsalz gewonnen wird. Die einfachsten Anlagen sind ↑Salzgärten. In modernen S.n arbeitet man mit Verdampfersystemen oder mit Sudpfannen und nachgeschalteten Zentrifugen.

Salzböden: Als S. bezeichnet man in ariden, semiariden und semihumiden Klimagebieten anzutreffende Böden, in denen lösliche Salze aufgrund natürlicher Bodenbildungsprozesse oder bei der Bewässerung arider Gebiete oberflächlich oder in bestimmten Bodenhorizonten ausgeschieden sind; man unterscheidet (mit zunehmendem Salzgehalt) *Solod, Solonez* und *Solontschak.* – ↑auch Bodenversalzung.

Salzgärten: Zur Salzgewinnung in Küstengebieten mit warmen Klima wird Meerwasser, in ariden Gebieten auch Wasser aus Salzseen oder kochsalzhaltigen Quellen in ein System flacher Bekken, die sogen. Salzgärten gebracht, in denen man die Sole unter Einwirkung der Luft eintrocknen läßt (das Wasser verdunstet) bis das Salz allein zurückbleibt.

Salzhut: Ein S. ist der oberste Teil eines ausgelaugten ↑Salzstocks.

Salzpfanne (afrikaans Vley): Eine S. ist eine flache Hohlform in abflußlosen Trockengebieten, auf deren Salzboden Salzausblühungen und Salzkrusten auftreten können. Nach den seltenen, kurzen Niederschlägen verwandelt sie sich in einen Salzsumpf. S.n treten u.a. in Südwestafrika auf, wo sie Vley genannt werden.

Salzsee: Ein S. ist ein See mit überdurchschnittlichem Salzgehalt. Im allgemeinen handelt es sich um Endseen, deren Salzgehalt durch die dauernde Verdunstung ständig steigt. Außer den gewöhnlichen S.n, die Kochsalz, Magnesiumchlorid und Magnesiumsulfat enthalten, gibt es *Natronseen* (mit Natriumsulfat und Soda) und *Boraxseen* (mit $Na_2B_40_7$). Da S.n. als Endseen großen Wasserstandsschwankungen unterliegen, kann es randlich oft zur Austrokkung kommen. Viele S.n werden daher zur Salzgewinnung genutzt. Große S.n sind der Aralsee mit einem Salzgehalt von 1,1–1,4%, das Kaspische Meer (Salzgehalt im Südosten 1,4%, im Kara-Bogas-Gol 30%), der Great Salt Lake in den USA (Salzgehalt 25–27%) und das Tote Meer (Salzgehalt 29–33%).

Salzstock (Salzdom, Salzhorst, Diapir): Salzschichten, die von Gesteinen höherer Dichte überlagert werden, geraten leicht in einen Zustand des plastischen Fließens und suchen dann in Richtung des größten Druckgefälles auszuweichen. Diesen Vorgang nennt man *Halokinese.* V.a. in Schwächezonen der Erdkruste, besonders an Verwerfungen, dringt das Salz aufwärts, durchstößt die überlagernden Schichten und bildet eine dom-, stock- oder pilzförmige Masse, den sogen. Salzstock. Die Deckschichten werden dabei an den Flanken des S.s mitgeschleppt, aufgewölbt oder überkippt. Diese Schichtstrukturen sind günstig zur Bildung von Erdöllagerstätten. Die obersten Teile des S.s werden oft, sofern sie nahe genug an die Erdoberfläche gelangt sind, durch Sickerwasser ausgelaugt und bilden dann eine Kappe aus wasserhaltigen Anhydritgesteinen, den sogen. *Salzhut;* meist besteht er aus Gips; dann spricht man von *Gipshut.*

Salzsumpf: Nach den periodischen oder episodischen Niederschlägen sammelt sich in den innersten Teilen von ↑Salztonebenen und ↑Salzpfannen soviel Wasser an, daß diese zu kurzlebigen Salzsümpfen werden.

Salztektonik (Salinartektonik): Von S. spricht man bei Störungen der Schichtlagerung, die durch Bewegungen von Salzgesteinen hervorgerufen wurde. Diese führen zu besonderen Deformationsformen, wie Salzstöcken, da sich Salz gegenüber Druck plastisch verhält.

Salztonebene: Im Inneren großräumiger abflußloser Becken sind Salztonebenen weit verbreitet. Das sehr feine Material dieser Schwemmebenen wird von benachbarten Gebieten durch periodische oder episodische Flüsse eingeschwemmt und bleibt als salzreicher Ton beim

Ablaugung eines Salzstockes (nach Seidl). Bei der saxonischen Gebirgsbildung wurde das Salzlager zu einem Salzhorst zusammengestaucht und aufgepreßt, dann oben durch Auflösung zerstört; Salzspiegel, darüber Gipshut (gekreuzt). Im Salzstock schwarz dargestellt: Kalisalzschichten.

Verdunsten des Wassers zurück. Während der Regenzeit sind die Salztonebenen von flachen Salzsümpfen erfüllt, die aber sehr schnell wieder austrocknen, wobei sich am Boden die typischen polygonen Trockenrisse bilden. Entsprechend ihrem Vorkommen tragen die S.n unterschiedliche Namen: *Bajir* in Innerasien, *Takyr* in Turan, *Kawir* in Iran, *Playa* in Mexiko (↑Bolson), *Salar* in Südamerika, *Schott* im Atlas und *Sebcha* in der Sahara.

Salzwüste: Die S. ist eine durch den Salzreichtum des Bodens charakterisierte Wüste; ↑auch Salztonebene.

Sammelwirtschaft: Bei dieser Wirtschaftsform wird der Lebensunterhalt durch Sammeln von Wildfrüchten, Wurzeln, Knollen, Grassamen und Insekten bestritten. Das wichtigste Arbeitsgerät ist der Wühlstock. S. finden wir u.a. bei den ↑Wildbeutern.

Samum: Der S. ist ein trockener, heißer, meist staub- und sandbeladener Wüstenwind in Nordafrika und auf der Arabischen Halbinsel. Er kann als heftige Luftströmung in lokal entwickelten Hitzetiefs auftreten, die durch starke Sonneneinstrahlung und damit verbundener Aufheizung der Luft über den weiten Wüstengebieten entstehen, oder aber an der Vorderseite von Tiefdruckgebieten über dem Mittelmeer.

Sand: S. ist ein klastisches Lockergestein, das aus Mineralkörnern von 0,002 bis 2 mm Durchmesser besteht. Man untergliedert nach den Korngrößen in *Schluff (Mehlsand)* mit 0,002 bis 0,02 mm, *Feinsand (Silt)* mit 0,02 bis 0,2 mm, *Mittelsand* mit 0,2 bis 0,6 mm und *Grobsand (Grit)* mit 0,6 bis 2,0 mm Durchmesser. Am verbreitetsten ist *Quarzsand,* der überwiegend aus gerundeten Quarzkörnern besteht, die durch Beimengungen unterschiedlich gefärbt sein können, z.B. durch Eisenoxide bräunlich, durch Kohlenstaub dunkelbraun bis schwarz oder durch Glaukonit grünlich. Je nach Transportart unterscheidet man zwischen *Fluß-, Schwemm-* und *Seesand* (Wassertransport) und *Flug-, Dünen-* und *Wüstensand* (Windtransport). Als glazifluvial oder fluvioglazial bezeichnet man S.e, die durch abfließende Gletscherschmelzwässer abgesetzt wurden.

Sandbank: Als S. bezeichnet man eine flache Untiefe in einem Gewässer; im Meer spricht man auch von Sandriff.

Sandböden: Als S. bezeichnet man ↑Bodenarten mit über 40% (meist bis zu 80%) Sand und bis 15% Ton. Typisch sind gute Wasserführung, geringes Wasserhaltevermögen, intensive Durchlüftung, geringer Nährstoffgehalt, gute Durchwurzelbarkeit; S. sind daher leicht zu bearbeiten, weshalb man sie auch *leichte Böden* nennt. Vielfach werden sie für Waldland genutzt.

Sander (Sandr) : S. bildeten sich großräumig vor den Endmoränen der Gletscher und des Inlandeises. Ihr Material wurde durch Schmelzwässer aus dem Moränenmaterial herausgewaschen. Auf diese Weise entstanden schwach geneigte Schwemmkegel. Diese bestehen aus Sand und Kies; das feinste Material wurde jedoch nicht abgelagert; S. sind daher meistens wenig fruchtbar. Vielfach wurden die Sande durch die Winde der trocken-kalten und vegetationsarmen Tundrenzeit zu Dünen umgelagert.

S. finden sich am Rande der nordeuropäischen Vereisung, da der lange Transportweg innerhalb und unterhalb des Eises genügend feines Abtragungsmaterial entstehen ließ. Im Alpenvorland sind die ↑Schotterplatten die entsprechende Erscheinung.

Sandriff (Schaar): Ein S. ist eine an Flachküsten parallel zur Uferlinie des Meeres auftretende Sandbank, die in manchen Fällen auch über den Meeresspiegel hochwachsen und somit eine langgestreckte Sandinsel bilden kann.

Sandschliff: S. ist die häufigste Art des ↑Windschliffs.

Sandstein: S. ist ein Sedimentgestein, das größtenteils aus Quarzkörnern, aber auch Feldspat-, Glimmer-, Glaukonit- u.a. Mineralkörnern besteht, die durch

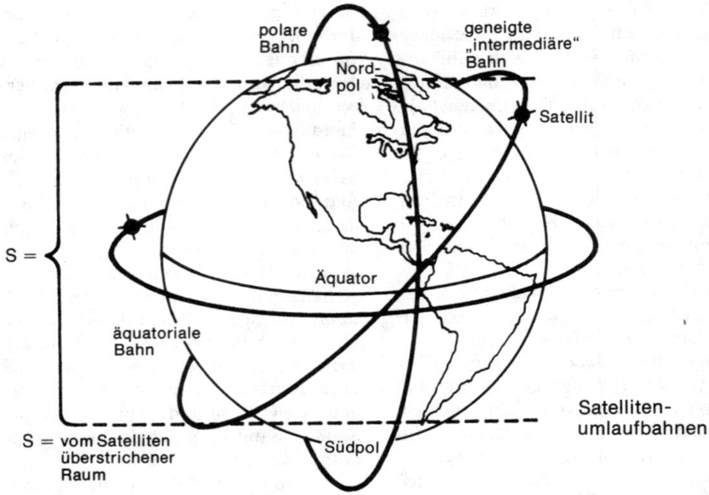

ein Bindemittel verkittet sind. S.e werden meist nach der Art des Bindemittels als Ton-, Kiesel- oder Eisensandstein unterschieden; daneben werden sie auch häufig nach der Farbe, nach dem Vorkommen, nach der geologischen Epoche oder nach den Resten eingebetteter Organismen bezeichnet. S.e sind weit verbreitet und kommen in allen geologischen Formationen vor; poröse S.e bilden häufig das Speichergestein für Erdöl und Erdgas. S.e unterscheiden sich nach der Zusammensetzung (Art und Anteil der Körner und des Bindemittels, Menge und Form der Poren) in ihrer Festigkeit und damit in ihren Verwendungsmöglichkeiten; besonders quarzreiche und porenarme S.e werden häufig als Bau-, Schleif- und Mühlsteine verwendet.

Sandsturm: Ein S. ist ein starker, trokkener und meist heißer Wind, der in den Trockengebieten große Mengen von Staub und Sand aufwirbelt und über weite Strecken mit sich führt; solche Sandstürme sind Schirokko und Samum.

Sandwüste: Die S. ist der als großes Dünengebiet oder als wellige Sandfläche ausgebildete Wüstentyp; er findet sich längs den Küsten und überall dort, wo anstehender Sandstein bei der Verwitterung genügende Mengen Sand abgibt, oder wo Feinmaterial, das aus anderen Gebieten ausgeblasen wurde, abgelagert werden konnte. In der Sahara werden S.n *Erg* oder *Edeien* genannt.

Sapropel: Fachwort für ↑Faulschlamm

Satellit: Künstliche Satelliten sind Raumflugkörper, die sich in nahezu elliptischer oder kreisförmiger Bahn um eine Zentralmasse (Planet, Mond) meist aber um die Erde *(Erdsatellit)* bewegen. Aufgrund des nicht exakt kugelsymmetrischen Gravitationsfeldes der Erde, durch Gravitationseinflüsse anderer Himmelskörper sowie durch den Einfluß der äußeren Schichten der Erdatmosphäre (bei relativ erdnahen Bahnen) ergeben sich jedoch Abweichungen von den elliptischen bzw. kreisförmigen Raumflugbahnen der Erdsatelliten. Die Bewegung in den äußeren Schichten der Atmosphäre führt infolge der Reibung zu einer ständigen Verlangsamung der Bahngeschwindigkeit und damit zu einer Abnahme der Bahnhöhe, so daß der S. schließlich in den dichteren Schichten der Atmosphäre durch Reibungswärme

stark erhitzt wird und – sofern keine besonderen Vorkehrungen getroffen wurden – in der Atmosphäre verglüht. Mit dem Start des ersten sowjetischen Erdsatelliten „Sputnik 1" am 4. Okt. 1957 und des ersten amerikanischen Erdsatelliten „Explorer 1" am 1. Febr. 1958 begann die Erforschung des erdnahen Weltraums mit Hilfe von S.en, die eine Vielzahl neuer Erkenntnisse brachte. Bereits 1961 konnten die ersten bemannten Raumflugkörper als S.en in eine Erdumlaufbahn gebracht werden. Parallel dazu liefen die Entwicklung und der Start von Forschungssatelliten für geophysikalische, astronomische u.a. Messungen sowie von Nutzsatelliten verschiedenster Art, z.B. Funksatelliten, Fernsehsatelliten, Wettersatelliten. Raumstationen auf Satellitenbahnen ermöglichen auch den längeren Aufenthalt von Menschen im Weltraum. – Nach einer Statistik des North American Air Defense Command umkreisten am 26. Dez. 1976 insgesamt 854 Nutzlastsatelliten und 3 183 Wrackteile die Erde; bis zu diesem Zeitpunkt waren (seit 1957) insgesamt 9646 Objekte in den Weltraum gelangt, von denen 4141 auf Erdumlaufbahnen verblieben.
1966 gelang es zum ersten Mal, künstliche S.en in eine Umlaufbahn um den Mond zu bringen (Luna, Lunar Orbiter). Als erster künstlicher S. des Mars schwenkte am 13./14. Nov. 1971 die Planetensonde „Mariner 9" in eine Umlaufbahn um den Mars ein.

Satellitenstaaten: Staaten, die sich in großer Abhängigkeit eines anderen Staates befinden, werden S. genannt. In der Regel werden die osteuropäischen Staaten als S. der UdSSR bezeichnet.

Satellitenstadt: Dieser Ausdruck wird häufig als Synonym für Trabantenstadt gebraucht. Eine S. im eigentlichen Sinn ist aber eine Stadt, die zur Entlastung einer Großstadt neu angelegt wurde und die (im Gegensatz zur Trabantenstadt) bereits ein wichtiger Gewerbestandort ist. Auch besitzt die S. Versorgungsfunktionen des täglichen Bedarfs.

Sattel: ↑Falte

Säuerling (kohlensaure Quelle): Ein S. ist eine ↑Mineralquelle, die freies Kohlendioxid enthält.

Saumriff: Das S. ist eine Art des ↑Korallenriffs.

Saumtiefe (Randtiefe, Vortiefe): In der S. sammeln sich die Lockersedimente während einer ↑Orogenese.

Savanne: Die S. ist eine Vegetationsformation der wechselfeuchten Tropen mit geschlossenem Graswuchs und mit in mehr oder weniger großem Abstand voneinander wachsenden Holzgewächsen. Inmitten der S. entsteht daher der Eindruck von einem in der Ferne beginnenden Wald. Fehlen Holzgewächse, spricht man von tropischem Grasland. Natürliche S. kommt nur bei Jahresniederschlägen unter 600 mm vor; sekundäre Savannen entstehen durch regelmäßige Brände, die oft vom Menschen verursacht werden. Während der Regenzeit herrscht ein üppiges Pflanzenwachstum, in der Trockenzeit wird das Land von der Sonne verdorrt, und es besteht die Gefahr von Bränden.
Typische Savannentiere sind die schnellfüßigen Antilopen, Zebras, Giraffen und Büffel, die von Löwen, Leoparden und Geparden gejagt werden. Unter den Kleinsäugern finden sich v.a. bodenbewohnende Nagetiere.
Große Teile der S. sind heute Ackerland; Baumwolle, Erdnüsse und Hirse sind wichtige Anbaupflanzen. In trockeneren Gebieten ist Ackerbau nur mit künstlicher Bewässerung möglich. Hier wird auch Viehzucht betrieben, wobei sehr oft die Gefahr der Überweidung besteht.
Aufgrund unterschiedlich hoher Niederschlagsmengen unterscheidet man zwischen ↑Feuchtsavanne, ↑Trockensavanne und ↑Dornstrauchsavanne, die bereits den Übergang zur Halbwüste bildet. Die Übergänge zwischen diesen einzelnen Typen sind fließend. Man findet S.n in den tropischen Bereichen aller Kontinente. Am deutlichsten sind die einzelnen Typen im Sudan Afrikas

ausgebildet. Durch besondere Gegebenheiten bedingte Sonderformen sind die ↑Termitensavanne und die ↑Überschwemmungssavanne.

Schaar: svw: ↑Sandriff

Schachbrettgrundriß: Es handelt sich hier um einen Stadtgrundriß mit rechtwinklig sich kreuzenden Straßen. Im Idealfall ist der Kreuzungsabstand immer gleich, so daß der Stadtgrundriß nur Quadrate zeigt. Man findet diesen Grundriß nur bei geplanten Städten, am ausgeprägtesten bei den spanischen Kolonialstädten in Lateinamerika.

Schädlingsbekämpfung: Bei der Sch. sollen die durch Tiere oder Pflanzen verursachten Schäden an den durch den Menschen geschaffenen land- und forstwirtschaftlichen Kulturen in Grenzen gehalten werden.

Man unterscheidet drei Arten der Sch., die chemische, die biologische und die kulturtechnische. Bei der chemischen Bekämpfung werden die Schädlinge mit Hilfe von Pestiziden vernichtet. Bei der biologischen Sch. beschreitet man verschiedene Wege. So versucht man durch Züchtung und Förderung von natürlichen Feinden der Schädlinge und durch das Fangen mittels Duftstoffen, welche die Schädlinge anlocken, ihren Bestand zu vermindern sowie durch Sterilisation ihre Vermehrung zu verhindern; außerdem vernichtet man die Schädlinge durch Krankheitserreger. Im kulturtechnischen Bereich versucht man durch Pflegemaßnahmen, wie z.B. Düngung und Baumschnitt, die Widerstandsfähigkeit der Pflanzen zu verbessern. Durch Zucht will man schädlingsunempfindliche Sorten erhalten. Der integrierte Pflanzenschutz kombiniert alle drei Methoden.

Schäfchenwolken: svw. ↑Zirrokumulus

Schafkälte: Die Sch. ist eine ↑Singularität der Witterung. Sie tritt sehr häufig Mitte Juni, zur Zeit der Schafschur, in Mitteleuropa auf: es handelt sich dabei um einen Kaltlufteinbruch aus Nordwesten, der von unbeständigem, regnerischem Wetter begleitet ist.

Schären: Sch. sind die kleinen Inseln an der ↑Schärenküste.

Schärenküste: Die Sch. ist ein Küstentyp in ehemals vom Eis überströmten Gebieten, und zwar handelt es sich um eine Rundhöckerlandschaft, die flach vom Meer überspült wurde, so daß heute die oberen Teile der Rundhöcker als kleine Inseln, sogen. *Schären,* der eigentlichen Küstenlinie vorgelagert sind. Die Sch. ist typisch an der mittelschwedischen Ostseeküste ausgebildet.

scharliegend: Dieser an der Küste übliche Ausdruck bedeutet: ohne weiteren Schutz dem Meer zugewandt. Ein *Schardeich* ist also ein ↑Deich ohne ↑Vorland.

Schelf (Festlandsockel, Kontinentalschelf, Kontinentalsockel): Als Sch. bezeichnet man den unter dem Meeresspiegel liegenden Randbereich der Kontinente, der sich von der Küste bis zum Beginn des Kontinentalabhanges, also bis zu etwa 200 m Meerestiefe, erstreckt. Die entsprechende Meeresregion wird als *Schelfmeer* (z.B. die Nordsee), darin liegende Inseln als *Schelfinseln* (z.B. die Britischen Inseln) bezeichnet.

Völkerrecht: Eine grundsätzliche Regelung ist in der Genfer Konvention über den Festlandsockel (Continental Shelf Convention) vom 29. April 1958 enthalten, die inzwischen zu entsprechendem Völkergewohnheitsrecht geworden ist. Danach reicht gemäß Artikel 1 der Festlandsockel so weit, wie die Wassertiefe über dem Meeresboden 200 m nicht übersteigt, oder so weit eine Ausbeutung der Naturschätze technisch möglich ist. Das weitaus schwierigste Problem der Aufteilung des Festlandsockels unter die verschiedenen Küstenstaaten ist die Seiten- und Endbegrenzung. Sie wird nach Artikel 6 der Konvention bei fehlender vertraglicher Vereinbarung auf der Grundlage der Äquidistanzlinie gelöst.

Schelfeis: Sch. ist auf dem Wasser der Schelfmeere schwimmendes Eis, das vor allem in den Polargebieten vorkommt, wo das Gletschereis oberflächlich nicht mehr abschmelzen kann, weil die Tem-

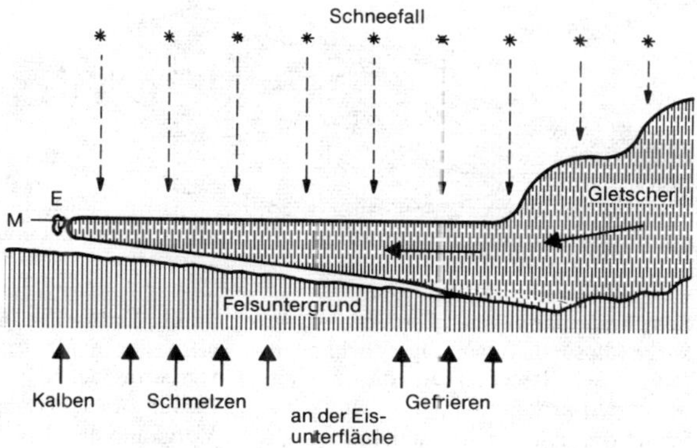

Schematischer Querschnitt durch eine Schelfeisplatte M ist der Meeresspiegel, E ein Eisberg

peraturen zu niedrig sind (An einigen warmen Sommertagen und an der Berührungsfläche des Sch.es mit Wasser allerdings findet Abschmelzen statt). Sch. besteht aus bis zu 100 m dicken Eisplatten, die vom nachdrängenden Inlandeis und gleichermaßen durch Schneeanwehungen und -niederschläge genährt werden. Diese Eisplatten brechen am Schelfrand ab und bilden dadurch Eisberge. Sch. kommt besonders in der Antarktis vor, und zwar vor allem im Rossmeer, das von der gewaltigen Eisplatte des Ross-Sch.es bedeckt ist (538 000 km²), welche in der 900 km langen und 30–50 m hohen Rossbarriere zum Meer abbricht.

Schelfmeer: Als Sch. werden diejenigen Meere und Meeresteile bezeichnet, die über dem ↑Schelf liegen.

Schicht: Als Sch. wird in der Geologie ein durch Ablagerung entstandener plattiger Gesteinskörper von größerer flächenhafter Ausdehnung bezeichnet. Die eine Sch. begrenzenden Flächen werden *Sch.flächen* genannt, die obere *Dachfläche,* die untere *Sohlfläche;* die Berührungszone, in der zwei Sch.en aneinanderstoßen (also zwischen der Sohlfläche der hangenden und der Dachfläche der liegenden Sch.), wird *Schichtfuge* genannt.

Schichtgestein: svw. ↑Sedimentgestein

Schichtrippe: ↑Schichtstufe

Schichtstufe: Bei einer abwechselnden Lagerung von morphologisch härteren und weicheren Schichten in einem schwach geneigten Schichtpaket halten die widerständigen Gesteinsschichten der Abtragung länger stand, sie werden daher als Stufen herausmodelliert, während die weicheren Schichten abgetragen werden. Auf diese Weise entstehen in der Landschaft Stufen, die als Sch.n bezeichnet werden.

Der Steilabfall der Sch. wird *Stirn,* die Oberkante *Trauf* und die flache Abdachung zum Stufenrückland *Lehne* oder *Landterrasse* genannt. Wurden mehrere Stufen in größerem Abstand herausgearbeitet, spricht man von einer ↑*Schichtstufenlandschaft.*

Ist das Schichtpaket so stark geneigt, daß bei der Stufenbildung die Lehne nicht viel flacher ist als die Stufe selbst, spricht man von *Schichtkämmen* oder *Schichtrippen.*

Schichtstufenlandschaft: Weite, sanft geneigte Flächen werden in einer Sch. durch ↑Schichtstufen voneinander getrennt. Als Stufenbildner treten hierbei z.B. in der südwestdeutschen Sch. morphologisch harte Sand- und Kalksteinschichten des Buntsandsteins, des Muschelkalks, des Keupers und des Jura auf.

Auf den Landterrassen aufsitzende Erhebungen, die Reste der abgetragenen

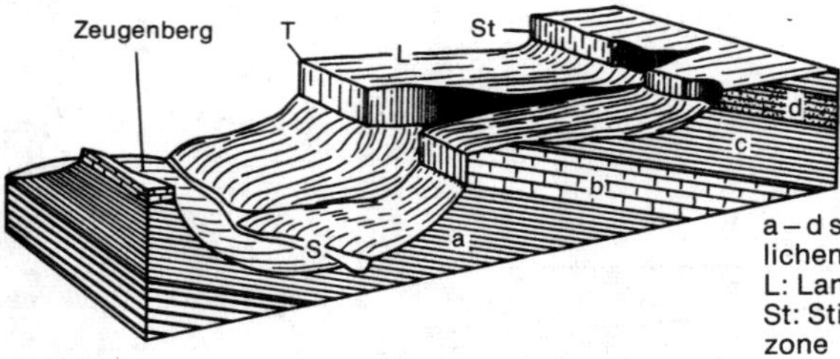

Schema einer Schichtstufenlandschaft

a – d sind die unterschiedlichen Gesteinsschichten. L: Landterrasse, T: Trauf, St: Stirn, S: Subsequenzzone

Schichten darstellen, werden *Zeugenberge* (da sie das ehemalige Vorhandensein dieser Schichten an dieser Stelle bezeugen) genannt.

Schichtung: Sch. nennt man in der Geologie die schichtenförmige Ablagerung (Sedimentation) bzw. Lagerung von Gesteinen. Sch. entsteht durch Änderung des Sedimentationsmaterials oder durch zeitweilige Unterbrechung der Sedimentation, wobei vor ihrem Wiedereinsetzen die Ablagerungen verfestigt werden. Neben der häufigen *Parallelschichtung* tritt auch *Kreuz-* oder *Schrägschichtung* auf: U.a. in Dünen, Flußbänken und Deltas ergibt sich oft eine primär geneigte Lagerungsform der Sedimente; durch Änderung der Schüttungsrichtung stoßen die wechselnd einfallenden Horizonte in spitzem Winkel aufeinander.

Schiefe der Ekliptik: Als Sch. d. E. wird der Winkel bezeichnet, unter dem die ↑Ekliptik den Himmelsäquator schneidet; er beträgt 23° 27′.

Schiefer: Sch. ist ein durch Schieferung entstandenes, in dünnen, ebenen Platten brechendes Gestein; man versteht darunter v.a. Tonschiefer und die durch schiefriges Gefüge gekennzeichneten und daher auch kristalline Sch. genannten metamorphen Gesteine. Im weiteren Sinne wird jedes in dünne, ebene Platten (Schichten) spaltbare Sedimentgestein, z.B. Schieferton, als Sch. bezeichnet.

Schieferton: Sch. nennt man einen diagenetisch verfestigten, nach parallelen Schichtebenen spaltbaren Ton; er ist hellgrau bis schwarz oder bunt gefärbt.

Schieferung: Als Sch. bezeichnet man ein von der Schichtung unabhängiges, durch Teilbarkeit nach parallelen Flächen, den *Schieferungsflächen,* charakterisiertes Gefüge eines Gesteins bzw. die Bildung dieses Gefüges. Sch. wird durch Vorgänge der Tektonik und Metamorphose hervorgerufen, d.h. durch Mineraleinregelungen (längste Achsen stellen sich senkrecht zum Druck), Umkristallisierungen und Scherbewegungen. Die Schieferungsflächen können parallel *(Isoklinal-* oder *Parallelschieferung)* und quer *(Transversal-* oder *Querschieferung)* zu den Schichtflächen verlaufen.

schießen: In der Gewässerkunde Bezeichnung für eine ↑Fließgeschwindigkeit.

Schiffshebewerk: Ein Sch. ist eine Vorrichtung zur Überwindung von Höhenunterschieden im Fahrwasser von Binnenwasserstraßen, die im Gegensatz zu Schleusen praktisch ohne Wasserverbrauch arbeitet. Bei der heute ausschließlich angewendeten Naßförderung wird das Schiff schwimmend in einem mit Wasser gefüllten Trog gehoben. Bei den *Senkrechthebewerken* unterscheidet man heute *Schwimmhebewerke* und *Gegengewichtshebewerke,* die als Gewichtsausgleich für die bewegten Teile entweder Schwimmer oder Gegengewichte haben. Die Lager und Führungen der Tröge sind so ausgebildet, daß der Antrieb im wesentlichen nur die Bewegungswiderstände zu überwinden und den Trog aus der Ruhe heraus zu beschleunigen hat.

Das größte Senkrechthebewerk der Erde ist das doppelte Sch. in Scharnebeck bei Lüneburg am Elbe-Seitenkanal. Die Hubhöhe beträgt 38 m, die zwei

Tröge sind je 100 m lang und je 12 m breit, womit diese Anlage auch den Anforderungen des ↑Europaschiffs genügt. Die beiden Tröge wiegen mit Wasser gefüllt 6000 t und fahren mit einer Geschwindigkeit von maximal 14,4 m/min. Die Dauer eines Hubs mit Ein- und Ausfahrt beträgt 15 Minuten.
Bei *Hebewerken mit geneigter Ebene* unterscheidet man Heben auf längsgeneigter Ebene, der Trog bewegt sich mit seiner Längsachse in Richtung der Falllinie der geneigten Ebene (z.B. im Charleroi-Brüssel-Kanal bei Ronquières), und Heben auf quergeneigter Ebene, der Trog bewegt sich mit seiner Längsachse quer zur Fallinie (z.B. im Rhein-Maas-Kanal bei Lutzelbourg). Bei Sch.en mit geneigter Ebene wird das Troggewicht immer durch ein Gegengewicht ausgeglichen, so daß auch hier im Normalfall durch den Antrieb nur die Beschleunigung des Trogs und die Überwindung der Bewegungswiderstände erfolgt.
Eine besondere Weiterentwicklung des Sch. mit längsgeneigter Ebene ist die sogen. ↑Wasserböschung.

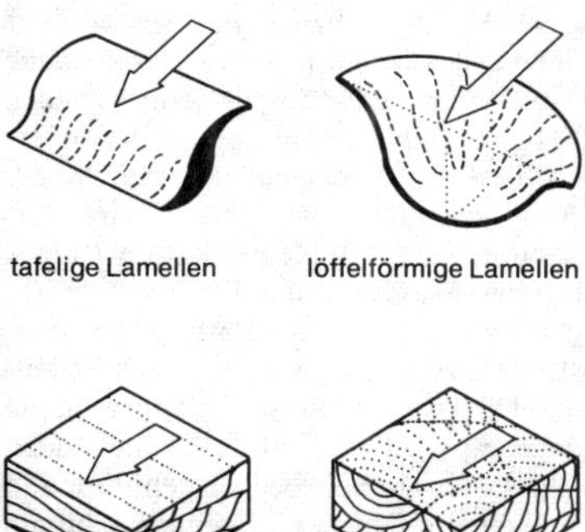

tafelige Lamellen löffelförmige Lamellen

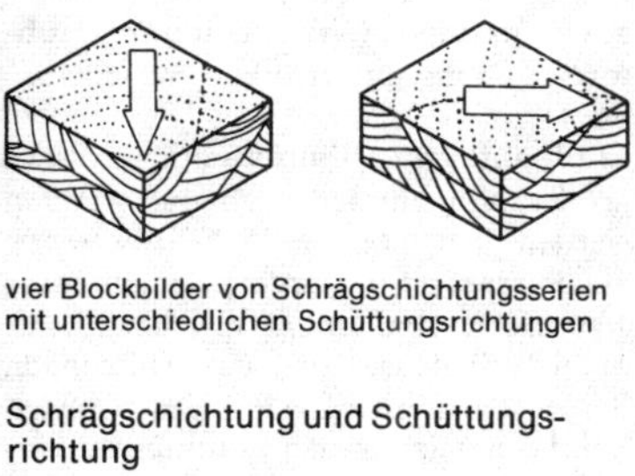

vier Blockbilder von Schrägschichtungsserien mit unterschiedlichen Schüttungsrichtungen

Schrägschichtung und Schüttungsrichtung

Schildvulkan: Ein Sch. ist ein flacher, schildförmiger Vulkan, der durch gleichmäßiges und weiträumiges Ausfließen dünnflüssiger Lavamassen entstanden ist; die Hangneigung beträgt im Durchschnitt 3–8°; der Durchmesser an der Basis ist um ein Vielfaches größer als die Höhe. Sch.e sind v.a. auf Hawaii und Island vorhanden.
Schill: Eine Anhäufung von Muschel- und Schneckenschalen an Küsten oder in der Flachsee, durch Meeresströmung oder Brandung zusammengespült, wird als Sch. bezeichnet. Die Sch.-Lager werden mancherorts abgebaut, um einen besonders reinen Kalk zu gewinnen, der in der Futtermittelherstellung Verwendung findet.
Schirokko (italienisch Scirocco): Der Sch. ist ein sehr heißer, trockener und staubbeladener Wind im Mittelmeerraum, der in den Wüstengebieten Nordafrikas entsteht. Diese Luftmassen fließen v.a. im Frühjahr und Herbst auf der Ostseite von Tiefdruckgebieten oder der Westseite von Hochdruckgebieten nach Norden ab, wo sie über dem Mittelmeer Feuchtigkeit aufnehmen. So wirkt der Sch. in Südeuropa als Regenbringer.
Schlacke (vulkanische Schlacke): Als Sch.n bezeichnet man unregelmäßig geformte, blasig-poröse Lavabrocken; sie sind als vulkanisches Auswurfprodukt *(Wurfschlacken)* oder an der Unter- oder Oberseite eines Lavastroms entstanden.
Schlafstadt: Sch. ist eine umgangssprachliche Bezeichnung für ↑Trabantenstadt.
Schleppnetz: Das Sch. ist ein dem Fischfang im Meer dienender, von ein oder zwei Trawlern gezogener, großer, trichterförmiger Netzsack, der in einen langen, engmaschigen Fangbeutel, den sogen. *Stert* mündet, in dem sich der Fang sammelt. Man unterscheidet Grund-

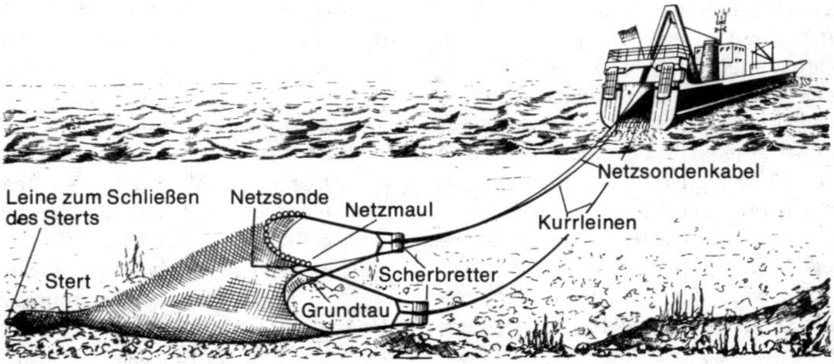

Von einem Hecktrawler gezogenes Grundschleppnetz

und Schwimmschleppnetze. Das *Grundschleppnetz,* auch *Trawl* genannt, läuft nach vorn in zwei lange seitliche Flügel mit je einer Zugleine, der *Kurrleine,* aus; es wird (z.T. auf Rollen) über den Meeresgrund gezogen, wobei die Öffnung *(Netzmaul)* durch Ketten- oder Kugelbeschwerung an der Unterseite, Schwimmkörper an der Oberseite sowie zwei seitlich ausscherende, etwa 1,4 x 3 m große Holzbretter *(Scherbretter)* in den Kurrleinen offengehalten wird. Das *Schwimmschleppnetz,* auch *Flydetrawl* genannt, wird freischwimmend an zwei oder vier Kurrleinen gezogen; große Geräte sind bis 55 m lang, ihre Fangöffnung hat einen Durchmesser von 40 m; es wird u.a. zum Heringsfang benutzt.

Schleppschiffahrt: Die Sch. ist der Zweig der Binnenschiffahrt, der gewerbsmäßig das Ziehen von unmotorisierten Lastkähnen sowie Flößen mit Schleppern betreibt.

Schleuse (Schiffsschleuse): Die Sch. ist ein Bauwerk innerhalb einer Wasserstraße, mit dessen Hilfe die Schiffe Höhenunterschiede im Fahrwasser überwinden können. Man unterscheidet *Binnenschiffahrtsschleusen* in Flüssen und Kanälen und *Seeschiffahrtsschleusen* in Seekanälen und Hafeneinfahrten, durch welche gezeitenbedingte Wasserstandsunterschiede ausgeglichen werden.

Der wesentliche Teil einer Sch. ist die an beiden Seiten durch Schleusentore abgeschlossene Schleusenkammer, in der das Schiff auf dem Wasser schwimmend durch Wasserzugabe auf das höhere Wasserstandsniveau hinter dem oberen Schleusentor gehoben bzw. durch Wasserabfluß auf das tiefere Niveau hinter dem unteren Schleusentor gesenkt wird. Zur Füllung bzw. Entleerung der Schleusenkammern gibt es verschiedene Methoden. Wesentliche Unterschiede bestehen dabei zwischen einer Kammerschleuse und einer Sparschleuse. Bei der *Kammerschleuse* wird bei Abstieg das gesamte in der Schleusenkammer überflüssige Wasser in das Unterwasser abgelassen; entsprechend erfolgt bei Aufstieg ein Auffüllen aus dem nachfließenden Oberwasser. Bei einer *Sparschleuse* dagegen wird ein Teil des abfließenden Wassers in ein Sparbecken gepumpt und aus diesem bei der folgenden Füllung der Schleusenkammer bei Aufstieg wieder verwendet. Auch für die Schleusentore gibt es eine Reihe unterschiedlicher Konstruktionen (z.B. Stemmtore, Hubtore, Drehsegmenttore, Schiebetore u.a.).

Muß auf kurze Entfernung ein sehr großer Höhenunterschied überwunden werden, legt man eine *Schleusentreppe* an. Hierbei ist das untere Schleusentor einer Schleusenkammer gleichzeitig das obere Schleusentor der folgenden Schleusenkammer. Die geschleusten Schiffe passieren also unmittelbar hin-

tereinander alle Kammern der Schleusentreppe. Da bei solchen Schleusentreppen ein Hebe- bzw. Senkvorgang somit sehr lange dauert, wird an einer solchen Stelle wenn möglich ein ↑Schiffshebewerk angelegt. Jedoch ist es heute möglich, Schleusenkammern mit bis zu 40 m Hubhöhe zu bauen.
Eine Schleusentreppe ist z.B. Bestandteil des Welland Canal zwischen Eriesee und Ontariosee zur Umgehung der Niagarafälle. Der Höhenunterschied von 99,7 m wird in 8 hintereinander liegenden Schleusen überwunden, wozu allerdings 7-9 Stunden nötig sind.

Schlick: Sch. ist ein im Meer, in Seen und Überschwemmungsgebieten abgelagertes, feinkörniges, schlammartiges Sediment. Stark sandhaltiger Sch. wird als *Sch.sand* bezeichnet. Im hemipelagischen Bereich des Meeres (↑Tiefsee) treten auf: der durch Pyrit und organische Substanzen gefärbte *Blauschlick,* der durch eingeschwemmten Laterit gefärbte *Rotschlick* (in tropischen Meeren) und der durch Glaukonit gefärbte *Grünschlick.*

Schliffgrenze: Die Sch. markiert in ehemals vergletscherten Gebirgstälern die Grenzlinie zwischen rauhem, stark frostverwittertem Fels und den durch die Eisüberfahrung glattgeschliffenen, tieferen Hangpartien. Sie ist oft als deutlicher Knick ausgebildet, als sogen. *Schliffkehle.* Die Sch. ist typisch für das Trogtal.

Schlot: Sch. nennt man den röhrenförmigen, meist senkrechten Förderkanal in der Erdkruste, durch den die festen, flüssigen oder gasförmigen vulkanischen Förderprodukte an die Erdoberfläche gelangen.

Schluckloch: Sch. ist die deutsche, aber wenig gebräuchliche Bezeichnung für ↑Ponor.

Schluffböden: Als Sch. bezeichnet man ↑Bodenarten, die mehr als 55% Schluff und weniger als 30% Ton enthalten. Sie sind oft aus Löß und lößartigen Ablagerungen entstanden. Sch. neigen vielfach zu gehemmter Durchlüftung und Staunässe, bilden aber nach entsprechenden agrotechnischen Maßnahmen gute Ackerböden.

Schmelztuff: svw. ↑Ignimbrit

Schmelzwasserrinne: Die Sch. gehört zum glazialen Formenschatz; sie ist eine langgestreckte, schmale Hohlform, die von subglazialen Schmelzwässern als Abflußrinne geschaffen wurde. Heute ist sie häufig von *Rinnenseen* erfüllt (z.B. etliche Seen der Mecklenburgischen Seenplatte).

Schmitz: Schmitze werden Kohleflöze genannt, die für den Abbau zu geringmächtig sind.

Schmucksteine: Als Sch. bezeichnet man alle zur Herstellung von Schmuck oder auch kunstgewerblichen Gegenständen verwendeten nichtmetallischen, durch besonders schönes Aussehen hervorstechenden Materialien, die im allgemeinen Sprachgebrauch häufig auch einfach „Steine" genannt werden. Die Sch. sind überwiegend natürlich vorkommende *Minerale,* werden aber heute z.T. auch synthetisch hergestellt. Daneben werden einige *Gesteine,* u.a. einzelne Abarten von Marmor, Diorit, Syenit, Gips (z.B. Alabaster) sowie einzelne Gesteinsgläser (z.B. Obsidian und Moldavit) als Sch. verwendet, ferner einige *Materialien organischen Ursprungs* wie Bernstein, Gagat (Jet), die Skelettsubstanzen der Korallen (besonders der Edelkoralle), Elfenbein, Perlmutter, Perlen, z.T. auch Fossilien einschließlich verkieseltem Holz (sogen. Holzstein).
Die als Sch. verwendeten Minerale wurden früher meist in die Gruppen der besonders klaren, harten, z.T. auch sehr seltenen *Edelsteine* und der vielfach undurchsichtigen, nicht so widerstandsfähigen und weniger wertvollen *Halbedelsteine* unterteilt. Da sich diese Gruppen jedoch nicht klar gegeneinander abgrenzen lassen, faßt man sie heute meist unter dem Begriff Sch. zusammen. Als Sch. geeignete Minerale treten wie alle Minerale in bestimmten Kristallformen auf, durch die ihre physikalischen

Eigenschaften bestimmt sind; sie zeichnen sich aber durch einige charakteristische Merkmale aus, wobei bei jedem Stein das eine oder andere Merkmal besonders in den Vordergrund tritt.
Die weitaus wichtigste optische Eigenschaft der Sch. ist die *Farbe:* sie ist entweder durch die Zusammensetzung der Minerale selbst bedingt oder wird durch geringe charakteristische Beimengungen, die in das Kristallgitter eingelagert sind, verursacht. Als derartige farbgebende Substanzen treten u.a. Metallverbindungen auf, z.B. von Chrom, Eisen, Kobalt, Kupfer, Mangan, Nickel, Titan und Vanadin; ihre Menge ist aber im allgemeinen so gering, daß sie in der chemischen Formel des betreffenden Minerals nicht berücksichtigt wird. Außer durch Fremdsubstanzen können Färbungen auch durch Deformation des Kristallgitters verursacht sein (z.B. beim Rauchquarz und beim Zirkon). Selbstverständlich spielt auch die Zusammensetzung des Lichts für die Beurteilung der Farbe von Sch.n eine Rolle: Rubin und Smaragd erscheinen z.B. bei gelblichem Kunstlicht in besonders leuchtenden Farben, beim Saphir wird dagegen die Farbe ungünstig verändert; der bei Tageslicht grüne Alexandrit erscheint bei Kunstlicht sogar rot. Farbänderungen treten bei einigen Sch.n von selbst auf; z.B. können Amethyst und Rosenquarz durch Sonnenlicht ausbleichen. Bei vielen Sch.n lassen sich Farbänderungen auch künstlich hervorrufen.
Neben der Farbe ist v.a. die *Transparenz* ein wichtiges Charakteristikum für Sch.; man unterscheidet allgemein durchsichtige, durchscheinende und undurchsichtige Steine, wobei bei zahlreichen Mineralen Übergänge auftreten.
Weitere wichtige optische Eigenschaften der Sch. sind der auf Reflexion bzw. Totalreflexion des Lichts beruhende *Glanz* sowie das durch Dispersion des Lichts bewirkte *Feuer.* – Bei zahlreichen Sch.n treten streifen- oder sternartige *Lichtfiguren* oder auch flächenhafte *Schillereffekte* auf, die weder durch die Eigenfarbe der Minerale noch durch farbgebende Verunreinigungen verursacht werden, sondern auf Reflexion, Interferenz oder Beugung des Lichts an eingelagerten Fasern, Nadeln oder Hohlkanälen beruhen.
Unter den mechanischen Eigenschaften spielen für die Verarbeitung von Mineralen zu Sch.n v.a. die Härte und die Spaltbarkeit eine Rolle. Die *Härte* hat für die Wahl der Bearbeitungstechnik und die Gebrauchseigenschaften der Sch. Bedeutung. Die *Spaltbarkeit* der Minerale erleichtert einerseits die Aufteilung großer Steine in kleine Teilstükke, erschwert aber andererseits die Bearbeitung der Minerale, da die Steine z.T. schon durch geringen Schlag oder Druck gespalten werden können.

SCHMUCKSTEINE

Die wichtigsten Schmucksteine, geordnet nach Mineralklassen, mit Angaben über die chemische Zusammensetzung, die Transparenz (○ durchsichtig, ⊗ durchscheinend, ● undurchsichtig) und die Farbe.

I. Elemente:
Diamant, C
○; farblos, auch gelb, bräunl., grau u. a. gefärbt

II. Sulfide:
Pyrit (Inkastein), FeS_2
●; messinggelb, graugelb

Sphalerit (Zinkblende), ZnS
○, ⊗; gelb, orangerot, grünlich, farblos

III. Halogenide:
Fluorit (Flußspat), CaF_2
○, ⊗; farblos, rot, orange, grün, blau, violett

IV. Oxide [und Hydroxide]:
Rubin [Varietät des Korunds, Al_2O_3]
○, ⊗, ●; hell- bis dunkelrot

Saphir [Varietät des Korunds]
○, ●; blau, farblos, rosa, gelb, grün, violett

Blutstein [Varietät des Hämatits, Fe_2O_3]
●; schwarz, schwarzgrau, braunrot

Chrysoberyll, Al_2BeO_4
○; goldgelb, grüngelb, bräunlich
Alexandrit [Varietät des Chrysoberylls]
○; grün (bei Kunstlicht rot)
Cymophan [Varietät des Chrysoberylls]
⊗; gelb, grünlich, mit silberweißer Lichtlinie

Spinell (Edelspinell), $MgAl_2O_4$
○; rot, rosa, violett, gelb, orange, blau
Pleonast (Ceylonit), $(Mg, Fe)(Al,Fe)_2O_4$
●; dunkelgrün bis schwarz

Quarz (SiO_2), phanerokristalline Varietäten:
Amethyst
○; violett, blaßrotviolett
Amethystquarz
⊗; violett, weißlich gestreift
Bergkristall
○; farblos
Prasiolith
○; lauchgrün
Rauchquarz (auch **Morion**)
○; braun bis schwarz, rauchgrau
Rosenquarz
○, ⊗; kräftig rosa, blaßrosa
Zitrin
○; hellgelb bis goldbraun
Quarz mit Einlagerungen:
Aventurin
⊗, ●; grün, goldbraun, schillernd
Falkenauge
●; blaugrau, blaugrün, mit seidigem Schimmer
Prasem (Smaragdquarz)
●; trüb hellgrün, lauchgrün
Quarzkatzenauge
⊗, ●; weiß, grün, gelb, rötlichbraun
Saphirquarz (Blauquarz)
●; trübhell- bis dunkelblau
Tigerauge
●; goldgelb, goldbraun, mit seidigem Schimmer
Quarz, kryptokristalline Varietäten:
Achat
⊗, ●; in zahlreichen Farbvarianten, gestreift
Baumstein (Dentritenachat, Mokkastein)
⊗, ●; weißlich, grau, mit baumartiger Zeichnung
Chalzedon
⊗; bläulich, weißgrau
Chrysopras
⊗, ●; grün, apfelgrün
Heliotrop (Blutjaspis)
●; dunkelgrün mit roten Punkten
Jaspis
●; alle Farbtöne, meist streifig oder gefleckt (dunkelgrün, feinkörnig: Plasma)
Karneol
⊗, ●; fleisch- bis braunrot
Moosachat
⊗, ●; farblos, mit grünen Einlagerungen
Onyx
●; schwarz-weiß gebändert (braun-weiß: Sardonyx, rot-weiß: Karneolonyx)
Sarder
⊗, ●; dunkelbraunrot

Quarz, amorphe Varietäten (Opal-Varianten):
Gemeiner Opal
○–●; weißbläulich, perlmutterglänzend (○, farblos: Hyalit; ⊗, milchig: Hydrophan)
Edelopal
⊗–●; weiß, grau, bläulich, orange (weißer Opal) bis tiefblau, orange, rot, grün (schwarzer Opal), mit intensivem Farbenspiel
Feueropal
⊗; feuerrot, bernsteinfarben

V. Carbonate, Borate:
Rhodochrosit (Manganspat), $MnCO_3$
●–○; rosenrot bis weiß, gestreift

Smithsonit (Zinkspat, Aztekenstein), $ZnCO_3$
⊗, ●; hellgrün, hellblau, rosa

Azurit (Kupferlasur), $2CuCO_3 \cdot Cu(OH)_2$
○–●; tiefblau

Malachit, $CuCO_3 \cdot Cu(OH)_2$
●; hell-, smaragd-, schwarzgrün, gebändert

Sinhalit, $Mg(Al,Fe)BO_4$
○; gelbbraun, grünlichbraun

VI. Wolframate:
Scheelit (Tungstein), $CaWO_4$
○, ⊗; gelb, braun, orange, farblos

VII. Phosphate
Beryllonit, $NaBe[PO_4]$
○; farblos, weiß, schwach gelblich

Amblygonit, $LiAl\,[(F,OH)/PO_4]$
○; goldgelb bis farblos

Lazulith (Blauspat) $(Mg,Fe)Al_2[OH/PO_4]_2$
●, ○; tiefblau bis bläulichweiß

Brasilianit, $NaAl_3[(OH)_2/PO_4]_2$
○, ⊗; gelb, grünlichweiß

Apatit, $Ca_5[(F,Cl,OH)(PO_4)_3]$
○; farblos, rosa, gelb, grün, blau, violett

Türkis (Kallait), $CuAl_6[(OH)_2/PO_4]_4 \cdot 4H_2O$
●; himmelblau, blaugrün, apfelgrün, meist mit braunen oder schwarzen Flecken

---

VIII. Silicate:
Olivin (Peridot) $(Mg,Fe)_2[SiO_4]$
○; gelbgrün, olivgrün (blaßgrün: Chrysolith)

Almandin (Eisentongranat), $Fe_3Al_2[SiO_4]_3$
○, ⊗; rot bis leicht violett (Gemeiner Granat)
Pyrop (Magnesiatongranat), $Mg_3Al_2[SiO_4]_3$
○, ⊗; rot, leicht bräunlich (böhmischer Granat) (rosenrot: Rhodolith)
Spessartin (Mangantongranat), $Mn_3Al_2[SiO_4]_3$
○, ⊗; orange bis rotbraun
Grossular (Kalktongranat), $Ca_3Al_2[SiO_4]_3$
○, ⊗; grün, gelblich, kupferbraun (braunorange: Hessonit)

D e m a n t o i d [Varietät des Andradits (Kalkeisengranat), $Ca_3Fe_2[SiO_4]_3$]
○; smaragd- bis gelblichgrün
M e l a n i t (Schorlomit) [Varietät des Andradits]
●; dunkelgrün bis samtschwarz
U w a r o w i t (Kalkchromgranat), $Ca_3Cr_2[SiO_4]_3$
○, ⊗; smaragdgrün

Z i r k o n, $Zr[SiO_4]$
○; farblos, auch in fast allen Farben (gelbrot bis rotbraun: Hyazinth; farblos bis strohgelb: Jargon; blau: Starlit)

E u k l a s, $BeAl[OH/SiO_4]$
○; farblos, grünlich, hellblau

A n d a l u s i t, $Al_2[O/SiO_4]$
○-⊗; bräunlichrot, selten gelbgrün, grün
C h i a s t o l i t h [Varietät des Andalusits]
●; weiß, grau, gelblich

D i s t h e n (Cyanit), $Al_2[O/SiO_4]$
○, ⊗; blau bis farblos, blaugrün

T o p a s (Edeltopas), $Al_2[F_2/SiO_4]$
○; farblos, gelb, grünlich, hellblau, rosenrot

T i t a n i t (Sphen), $CaTi[O/SiO_4]$
○; gelb, braun, grün

H e m i m o r p h i t, $Zn_4[(OH)_2/Si_2O_7]\cdot H_2O$
○-●; blau, grün, farblos

E p i d o t (Pistazit), $Ca_2(Al,Fe)_3[O/OH/SiO_4/Si_2O_7]$
○, ⊗; grün, schwarzbraun
K l i n o z o i s i t [eisenarme Varietät des Epidots]
⊗; hellgrün bis grünbraun
P i e m o n t i t [manganhaltige Varietät des Epidots]
●; kirschrot

T a n s a n i t [Varietät des Zoisits, $Ca_2Al_3[O/OH/SiO_4/Si_2O_7]$]
○; saphirblau, amethystviolett
T h u l i t [Varietät des Zoisits]
●; rot, rosa, fein gesprenkelt

V e s u v i a n, $Ca_{10}(Mg,Fe)_2Al_4[(OH)_4/(SiO_4)_5/(Si_2O_7)_2]$
○, ⊗; olivgrün, gelbbraun

A x i n i t, $Ca_2(Fe, Mn)Al_2[OH/BO_3/Si_4O_{12}]$
⊗, ○; braun, violett, blau

A q u a m a r i n [Varietät des Berylls, $Be_3Al_2[Si_6O_{18}]$]
○-●; hellblau, blaugrün
G o l d b e r y l l [Varietät des Berylls]
○, ⊗; zitronengelb bis goldgelb
H e l i o d o r [Varietät des Berylls]
○; hellgelbgrün
S m a r a g d [Varietät des Berylls]
○-●; smaragdgrün, gelblich- bis dunkelgrün
M o r g a n i t (Rosaberyll) [Varietät des Berylls]
○; rosa bis violett
C o r d i e r i t (Dichroit), $Mg_2Al_3[AlSi_5O_{18}]$
○, ⊗; blau in verschiedenen Tönungen

T u r m a l i n, $(Na,Li,Ca)(Fe,Mg,Mn,Al)_3Al_6[(OH)_4/(BO_3)_3/Si_6O_{18}]$
○-●; farblos und in fast allen Farben, meist mehrfarbig (farblos: Achroit; rosa bis rot: Rubellit; gelbbraun bis dunkelbraun; Dravit; grün: Verdelith; blau: Indigolith; lilarot bis violettblau: Siberit; schwarz: Schörl)

D i o p t a s, $Cu_6[Si_6O_{18}]\cdot 6H_2O$
○; smaragdgrün

C h r y s o k o l l (Kieselkupfer), $CuSiO_3\cdot n\,H_2O$
●, auch schwach ⊗; grün, blau

D i o p s i d, $CaMg[Si_2O_6]$
○, ⊗; hell- bis dunkelgrün, selten gelb, farblos (●, schwarzgrün mit Lichtlinien: Diopsidkatzenauge, Sterndiopsid)

H i d d e n i t [Varietät des Spodumens, $LiAl[Si_2O_6]$]
○; gelbgrün, grüngelb, smaragdgrün
K u n z i t [Varietät des Spodumens]
○; rosaviolett, hellviolett

J a d e i t, $NaAl[Si_2O_6]$ („Jade")
●, ⊗; grün, auch weiß, rötlich, gelb, braun, violett bis schwärzlich

---

N e p h r i t, $Ca_2(Mg,Fe)_5[OH/Si_4O_{11}]_2$ („Jade")
●; grün, auch weiß, grau, gelblich, rötlich, braun, oft fleckig

---

R h o d o n i t (Mangankiesel), $CaMn_4[Si_5O_{15}]$
●-○; dunkel- bis fleischrot; schwarze Einlagerungen

S t e a t i t (Speckstein) [Varietät des Talks, $Mg_3[(OH)_2/Si_4O_{10}]$]
●; weiß, grau, gelb, rötlich, braun

S e r p e n t i n, $Mg_6[(OH)_8/Si_4O_{10}]$
● (⊗-○); grün in allen Abstufungen, grau

M e e r s c h a u m (Sepiolith), $Mg_4[(OH)_2/Si_6O_{15}]\cdot nH_2O$
●; weiß, auch gelblich, grau, rötlich

O r t h o k l a s (monokliner Kalifeldspat), $K[AlSi_3O_8]$
○; gelblich bis bräunlich
M o n d s t e i n (Adular) [Varietät des Orthoklas]
○-⊗; farblos, gelb, mit bläulichem Schimmer

A m a z o n i t (Amazonenstein) [Varietät des Mikroklins (triklinen Kalifeldspats), $K[AlSi_3O_8]$]
●; grün, bläulichgrün

A v e n t u r i n f e l d s p a t [Varietät des Oligoklas, eines Kalknatronfeldspats, $Na[AlSi_3O_8]/Ca[Al_2Si_2O_8]$, mit 10-30% Anorthit, $Ca[Al_2Si_2O_8]$]
●; orange, rotbraun schillernd
S o n n e n s t e i n [Varietät des Oligoklas]
●; rosa, mit metallischem Schimmer

L a b r a d o r i t [Kalknatronfeldspat mit 50–70% Anorthit]
●; dunkelgrau mit buntem Farbenspiel

S o d a l i t h, $Na_8[Cl_2/(AlSiO_4)_6]$
●, ⊗; blau, grau, z.T. von weißen Adern durchsetzt

L a p i s l a z u l i (Lasurit), $Na_8[S/(AlSiO_4)_6]$
●; intensiv blau, z.T. gefleckt

S k a p o l i t h,
$Na_3[Al_3Si_9O_{24}]\cdot NaCl/Ca_3[Al_6Si_6O_{24}]\cdot CaCO_3$
○, ⊗; gelb, rosa, violett, farblos

Schnee: Der Sch. ist die häufigste Form des festen Niederschlages. Er besteht aus Eiskristallen, die bei Temperaturen unter −12 °C gebildet werden. Je nach Temperatur- und Feuchtigkeitsverhältnissen entwickeln sich die *Schneekristalle* in verschiedenen Formen. Die einfachsten Bildungen stellen die Eisnadeln dar, die auch als *Polarschnee* bezeichnet werden.

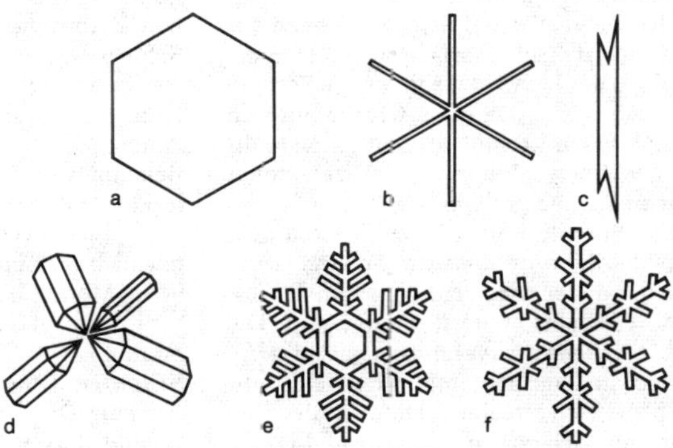

Typische Kristallformen des Schnees: a Plättchen, b Stern, c Nadel, d Zusammensetzung aus verschiedenen Prismen, e dendritisches Plättchen, f dendritischer Stern

Der eigentliche Schneekristall baut sich als ein sechsstrahliger (in der Fachsprache: hexagonaler) Stern auf, in dessen Schnittpunkt eine nur sehr kurze Hauptachse senkrecht steht.
Steigt die Temperatur in Gefrierpunktnähe, lagern sich die Schneekristalle zu *Schneeflocken* zusammen, die beim Pulverschnee trockener und feinkörniger bleiben als beim großflockigen und feuchten Pappschnee.
Der frischgefallene *Neuschnee* wird unter dem Einfluß von Temperatur, Wind und Druck vielfältig verändert; durch mehrmaliges Schmelzen und Wiedergefrieren backen die oberen Schichten der Sch.decke zusammen, es bildet sich *Harsch.* Aus älterem Sch. wird im Hochgebirge durch Zusammensacken und Verharschen allmählich der Firn. Durch Winddruck entstehen an Hängen im Hochgebirge *Schneebretter.* Auf geneigten Flächen kommen unter bestimmten Bedingungen zusammenhängende Teile einer Sch.decke als *Lawinen* zum Abrutschen. Der Wind bildet *Schneewehen,* die beträchtliche Höhen erreichen können (↑auch Wächte). Das flache Aufwirbeln und Verwehen des Sch.s durch den Wind wird als *Schneefegen* bezeichnet, Sichtbehinderung besteht hier nur unterhalb der Augenhöhe des Beobachters. Das starke Hochwirbeln und Verwehen mit merklicher Verschlechterung der Sicht bezeichnet man dagegen als *Schneetreiben.* Beim *Schneegestöber* ist die Luft von wirbelnden Sch.flocken erfüllt.
Eine geschlossene Sch.decke stellt wegen ihres schlechten Wärmeleitvermögens einen guten Frostschutz für Pflanzen dar; andererseits reflektiert sie die einfallende Sonnenstrahlung sehr stark und strahlt bei Nacht kräftig aus, so daß bei klarem Wetter über einer Sch.decke sehr niedrige Lufttemperaturen auftreten können.
Als *ewigen Schnee* bezeichnet man den

oberhalb der Schneegrenze gefallenen und bleibenden Sch. der Hochgebirge oder der Polargebiete.
Die gefallene Sch.menge bzw. die Sch.dichte (in g/cm³ oder – als Wassergehalt der Sch.decke – in mm Schmelzwasserhöhe pro cm Sch.höhe angegeben) wird mit Hilfe von Schneemessern bestimmt. 1 m³ frisch gefallener Sch. wiegt zwischen 60 und 200 kg, die entsprechende Niederschlagshöhe, die Schmelzwasserhöhe, beträgt etwa 10% der Sch.deckenhöhe.

Schneebrett: Als Sch. bezeichnet man den durch den Winddruck, besonders in Verbindung mit Nebeltröpfchen, an Luvseiten von Bergflanken oberflächlich brettartig verfestigten, oft hohlliegenden Schnee (Preßschnee). Sch.er brechen bei Belastung mit scharfem Rand ab und zerteilen sich beim Abrutschen in feste, eckige Schollen, die *Schneebrettlawinen.*

Schneegrenze: Als Sch. bezeichnen wir die meist nicht scharf ausgebildete Linie, bis zu der herab in Gebirgen die Schneedecke reicht. Da diese Grenze mit sich ändernden Temperaturen jahreszeitlichen Schwankungen unterliegt, nennt man sie auch *temporäre Schneegrenze.* Die höchste Lage der temporären Sch. bildet die *orographische Schneegrenze.* Über dieser wird der Schnee im Jahresdurchschnitt nie restlos aufgezehrt. Die *klimatische Schneegrenze,* die mittlere höchste Lage der temporären Sch., wird theoretisch errechnet. Die Lage der Sch. ist von Geländeform, Stärke und Dauer der Sonneneinstrahlung, der Niederschlagsmenge sowie von der geographischen Breite abhängig. Sie erreicht ihre höchste Lage in den subtropischen Hochgebirgen (Zentraltibet, Anden) mit rund 6100 m ü.d.M., sinkt dann aber äquatorwärts bis auf rund 4600 m ü.d.M. ab; sie liegt am Westrand der Westalpen bei 2700 m ü.d.M.; in Spitzbergen und auf Feuerland erreicht sie wenige Meter über dem Meeresspiegel.

Schneeschliff: Sch. ist eine Art des ↑Windschliffs.

Scholle: In der Geologie nennt man eine Sch. einen an einer Seite oder an mehreren Seiten von tektonischen Störungen (meist Verwerfungen) begrenzten Teil der Erdkruste. Tektonisch gehobene Sch.n bezeichnet man als Hoch-, abgesenkte als Tief-, einseitig verstellte als Kipp- oder Pultschollen.

Schorre: Die Abrasionsplatte vor dem Kliff einer Brandungssteilküste wird auch als Sch. bezeichnet.

Schott (französisch Chott): Sch. ist die in Algerien und Tuniesien gebräuchliche Bezeichnung für eine ↑Salztonebene im Atlas, dem nordafrikanischen Faltengebirge, und seinem südlichen Vorland.

Schotterplatten: Die Sch. sind großräumige Ablagerungen vor den Endmoränen der pleistozänen Gletscher der Alpenvereisung; sie entsprechen den Sandern der nordeuropäischen Vereisung. Wegen des nur kurzen Transportweges konnte in diesem Raum nicht genügend feines Abtragungsmaterial anfallen; die Schmelzwässer lagerten daher meist unsortierte Schotter ab, erst in den entfernteren Teilen hat Lößlehm merklichen Anteil.
Bekanntes Beispiel eines solchen Schotterkörpers ist die Iller-Lech-Platte zwischen Iller, Lech und Donau, und zwar nördlich der Linie Grönenbach–Mindelheim–Mering bei Augsburg(südlich dieser Linie liegt die würmeiszeitliche Endmoräne).

Schraffen (Böschungsschraffen, Bergstriche): Die Sch. sind eine Form der Geländedarstellung in topographischen Karten. Hierbei werden Striche, die in Länge und Breite – dem Böschungswinkel entsprechend – variieren, mit bestimmten Zwischenräumen in Richtung des stärksten Gefälles in die Geländedarstellung eingezeichnet.

Schrumpfungstheorie: svw. ↑ Kontraktionstheorie

Schubschiff (Schubboot): Das Sch. ist ein in der Binnenschiffahrt verwendetes Motorschiff, das aufgrund einer besonderen Bugform (in voller Schiffsbreite quer zur Schiffslängsachse verlaufende

Schubfläche) geeignet ist, Leichter oder Prahme mit entsprechender Heckform zu schieben. Neben Sch.en. die selbst mit Laderäumen ausgestattet sind, werden v.a. leistungsstarke *Schubschlepper* eingesetzt, die mehrere zu einem Schubverband (hintereinander, auch nebeneinander) zusammengekoppelte Leichter vor sich her schieben. Bisher bildeten meist vier von einem Sch. geschobene Leichter einen Sch.verband; seit kurzem verkehren auf dem Niederrhein auch Sechserverbände mit einer Tragfähigkeit bis zu 18 000 t. Der Vorteil der Schubschifffahrt liegt in der Personalersparnis.

Schummerung: Die Sch. ist ein Mittel der Geländedarstellung in Karten. Durch unterschiedlich kräftige Grautöne – im Licht liegende Hänge (bei einer Beleuchtung von links oben) werden heller, im Schatten liegende Hänge dunkler geschummert – wird der Eindruck einer plastischen Geländedarstellung hervorgerufen.

Schutt: Sämtliche von Verwitterungsvorgängen herrührende, von Felswänden abgestürzten Gesteinstrümmer, werden als Sch. bezeichnet. Am Fuß der Absturzwand bilden sich *Schutthalden,* die im oberen Bereich steiler sind als am unteren Rand. Wo besonders häufig Gesteinsbrocken abgesprengt werden, entstehen Steinschlagrinnen, an deren Ende durch die Anhäufung von Sch. *Schuttkegel* entstehen.

Schutzwald: Schutzwälder sind Waldungen mit beschränkter Nutzung, die zur Verhütung von Gefahren, besonders zum Schutze gegen Bodenabschwemmung, Hangrutsch, Austrocknung von Quellgebieten und Versandung, erhalten und gepflegt werden müssen. Schutzwälder sind aber auch solche, deren Erhaltung und Pflege im Interesse der Menschen (Erholungsfunktion) erforderlich ist. Die Holznutzung ist diesen Aufgaben untergeordnet. Der Waldbesitzer ist durch das Bundeswaldgesetz und durch Gesetze oder Verordnungen der Länder zu angemessener Bewirtschaftung verpflichtet.

schwache Brise: Name für die ↑Windstärke 3 auf der Beaufortskala.

Schwarmsiedlung: Eine Sch. besteht aus Gruppen von Einzelhöfen, die sich deutlich als Siedlungsgruppe gegen nicht besiedeltes Umland abheben und so als Einheit erscheinen.

Schwarzerde: Als Sch. bezeichnet man im allgemeinen die ↑Steppenschwarzerde. Völlig anderer Entstehung ist die sogen. *tropische Schwarzerde,* der ↑Tirs.

Schwarzer Jura (Lias): die älteste Abteilung des Jura, einer Formation des Mesozoikums, ↑Geologie, Formationstabelle.

Schwarzwasserflüsse: Sch. nennt man die Flüsse des Amazonastieflandes, deren Wasser wegen geringen Schwebstoffgehaltes durchsichtig, aber durch hohe Humusanteile olivgrün, kaffee- oder rotbraun gefärbt sind, z.B. der Rio Negro. Die Sch. kommen aus den nährstoffarmen humosen Podsolböden der ständig oder periodisch überschwemmten Gebiete des westlichen Amazonastieflandes. – Gegensätze zu den Sch. sind Klarwasserflüsse und Weißwasserflüsse.

Schwebstoffe (Schweb, Flußtrübe): In der Hydrographie nennt man Sch. die feinsten Verunreinigungen eines Flusses, also Gesteinsmaterial, das in aufgeschlämmter Form in fließenden Gewässern schwebt und sich infolge seiner feinen Körnung nur sehr langsam absetzt. Aber auch organische Partikel gehören zur Flußtrübe.

Schwellen: Sch. sind sanfte Aufwölbungen der Landoberfläche und des Meeresbodens ohne deutlich erkennbare Ränder.

Schwemmkegel (Schwemmfächer, Schuttkegel): Als Sch. bezeichnet man die Ablagerungen eines Flusses bei seiner Einmündung in einen anderen Fluß, einen See, ins Meer oder in eine Flachrelieflandschaft. Weil das Gefälle plötzlich geringer wird, läßt die Transportkraft des Flusses schnell nach, er muß das mitgeführte Material ablagern. Bei wasserreichen, schuttarmen Flüssen ist der Sch. schwach ausgebildet. Schuttreiche

Flüsse können durch ihren Sch. Teile des Hauptflußbettes oder Sees verschütten. Oft verwildert der Fluß wegen der plötzlich verringerten Fließgeschwindigkeit auf seinem Sch., wodurch dieser stets weiter ausgedehnt wird und somit seine fächerförmige Ausdehnung erhält. Die Sch. waren z.T. schon früh bevorzugte Ansatzpunkte für die Besiedlung. In ariden Gebieten bilden aus dem Gebirge austretende Flüsse bei diesem Austritt in die trockene Ebene, in der sie bald versiegen, ebenfalls Sch. aus. Wegen der im Sch. günstigen [Grund]wasserverhältnisse stehen diese Sch. oft unter Kultur (die Siedlungen selbst liegen an ihrem Rande).

Schwemmland: Unter Sch. versteht man Landflächen, die vom Meer und von Flüssen aufgeschüttet wurden und zuweilen auch jetzt noch von ihrem Wasser überschwemmt werden. Neben diesen Aufschüttungstiefländern (z.B. von Po und Amazonas) und Schwemmlandküsten umfaßt der Begriff Sch. auch die jungen Deltabildungen und Schwemmkegel, die Sander und Marschen.

Schwerindustrie (Montanindustrie): Unter Sch. werden Betriebe der eisenerzeugenden und eisenverarbeitenden Industrie *(Hüttenindustrie)* und des Bergbaus zusammengefaßt. Die Sch. ist in hohem Maße kapitalintensiv und bei konjunkturellen und saisonalen Schwankungen besonders gefährdet, da sie sich mit ihren Spezialanlagen veränderten Produktions- und Absatzbedingungen nur schwer anpassen kann.

Schwüle: Unter Sch. verstehen wir den Zustand der Atmosphäre, der bei gleichzeitig hoher Luftfeuchtigkeit und hoher Lufttemperatur herrscht. Diese Luftbeschaffenheit ruft beim Menschen Absonderung von Schweiß hervor, bei dessen Verdunstung dem Körper Wärme entzogen wird. Wird die Luftfeuchtigkeit aber zu hoch und fehlt dabei noch jegliche Luftbewegung, ist die Verdunstung auf der Haut stark gehemmt, was das Wohlbefinden und die Leistungsfähigkeit des Menschen in hohem Maße einschränkt. Die Schwüle ist das besondere Kennzeichen des Klimas tropischer Tiefländer.

Sebcha (Sabcha): S. ist die Bezeichnung für eine ↑ Salztonebene in der Sahara.

Sedimentation (Sedimentieren, Ablagerung, Akkumulation): S. nennt man in der Geologie das Absetzen oder Ausscheiden von festen Stoffen, den sogen. *Sedimenten* oder *Ablagerungen.* Nach dem Ablagerungsraum unterscheidet man *Meeres-* oder *marine* sowie *festländische* oder *terrestrische Sedimentation.* Bei der Meeressedimentation unterscheidet man entsprechend den Meeresregionen den *litoralen Bereich* der Brandungszone, den darunter folgenden *neritischen Bereich* (bis 200 m Tiefe), den *bathyalen Bereich* (200–800 m Tiefe), den *pelagischen Bereich* (800–4000 m Tiefe) und den *abyssalen Bereich* (über 4000 m Tiefe). Die terrestrische Sedimentation untergliedert man nach dem Transportmedium: *fluviatile Sedimentation* (von Flüssen abgelagert), *limnische Sedimentation* (in Seen abgelagert), *Quellabscheidungen* (v.a. Sinter), *glaziale* bzw. *glaziäre* und *fluvioglaziale Sedimentation* (durch Eis oder Schmelzwässer abgelagert) und *äolische Sedimentation* (durch Windeinwirkung entstanden).

Nach der Art oder Herkunft der Sedimente unterscheidet man drei Hauptgruppen:

1. *Klastische Sedimente* bestehen hauptsächlich aus Gesteinsbruchstücken verschiedener Korngröße. Durch diagenetische Verfestigung wird aus Ton Schieferton, aus Sand Sandstein, aus Kies ein Konglomerat.

2. *Chemische Sedimente* entstehen durch Ausfällung gelöster Bestandteile aus Lösungen. Typische Beispiele sind Kalk- und Kieselsinterabsätze an Quellen und zahlreiche wichtige Salzlagerstätten. Eine Besonderheit stellt die Konzentration von Buntmetallsulfiden im Kupferschiefer dar. Im Bereich der Brandungszone erfolgt die Abscheidung von Kalk, Brauneisenstein und Eisensili-

caten in Form konzentrisch-schaliger Kügelchen (↑Oolithe).
3. *Biogene Sedimente* bilden sich unter wesentlicher Beteiligung tierischer und pflanzlicher Organismen. Dabei handelt es sich entweder um eine passive Anhäufung von Schalen, Hartteilen bzw. Skelettresten abgestorbener Protozoen und Metazoen oder um die Anreicherungen von Resten niederer und höherer Pflanzen (v.a. in der Kohle) oder um eine aktiv aufbauende Tätigkeit, wie bei riffbildenden Tieren und Pflanzen (↑Riffkalk).

Sedimentgesteine (Schichtgesteine, Absatzgesteine, Sedimente): S. nennt man die durch Verfestigung (Diagenese) aus den Sedimenten hervorgegangenen Gesteine. S. sind meist schichtförmig ausgebildet. – ↑auch Sedimentation.

Sedimentlot: Das S. ist eine Spezialform des ↑Echolots.

Seebeben: Als S. werden untermeerische ↑Erdbeben bezeichnet.

Seegang: Als S. bezeichnet man die Wellenbewegungen der Meeresoberfläche, die durch den Wind verursacht werden. Auch nach Abflauen des Windes kann der S. als ↑Dünung weiter bestehen. Er kann sich auch auf nicht unmittelbar vom Wind betroffene Meeresgebiete auswirken. ↑auch Meereswellen.

Seeklima: svw. ↑maritimes Klima

Seemeile (nautische Meile; Einheitszeichen: sm bzw. NM): Die S. ist die in der Seefahrt und in der Luftfahrt verwendete Längeneinheit. 1 sm = 1,852 km; das entspicht etwa 1 Bogenminute auf einem Erdmeridian.

Seenplatte: S.n sind Landschaftselemente in ehemals von Inlandeismassen überströmten Gebieten. Eine Unzahl von Seen (bei der Finnischen S. annähernd 60 000), die meist flach und durch schnellenreiche Flüsse verbunden sind, füllen hier glaziale Wannen oder werden durch Moränen und Oser gestaut.

Seeschiffahrt: Unter S. versteht man die gewerbsmäßige Beförderung von Gütern und Personen über die offene See und über Seewasserstraßen, ohne Küstenschiffahrt und den Seeverkehr der Binnenhäfen (der Gegensatz ist Binnenschiffahrt). Unterschieden wird zwischen *kleiner Fahrt* in küstennahen Gewässern und *großer Fahrt* über die Weltmeere, ferner nach der Art der Bedienung zwischen *Linienschiffahrt,* das ist regelmäßiger Verkehr zwischen bestimmten Häfen zu bestimmten Zeiten, und *Trampschiffahrt,* die weder an einen Fahrplan noch an eine bestimmte Route gebunden ist. Außerdem kennt man die *Spezialfahrt* mit Tankern, Kühl- und Spezialschiffen und die *kombinierte*

Übersicht über die unterschiedlichen Lieferbedingungen im Überseehandel

übliche Abkürzung	f.a.s.	f.o.b.	c.f.	c.i.f.
Bedeutung	free alongside ship = frei Längsseite Schiff	free on board = frei an Bord	cost and freight = Kosten und Fracht	cost, insurance, freight = Kosten, Versicherung, Fracht
enthaltene Kosten				
Verpackung und Transport	ja	ja	ja	ja
Verladung	nein	ja	ja	ja
Seefracht	nein	nein	ja	ja
Seeversicherung	nein	nein	nein	ja

Fahrt, bei der Güter und Personen gleichzeitig transportiert werden. Die bei der S. geltenden *Lieferungsbedingungen* regeln besonders die Frage, wer die Transportkosten und das Transportrisiko, d.h. die Gefahr des Verlustes oder der Beschädigung, übernimmt. Die Tabelle auf S. 303 zeigt die gebräuchlichsten Abkürzungen im Überseehandel.

Seewind: Teil des Zirkulationssystems ↑Land-See-Wind.

Seezeichen: S. sind alle optischen und zum Teil auch akustischen Hilfsmittel für die Navigation in Küstennähe. Überwiegend der Ortsbestimmung dienen Feuerschiffe und die festen S. wie Leuchttürme und Baken. Zur Markierung von Seewasserstraßen werden schwimmende S. (Bojen, Tonnen) verwendet, die an bestimmten Stellen durch besondere geometrische Figuren an der Spitze, sogen. *Topzeichen,* wie Kegel, Kreuz, Ball u.a., gekennzeichnet sind und dann u.a. Kursänderungen, Fahrwasserabzweigungen oder -einmündungen anzeigen. Die Begrenzung der Fahrrinne wird (von See kommend) an der Backbordseite (das ist links) durch rote Stumpftonnen, Baken oder Spieren und an der Steuerbordseite (das ist rechts) durch grüne (bisher und in der Ostsee noch bis 1980: schwarze) Spitztonnen, Baken oder Spieren markiert, die außerdem durch Zahlen oder Buchstaben gekennzeichnet sind und das sogen. *Lateralsystem* bilden, das durch sogen. *Kardinalzeichen* ergänzt wird. Diese schwarz-gelben Baken oder Spiren geben durch die Abfolge ihrer Farben und ihr Topzeichen an, an welcher Seite Untiefen oder Gefahrenpunkte umschifft werden müssen. Außerdem werden Einzelgefahren im Fahrwasser durch schwarz-rote Tonnen oder Spiren, die Fahrbahnmitte (wenn nötig) durch rot-weiß senkrecht gestreifte Kugeln, Spiren oder Baken mit Balltopzeichen gekennzeichnet. Nicht der Navigation dienende S. sind gelb; sie markieren hydrographische Meßstellen, Militärgebiete, Rohrleitungen, Kabel und anderes. Alle diese S. können nachts befeuert sein, wobei aus der Farbe und der Dauer und der Art der rhythmischen Unterbrechung des Lichtstrahles (Blinken, Funkeln, schnelles Funkeln) ihre Bedeutung zu erkennen ist.

S., die mit besonderen Reflektoren für Radarstrahlen ausgerüstet sind, nennt man *Radarseezeichen.*

Pricken und Stangen bezeichnen Priele für die Wattenfahrt; Dalben werden dort bevorzugt, wo sie gleichzeitig als Schutz vor Eisgang (z.B. an Buhnenenden) dienen können.

Sehnenberg: Ein S. ist eine dem ↑Umlaufberg ähnliche Bodenerhebung.

Seiches: Als S. werden Eigenschwingungen der Wassermassen in Becken, Buchten und großen Seen genannt; ↑Meereswellen.

Seifen: Als S. bezeichnet man in der Lagerstättenkunde natürliche abbauwürdige Anreicherungen von spezifisch schweren oder/und schwer verwitternden Mineralen (Gold, Diamanten, Platin, Zinnstein, Monazit, Rutil, Ilmenit, Magnetit, Zirkon u.a.), die sich im Zuge der Abtragung gebildet haben; wird das diese Minerale primär enthaltende leichter verwitternde Gestein ausgespült, reichern sich die Minerale zu *eluvialen Seifen* an (durch Ausblasung sind auch *äolische Seifen* möglich), werden die Minerale mit abtransportiert und, da schwerer als die anderen Schwebstoffe, später im Fluß *(fluviatile Seifen),* in einem See *(limnische Seifen)* oder (unter Mithilfe von Gezeiten oder Meeresströmungen) an der Küste *(marine Seifen, Strandseifen)* abgelagert, spricht man von *alluvialen Seifen.*

Seismik (Erdbebenkunde, Seismologie): S. ist die Wissenschaft von der Entstehung, Ausbreitung und Auswirkung von Erdbeben. Während sich die *Makroseismik* mit den Erdbeben allgemein, ihren geologischen Ursachen und Wirkungen sowie ihrer geographischen Verbreitung befaßt, untersucht die *Mikroseismik* die physikalischen Probleme der Erdbebenentstehung und -ausbreitung; sie befaßt sich außerdem mit der Aufzeichnung der Erdbebenwellen. In der *angewandten Seismik* werden durch künstlich (meist durch Sprengungen) hervorgerufene Erdbebenwellen der Verlauf und die Mächtigkeit von Gesteinsschichten unter der Erdoberfläche erforscht (*Sprengseismik),* um Lagerstätten und (als *Ingenieurseismik*) Baugrund zu erkunden.

Seismograph: Der S. ist ein hochempfindliches Meßinstrument, das die Erdbebenwellen aufzeichnet; er zeichnet ein sogen. *Seismogramm.* – ↑auch Erdbeben.

Seismologie ↑Seismik

Sekretion: S. nennt man die teilweise oder gänzliche Ausfüllung von Gesteinshohlräumen von den Wandungen her, also von außen nach innen (im Gegensatz zur Konkretion), durch Ausscheidungen eingedrungener Lösungen. Dabei entstehen rundliche Formen (Drusen, Geoden) oder längliche plattenförmige Gänge.

sekundärer Sektor: Die Arbeitswelt wird in den primären, den sekundären und den tertiären Sektor eingeteilt. Der sekundäre Sektor umfaßt alle verarbeitenden Industrien und Gewerbe, also alle Bereiche, die sich mit der Verarbeitung von Rohstoffen und der Weiterverarbeitung von Halbfertigwaren beschäftigen.

Sekundärwald: Der S. ist ein Wald, der nach mehr oder weniger langer landwirtschaftlicher Nutzung einer gerodeten Fläche ohne menschliche Einwirkung auf dieser heranwächst. Er ist artenärmer und niedriger, aber oft dichter als der ursprüngliche Wald. S. ist in Gebieten mit Brandrodung weit verbreitet.

Selbstversorgungswirtschaft (Subsistenzwirtschaft): S. ist eine Wirtschaftsform, bei der nur soviel produziert, meist angebaut, wird, wie zum Lebensunterhalt der S. treibenden Gemeinschaft (oft einer Familie oder Sippe) notwendig ist. Die S. produziert also nicht für einen Markt, sondern nur zur Eigenversorgung.

Selvas: Mit dem portugiesischen Wort S., das Wälder bedeutet, werden die tropischen Regenwälder des Amazonastieflandes bezeichnet. – ↑auch Hyläa.

semiarid: Als s. werden Gebiete charakterisiert, in denen während höchstens 4 Monaten die Niederschläge größer sind als die Verdunstung; der gesamte jährliche Niederschlag liegt bei nur 400–600 mm. Semiaride Gebiete sind also durch mindestens 8 Trockenmonate gekennzeichnet; sie unterliegen in starkem Maße der Gefahr der Desertifikation, d.h. sie können bei unsachgemäßer landwirtschaftlicher Nutzung schnell zu vollariden Gebieten, also zu Wüsten, werden.

Zum Teil spricht man auch bei 6 bis 8 Trockenmonaten von semiarid, neuerdings wird hierfür das Wort *subhumid* gebraucht.

semihumid: Als s. werden Gebiete mit einem ausgeprägten Wechsel zwischen feuchter (humider) und trockener (arider) Jahreszeit charakterisiert, und zwar dann, wenn die Verdunstung in höchstens 4 Monaten größer ist als der Niederschlag. Semihumides Klima ist also durch mindestens 8 humide Monate gekennzeichnet.

seminival: Im seminivalen Klima wird die Zeit der Schneefälle nur während einer kurzen sommerlichen Periode durch Regenfälle unterbrochen. Die weiten Tundrengebiete der Küstenbereiche des Nordpolarmeeres entwickeln sich unter seminivalem Klima.

semipermanente Siedlung: Es handelt sich hierbei um eine feste Siedlung, die für ein paar Jahre benutzt wird, dann jedoch, z.B. nach Erschöpfung des Bodens, wieder aufgegeben wird. Mit Wanderfeldbau und Brandrodung z.B. sind stets s. S.en verbunden.

Sennerei: S. nennt man die Wirtschaftsgebäude auf einer ↑Alm, also die Almhütten.

Serir (Kieswüste): Als S. bezeichnet man den Typ einer Wüste, deren Oberfläche aus grobem Gesteinsmaterial, v.a. Kies und Geröll, besteht. S.e entstehen durch

Ausblasung des feinen Verwitterungsmaterials, das oft in der Nähe zu Dünen (↑Erg) angeweht wird.

Shanty town [englisch 'ʃæntɪ 'taʊn]: im englischen Sprachraum verbreitete Bezeichnung für eine Slumsiedlung, ↑Slum.

Shifting cultivation [englisch 'vɛɪʃən]: Der Begriff Sh. c. steht im englischen Sprachbereich für verschiedene Arten der Feld-Wald-Wechselwirtschaft mit Brandrodung; v.a. ↑Wanderfeldbau und ↑Landwechselwirtschaft.

Sial: S. ist ein Kurzwort aus **Si**licium und **Al**uminium; es steht für die obere Zone der Erdkruste, an deren Zusammensetzung v.a. Silicium und Aluminium in Form von Aluminiumsilicaten beteiligt sind. Die durchschnittliche Dichte des S. beträgt 2,7 g/cm^3. – ↑auch Erdinneres.

siderisch: Dieses in der Astronomie gebrauchte Fachwort bedeutet: auf die Sterne bezogen. Die *siderische Umlaufzeit* eines Himmelskörpers z.B. ist seine Umlaufszeit bezogen auf seine Stellung unter den Sternen.

Siedlung: Eine S. ist jede menschliche Niederlassung. Nach der Benutzungsdauer unterscheidet man die ständig bewohnten Dauersiedlungen von den kurzzeitig (etwa bis zu einem halben Jahr) bewohnten *temporären Siedlungen,* unter diesen wiederum *saisonale Siedlungen* (Saisonsiedlung), die während mehrerer Wochen bewohnt sind, z.B. Almsiedlungen, Wochenendsiedlungen, Nomadenlager, und *ephemere Siedlungen (flüchtige Siedlungen),* wie z.B. Windschirme, Zeltlager u.a. S.en der Wildbeuter und Jägervölker. Eine Zwischenstellung nehmen die während einiger Jahre benutzten *semipermanenten* Siedlungen ein, z.B. bei der tropischen ↑Feld-Wald-Wechselwirtschaft. Außer den Behausungen (Wohn- und Wirtschaftsgebäude) umfaßt die S. auch die Grundstücke, Verkehrs- (u.a. Straßen, Plätze, Häfen) u.a. öffentliche Flächen (Grünanlagen u.a.) sowie Kult- und Schutzanlagen. Nicht in den Begriff der S. eingeschlossen, jedoch eng mit ihr verbunden, sind die land- und forstwirtschaftlichen Nutzflächen. Werden S.en endgültig aufgegeben und geraten in Verfall, bezeichnet man sie als ↑Wüstung.

Siedlungsgeographie: Die S. ist ein Zweig der Kulturgeographie; sie befaßt sich mit Lage, Form, Verteilung, Struktur und Funktion der Siedlungen.

Siel: Im Rahmen der Entwässerung eines Polders muß im Deich eine Durchlaßstelle für das Wasser errichtet werden; dieses Bauwerk wird S. genannt. Durch das geöffnete Sieltor (das einem Schleusentor ähnelt) fließt bei Niedrigwasser das Wasser dem natürlichen Gefälle folgend aus dem Polder ins Meer. Bei steigendem Wasserstand schließt sich das Sieltor aufgrund des Wasserdrucks (von außen) selbständig und verhindert so das Eindringen von Meerwasser in den Polder. Während dieser sogen. *Sielschlußzeit* sammelt sich das Wasser im sogen. *Mahlbusen* (einer teichartigen Erweiterung des Hauptentwässerungsgrabens) vor dem Siel oder, wenn kein Mahlbusen vorhanden ist, in den Entwässerungsgräben selbst. Sobald der Wasserstand im Außenwasser dann niedriger ist als im Mahlbusen, öffnet sich das Sieltor (wiederum selbständig, diesmal durch den Wasserdruck von innen) und das rückgestaute Wasser kann ins Meer abfließen, es herrscht dann die sogen *Sielzugzeit.*

Silur: Formation des Paläozoikums, ↑Geologie, Formationstabelle.

Sima: S. ist ein Kurzwort aus Silicium und Magnesium; es steht für die untere Zone der Erdkruste, an deren Zusammensetzung hauptsächlich Silicium und Magnesium beteiligt sind. Die durchschnittliche Dichte des Sima beträgt 3 g/cm^3. – ↑auch Erdinneres.

Singularität der Witterung: In der Meteorologie bezeichnet man mit diesem Begriff eine mehr oder weniger regelmäßig an bestimmten Kalendertagen auftretende Wetterlage bzw. Witterungserscheinung, z.B die Kaltlufteinbrüche der

LÄNDLICHE SIEDLUNGSFORMEN

Haufendorf

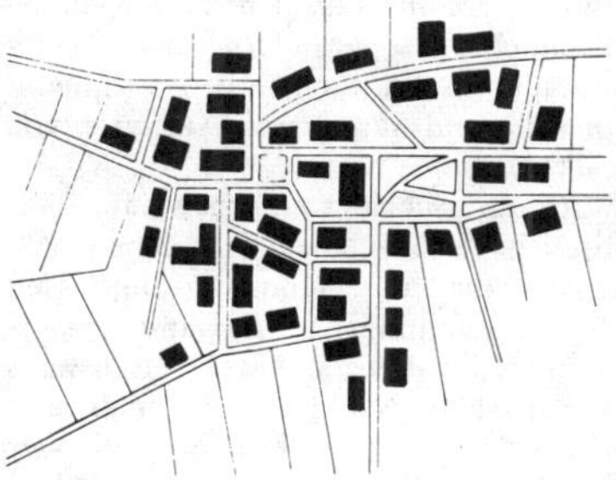

Straßendorf

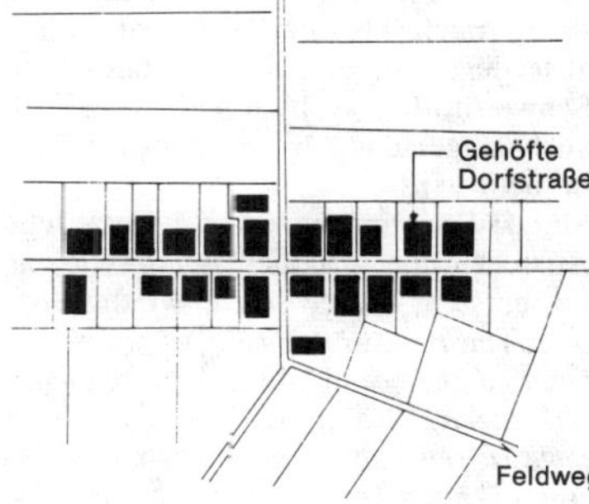

Waldhufendorf

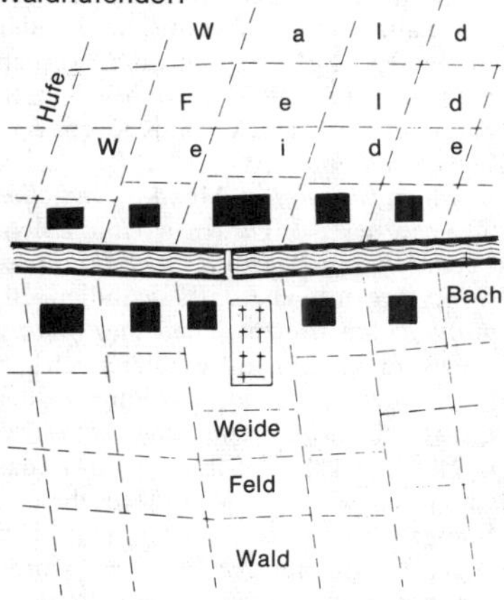

Marschhufendorf

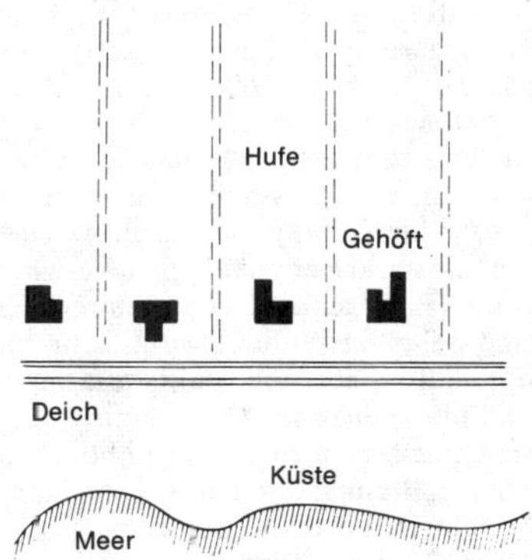

Straßenangerdorf

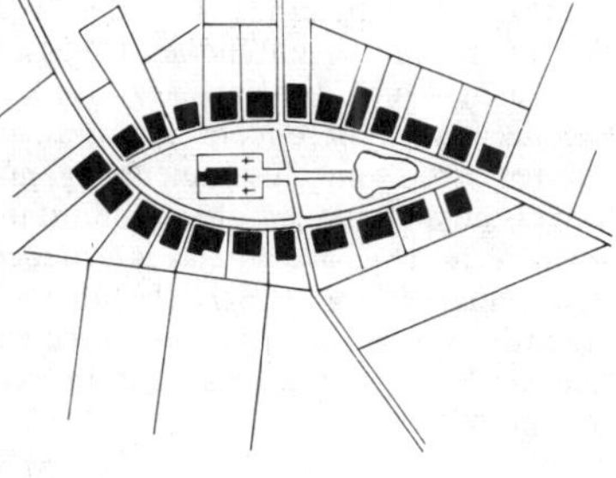

Rundling

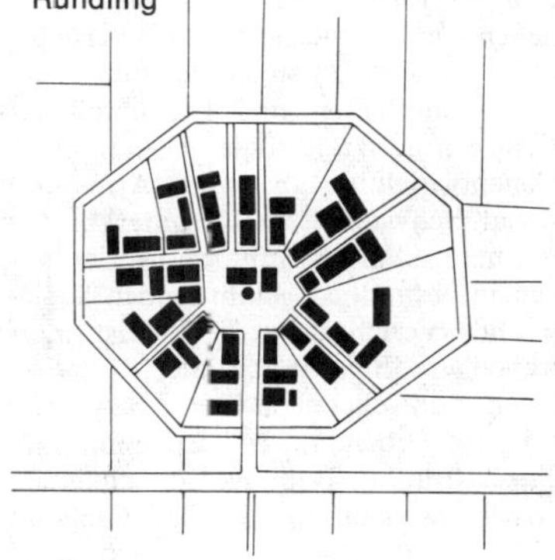

↑Eisheiligen, die ↑Schafkälte und den ↑Altweibersommer.

Sinkstoffe: S. sind im Wasser vorhandene feinste Teilchen fester Stoffe, die sich schon nach kürzerer Zeit am Boden absetzen. Sie sind im Grunde auch Schwebstoffe, weshalb der Begriff S. auch allgemein für Schwebstoffe gebraucht wird.

Sinter: S. nennt man eine mineralische Ausscheidung aus fließendem Wasser; sie entsteht durch Geschwindigkeits- oder Temperaturänderung oder Entweichen von CO_2 und bildet Überzüge *(Sinterkrusten),* Wälle und Terrassen *(Sinterterrassen);* am häufigsten sind ↑ Kalksinter (↑ auch Travertin) und ↑ Kieselsinter. Die Plitvicer Seen z.B. werden durch Kalksinterdämme aufgestaut.

Skelettböden: Als S. bezeichnet man ↑Bodenarten mit einem Skelettanteil (Steine, d.h. Korngrößen von über 2 mm Durchmesser) von mehr als 75%. S. finden sich meist auf Schutthalden und anderen, auch fluviatilen Aufschüttungen, im übrigen allgemein auch in Gebieten mit starker physikalischer Verwitterung (Polargebiete, Hochgebirge). S. sind sehr wasserdurchlässig, sehr gut durchlüftet, aber sehr nährstoffarm.

Skulptursteinkern (Prägekern): S.e. sind eine besondere Art von ↑ Fossilien.

Skyth: älteste Stufe der alpinen Trias, ↑Geologie, Formationstabelle.

Slum [slam, englisch slʌm]: Als S.s werden am Rande von [Groß]städten gelegene Elendsquartiere bezeichnet, in denen unterprivilegierte Bevölkerungsteile, v.a. die untersten Schichten sozialer Minderheiten und benachteiligter Gruppen (z.B. Farbige, Gastarbeiter, Neueinwanderer, aber auch Arme und sozial Schwache), in Notunterkünften mit mangelhaften sanitären Einrichtungen in gesundheitsgefährdenden hygienischen Verhältnissen und meist unerträglicher Enge in sozialer Isolation leben. Kennzeichnend für die Bewohner sind ein Leben am Existenzminimum, eingeschränkte Bildungsmöglichkeiten, Arbeitslosigkeit oder Beschäftigung mit sozial meist nicht geachteten Arbeiten. Daraus ergibt sich eine durch dieses soziale Milieu verursachte Gleichgültigkeit gegenüber den herrschenden moralischen Anschauungen und die Einstellung, diese ihre Lebensbedingungen ließen sich nicht verändern, was zu einer überdurchschnittlich hohen Kriminalitätsrate und häufigerem Auftreten von Alkoholismus führt.

Man unterscheidet zwischen innerstädtischen Verfallsgebieten, zu denen auch sehr schnell die planmäßig angelegten Auffangsiedlungen für Zuwanderer werden, und wildwachsende Hüttenslums aus oft über Nacht errichteten Blech-, Kanister-, Matten-, Karton- und/oder Bretterbuden, die in den Großstädten Lateinamerikas, Süd- und Südostasiens sowie auch einiger afrikanischer Länder entstanden. Diese Hüttenslums werden mit verschiedenen Namen belegt, z.B. *Barriadas* (offiziell: pueblos jóvenes) in Peru, *Callampas* in Chile, *Favelas* in Brasilien, *Jacales* in Mexiko, *Ranchos* in Venezuela, *Tugurios* in Kolumbien, *Vecindades* in Puerto Rico, *Villas miseria* in Argentinien, *Basti* in Indien, *Bidonvilles* im französischen und *Shanty towns* im englischen Sprachbereich.

Der Anteil der Slumbewohner an der Einwohnerzahl südamerikanischer Großstädte lag 1965 bei 20–40%, das waren insgesamt 15 Mill. Menschen.

Smog: Das Wort S. entstammt dem englischen Sprachbereich; es wurde durch Zusammenziehung von smoke = Rauch, Qualm und fog = Nebel neu gebildet, um das in Groß- und Industriestädten auftretende, ungesunde und stark sichtbehindernde Gemisch von natürlichem Nebel mit Industrieabgasen und dem Rauch der Hausheizungen zu kennzeichnen. Besonders häufig anzutreffen ist S. im Zusammenhang mit Inversionswetterlagen. In Großbritannien dürfen in Großstädten aus Gründen der Smoggefahr weite Bereiche nur noch elektrisch beheizt werden, wodurch ein starker Rückgang des S.s. erreicht werden konnte.

SMSA: Abkürzung für Standard Metropolitan Statistical Area, ↑Metropolitan Area.

Soffione: S. nennt man eine Austrittsstelle (Exhalation), der schwach borsäurehaltiger, heißer Wasserdampf entströmt. S.n sind postvulkanische Erscheinungsformen.

soil erosion [englisch 'sɔɪl ɪ'roʊʒən]: englischer Fachausdruck für ↑Bodenzerstörung.

solar: Das Eigenschaftswort s. bedeutet: zur Sonne gehörend; die Sonne betreffend.

Sole: Im engeren Sinne ist S. die Bezeichnung für eine aus Kochsalzquellen gewonnene Natriumchloridlösung, im weiteren Sinne wird auch das Wasser der Quelle selbst, im weitesten Sinne jede Salzlösung als S. bezeichnet. *Solesalz* nennt man das aus S.n gewonnene Kochsalz.

Solfatare: S. nennt man eine Austrittsstelle (Exhalation) von schwefelwasserstoffhaltigen Wasserdämpfen mit Temperaturen von 100–300° C. Solfataren zählen zu den postvulkanischen Erscheinungen.

Solifluktion (Bodenfließen, Erdfließen): Im polaren und subpolaren Bereich sowie in periglazialen Hochgebirgsregionen kommt es durch das tages- oder jahreszeitliche Auftauen und Wiedergefrieren des Bodens zu einer Umgestaltung der Erdoberfläche: Auf ebenen und kaum geneigten Hängen findet eine Umlagerung des Bodens am Ort statt, es entstehen die Formen der ↑Kryoturbation.

Bei einer Hangneigung von über 2° beginnt der Boden zu fließen *(Makrosolifluktion):* es bilden sich *Streifenböden* (Strukturböden) und andere *Fließerden* (Wanderböden, Wanderschutt), Blockströme, -gletscher, -halden, -meere u.a. Bei vorhandener Vegetationsdecke wird die Wirkung der S. gebremst, unter Zerreißen der Grasnarbe *(Rasenabschälung)* entstehen Girlandenböden, Fließerdeterrassen und -wülste. Bei der durch S. bewirkten Abtragung *(Kryoplanation)* bilden sich u.a. Glatthänge, Abrißnischen, Dellen, asymmetrische Täler.

Soll (Mehrzahl Sölle): Ein S. ist eine kleine rundliche, wassergefüllte oder vertorfte, flache Hohlform im Boden ehemals vergletscherter Gebiete. Sölle entstanden durch nachträgliches Abschmelzen kleiner, in der Grundmoräne zurückgebliebener Toteisklötze. Sölle sind besonders zahlreich in Mecklenburg, wo sie der Mensch bis heute als Viehtränken oder Löschteiche künstlich offengehalten hat.

Solontschak: S. ist ein Typ der ↑Salzböden, und zwar der mit dem höchsten Salzgehalt.

Solstitium: Fachausdruck für ↑Sonnenwende.

Sommer: Der S. ist eine der vier ↑Jahreszeiten, in die das Jahr in den mittleren und hohen Breiten eingeteilt wird, und zwar die zwischen Sommersonnenwende, d.h. auf der Nordhalbkugel, wenn die Sonne über dem nördlichen Wendekreis steht, und Herbsttagundnachtgleiche, wenn die Sonne bei ihrem scheinbaren Weg am Himmel wieder den Äquator überschreitet. Der S. beginnt auf der Nordhalbkugel am 21. Juni und endet um den 23. September, auf der Südhalbkugel dauert er vom 22. Dezember, wenn die Sonne über dem südlichen Wendekreis steht, bis zum 21. März.

Dieser astronomische S. fällt aber nur teilweise mit den Erscheinungen zusammen, die wir als sommerlich empfinden. Wichtigste Elemente hierbei sind hohe Temperaturen (Mittagstemperatur mindestens 20 °C) und die Reifezeit von Gras und Getreide. Lange Tage und kurze Nächte sind nur für die erste Hälfte des Sommers typisch, dafür aber auch für die zweite Hälfte des Frühlings; es ist dies in den polnahen Gebieten die Zeit des Polartages, wenn die ↑Mitternachtssonne beobachtet werden kann.

sommerfeuchte äußere Tropen: eine ↑Klimaregion nach der Klimaklassifikation von Weischet.

Sommertage: Diese meteorologische Klassifikation bezeichnet Tage, deren

Temperaturmaximum bei mindestens 25 °C liegt.

Sommerzeit: Um das Tageslicht besser auszunutzen, wird in manchen Ländern die für sie geltende Zonenzeit (↑Zeitzonen) während der Monate mit langen Tagen um eine Stunde vorverlegt.

Beispiel: Wäre es an einem Ort nach der Zonenzeit 8 Uhr, so ist es an diesem bei Sommerzeit bereits 9 Uhr, da die Zeit 8 Uhr um eine Stunde, nämlich auf 7 Uhr, vorverlegt wurde. Andererseits wird 22 Uhr Zonenzeit zu 23 Uhr bei Sommerzeit. Die Zeit mit Tageslicht innerhalb des Zeitraumes, in dem die Menschen aktiv sind, also etwa zwischen 5 Uhr und 24 Uhr, wird bei S. um eine Stunde verlängert. Besonders abends, zu Beginn und gegen Ende der Zeit mit S. auch morgens, wird Licht gespart.

S. ist nur in mittleren Breiten möglich und sinnvoll, da in den Tropen die Tage sowieso annähernd gleich lang sind, in hohen Breiten dagegen Tageslicht sommers zu jener Zeit fast ständig bis ständig vorhanden ist (↑Mitternachtssonne).

Sonderkulturen: Unter S. versteht man in der Landwirtschaft ein- oder mehrjährige Dauerkulturen, die besonderer Pflege bedürfen. Bei ihnen ist der Arbeits- und Kapitalaufwand sehr groß; außerdem sind sie stark marktorientiert. Sonderkulturen sind z.B. Wein-, Obst-, Hopfen-, Feingemüse- und Tabakbau sowie Gewürz-, Arzneipflanzen- und Blumenkulturen. S. werden bevorzugt in klimatisch begünstigten Gebieten und meist auf kleinen Flächen betrieben. Bekannte S. sind die Spargelfelder der sandigen Böden in Südhessen und Nordbaden, die Hopfenkulturen in der Hallertau und um Spalt, die Obstkulturen am Bodensee, die ausgedehnten Rebflächen der verschiedenen Weinbaugebiete und vieles andere mehr. Mit ihren Blumenkulturen sind die Niederlande weltbekannt geworden.

Sondermüll: Hierbei handelt es sich in der Regel um besonders gefährlichen und umweltfeindlichen Müll, der auf den üblichen Deponien nicht abgelagert werden kann und auch sonst schwer zu beseitigen ist. Er wird in der Regel auf Sondermülldeponien gelagert und durch besondere Maßnahmen von der Umwelt abgeschirmt. Zu diesen Maßnahmen gehören u.a. das Auftragen undurchlässiger Bodenschichten unter dem Boden des S.platzes und das Lagern des S.s in Stahlfässern. S. wird v.a. von der chemischen und der metallurgischen Industrie erzeugt.

Sonne: Die S. ist der Fixstern, zu dessen System die Erde, die übrigen acht großen Planeten, die interplanetaren Kleinkörper (Planetoiden, Kometen, Meteoriten, interplanetarer Staub) und die übrige interplanetare Materie gehören. Die S. ist also der Zentralkörper des *Sonnensystems.* Sie ist der einzige Stern, dessen Oberfläche von der Erde aus, von der sie einen mittleren Abstand von 149,6 Mill. km hat, in ihren Einzelheiten studiert werden kann.

Bewegungen der Sonne: Infolge der Rotation der Erde um ihre Achse in Richtung von West nach Ost geht die S. morgens am östlichen Himmel auf und abends am westlichen unter. Auf- und Untergang erfolgen aber nicht immer an der gleichen Stelle des Horizonts. Auf- und Untergangspunkte verschieben sich von Tag zu Tag innerhalb feststehender Grenzen, die vom irdischen Beobachtungsort abhängig sind. Der Abstand des Auf- und des Untergangspunkts vom Ost- bzw. Westpunkt, die Morgen- bzw. Abendweite, ist für ein und denselben Tag nicht für alle Orte gleich,sondern ändert sich mit der geographischen Breite. Je höher die geographische Breite eines Ortes ist, um so größer sind Morgen- und Abendweite; entsprechend ändert sich mit der geographischen Breite auch die Dauer von Tag und Nacht. Die S. verändert infolge der Bewegung der Erde um die S. täglich ihren Stand unter den Sternen. Sie durchläuft im Laufe eines Jahres ihre scheinbare Bahn an der Himmelssphäre, die Ekliptik.

Die S. liegt etwa 50 Lichtjahre nördlich der Ebene des Milchstraßensystems und etwa 32 600 Lichtjahre vom Zentrum dieses Sternsystems entfernt. Zusammen mit den Sternen ihrer Umgebung bewegt sie sich mit 200–260 km/s auf einer fast kreisförmigen Bahn um das Zentrum des Milchstraßensystems; ein Umlauf dauert etwa 200 Mill. Jahre. Außerdem bewegt sie sich gegenüber den Sternen ihrer Umgebung mit 20 km/s auf einen Zielpunkt, den sogen. *Sonnennapex,* im Sternbild Herkules.
Die S. rotiert um eine durch ihre Pole gehende Achse; sie ist kein scharf begrenzter Himmelskörper, sondern eine Gaskugel, in der die Dichte, der Druck und die Temperatur stetig von innen nach außen abnehmen. Man unterscheidet astrophysikalisch fünf Bereiche: Im stabil geschichteten, aus Wasserstoff und Helium bestehenden *Sonneninneren* (Radius 556 000 km) wird durch Kernfusion Energie erzeugt, die als Strahlungsenergie allmählich nach außen abgegeben wird. Die *Konvektionszone* ist eine etwa 140 000 km dicke, instabil geschichtete Kugelschale um das Sonneninnere, in der der Energietransport nach außen durch starke Konvektionsströme in der Sonnenmaterie (ionisierter Wasserstoff) erfolgt: Heiße Materie steigt auf, kühlere sinkt nach unten. Über der Konvektionszone liegt unmittelbar an der *Sonnenoberfläche* die etwa 400 km dicke *Photosphäre,* aus deren Bereich der wesentliche Teil der sichtbaren Strahlung kommt. Über der Photosphäre liegt die bei Sonnenfinsternissen rötlich leuchtende, bis etwa 10 000 km dicke Chromosphäre, in der die Temperatur von 4 500 bis 5 000 K in einer etwa 4 000 km hohen unteren Schicht bis auf 300 000 K in etwa 8 000 km Höhe ansteigt. An diese schließt die sich strahlenförmig weit in den interplanetaren Raum hinein erstreckende *Korona* an, die erst sichtbar wird, wenn der Mond bei einer totalen Sonnenfinsternis die helle Sonnenscheibe abdeckt. An der unteren Grenze der Korona (zur Chromosphäre) beträgt ihre Temperatur etwa 300 000 K; sie steigt in der eigentlichen Korona aber auf 1 Mill. K an.

Zustandsgrößen der Sonne

Radius	696 000 km (= 109 Erdradien)
Oberfläche	6 087 Mrd. km² (= 11 930 Erdoberflächen)
Volumen	1,412 Trillionen (= 10^{18}) km³ (= 1 304 000 Erdvolumen)
Masse	$1{,}98 \cdot 10^{33}$ g (= 333 000 Erdmassen)
mittlere Dichte	1,41 g/cm³ (= 0,26 Erddichte)
effektive Temperatur	5780 K
Energieabstrahlung an der Oberfläche	6300 W/cm²
Neigung des Sonnenäquators gegen die Ekliptik	7° 15′ 00″
siderische Rotationsdauer	25,380 Tage
synodische Rotationsdauer	27,275 Tage

Sonnenfinsternis: Die S. ist ein rein geometrisch-optisches Phänomen: Stehen für einen Beobachtungsort Mond und Sonne in einer Visierlinie, so tritt für diesen Ort eine S. ein. Die Mondbahn ist gegen die Ekliptik um 5° 8′ geneigt, eine S. kann deshalb nur eintreten, wenn der Mond in der Nähe des aufsteigenden oder absteigenden Knotens seiner Bahn steht. Da ferner Sonne, Mond und Erde in einer Linie stehen müssen, kann eine S. nur auftreten, wenn der Mond zwischen Sonne und Erde steht, also nur bei Neumond.
Entgegen dem Anschein sind Sonnenfinsternisse häufiger als Mondfinsternisse. Von 1971 bis 1980 treten auf der Erde 22 Sonnen- aber nur 15 Mondfinsternisse ein. Sonnenfinsternisse sind aber im Gegensatz zu Mondfinsternissen nur in der etwa 100 km breiten und meist einige tausend Kilometer langen Finsterniszone sichtbar, die im Kernschatten des Mondes liegt. In ihr herrscht *totale Sonnenfinsternis.*
Wegen der Mondbewegung und der Erdrotation läuft der Kernschatten im

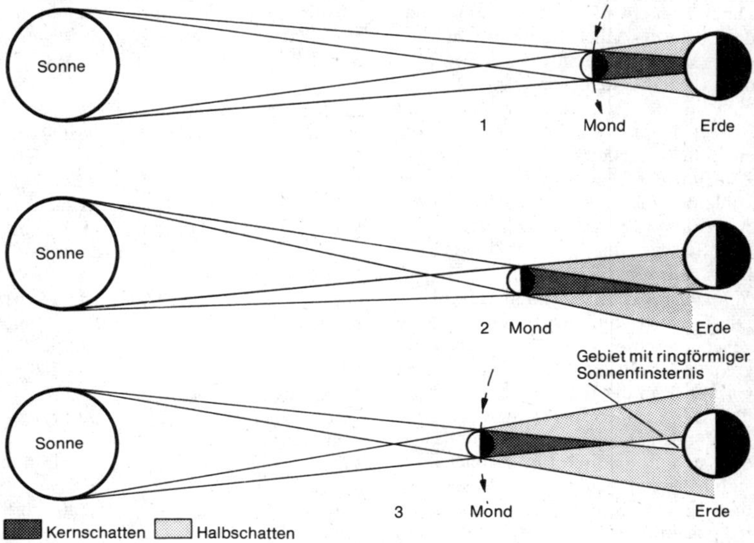

Sonnenfinsternis
1. total und partiell
2. nur partiell. Der Mond bewegt sich in dieser Darstellung auf den **Beschauer zu!**
3. ringförmig und partiell.
   In Abb. 1 und 3 entspricht die Zeichenebene der Ekliptikebene.

Mittel mit einer Geschwindigkeit von 35 km/min über die Erde. Daher kann eine totale S. im Zentrum der Totalitätszone höchstens 7,5 Minuten dauern. In den randlich an die Kernzone anschließenden erheblich größeren Gebieten (sie sind mehrere tausend Kilometer breit) wird die Sonne nur noch teilweise vom Mond verdeckt, so daß ein Teil des oberen bzw. unteren (je nach Beobachtungsort) Sonnenrandes sichtbar bleibt, und zwar ein um so größerer, je weiter der Beobachter von der Totalitätszone entfernt ist. Diese Gebiete liegen im Halbschatten des Mondes, für sie besteht dann eine *partielle* (= teilweise) *Sonnenfinsternis.*
Da die Zonen der totalen und partiellen Verdunkelung der Sonnenscheibe wie gesagt von der Stellung des Mondes zwischen Erde und Sonne abhängen, kann es auch eine S. geben, die nirgends auf der Erde total ist. Der Mond schneidet dann die Verbindungslinie Sonne – Erde nur mit seinem Rand.
Eine besondere Art der S. ergibt sich, wenn der Mond so weit von der Erde entfent ist, daß sein Kernschatten die Erde nicht mehr trifft. Im Kerngebiet erscheint dann für den Beobachter eine kleine Mondscheibe vor der größeren Sonnenscheibe; es herrscht dann eine sogen. *ringförmige Sonnenfinsternis.* Aufgrund der Mondbewegung kann eine ringförmige S. in eine totale übergehen und auch umgekehrt.
Sonnenflecken: S. werden durch starke Magnetfelder verursacht, die in kleinen Bereichen unterhalb der Photosphäre die Konvektion unterbinden und damit den nach außen fließenden Energiestrom erheblich verringern. Die S. sind daher dunkler als ihre Umgebung. Im Kern haben sie eine effektive Tempera-

tur von etwa 4 500 K (gegenüber etwa 5 870 K für die ungestörte Sonnenoberfläche, die Photosphäre).

Sonnenwende (Solstitium): S. ist der Zeitpunkt, an dem die Sonne während ihres scheinbaren jährlichen Laufs ihren höchsten oder tiefsten Stand erreicht. Wenn die Sonne am 21./22 Juni, zur Zeit der sogen. *Sommersonnenwende,* über dem nördlichen Wendekreis steht, hat die Nordhalbkugel der Erde ihren längsten Tag, es ist der Anfang des Sommers. Wenn sie über dem südlichen Wendekreis steht, zur Zeit der dortigen Sommer- aber unserer *Wintersonnenwende* (am 21./22. Dezember), ist dies für die südliche Erdhemisphäre der Fall; wir auf der Nordhalbkugel haben dann den kürzesten Tag; es beginnt der Winter.

Sonnenwind (Solarwind): Als S. bezeichnet man den ständig von der Sonne ausgehenden Partikelstrom aus Protonen (Wasserstoffionen), Alphateilchen (Heliumionen), kleinen Mengen weiterer Ionenarten und Elektronen, der in Erdnähe eine Geschwindigkeit von etwa 400 km/s hat. Die Feldlinien des solaren Magnetfeldes bilden die Bahnen, auf denen sich der S. bewegt. Veränderungen des solaren Magnetfeldes haben deshalb auch Änderungen der Richtung und der Intensität des S.es zur Folge. In der obersten Erdatmosphäre rufen die von der Sonne kommenden Partikelströme vielfältige Erscheinungen hervor, z.B. das ↑Polarlicht.

Sowchose [sof'ço:zə]: Eine S. ist ein großes Staatsgut in der UdSSR. Oft wird von einer S. eine Fläche von über 100 000 ha bewirtschaftet. Typisch sind die großflächige Bearbeitung, der hohe Mechanisierungsgrad, weitgehende Spezialisierung und ein geringer Arbeitskräftebesatz. Die zur S. gehörende Hauptsiedlung befindet sich meist an zentraler Stelle mit Wirtschafts- und Wohngebäuden um einen Platz. Die Planung sah als zentrale Siedlung sog. Agrostädte vor, die jedoch bisher nur in wenigen Fällen verwirklicht worden sind.

Sozialbrache: Mit diesem nicht ganz korrekten Ausdruck – denn Brache ist eine im Rahmen des Anbaus notwendige und damit planmäßig eingehaltene Phase der Bodenregeneration – bezeichnet man landwirtschaftlich nutzbare Flächen, die aber aus wirtschaftlichen Gründen nicht genutzt werden. Häufiger Grund ist die Tatsache, daß der Besitzer anderweitig – meist in Industrie, Gewerbe, Verwaltung – mehr verdienen kann als durch Bestellung dieses Landes. Dabei spielt die Ertragsfähigkeit des Bodens natürlich auch eine Rolle.
Die Fläche des solchermaßen brach liegenden Bodens in der Bundesrepublik Deutschland hat sich von rund 150 000 ha im Jahre 1965 auf rund 310 000 ha im Jahre 1976 erhöht.

soziale Erosion: Mit dem Ausdruck s.E. meint man die Zerstörung der Sozialstruktur eines Ortes oder eines Gebietes. Beispiele sind die Umwandlung von Bauerndörfern zu Fremdenverkehrsgemeinden, was aber häufig nur eine soziale Umstrukturierung mit sich bringt. Eine echte s. E. ist dagegen häufig in Auswanderungsgebieten festzustellen, wenn die Vielfalt der sozialen Gruppen verlorengeht und nur sozial schwache Gruppen zurückbleiben.

soziale Marktwirtschaft: Hierbei handelt es sich grundsätzlich um die freie Marktwirtschaft mit besonderer Betonung der sozialen Komponenten. Die s. M. ist bemüht, eventuelle Auswüchse der freien Marktwirtschaft zu verhindern, so z.B. die unternehmerische Willkür oder ruinöse Konkurrenz. Stattdessen werden unternehmerische Verantwortung und soziale Partnerschaft beschworen. Außerdem sorgen Gewerkschaften in freien Verhandlungen (ohne staatlichen Druck) für ständige soziale Verbesserungen der Arbeitnehmer.

Sozialgeographie: Die S. ist ein Teil der Anthropogeographie; sie hat enge Beziehungen zur Wirtschaftsgeographie und zur Soziologie. Ihr Forschungsgebiet sind die Zusammenhänge zwischen der menschlichen Gesellschaft und dem

Raum, in dem diese Gesellschaft lebt, besonders die räumlichen Organisationsformen und raumbildenden Prozesse der sogen. ↑Daseinsgrundfunktionen. Mit der Erarbeitung von Planungsgrundlagen leistet die S. auch einen Beitrag zur angewandten Geographie.

Sozialprodukt: Unter S. versteht man die in Geldwert gemessene Leistung einer Volkswirtschaft in einem bestimmten Zeitraum, meistens in einem Jahr. Vor Abzug der Abschreibungen erhält man das ↑Bruttosozialprodukt, nach Abzug der Abschreibungen das ↑Nettosozialprodukt. Sind indirekte Steuern und Subventionen nicht berücksichtigt, spricht man vom *Sozialprodukt zu Marktpreisen;* nach Abzug der indirekten Steuern und Ergänzung um die Subventionen spricht man vom *Sozialprodukt zu Faktorkosten.* Vom S. zu unterscheiden ist das Inlandsprodukt, zu dessen Ermittlung das S. um die Erwerbs- und Vermögenseinkommen von Inländern im Ausland verringert und von Ausländern im Inland ergänzt wird.

Sozialstruktur (Gesellschaftsstruktur): Als S. bezeichnet man das relativ dauerhafte innere Gefüge einer Gesellschaft, das sich aus der Gesamtheit der sozialen Elemente zusammensetzt und durch gewisse Normen, Handlungsmuster und Wertvorstellungen gekennzeichnet ist. S. meint gleichzeitig die Funktionsbedingungen eines Gesellschaftssystems und das geordnete Zusammenwirken aller seiner Teile. Zur Ermittlung der S. gliedert man die Bevölkerung in bestimmte Gruppen, z.B. nach Berufen, nach Einkommenshöhe, nach Schulabschluß und vielen anderen Merkmalen, die in einem bestimmten Zusammenhang für wichtig erachtet werden.

Spaltenfrost: Der Sp. ist eine besondere Form der physikalischen Verwitterung. Beim Gefrieren von Wasser in Spalten oder feinen Rissen in den Gesteinen kommt es beim Übergang von Wasser in Eis zu einer Volumenzunahme um 9%. Diese Ausdehnung führt zu einem Sprengen der Gesteine. Besonders wirksam ist der Sp. in den Hochgebirgen, da hier oft ein Wechsel zwischen Auftauen am Tage und nächtlichem Gefrieren stattfindet.

Speichergestein: Als Sp. bezeichnet man in der Erdölgeologie eine durchlässige grobporige oder kluftreiche, oben, im Hangenden, von undurchlässigen Schichten bedeckte Gesteinsschicht, die das aus dem Muttergestein entweichende Erdöl oder Erdgas aufnehmen und speichern kann (z.B. Sandstein, Kalk, Dolomit).

Sporn: Der zwischen zwei zusammenlaufenden Tälern liegende Bergvorsprung wird Sp. genannt. Wegen ihrer strategischen Lagegunst wurde diese oft steilwandige und nur von einer Seite zugängliche Geländeform zum Standort mittelalterlicher Burg- und Stadtanlagen (Spornlage).

Springtide (nur in bezug auf die Flut wird von Springflut gesprochen): Da die ↑Gezeiten von der Massenanziehung von Mond und Sonne bewirkt werden, tritt zu der Zeit, wenn die Anziehungskräfte beider Gestirne in der selben Richtung wirken, eine besonders hohe Gezeitenwelle auf, mit dem sogen. Springtidehochwasser (SpThw). Dies ist der Fall, wenn Mond und Sonne in der selben Richtung stehen, also zur Zeit von Voll- und Neumond. – Der Gegensatz zur Sp. ist die Nipptide. – Vgl. auch Abbildung Seite 126.

Sprunghöhe: Das vertikale Ausmaß einer ↑Verwerfung wird als Sp. bezeichnet.

Squatter-Siedlungen [englisch 'skwɔtə]: S. sind spontane Ansiedlungen von arbeitsuchender Bevölkerung auf fremdem Grund und Boden. Vielerorts erfolgten diese Ansiedlungen auf derzeit ungenutztem Farmland, um dieses zu bestellen und so einen Lebensunterhalt zu haben. In neuerer Zeit entstanden S. in Afrika v.a. in Bergbauorten und Industriestädten in der Nähe der Gruben bzw. der Industriebetriebe. Charakteristisch für diese S. ist daher, daß weit über die Hälfte ihrer Bewohner arbeitsfähige Männer sind. Die S. werden in der Hoffnung bezogen, in dem benachbarten Werk einen Arbeitsplatz zu bekommen (was auch in der Mehrzahl der Fälle eintritt). Die so entstandenen S. ähneln zwar in vielem Slums, unterscheiden sich jedoch von ihnen durch die innere Einstellung der Bewohner, weshalb man bei ihnen auch von „Slums of Hope" (englisch; = Slums der Hoffnung) spricht. Die Squatters hoffen, den Anschluß an die Wirtschaft und einen städtischen Lebensstil zu erreichen; die Bewohner der „Slums of Dispair" (englisch; = Slums der Verzweiflung) dagegen haben meist alle Hoffnung auf Besserung ihrer Lage aufgegeben, ↑Slum.

Stadium (Mehrzahl Stadien; Stadial): Als St. bezeichnet man eine während einigen Jahrtausenden innerhalb einer Eiszeit stationäre Eisrandlage und ihren zugehörigen glazialen Formenschatz, hauptsächlich die Endmoränen; z.B. das Brandenburger St. der Weichseleiszeit in Norddeutschland. Diese Eishalte und Eisrandsedimente werden in der Regel als *Rückzugsstadien* bezeichnet, obgleich in Wirklichkeit alle dabei zur Ablagerung gekommenen Endmoränen kurzen Wiedervorstößen entsprechen.

Stadt: Der Begriff St. wird in der Regel im Gegensatz zum Wort Dorf gebraucht. Eine Stadt zeichnet sich besonders durch eine mehr oder weniger stark entwickelte Gliederung in sogen. Stadtviertel aus (Industrie-, Wohn-, Geschäfts- u.a. Viertel), durch ein über den Eigenbedarf hinausgehendes Dienstleistungsangebot, durch eine überwiegend nicht in der Landwirtschaft tätige Bevölkerung. Es gibt keine einheitliche Definition des Stadtbegriffes; in der Gemeindestatistik wird nach Einwohnerzahlen klassifiziert, wobei in den einzelnen Staaten unterschiedliche Mindestzahlen gelten. In der Bundesrepublik Deutschland wird der Titel Stadt vom Innenminister des zuständigen Bundeslandes verliehen.

Stadtdorf: Es handelt sich hierbei um eine größere Siedlung von mehreren tausend Einwohnern, deren Bevölkerung überwiegend in der Landwirtschaft tätig ist. Typisch ist ein kleiner, stadtähnlicher Kern, dessen Einrichtungen hauptsächlich der Versorgung der Dorfbevölkerung dienen. Beispiele für diesen Siedlungstyp findet man u.a. in Ungarn und bei den Yoruba in Nigeria.

städtische Agglomeration (Ballungsgebiet, Ballungsraum, Verdichtungsraum): Es handelt sich hierbei um ein Gebiet mit einer Verdichtung von Wohngebäuden, Arbeitsstätten und Wirtschaftsleistungen auf engem Raum. Diese Verdichtung wurde in der Regel von der Industrie hervorgerufen. Die st. A. reicht über Verwaltungsgrenzen hinaus. Man unterscheidet monozentrale st. A.en (Einkernballungen) und polyzentrale st. A.en (Mehrkernballungen). Die *monozentrale städtische Agglomeration*, eine Großstadt mit angrenzenden gewachsenen Wohnorten und Satellitenstädten (z.B. London, Paris, Moskau, Hamburg, München) bezeichnet man auch als *Conurbation*. Die *polyzentrale städtische Agglomeration* liegt meistens in rohstoff- oder kraftstofforientierten Industriezonen und setzt sich aus mehreren Großstädten und ihrer Umgebung zusammen; eine historische Führungsstadt gibt es nicht. Beispiele hierfür sind das Ruhrgebiet, die Region Nord in Frankreich, die Randstad Holland.

Stadtklima: Ein sogen. St. entwickelt sich über großflächig bebauten Stadt- und Industrielandschaften. Die Vielzahl der Stein- und Asphaltflächen und die starke Wärme- und Abgaserzeugung von Haushalten, Industrie und Verkehr bedingen im Vergleich zur umgebenden Landschaft spürbare klimatische Unterschiede. Die wichtigsten hiervon sind die geringen Temperaturgegensätze im Laufe des Jahres, die reichlicheren Niederschläge und die häufige Nebel- und Dunstbildung. Wegen der starken Anreicherung der Luft mit Verunreinigungen ist das St. ungesund. Mit einer aufgelockerten Bebauung, der Erhaltung und Neuanlage von Grüngürteln und der Schaffung verkehrsfreier Zonen in den innerstädtischen Bereichen sowie der Verlegung der umweltbelastenden Industriebetriebe in Außenbezirke versucht man, die genannten Einflüsse soweit wie möglich herabzusetzen.

Stadtplanung: Die St. hat die Aufgabe, das Gebiet der Stadt unter Berücksichtigung regionaler Raumordnungspläne in bestimmte Funktionsgebiete aufzuteilen (Wohnen, Industrie, Gewerbe, Verkehr, Naherholung) und nach Erstellung eines Flächennutzungsplanes (vorbereitend) für einzelne Stadtgebiete verbindliche Bebauungspläne aufzustellen.

Staffelbruch: Als St. bezeichnet man ein Verwerfungssystem, bei dem die einzelnen Gesteinsschollen treppenartig abgestuft sind. Abbildung ↑Verwerfung.

Stalagmiten: St. werden die vom Höhlenboden emporwachsenden ↑Tropfsteine genannt.

Stalagnaten: St. sind aus Stalaktiten und Stalagmiten zusammengewachsene Tropfsteinsäulen.

Stalaktiten: St. sind von der Höhlendekke herabwachsende ↑Tropfsteine.

Standard Metropolitan Statistical Area (Abkürzung SMSA): ↑Metropolitan Area

Standortfaktoren: Dieser Begriff gehört zur Industriegeographie und meint die Bedingungen, die eine Industrieansiedlung an einem bestimmten Ort begünstigen. Dazu zählen die natürlichen Standortfaktoren, wie Topographie, Geologie und andere physisch-geographische Faktoren, v.a. aber die Anbindung an ein leistungsfähiges Verkehrsnetz, das Vorhandensein von Rohstoffen und Arbeitskräften, die Nähe des Absatzmarktes und anderes.

starker Wind: Name für die ↑Windstärke 6 auf der Beaufort-Skala.

Staukuppe: St. nennt man eine Erstarrungsform sehr zähflüssiger Lava über einem Vulkanschlot; sie wächst durch nachdrängende Lavamassen, so daß zuletzt ein Komplex rissiger Kuppen entsteht. Ein kurz vor der Erstarrung durch vulkanische Gase hochgepreßter Lavapfropf wird *Stoßkuppe* oder *Lavanadel* genannt. – Abbildung Seite 273.

Stausee: Ein St. entsteht, wenn durch den Bau eines Stauwerkes, meist einer Talsperre, ein Fluß gestaut und sein Lauf dadurch seeartig erweitert wird. Stauseen dienen entweder der Elektrizitätserzeugung, der Trinkwassergewinnung, dem Rückhalt von Hochwasser oder der Regulierung des Flußwasserstandes, oft allen Erfordernissen gleichzeitig, und außerdem fast immer dem Fremdenverkehr.

Gelegentlich spricht man auch bei einem natürlich aufgestauten See, etwa durch einen Lavastrom bei einem Vulkanausbruch, von einem Stausee.

Staustufe: Eine in Flüssen senkrecht zur Strömung errichtete Mauer nennt man Staustufe. Sie ragt mehrere Meter über die Wasseroberfläche empor, so daß sich hinter ihr das Wasser aufstaut; z.B. bei der St. Geesthacht an der Elbe um 3,5 m. Staustufen werden gebaut, um im Fluß die Einhaltung einer gleichmäßigen Wassertiefe zu erreichen. Das nützt v.a. der Binnenschiffahrt, welche die St. mit Hilfe von eingebauten Schleusen überwindet. Eine St. unterbindet gleichzeitig weitgehend das Absinken des Grundwasserspiegels. Oft führt über die Krone der St. eine Straße, die zur Verkehrserschließung beiträgt. Schließlich kann man durch eingebaute Laufkraftwerke Energie gewinnen.

steifer Wind: Name für die ↑Windstärke 7 auf der Beaufort-Skala.

Steigungsregen: Niederschläge, die im ↑Luv von Gebirgen infolge des erzwungenen Aufstiegs und der damit verbundenen Abkühlung der Luftmassen niedergehen, bezeichnen wir als Steigungsregen. Es handelt sich also um orographisch bedingte Niederschläge.

Steinkern: St.e sind eine besondere Art von ↑Fossilien.

Steinkohle: Als St. bezeichnet man schwarze, harte, pechartig oder fettig glänzende ↑Kohle von hohem Inkohlungsgrad.

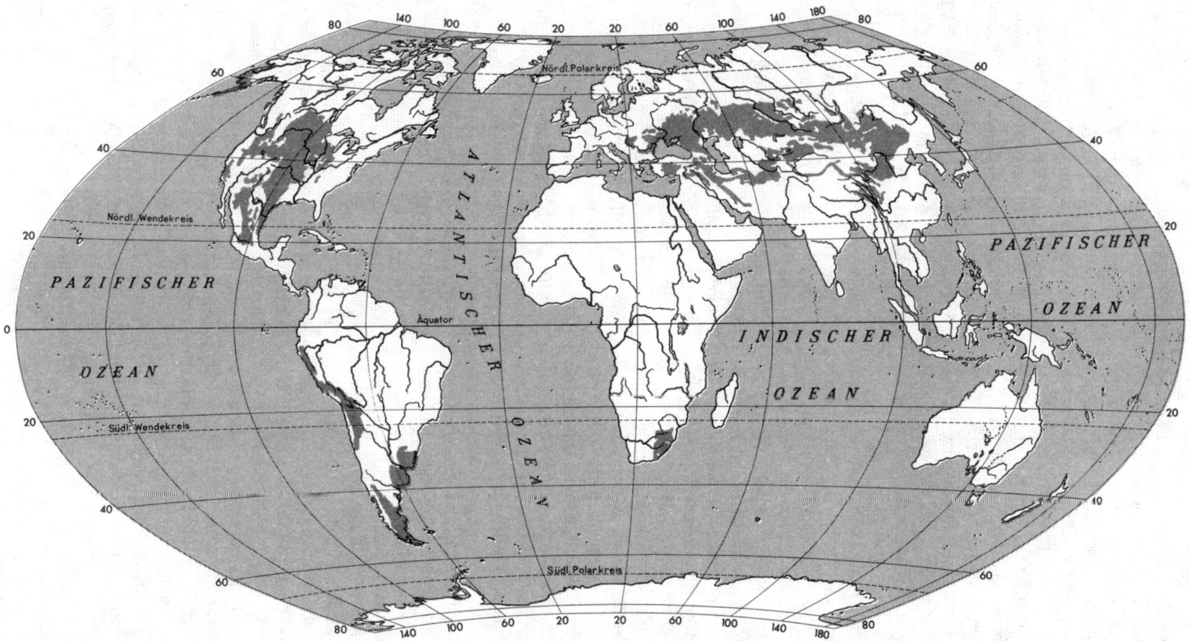

Verbreitung der Steppen

Steppe: Die St. ist im Gegensatz zur Savanne eine außertropische, baumlose Pflanzenformation, die sich aus trokkenheitsliebenden Gräsern und Kräutern zusammensetzt. Kennzeichnend sind auch hochwüchsige Stauden und Zwiebelgewächse (z.B. Tulpe). In Eurasien zieht sich ein Steppengürtel von Bessarabien bis zum Fuße des Altai. In der Neuen Welt sind die Prärien Nordamerikas und die Pampas Argentiniens solche Grasfluren. Die St. war früher reich an Huftieren, z.B. Bisons in der Prärie.

Von der St. streng zu unterscheiden sind das tropische Grasland, die ↑Savanne, in der stets auch Holzgewächse, also meist Bäume, auftreten, und die ↑Wiese, die einen dichteren Graswuchs mit geringem Anteil von Kräutern hat. Ebenfalls keine St. ist die sogen. ↑Waldsteppe, sie bildet den mosaikartigen Übergang von der St. zum geschlossenen Wald. – ↑auch Kultursteppe und ↑Versteppung.

Steppenheide: St. nennt man die strauch- und baumarme Fels- und Trokkenrasengesellschaft meist flachgründiger, kalkreicher Standorte in warmtrokkenen Binnenlandschaften Mitteleuropas (Böhmen, Thüringen, Oberrheinisches Tiefland, Teile der Schwäbischen Alb, inneralpine Täler). Es handelt sich um eine artenreiche Vegetationsformation mit zahlreichen Steppenpflanzen (z.B. Federgras, Beifuß) und wärmeliebenden mediterranen Arten (u.a. Ragwurz, Graslilie).

Während der Nacheiszeit sind aus den Steppengebieten Südosteuropas Steppenpflanzen des pontischen Florengebietes nach Mitteleuropa eingewandert. Eine erneute Klimaänderung führte dann zu ihrer Verdrängung durch den Wald. Die immer wieder erwähnte *Steppenheidetheorie,* nach der die St.gebiete im trockenwarmen Klima des Postglazials, da waldfrei, als erste besiedelt worden seien, trifft nicht zu.

Steppenschwarzerde (Tschernosem): Die St. ist der wichtigste Bodentyp der Steppengebiete; sie besitzt ein A_hC-Profil. Der mächtige, gut gekrümelte, lockere A_h-Horizont erklärt sich durch das Zusammenwirken von Klima, Vegetation und Bodenfauna, wobei u.a. infolge des feuchten Frühjahrs und Frühsommers, des trockenen Hochsommers und kalten Winters die Erhaltung und Umsetzung, d.h. die Humifizierung der pflanzlichen Substanz, die Verwesung, überwiegt, also eine starke Anhäufung von Humus erfolgt. Bevorzugter Untergrund (C-Horizont) sind feine kalkhaltige Lockergesteine, wie Löß. St.n sind v.a in Osteuropa, Asien und Nordamerika weit verbreitet; in Mitteleuropa sind sie fossile, v.a. im frühen Postglazial entstandene, Vorkommen und mehr oder weniger stark degradiert. Die St. ist der Boden der höchsten potentiellen Fruchtbarkeit.

Sterberate: Das Verhältnis der in einem bestimmten Zeitraum Gestorbenen zu 1000 Einwohnern nennt man St.; es handelt sich also um eine Promillezahl.

Stern: Im allgemeinen Sprachgebrauch wird jedes leuchtende Objekt an der Himmelssphäre St. genannt (mit Ausnahme des Mondes und der Sonne). In der Astronomie werden im strengen Sprachgebrauch nur die ↑Fixsterne als Sterne bezeichnet, also auch die Sonne.

Sternkunde: ↑Astronomie

Sternschnuppe: Eine St. ist ein ↑Meteor mittlerer Größe.

Stockwerkkultur (italienisch cultura mista): Die St. ist eine v.a. im Mittelmeerraum verbreitete intensive Form der Bodennutzung, oft mit künstlicher Bewässerung verbunden. Bei St. werden mehrere Kulturarten unterschiedlicher Wuchshöhe nebeneinander angebaut: Das unterste Stockwerk besteht meist aus Gemüse oder Getreide, das Zwischenstockwerk bilden an Drähten gehaltene Rebkulturen, das oberste Stockwerk nehmen die alles überragenden Fruchtbäume ein.

Strahlstrom (Jetstream): Der St. ist ein äußerst intensiver, relativ schmaler, nach Osten gerichteter Luftstrom, der in der oberen Troposphäre (oder unteren

Stratosphäre) konzentriert ist und sich durch große vertikale und seitliche Windscherungen und ein oder mehrere Maxima der Windgeschwindigkeit auszeichnet. Ein St. ist normalerweise Tausende von Kilometern lang, Hunderte von Kilometern breit und einige Kilometer tief. Vielfach werden Windgeschwindigkeiten von mehr als 200 km/h beobachtet, die Höchstwerte liegen bei über 600 km/h. Zwei markante Strahlstromsysteme treten auf jeder Halbkugel der Erde auf: 1. der *Subtropenjet* über dem subtropischen Hochdruckgürtel, auf der Nordhalbkugel etwa längs der Linie Bermudainseln – Kanarische Inseln – Nordafrika – Persischer Golf – Indien – Südchina und über den Pazifik nach Kalifornien; 2. der *Polarfrontjet,* der St. der gemäßigten Breiten, dessen Lage eng mit derjenigen der Polarfront gekoppelt ist, mit im allgemeinen höheren Windgeschwindigkeiten und größerer Unbeständigkeit der Position als der Subtropenjet; er umgibt als gewelltes, stellenweise auch unterbrochenes Starkwindband die Nordhalbkugel und ist im Sommer weiter nördlich anzutreffen als im Winter. Beide Systeme werden durch den Austausch von unterschiedlich temperierten Luftmassen aus den verschiedenen Breitenzonen der Erde hervorgerufen; sie spielen für den Luftmassentransport in der Atmosphäre eine außerordentlich große Rolle, weshalb sie auch als das „Schwungrad der Atmosphäre" bezeichnet werden.

Im interkontinentalen Flugverkehr macht man sich diese großen Windgeschwindigkeiten zu Nutze: Man läßt bei Flügen in Richtung Ost die Maschinen im Bereich der Strahlströme fliegen, wodurch sie ihre Reisegeschwindigkeit infolge des Rückenwindes wesentlich erhöhen können.

Strand: Der St. ist der aus Lockermaterial (Sand, Geröll) aufgebaute flache Ufer- bzw. Küstenstreifen an Flüssen, Seen und Meeren.

Strandflate: An der mittel- und nordnorwegischen Küste tritt eine St. genannte Verebnungsfläche auf, die ungefähr in Meeresniveau liegt und zum Binnenland durch einen steilen Anstieg begrenzt wird. Zahllose Inseln und Buchten bieten sehr gute Siedlungsmöglichkeiten. Die Entstehung der St. ist noch nicht eindeutig geklärt.

Strandlinie: Die St. ist die untere Begrenzung des nassen Strandes; sie liegt bei 2 m u.d.M., der Linie, bis zu der ungefähr der Wasserstand bei mittleren Springtideniedrigwasser (MSpTnw) reicht. Bis zur St. reicht im allgemeinen die Wirkung von Wellen und Brandung; an Marschküsten heißt sie *Wattlinie.*

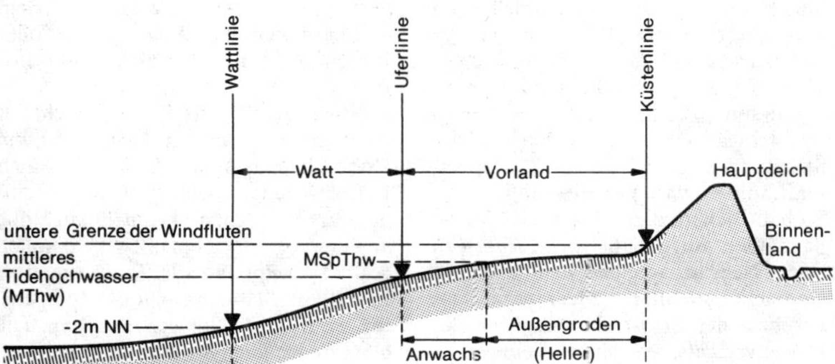

Schematische Darstellung des Meeresstrandes an der bedeichten Marschküste

Strandsee: Wächst durch Strandversetzung oder sonstige Sandansammlung an einer Ausgleichsküste die Nehrungsspitze mit der ihr gegenüber liegenden Küste zusammen, wird das Haff vom Meer getrennt und damit zum Strandsee.

Strandterrasse (Abrasionsterrasse): Die St. ist die durch die Brandungstätigkeit des Meeres entstandene Verebnungsfläche vor Steilküsten. Ältere, über dem Meeresspiegel liegende St.n können sowohl eine Hebung des Landes als auch eine Senkung des Meeresspiegels anzeigen.

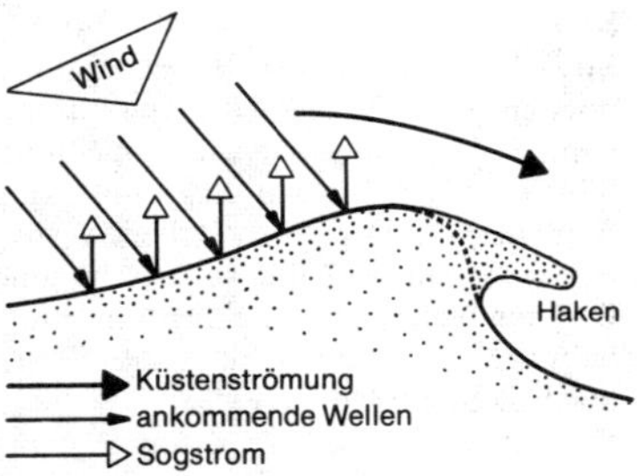

Skizze zur Veranschaulichung der Strandversetzung

Strandversetzung (Küstenversetzung, Strandvertriftung): Wenn an der Küste die vorherrschenden Winde schräg zum Strand wehen, werfen die Brandungswellen den Sand schräg auf den Strand, führen ihn jedoch beim Zurückfluten senkrecht zum Strand ab. So erfolgt ein andauernder Materialtransport längs der Küste, der St. genannt wird. Kommt es nun hinter Landvorsprüngen oder an Buchteingängen zum Nachlassen der Strömung, erschöpft sich die Transportkraft, und es wird hier Sand abgelagert. So baut sich an dieser Stelle eine kleine Sandzunge auf, die über einen *Haken* zu einer ↑Nehrung wachsen kann und bald die Bucht vom offenen Meer trennt. Das Ergebnis der St. ist ein Ausgleich des Küstenverlaufs, es entsteht eine *Ausgleichsküste.*

Strandwall: Durch die Brandungstätigkeit wird im äußersten Auslaufbereich der hohen Dünungswellen, der sogen. Roller, ein meist nur wenige Dezimeter hoher St. aus Sand- oder Kies aufgebaut, dessen Lage sich entsprechend der Brandungstätigkeit land- oder meerwärts verschieben kann.

Straßendorf: Ein St. ist eine meist geradlinige, doppelzeilige Dorfanlage entlang einer Straße, wobei die Häuser bzw. Gehöfte relativ dicht nebeneinander angeordnet sind. Das St. findet sich ebenso als gewachsene Form wie als planmäßige Anlage, z.B. in den Gebieten der mittelalterlichen Ostsiedlung seit dem 12/13. Jahrhundert.

Stratigraphie: Die St. ist ein Teilgebiet der Geologie; sie untersucht die räumliche und zeitliche Aufeinanderfolge von Gesteinsschichten und geologischen Formationen sowie ihren Gesteins- und Fossilinhalt.

Stratokumulus (Stratocumulus, Haufenschichtwolke): Als St. bezeichnen wir die tiefen, grauen bis weißlichen Wolken mit sichtbarer vertikaler Ausdehnung, die schollenförmig in Bänken oder in weiten flachen Feldern auftreten. Ihre Form weist auf die Entstehung aus dem Zusammentreffen vertikal und horizontal gerichteter Luftströmungen hin. Diese Wolkenform erscheint bei der Auflösung von Schichtwolken oder als Übergangsform bei der Neubildung von weitgestreckten Wolkenfeldern. St.wolken bestehen aus feinen Wassertröpfchen und enthalten auch Regentropfen oder Reifgraupeln, zuweilen auch Schneekristalle.

Stratosphäre: Die St. ist die Schicht der Atmosphäre zwischen 11 und 50 km Höhe. In ihr finden keine vertikalen Luftbewegungen mehr statt, da die Temperaturen zwischen 11 und 20 km Höhe annähernd gleichbleiben, nämlich −50 °C am Pol und −90 °C am Äquator. In größeren Höhen steigt die Temperatur dann wieder bis etwa 0 °C an. Die Obergrenze der St. bildet die *Stratopause,* nach unten wird sie durch die Tropopause begrenzt. In der St. liegt die ↑Ozonschicht.

Stratovulkan (Schichtvulkan): St. nennt man einen kegelförmigen Vulkanbau, der aus einer Wechsellagerung von Lavadecken und vulkanischen Lockermassen aufgebaut ist.
Stratus: St. nennen wir die einförmigen, grauen, nebelähnlichen Wolkenschichten. Die vertikale Mächtigkeit von Stratuswolken ist meist so gering, daß die Umrisse von Sonne und Mond klar zu erkennen bleiben. St. entwickelt sich mit dem Vorrücken von Warmfronten, wenn wärmere auf kältere Luftmassen aufgleiten. Aber auch bei Inversionswetterlagen kommt es, besonders während winterlicher Hochdrucklagen, zur Ausbildung lange anhaltender Schichtbewölkung. Aus St. fällt Niederschlag in Form von Sprühregen oder auch von Eis- und Schneeteilchen.

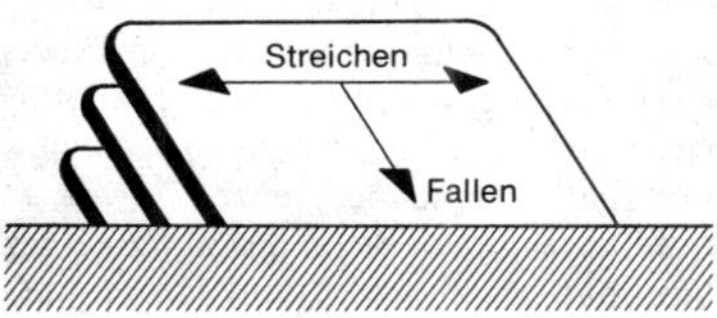

Streichen und Fallen: Zur Kennzeichnung der geologischen Lagerung, und zwar nicht nur von Schichten, sondern auch von Verwerfungen, Klüften, Erzlagern u.a., werden die Begriffe St. u. F. verwendet. Streichen (Streichwinkel) wird die als Abweichung von der Nordrichtung angegebene Richtung der Schnittfläche einer geneigten geologischen Schichtfläche mit der Horizontalen genannt. Unter Fallen (Einfallen, Fallwinkel) wird der Neigungswinkel der Schichtfläche gegen die Horizontale verstanden. St. u. F. stehen also senkrecht aufeinander. Bei Faltenstrukturen (Mulden, Sättel) mit geneigter Faltenachse ergibt sich ein *umlaufendes* oder *periklinales Streichen.*
Im übertragenen Sinne spricht man von Streichen auch bei der Längsrichtung von Gebirgszügen.
Streifenanbau: Der St. ist eine Maßnahme gegen die ↑Bodenzerstörung.
Streifenflur: Verschiedene ↑Flurformen werden als St. zusammengefaßt.
Streusiedlung: Ursprünglich handelt es sich bei der St. um eine räumliche Konzentration von Einzelhöfen. Der Ausdruck wird heute dagegen weitgehend für sehr lockere Gruppensiedlungen mit regelloser Lage der Wohnstätten gebraucht.
strömen: in der Gewässerkunde Bezeichnung für eine ↑Fließgeschwindigkeit.
Stromschnelle (Katarakt): Als St. bezeichnet man eine Flußstrecke, in der wegen Verengung des Flußbettes oder plötzlichen Gefälles das Wasser schneller fließt, meist reißend. Das plötzliche Gefälle wird meist durch einen Querriegel aus härterem Gestein im Flußbett oder durch eine Verwerfung verursacht.
Stromstrich: St. nennt man diejenige Linie in einem Fluß, welche die Stellen der höchsten Fließgeschwindigkeit verbindet. Der St. liegt immer etwas unterhalb der Oberfläche des Wassers, aber nicht immer in der Mitte des Flusses. Sein Pendeln z.B. ist Ursache für die Ausbildung der Prall- und Gleithänge der Mäander.
Strudelloch: svw. ↑Kolk
Strukturböden (Frostmusterböden): St. sind Ergebnis der ↑Solifluktion und ↑Kryoturbation. – Abbildung Seite 99.
Strukturwandel (Strukturänderung): Als St. bezeichnet man im Gegensatz zu Saison- und Konjunkturbewegungen langfristige und grundsätzliche Änderungen, denen die Struktur der Wirtschaft und der darin eingebettete aktuelle Wirtschaftsprozeß unterliegen. Der St. hängt von außerökonomischen und ökonomischen Faktoren ab, auf die der jeweilige Wirtschaftsprozeß keinen kurzfristigen oder unmittelbaren Einfluß besitzt.
Sturm: Name für die ↑Windstärke 9 auf der Beaufort-Skala; Windstärke 10 wird als *schwerer Sturm* bezeichnet.
Sturmflut: Eine außergewöhnlich hohe Flutwelle des Meeres, die durch auflandigen Sturm hervorgerufen wird,

wird als St. bezeichnet. St. entsteht v.a. dann, wenn Springflut mit einer Sturmwetterlage zusammenfällt. Durch Brandung und Wasserstau kann die Flutwelle so verstärkt werden, daß es an den betroffenen Küsten zu Verheerungen kommt. St.en zeigen besonders in Buchten, Mündungstrichtern von Flüssen und an den Flachküsten schlimme Auswirkungen. Wenn die Deiche und Küstenschutzbauten der St. nicht standhalten, kann das Meerwasser weite Gebiete des Hinterlandes überfluten. Die schwersten St.en im Nordseeküstenraum waren die Marcellusfluten 1219, 1267 und v.a. 1362 (Untergang des nordfriesischen Hafenortes Rungholt), die große St. vom 19. Oktober 1634, die die Insel Strand (Nordstrand) zerstörte, die Februarflut 1825 und die Neujahrsflut 1855 (Untergang von Alt-Wangerooge). Fast hundert Jahre später, Anfang Februar 1953, kam es v.a. an der niederländischen Küste durch Zusammentreffen einer Springflut mit einem starken Nordwind zu zahlreichen Deichbrüchen mit verheerenden Überflutungen. Am 16./17. Februar 1962 richtete die „Hamburg-St." an den Küsten der Deutschen Bucht erhebliche Schäden an.

stürzen: in der Gewässerkunde Bezeichnung für eine ↑Fließgeschwindigkeit.

subalpine Stufe: Die s. St. ist eine Übergangszone innerhalb der ↑Höhenstufen der Vegetation in den Gebirgen der mittleren Breiten, und zwar leitet sie von der montanen Stufe zur alpinen Stufe über, vorherrschend ist in ihr somit Krummholzvegetation.

subarktisch: auf der Nordhalbkugel gleichbedeutend mit ↑subpolar.

Subatlantikum: Zeitabschnitt des Postglazials, ↑Quartär

Subboreal: Zeitabschnitt des Postglazials, ↑Quartär

subglazial: Als s. bezeichnet man Vorgänge oder Erscheinungen, die unter dem Gletscher- oder Inlandeis stattfinden. S. sind also z.B. Gletschertöpfe, Oser, Grundmoränen und Schmelzwasserrinnen.

Subkontinent: Ein randlicher Teil eines Kontinents, der aufgrund seiner besonderen Größe und Gestalt, etwa in Form einer Halbinsel, als quasiselbständige Einheit betrachtet werden kann, wird mitunter als S. bezeichnet. Im allgemeinen wird aber nur Vorderindien als S. bezeichnet.

Submersion: Als S. bezeichnet man das Untertauchen eines Festlandes unter den Meeresspiegel infolge Senkung der Küste oder Ansteigen des Meeresspiegels. Das damit verbundene Vordringen des Meeres nennt man Transgression. – Den Gegensatz zur S. bildet die Emersion.

subnival: Von subnivalem Klima sprechen wir in Gebieten, in denen die Temperatur in bestimmten Zeiten des Jahres regelmäßig täglich zwischen Werten über und unter den Gefrierpunkt wechselt, man spricht daher auch von Frostwechselklima. Dies ist der Fall in subpolaren Gebieten und Hochgebirgsregion unterhalb der Schneegrenze.

Subökumene: Gebiete, die nur zu einer bestimmten Jahreszeit von Hirten aufgesucht und wirtschaftlich genutzt werden können, werden zur S. gerechnet. Hierzu gehören weite Steppengebiete und Halbwüsten (als Lebensraum der Nomaden), aber auch die Mattenregion der Hochgebirge.

subpolar: S. ist eine Bezeichnung für die klimatischen Verhältnisse in den Übergangsgebieten bzw. Randbereichen der Polargebiete zum Klima der hohen Mittelbreiten. Neben strenger Winterkälte herrschen hier aber schon Mitteltemperaturen des wärmsten Monats zwischen 6 und 10 °C, kennzeichnend sind weiterhin ganzjährig geringe Niederschläge und vorherrschende Ostwinde. Die Vegetation dieser Gebiete, die auf der Nordhalbkugel bedeutend stärker ausgebildet sind *(subarktische Zone)*, ist die Tundra.

subrezent: S. nennt man geologische und geomorphologische Vorgänge und Erscheinungen, die sich unmittelbar vor der Gegenwart ereignet haben bzw. entstanden sind, also im Übergang von ↑fossil zu ↑rezent.

Subsistenzwirtschaft: Fachausdruck für ↑Selbstversorgungswirtschaft.

Subtropen: Die S. sind die Übergangszone von den höheren Mittelbreiten zu den Tropen. Im jahreszeitlichen Wechsel bestimmen tropische, trockene und heiße Luftmassen im Sommer und milde und meist feuchte Luftmassen im Winter das Wettergeschehen. Die polwärtige Begrenzung der S. bildet die winterliche Lage der Polarfront, ihre sommerliche Position dagegen ist die Grenze zum tropischen Raum. Auf der Nordhalbkugel ist die Zone der S. breiter ausgebildet als auf der südlichen. Zu den S. gehören vier ↑Klimaregionen.

subtropisches Kontinentalklima: ein Klima bei der Klassifikation in ↑Klimaregionen.

subtropische Sommerregengebiete: eine der ↑Klimaregionen nach der Klimaklassifikation von Weischet.

subtropische Winterregengebiete: eine der ↑Klimaregionen nach der Klimaklassifikation von Weischet.

subtropisch-randtropische Trockengebiete: eine der ↑Klimaregionen nach der Klimaklassifikation von Weischet.

Südäquatorialströme: Die S. sind nach Westen gerichtete äquatoriale Gegenströme in allen Ozeanen, ↑Karte Meeresströmungen.

Suk (französisch Souk): svw. ↑Basar

Sukkulenten: Die S. gehören zu den Xerophyten, den Trockenpflanzen. An die Trockenheit ihrer Standorte sind sie durch einen entsprechenden Bau ihres Vegetationskörpers angepaßt. Diese Anpassungen bewahren die Pflanzen vor größeren Wasserverlusten durch Transpiration. S. haben wasserspeichernde Gewebe in Blättern, Wurzeln oder Sproßachsen angelegt. Während der Feuchtigkeitsperioden werden diese Gewebe mit Wasser aufgefüllt.

Syenit: S. ist ein Tiefengestein, das v.a. aus den Mineralen Kalifeldspat (etwa 50 %), natronreichem Plagioklas (20 %) und Glimmer (25 %) sowie bis zu 5 % Quarz besteht; der Quarz kann auch durch Feldspatvertreter (Leuzit, Nephelin u.a.) ersetzt sein.

Synklinale (Synkline): ↑Falte

synodisch: Dieses in der Astronomie gebrauchte Fachwort bedeutet: auf die Stellung von Sonne und Erde zueinander bezogen. Die *synodische Umlaufzeit* des Mondes z.B. ist die Zeit zwischen zwei aufeinander folgenden Neumonden.

T

Tafelberg: Besteht der höchste Teil eines Berges nicht aus einem Gipfel, sondern aus einer größeren horizontalen Fläche, spricht man von einem Tafelberg. Diese ebene Fläche wird entweder von einer besonders widerständigen Schicht des anstehenden Sedimentgesteins oder von einer Lavadecke gebildet. Der bekannteste T. ist der von Kapstadt im äußersten Süden Afrikas.

Tafelland: Als T. wird eine flache Landschaft bezeichnet, die aus horizontal gelagerten Gesteinsschichten aufgebaut ist.

Tag: Für T. gibt es zwei verschiedene Bestimmungen:

◊ T. ist ein durch die Rotation der Erde um ihre Achse gegebener natürlicher Zeitabschnitt: der Zeitraum zwischen zwei aufeinanderfolgenden unteren Kulminationen der Sonne (*Sonnentag* bzw. zwei aufeinanderfolgenden oberen Kulminationen des Frühlingspunktes *Sterntag*). Der mittlere Sonnentag, der die Grundlage der bürgerlichen Zeitrechnung bildet (1 Tag = 24 Stunden), ist um 3 Minuten und 56,6 Sekunden länger als der Sterntag.

Als T. wird die Zeit zwischen Sonnenaufgang und Sonnenuntergang angesehen. Die T.eslänge hängt von der Jahreszeit und der geographischen Breite des Beobachtungsortes ab. Nur am Äquator ist der T. immer 12 Stunden lang, an allen anderen Orten der Erde beträgt seine Dauer nur zum Zeitpunkt der Äquinoktien genau 12 Stunden, sonst schwankt sie zwischen 24 Stunden während der Zeit des Polartages, wenn die Sonne auch um Mitternacht über dem Horizont steht (↑ Mitternachtssonne), und 0 Stunden während der Zeit der ↑ Polarnacht. Diese beiden Extreme treten jedoch nur in den polnahen Gebieten jenseits der Polarkreise auf. In unseren Breiten (um 50°) schwankt die Tageslänge zwischen rund 7 Stunden 50 Minuten zur Zeit der Wintersonnenwende (bei uns um den 22. Dezember) und 16 Stunden 40 Minuten zur Zeit der Sommersonnenwende (bei uns am 21. Juni).

Tagebau: Als T. bezeichnet man die Gewinnung von nutzbaren Mineralen und Gesteinen von der Erdoberfläche aus. Diese Art des Bergbaus kann nur in oberflächennahen Lagerstätten angewandt werden, bei denen sich die Deckschichten leicht und unter vertretbaren Kosten abtragen lassen. Neben Steinen und Erden werden v.a. Eisen- und Kupfererze sowie Braunkohlen im T. gewonnen. 98% der gesamten Braunkohlenförderung und etwa 80% der Erzförderung der Erde stammen aus T.en. Ein eindrucksvolles Beispiel ist der Kupfererz-T. von Bingham Canyon, Utah, USA, der eine Tiefe von 700 m überschritten hat. Im Rheinischen Braunkohlenrevier befindet sich bei Bergheim (Erft) der mit 16 km² bisher größte T. der Erde.

Die Entwicklung führt zu immer tieferen T.en mit steigenden Fördermengen, wobei gewaltige Schaufelrad-, Schürfkübel- oder Löffelbagger eingesetzt werden. Der Abbau und die Beseitigung des Abraums erfolgt auf breiten Etagen, die serpentinenartig bis zum tiefsten Punkt der T.s führen. Der Rohstoff und der Abraum werden in Lastkraftwagen oder Schienenfahrzeuge verladen und aus dem T. herausgefahren: für kürzere Strecken verwendet man Absetzer (Gurtbandförderer mit bis 180 m langem Ausleger).

Tagelöhner: T. sind Arbeiter, die sich täglich (soweit sie Arbeit suchen) zur Übernahme von Arbeit bereithalten (oft an bestimmten Plätzen) und nur für diesen Tag (oder einige folgende) Arbeit angeboten bekommen. Der T. hat lediglich das Recht und die Pflicht, die ihm übertragene Arbeit in der vereinbarten Zeit zum vereinbarten Lohn auszuführen. Für den Arbeitgeber bestehen außer der Einhaltung dieser Vereinbarungen seinerseits keine weiteren Verpflichtungen gegenüber dem Tagelöhner. Die T. werden somit sofort nach getaner Arbeit entlohnt und damit entlassen. Früher waren viele Menschen T., auch heute ist diese Art der Arbeitsausführung in Lateinamerika und im Orient durchaus noch üblich.

Tageszeitenklima: Von T. sprechen wir, wenn die täglichen Temperaturunterschiede größer sind als die Unterschiede im jährlichen Temperaturverlauf; das ist in den Tropen der Fall. Im Gegensatz zum Jahreszeitenklima sind beim T. keine temperaturbedingten Jahreszeiten zu unterscheiden. Man gliedert hier das Jahr vielmehr nach dem regelmäßigen Wechsel der Niederschlagstätigkeit in Regenzeiten und Trockenzeiten.

Tagundnachtgleiche: deutsche Bezeichnung für ↑ Äquinoktium.

Taifun: Der T. ist ein tropischer Wirbelsturm, der sich über den erwärmten Meeresgebieten des Indischen und Pazifischen Ozeans beiderseits des Äquators in den Spätsommertagen der jeweiligen Halbkugel entwickelt. Seine Ursprungsgebiete sind ↑ Zyklone im Bereich feuchter und labiler Luftmassen. Während im Kern dieses Tiefdruckgebietes von 60 bis 200 km Durchmesser Windstille herrscht (das Auge des Wirbelsturms von 15–30 km Durchmesser), steigt der Luftdruck nach außen sehr schnell an, was Windgeschwindigkeiten bis zu 200 km/h hervorrufen kann. Die Taifune selbst bewegen sich mit einer durchschnittlichen Geschwindigkeit von etwa 20 km in der Stunde. T.e können nur über dem Meer längere Zeit bestehen, auf dem Festland schwächen sie sich rasch ab, können dabei aber große Verheerungen anrichten. Im karibischen Raum entspricht dem T. der Hurrikan.

Taiga: Die T. ist ein Teil des ↑borealen Nadelwaldes. Sie erstreckt sich nahezu ohne Unterbrechung über 4 800 km südlich der Tundra in einem 950 km breiten Gürtel quer durch die Sowjetunion. Sie ist das größte zusammenhängende Waldgebiet der Erde. Das kaltgemäßigte, kontinentale Klima ermöglicht nur eine Wachstumszeit von 3–4 Monaten. Die verhältnismäßig kleinen Bäume erreichen selten einen Umfang von mehr als einem Meter; sie wachsen dicht nebeneinander. Die Walddecke wird von Sümpfen unterbrochen. Durch die Versumpfung vermodern ganze Waldgebiete. In der europäischen T. wachsen auf feuchten, tonigen Böden Fichten und Tannen, auf sandigen Böden Kiefern. Im Ural findet man im Norden Bestände aus Fichten und Lärchen, zu denen im Süden Kiefern und Birken hinzukommen. In Westsibirien wächst im Bereich des Dauerfrostbodens die flachwurzelnde Fichte. Im trockeneren Ostsibirien kommen mehr Lärchenwälder vor. Die Tierwelt ist nur gering entwickelt. Wir treffen Bären, Füchse, Wölfe und viele kleine Pelztiere an. Die Jagd auf wertvolle Pelztiere wie Silberfuchs, Hermelin und Zobel haben deren Bestände stark verringert. Der Zobel steht daher seit 1913 unter Naturschutz. Im Sommer sind Fliegen, Mücken und Moskitos eine Plage für Mensch und Tier, da sie sich in den sumpfigen Gebieten stark vermehren können. Die T. ist siedlungsarm.

Takyr: T. ist die Bezeichung für eine ↑Salztonebene in Turan.

Tal: Als Täler bezeichnet man langgestreckte Hohlformen in der Erdoberfläche, die von fließenden Gewässern (teilweise später von Gletschern überformt) durch die linienhaft einschneidende Kraft der Erosion gebildet werden, meist

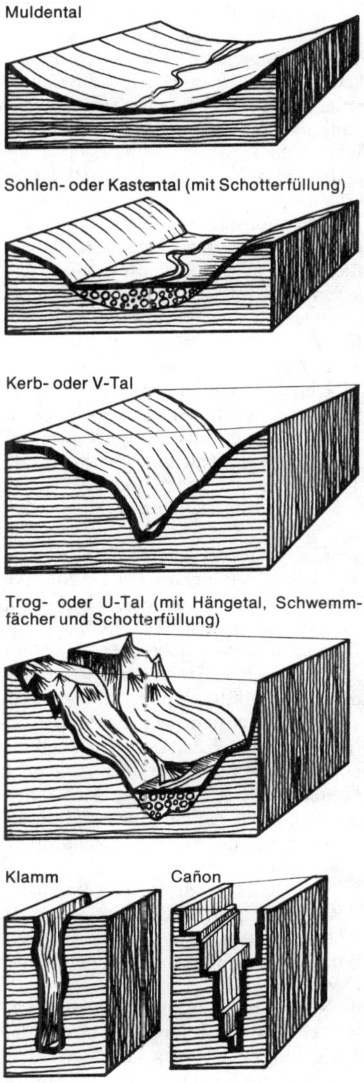

Talformen

verbunden mit denudativer Hangabtragung. Vom Talrand, der obersten Eintiefungsgrenze, führen die Talhänge oft über Talterrassen (alten Talböden) zur Talsohle. Die Talformen hängen von der Kraft und Richtung der Erosion, der Wassermenge, der Fließgeschwindigkeit, dem Schutttransport, der Beschaffenheit der Gesteine, der Hangabtragung und dem Klima ab. Durch unterschiedliche Ursachen können sich asymmetrische Täler (↑Talasymmetrie) ausbilden.
Das Erosionstal ist ausschließlich Ergebnis der einschneidenden Kraft des fließenden Wassers, das tektonisch angelegte Tal folgt dagegen einer Schwächelinie (z.B. einem Bruch) der Erdoberfläche.
Man unterscheidet folgende Taltypen:
1. Nach dem Querschnitt (in der Reihenfolge der abnehmenden Tiefenerosion und zunehmenden Hangdenudation): *Klamm* (senkrechte bis überhängende T.wände, kein T.boden) *Schlucht* (senkrechte bis abgeschrägte T.wände; bei horizontaler Gesteinslagerung ↑Cañon genannt), *Kerbtal* oder *V-Tal* (V-förmiger Querschnitt, geradlinige bis konvexe Hänge, enger T.boden), *Muldental* (breiter, ohne deutliche Grenze in die flachen T.hänge übergehender T.boden). Wird der T.boden eines Kerbtals durch Aufschüttung oder Seitenerosion verbreitert, ensteht ein *Kerbsohlental* (nur schmale T.sohle) und schließlich ein *Sohlen-* oder *Kastental* mit sehr breitem T.boden und scharfem Knick am Fuß der T.hänge. Eine Sonderform ist das glazial überformte ↑Trogtal, auch U-Tal genannt.
2. Nach dem Grundriß: *gestreckte Täler* mit geradlinigem Verlauf im Gegensatz zu *gewundenen Tälern.* Zu diesen gehören die Täler der mäandrierenden Flüsse (↑Mäander).
3. Nach dem Längsprofil: Dieses entwickelt sich sehr differenziert je nach der Widerständigkeit des Gesteinsuntergrundes, nach tektonischer Beeinflussung oder infolge flußdynamischer Besonderheiten. Man unterscheidet *gestreckte Täler* mit gleichmäßigem Gefälle und *getreppte* oder *gestufte Täler,* deren Lauf von Wasserfällen oder Stromschnellen unterbrochen wird. Sonderformen sind ↑Tobel und ↑Klinge.
4. Nach der Beziehung zwischen T.verlauf und geologisch-tektonischer Struktur der Umgebung: *Längstäler,* die den Achsen geologischer Mulden *(Synklinaltäler)* oder Sättel *(Antiklinaltäler)* folgen, und *Quertäler,* die diese queren. Bei letzteren handelt es sich meist um ein ↑Durchbruchstal. Neben regelmäßig Wasser führenden Tälern gibt es auch sogen. Trockentäler, ↑Trockental.
Die Bildung von Tälern ist in den gesamten Außertropen sowie in den tropischen und subtropischen Gebirgen die vorherrschende Form der Gestaltung der Erdoberfläche. Da die Täler vom geologisch-tektonischen Untergrund und vom Klima abhängig sind, geben sie auch Aufschluß über den erdgeschichtlichen Wandel.

Talasymmetrie: Häufig ist die Erscheinung anzutreffen, daß die beiden Hänge eines Tales verschieden starke Böschungen aufweisen und der Talquerschnitt somit ungleichseitig ist. Für diese T. gibt es eine ganze Reihe möglicher Ursachen: Durch die Erdrotation verbunden mit der Corioliskraft entstehen ↑Bergufer und Wiesenufer. Beim Mäandrieren eines Flusses (↑Mäander) entstehen Prall- und Gleitufer bzw. Prall- und Gleithang. Weitere Gründe können die unterschiedliche Sonneneinstrahlung sowie der geologische Unterbau (schräggestellte Schichten) und tektonische Vorgänge sein.

Talfahrt: In der Flußschiffahrt wird eine Fahrt stromabwärts als T. bezeichnet. Da diese also mit dem Strom erfolgt, ist für sie bedeutend weniger Motorkraft erforderlich als bei einer Fahrt gegen den Strom (der Bergfahrt) bzw. läßt sich bei gleicher Motorleistung eine bedeutend höhere Geschwindigkeit erzielen. Dagegen ist das Navigieren, das Steuern des Schiffes, erheblich schwieriger, da das Schiff den Strömungen des Flusses folgen will.

Talsperre: Eine T. ist ein Bauwerk (eine Mauer oder ein Damm) quer durch ein meist tief eingeschnittenes Flußtal, errichtet um den Fluß zu einem See zu stauen; ↑Stausee.

Talwasserscheide: Eine durch eine Talung verlaufende ↑Wasserscheide.

Talweg: Als T. bezeichnet man die Verbindungslinie der tiefsten Punkte in einem Flußbett; er liegt im allgemeinen unter dem ↑Stromstrich. Bildet ein Fluß die Grenze zwischen zwei Staaten wird der exakte Grenzverlauf meistens als im T. verlaufend festgesetzt.

Talwind: Der T. ist eine talaufwärts gerichtete Luftströmung, die sich bei ungestörtem Strahlungswetter tagsüber im Bergland ausbildet. Der T. entsteht als Ausgleichsströmung zu dem durch kräftige Einstrahlung verursachten, aufwärtsgerichteten Luftstrom über den Bergen. Er setzt vormittags etwa zwischen 9 und 10 Uhr ein und hält bis in den Nachmittag an. Das Gegenstück zum T. ist der Bergwind.

Tau: T. ist an kalten Oberflächen zu Wassertröpfchen kondensierter Wasserdampf. Taubildung setzt bei der Abkühlung erdnaher Luftschichten unter den ↑Taupunkt ein.

Im Wasserhaushalt der Trockenklimate kommt dem Tau große Bedeutung zu. Hier werden durch ihn bis zu 3 mm Niederschlag pro Nacht erreicht, was für das Wachstum entsprechend ausgebildeter Pflanzen ausreicht.

Der Anteil des Taus am gesamten Niederschlag in unserem Klima liegt bei schätzungsweise 3–5%.

taubes Gestein (Gangart): Minerale, mit denen im ↑Erz die abbauwürdigen Metallverbindungen verwachsen sind, werden als t. G. bezeichnet.

Taupunkt: Wenn Luft einer bestimmten Temperatur den für sie maximalen Wert der Luftfeuchtigkeit, also 100% relative Luftfeuchtigkeit, erreicht, diese Luft also mit Wasserdampf gesättigt ist, hat sie ihren Taupunkt erreicht. Kühlt die Luft nun weiter ab, kondensiert der Wasserdampf zu Wasser und fällt aus, d.h. es kommt zu Regen oder zu Taubildung.

Tegelenwarmzeit: ältestpleistozäne Warmzeit, ↑Quartär

Teich: Unter T. versteht man ein durch Ausnutzung vorhandener Muldenformen der Erdoberfläche oder durch Aushub künstlich angelegtes, kleines und flaches (bis höchstens 15 m tiefes), stehendes, meist ablaßbares Süßgewässer. Man unterscheidet nach der Nutzungsart u.a. Fischteiche (↑Teichwirtschaft), Abwasserteiche, Mühlenteiche und Feuerlöschteiche.

Verlandungs- und Versumpfungsgefahr verlangen eine ständige Wartung der T.e zur Erhaltung der gewünschten Funktion.

Teichwirtschaft: Die T. befaßt sich mit der Zucht und Produktion von Speisefischen in künstlich angelegten Teichen. Man unterscheidet Karpfen- und Forellenteichwirtschaft. *Karpfenteiche* benötigen nur einen geringen Zufluß und sind, außer den zur Überwinterung tieferen *Winterteichen,* flach und warm (Sommertemperaturen über 20°C). *Forellenteiche* werden meist als kleine, 1,5 bis 2 m tief ausgehobene Längsteiche mit senkrechten Wänden oder als Rundbekken (Westeuropa, Skandinavien, USA) angelegt.

Die *Teichpflege* umfaßt die Instandhaltung der baulichen Anlagen, die Beseitigung von anorganischen und organischen Sedimenten und von Wasserpflanzen, die Überwachung des Sauerstoffgehalts und des pH-Werts (optimal pH 6,8–8), die Vorsorge gegen Fischkrankheiten durch Desinfektion und bei Karpfenteichen auch die *Teichdüngung.* Hierzu gehört (nach Ablassen des Wassers) der Anbau von Getreide und Leguminosen, die später überstaut werden; die pflanzlichen Abbauprodukte dienen als Nährstoffe für Zwischenkonsumenten (Plankton, Wasserflöhe, Zuckmükkenlarven u.a.) – Werden entsprechend angelegte, nur kurzfristig (Mai/Juni) zum Ablaichen flach mit Wasser überflutete Bodenflächen während des übrigen Jahres als Acker genutzt, spricht man von *Feld-Teich-Wechselwirtschaft*. – Das Abfischen der marktreifen Speisefische findet meist im Herbst statt. In der Bundesrepublik Deutschland bestanden 1974/75 5 200 Fischzuchtbetriebe mit einer Teichfläche von 14 400 ha.

Tektite: T. sind meist rundliche oder birnenförmige Gebilde aus schwer schmelzbarer, glasartiger Masse (rund 75 % SiO_2) mit Durchmessern bis zu einigen Zentimetern, mit genarbter oder gerillter Oberfläche und meist grünlicher oder bräunlicher Färbung. T. wurden bislang nur in einigen mehr oder weniger eng begrenzten Gebieten gefunden, z.B. in Böhmen (diese T. werden „Moldavite" genannt), auf der indonesischen Insel Billiton („Billitonit"), auf Java und einigen anderen indonesischen Inseln, in Australien, in der Republik Elfenbeinküste, in Texas („Bediasit") und Georgia, 1975 auch in der Sowjetunion (Gebiet Aktjubinsk). – Die Herkunft bzw. Entstehung der auch als Glasmeteorite bezeichneten T. ist umstritten: Herkunft aus dem Weltall, vom Mond oder irdischer Entstehung als Folgeprodukt eines Meteoriteneinschlags.

Tektonik: T. nennt man den Teilbereich der Geologie, der sich mit dem Bau der Erdkruste, den Lagerungsverhältnissen der Gesteine, ihren Veränderungen im Laufe der Erdgeschichte sowie den Ursachen befaßt, die diese Lagerungsveränderungen auslösen. Forschungsgegenstand der T. sind u.a. die Bruch- und Faltentektonik und die Probleme einer Gesamtkonzeption der zugrundeliegenden Kräfte, wie sie z.B. die ↑ Plattentektonik darstellt.

Temperatur: Die T. ist die Angabe über den Wärmezustand eines Körpers. In der Klimatologie ist hauptsächlich die Lufttemperatur von Interesse. Ihre Messungen werden in Instrumentenhütten vorgenommen, die 2 m über dem Erdboden stehen. Dadurch werden die Ergebnisse weder von der direkten Sonneneinstrahlung noch von den Besonderheiten der erdbodennahen Luftschichten beeinflußt. Die Messung selbst erfolgt mittels des ↑ Thermometers.

Temperaturgradient: Der T. ist der Wert, um den die Lufttemperatur abnimmt, wenn die Luft um 100 m ansteigt. Dieser Wert ist jedoch von der Luftfeuchtigkeit abhängig. Diese Eigenschaft der Luft wird ↑ adiabatisch genannt. Steigt jedoch die Temperatur mit zunehmender Höhe an, sprechen wir von einer ↑ Inversion; bleibt sie innerhalb einer bestimmten Schicht konstant, sprechen wir von Isothermie.

Termitensavanne: Als T. bezeichnet man Grasland der wechselfeuchten Tropen mit inselartig eingestreuten Baumgruppen auf verlassenen Termitenbauten, die wegen ihrer aufgelockerten Struktur günstige Bedingungen für den Baumwuchs bieten und aufgrund ihrer erhöhten Lage vor Überschwemmungen während der Regenzeit sicher sind.

Terms of Trade
'trɛɪd] (Austauschrelation): T.o.T. ist das Verhältnis des Preisindexes für Einfuhrgüter zum Preisindex für Ausfuhrgüter. Man erkennt daran, ob ein Land aus dem Außenhandel Vorteile zieht und wie groß diese Vorteile sind.

Terra firme: Als T. f. wird das überschwemmungsfreie Gebiet der ↑ Hyläa des Amazonastieflandes bezeichnet. Der üppige Bewuchs der T. f. täuscht aber eine scheinbare Fruchtbarkeit vor. In Wirklichkeit ernährt sich dieser Wald nur von seinen eigenen Verwesungsprodukten. Würde man ihn roden, legte man einen kaum entwickelten, sauren, nährstoffarmen und daher unfruchtbaren Boden frei, der ackerbaulich nicht zu nutzen ist. In extremer Pointierung wird daher die T. f. als „ökologische Wüste" bezeichnet.

Terra fusca (Kalksteinbraunlehm): Als T. f. bezeichnet man einen braunroten Bodentyp mit ABC-Profil, der auf weichem Kalkstein, Dolomit oder Mergel entstanden ist. Er weist einen höheren

Tongehalt und einen geringeren Gehalt an Fe_2O_3 auf als die Terra rossa.

Terra rossa (Mediterrane Roterde): Die T. r. ist ein leuchtend roter Bodentyp auf hartem Carbonatgestein, mit ABC-Profil; sie entsteht unter wechselfeuchten subtropischen Klimabedingungen durch Auflösen der Carbonate und Freisetzen der eisenhaltigen Bestandteile; sie weist einen hohen Tongehalt auf und ist sehr plastisch. In Europa kommt sie v.a. im Mittelmeergebiet vor, ist hier aber meist ein Überrest aus dem Tertiär oder wärmeren Interglazialen des Pleistozäns. In der Regel entsteht hier heute Rendzina oder Terra fusca.

Terrasse: Die das Gefälle eines Hanges unterbrechende, ebene Fläche wird als T. bezeichnet. Nach ihrer Entstehung lassen sich verschiedene Arten von T.n unterscheiden:

1. Fluß- oder Talterrassen bildeten sich durch erneutes Einschneiden des Flusses in einen alten Talboden. Ist die T. in einen Felsen eingearbeitet, spricht man von einer Felsterrasse. Entstand die T. durch Einschneiden eines Flusses in einen Schotterkörper, handelt es sich um eine Schotter- oder Aufschüttungsterrasse.
2. Strandterrassen sind über dem Meeresspiegel liegende Abrasionsplatten.
3. Seeterrassen bestehen aus randlichen Ablagerungen in einem See, wobei der Seespiegel später abgesunken ist.
4. Denudationsterrassen sind aufgrund der Gesteinsunterschiede durch die Denudation herausgearbeitete Verflachungen eines Hanges.
5. Außerdem gibt es die künstlich angelegten Ackerterrassen.

Terrassenkultur: Die T. ist eine Art der landwirtschaftlichen Bodennutzung, bei der geneigte Hänge in ebene Parzellen, sogen. *Ackerterrassen,* umgestaltet werden. Die Anlage solcher Terrassen hat meist den Zweck, die Abspülung der Bodenkrume zu verhindern oder aber an Steilhängen einen Anbau überhaupt erst möglich zu machen. Besonders auffällige Anlagen von solchermaßen terrassierten Steilhängen sind aus dem Libanon und dem Jemen bekannt. In Mitteleuropa sind v.a. die Weinberge Beispiele einer Terrassenkultur.

terrestrisch: Ablagerungen, die auf dem Festland gebildet wurden, werden als t. bezeichnet.

Tertiär: ältere Formation des Känozoikums, ↑Geologie, Formationstabelle.

tertiärer Sektor: Die Arbeitswelt wird in den primären, den sekundären und den tertiären Sektor eingeteilt. Der tertiäre Sektor umfaßt alle Berufsgruppen, die ↑Dienstleistungen irgendeiner Art erbringen.

Texturböden (Würgeböden, Brodelböden): T. sind Ergebnis der ↑Kryoturbation.

thematische Karten: Bei den th.n K. haben wir es mit einer Kartengruppe zu tun, die spezielle Themen verschiedener Fachbereiche behandelt. Die darzustellenden Themen werden in Karten eingetragen, die die Küstenlinie, das Gewässernetz und wenige topographische Orientierungspunkte zeigen. Es gibt heute th. K. in allen Wissensbereichen. Stellvertretend seien einige Themenbereiche genannt: hydrographische, tiergeographische, klimatische, meteorologische und ozeanographische Karten, Bevölkerungs-, Besiedlungs-, Wirtschafts-, Verkehrs-, Geschichts- und Seuchenkarten

Thermen (warme Quellen): Als Th. werden Quellen bezeichnet, deren Wassertemperatur zwischen 20 und 50 °C liegt. Bei über 50 °C spricht man von heißen Quellen.

Thermometer: Das Th. ist ein Gerät zum Messen der Temperatur. Hierzu können verschiedene Stoffe verwandt werden, deren Eigenschaften die Temperaturveränderungen anzeigen. Das wichtigste und gebräuchlichste Th. für die Messung der Lufttemperatur ist das Quecksilberthermometer. Es besteht aus einem quecksilbergefüllten Glaskörper, an den eine enge Glasröhre angeschmolzen ist. Je nach der Außentemperatur erwärmt sich auch das Quecksilber und dehnt sich dabei aus oder – bei Abkühlung – verringert sein Volumen. Das Maß der Erwärmung bzw. Abkühlung kann an einer geeichten Skala an der Glasröhre abgelesen werden. Am gebräuchlichsten ist die Angabe der Temperaturen in Grad Celsius (°C); in Großbritannien und den USA erfolgt die Messung in Grad Fahrenheit (°F). Auf der Fahrenheit-Skala ist der Abstand zwischen Gefrierpunkt des Wassers (0°C) und Siedepunkt des Wassers (100°C) in 180 Grade unterteilt; außerdem wurde der Gefrierpunkt bei 32°F liegend festgesetzt, der Siedepunkt somit also bei 212°F. Bei der Umrechnung von °F in °C gilt folgende Formel: $C = \frac{5}{9}(F - 32)$. Mit dem Quecksilberthermometer können Messungen von +600°C bis –35°C vorgenommen werden. Tiefere Temperaturen können mit dem Alkoholthermometer gemessen werden.

Thünensche Ringe: Die Th.n R. sind die bildliche Verdeutlichung des Thünenschen Intensitätsgesetzes. Als Th. R. bezeichnet man dabei die Abfolge landwirtschaftlicher Nutzungszonen, die sich aus der Entfernung vom Markt (dem Konsumzentrum) ergeben und die sich daher – im Idealfall ringförmig – um dieses Zentrum anordnen. Im innersten Ring werden die arbeitsintensiven, aber auch die leichtverderblichen Produkte (die keine großen Transportwege vertragen) angebaut (z.B. Gemüse), den äußersten Ring bilden extensiv genutzte Räume (z.B. Holzgewinnung im Wald), dazwischen ordnen sich je nach Arbeitsintensität und Transportkosten die Ringe des Ackerbaus (etwa Getreideanbau) und der Viehzucht (in verschiedenen Wirtschaftsformen) an.

Die Th.n R. lassen sich nicht nur bei ländlichen Siedlungen – wie oben geschildert – nachweisen, sondern auch im kleinen um einzelne landwirtschaftliche Betriebe und großräumlich um Verdichtungsräume.

Tide: Als T. bezeichnet man den Zeitraum von einem Niedrigwasser über Flut und Ebbe bis zum nächsten Niedrigwasser; eine T. dauert durchschnittlich 12 Stunden und 25 Minuten.

Tidehafen: Wenn Gezeitenbewegungen (Ebbe und Flut) und Meeresströmungen in den Hafenbereich eindringen können, spricht man von einem T.; der Gegensatz ist ein ↑Dockhafen.

Tiden: svw. ↑Gezeiten

Tidenhub: Als T. wird der Höhenunterschied im Wasserstand zwischen Hoch- und Niedrigwasser bezeichnet; ↑Gezeiten.

Tiefbau: T. ist im Bergbaubereich der Gegenbegriff zu Tagebau. Alle Lagerstätten, die so tief unter der Erdoberfläche liegen, daß sie nicht im *Tagebau* abgebaut werden können, müssen im T., also im *Untertagebau,* abgebaut werden.

Tiefdruckgebiet (Tief, Depression, Zyklone): Als T. bezeichnen wir ein Gebiet niedrigen Luftdrucks im Vergleich mit benachbarten anders beschaffenen Luftmassen. Die Luftströmung innerhalb eines T.es ist nach oben gerichtet; in den unteren Schichten fließt daher Luft in das T. ein, und zwar auf der Nordhalbkugel in dem Uhrzeigersinn entgegengesetzter Richtung. Als Folge dieser sogen. *Konvergenz,* also dieses Zusammenströmens der Luft in den Kern des T.s, steigen die Luftmassen auf, wobei sich Wolken bilden, was zu trübem Wetter, oft verbunden mit Niederschlägen, führt.

Die meisten T.e der gemäßigten Breiten entstehen als sogen. dynamische T.e aus einer wellenförmigen Deformation der Polarfront, wobei sich vor der nach Norden vorstoßenden Warmluft eine Warmfront, westlich davon vor der nach Süden vordringenden Kaltluft eine Kaltfront ausbildet. Gleichzeitig erniedrigt sich der Luftdruck weiter, bis die Zyklone den Höhepunkt ihrer Entwicklung mit ausgeprägtem Warmluftsektor erreicht hat und der Alterungsprozeß beginnt: Da sich die Kaltfront schneller bewegt als die Warmfront, wird in der Folge der zwischen beiden liegende Warmluftsektor immer mehr eingeengt und die Warmluft schließlich vom Bo-

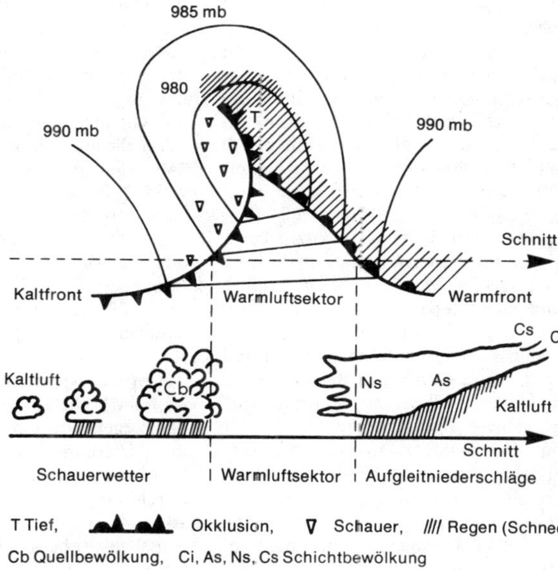

Schema eines Tiefdruckgebietes im Grund- und Aufriß

den abgehoben; aus Kalt- und Warmfront ist eine Okklusion entstanden. Dieser hier dargelegte Lebenslauf einer [Ideal]Zyklone beschreibt die klassische Polarfronttheorie. – Die T.e bevorzugen bei ihrer meist von Westen nach Osten gerichteten Wanderung bestimmte *Zugstraßen,* von denen fünf über Europa hinweg verlaufen.

Tiefdruckrinne: Die T. ist eine Zone mit überwiegend tiefem Luftdruck. Wir finden solche Bereiche einmal innerhalb der ↑ innertropischen Konvergenz nahe dem Äquator und an der polwärtigen Seite der Westwindzone im Grenzbereich zu polaren Luftmassen.

Tiefengesteine (Plutonite): T. nennt man die ↑ magmatischen Gesteine, die durch Erstarren von ↑ Magma in der Erdkruste entstanden sind. Die mit ihrer Bildung verbundenen Vorgänge bezeichnet man als ↑ Plutonismus.

Tiefenstufe: ↑ geothermische Tiefenstufe

Tiefland: Das in geringerer Höhe als 200 m über dem Meeresspiegel liegende ↑ Flachland wird T. genannt; z.B. das Norddeutsche Tiefland. Weist das Land nur sehr geringe Höhenunterschiede auf, spricht man von *Tiefebene.*

Tiefsee: Als T. gilt der Bereich des Weltmeeres, der Tiefen von mehr als 1000 m erreicht. Damit umfaßt die T. den unteren Teil des Kontinentalhanges, die Tiefseebecken und -gräben sowie den größten Teil des mittelozeanischen Rückensystems. Die Region des kontinentalen Steilabfalles (oberer Teil des Kontinentalhanges) wird als sogen. hemipelagischer Übergangsbereich zwischen Flachsee und T. angesehen.

Das Relief der T. ist nicht so einförmig wie früher angenommen wurde. Es gibt zahlreiche – zumeist vulkanische – Aufragungen, zentrale Rückensysteme, Querschwellen, Bruchstufen und Gesenke. Lediglich die ausgedehnten Tiefsee-Ebenen besitzen ein monotones Relief. Sie sind von überwiegend organischen Ablagerungen (Lockersedimenten), nämlich Globigerinen- und Diatomeen-

schlamm bzw. von Rotem Tiefseeton bedeckt.
Die T. nimmt 813 Mill. km², das sind 62,3 % der Erdoberfläche, ein.

Tiefseegraben: Tiefseegräben sind langgestreckte, rinnenförmige Einsenkungen im Meeresboden der Tiefsee mit Tiefen von über 6000 m; sie sind 300 bis 4000 km lang und besitzen steile Flanken (Neigungen >1:40). Es gibt 24 Tiefseegräben, von denen 20 im Pazifischen, drei im Atlantischen und einer im Indischen Ozean liegen. Typisch ist ihre Randlage in den Ozeanen und die Häufigkeit der hier auftretenden Erdbeben. Sie sind küstenparallel angeordnet und zeigen zumeist auf der dem Festland oder einer Inselkette zugekehrten Seite eine steilere Hangneigung als auf der dem offenen Meer zugewandten. Ihre Entstehung verdanken sie tektonischen Vorgängen, und zwar im Rahmen der ↑Plattentektonik, dem Untertauchen ozeanischer Krustenteile unter die kontinentale Erdkruste. Die wichtigsten Tiefseegräben sind im Pazifischen Ozean der Marianengraben (11022 m tief), der Tongagraben (10882 m tief), der Philippinengraben (10540 m tief), der Boningraben (10340 m tief), der Kermadecgraben (10047 m tief), im Atlantischen Ozean der Puerto-Rico-Graben (9219 m tief) und der Süd-Sandwich-Graben (8264 m tief) sowie im Indischen Ozean der Sundagraben (7455 m tief) südlich von Sumatra und Java.

Tiergeographie (Geozoologie): Die T. beschäftigt sich mit der räumlichen Verbreitung der Tiere über die Erde. Sie ist ein Teilgebiet der Biogeographie. Die *soziologische T.* untersucht die tierischen Biozönosen, die *systematische T.* stellt die Verbreitungsgebiete der einzelnen Arten fest. Die *ökologische T.,* die heute der Ökologie zugeordnet wird, versucht die Abhängigkeit von den Umweltbedingungen zu erschließen. Die *historische* oder *genetische T.* untersucht die Entwicklung und die Verbreitung der Tiere im Verlauf der Erdgeschichte.

Tierra caliente [spanisch 'ti̯ɛrra ka'li̯ente; = heißes Land]: Die T. c. ist die unterste ↑Höhenstufe der Vegetation der Hochgebirge Süd- und Mittelamerikas; sie reicht bis etwa 700 – 1000 m ü.d.M.; hier finden wir bei einer durchschnittlichen Jahrestemperatur von 24 °C den immergrünen Tieflandregenwald (↑Regenwald), Savannen, aber auch trockenere Formationen. Die wichtigsten Anbaupflanzen dieser Höhenstufe sind Zuckerrohr, Kakao und Bananen, die bei Temperaturen zwischen 22 und 28 °C optimal gedeihen, daneben Baumwolle, Mais, Maniok und Reis.

Tierra fría [spanisch 'ti̯ɛrra 'fria; = kaltes Land]: Die T. f. ist eine ↑Höhenstufe der Vegetation der Hochgebirge Süd- und Mittelamerikas, und zwar die oberhalb der Tierra templada. Die Jahresdurchschnittstemperatur liegt bei 10–18 °C. Hier wächst der Höhen- und Nebelwald, aber auch die Trockenvegetation der ↑Puna. Die lichten Wälder sind aber häufig durch die starke ackerbauliche Nutzung dieser Region verdrängt. Die wichtigsten Kulturpflanzen dieser Höhenstufe sind Getreide, Kartoffeln und Bohnen sowie Obst und Gemüse europäischer Herkunft. Wegen der günstigen klimatischen Bedingungen ist die T. f. dicht besiedelt.

Tierra helada [spanisch 'ti̯ɛrra e'laða; = gefrorenes Land]: Die T. h. ist die oberste ↑Höhenstufe der Vegetation der Hochgebirge Süd- und Mittelamerikas; sie liegt oberhalb von 4000 m. Hier finden sich die Pflanzengesellschaften des ↑Páramo und der ↑Puna, weite Teile der T. h. sind ganz vegetationslos.

Tierra templada [spanisch 'ti̯ɛrra tɛm'plaða; = gemäßigtes Land]: Die T. t. ist eine ↑Höhenstufe der Vegetation der Hochgebirge in Mittel- und Südamerika, und zwar die oberhalb der Tierra caliente, sie reicht bis 2000 – 2500 m ü.d.M.; es ist die Zone des immergrünen Gebirgsregenwaldes (↑Regenwald) und des ↑Nebelwaldes. Hier liegt die Anbaugrenze wichtiger tropischer Pflanzen,

Verteilung der Tiefseegräben, Verlauf der mittelozeanischen Rücken mit Bruchzonen

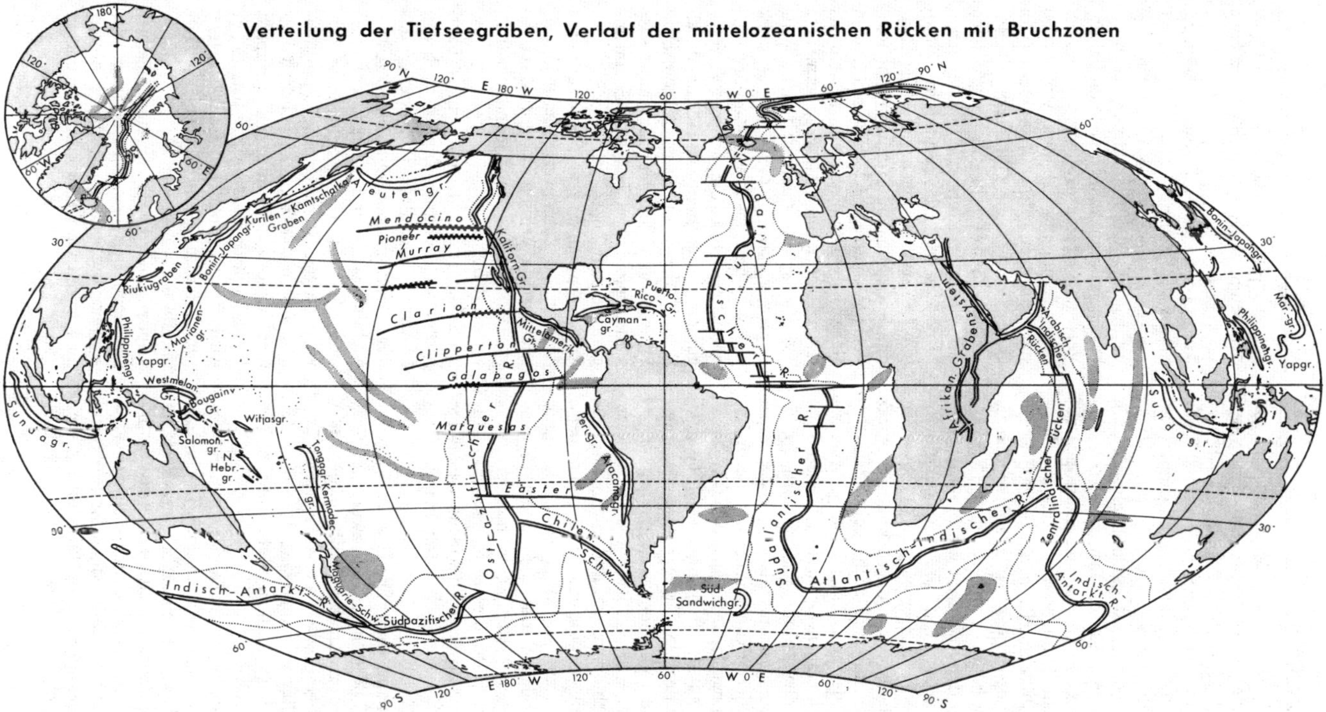

Tiefseegräben, Mittelozeanische Rücken und Hauptlage der Zentralspalten, Hauptverwerfungen m.Horst-Grabensystemen, andere ozeanische Rücken wie Kaffee, Tabak, Mais und Maniok, die eine Jahresdurchschnittstemperatur von über 18 °C benötigen. Die besten Kaffeesorten gedeihen in 1000 bis 1200 m Höhe, da hier ständig eine Temperatur von 17–20 °C herrscht.

Tirs: Der T. ist ein dunkelgrauer, im feuchten Zustand fast schwarzer Bodentyp der Tropen und Subtropen auf Gesteinen mit hohem Kalk- oder Calciumsilikatanteil; er hat ein AC-Profil und einen hohen Anteil an Tonmineralen; er bildet sich in Ebenen und Senken, die in der Regenzeit gut durchfeuchtet sind, in der Trockenzeit aber vollständig austrocknen. Der ständige Wechsel von Quellung und Austrocknung bewirkt eine gründliche Durcharbeitung des Bodens, der sich daher recht gut für den Anbau eignet. Der weitverbreitete Vorgang dieser Bodenbildung wird *Tirsifizierung* genannt, die so entstandenen tirsifizierten Böden, die mit vielen Lokalnamen (z.B. Regur in Indien, Smonitza auf der Balkanhalbinsel, Grumusol in den USA) belegt werden, werden auch als *Vertisole* zusammengefaßt.

Tobel: Ein T. ist ein steilwandiges, schluchtartiges Kerbtal mit unausgeglichenem Gefälle und wildbachartigem, jedoch nur periodisch oder episodisch fließendem Wasser. Es mündet meistens mit einem breiten Schwemmkegel in das Haupttal. An dieser Stelle kann es häufig zu schweren Verwüstungen infolge murähnlicher Schuttanlieferung kommen.

Tomalandschaft: Die T. ist das Ergebnis eines ↑ Bergsturzes, und zwar handelt es sich dabei um das Gebiet, in dem sich das abgestürzte Material abgelagert hat.

Tomillares [tomɪl'ja:res]: eine der ↑Garrigue ähnliche Gebüschformation in Spanien.

Tonböden: Als T. bezeichnet man ↑ Bodenarten, die mehr als 30 % Ton enthalten. T. zeigen ungünstige physikalische Eigenschaften, sind aber meist nährstoffreich. Zwar vermögen sie das Wasser gut zu halten, doch sind Wasserdurchlässigkeit und Durchlüftung sehr gering entwickelt. Da sie schwer zu bearbeiten sind, nennt man sie auch *schwere Böden.*

Tone (Tongesteine): T. sind feinkörnige, klastische, meist gelbliche bis graue Lockergesteine mit Korngrößen von weniger als 0,002 mm Durchmesser. T. bestehen hauptsächlich aus den bei der Verwitterung neu gebildeten Tonmineralen, ferner aus erhalten gebliebenen staubförmigen Mineraltrümmern (von Quarz, Feldspäten, Glimmern, Tonmineralen, Schwermineralen u.a.), nach der Sedimentation neu entstandenen Mineralen (u.a. Glaukonit, Pyrit, Dolomit, Calcit) und biogenen Resten (Kalk- und Kieselschalen, Humus). Sehr feinkörnige, quarzarme T. (also mit hohem Gehalt an Tonmineralen) werden als *fette T.,* stark mit Staubsand vermengte T. als *magere T.,* quarzsandreiche T. als Lehme, kalkreiche T. als Mergel, stark steinsalz- und gipshaltige T. als *Salztone* bezeichnet. Durch diagnetische Verfestigung der T. entsteht Schieferton, durch Schieferung infolge tektonischen Drucks und leichter Metamorphose Tonschiefer. Etwa 70% aller Sedimentgesteine sind Tone.

Durch Aufnahme von Wasser erfahren die T. eine Volumenvergrößerung, quellen also, und werden wasserundurchlässig (Grundwasserstauer) und plastisch verformbar.

Tonschiefer: Der T. ist ein meist bläulichgraues, dünnschiefriges, in ebenen Platten spaltendes Tongestein, das durch tektonischen Druck und leichte Metamorphose und die dadurch verursachte Schieferung aus Schieferton hervorgegangen ist; er besteht hauptsächlich aus feinen Quarzkörnchen, Glimmer, Chlorit, oft auch aus Graphit, Rutil, Pyrit und kohliger Substanz ; er wird für Dachplatten (Dachschiefer), zur Herstellung von Griffeln, Schleifmitteln u.a. verwendet.

Topographie: Die T. ist ein Teilgebiet der Geodäsie. Ihre Aufgabe ist es, die Abweichungen der physischen Erdoberfläche vom Geoid zu ermitteln und in geeigneter Form darzustellen. Darüber hinaus hat die T. auch Gelände und Geländebedeckung nach charakteristischen Merkmalen zu erfassen und in geeigneter Form darzustellen. Bei praktischen topographischen Arbeiten, topographischen Landesaufnahmen und Arbeiten, um diese topographischen Kartenwerke auf dem neuesten Stand zu halten, benutzt man entweder die klassischen Meßverfahren oder die Photogrammetrie.

Torf: T. ist ein unter Luftabschluß hauptsächlich in ↑Mooren gebildetes Zersetzungsprodukt überwiegend pflanzlicher Substanzen; er stellt die erste Stufe der ↑Inkohlung dar. T. enthält im Unterschied zu Braunkohle noch freie Zellulose. Als Hauptbestandteil liegen bis zu 50% Huminsäuren vor, daneben treten Wachse und Harze sowie anorganische Sedimente auf. T. enthält in frisch gewonnenem Zustand bis zu 90% Wasser, lufttrocken noch 25–30 %. Die Gewinnung erfolgt nach Entwässerung der Moore in sogen. *Torfstichen* mit Hand oder maschinell. Besonders ältere Moostorfe und gut zersetzte Niederungsmoortorfe werden als *Preßtorf (Torfbriketts)* nach Trocknung zum Heizen verwendet. Der Heizwert liegt zwischen 9300 und 16400 kJ/kg. Durch Schwelen werden *Torfteer, Torfgas* und *Torfkoks* gewonnen. – Nach den ursprünglichen Ausgangspflanzen unterscheidet man eine Vielzahl von Torfarten, unter den nährstoffreichen *Flachmoortorfen* z.B. *Schilftorf, Seggentorf, Bruchwaldtorf,* unter den nährstoffarmen *Hochmoortorfen* z.B. *Wollgrastorf, Moostorf* (als *Weißtorf* [obere Lagen] und *Schwarztorf* [untere, durch Humusstoffeinlagerung dunklere Schichten]). Besonders jüngerer Moostorf kommt zu Ballen gepreßt als Fasertorf oder (durch Trocknen und Zerkleinern gewonnener) *Torfmull* in den Handel. Er wird u.a. zu Bodenbedeckungs-, Verpackungs- und Dämmzwecken sowie als Einstreu verwendet und dient unter Zumischung von Mineraldünger und Jauche oder Klärschlamm zur Herstellung von *Torfkompost.* Flachmoortorfe sind inhomogen, mit schwach saurer oder neutraler Reaktion und werden u.a. zur Herstellung von Erdgemischen für die Pflanzenanzucht und zur Verbesserung leichter Böden benutzt.

Tornado: Ein T. ist ein einer ↑Trombe ähnlicher Wirbelsturm in Nordamerika, der v.a. in der warmen Jahreshälfte und in Verbindung mit Gewittern in den Staaten des Mittleren Westens der USA häufig auftritt. Ein T. besitzt einen Wirbeldurchmesser von einigen hundert Metern und bewegt sich gewöhnlich nur über Entfernungen von 20 bis 30 Kilometern; er kann dabei großen Schaden anrichten.

Torrente: Im Mittelmeerraum bezeichnet man einen nur nach heftigen Niederschlägen als Sturzbach aus dem Gebirge auftretenden Wasserlauf als Torrente. Er besitzt ein breites, oft tief eingeschnittenes und von Geröll erfülltes Bett. T. treten auch in den semihumiden und semiariden Subtropen auf, aber auch im subpolaren und subnivalen Bereich.

Toteis: Als T. bezeichnet man Resteismassen eines Gletschers, die in Moränen eingelagert und von der Hauptmasse des Gletschers abgeschnürt sind. Beim Abschmelzen dieser bewegungslos gewordenen Toteisklötze entstanden häufig geschlossene Hohlformen, in denen sich oft Wasser sammelte; ↑Soll.

Totem: Bei Naturvölkern ist das T. ein Wesen oder Ding (Tier, Pflanze, Naturerscheinung), das als Ahne oder Verwandter eines Menschen, eines Klans oder einer sozialen Gruppe gilt, und daher als Helfer verehrt wird und nicht getötet oder verletzt werden darf. Oft, jedoch nicht immer, trägt die Gruppe den Namen des Totemtieres.

Totempfahl: Der bei den Indianern des nordwestlichen Nordamerika früher anzutreffende T. ist ein hoher geschnitzer und bemalter Pfahl mit Darstellungen des Totemtiers und einer menschlichen Ahnenreihe. Der T., der die Zugehörigkeit zu einer bestimmten Totemgruppe kundtat, zeigte einem Dorffremden sofort an, welches Haus einem Mitglied seiner totemistischen Gruppe gehörte. Dort konnte er jederzeit Schutz finden und erhielt Unterkunft und Nahrung. Für die Dauer seines Aufenthaltes galt er als Verwandter.

Township [englisch 'taʊnʃɪp]: Bei der T. handelt es sich um eine Verwaltungseinheit in den USA. Eine je nach Bevölkerungsdichte unterschiedlich große Anzahl von T.s wird zu einer County zusammengefaßt. Die T. hat in den einzelnen Staaten unterschiedliche Funktionen und Organisationen. Lokalpolitische Entscheidungen werden entweder vom T. Board oder vom T. Meeting getroffen. Als Einheit der Lokalverwaltung ist das T.system in den USA im Rückgang begriffen. Die T.s. spielen eine wichtige Rolle bei der Entwicklung der ↑Farmlandschaft.

Trabantenstadt: Bei der T. handelt es sich um eine Stadt, die im unmittelbaren Einzugsbereich einer Großstadt liegt. Die T. ist weitgehend abhängig von den zentralörtlichen Funktionen dieser Stadt, da sie nur wenige eigene Funktionen hat.

◊ Manchmal wird der Ausdruck T. auch als synonym für ↑Satellitenstadt verwendet.

Trachiotis: eine der ↑Garrigue ähnliche Gebüschformation auf Zypern.

Trachyt: T. ist ein graues oder rötliches junges Ergußgestein; es besteht hauptsächlich aus den Mineralen Kalifeldspat, Augit und Magnetit mit Einsprenglingen von Sanidin und Oligoklas. T. trat z.B. im tertiären rheinischen Vulkanismus auf (Eifel, Siebengebirge).

Tragfähigkeit der Erde: Dieser Begriff kommt aus der Bevölkerungslehre. Es handelt sich hier um die angenommene oder berechnete maximale Zahl von Menschen, die von der Agrarproduktion der Erde ernährt werden und somit auf der Erde leben kann.

Trailerschiff ['tre:lər]: Ein T. ist eine Spezialform des ↑Roll-on-roll-off-Schiffes.

Trampschiffahrt [englisch træmp]: Die T., ein Teil der Hochseeschiffahrt, befährt im Gegensatz zur Linienschiffahrt keine bestimmten Routen, sondern verkehrt zwischen beliebig festzusetzenden Häfen, je nach den Bestimmungsorten der Fracht. Auch die Abfahrtstermine richten sich nach der Nachfrage, also dem Angebot an Fracht. T. ist eine Art des Charterverkehrs.

Transform-Störungen (transform faults): Als T. werden die Querbrüche bezeichnet, die die mittelozeanischen Rücken durchziehen. ↑Plattentektonik und Abbildung Seite 259.

Transgression: Als T. bezeichnet man das Vordringen eines Meeres über größere Gebiete eines Festlandes. Sie wird verursacht durch epirogenetische Bewegungen, d.h. durch Senkung des Landes, oder durch Ansteigen des Meeresspiegels. Den Gegensatz nennt man Regression. Die heutigen Küstenformen Deutschlands gehen weitgehend auf die *Litorina-T.* der Ostsee (5 100 – 2 000 v. Chr.) sowie auf die *Flandrische T.*, (7 000 – 2 000 v. Chr.) und *Dünkirchner T.* (seit 1 000 v. Chr.) der Nordsee zurück.

Transhumanz: Die T. ist eine Form der Fernweidewirtschaft. Dabei wandern Herden, besonders Schafe und Ziegen, über große Entfernungen zwischen zwei, manchmal auch mehr als zwei, nur zu bestimmten Jahreszeiten bestockungsfähigen (d.h. abweidbaren) Weiden hin und her. Die Sommerweiden liegen dabei häufig im Gebirge, die Winterweiden in Ebenen am Meer oder in Flußniederungen. Im Gegensatz zur Almwirtschaft gibt es kaum eine winterliche Einstallung des Viehs. Die Weideflächen werden zum größeren Teil gepachtet. Ackerbau und Viehhaltung sind nicht als Betriebssystem aufeinander abgestimmt. Anders als beim Nomadismus wandern die Besitzer der Herden nicht mit, sondern es werden Hirten gedungen. Die Transhumanz ist v.a. in den Mittelmeerländern und in Nordamerika verbreitet. In Deutschland bildet die sogen. *Wanderschäferei* mit Herdenwanderungen zwischen der Schwäbischen Alb, dem Schwarzwald und der Oberrheinischen Tiefebene eine Form der Transhumanz.

Transitverkehr: Unter T. versteht man den Verkehr von einem Land in ein anderes oder einen abgelegenen Teil desselben (etwa eine Exklave), der durch ein fremdes Land führt. Da Transitwaren nicht den Zoll- und sonstigen [Handels]bestimmungen der Transitländer unterliegen, werden sie verplombt durch diese befördert, damit ein Handel mit ihnen im Transitland mit Sicherheit ausgeschlossen werden kann. Wichtiger T. besteht z.B. von Spanien durch Frankreich in die Bundesrepublik Deutschland.

Ein besonderer Fall ist der T. zwischen der Bundesrepublik Deutschland und Berlin (West) durch die DDR. Hierfür besteht ein besonderes Transitabkommen; der T. erfolgt auf den dafür festgelegten *Transitstrecken.*

Trappdecken: T. sind eine Form der ↑vulkanischen Decken.

Traß: Bei dem im Nette- und Brohltal nördlich des Laacher Sees vorkommenden T. handelt es sich um trachytische Tuffe; er wird als vulkanischer Schlammstrom oder als Glutwolkenbildung gedeutet. T. wird zur Herstellung von Zement verwendet.

Trauf: Als T. bezeichnet man die Oberkante der Stirn einer ↑Schichtstufe.

Travertin: Der T. ist ein Kalksinter, dessen Poren nachträglich mit Kalk ausgefüllt wurden; er ist daher dicht und fest.

Trawler ['trɔːlər]: Der T. ist ein Fahrzeug der Hochseefischerei; er arbeitet stets mit einem Schleppnetz (entweder einem Grundschleppnetz oder einem Schwimmschleppnetz). Der T. ältesten Typs ist der *Seitentrawler* (Seitenfänger), ein Schiff von 400–800 BRT, das meist im Sommer für den Heringsfang in der Nordsee und im Winter und Frühjahr vor der norwegischen Küste und südlich Islands eingesetzt wird. Seine wesentlichen Merkmale sind die seitlichen Fischgalgen, die mittschiffs angeordnete Netzwinde und die isolierten Laderäume für die eiskonservierten, unverarbeiteten Frischfische *(Frischfischtrawler).* Seitentrawler sind immer Eindeckschiffe, da das Einholen der vollen Netze über einen hohen Freibord nicht möglich ist. Der eisgekühlte Frischfisch muß etwa zwölf Tage nach dem Fang angelandet werden. Durch die allmähliche Verlagerung der Fangzonen in immer entferntere Gebiete (bis zu 3 Monate Seeaufenthalt) ergab sich der Zwang zu hochwertigeren Konservierungsverfahren; daher wuchs die Bedeutung des Tiefgefrierens von vorverarbeitetem Fang. Die erforderlichen Fabrikationseinrichtungen eines solchen *Gefriertrawlers* ließen sich aber nur in einem Zweideckschiff unterbringen, was zur Einführung der Heckaufschleppe und des Heck-Fischgalgens führte. Der so entstandene *Hecktrawler,* ein Schiff von 800–3000 BRT Größe, ist also stets ein Fang- und Verarbeitungsschiff, also ein *Fabriktrawler.*

Treibeis (Drifteis, Trifteis): T. ist das auf Flüssen, Seen und Meeren treibende Eis. Es kann die Schiffahrt und auf Seen und Meeren auch die Fischerei erheblich behindern. Daher ist auf den Ozeanen die jeweilige Lage der T.-Grenzen von großer Bedeutung. Hier gelangen mit den kalten Meeresströmungen die treibenden Eisschollen und Eisberge aus polaren Gebieten bis in mittlere Breiten. Im Nordatlantik tragen der kalte Ostgrönlandstrom und der Labradorstrom die Eismassen sogar bis 36° nördlicher Breite südwärts, wodurch die Schiffahrt besonders gefährdet wird. Dies tritt v.a. in den Monaten April bis August ein. Auf der Südhalbkugel reicht das von der Antarktis nordwärts treibende Eis bis etwa 38° südlicher Breite.

Treibnetz: Das T. ist ein früher in der Hochseefischerei verwendetes Fangnetz, an der Oberkante mit Schwimmern versehen und mit Gewichten an der Unterkante beschwert. Die dadurch senkrecht im freien Wasser hängende Netzwand trieb mit dem Fangfahrzeug (Logger mit Stützsegel) in der Strömung. Das T. wurde zum Fang von Makrelen, Lachsen und besonders von Heringen verwendet.

Treibsand: Der in der Meeresströmung leicht bewegliche Feinsand an Flachküsten heißt Treibsand.

Triangulation (Dreiecksmessung): Die T. ist eine Vermessungstechnik, die im wesentlichen auf Winkelmessungen beruht, um genau eingemessene Punkte, sogen. trigonometrische Punkte, auf der Erdoberfläche zu erhalten. Ausgangspunkt jeder T. ist eine genau gemessene Basislinie, auf der Dreiecke eingemessen werden.

Trias: älteste Formation des Mesozoikums, ↑Geologie, Formationstabelle.

Tribalismus: Als T. bezeichnet man in den afrikanischen Staaten gesellschaftliche und politische Verhaltensweisen, die nur auf die Interessen eines Stammes nicht auf den gesamten Staat bezogen sind. Die von den europäischen Kolonialmächten ohne Rücksicht auf ethnische Einheiten gezogenen Grenzen und die in unterschiedlichem Maße „modernisierte“ Geisteshaltung innerhalb der einzelnen Völker und Stämme sind die Hauptursachen des Tribalismus', der die Bildung einheitlicher Staatsnationen erschwert.

Trichtermündung (Ästuar): An gezeitenstarken Flachküsten können die Tidenströme weit flußaufwärts vordringen und die Flußmündung trichterförmig erweitern, so daß Mündungstrichter entstehen. Bekannte Beispiele sind die Elbe- und die Themsemündung.

Trift:

◊ in der Ozeanographie ↑Drift.

◊ in der Agrargeographie ↑Hutung.

trigonometrischer Punkt: Ein t. P. ist ein durch Triangulation eingemessener Punkt der Erdoberfläche; er ist immer ein Eckpunkt einer Dreiecksmessung. Er wird durch standsichere, im Boden besonders verankerte Steinsäulen gekennzeichnet und kann wiederum als Ausgangspunkt für neue Vermessungen verwendet werden.

Trockenfeldbau: T. ist eine vielfach verwendete, aber irreführende Bezeichnung für einen Feldbau, der ohne künstliche Bewässerung auskommt, T. meint also soviel wie ↑Regenfeldbau. Allerdings wird von T. nur in Regionen gesprochen, in denen ebenso künstliche Bewässerung üblich und notwendig ist.

In einem engeren Sinne wird T. auch als deutsche Bezeichnung für ↑Dry-farming benutzt.

Trockengrenze (Ariditätsgrenze): Die T. bildet die Grenze zwischen Gebieten semiariden und semihumiden Klimas, d.h. hier liegen Niederschlag und Verdunstung im Gleichgewicht. Eine genaue Bestimmung der T. ist jedoch kaum möglich, da einerseits die Feststellung der möglichen Verdunstungshöhe schwierig ist, zum anderen gerade in diesem Raum die Niederschläge in den einzelnen Jahren außerordentlich unterschiedlich stark sein können. Die T. ist daher eher ein mehr oder weniger breiter Grenzraum, in dem Weidewirtschaft und spezifische Formen des Anbaus, z.B. ↑Dry-farming, miteinander abwechseln. Etwas genauer bestimmbar (nämlich aufgrund des Erfolges) ist die T. des Anbaus, d.h. der Grenzsaum bis zu dem Anbau ohne künstliche Bewässerung, also Regenfeldbau, möglich ist.

Trockenklima: T. herrscht in Gebieten, in denen im Jahresdurchschnitt die mögliche Verdunstung (aufgrund der hohen Temperaturen) die Menge der tatsächlichen Niederschläge übersteigt. Je nach der Größe dieses Verhältnisses entwikkelt sich eine entsprechende Pflanzenwelt. T. besitzen weite Gebiete innerhalb der subtropischen Hochdruckzonen von der Savanne bis zur Wüste.

Trockensavanne: Die T. ist ein Vegetationstyp der ↑Savanne in Gebieten mit fünf bis sieben ariden Monaten. Die geschlossene Grasdecke erreicht 1 – 2 m Höhe, die Bäume sind regengrün, teilweise wasserspeichernd, typisch ist der Afrikanische Affenbrotbaum; Galeriewälder treten zurück. Die T. schließt sich als breiter Gürtel polwärts an die ↑Feuchtsavanne an und geht in die ↑Dornstrauchsavanne über.

Trockental: Ein T. ist ein Tal, das nur zeitweise (periodisch oder episodisch) oder überhaupt nicht mehr Wasser führt. Trockentäler sind einerseits in Trockengebieten verbreitet (↑Wadi, ↑Rivier, ↑Torrente), entstehen aber auch in anderen Klimagebieten, u.a. durch Verkarstung, Anzapfung, Klimaänderung sowie bei der Entstehung eines Umlaufberges.

Trockenwald: Der T. ist ein regengrüner, lichter Wald der wechselfeuchten Tropen und Subtropen in Gebieten mit fünf bis sieben ariden Monaten. Die 8 bis 20 m hohen, meist laubabwerfenden, regengrünen Bäume (oft mit Schirmkrone) weisen geringen Wuchs und xeromorphe Merkmale, wie dicke Borke, Dornenbildung, teilweise immergrüne Blätter mit Wachsschicht und Behaarung, auf. In den niederschlagsärmsten Gebieten dominieren oft sukkulentenstämmige Flaschenbäume und Dornbäume sowie hochstämmige blattlose Sukkulenten. Den Unterwuchs bilden Dorn- und Rutensträucher sowie Büschelgräser. Zur Formation des T.es werden u.a. der ↑Miombowald und ↑Mopanewald im südlichen Afrika, die ↑Caatinga und die Campos cerrados (↑Campos) in Südamerika und die Eukalyptuswälder Australiens gerechnet.

Trockenzeit: Die T. ist eine Jahreszeit in den Tropen, und zwar die mit nur geringen oder ganz fehlenden Niederschlägen. Den Gegensatz dazu bildet als andere Jahreszeit die ↑Regenzeit. Das Verhältnis zwischen T. und Regenzeit verschiebt sich mit zunehmender Entfernung vom Äquator zu Gunsten der T., was von entscheidendem Einfluß auf die Wirtschaft in diesen Räumen ist. Bleiben in den Bereichen langer T.en mit nur sehr geringen jährlichen Niederschlägen diese ganz aus, führt dies zu verheerender Dürre und damit zu Hungerkatastrophen, wie wir sie in den letzten Jahren aus dem afrikanischen Sahel kennengelernt haben.

Trogtal (U-Tal): Ein T. ist ein von Gletschern überformtes Tal, wobei das ursprüngliche Tal verbreitert und übertieft wurde. Das T. besitzt einen U-förmigen Querschnitt mit muldenförmigem Talboden, der *Trogsohle.* Die steilen Talwände (Trogwände) enden oben an der *Trogkante,* an die sich die ziemlich flach verlaufende *Trogschulter* anschließt, die bis zur ↑Schliffgrenze reicht. Oberhalb von dieser Linie weisen scharfkantige Hangformen auf Frostsprengung hin; es handelt sich hier also um die vom Eis nicht berührten Talhänge. Im Längsprofil des T.es fallen die wannenartigen, durch Steilstufen gegeneinander abgesetzten Talabschnitte auf. Nebentäler münden als sogen. *Hängetäler* mit einer Stufe ins Haupttal; die Flüsse dieser Täler stürzen in Wasserfällen ins Haupttal. Das T. schließt oft mit einem sogen. Trogschluß an seinem oberen Ende gegen höhere Bergpartien ab.

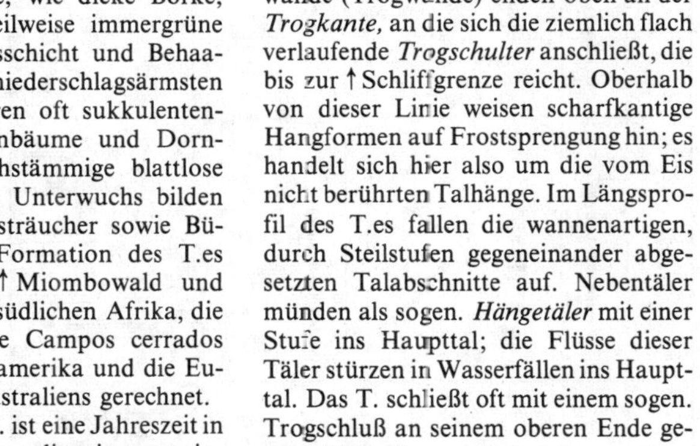

Querschnitt durch ein Trogtal
1 voreiszeitlicher Talboden mit Kerbtal,
2 eiszeitliche Gletscheroberfläche,
3 Trog,
4 Schotten,
5 Trogwand,
6 Trogkante,
7 Trogschulter,
8 Schliffgrenze

Zahl der humiden (bzw. ariden) Monate	10 - 12 (0 - 2)	9 - 10 (2 - 3)	7 - 9 (3 - 5)	3 1/2 - 6 (6 - 8 1/2)	2 - 3 1/2 (8 1/2 - 10)	1 (11)	0 (12)
Mittlerer Jahresniederschlag in mm	meist über 2 000 mm	meist über 1 500 mm	meist über 1 000 mm	750 - 1000 mm	> 400 mm	unter 400 mm	
Schematischer Jahresgang der Niederschläge Beispiele:	Axim 2103 mm	Tafo 1658 mm	Tamale 1061 mm	Kano 846 mm	400 mm	200 mm	
Typische Nutzpflanzen	Kautschuk, tropische Hölzer	Ölpalme, Kakao, Kaffee	Yams	Baumwolle, Hirse, Erdnuß	Erdnuß		
Vereinfachte Querschnittsskizze							
Pflanzengeographische Begriffe (MANSHARD 1960)	Feuchter immergrüner Wald (Regenwald, Rain forest)	Teilweise laubwerfender wechselgrüner Feuchtwald (Monsunwald)	Feuchtsavanne (mit Galerie- und Uferwäldern)	Trockensavanne	Dornstrauch-savanne	Halbwüste	Wüste

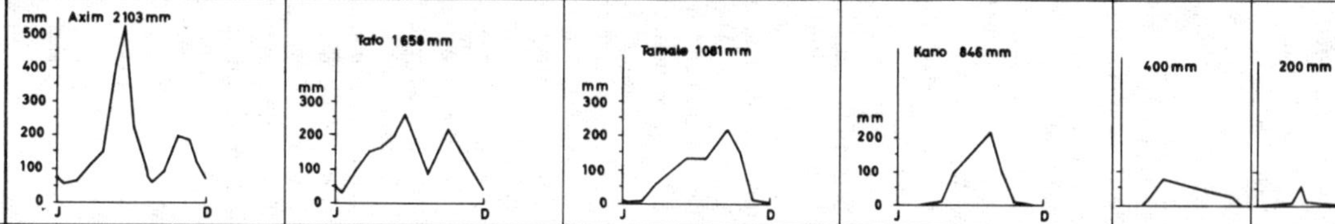

Schematische Übersicht der klimatischen Vegetationsformationen zwischen Äquator und Wendekreis – dargestellt am Beispiel Westafrikas

Trombe: Als T. bezeichen wir einen engbegrenzten Wirbelwind. Bei uns kennen wir nur die Sand- und Staubhosen (sogen. Kleintromben), die an Sommertagen über stark erhitztem Boden bei labiler Schichtung der bodennahen Luftschichten auftreten. Große T.n, die Wind- und Wasserhosen, sind v.a. in den vegetationsarmen Trockengebieten, aber auch über Wasserflächen der wärmeren Zonen zu beobachten. Im Unterschied zu den Klein-T.n setzt die Wirbelbildung bei den großen T.n nicht zuerst an der Erdoberfläche ein; sie „wachsen" als trichter- oder schlauchförmige Gebilde aus einer Wolke heraus, erreichen schließlich den Erdboden, wirbeln große Mengen Sand, Staub *(Windhose)* oder Wasser *(Wasserhose)* auf und können erhebliche Sachschäden verursachen. Der Durchmesser dieser T.n beträgt meist 100–200 m; in ihrem Bereich treten Windgeschwindigkeiten von 50 bis 100 m pro Sekunde auf; während ihrer Lebensdauer von 10–30 Minuten legen die T.n nur einige Kilometer Weg zurück. – Eine besonders große T. ist der in den USA auftretende Tornado.

Tropen: Bei der Gliederung der Erde nach mathematischen, also auf die Sonnenumlaufbahn bezogenen, Gesichtspunkten sind die Tropen das Gebiet, über dem die Sonne zweimal jährlich im Zenit steht. Dies ist das Gebiet zwischen den Wendekreisen, welche damit die Grenze dieser *solaren Tropen* darstellen. Über den Wendekreisen selbst steht die Sonne nur einmal im Jahr senkrecht, nämlich zur Zeit der eben deswegen so genannten Sonnenwende. Folge dieses ganzjährig von der Senkrechten nur wenig abweichenden Sonnenstandes ist eine ganzjährig hohe Einstrahlung mit entsprechend hohen Temperaturen (außer in Gebirgen). Da die Tageshitze aber im wesentlichen von der direkten Sonneneinstrahlung herrührt, kühlt es nachts merklich ab. Die Temperaturunterschiede zwischen Tag und Nacht sind relativ groß, besonders wenn man sie mit den sehr geringen Unterschieden der im Laufe eines Jahres auftretenden Tagesdurchschnittstemperaturen vergleicht. Diesen Ablauf des Klimas nennt man daher Tageszeitenklima, es ist für die Tropen ein Charakteristikum.

Bei der Abgrenzung der Gebiete mit tropischem Klima, die nicht genau mit den mathematischen Tropen übereinzustimmen brauchen, setzte man für Tiefländer eine Jahresdurchschnittstemperatur von 20 °C (manchmal auch von 18 °C) als begrenzenden Wert fest. Diesen sogen. *warmen Tropen* steht aber der Bereich der *kalten Tropen* in den Gebirgen gegenüber. Auch hier herrscht das ganze Jahr über relativ gleichmäßige Temperatur, aber je nach Höhenlage natürlich bei einem anderen (mit der Höhe abnehmenden) absoluten Wert. Daraus ergeben sich die Höhenstufen der tropischen Gebirge, die v.a. aus Süd- und Mittelamerika beschrieben wurden und dort mit den Namen ↑Tierra caliente, ↑Tierra templada, ↑Tierra fría, ↑Tierra helada belegt wurden. Für Äthiopien sind die Namen Kolla, Woina Dega und Dega geläufig.

Ein weiteres Merkmal der T. sind die dem Höchststand der Sonne folgenden ↑Zenitalregen, die sich aus den aufsteigenden Luftmassen innerhalb der wandernden innertropischen Konvergenz ergeben. Somit folgt aus dem Zeitpunkt dieser Niederschläge eine Gliederung der T. in die äquatornahen *inneren Tropen,* wo die Trockenzeiten nur kurz und schwach ausgeprägt sind, und die *wechselfeuchten Tropen* mit ausgeprägten Regen- und Trockenzeiten. Bei der Gliederung in ↑Klimaregionen sind dies die Region der immerfeuchten inneren Tropen und die Region der sommerfeuchten äußeren Tropen.

Tropenkrankheiten: Unter dem Begriff T. faßt man Krankheiten zusammen, die endemisch in tropischen oder subtropischen Gebieten auftreten, teils weil ihre Erreger oder deren Überträger nur in warmen Klimazonen überleben können, teils bedingt durch hygienische Mängel. Weit verbreitet in allen tropischen Ge-

Tropengrenzen nach verschiedenen Kriterien

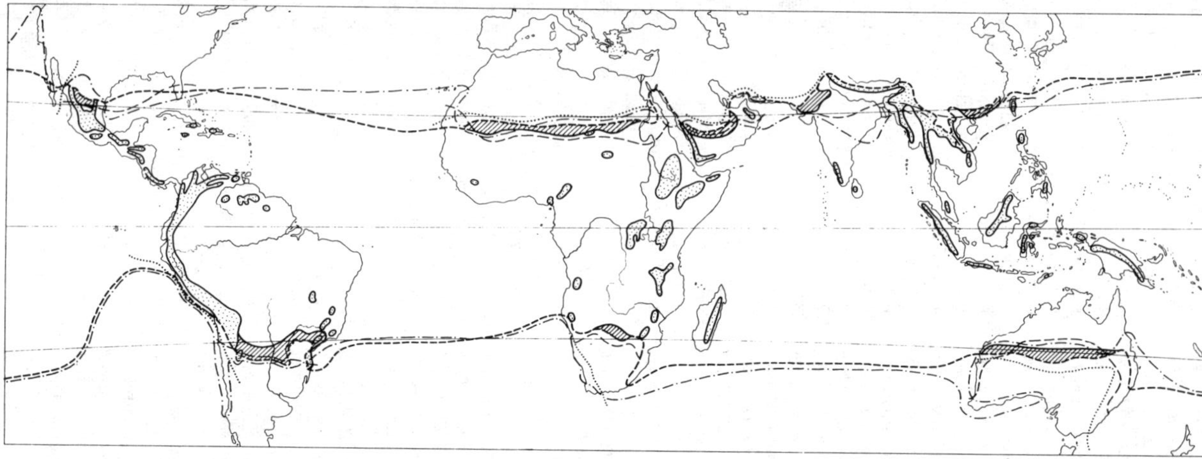

- – – – Thermische Grenze der Tropen (Warm- und Kalttropen)
- —— Grenze der warmtropischen Vegetation, zugleich absolute Frost- und Wärmemangelgrenze, ca. 18°C Tm (kältester Monat) (nach v. Wissmann)
- Randtropische Mischgebiete mit und ohne Frost (z.T. nach v. Wissmann)
- Kalte Tropen
- ·–·–·– Ts (Jahr) = Ts (Tag) (nach Troll u. Paffen)
- — — — Ts (Jahr) = 12°C
- ·········· Grenze zwischen tropischen Sommer- und subtropischen Winterregen

(aus W. Lauer : Vom Wesen der Tropen)

bieten zwischen 40° nördlicher und 60° südlicher Breite ist die *Malaria*. Die Zahl der an Malaria Erkrankten wird heute noch auf rund 100 Millionen Menschen geschätzt. Die *Pocken* finden sich noch immer als Volksseuche in Afrika, Südamerika sowie in den Ländern des indischen Subkontinents und des Malaiischen Archipels. Die durch Nagetierflöhe übertragene *Pest* ist in den Savannengebieten von Afrika, Südamerika und Asien heimisch. Die derzeitige Verbreitung des *Gelbfiebers* erstreckt sich auf die zwischen den beiden Wendekreisen gelegenen Gebiete von Afrika, einschließlich der arabischen Gegenküste am Roten Meer, und von Mittel- und Südamerika. Die *Lepra* kommt heute noch, wenn auch selten, in den meisten tropischen Gebieten vor. – Eine große Rolle im Rahmen der T. spielen die infektiösen Darmerkrankungen. Die gefährlichste ist die *Cholera,* die endemisch in Vorderasien, Ostafrika und im Malaiischen Archipel auftritt. Weitere infektiöse Darmerkrankungen wie *Thyphus, Paratyphus, Ruhr, Amöbenruhr* und *Salmonellosen* kommen in allen tropischen und subtropischen Ländern vor. Die weite Verbreitung dieser Erkrankungen ist hauptsächlich durch schlechte sanitäre Verhältnisse bedingt. Auch Wurmerkrankungen sind in den Tropen häufig. Die Infektionen mit dem Medinawurm, der im Sudan, in Ägypten und im Nahen Osten vorkommt, erfolgt über das Trinkwasser. Spulwürmer und Leberegel werden durch den Genuß von Salat und Gemüsen, Bandwürmer, Chinesischer Leberegel, Katzenleberegel und Lungenegel mit infiziertem Fleisch und Fisch aufgenommen. Durch die Haut eindringende Wurmarten sind die im Wasser lebenden Schistosomata, die *Bilharziose* verursachen, und die auf feuchtem Erdboden vorkommenden Hakenwürmer. Eine weitere große Gruppe von T., hervorgerufen durch Filarien und andere Fadenwürmer (darunter die Verursacher der *Onchozerkose*) sowie Trypanosama- (verursachen die *Schlafkrankheit*) und Leishmaniaarten und andere Einzeller, findet sich in den tropischen Gebieten Afrikas und Südamerikas. Die Übertragung erfolgt über blutsaugende Insekten. Eine großräumige Vorbeugung gegen mögliche Infektion besteht in der Bekämpfung der Überträger durch Insektizide und biologische Maßnahmen. – Da Giftspinnen, Giftschlangen und Skorpione v.a. in tropischen Gebieten vorkommen, werden Erkrankungen, die durch Bisse bzw. Stiche dieser Tiere hervorgerufen werden, im weiteren Sinne ebenfalls zu den T. gerechnet.

Tropentag: In der Meteorologie steht dieser Ausdruck für einen Tag, an dem der Höchstwert der Lufttemperatur mindestens 30 °C beträgt.

Tröpfchenbewässerung: Die T. ist ein wassersparendes Bewässerungsverfahren, das v.a. in ariden Gebieten sowie Gewächshäusern angewandt wird. Hierbei erhalten die zu bewässernden Pflanzen nur eine genau dosierte Wassermenge über auf dem Boden verlegte Rohr- oder Schlauchleitungen, aus denen das Wasser unmittelbar bei der Pflanze tropfenweise austritt. In extrem-ariden Gebieten werden zur Bewässerung von Baumkulturen die Rohrleitungen auch in der Erde verlegt. Die Wurzeln wachsen hierbei den Wasseraustrittsstellen entgegen.

Tropfsteine: T. sind meist zapfenförmige Gebilde in Karsthöhlen. Kalkhaltiges Sickerwasser scheidet am Höhlendach einen Teil des gelösten Calciumcarbonates ab, wodurch sich im Laufe der Zeit von der Decke herabhängende spitze Tropfsteine bilden, die *Stalaktiten* genannt werden. Die am Höhlenboden aufprallenden Tropfen lagern hier infolge weiterer Verdunstung ebenfalls Calciumcarbonat ab, dadurch wachsen den Stalaktiten von unten stumpfe *Stalagmiten* entgegen. Vereinigen sich beide, spricht man von Tropfsteinsäulen, sogen. *Stalagnaten.*

tropischer Regenwald: Der tropische Regenwald, die artenreichste Vegetationsformation der Erde, ist die bekannteste und am weitesten verbreitete Art des ↑ Regenwaldes.

tropische Wirbelstürme: Diese heftigen orkanartigen Wirbelstürme der Tropenzone sind rotierende Luftsäulen von 60–200 km Durchmesser, innerhalb deren Windgeschwindigkeiten von 200 km/h und mehr erreicht werden; im Innern besteht dabei häufig eine ruhige, wolkenlose Zone von 15–30 km Durchmesser (das sogen. Auge des Wirbelsturmes). T. W. treten weder regelmäßig noch zu jeder Jahreszeit auf; sie entstehen nur über warmen Meeresgebieten mit einer Wassertemperatur von 26–27 °C, also auf der Nordhalbkugel vorwiegend im Sommer und frühen Herbst. Sie treten bevorzugt über bestimmten Gebieten auf, in denen sie verschiedene Namen führen: *Hurrikan* im Bereich des Karibischen Meeres und des Golfs von Mexiko; *Taifun* in den Gewässern Chinas und Japans; *Zyklon* im Golf von Bengalen, *Willy-Willy* in Australien. Nur über dem Meer können die t.n W. längere Zeit existieren; beim [relativ seltenen] Übertritt auf das Festland „sterben" sie schnell ab, richten jedoch vorher noch große Verwüstungen an.

Tropopause: T. nennt man die Grenzschicht zwischen Troposphäre und Stratosphäre; sie liegt über den Polen in etwa 8 km Höhe, über den mittleren Breiten in etwa 11 km Höhe und über dem Äquator in etwa 17 km Höhe.

Troposphäre: Die T. bildet das unterste Stockwerk der Atmosphäre. In ihr finden infolge der unterschiedlichen Einstrahlung der Sonne auf die Erdoberfläche starke Luftbewegungen statt. Außerdem ist der Wasserdampfgehalt der Atmosphäre beinahe ausschließlich auf die T. beschränkt. Daher spielt sich auch allein in ihr das Wettergeschehen ab. Mit zunehmender Höhe nimmt die Temperatur in der T. um durchschnittlich 0,5 bis 0,6 Celsiusgrade ab. Die Obergrenze der T. bildet die ↑Tropopause.

trüb: Der meteorologische Ausdruck t. kennzeichnet Tage, an denen der Himmel im Mittel zu $\frac{4}{5}$ von Wolken bedeckt ist. In Küstennähe und im Luv von Gebirgen nimmt die Anzahl der trüben Tage wegen der erhöhten Luftfeuchtigkeit ebenso zu wie über Städten und Industriegebieten, da hier die hohe Konzentration von Luftverunreinigungen die Kondensation von Wasserdampf, also die Wolkenbildung, fördert.

Trümmergesteine: ↑klastische Gesteine

Tschernosem [...nɔz'jɔm]: aus dem Russischen stammende Bezeichnung für ↑Steppenschwarzerde.

Tsunamis: T. nennt man die durch ↑ Seebeben ausgelösten ↑ Meereswellen.

Tuff: Als T. bezeichnet man geschichtete oder ungeschichtete, nachträglich verfestigte vulkanische Lockermassen. T.e bilden Decken oder Aufschüttungskegel und stehen mit den entsprechenden Laven bzw. Ergußgesteinen in Verbindung (bei Stratovulkanen in Wechsellagerung). Sie werden unterschieden nach der petrographischen Zusammensetzung bzw. Gesteinsart (z. B. Diabas-, Basalt-, Porphyr-, Andesit-, Trachyt-, Liparittuff), nach der Korngröße (*Agglomerat-, Lapilli-, Sand-, Staubtuff)* oder nach besonderen Bestandteilen: der *Kristalltuff* enthält größere Kristalle, der *Glastuff* Bruchstücke vulkanischer Gläser, der *Pisolithtuff* durch Regentropfen entstandene verfestigte Staubkügelchen. Wegen ihrer Ablagerung durch Luft oder Wasser werden die T.e zu den Sedimenten gerechnet.

T. nennt man auch den ↑ Sinter, v.a. den ↑Kalksinter und den ↑ Kieselsinter.

Tuffit: T. nennt man mit nichtvulkanischen klastischen Sedimenten wechsellagernde, geschichtete Ablagerungen aus vulkanischen Lockermassen, d.h. Tuffen; die Zumischung kann während der Eruption oder infolge Umlagerung nach der Eruption entstanden sein. Submarin gebildete T.e stellen z.B. die Schalsteine des Lahn-Dill-Gebietes dar.

Tugurios: Bezeichnung für Slumsiedlungen in Kolumbien, ↑ Slum.

Tundra: Die T. ist ein artenarmer Vegetationstyp jenseits der polaren Baumgrenze. Bei einer Vegetationsperiode von nur 2 bis 3 Monaten Dauer und nur kurzzeitig oberflächlich auftauenden Böden ist hier kein Baumwuchs möglich. Je nach dem Vorherrschen bestimmter Pflanzen spricht man von *Flechten-, Moos-* oder *Zwergstrauchtundra.*
Mit dem leicht irreführenden Wort *Waldtundra* wird das Übergangsgebiet belegt, in dem Tundrenflächen und Waldinseln mosaikartig, aber stets scharf begrenzt einander durchdringen. Der Tundra Eurasiens entsprechen in Nordamerika die *Barren Grounds* Kanadas.

Turmkarst (Kegelkarst): T. ist das für die Tropen und feuchten Subtropen typische Ergebnis der Karstverwitterung, ↑Karst.

U

Überalterung: Von Ü. einer Bevölkerung spricht man, wenn innerhalb einer Gesellschaft, meist eines Staates, aber auch von Gemeinden u.ä., die Zahl der alten, nicht mehr aktiv am Wirtschaftsprozeß teilnehmenden Menschen, im Verhältnis zu den aktiven, besonders aber im Verhältnis zu den nachwachsenden jüngeren Jahrgängen zu hoch ist. Ein solches unvorteilhaftes Verhältnis ist anhand einer ↑Alterspyramide schnell und klar zu erkennen. Hat diese Darstellung keine annähernde Pyramidenform, liegt ein gestörtes Verhältnis vor (das allerdings nicht nur Ü. anzeigt).

Überfischung: Ein Gewässer, meist ein Meeresteil, ist überfischt, wenn durch die Fischerei, meist handelt es sich um die Tätigkeit mit sogen. Fabrikschiffen, mehr Fische gefangen werden als in der entsprechenden Zeit durch die natürliche Vermehrung heranwachsen. Eine Gegenmaßnahme zum Schutz des Fischbestandes ist die Ausweitung der Fischereischutzzone (↑Fischereigrenze) auf 200 sm, die von etlichen Küstenstaaten für ihre Gewässer vorgenommen wurde.

Überhöhung: Unter Ü. verstehen wir eine Darstellung der Senkrechten (Höhen und Tiefen) in einem größeren Maßstab als dem der Waagrechten. Ü.en werden vor allem dann angewandt, wenn Querschnitte (Profile) durch ein Gebiet mit schwachem Relief geführt werden.

Überschiebung: ↑Verwerfung

Überschwemmungssavanne: Als Ü. bezeichnet man ein periodisch überschwemmtes Grasland, das an manchen Stellen mit Palmen durchsetzt ist. Auf höheren und daher trockenen inselartig herausragenden Standorten tritt Baumwuchs auf, oft in Verbindung mit ↑Dammuferwald oder als ↑Termitensavanne.

Übertiefung (glaziale Übertiefung): Die Ü. ist ein Ergebnis der ↑Glazialerosion.

Übervölkerung: Der Zustand der Ü. ist dann erreicht, wenn ein Mißverhältnis zwischen der Bevölkerungszahl eines Gebietes und den Ernährungsmöglichkeiten (Nahrungsspielraum) in diesem Gebiet zu ungunsten der Bevölkerung herrscht. In der Regel ist auch mangelnde Beschäftigungsmöglichkeit für die arbeitsfähige Bevölkerung typisch für ein Gebiet, in dem Ü. herrscht.

Überweidung: Unter der Ü. versteht man die Überlastung einer Weidefläche durch zu viel Vieh. Dies kann zur völligen Zerstörung der Weideflächen führen. Die Gefahr der Ü. ist besonders in Gebieten mit längeren Trockenperioden sehr groß, da die oft spärliche Grasdecke keine Zeit zur Erholung erhält. Als Gegenmaßnahme muß eine Verminderung des Viehbestandes erfolgen. Im Sahel Afrikas führte die Ü. zu Hungerkatastrophen unter der Bevölkerung und einer Ausdehnung der Wüste.

Ufer: Das U. stellt die Berührungslinie zwischen Binnenland und einem fließenden oder stehenden Gewässer dar. Den Berührungsbereich von Festland und Meer dagegen nennt man Küste.

Uferdamm: Den von einem Fluß selbst aufgeschütteten Damm nennt man U.; einen solchen Fluß nennt man daher ↑Dammfluß.

Uferlinie: Die U. ist die landwärtige Begrenzung des ↑Watts, die seewärtige Begrenzung des ↑Vorlandes.

ultrabasische Gesteine (Ultrabasite): Die Gesteine der Peridotitgruppe der ↑magmatischen Gesteine werden auch u. G. genannt.

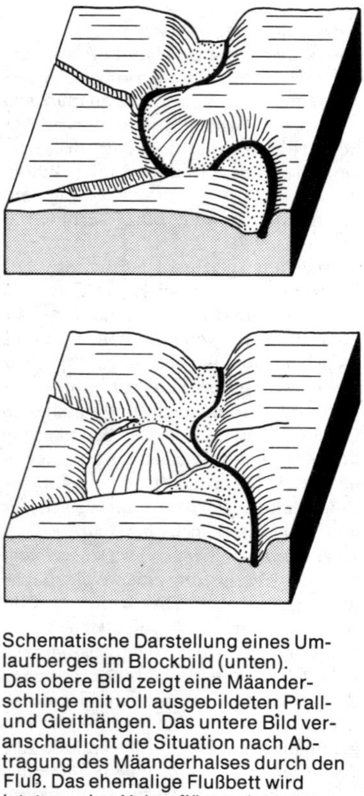

Schematische Darstellung eines Umlaufberges im Blockbild (unten). Das obere Bild zeigt eine Mäanderschlinge mit voll ausgebildeten Prall- und Gleithängen. Das untere Bild veranschaulicht die Situation nach Abtragung des Mäanderhalses durch den Fluß. Das ehemalige Flußbett wird jetzt von den Nebenflüssen benutzt; zum Teil ist es auch von stehendem Wasser erfüllt.

Ultrametamorphose: U. nennt man den extremsten Fall der Gesteinsmetamorphose (↑Metamorphose). Bei der U. werden die Gesteine durch starke Erhöhung von Druck und Temperatur teilweise oder gänzlich aufgeschmolzen. Durch Umkristallisierung, teilweise auch infolge Zufuhr von Nebengesteinsmaterial, entstehen neue Minerale. Zu den neugebildeten Gesteinen gehören u.a. die ↑Migmatite. Die vollständige Aufschmelzung führt zur Neubildung von Magma; in diesem Fall spricht man von ↑Palingenese.

Ultrasima: obere Schicht des Erdmantels, ↑Erdinneres.

Ultraviolett: Strahlungsbereich des Lichtes jenseits des sichtbaren Violett, ↑UV-Strahlen.

Umkippen von Flüssen: Die tierischen und pflanzlichen Lebewesen im Fluß benötigen zum Leben Sauerstoff. Ist zu wenig Sauerstoff vorhanden, dann sterben die Lebewesen, der Fluß kippt um. Es gibt verschiedene Ursachen für die Zerstörung des biologischen Gleichgewichts im Wasser: Bei Zufuhr großer Mengen organischer Schmutzstoffe (z.B. Abwässer) vermehren sich die sie abbauenden Mikroorganismen (Bakterien) überaus stark und verbrauchen dabei sehr viel Sauerstoff. Dies führt zu einem Sauerstoffmangel, den die Lebewesen nicht überstehen, sichtbare Folge ist das Fischsterben. Durch Erwärmung der Flüsse in den heißen Sommermonaten oder zusätzlich durch die Abwärme von Kernkraftwerken wird die Gefahr des Umkippens noch erhöht, da wärmeres Wasser nicht soviel Sauerstoff aufnehmen kann. So ist z.B. der stark verschmutzte Rhein, der noch zusätzlich durch Kernkraftwärme belastet wird, in den Sommermonaten besonders gefährdet.

Umlaufberg: Ein U. ist eine isolierte Bodenerhebung mit einem umlaufenden Tal, das meistens auf drei Seiten ein Trockental ist. Der U. ist nämlich ein

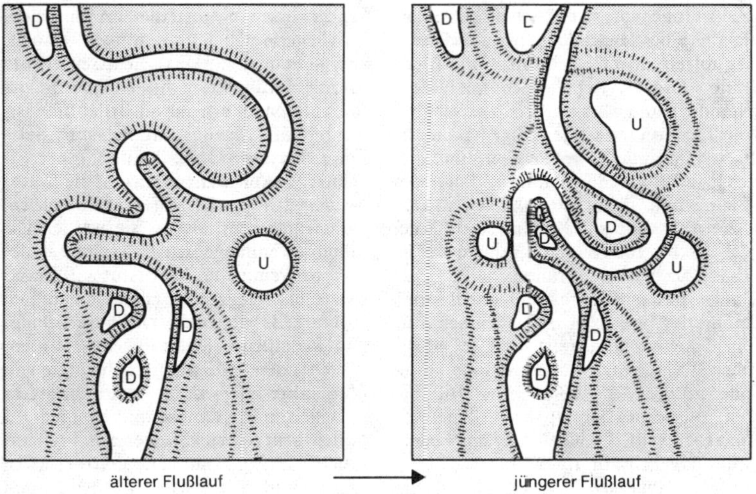

Entstehung von Umlauf- und Dammuferseen
U = Umlaufsee, D = Dammufersee

ehemaliger Talsporn, der früher von einer Mäanderschlinge umflossen wurde und dadurch entstand, daß die beiden Prallhänge sich durch fortschreitende Seitenerosion immer näher kamen, bis der sie trennende Hals (also der schmale Landstreifen) vom Fluß durchbrochen wurde, wobei der Fluß seinen Lauf verkürzte. Geschieht eine solche Abschnürung durch einen Nebenfluß, spricht man von einem *Sehnenberg*.

Umlaufsee: Durchbricht ein mäandrierender, sedimentreicher Tieflandfluß bei seiner Laufveränderung einen Mäanderhals und schneidet dadurch eine Mäanderschlinge ab, läuft diese von Wasser leer. Wenn das von ihr bisher umflossene Areal aber tiefer liegt, was bei ↑Dammflüssen in der Regel der Fall ist, sammelt sich in ihm Grundwasser. So entsteht ein meist runder bis ovaler Umlaufsee; dieser muß jedoch von einem ↑Dammufersee unterschieden werden.

Umlegung: Unter U. versteht man die Zusammenfassung und Neuverteilung von landwirtschaftlichem Grundbesitz im Rahmen der Flurbereinigung. Werden im Rahmen eines Flächennutzungsplanes einer Gemeinde land- oder forstwirtschaftlich genutzte Flächen in Bauland umgewandelt, so erfolgt auch hier eine Umlegung, man spricht dann von einer *Baulandumlegung*.

Umtrieb: verkürzte Ausdrucksweise für ↑Umtriebszeit; auch bei der ↑Umtriebsweide.

Umtriebsweide (Koppelweide): Die U. ist das Weidesystem einer intensiv genutzten Rindviehweide in witterungsgünstigen Lagen. Die Weidefläche ist in kleine *Koppeln* (3–4 Ar je ↑Großvieheinheit) unterteilt, die während der Weideperiode fünf- bis siebenmal jeweils für drei bis vier Tage genutzt werden; dazwischen liegen Ruhezeiten (jeweils 20–40 Tage). Eine volle Rotation der Nutzung wird als *Umtrieb* bezeichnet. – Bei teilweiser Mähnutzung (etwa 40–50 %) wird die U. zur ↑Mähweide.

Umtriebszeit (Umtrieb): In der *Forstwirtschaft* versteht man unter U. die

Zeitspanne von der Pflanzung bis zur Ernte eines Bestandes bzw. bis zum Abholzen des Unterholzes im Mittelwald. Die U. richtet sich nach dem Standort und dem natürlich erreichbaren Lebensalter der jeweiligen Baumart *(physiologische Umtriebszeit)* und beträgt z.B. bei der Pappel 40–60, bei Fichte und Tanne 80–100, bei Buche, Ahorn, Lärche und Kiefer 120–140, bei der Esche 160 – 180, bei der Eiche 180–220, bei der Furniereiche 260–300 Jahre. In der Regel werden zur Bestimmung der praktizierten U. wirtschaftliche Gesichtspunkte (z.B. höchster jährlicher Reinertrag, höchste Bodenrente oder größte Masse bestimmter Holzsorten) mitberücksichtigt. Die U. beträgt im Hochwald 40–300 Jahre, im Niederwald dagegen nur 10–30 Jahre.
In der *Landwirtschaft* ist die U. die Nutzungsdauer von Pflanzen- oder Viehbeständen. Sie beträgt z.B. für Rebanlagen 30–50, für Erdbeeranlagen 2, für Tiere einer Milchviehherde 5–6, für Mutterschafe 3–5 Jahre.

Umweltbelastung: Das Wort U. ist eine zusammenfassende Bezeichnung für alle Beeinträchtigungen, denen die Umwelt ausgesetzt ist. Dazu gehören u.a. Abgase, Wasserverunreinigungen, Bodenzerstörung, Lärmbelästigungen.

Umweltschutz: Unter U. werden alle Maßnahmen zusammengefaßt, die schädliche Einflüsse auf die Umwelt verhindern und unumgängliche Belastungen auf ein möglichst geringes Maß reduzieren.

Unterboden: U. ist eine andere Bezeichnung für den B-Horizont des ↑Bodenprofils.

unterentwickelte Länder: Früher wurden die ↑Entwicklungsländer als u. L. bezeichnet. Um kein Gefühl der Diskriminierung hervorzurufen, wurde diese Bezeichnung durch die Bezeichnung Entwicklungsländer ersetzt.

Unterflurbewässerung: Die U. ist ein wassersparendes Bewässerungsverfahren im Pflanzenbau, bei dem die Wasserzufuhr unterhalb der Bodenoberfläche, und zwar mit perforierten, im Wurzelbereich verlegten Rohrleitungen, erfolgt. Es treten also keine Wasserverluste durch Verdunstung auf, was besonders in warmen Ländern von Bedeutung ist, da mit der Verdunstung stets eine Salzanreicherung verbunden ist.

Unterglaskulturen: Pflanzen, die in Gewächshäusern herangezogen werden, bezeichnet man als U.; sie werden vor allem in Klimagebieten angelegt, in denen im Winter ein Wachstumsstillstand herrscht, wie z.B. in den gemäßigten Breiten. In den Gewächshäusern kann ein künstliches Klima erzeugt werden, welches den Gartenbau unabhängig von der Jahreszeit macht. Dadurch ist es möglich, z.B. Gemüse und Blumen auf den Markt zu bringen, wenn im Freiland noch nichts gedeiht. Der Gärtner kann dadurch seinen Betrieb auch während der kalten Jahreszeit nutzen. Dem Verbraucher bringt es den Vorteil, während des ganzen Jahres mit frischen Gartenbauprodukten versorgt zu werden; allerdings erreichen nicht alle U. die geschmackliche Qualität der entsprechenden Freilandprodukte. U. werden v.a. in der Nähe von Verdichtungsräumen angelegt; große U. findet man z.B. in den Niederlanden, im Münsterland und auf der Insel Reichenau.

unterirdischer Gasspeicher: svw. ↑Kavernenspeicher

Unterkulturen: U. sind Nutzpflanzen, die unter anderen Kulturpflanzen angebaut werden. So wird häufig unter Obstbäumen zur besseren Bodenausnutzung Gemüse angebaut. U. werden in Mitteleuropa aus klimatischen und pflanzenphysiologischen Gründen ungern angelegt; in Südeuropa sind sie dagegen weit verbreitet, ↑Stockwerkkultur.

Unterströmungstheorie: Die U. ist eine geotektonische Hypothese, nach der Unterströmungen (Konvektionsströmungen) in den zähplastischen Zonen des Erdmantels Bewegungen der Erdkruste verursachen. Die Unterströmungen sollen durch Wärmeaustausch entstehen (als Energiequelle wird meist radioaktiver Zerfall angenommen), ihre Geschwindigkeiten sollen wenige Millimeter bis Zentimeter pro Jahr betragen.

Untertagebau: Im Bergbaubereich ist U. der Gegensatz zu ↑Tagebau; U. wird auch als ↑Tiefbau bezeichnet.

Unterzentrum (Kleinzentrum): Im System der ↑Zentralen Orte ist ein U. ein Ort mit geringer Zentralität.

Uran-Blei-Methode: Die U. ist eine Möglichkeit der ↑physikalischen Altersbestimmung.

Urbanisierung: Den Prozeß zunehmender Bevölkerungsverdichtung in städtischen Gebieten bei entsprechendem Rückgang der Bevölkerungszahl in ländlichen Bereichen nennt man U.; er ist eine Folge der Industrialisierung. Die Konzentration von industriellen Produktionsstätten, von Handel und Gewerbe in den Städten begünstigt sowohl den Zuzug aus dem ländlichen Umland als auch eine Ausdehnung städtischer Kultur und Lebensformen (Urbanität) auf diejenigen Bevölkerungsgruppen, welche zwar weiterhin auf dem Land wohnen, aber in der Stadt arbeiten, die sogen. Pendler. Dadurch führt der U.sprozeß zu einer starken Polarisierung zwischen privatem und öffentlichem Leben der Bürger, zu Anonymität und einem rationalen Lebenszuschnitt. Typische Begleiterscheinungen städtischen Lebens, wie bestimmte Formen der Asozialität und Kriminalität sowie Subkulturbildung, werden im Zuge der U. einer ganzen Gesellschaft zu allgemeinen gesellschaftlichen Problemen.

Urgebirge: Der Ausdruck U. ist eine veraltete Bezeichnung für den kristallinen Unterbau der Erdkruste, der anfänglich auf alle metamorphen und kristallinen Gesteine angewandt wurde, die man für Urbildungen der Erdrinde hielt, bis man erkannte, daß in jungen Orogenzonen der Erde sogar jungtertiäre Gesteine metamorphosiert und von Graniten durchdrungen sein können. Der Begriff U. sollte daher aus dem Sprachgebrauch verschwinden.

Urgestein: U. ist eine veraltete, da falsche, Bezeichnung für die magmatischen und metamorphen Gesteine, die man früher irrtümlich als erstgebildete Gesteine der Erdkruste ansah.

Urstromtal: Ein U. ist eine große Talung, die während einer Stillstandslage des pleistozänen Inlandeises entstand, und zwar dadurch, daß die Schmelzwasserströme parallel zu den Eisrändern abfließen mußten, weil das in Fließrichtung des Eises ansteigende Gelände einen anderen Abfluß verhinderte. Urstromtäler werden teilweise heute noch von Flüssen benutzt und haben somit die Gestaltung des Gewässernetzes maßgeblich beeinflußt. Die sandig-kiesigen Ablagerungen in den Urstromtälern sind wichtig für die Grundwassererschließung, v.a. zur Trinkwasserversorgung.

Urwald: Der U. ist ein vom Menschen unberührter Wald; man findet diesen Typ des Waldes jedoch kaum noch, allenfalls im Tieflandsregenwald des Amazonastieflandes und in Südchile. Bei den umgangssprachlich, aber fälschlich, als U. bezeichneten Wäldern handelt es sich vielmehr um tropischen ↑Regenwald.

U-Tal: Ein ↑Trogtal wird wegen seines U-förmigen Querschnitts auch U-Tal genannt.

Uvala (Schüsseldoline): Als U. bezeichnet man eine wahrscheinlich durch Zusammenwachsen mehrerer ↑Dolinen entstandene schüsselförmige Hohlform in Karstgebieten.

UV-Strahlen (Kurzform für Ultraviolett-Strahlen): U. sind unsichtbare elektromagnetische Strahlen, die sich an das im Spektrum violette Ende des Lichtes anschließen. Ihre Wellenlänge liegt zwischen 400 nm und 30 nm (d.h. zwischen 0,0004 mm und 0,00003 mm); Wellen mit noch kürzerer Wellenlänge sind dann die Röntgenstrahlen.

U. röten bzw. bräunen die Haut. Von Glas und Luft werden sie in starkem Maße absorbiert (d.h. verschluckt), das ultraviolette Licht der Sonne gelangt deshalb nur geschwächt bis zur Erde.

V

vadoses Wasser: V.W. ist das Wasser, das ständig den Wasserkreislauf durchläuft, also der bei weitem größte Teil des auf der Erde vorhandenen Wassers. – Der Gegensatz ist ↑juveniles Wasser.

Van-Allen-Gürtel [englisch væn 'ælın]: Der V. ist ein Strahlungsgürtel in der äußeren Atmosphäre, der über dem Äquator ausgebildet ist. In ihm werden aus der Sonne und der Höhenstrahlung stammende ionisierte Moleküle vom Magnetfeld der Erde eingefangen und dadurch zu großer Dichte angesammelt.

Várzea: Die V. ist das regelmäßig überschwemmte Gebiet innerhalb der ↑Hyläa des Amazonastieflandes; sie nimmt jedoch nur 1,5% der Fläche dieses Gebietes ein.

VEB: Abkürzung für ↑Volkseigener Betrieb

Vecindades: Bezeichnung für Slumsiedlungen in Puerto Rico, ↑Slum.

Vega: Als V. wurden auf der Iberischen Halbinsel ursprünglich alle potentiell bewässerbaren Gebiete bezeichnet. Da heute aber die gesamte V. das Gebiet des intensiv genutzten Bewässerungslandes darstellt, ist V. mit Huerta gleichzusetzen.

Vegetation: Unter der V. versteht man die Gesamtheit aller Pflanzengesellschaften eines Gebietes, so wie sie heute tatsächlich angetroffen wird.

Die Pflanzengesellschaft, die sich an einen Standort unter den herrschenden Klimabedingungen ohne äußere Einflüsse – weder durch Menschen noch durch Naturkatastrophen – einstellt, bezeichnet man als dessen *natürliche Vegetation.* Da der Mensch aber an fast allen Orten der Erde auf die V. Einfluß genommen hat, ist natürliche V. fast nirgends mehr anzutreffen. Die V. nun, die unter den jetzigen Klimabedingungen entstehen würde, wenn der Mensch keinerlei Einfluß mehr ausübte, bezeichnet man als *potentielle natürliche Vegetation.*

Unter *ursprünglicher Vegetation* nun versteht man die V., die vor dem Eintreffen des Menschen an diesem Ort vorhanden war; in vielen Fällen dürfte es sich hierbei um die natürliche V. dieses Gebietes gehandelt haben.

Vegetationsgeographie: Die V. ist ein Teilgebiet der Geographie. Ihr Forschungsobjekt ist das Pflanzenkleid der Erde, das sie beschreibt und dessen Entstehung sie aufgrund von klimatischen, bodenabhängigen und auch äußeren Einflüssen, sowohl natürlichen (etwa Vulkanausbrüche, Tierschäden) als auch menschlichen, erklärt. Ihr Ziel ist die Gliederung der Erde in klein- und großräumige Vegetationsformationen oder gar Vegetationszonen, wobei sowohl die natürliche als auch die tatsächliche Vegetation als Grundlage dient. Während die V. stets großräumige Zusammenhänge, besonders mit dem Klima, herauszuarbeiten sucht, stehen für die ↑Geobotanik, die der V. viele Grunddaten liefert, die einzelnen Pflanzen und die von diesen gebildeten standortbedingten Pflanzengesellschaften im Vordergrund.

Vegetationsperiode (Wachstumsperiode): Die V. ist die Zeit, in der die Pflanzen wachsen, blühen und reifen (ihr Gegensatz ist die Vegetationsruhe). Die V. ist in erster Linie von der Dauer der Sonneneinstrahlung und den zu dieser Zeit fallenden Niederschlägen abhängig. Da dies in den inneren Tropen das ganze Jahr über der Fall ist, kann sich auch die V. auf das ganze Jahr ausdehnen. Da hier also nie Vegetationsruhe eintritt, ist es im Grunde überflüssig von V. zu sprechen, da das Wachstum eben nicht an eine bestimmte Periode gebunden ist, Wachstumsbedingungen sind vielmehr ständig (ohne Unterbrechung) gegeben.

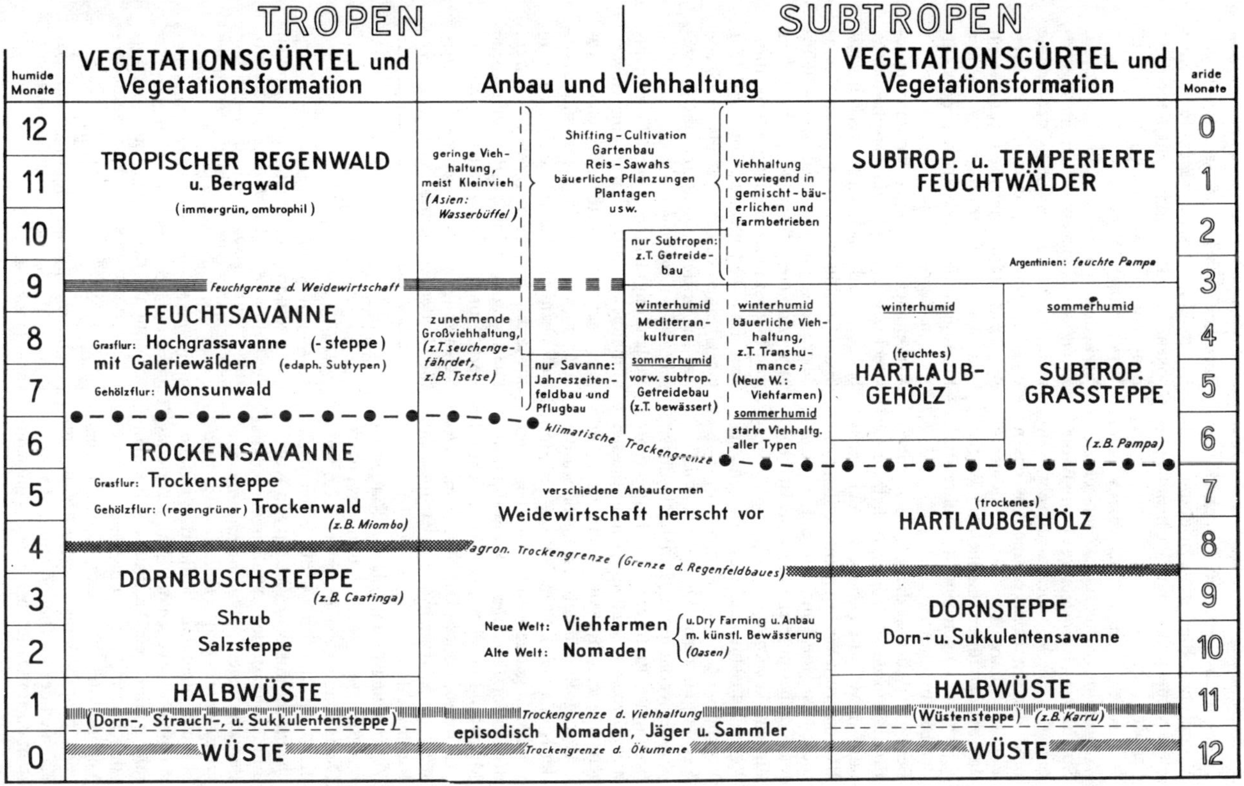

TROPEN
SUBTROPEN
humide Monate
VEGETATIONSGÜRTEL und Vegetationsformation
Anbau und Viehhaltung
VEGETATIONSGÜRTEL und Vegetationsformation
aride Monate
12
11
10
9
8
7
6
5
4
3
2
1
0
TROPISCHER REGENWALD u. Bergwald
(immergrün, ombrophil)
geringe Viehhaltung, meist Kleinvieh (Asien: Wasserbüffel)
Shifting-Cultivation
Gartenbau
Reis-Sawahs
bäuerliche Pflanzungen
Plantagen
usw.
Viehhaltung vorwiegend in gemischt-bäuerlichen und Farmbetrieben
nur Subtropen: z.T. Getreidebau
SUBTROP. u. TEMPERIERTE FEUCHTWÄLDER
Argentinien: feuchte Pampa
Feuchtgrenze d. Weidewirtschaft
FEUCHTSAVANNE
Grasflur: Hochgrassavanne (-steppe)
mit Galeriewäldern (edaph. Subtypen)
Gehölzflur: Monsunwald
zunehmende Großviehhaltung, (z.T. seuchengefährdet, z.B. Tsetse)
nur Savanne: Jahreszeitenfeldbau und Pflugbau
winterhumid
Mediterrankulturen
sommerhumid
vorw. subtrop. Getreidebau (z.T. bewässert)
winterhumid
bäuerliche Viehhaltung, z.T. Transhumance; (Neue W.: Viehfarmen)
sommerhumid
starke Viehhaltg. aller Typen
winterhumid
(feuchtes) HARTLAUBGEHÖLZ
sommerhumid
SUBTROP. GRASSTEPPE
(z.B. Pampa)
klimatische Trockengrenze
TROCKENSAVANNE
Grasflur: Trockensteppe
Gehölzflur: (regengrüner) Trockenwald
(z.B. Miombo)
verschiedene Anbauformen
Weidewirtschaft herrscht vor
(trockenes) HARTLAUBGEHÖLZ
agron. Trockengrenze (Grenze d. Regenfeldbaues)
DORNBUSCHSTEPPE
(z.B. Caatinga)
Shrub
Salzsteppe
Neue Welt: Viehfarmen
Alte Welt: Nomaden
u. Dry Farming u. Anbau m. künstl. Bewässerung (Oasen)
DORNSTEPPE
Dorn- u. Sukkulentensavanne
HALBWÜSTE
(Dorn-, Strauch-, u. Sukkulentensteppe)
Trockengrenze d. Viehhaltung
episodisch Nomaden, Jäger u. Sammler
HALBWÜSTE
(Wüstensteppe) (z.B. Karru)
WÜSTE
Trockengrenze d. Ökumene
WÜSTE
0
1
2
3
4
5
6
7
8
9
10
11
12

In den wechselfeuchten Tropen fällt die V. mit der Regenzeit zusammen, da ohne Niederschlag kein Wachstum möglich ist.
In unseren Breiten dauert die V. vom Vorfrühling (Schneeglöckchen) bis zum Spätherbst (Herbstzeitlose). Im Winter tritt also eine Vegetationsruhe ein, während der die Pflanzen nicht wachsen. Eine sichtbare Auswirkung dieser im Jahreslauf unterschiedlichen Wachstumsbedingungen sind die Jahresringe der Bäume.
Besonders kurz ist die V. in den hohen Breiten; in der Tundra z.B. beträgt sie nur 2–3 Monate. Diese kurze Zeit reicht Bäumen zum Wachsen und Reifen nicht mehr aus – die Tundra ist daher baumlos. Von besonderer Bedeutung ist die V. für den Ackerbau.
Vegetationsstufen: ↑Höhenstufen der Vegetation
Vegetationszonen: Die V. sind äquatorparallel verlaufende Gebiete, in denen bestimmte Pflanzengesellschaften vorherrschen. Sie entsprechen etwa den Klimazonen, ihre Aufstellung ist daher ebenso grob und unbefriedigend wie die der Klimazonen. Vom Pol zum Äquator werden folgende V. unterschieden: Tundrengürtel, borealer Nadelwaldgürtel, Mischwaldgürtel, Steppengürtel, Gürtel der subtropischen Halbwüsten und Wüsten, der Savannen und des tropischen Regenwaldes.
Verdichtungsraum: Das Raumordnungsgesetz der Bundesrepublik Deutschland versteht unter einem Verdichtungsraum eine größere überörtliche Fläche mit einer Vielzahl von Wohn- und Arbeitsstätten. Ähnlich werden die Bezeichnungen *Agglomeration, Ballungsgebiet* und *Ballungszone* gebraucht, ohne daß die Begriffe genauer gefaßt sind. Wegen des Schlagwortcharakters all dieser Ausdrücke sollte man vorsichtig mit ihnen umgehen.
Vereinödung: V. ist ein positiver (wenn auch negativ klingender) Vorgang im Rahmen der Flurbereinigung: Man versteht darunter die Zusammenlegung von über die Gemarkung zerstreuten Parzellen zu einer geschlossenen Flur, einer sogen. Einödflur, innerhalb deren dann meist ein Aussiedlerhof errichtet wird.
Verkarstung: ↑Karst
Verkehrsgeographie: Die V. ist ein Zweig der Geographie, der im Zusammenhang mit der Siedlungsgeographie und der Handelsgeographie Verkehrswege und -räume in ihren Funktionen und Strukturen herausarbeitet und die Leistungen der Verkehrswege darstellt, etwa in Karten.
Verkehrsleitlinie: Als V. werden langgestreckte topographische Gegebenheiten bezeichnet, die sich bei der verkehrsmäßigen Erschließung eines Gebietes geradezu zur Anlage von Straßen und Bahnlinien anbieten. In der Regel handelt es sich hierbei um Flüsse und Grabenbrüche. Eine bedeutende V. ist z.B. der Oberrheingraben und das anschließende Tal des Mittelrheins durch das Rheinische Schiefergebirge.
Verlandung: Unter V. versteht man das allmähliche Austrocknen von Gewässern oder Gewässerteilen durch die Ablagerung von Pflanzenresten und anorganischem Material (meist an der Küste) sowie durch Ansiedlung von Pflanzen. Die Flachmoore sind z.B. durch solche Verlandungsvorgänge entstanden.
Versalzung: vereinfachender Ausdruck für ↑Bodenversalzung.

Abbildung rechts:
Die wichtigsten Arten der Verwerfungen:
A: Abschiebung, B: Aufschiebung, C: gleichzeitige Abschiebung (vertikal) und Blattverschiebung (horizontal), auch schräge Abschiebung genannt. In den Abbildungen A-C markieren h die wahre Sprunghöhe, h' die flache Sprunghöhe (auf der Verwerfung gemessen), l den Raumgewinn (bei Abschiebung) l' den Raumverlust (bei Aufschiebung) und s den Verschiebungsbetrag (bei Horizontalverschiebung).
D: Horst, E: Graben, F und G: Staffelbrüche (Verwerfungstreppen), und zwar F als synthetische und G als antithetische Schollentreppe.

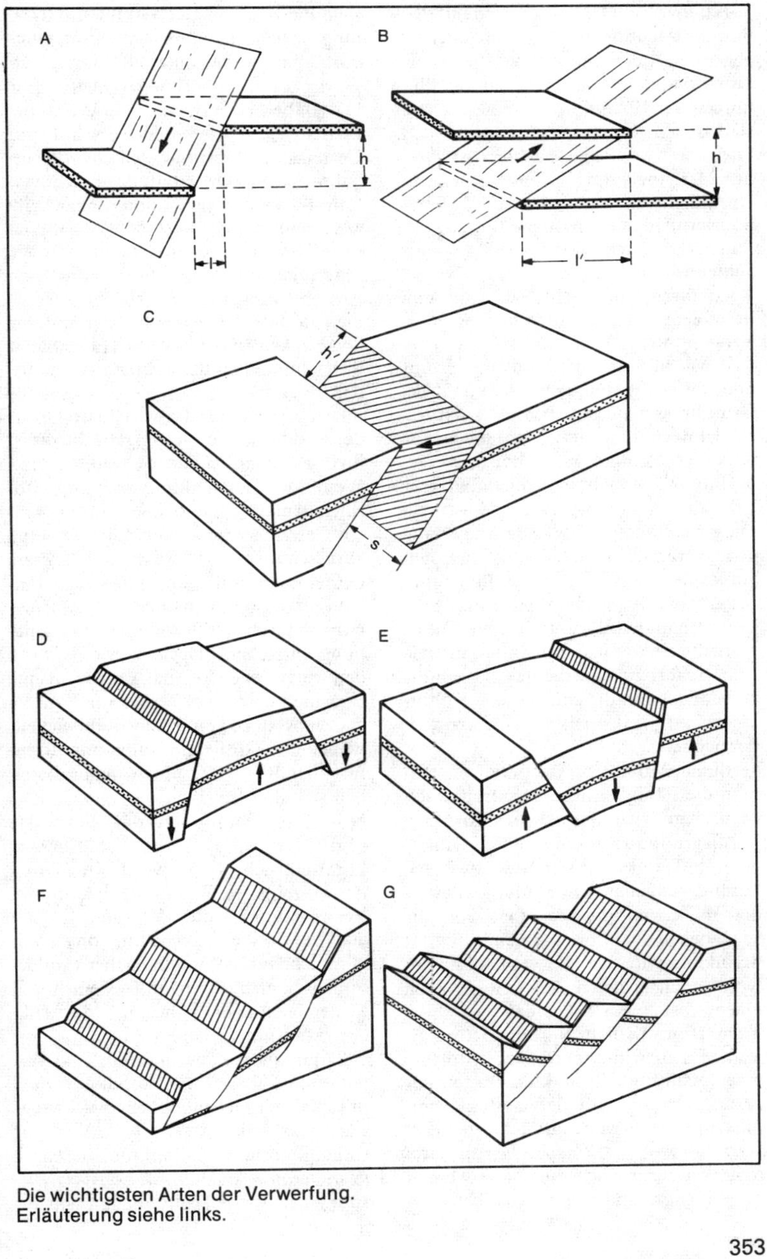

Die wichtigsten Arten der Verwerfung.
Erläuterung siehe links.

Verstädterung: Unter V. versteht man das Anwachsen der Stadtbevölkerung gegenüber der Landbevölkerung. V. ist also ein anderer Ausdruck für das Phänomen der ↑Landflucht, und zwar vom städtischen Standpunkt aus gesehen. Dieser weltweit zu beobachtende Prozeß der ↑Urbanisierung bewirkt erhebliche Umwälzungen, unter denen die ↑Metropolisierung ein Extrem, die Bildung von ↑Slums aber eine fast überall zu beobachtende Folge ist.

Versteinerungen: Echte V. sind eine besondere Art von ↑Fossilien.

Versteppung:

◊ V. ist eine durch Klimaveränderung und damit verbundene Senkung des Grundwasserspiegels bedingte natürliche Umwandlung eines Waldgebietes an seiner Trockengrenze in Steppe.

◊ Unter V. versteht man auch die durch Entwaldung hervorgerufene Austrocknung des Bodens und die damit verbundene Veränderung der Vegetation, hervorgerufen durch intensive Bodennutzung, direkte Bodenzerstörung oder Eingriffe in den Wasserhaushalt. Dieser Vorgang ist v.a. in Räumen mit intensivem Ackerbau und dichter Besiedlung zu beobachten; die entstandene Kulturlandschaft wird auch als *Kultursteppe* bezeichnet.

vertikale Mobilität: Darunter versteht man die Fähigkeit und Bereitschaft des Menschen, sich aus seiner bisherigen Berufsgruppe zu lösen und eine anders geartete Tätigkeit auszuüben, etwa nach vorangegangener Umschulung. Besonders in Zeiten von Arbeitsmangel ist die v. M. neben der ↑horizontalen Mobilität besonders wichtig. Die v. M. kann sowohl einen sozialen Aufstieg als auch einen Abstieg zur Folge haben.

Verwerfung (Bruch, Sprung, Störung): V. nennt man die tektonische Störung einer ursprünglich intakten Gesteinslagerung. Dabei wird der Gesteinskomplex an einer Bewegungsfläche, der *Verwerfungs-* oder *Bruchfläche,* in zwei Schollen zerbrochen und diese werden an ihr gegeneinander verschoben. Erfolgt die Bewegung in senkrechter Richtung, spricht man von *Vertikalverschiebung,* bei waagrechter Richtung von *Horizontal-* oder *Blattverschiebung.* Die dabei entstehende Differenz der vertikal gegeneinander verschobenen Gesteinsschichten wird *Sprunghöhe* genannt; die Schnittlinie der Verwerfungsfläche mit der Erdoberfläche heißt *Verwerfungslinie.* Nach der Art der relativen Bewegung der Gesteinsschollen unterscheidet man Abschiebung und Aufschiebung. Bei der *Abschiebung* ist die eine Scholle gegenüber der anderen abgesunken und die Verwerfungsfläche in Richtung der Bewegung geneigt. Bei der *Aufschiebung* ist die eine Scholle relativ zur anderen aufwärtsbewegt worden, und die Verwerfungsfläche weist inverses Einfallen von mehr als 45° auf. Wenn an einer schwach geneigten Störungsfläche (Einfallwinkel unter 45°) ein Gesteinskomplex auf einen anderen aufgeschoben worden ist, so daß ältere Gesteine über jüngere zu liegen gekommen sind, spricht man von *Überschiebung;* durch großräumige Überschiebung entstehen ↑Decken. Meist ist an dem betroffenen Teil der Erde nicht eine einzelne Bewegungsfläche, sondern ein ganzes System von Flächen entwickelt, wobei die Größenordnung und Richtung der Bewegung nicht immer dieselben sein müssen. Durch V. entstandene besondere Bauformen der Erdkruste sind ↑Graben, ↑Horst, ↑Pultscholle, ↑Staffelbruch. – Die wichtigsten Arten der V. zeigt Abbildung Seite 353.

Verwitterung: Unter V. versteht man den durch die Einwirkung physikalischer, chemischer und biogener Einflüsse bewirkten Zerfall von Gesteinen und Mineralen an oder nahe der Erdoberfläche. Man unterscheidet:

1. *Physikalische* oder *mechanische Verwitterung,* bei der der Zerfall aufgrund physikalisch-mechanischer Vorgänge stattfindet. Hierzu gehört die Wirkung ständig großer Temperaturdifferenzen *(Temperatur-* oder *Insolationsverwitterung)* u. in Spalten gefrierenden Wassers

und auskristallisierender Salze, die wegen der Volumenvergrößerung zur *Frostsprengung* bzw. *Salzsprengung* führen. Eine ähnliche Wirkung hat die ↑Hydratation.
2. *Chemische Verwitterung,* die hauptsächlich auf der Lösungsfähigkeit des Wassers beruht und zu ↑Korrosion führt. Chemische V. findet in geringerem Maße auch durch atmosphärische Gase statt, hierher gehört die Rauchverwitterung, die Rauchschäden hinterläßt.
3. Die *biogene Verwitterung* wird durch Pflanzen und Tiere verursacht, sie ist teilweise physikalisch bedingt, z.B. bei der Wurzelsprengung und bei der grabenden Tätigkeit vieler Organismen, teilweise chemisch, z.B. durch die ätzende Wirkung von Wurzelsäften und v.a. der Huminsäuren, teilweise auch mechanisch-chemisch, etwa durch die Tätigkeit mariner Bohrmuscheln.
Art und Intensität der V. sind von Gestein und Klima abhängig; dabei herrscht in ariden und kalten Klimaten die physikalische, in humiden, besonders in warm-humiden, Klimaten die chemische V. vor. Allerdings wirken meist beide Arten zusammen. Zu erwähnen ist noch, daß dasselbe Gestein in verschiedenen Klimaten unterschiedlich stark verwittert wird.
Die V. ist die Voraussetzung für die Abtragung und die Neubildung von Sedimentgesteinen und damit für die Gestaltung der Erdoberfläche und nicht zuletzt auch für die Bodenbildung.

Vielvölkerstaat: svw. ↑Nationalitätenstaat.

Viertel (Stadtviertel): Während ein Dorf eine relativ einheitliche Siedlungsform darstellt, läßt sich eine Stadt in unterschiedlich geprägte Teile, sogen. Stadtviertel, gliedern. Je differenzierter eine solche Gliederung möglich ist, um so städtischer ist die betreffende Siedlung. Die *Viertelsbildung* wird deshalb auch als Kriterium der Entwicklung zur Stadt angesehen. In allen Städten vorhandene Viertel sind Geschäftsviertel (Innenstadt), Industrieviertel, Wohnviertel. Bei höherer Zentralität und/oder speziellen Funktionen lassen sich weitere Viertel ausgliedern: z.B. Hafenviertel, Universitätsviertel (Campus), Gewerbeviertel, Bahnhofsviertel, Bankenviertel, Regierungsviertel und eine Reihe unterschiedlicher Wohnviertel (etwa Altstadt, Vorstadt, Neubauviertel, Künstlerviertel, Villenviertel).

Viertel: Ottokar II. führte 1254 bei der verwaltungsmäßigen Unterteilung von Nieder- und Oberösterreich die Bezeichnung V. ein; sie wurde auch bei der Reform unter Maximilian I. beibehalten und besteht als Landschaftsname heute noch (in Niederösterreich wird dabei das V. amtlich als Kreis bezeichnet [z.B. Innviertel, amtlich Innkreis]). Die ehemaligen Verwaltungssitze der V. werden als *Viertelshauptstädte* bezeichnet.

Vierte Welt: Unter diesem in Weiterführung des Begriffs Dritte Welt geprägten Schlagwort versteht man jene Gruppe von Ländern unter den Entwicklungsländern, die über keine Rohstoffe verfügen und infolgedessen von den allgemeinen Preissteigerungen besonders hart betroffen sind, so daß sie die Gruppe der ärmsten Länder der Erde bilden.

Villas miseria [spanisch 'bijaz ...]: Bezeichnung für Slumsiedlungen in Argentinien, ↑Slum.

Vley: V. ist die Bezeichnung für eine ↑Salzpfanne in Südwestafrika.

Völkerkunde (Ethnologie): Die V. ist eine Wissenschaft, die die Kulturen der schriftlosen Völker außerhalb der sogenannten Hochkulturen erforscht. Jedoch ist die Abgrenzung der V. heute kaum noch exakt möglich, da es nur noch wenige schriftlose Völker gibt, so daß die V., die sich auf außereuropäische Völker konzentrierte, heute in weiten Teilen die gleichen Forschungsziele hat wie die Volkskunde, die traditionell auf Europa beschränkt war, wobei allerdings kolonialeuropäische Volksgemeinschaften auch eingeschlossen wurden.

Volkseigener Betrieb (Abkürzung VEB): Mit diesem Begriff wird in der

DDR die Sachherrschaft des Volkes in den Bereichen Industrie, Handel und Landwirtschaft dokumentiert. Der Ausdruck soll die öffentlich-rechtliche Grundlage dieser Betriebe unterstreichen. In der Landwirtschaft wird allerdings der Name Landwirtschaftliche Produktionsgenossenschaft (LPG) bevorzugt.

Volkseinkommen ↑Bruttosozialprodukt

Volkskommune: V. ist eine in der Volksrepublik China übliche Bezeichnung für eine Verwaltungseinheit. Sie wurde anstelle der Landgemeinden eingeführt. Eine V. umfaßt 2000 bis 20 000 Familien, Boden, Vieh und Arbeitsgeräte.

Volkskunde: Die V. ist eine Wissenschaft, die die Lebensformen und -äußerungen der Völker erforscht, besonders Volksglaube, -brauch, -dichtung, -musik, -handwerk, wobei sich die V. auf europäische Völker beschränkte. Mit der fortschreitenden Erforschung der außereuropäischen Völker, traditionell Gegenstand der Völkerkunde, sind jedoch die Grenzen zwischen V. und Völkerkunde sachlich nicht mehr zu halten, da beide im wesentlichen die gleichen Forschungsobjekte untersuchen.

Voll-Arbeitskraft (Abkürzung AK): V. ist eine Bezeichnung aus der Landwirtschaft; sie dient als Maß für die Arbeitsleistung eines in der Landwirtschaft beschäftigten Menschen. Ein Mann oder eine Frau im Alter von 16–65 Jahren entsprechen einer Voll-Arbeitskraft. 1 AK entspricht weiterhin 2 Jugendlichen im Alter von 14–16 Jahren oder 3 Arbeitskräften über 65 Jahre.

Vorfluter: Alle stehenden und fließenden Gewässer, die das bei der Entwässerung anfallende Wasser aufnehmen, werden wasserwirtschaftlich als V. bezeichnet. Als *Vorflut* kann außerdem noch das Gelände dienen, welches fähig ist, das zufließende Wasser unschädlich abzuleiten.

Vorhafen: Als V. wird ein Hafen bezeichnet, der – von See kommend – vor dem eigentlichen Hafen liegt. Vorhäfen werden angelegt, wenn der alte Hafen zu klein geworden ist, speziell aber, wenn er von neuentwickelten größeren Schiffen nicht mehr angelaufen werden kann (keine Manövriermöglichkeit, zu geringe Wassertiefe). Vorhäfen sind daher stets jünger als die zugehörigen eigentlichen Häfen; im Laufe der Zeit kann der V. die eigentliche und volle Hafenfunktion übernehmen. Der alte Hafen wird dann zu einem Stadthafen, der nur noch lokalen Bedürfnissen dient (Personenschiffahrt, Fischerei u.ä.) oder gänzlich aufgegeben wird; er kann dann als Wasserfläche mit Erholungsfunktion erhalten oder zugeschüttet und überbaut werden.

Vorland (Utlande): Das an Marschküsten auftretende V. ist das seewärts vor dem Deich liegende Land; es reicht von der landwärtigen Grenze des Watts (der sogen. Uferlinie) bis zur sogen. Küstenlinie, der Wasserstandshöhe bei leichter Sturmflut (sogen. Windflut). Der größere Teil des V.es ist der landwärts gelegene *Außengroden (Heller);* er liegt oberhalb des mittleren Springtidenhochwassers. Der seewärtige Teil trägt den Namen *Anwachs.* Der Außengroden ist Grünland, das im Sommer bei niedrigen Fluthöhen als Weide oder Mähwiese genutzt wird. – An Dünenküsten entspricht dem V. der *trockene Strand.*

Vorort: Der V. ist ein ehemals selbständiger Ort, der heute Teil einer größeren Stadt ist. Der V. kann noch eine isolierte bauliche Einheit bilden, aber auch schon mit der Stadt zusammengewachsen sein. Bis auf Einzelhandelsgeschäfte und Schulen ist der V. auf die zentralörtlichen Einrichtungen der Stadt ausgerichtet, er ist in der Regel Pendlerwohnort. Bei größeren Städten können V.e aber auch eigene Subzentren entwickeln.
Der Ausdruck V. sollte aber stets nur für nicht selbständige, also eingemeindete, Orte verwendet werden. Selbständige Orte, die ansonsten V.en weitgehend gleichen, sollten genauer als *Gemeinden im Vorortbereich* bezeichnet werden.

Vorstadt: Die V. ist ein Teil der inneren Stadt. Sie entstand aus den Ansiedlungen der Bevölkerung außerhalb der Stadtmauern und jenseits des freizuhaltenden Schußfeldes. Nach der Schleifung der Stadtmauern erfolgte das Zusammenwachsen mit der Altstadt.

Vortiefe (Randtiefe, Saumtiefe): In der V. sammeln sich die Lockersedimente während einer Orogenese.

V-Tal: Ein Kerbtal wird wegen seines V-förmigen Querschnitts auch V-Tal genannt, ↑Tal.

Vulkan: Vulkane nennt man die durch vulkanische Tätigkeit entstandenen geologischen Bauformen der Erdkruste, ↑Vulkanismus.

vulkanische Decken: V. D. sind weit ausgedehnte, mehr oder weniger mächtige Gesteinsfolgen, die auf vulkanische Tätigkeit zurückgehen. Durch den Ausfluß dünnflüssiger basaltischer Laven (Plateau- oder Flutbasalte, Trapp) aus langen Spalten entstanden deckenartige Ergußformen, die *Trappdecken;* besonders großes Ausmaß haben sie v.a. im Dekhan Indiens, in Südbrasilien und auf Island. Manchmal sind die in mehreren Ausbruchsperioden gebildeten Ergußdecken infolge der Abtragung treppenartig abgesetzt herauspräpariert worden. Auch die durch nachhaltige Aschenausbrüche entstandenen Tuffe können deckenartige Schichtfolgen bilden *(Tuffdecken).*

Vulkanismus: Unter V. versteht man alle geologischen Vorgänge, die mit dem Austritt fester, flüssiger oder gasförmiger Stoffe aus dem Erdinnern an die Erdoberfläche in Zusammenhang stehen. Die Förderung dieser Stoffe geht von schmelzflüssigen Magmaansammlungen, den sogen. *Vulkanherden,* aus, die in unterschiedlicher Tiefe (etwa 2 bis über 50 km) gelegen sein können. Durch Abkühlung, Druckentlastung u.a. Vorgänge kommt es hier zur Entbindung der unter dem hohen Druck im Magma gelösten Gase. Solche Druckentlastung tritt v.a. in tektonischen Schwächezonen, d.h. an Verwerfungen u.a. Störungen der Erdkruste, ein. Die Gase können hier zur Erdoberfläche vordringen und dabei das Magma mitreißen. Die Austrittsstellen sind als röhrenförmige Schlote oder als lange Spalten ausgebildet. Man spricht daher von *Schlot-* oder *Zentral-* und von *Spalten-* oder *Lineareruptionen* bzw. den entsprechenden Vulkanen. Die Schlote sind an der Öffnung oft zu Kratern erweitert.

Die vulkanischen Förderprodukte bestehen aus Laven, Lockermassen und Gasen. Während die vulkanischen Lockermassen und Gase oft weit herausgeschleudert werden, mit zum Teil explosionsartigen *Eruptionen (Ejektionen),* breitet sich die herausfließende ↑Lava je nach ihrer chemischen Zusammensetzung, Temperatur und ihrem Gasgehalt den topographischen u.a. Gegebenheiten mehr oder weniger weit aus *(Effusion* oder *Extrusion)* und bildet unterschiedliche Erstarrungsformen (durch besonders zähflüssige Lava bilden sich Stoß- und ↑Staukuppen); dabei entstehen die ↑Ergußgesteine.

Das in festem oder flüssigem Zustand herausgeschleuderte Material und die daraus hervorgegangenen Gesteine bezeichnet man zusammenfassend als *Pyroklastite.* Unter den Auswurfsprodukten, die man auch *Tephra* nennt, unterscheidet man ↑Aschen, ↑Bimssteine, ↑Bomben, ↑Lapilli und ↑Schlacken. Die daraus entstehenden Gesteine (↑Tuff und ↑Tuffit) zählen zu den Sedimenten, da sie ja aus der Luft abgelagert werden. Eine Sonderstellung nimmt der ↑Ignimbrit ein, der durch Glutwolken gebildet wird.

Die Zusammensetzung der Gase ist schwer zu ermitteln, da bei den Ausbrüchen nicht oder nur unter Lebensgefahr Proben genommen werden können. Vorherrschende Bestandteile sind Wasser, Kohlensäure, Schwefeldioxid, Wasserstoff, Kohlenmonoxid, Chlorwasserstoff und Fluorwasserstoff; dazu kommen einige nur bei hohen Temperaturen gasförmige Verbindungen.

Chemisch gesehen bestehen die vulkanischen Gesteine hauptsächlich aus Silikaten von Aluminium, Eisen, Magnesium,

Calcium, Natrium und Kalium. Die Kieselsäure (SiO_2) herrscht immer vor; ihr Anteil schwankt zwischen 33 und 72%. Liegt der SiO_2-Gehalt über 60%, spricht man von sauren, bei unter 55% SiO_2 von basischen Magmen bzw. Gesteinen. Der zweitwichtigste Bestandteil ist Aluminiumoxid; durch Verbindung mit Kieselsäure und Alkalien oder Calcium bildet es die häufigsten Minerale dieser Gesteine, die Feldspäte.
Unter den vulkanischen Gesteinen überwiegen zwei Arten, die basischen Basalte und die sauren Dazite. Diese Gesteine bzw. die Laven und Magmen, aus denen sie hervorgegangen sind, unterscheiden sich auch nach der vulkanischen Ausbruchstätigkeit. Die basischen Magmen

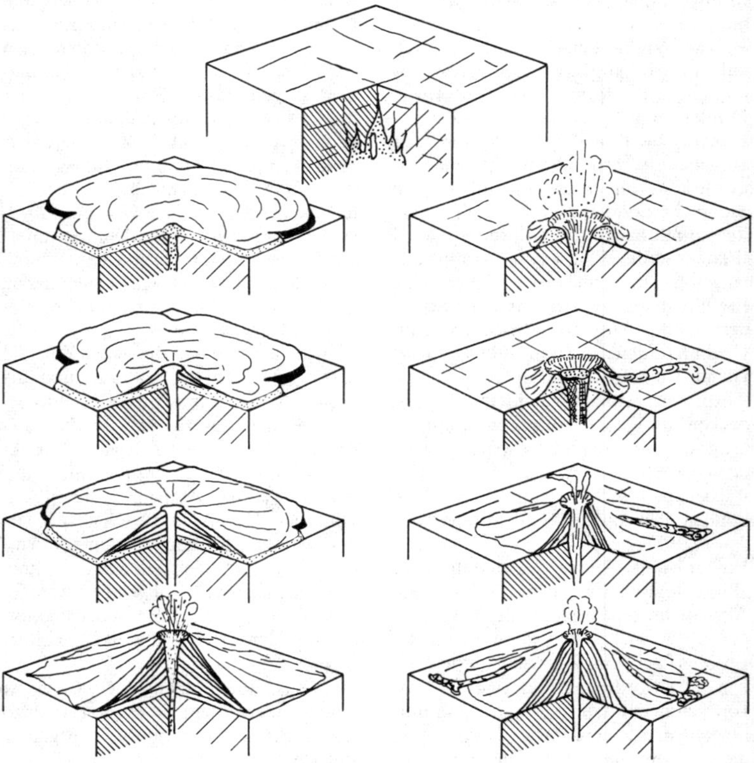

Genetische Übersicht der vulkanischen Großformen (nach H. Cloos)

oben: Kruste mit Spalten und aufsteigendem Magma

rechts nebenstehend:

Effusivreihe	Explosivreihe	Calderareihe
Tafelvulkan	Maar	Caldera
Tafel-Schild-Vulkan	Maar mit Lavastrom	gefüllte Caldera
Schildvulkan	Aschenvulkan	zweite Vulkangeneration
gemischter Vulkan	gemischter Vulkan	Vesuvtyp

werden von überwiegend effusiv tätigen Vulkanen gefördert, die sauren Magmen von überwiegend explosiv tätigen Vulkanen. Diese beiden Vulkantypen sind auch weitgehend getrennt auf der Erde verbreitet. Die explosiven Vulkane bilden einen Gürtel rings um den Pazifik (hier finden sich ⅔ aller heute tätigen Vulkane), und zwar teils auf dem Festland (besonders in Amerika), teils auf Inselbögen; weiterhin gehören dazu die Vulkanreihen Indonesiens und der Kleinen Antillen. Die überwiegend effusiven Vulkane treten auf den mittelozeanischen Rücken und den zentralen ozeanischen Inseln (z.B. Island, Hawaii, Samoa) sowie im Innern der Kontinente auf, hier besonders gehäuft im Bereich des Ostafrikanischen Grabensystems. Geologisch-tektonisch gesehen bedeutet diese Verteilung: Die explosiven Vulkane sind an die ↑Orogenese gebunden, also die Bereiche, wo heute Faltengebirge entstehen oder mindestens bis ins

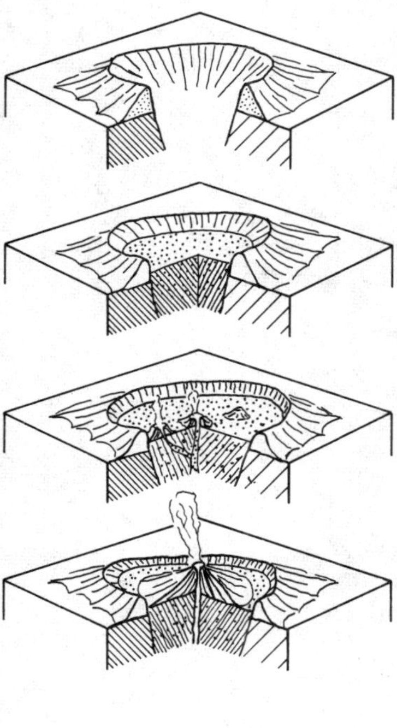

Quartär entstanden sind. Die effusiven Vulkane dagegen sind v.a. mit den großen Verwerfungszonen der Erde verknüpft.

Übergangsbildungen zwischen den sauren und basischen Magmen sind sehr selten. Aus diesen und anderen Gründen glaubt man, daß die sauren und basischen Magmen verschiedenen Zonen des ↑Erdinnern entstammen. Die relativ heißen, dünnflüssigen basischen Magmen kommen aus dem oberen Erdmantel (Sima). Die sich durch niedrigere Temperaturen auszeichnenden, zähflüssigen sauren Magmen bilden sich durch Einschmelzung des tieferen Teils der Kontinentalkruste (Sial), und zwar dort, wo diese in Orogenen in die Tiefe gepreßt wird und dadurch in den Bereich höherer Temperatur gerät; die zähflüssigen Magmen halten die Gase länger fest, bis schließlich der Druck so hoch wird, daß es zu explosionsartigen Ausbrüchen kommt. Die ausgeworfenen Lockermassen machen im Bereich des überwiegend explosiven Vulkanismus über 90% an der Gesamtförderung aus, beim überwiegend effusiven Vulkanismus unter 10%.

Die durch vulkanische Tätigkeit entstandenen geologischen Bauformen nennt man *Vulkane.* Ihre Gestalt hängt von der Art und Dauer der Eruption bzw. Effusion, vom geförderten Material, von den Oberflächenformen der Ausbruchsstelle u.a. Gegebenheiten ab. Man unterscheidet fünf Haupttypen:

1. Lavavulkane sind überwiegend aus Lava aufgebaut, und zwar meist aus mehreren, jeweils bei einer Ausbruchsperiode entstandenen Ergußdecken. Die einzelnen Decken sind im allgemeinen 5–15 m, selten bis 100 m mächtig. Durch zahlreiche, kräftige und lang anhaltende Eruptionen können aber bis 3000 m mächtige Folgen von Decken gebildet werden. Zu den Lavavulkanen gehören die kaum gewölbten Schildvulkane (bei fehlender Neigung auch Tafelvulkane genannt); sie sind typische Zentralvulkane und gehen aus dünnflüssigen La-

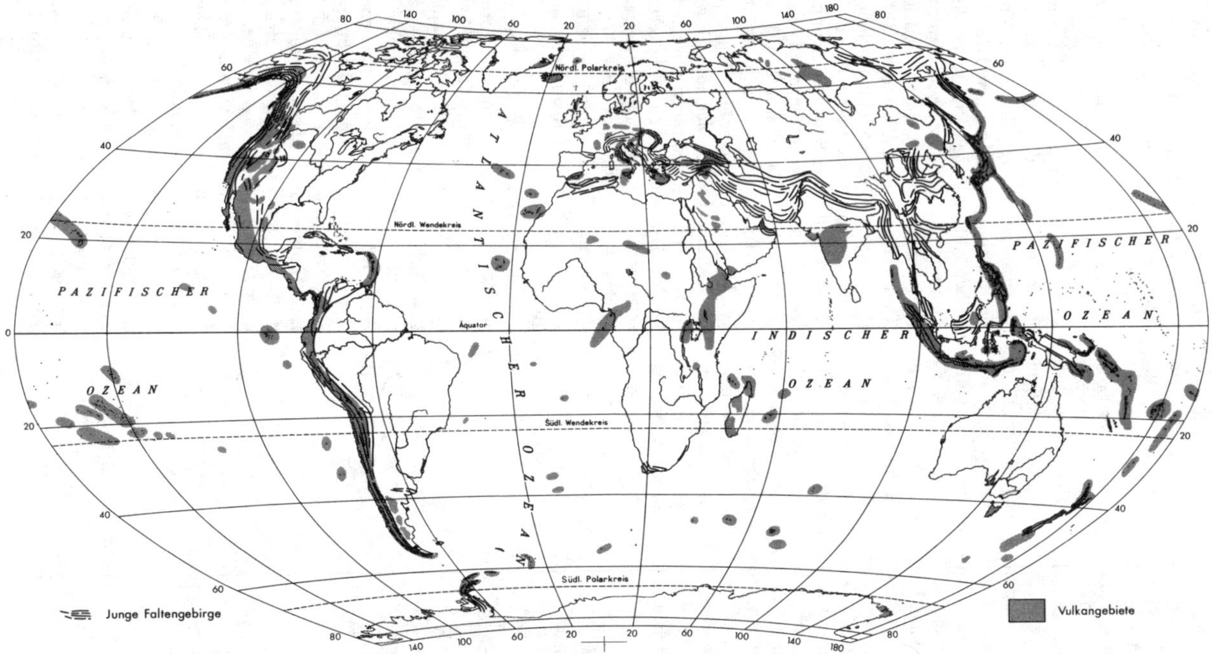

Die wichtigsten Vorkommen vulkanischer Gesteine

ven hervor, die sich weit ausbreiten können; Flankenausbrüche aus Spalten tragen ebenfalls zu ihrer Entstehung bei. Man unterscheidet den kleineren *isländischen Typ* des Schildvulkans vom größeren *Hawaii-Typ.* Bei letzterem enthält der in das fast ebene Gipfelplateau eingelassene Einbruchskrater einen glutflüssigen Lavasee (z.B. der Halemaumau des Kilauea.). Durch langanhaltenden Austritt von dünnflüssigen Laven aus vielen, benachbarten langen Spalten entstehen die Plateaubasalte oder Trappdecken; sie bedecken zum Teil riesige Gebiete (in Brasilien/Uruguay 700 000 km², in Indien 650 000 km²).

2. Gemischte Vulkane bestehen aus einer Wechselfolge von Lavaergüssen und Lockermaterial. Wegen dieses schichtartigen Aufbaus nennt man sie *Schicht-* oder *Stratovulkane.* Ihre Form wechselt entsprechend den Ausbrüchen, ist aber im allgemeinen kegelartig; die Spitze ist durch den zentralen Krater gekappt. Durch Einsturz von Hohlräumen über dem Vulkanherd entsteht eine kesselförmige Vertiefung im Kegel, die *Caldera.* Auf ihrem Boden kann durch erneute Ausbrüche ein neuer, meist kleinerer Vulkankegel aufgebaut werden; die Schlotachse wird dabei manchmal verlagert. Man spricht hier vom *Vesuv-* oder *Monte-Somma-Typ.*

3. Lockervulkane entstehen, wenn nur Lockermaterial und keine Lava gefördert wird. Sie sind deckenförmig, als Ringwall um den Ausbruchstrichter oder als Aschenkegel (Aschenvulkan, Tuffvulkan) ausgebildet.

4. Gasvulkane sind die Folge von reinen oder fast reinen Gasausbrüchen. Dazu gehören die ↑Maare, die nur von einem niedrigen Wall aus ausgeworfenem Material umgeben sind, und die *Durchschlagsröhren* (Pipe, Diatrem), röhrenartige, fast senkrechte Gebilde in der Erdkruste, die mit Nebengesteinsbrokken und vulkanischen Gesteinsmassen angefüllt sind (hier findet sich der Kimberlit, Muttergestein der unter hohem Druck auskristallisierten Diamanten).

5. Vulkanotektonische Horste entstehen durch Aufwölbung von Deckschollen durch das hochgepreßte vulkanische Magma.

Nicht immer vermag die vulkanische Schmelze bis an die Erdoberfläche aufzusteigen; ist ihre Herdtemperatur zu gering, ihre Abkühlung während des Aufsteigens zu rasch oder ihre Wasseraufnahme aus dem Nebengestein zu groß, so erstarrt sie in Gestalt ausgedehnter sogen. *subvulkanischer* oder *kryptovulkanischer Gesteinskörper.* Dazu gehören z.B. die ↑Quellkuppen. Durch Einpressen des Magmas in die Schichtfugen des Nebengesteins entstehen pilzförmige, an den Enden sich stark verzweigende *Lakkolithe.* Andere subvulkanische Gesteinskörper sind gangförmig ausgebildet. Im Schlot steckengebliebene Magmamassen werden durch die Abtragung manchmal als zylindrische, steile Bergkuppen herauspräpariert; man spricht dann von *Necks* oder *Vulkanstotzen.*

Wenn die eigentliche vulkanische Tätigkeit nachläßt oder aufhört, treten noch sogen. *postvulkanische Erscheinungen* auf. Sie äußern sich durch Ausströmen von heißen Gasen und Austreten von heißen Quellen. Dazu gehören die ↑Fumarolen, ↑Solfataren, ↑Soffionen, ↑Mofetten und ↑Geysire.

Die *tätigen* oder *aktiven Vulkane* von den *erloschenen Vulkanen* zu unterscheiden, ist manchmal sehr schwierig. Viele befinden sich wahrscheinlich nur in einer Ruhephase *(untätige* oder *ruhende Vulkane)* und können ganz unerwartet plötzlich wieder aktiv werden. Zu den tätigen Vulkanen rechnet man im allgemeinen alle diejenigen, von denen Ausbrüche oder zumindest Solfatarentätigkeit in historischer Zeit bekannt sind. Gegenwärtig gibt es auf der Erde etwa 520 Vulkane mit Ausbruchstätigkeit. Einschließlich derjenigen mit Solfatarentätigkeit und Ausbrüchen in historischer Zeit beläuft sich die Zahl auf rund 700. Die stärkste vulkanische Tätigkeit findet sich auf Island, in Zentral-

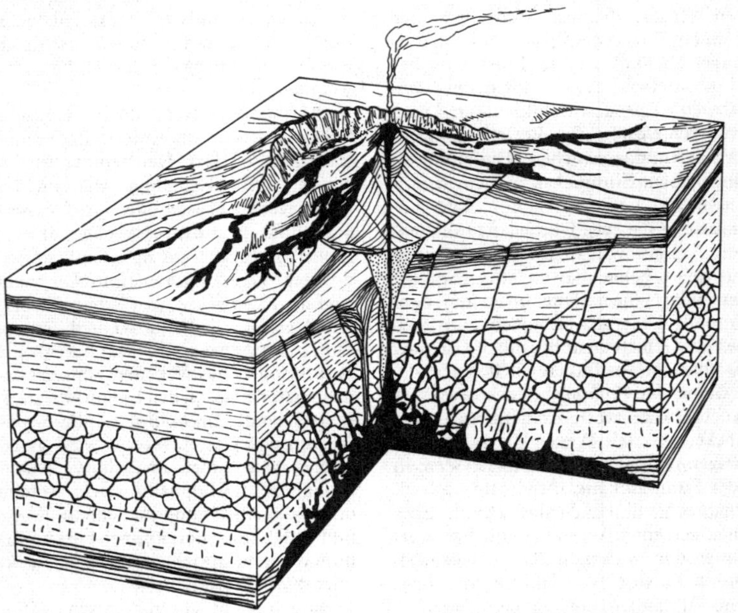

Schematisches Blockbild des Vesuvs mit Monte Somma (hinten links). Schichtfolge (von unten nach oben): Trias, Jura, Kreide, Tertiär, Ur-, Alt- und Neusomma-Vulkanite, Vesuv-Aschen und -Lava. Schwarz: Lava in Stöcken, Gängen, Schlot und Strömen.

amerika, Neuseeland, auf Java, den Aleuten und in Italien.

Die durch vulkanische Tätigkeit verursachten oder ausgelösten Schäden können katastrophales Ausmaß erreichen, sind aber zeitlich und räumlich sehr begrenzt. In den letzten 250 Jahren kamen infolge vulkanischer Erscheinungen über 200 000 Menschen ums Leben. Gefährlicher als die eigentlichen Ausbrüche – besonders Glutwolken (z.B. Montagne Pelée auf Martinique, 1902, 40 000 Tote) und Aschenregen – sind meist die ausgelösten Folgeerscheinungen, wie Schlammströme, Überschwemmungen, Flutwellen (z.B. Krakatau, 1883, 36 000 Tote) oder die dadurch verursachten Seuchen und Hungersnöte (z.B. Tambora auf Sumbawa, 1815, 12 000 Tote; Ausbrüche aus der Lakispalte auf Island, 1783/84, 10 000 Tote). Die Vorhersage von Ausbrüchen ist noch immer fast unmöglich. Nur für Vulkane, die gründlich und über lange Zeit untersucht werden, lassen sich unter Umständen Prognosen machen.

Vulkanische Tätigkeit verursacht nicht nur Schäden, sondern hat auch positive Auswirkungen. Dazu gehören die auf den vulkanischen Gesteinen entwickelten mineralreichen, daher fruchtbaren, Böden. Vulkanische Erscheinungen sind auch mit Erzlagerstätten verbunden (Vorkommen von Quecksilber-, Silber-, Gold-, Uran-, Blei-, Eisen-, Kupfer-, Nickel- und Titanerzen). Früher war die Gewinnung von Schwefel aus Fumarolen wichtig. Die Erzeugung von Energie aus Fumarolen u.a. Dampfquellen ist bisher auf wenige Orte beschränkt (Larderello in Italien, Island, Kalifornien).

Vulkanite: svw. ↑Ergußgesteine

W

Waal-Warmzeit: altpleistozäne Warmzeit in Nordwesteuropa, ↑ Quartär

Wachstumsperiode: svw. ↑ Vegetationsperiode

Wächte: Als Wächten bezeichnen wir tiefe Schneeanlagerungen, die an Gebirgsgraten oder an Steilhängen an der dem Wind abgewandten Seite angeweht werden. Die Wächten bilden oberflächlich eine plateauähnliche Verebnung und täuschen somit eine nicht vorhandene Form des Untergrundes vor, weshalb sie von Bergsteigern sehr gefürchtet sind.

Wackenwarmzeit: pleistozäne Warmzeit in Norddeutschland, ↑ Quartär

Wadi: Ein nur nach den periodischen oder episodischen Regenfällen wasserführendes Trockental in den Wüstengebieten Nordafrikas und Vorderasiens wird W. genannt.

Waldgrenze: Die W. ist die Grenze des geschlossenen Baumbestandes; da die Bäume an ihrer polaren und montanen Verbreitungsgrenze jedoch meist waldbildend auftreten, fallen W. und Baumgrenze oft in einer nicht sehr breiten Zone zusammen.

Waldhufendorf: Das W. ist eine planmäßig angelegte Siedlung des Mittelalters. Entlang von Wegen erhielten Neusiedler streifenförmige Stücke Landes in der Größe einer ↑ Hufe, die sie rodeten. Am Weg wurden die Höfe errichtet, auf der dahinter liegenden Fläche wurde Ackerbau betrieben. Am Ende der Hufe blieben häufig noch Waldreste erhalten. Waldhufendörfer ziehen sich z.B. im sächsischen Gebirgsvorland bis zu 25 km die Täler entlang. Der Kern eines W.es ist auch noch bei Dörfern in anderen deutschen Mittelgebirgen, z.B. im Odenwald, zu erkennen. – Abbildung ↑ Siedlungsformen.

Waldschutzstreifen: W. sind als Windschutz angelegte schmale Waldstreifen. Sie werden v.a. in Gebieten angelegt, die ständigem Wind ausgesetzt sind und in denen daher eine erhöhte Gefahr der Bodenerosion besteht. Dies gilt besonders für Ackerbaugebiete, da dort eine schützende Pflanzendecke fehlt. In der Sowjetunion hat man z.B. in den heute ackerbaulich genutzten Steppengebieten W. von vielen hundert Kilometern Länge angelegt.

Waldsteppe: Als W. wird das Übergangsgebiet von der Steppe zum geschlossenen Wald bezeichnet. Hier greifen Grasland (also Steppe) und Wald mosaikartig, jedoch stets scharf getrennt ineinander. Die W. ist also keine Steppe und auch kein Wald, sondern der Name für die Übergangszone, in der diese beiden grundverschiedenen Vegetationsgesellschaften miteinander verschachtelt sind.

Waldtundra: Die W. ist keine Art der Tundra, sondern vielmehr der Übergangsraum, in dem Tundrenflächen und geschlossene Waldgebiete mosaikartig, aber stets scharf begrenzt ineinander verzahnt sind.

Wandelstern: deutsche, aber ungebräuchliche Bezeichnung für ↑ Planet.

Wanderarbeiter: W. sind Menschen, die jeweils an den Orten Arbeit aufnehmen, an denen diese – meist saisonbedingt – gerade anfällt. Die W. müssen dabei größere Entfernungen vom Heimatort (der keine ausreichende Arbeitsmöglichkeit bietet) zu den Arbeitsorten zurücklegen; oft wandern sie auch von einem Arbeitsplatz zum anderen und kehren erst nach geraumer Zeit in den Heimatort zurück. W. sind zum großen Teil Erntearbeiter.

Das Wanderarbeitertum war früher weit verbreitet, heute tritt es in abgewandelten Formen auf, u.a. in den USA, wo jährlich rund 7,5 Mill. Erntearbeiter (bei nur 650 000 festangestellten Landarbei-

tern) beschäftigt werden. Neben vielen Städtern, die sich als Saisonarbeiter verdingen, spielen hierbei Mexikaner (in den USA Chicanos genannt) als W. eine wichtige Rolle. Viele dieser sogen. *Braceros* kommen, um diese Arbeit in Obst- und Gemüsekulturen und Zuckerrohrfeldern übernehmen zu können, illegal über die Grenze.
Auch viele Mekkapilger, die Reisegeld und Lebensunterhalt auf einer oft sehr langen Pilgerreise unterwegs verdienen, sind als W. zu bezeichnen.
Erscheinungsformen des Wanderarbeitertums treten u.a. auch im Gastgewerbe auf, nämlich dann, wenn Köche und Bedienungspersonal regelmäßig von Arbeitsplätzen in Wintersportgebieten (im Winter) zu Arbeitsplätzen an der See oder in Sommerfrischen (im Sommer) wechseln.
Wanderfeldbau: Der W. ist eine Form des Ackerbaus in den Tropen und Subtropen, bei dem sowohl die Wirtschaftsflächen als auch die Siedlung in einem gewissen zeitlichen Rhythmus verlegt werden; die jeweils neuen Anbauflächen werden dabei durch ↑Brandrodung gewonnen. Im englischen Sprachbereich werden der W. und seine Übergangsformen als *Shifting cultivation* bezeichnet.
Wanderschäferei: Die W. ist eine Form der ↑Transhumanz.
Warft: svw. ↑Wurt
Wärmebelastung: Unter W. versteht man die Belastung der Gewässer mit der sogen. Abwärme aus den Kühlsystemen von Kernkraftwerken. Dies kann in extremen Fällen, z.B. in sehr heißen Sommern, zu Sauerstoffmangel führen, man spricht dann vom „Umkippen der Flüsse."
Wärmepole: W. sind die Orte der Erdoberfläche, an denen die höchsten Lufttemperaturen beobachtet wurden; sie liegen infolge der unregelmäßigen Verteilung von Land und Meer nicht am Äquator, sondern auf der Nordhalbkugel im Bereich des subtropischen Hochdruckgürtels. Die höchsten absoluten Lufttemperaturen wurden mit über 50 °C im nördlichen Äthiopien, im Death Valley in Kalifornien, in Libyen und in der Wüste Lut, Iran, festgestellt.
warme Quelle: svw. ↑Therme
Warmfront: Als W. bezeichnet man in der Meteorologie eine ↑Front, bei der wärmere Luftmassen auf kältere aufgleiten.
warmgemäßigte Zone: Als w. Z. wird nach der Einteilung in ↑Klimazonen durch W. Köppen das Gebiet der warmgemäßigten Klimate bezeichnet. Charakteristisch ist, daß die Mitteltemperaturen des kältesten Monats zwischen 13 und 2 °C auf der Nord- und zwischen 13 und 6 °C auf der Südhalbkugel liegen, weiterhin der Einfluß tropischer Luftmassen und die milden Winter. Die tiefer liegenden winterlichen Monatsmittel auf der nördlichen Halbkugel sind mit der hier größeren Landmasse zu erklären, weshalb das Klima in einigen Gebieten schon kontinentale Züge trägt.
Warmzeit: In der Quartärgeologie deutsche Bezeichnung für ↑Interglazial.
Warthestadium: Abschnitt der Saale-Eiszeit, ↑Quartär
Warwenchronologie: In den Schmelzwasserseen von Gletschern können sehr fein geschichtete Tone abgelagert werden. Manchmal zeigen sie einen regelmäßigen, bänderförmigen Wechsel von helleren, gröberen Schichten und dunkleren, dünneren und feineren Schichten. Dieser Wechsel ist jahreszeitlich bedingt; die ersteren Schichten sind im Sommer, die letzteren im Winter abgelagert worden. Solche Tone nennt man *Bändertone,* die zweigeteilte Schichtenfolge eines Jahres *Warwe* (Warve). Die Zählung solcher Warwen ermöglicht somit eine absolute Datierung der Ablagerungszeit der Tone. Diese Methode nennt man *Bänderton-* oder *Warwenchronologie.* Mit ihrer Hilfe konnte der schwedische Geologe J. Freiherr De Geer den Rückgang des pleistozänen Inlandeises in Schweden für die letzten 15 000 Jahre ermitteln.
Wasserböschung: Mit diesem Namen wurde eine neue Art von Schiffshebe-

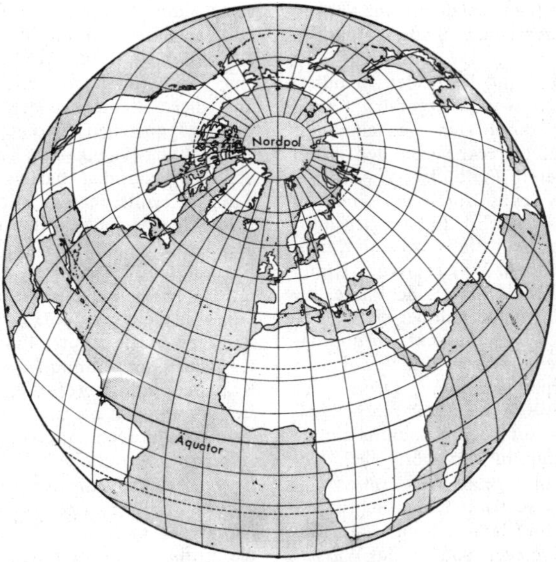

Landhalbkugel (53% Wasser)

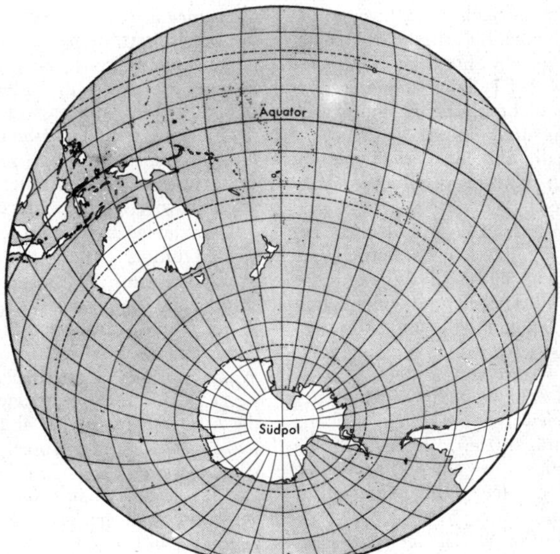

Wasserhalbkugel (89% Wasser)

werk bezeichnet, bei dem keine Schleusen im eigentlichen Sinne vorhanden sind.
Bei der W. sind die beiden in unterschiedlichem Niveau liegenden Kanalabschnitte durch eine gleichmäßige schräge Gefällstrecke verbunden, hinter derem oberen Ende das Wasser des höheren Niveaus durch ein Trenntor zurückgehalten wird. Ein auf Bergfahrt befindliches Schiff fährt bis zum Kanalende im unteren Wasserniveau. Hinter dem Schiff wird dann eine Platte, die den gesamten Kanalquerschnitt abdeckt, ins Wasser gesenkt, so daß das Schiff in einem vom Kanal isolierten Wasserkörper schwimmt. Dieser wird nun über zwei Arme durch zwei Dieselfahrzeuge – auf jedem Kanalufer eines – die Böschung aufwärts geschoben, wobei die davor liegende Wassermasse mit dem auf ihr schwimmenden Schiff mitgeschoben und damit gehoben wird. Hat der Wasserspiegel in der W. das Wasserniveau des oberen Kanalabschnittes erreicht, wird das Trenntor geöffnet, das Schiff kann mit eigener Kraft weiterfahren. Entscheidend bei dieser Anlage ist, daß das Wasser während des Hebevorgangs (bzw. bei Talfahrt des Senkungsvorganges) nicht seitlich der Platte aus- und in das untere Kanalbett zurück- bzw. vorzeitig abfließt. Diese Dichtung wird durch Walzen aus Synthesekautschuk erreicht.
Die erste W. ist seit 1974 in Montech bei Toulouse, Frankreich, in Betrieb; sie kann mittels 60 000 l Wassermasse Schiffe bis 400 t heben (und senken), und zwar um 13 m innerhalb von 7 Minuten. Die Gefällstrecke, auf der die sogen. W. gleitet, ist 440 m lang.
Die W. ist eine Weiterentwicklung des ↑Schiffshebewerkes mit geneigter Ebene (Schiffsschrägaufzug), bei dem die Schiffe quasi in einer Badewanne schwimmend den Höhenunterschied überwinden.
Wasserfall: Ein W. ist der senkrechte Absturz eines Flusses über eine Stufe aus morphologisch hartem Gestein; liegen mehrere solche Stufen im Flußbett in geringem Abstand hintereinander, bildet der Fluß eine Wasserfalltreppe, eine sogen. *Kaskade.* Da am Fuß des W.s meist weniger widerstandsfähige Gesteine anstehen, erfolgt hier durch Auskolkung (↑Kolk) eine Unterspülung der überlagernden harten Stufe, die dann im Laufe der Zeit auch abbricht, wodurch eine Rückwärtsverlegung des W.s erfolgt.
Die auf der Erdbeschleunigung (Gravitation) beruhende Energie der Wasserfälle wird vielerorts zur Gewinnung elektrischer Energie genutzt. In vielen Fällen wird dabei der gesamte Wasserfall in ein Kraftwerk umgeleitet; d.h. der W. besteht dann nicht mehr.
Wasserhalbkugel: Als W. wird die – rechnerisch ermittelte – Halbkugel der Erde bezeichnet, die den größten Wasseranteil aufweist (siehe Abbildung). – Das Gegenstück ist die Landhalbkugel, die Erdhalbkugel mit dem geringsten Wasseranteil.
Wasserhose: Die W. ist ein über Wasserflächen zu beobachtender Luftwirbel, in dessen Luftströmung die Gischt der aufgewühlten Wasseroberfläche mit einbezogen ist. Die Luft bildet dabei mit den mitgerissenen Wasserteilchen einen nach oben gerichteten Wolkenschlauch. Die W. entsteht durch kleinräumige Druckunterschiede in tiefsten Luftschichten der Atmosphäre und ist eine nur kurzlebige Erscheinung, sie ist also eine ↑Trombe.
Wasserkreislauf: W. nennen wir die ständige Bewegung der Wassermoleküle in der Atmo-, Litho- und Hydrosphäre der Erde. Als Niederschlag gelangt das Wasser auf die Erdoberfläche, von dort steigt es durch Verdunstung wieder in die Atmosphäre auf und bildet Wolken, aus denen es unter entsprechenden Umständen wieder als Niederschlag ausfällt. Da das meiste Wasser über dem Meer verdunstet, der meiste Niederschlag dagegen an hohen Gebirgen fällt, ergibt sich aus dem Wassertransport auf der Erdoberfläche durch Flüsse und Grund-

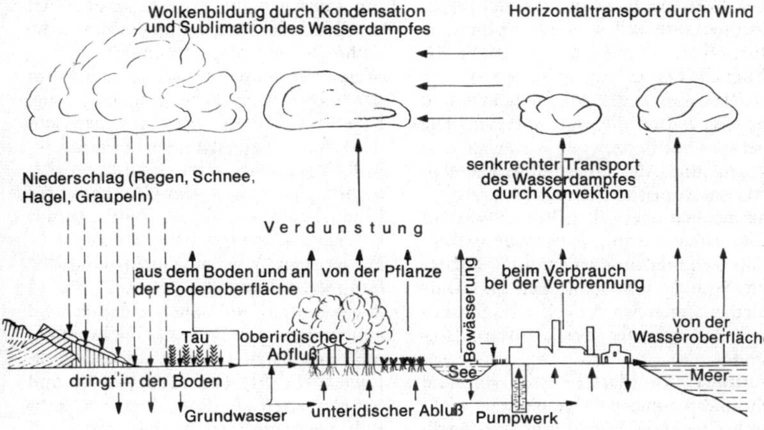

Der natürliche Wasserkreislauf.

wasserströme einerseits und aus dem vom Wind bewirkten Zug der Wolken vom Meer aufs Land andererseits auch bildlich ein Kreislauf.

Wasserscheide: Die Trennungslinie zwischen den Einzugsgebieten von zwei Flußsystemen heißt W.; sie verläuft meist als *Kammwasserscheide* über die Höhen der Gebirge. Infolge junger Flußnetzveränderungen (Anzapfung, Flußverlagerung) kann die W. aber auch durch eine Talung verlaufen, sie wird dann als *Talwasserscheide* bezeichnet, z.B. im Pustertal, Südtirol.

Wasserschutzgebiet: W.e werden in der Nähe von Wasserwerken eingerichtet. Durch besondere Vorkehrungen soll einer Verunreinigung des Grundwassers vorgebeugt und dadurch die Trinkwasserversorgung sichergestellt werden. Im W. dürfen u.a. keine Öltanklager, Müllplätze, Stallungen und bestimmte Gewerbebetriebe errichtet werden. Es soll eine geschlossene Pflanzendecke vorhanden sein, die als natürlicher Filter wirkt. Der Einsatz von Kunstdünger und Schädlingsbekämpfungsmitteln ist hier verboten.

Wasserstraßen: Als W. bezeichnet man alle Gewässer, die von der Schiffahrt benutzt werden können. Man unterscheidet *natürliche Wasserstraßen* (Flüsse, Seen) von *künstlichen Wasserstraßen* (Kanäle, Stauseen) sowie andererseits *Binnenwasserstraßen* (Seen, Stauseen, Flüsse, Kanäle) von *Seewasserstraßen* (Meere, Buchten).

Watt: Das W. ist das Übergangsgebiet vom festen Land zum Meer an einer flachen Gezeitenküste; es wird bei Flut vom Meer überspült und fällt bei Ebbe trocken. Die obere Grenze, die sogen. *Uferlinie,* wird durch die Linie des mittleren Tidenhochwassers bestimmt, die untere, die sogen. *Wattlinie,* liegt bei −2 m NN, das entspricht etwa der Linie des mittleren Springtidenniedrigwassers.

Das W. besteht aus Schlick und Sand, deren jeweilige Anteile örtlich unterschiedlich sind; vom reinen Schlickwatt bis zum reinen Sandwatt (aus verfestigten Sanden). Das das W. täglich zweimal überspülende Wasser hat in ihm ein verzweigtes Rinnensystem (Baljen, Priele, Wattrinnen) geschaffen, das einem Flußsystem ähnlich ist und bei Niedrigwasser als solches zu erkennen ist. Das Meer im Bereich des W.s wird *Wattenmeer* genannt.

Das Wattengebiet an der deutschen Nordseeküste ist bis zu 20 km breit. Durch Verlandung des W.s entsteht die ↑Marsch. Die Übergangszone zwischen den Salzwiesen des Marschlandes und dem W. bilden die Quellerwiesen. Die wichtigsten Pflanzen der W.flächen sind Seegras und Algen, besonders Kieselalgen, im tropischen Klima Mangroven. Zur reichen Tierwelt gehören Würmer (z.B. Köderwurm), Muscheln (Mies-, Klaff-, Pfeffermuscheln u.a.) Schnekken (Strand-, Wattschnecken u.a.), Garnelen u.a. Krebse, Vögel (z.B. Strandläufer, Austernfischer, Möwen), Seehunde.

Wattlinie: An Marschküsten wird die ↑Strandlinie meist W. genannt.

wechselfeuchtes Klima: Wenn im jährlichen Witterungsablauf ein ausgeprägter Wechsel zwischen Trocken- und Regenzeit gegeben ist, sprechen wir von wechselfeuchtem Klima. Dieser Witterungsablauf bestimmt die äußeren Tropen, da hier durch die an den Sonnenhöchststand gebundenen Zenitalregen diese Unterschiede in der jährlichen Niederschlagsverteilung am deutlichsten auftreten. Diese Gebiete werden daher auch wechselfeuchte Tropen genannt.

Wehrsiedlung: Die W. dient durch besondere Schutzeinrichtungen dem Schutz der in ihr und ihrer nahen Umgebung wohnenden Bevölkerung. Heute gibt es solche W.en u.a. in Rhodesien und Israel (z.B. der Nachal).

weiche Kredite: So werden Kredite [an Entwicklungsländer] bezeichnet, die einerseits für den Kreditnehmer sehr günstige Rückzahlungsbedingungen haben, mit deren Rückzahlung aber andererseits nicht unbedingt zu rechnen ist.

Weichseleiszeit: pleistozäne Eiszeit in Norddeutschland, ↑Quartär

Weide: W. ist Grünland, das durch Beweidung genutzt wird. Je nach Nutzung unterscheidet man zwischen Dauerweide, Wechselweide im Rahmen der ↑Feld-Gras-Wirtschaft und *Mähweide.* Letztere wird nur zeitweise beweidet, in der dazwischen liegenden Zeit aber wird das Gras gemäht. Eine besondere Art der Weide bilden die alpinen Matten im Rahmen der ↑Almwirtschaft.

Weidewirtschaft: Die W. ist eine Form der landwirtschaftlichen Bodennutzung, bei der Grünland von Vieh beweidet wird. Neben der geläufigen hofnahen W. in Rahmen einer gemischten Landwirtschaft sind die ↑Almwirtschaft, die ↑Transhumanz sowie der ↑Nomadismus am Rande der Ökumene zu nennen.

Weiler: Der W. ist eine kleine ländliche Gruppensiedlung mit etwa 3 bis 15 Wohnstätten und einer entsprechend kleinen Flur. Ein W. besitzt nicht einmal die einfachsten Dienstleistungseinrichtungen wie Einzelhandelsgeschäft und Schule. Diese Siedlungsform ist weltweit verbreitet. In Mitteleuropa entstand der W. v.a. während der frühmittelalterlichen Rodungskolonisation.

Weißer Jura (Malm): jüngste Abteilung des Jura, einer Formation des Mesozoikums, ↑Geologie, Formationstabelle

Weißwasserflüsse: Als W. bezeichnet man Flüsse im Amazonastiefland mit lehmgelb-trübem Wasser, z.B. der Amazonas selbst, Rio Madeira, Rio Purus, Rio Juruá. Die W. kommen aus den Anden und ihren Vorbergen, wo sie ständig frisches Verwitterungsmaterial abtragen. Sie sedimentieren daher bei ihren alljährlichen Überschwemmungen große Mengen von nährstoffreichen Mineralien in den Überschwemmungsauen der Amazonasniederung, der Várzea. Sie bauen auch die charakteristischen Dammufer auf. – Gegensätze zu W. sind Schwarzwasserflüsse und Klarwasserflüsse.

Weltkunde: W. ist die in einigen Lehrplänen auftretende neuzeitliche Bezeichnung für Geographie. Durch diese Wortneuschöpfung soll eine vermeintlich nur Fakten sammelnde Erdkunde durch eine die weltweiten Zusammenhänge darstellende Disziplin ersetzt werden. Die Geographie ist jedoch seit ihrer Begründung als eigenständige Wissenschaft im 18./19. Jahrhundert (Alexander von Humboldt, Carl Ritter) stets um die Erforschung und Darstellung großräumiger Zusammenhänge bemüht gewesen.

Weltmeer: Exakte Bezeichnung für das ↑Meer in seiner Gesamtheit.

Weltstadt: Als W. wird meist eine Stadt bezeichnet, die einen weitgehend übernationalen Einflußbereich hat, wobei mindestens 25% der Beschäftigten in zusammen zwei städtebildenden Bereichen, nämlich Industrie/Handwerk/Bergbau, Handel/Verkehr, Verwaltung/Finanzwesen, Kultur/Volksbildung, tätig sein müssen.

Weltzeit: Als W. gilt die Zeit des Nullmeridians, d.i. des Meridians von Greenwich. Die W. entspricht also der hier gültigen Zonenzeit (↑Zeitzonen), der westeuropäischen Zeit, englisch Greenwich Mean Time (Abkürzung GMT) genannt. Angaben in W. entsprechen also GMT.

Weltzeituhr: Eine W. ist eine Uhr, auf deren besonders gestaltetem Zifferblatt verschiedene Zonenzeiten (↑Zeitzonen) gleichzeitig abgelesen werden können. Gebräuchlich sind sich drehende Scheiben oder Räder als Zifferblatt, umgeben von einem feststehenden Rahmen, auf dem ring- bzw. kreisförmig die Zeitzonen aufgetragen sind. Man kann dann unter der jeweiligen Zeitzone (meist sind Städte in dieser angegeben) die gerade gültige Tageszeit ablesen.

Wendekreise: W. nennt man die beiden Breitenkreise der Erdkugel, über denen die Sonne bei ihrem scheinbaren jährlichen Lauf am Himmel vom Äquator kommend quasi stehen bleibt (das Fachwort für diesen Zeitpunkt lautet daher auch Solstitium = Sonnenstillstand), um sich anschließend wieder dem Äquator zu nähern, also „wendet". Die beiden W. sind der *Wendekreis des Krebses* auf der Nordhalbkugel bei 23°27′ nördlicher Breite, den die Sonne am 21. Juni erreicht, ein Zeitpunkt, der deshalb für die Nordhalbkugel Sommersonnenwende genannt wird, und der *Wendekreis des Steinbocks* auf der Südhalbkugel bei 23°27′ südlicher Breite, den die Sonne am 22. Dezember erreicht und der deshalb auf der Nordhalbkugel Wintersonnenwende genannt wird (für die Südhalbkugel ist es natürlich der Zeitpunkt der Sommersonnenwende).

Westaustralstrom: kalte Meeresströmung im Indischen Ozean, ↑Karte Meeresströmungen.

westeuropäische Zeit (Abkürzung WEZ): eine Zonenzeit, die englisch Greenwich Mean Time (Abkürzung GMT) heißt und der Weltzeit entspricht. ↑Zeitzonen.

Westspitzbergenstrom: warme Meeresströmung im Nordatlantik, ↑Karte Meeresströmungen.

Westwinddrift: Die W. ist eine rund um den Südpol in etwa 40° bis 60° südlicher Breite verlaufende, das ganze Jahr über veränderliche, aber überwiegend östlich gerichtete Meeresströmung; sie wird von den in diesen Breiten vorherrschenden Westwinden hervorgerufen; ↑Karte Meeresströmungen.

Westwindzone: ↑außertropische Westwindzone

Wetter: Unter dem Begriff W. versteht man den augenblicklichen Zustand der Atmosphäre über einem bestimmten Ort. Dieser wird gekennzeichnet durch Temperatur, Art und Stärke der Bewölkung, Windrichtung und Windstärke.

Wetterkarte: Meteorologische Zentralstellen, z.B. der Deutsche Wetterdienst in Offenbach am Main, veröffentlichen täglich eine W., in der die klimatischen Fakten eines ausgewählten Zeitpunktes durch ↑meteorologische Zeichen eingetragen sind, nämlich Temperatur, Luftdruck, Luftbewegung, Niederschlag und Bewölkung. Jeder W. sollte ein Wetterbericht und eine Wettervorhersage beigegeben sein. – Abbildung siehe Seite 373 in Verbindung mit Seite 371.

Wetterleuchten. Das W. ist die kurzzeitige Aufhellung der Atmosphäre durch Blitze eines ↑Gewitters, das sich in so großer Entfernung entlädt oder dessen Schall in solcher Weise gebrochen wird, daß der zugehörige Donner nicht zu hören ist.

Wettersatellit: Ein W. ist ein künstlicher Erdsatellit, der von seiner Umlaufbahn aus Bilder von der Wolkenobergrenze zur Erde sendet. Entlang der Längenkreise wird dabei das Gesamtbild der Wolken abgetastet. In der Bodenstation wird dann für einen bestimmten Raum aus mehreren Einzelbildern ein Statellitenfoto zusammengefügt. Je nach Umlaufbahn und Umlaufzeit des W.en lassen sich Veränderungen und Vorgänge an der Wolkenobergrenze feststellen bzw. nachvollziehen. Diese Daten bilden heute eine wesentliche Grundlage für die Wettervorhersage. Das Satellitenfoto selbst stellt eine Ergänzung der Wetterkarte dar, kann diese aber nicht ersetzen.

Wetterscheide: Als W. bezeichnen wir Gebirge, die bei bestimmten Großwetterlagen aufgrund ihrer Höhe und Ausdehnung unterschiedliche Wetterlagen voneinander trennen. Die Alpen können z.B. im Sommer eine ausgeprägte W. bilden, wenn feuchte Luftmassen aus Nordwesten im bayerischen Oberland zu ausgeprägten Dauerregen führen, während zur selben Zeit in den Gebieten südlich der Zentralkette unter Föhneinfluß sonniges und warmes Wetter herrscht.

Wetterseite: Als W. bezeichnet man im allgemeinen Sprachgebrauch die Seite von Bäumen, Gebäuden u.a., die am meisten dem Wind und den Niederschlägen, „also dem Wetter", ausgesetzt ist.

Zu nebenstehendem Satellitenfoto:
Das Bild wurde von dem amerikanischen Wettersatelliten NOAA-5 am 4. Januar 1978 zwischen 9.59 und 10.16 MEZ aufgenommen. Die senkrechte schwarze Linie im Bild kennzeichnet die Bahn des Satelliten von Nord nach Süd. Das Meßinstrument (Scanning Radiometer) an Bord des NOAA-5 tastet mit kleinem Öffnungswinkel die Erdoberfläche senkrecht zur Flugrichtung von Horizont zu Horizont zeilenweise ab. Dabei entsteht ein verzerrtes Bild der Erdoberfläche, das im Deutschen Wetterdienst entzerrt und mit Koordinaten versehen wird. Die Auflösung nimmt zum linken und rechten Bildrand ab.
Das Satellitenbild zeigt deutlich die Umrisse des europäischen Kontinentes. Norwegen ist mit seinen tiefeingeschnittenen Fjorden (A) ebenso gut zu erkennen, wie die Iberische Halbinsel (B), Norditalien (C) und Schottland (D).
Da das Bild im infraroten Spektralbereich aufgenommen wurde, sind Erd- und Wolkenoberfläche entsprechend ihrer Strahlungstemperatur heller (kalte Flächen) oder dunkler (warme Flächen) wiedergegeben. Je höher die Wolke ist, desto kälter ist in der Regel ihre Oberfläche.
Die hohe frontale Bewölkung (Zirruswolken) des Tiefdrucksystems über dem Baltikum (2) und über dem östlichen Atlantik (5) erscheint auf dem Satellitenbild am hellsten. Diese frontalen Wolkenbänder können auf der dazugehörigen Bodenwetterkarte vom 4. Januar 1978 (Seite 373) leicht den Bodenfronten zugeordnet werden. Beide Tiefdrucksysteme sind durch ihre Frontausläufer miteinander verbunden, wobei sich über Frankreich eine Welle (siehe Bodenkarte) gebildet hat. In diesem Bereich liegt eine einheitliche, geschlossene Decke mittelhoher (hellgrau) Schichtwolken, die häufig Dauerniederschläge bringen. Diese Schichtwolkendecke (Altostratus) hebt sich deutlich von tieferen Wolken wie Nebel oder Stratokumulus (3) ab.
Eine ganz andere Struktur zeigt die Wolkenanordnung über der Nordsee und Norddeutschland (4). Diese Wolken erscheinen auf dem Bild als isolierte helle Punkte, die sich in Form von Wolkenstraßen anordnen. Solche Wolkenstraßen bestehen überwiegend aus Quellwolken (Kumulus, Kumulonimbus), aus denen Schauer und Graupel fallen und in denen sich häufig Gewitter bilden. Entstanden sind die Wolkenstraßen dadurch, daß die mit Feuchtigkeit angereicherte Polarluft auf der Rückseite des Tiefs (2) über dem im Winter relativ warmen Wasser der Nordsee labilisiert wird.
Auch kleinräumige Wettererscheinungen lassen sich auf Satellitenbilder erkennen. So bildet sich bei Nordwestwind an der Alpennordseite Staubewölkung, während auf der Alpensüdseite (C) durch Föhn gleichzeitig die Wolken aufgelöst werden.

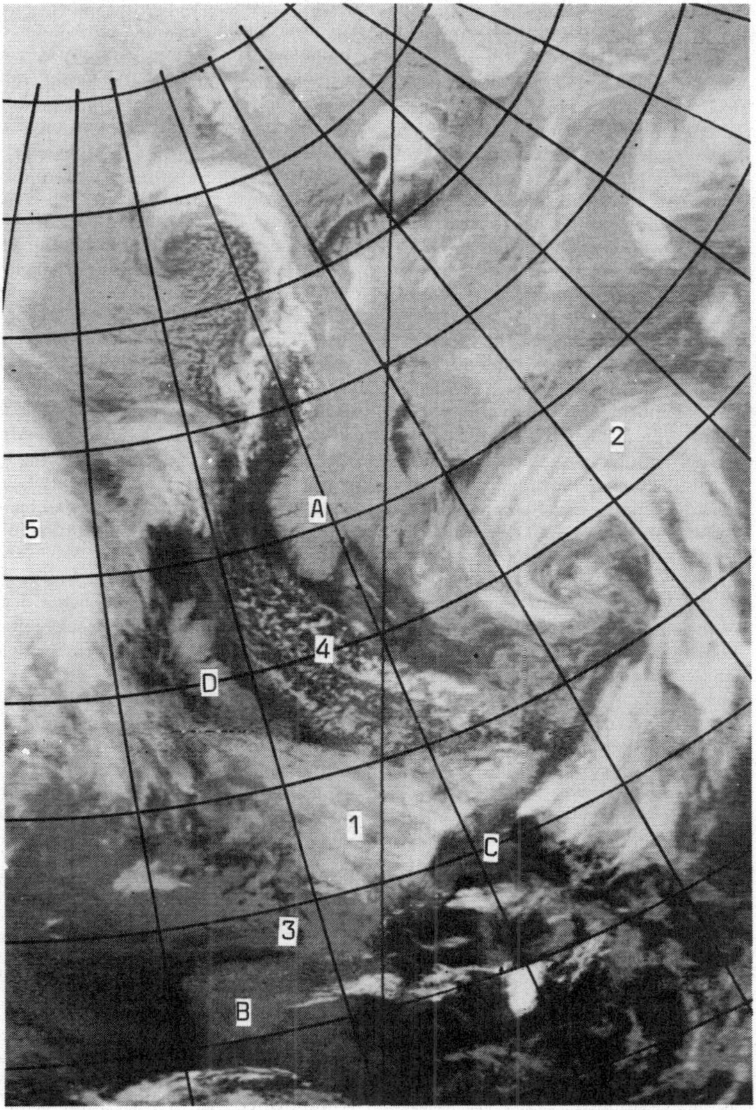
2
A
5
4
D
1
C
3
B

Die W. bezeichnet also die im Jahresdurchschnitt häufigste Windrichtung. In Mitteleuropa ist die W. somit die Westseite; sie ist an Bäumen oft durch einen Flechtenbewuchs erkennbar. Gebäude werden an der W. verschiedentlich besonders geschützt, etwa durch Benagelung mit Schindeln oder Blech.

WEZ: Abkürzung für westeuropäische Zeit, eine Zonenzeit, ↑Zeitzonen.

Wiese: Als W. bezeichnet man im weitesten Sinne eine geschlossene, feuchtigkeitsliebende Grünlandfläche aus weichen Gräsern, Kleearten und Kräutern. Man findet sie überwiegend im gemäßigten Klima mit mäßiger Winterkälte und ohne Trockenzeit. Mit infolge Frost und Schnee abnehmender Wachstumsperiode nimmt die Zahl der Gräser ab und die Zahl der Kräuter zu. Natürliche Wiesenformationen sind die alpinen Matten sowie die Sumpf- und Salzwiesen.

Die meisten Wiesen sind durch die Bewirtschaftung des Menschen entstanden; sie wurden künstlich angelegt, damit die Versorgung mit Futtergräsern gewährleistet wird. Durch dauernde Eingriffe des Menschen, wie z.B. Mahd und Beweidung wird die W. künstlich offen gehalten. Überläßt man die vom Menschen geschaffenen Wiesen jedoch sich selbst, wird in unseren Breiten der Wald bald von der Wiese Besitz ergreifen.

Die Wiese verändert im Laufe des Jahres durch die unterschiedlichen Blühzeiten der dort wachsenden Blütenpflanzen ihr Aussehen. So wird Anfang Mai die Wiese vom kräftigen Gelb des Löwenzahns beherrscht, während kurz vor dem ersten Schnitt Ende Mai das helle Weiß der Margerite besonders auffällt; außerdem hat die Anzahl der blühenden Pflanzen zu dieser Zeit zugenommen. Kurz vor dem zweiten Schnitt beherrschen das matte Weiß der Wilden Möhre und das Gelb des Pastinaks die Wiese. Im Herbst erblüht violett die Herbstzeitlose.

Wiesenufer: W. wird das niedrige, flache linke Ufer (auf der Südhalbkugel rechte Ufer) großer Tieflandströme, im Gegensatz zum steilen ↑Bergufer, genannt.

Wildbeuter (Jäger und Sammler): W. ist eine völkerkundliche Bezeichnung für Jäger-, Fischer- und Sammlervölker, die die von der Natur angebotenen tierischen und pflanzlichen Produkte lediglich einsammeln, also ausbeuten, ohne zu ihrer Vermehrung beizutragen. Als Sonderform der W. gelten die *Feldbeuter,* die gelegentlich Pflanzenschößlinge (meist Bananen) zur Sicherung des täglichen Bedarfs setzen.

Willy-Willy: Willy-Willies sind ↑tropische Wirbelstürme über den Meeren Australiens.

Wind: Bewegte Luft wird als Wind bezeichnet; er ist durch Richtung und Geschwindigkeit charakterisiert. Als Richtung wird stets die Richtung angegeben, aus der der Wind kommt. Die Geschwindigkeit wird mit ↑Anemometern gemessen und als ↑Windstärke bezeichnet.

W. entsteht als Ausgleichsströmung zwischen Gebieten mit hoher Dichte der Luftteilchen, sogen. ↑Hochdruckgebieten und Gebieten mit niedriger Dichte, sogen. ↑Tiefdruckgebieten.

Windbruch: Unter W. versteht man Forstschäden, bei denen die Stämme von Waldbäumen durch einen Sturm zerbrochen wurden. Die Kraft der stürzenden Bäume wirkt dabei auf die noch im Sturm stehenden Exemplare belastungsverstärkend, so daß diese – unter zweifachem Druck – ebenfalls umgeknickt werden. Daraus ergibt sich, daß W. meist in Windbruchgassen auftritt. W. trifft v.a. tiefwurzelnde Bäume, wie z.B. Kiefern. Bei flachwurzelnden Bäumen dagegen können die Wurzeln selbst dem Angriff des Windes nicht Stand halten, so daß der gesamte Baum entwurzelt und umgeworfen wird; man spricht hier von *Windwurf.*

Windflüchter: W. werden Bäume mit ↑Windschur genannt.

Windflut: Eine leichte Sturmflut wird W. genannt. Ihr Hochwasserstand ist die Grenze des ↑Vorlandes.

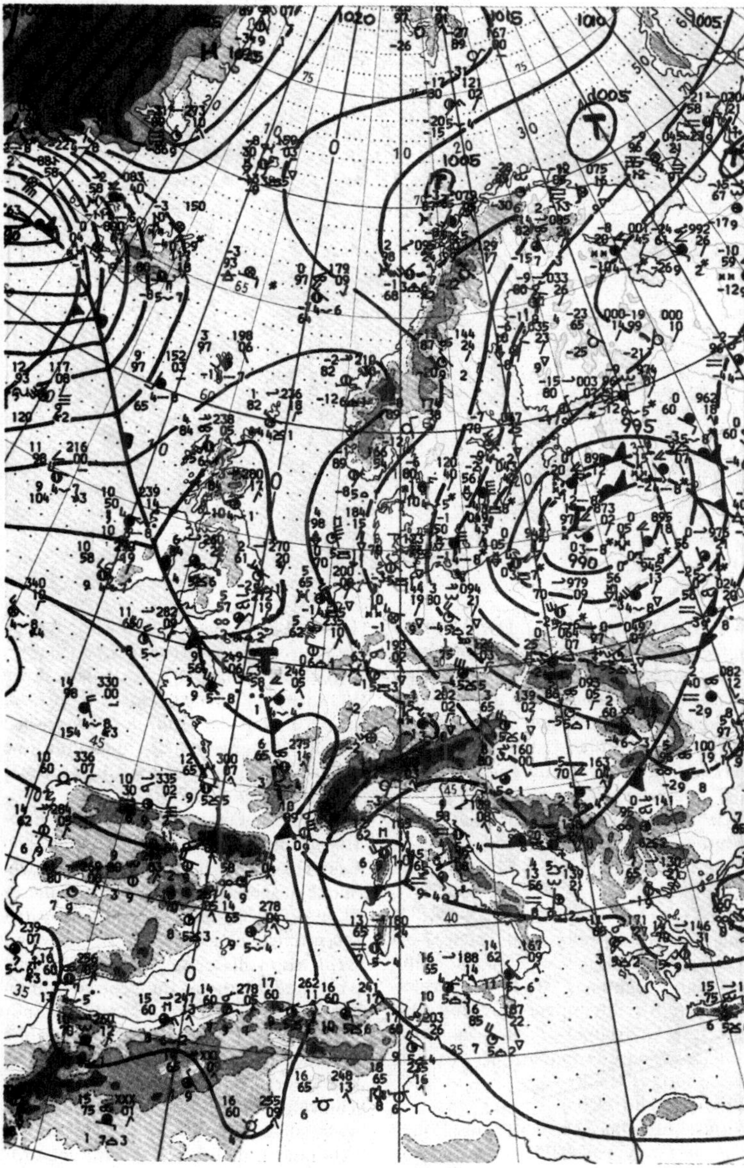

Wetterkarte. Vgl. Text Seite 370.

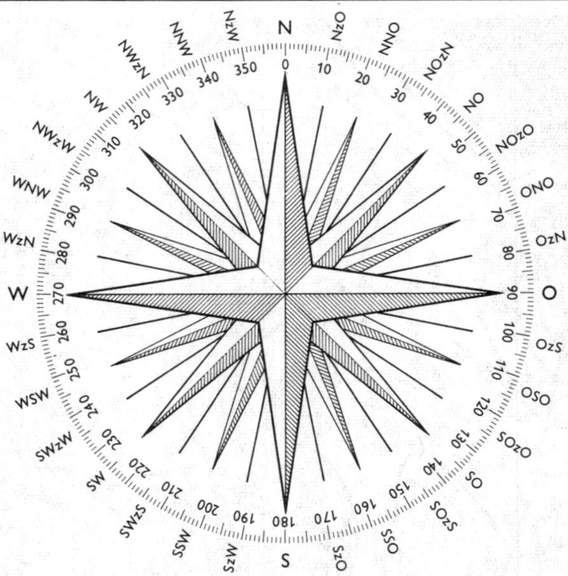

Windrose

Windrose (Kompaßrose): Die W. ist die mit einer Grad- [und Strich]einteilung versehene Skala in einem Kompaß, aber auch die Bezeichnung für die Scheibe, auf der sie sich befindet. Die W. ist mit einer von Nord über Ost, Süd und West verlaufenden Gradeinteilung (0 bis 360°) versehen; bei der früher üblichen Stricheinteilung waren die vier Quadranten zwischen Nord und Ost, Ost und Süd usw. in jeweils 8 Striche unterteilt (N, NzO, = [Nord zu Ost], NNO, NOzN, NO, NOzO, ONO, OzN, O; entsprechend für die Quadranten O bis S, S bis W und W bis N). Eine Änderung des Fahrzeugkurses ist durch Vergleichen der Strichteilung der W. mit dem am festen Kompaßgehäuse in Fahrzeuglängsrichtung angebrachten Steuerstrich festzustellen.

Windschatten: ↑Lee

Windschliff: Das Abschleifen und Polieren von Gesteinsoberflächen durch die vom Wind mitgeführten Sandkörner nennt man W. oder auch *Sandschliff*. Dabei bilden sich z.B. im anstehenden Gestein bei unterschiedlich harten Schichten Furchen und Rillen sowie Verwitterungsformen wie die Pilzfelsen. Bei großer Kälte kann der Wind auch Schnee und Eiskristalle mitführen, die ähnliche Wirkungen haben, man spricht dann von *Schneeschliff*.

Windschur: Die W. ist eine charakteristische Wuchsform von Bäumen, die einem relativ beständigen kräftigen Wind ausgesetzt sind. Die Äste dieser *Windflüchter* genannten Bäume wachsen nur in die Richtung, in die der Wind weht, also von ihm weg, ihn „flüchtend“. Man findet sie v.a. im Gebirge und an der Küste.

Windschutzhecke: Die W.n haben die Aufgabe als Windbrecher zu dienen. Sie werden in Gebieten angelegt, in denen größere freie Flächen (z.B. Ackerland, aber auch Weiden) einem ständigen Wind ausgesetzt sind. Dadurch versucht man die Winderosion, aber auch das ständige Wehen einzudämmen.

Windstärke: Als W. wird die Geschwindigkeit des Windes bezeichnet. Ihre Unterscheidung erfolgt nach den spürbaren und in der Natur sichtbaren Auswirkungen der Luftbewegung. Die gebräuchliche Einteilung erfolgt nach der von dem englischen Admiral Beaufort aufgestellten *Beaufort-Skala:*

Windstärkeskala nach Beaufort

Windstärke	Bezeichnung der Windstärke	Auswirkungen des Windes im Binnenland	untere und obere Grenzen der Geschwindigkeit in m/s
0	Stille	Windstille, Rauch steigt gerade empor	0...0,2
1	leiser Zug	Windrichtung angezeigt nur durch Zug des Rauches, aber nicht durch Windfahne	0,3...1,5
2	leichte Brise	Wind am Gesicht fühlbar, Blätter säuseln, Windfahne bewegt sich	1,6...3,3
3	schwache Brise	Blätter und dünne Zweige bewegen sich, Wind streckt Wimpel	3,4...5,4
4	mäßige Brise	Wind hebt Staub und loses Papier, bewegt Zweige und dünnere Äste.	5,5...7,9
5	frische Brise	kleine Laubbäume beginnen zu schwanken. Schaumköpfe bilden sich auf Seen	8,0...10,7
6	starker Wind	Starke Äste in Bewegung, Pfeifen in Telegrafenleitungen Regenschirme schwierig zu benutzen	10,8...13,8
7	steifer Wind	ganze Bäume in Bewegung, fühlbare Hemmung beim Gehen gegen den Wind	13,9...17,1
8	stürmischer Wind	Wind bricht Zweige von den Bäumen, erschwert erheblich das Gehen im Freien	17,2...20,7
9	Sturm	kleinere Schäden an Häusern (Rauchhauben und Dachziegel werden abgeworfen)	20,8...24,4
10	schwerer Sturm	Bäume werden entwurzelt, bedeutende Schäden an Häusern	24,5...28,4
11	orkanartiger Sturm	verbreitete Sturmschäden (sehr selten im Binnenland)	28,5...32,6
12			32,7...36,9
13			37,0...41,4
14			41,5...46,1
15	Orkan	schwerste Verwüstungen	46,2...50,9
16			51,0...56,0
17			>56,0

Windwurf: W. ist eine dem ↑Windbruch ähnliche Art von Forstschaden.

Winkeltreue: W. ist eine Eigenschaft bestimmter ↑Kartennetzentwürfe.

Winter: Der Winter ist eine der vier ↑Jahreszeiten, in die das Jahr in den mittleren und hohen Breiten eingeteilt wird, und zwar die zwischen Wintersonnenwende, also wenn die Sonne über dem Wendekreis der anderen Erdhalbkugel steht, und Frühlingstagundnachtgleiche, wenn die Sonne bei ihrem scheinbaren Weg am Himmel – von der anderen Erdhälfte kommend – den Äquator überschreitet. Der W. ist somit die kälteste Jahreszeit; er dauert auf der Nordhalbkugel vom 22. Dezember bis zum 21. März, auf der Südhalbkugel beginnt er am 21. Juni und endet um den 23. September.
Dieser astronomische W. fällt nur teilweise mit den Erscheinungen zusammen, die wir als winterlich empfinden, die wichtigsten sind tiefe Temperaturen, meist unter dem Gefrierpunkt, und Niederschläge, die als Schnee fallen und eine geschlossene Schneedecke bilden. Phänologisch ist der W. die Zeit, in der das Wachstum der Pflanzen ruht und viele Tiere ihren Winterschlaf halten. Kurze Tage und lange Nächte sind nur für die erste Hälfte des W.s typisch, dafür aber auch für die zweite Hälfte des Herbstes; es ist dies die Zeit der ↑Polarnacht in den polnahen Gebieten.

Winterregenklima: W. ist die ortsneutrale Bezeichnung für das ↑mediterrane Klima.

Wirbelsturm: ↑tropischer Wirbelsturm.

Wirtschaftsform: Unter W. versteht man Art, Ziel und Intensität des Wirtschaftens, durch die die betreffenden Menschen ihre Existenz sichern. W.en sind z.B. die Selbstversorgungswirtschaft, die Sammelwirtschaft, die markt- oder gar weltmarktorientierte Wirtschaft, die Kollektivwirtschaft und anderes mehr. Besonders in der Landwirtschaft spricht man von bestimmten W.en, etwa von Weidewirtschaft, Plantagenwirtschaft usw.

Wirtschaftsgeographie: Die W. untersucht die Beziehungen zwischen der Wirtschaft und dem geographischen Raum, wobei es um die Darstellung einzelner Wirtschaftsräume geht. Hierbei werden die Grundlagen der Wirtschaft herausgearbeitet sowie die Wechselbeziehungen zwischen dem wirtschaftenden Menschen und den bewirtschafteten Räumen. Zweige der W. sind die Agrargeographie, die Industriegeographie und gewisse Bereiche der Sozial- und der Verkehrsgeographie.

Wirtschaftssystem: Grundsätzlich unterscheidet man zwischen zwei W.en: der ↑Marktwirtschaft und der ↑Planwirtschaft.

Witterung: Unter dem Begriff W. versteht man den vorherrschenden Charakter des Wetterablaufes eines bestimmten Gebietes innerhalb eines bestimmten Zeitraumes, der dabei einige Tage oder eine ganze Jahreszeit umfassen kann.

Wohnbevölkerung: W. ist ein Gegenbegriff zu Arbeitsbevölkerung: Während W. die Bevölkerung meint, die in einem bestimmten Gebiet wohnt, also eine Wohnung (im weitesten Sinne) unterhält, meint Arbeitsbevölkerung die Menschen, die in diesem Gebiet lediglich ihrer Arbeit nachgehen (und danach ihre Wohnungen in anderen Gebieten aufsuchen). Die Bevölkerung einer City z.B. weist eine hohe Arbeitsbevölkerung auf, jedoch nur eine geringe Wohnbevölkerung; für City ist diese Tatsache daher zu einem Definitionskriterium geworden.

Wolken: Als W. bezeichnen wir die Anhäufung von feinsten, aber sichtbaren Wasser- und/oder Eisteilchen in der Atmosphäre. Die Wolkenbildung setzt ein mit der Abkühlung der Luft unter den ↑Taupunkt, entweder an Fronten oder als Folge der Ausstrahlung oder im Zuge ↑adiabatischer Abkühlung bei vertikaler Anhebung der Luftmassen. Wird der Taupunkt unterschritten, das heißt die Luft hat den Sättigungsgrad von 100% erreicht, kondensiert bzw. sublimiert das jetzt überschüssige Wassergas in die flüssige bzw. feste Form des Was-

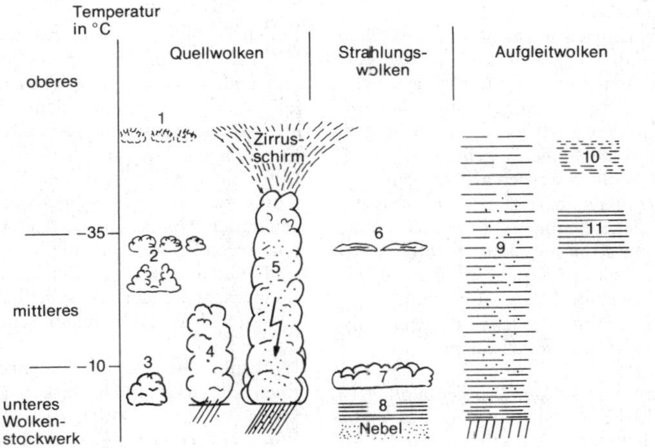

Wolkenarten
1. Zirrokumulus 2. Altokumulus 3. niedriger Kumulus 4. aufgetürmter Kumulus 5. Kumulonimbus 6. leichter Altokumulus 7. Stratokumulus 8. Stratus 9. Nimbostratus 10. Zirrostratus 11. Altostratus

sers, soweit genügend Kondensationskerne vorhanden sind.

Die W. enthalten normalerweise weniger als 100, meist nur 40 Wassertröpfchen je Kubikzentimeter Wolkenluft. Der mittlere Durchmesser eines Tröpfchens beträgt 0,02 mm (das sind 20 μm), also 500 Tröpfchen nebeneinander ergeben eine Reihe von 1 cm Länge. Die meisten Tröpfchen sind aber sogar kleiner als 10 μm. Ein Liter Wolkenluft enthält somit normalerweise nur 0,2 g Wasser. Diesen Anteil an feinsten Tröpfchen haben alle Wolken gemein, erst durch den Anteil an größeren Tropfen können wir verschiedene Wolkenarten unterscheiden.

W. bestehen bis −10 °C aus unterkühltem Wasserdampf, denn in der hohen Atmosphäre fehlen wirksame Kondensationskerne; es bilden sich daher bei Temperaturen über −10 °C noch keine Eiskristalle. Erst unter −30 °C nimmt die Eisbildung in der Wolke schnell zu und erst unter −40 °C gibt es keine Wassertröpfchen mehr.

Diese Unterschiede spielen auch bei der Gliederung in sogen. *Wolkenstockwerke* eine Rolle, die allerdings in den verschiedenen geographischen Breiten unterschiedliche Höhenlagen haben. Die Wolken des unteren Stockwerks sind Wasserwolken, die des mittleren, die mit der Vorsilbe „Alto-“ gekennzeichnet werden, sind unterkühlte Mischwolken, im oberen Wolkenstockwerk liegen dann die Eiswolken, Zirren genannt, woraus die Vorsilbe „Zirro-“ resultiert (fachsprachlich Cirren, bzw. Cirro-).

Das untere Wolkenstockwerk reicht überall auf der Erde bis etwa 2000 m Höhe, das mittlere liegt in den Tropen in 2000 bis 8000 m, in den mittleren Breiten in 2000 bis 5000 m und in den Polargebieten in 2000 bis 4000 m Höhe. Das obere Wolkenstockwerk liegt in den Tropen in 6000 bis 18 000 m, in den mittleren Breiten in 5000 bis 13 000 m und in den Polargebieten in 3000 bis 8000 m Höhe.

Die Eigenschaften der Wolken hängen jedoch entscheidend von ihrer Entstehung ab, daher ergeben sich folgende Wolkentypen:

1. Kumulus

Durch Konvektion entstandene Wolken sind seitlich begrenzt, können aber eine große sehkrechte Erstreckung haben, beides dadurch bedingt, daß sie an aufsteigende Luftströmungen in sogen. Thermikschläuchen gebunden sind. Diese Wolken werden als *Haufen-* oder *Quellwolken* bezeichnet, der wissenschaftliche Name ist *Cumulus,* eingedeutscht Kumulus. Die mächtigste Art dieses Types ist Kumulonimbus, in dem ↑Gewitter und ↑Hagel auftreten.

Zirrokumulus besteht dagegen ausschließlich aus Eiskristallen.

2. Stratus

Die andere Art der Wolkenbildung ist die durch Aufgleitvorgänge in stabil geschichteter Atmosphäre. Diese W. werden deshalb *Aufgleit-* oder *Schichtwolken* genannt, wissenschaftlich Stratus. Sie entstehen an ↑Fronten und bilden daher ausgedehnte Wolkenareale von mehreren tausend Quadratkilometern. Der äußere Rand dieser W. besteht aus *Eiswolken* (Zirren), da die Aufgleitfläche in großer Höhe liegt.

Charakteristisch für Stratusbewölkung ist ein sowohl räumlich als auch zeitlich ausgedehnter, gleichmäßiger Niederschlag, der allerdings nicht besonders stark ist; es handelt sich also um typischen Landregen bzw. im Winter langandauernden Schneefall.

3. sonstige Wolken

Durch Turbulenzen, Ausstrahlung, Zerfall von Haufen- und Schichtwolken und anderen Vorgängen können ebenfalls W. entstehen, unter denen Stratus als typische Ausstrahlungswolke, die in Gebieten mit lang anhaltender stabiler Luftschichtung entsteht, und Stratokumulus, die in den unterschiedlichen oben genannten Anlässen in den Außertropen relativ häufig entsteht, die wichtigsten sind. Letztere hat v.a. Einfluß auf die Sonnenscheindauer. Aus beiden Wolken kann Niesel oder feiner Schnee fallen.

Wolkenbruch: Als W. bezeichnet man einen außerordentlich starken ↑Regen von meist kurzer Dauer.

Wollsackverwitterung: Diese Form der Verwitterung tritt an ungeschichteten, grobkörnigen Massengesteinen, besonders bei Granit, auf: Durch die von außen nach innen fortschreitende Verwitterung entstehen längs einem weitmaschigen Kluftsystem stark abgerundete, wollsackähnliche Gesteinsmassen. Diese können sich örtlich zu sogen. *Felsenburgen* ansammeln, wie z.B. die Luisenburg bei Wunsiedel.

Würgeböden: (Texturböden, Brodelböden): W. sind Ergebnis der ↑Kryoturbation.

Würmeiszeit: pleistozäne Eiszeit im Alpenraum, ↑Quartär

Mittelwerte der Tropfendurchmesser und Tropfenzahl sowie des Flüssigwassergehaltes verschiedener Wolkenarten, gemessen in Südwestdeutschland

Wolkenart	mittlerer Tropfendurchmesser in μm	größter Tropfendurchmesser in μm	Tropfenzahl pro cm^3	Gehalt an Wasser g/m^3
aufgetürmte Haufenwolke	20	250	40	0,15
mäßig aufgetürmte Haufenwolke	17	540	63	0,17
Schönwetterwolke	10	100	95	0,05
Stratokumulus	18	200	46	0,13
Nimbostratus	22	260	30	0,16
Altostratus	24	400	18	0,10

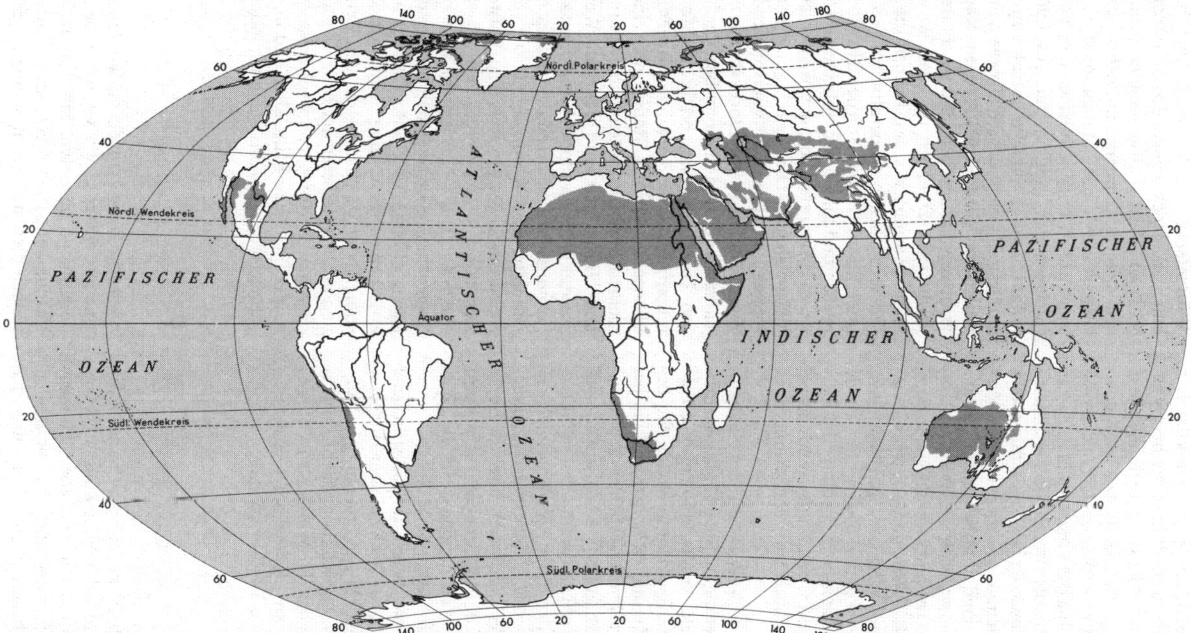

Verbreitung der Wüsten und Halbwüsten. Vom Inlandeis bedeckte Gebiete wurden in der Darstellung nicht berücksichtigt.

Wurt (Warft): Die W. ist ein künstlich aufgeschütteter Erdhügel im hochwassergefährdeten Küstengebiet. Auf ihm wurden in der Zeit, als das Land noch unbedeicht war, Wohnplätze in dadurch relativ geschützter Lage errichtet. Es gab auch unbebaute W.en, die bei plötzlichem Hochwasser als Zufluchtsstätten für Mensch und Vieh dienten. Die Wurten haben landschaftlich unterschiedliche Namen; sie heißen in Westfriesland *Terpen,* in Ost- und Nordfriesland *Warfen* bzw. *Warften,* im Jade-Weser-Gebiet *Wurten,* in Butjadingen *Wührden,* im Land Wursten *Wierden* (hier wurde die vorgeschichtliche Siedlung Feddersen Wierde ausgegraben). Wurten sind heute nur noch auf den Halligen in Funktion.

Wüste: Durch Wasser- oder Wärmemangel bedingte vegetationslose, zumindest sehr vegetationsarme Gebiete der Erdoberfläche werden als W. bezeichnet. Zu unterscheiden sind hierbei die *Hitzewüsten* der Tropen und Subtropen von den außertropischen *Kältewüsten* im Hochgebirge und den polnahen Bereichen der Erde; *Eiswüsten* sind völlig von Eis und Schnee bedeckt. Daneben gibt es auch **edaphisch** bedingte Wüsten (z.B. auf lockeren Tuffen) und anthropogen entstandene (z.B. die „Wüste" Thar). – **Karte Seite 379.**

Wüstenklima: W. ist die volkstümliche Bezeichnung für das Klima der Hitzewüsten, dies ist bei der Einteilung in ↑Klimaregionen das Klima der subtropisch-randtropischen Trockengebiete. Bei der Einteilung in ↑Klimazonen entspricht W. der Zone Trockenklimate.

Wüstenlack: Als W. bezeichnet man einen in Trockengebieten auf Steinen und an Felsen ausgebildeten braunschwarzen Überzug aus Eisenoxid (manchmal auch Manganoxid). W. kann nur in ariden Gebieten entstehen, in denen den größten Teil des Jahres hindurch durch Sonneneinstrahlung das im Gestein vorhandene Wasser an dessen Oberfläche gezogen wird (sogen. Kapillarbewegung des Wasser), wo es dann verdunstet. Da aber nur das Wasser selbst verdunsten kann, bleiben die im Wasser gelösten mineralischen Stoffe (hier meist Eisenoxid) an der Oberfläche zurück und bilden allmählich eine Kruste aus Mineralstoffen, den Wüstenlack.

Wüstensteppe: Die W. zeigt eine karge Vegetation. Die hier vorkommenden Zwergsträucher, wie Dornakazien und Tamarisken, sind in ihrem Bau der langen Trockenperiode von 10–11 Monaten angepaßt. In der kurzen Regenzeit überzieht sich der Boden mit einem dichten Teppich blütenreicher Kräuter und Gräser und wird dann als Weide genutzt. Wüstensteppen findet man z.B. im nordwestlichen Teil der Arabischen Halbinsel und in Innerasien. Die Gobi ist zu einem großen Teil eine Wüstensteppe.

Wüstung: Unter W. versteht man eine aufgegebene Siedlung oder Wirtschaftsfläche (Flur). Man unterscheidet also zwischen *Ortswüstung* und *Flurwüstung.* W.en entstanden zu allen Zeiten und in allen Gebieten der Erde. In Europa waren Wüstungsvorgänge besonders häufig im späten Mittelalter und in der frühen Neuzeit (14. bis 17. Jahrhundert).

X Y

xeromorph: X. nennt man Pflanzen, die durch gestaltliche Anpassung auf trokkenen Standorten überleben können. Sie haben Einrichtungen zur dauernden oder vorübergehenden Hemmung der Wasserabgabe. Meist sind zusätzlich noch sehr lange Wurzeln vorhanden, die eine ausreichende Wasseraufnahme aus dem Boden gestatten. Ein Teil der die Verdunstung herabsetzenden Einrichtungen dient auch zum Schutz gegen zu starke Wärmestrahlung.

Xerophyten (Trockenpflanzen): X. sind Pflanzen, die trockene Standorte besiedeln. Zur Einschränkung der Verdunstung ist die äußerste Blattschicht häufig verdickt und von einer Wachs-, Harz- oder Kalkschicht überzogen. Manche Arten bilden die Blätter nur in der feuchteren Jahreszeit aus. Bedeutende Vertreter sind die ↑ Hartlaubgewächse.
Viele X. schränken nicht nur die Verdunstung ein, sondern speichern außerdem während der kurzen Regenzeiten Wasser für die längeren Trockenzeiten. Nach der Lage der wasserspeichernden Organe sprechen wir dann von Stamm-, Blatt- oder Wurzel*sukkulenten.* Blattsukkulente Arten sind z.B. die Agaven. Durch den Wegfall der Blätter haben sich die Stammsukkulenten an extrem trockene Standorte, wie Wüsten und Halbwüsten, angepaßt. Die wegen der geringen Verdunstungsfläche ideale Kugelform ist bei verschiedenen Kakteen- und Wolfsmilcharten verwirklicht. Zu den Wurzelsukkulenten gehören z.B. die Rübenpflanzen.
Yoldiameer: postglaziales Stadium der Ostsee, ↑ Quartär

Z

Zambo: Zambos sind männliche, Zambas weibliche Nachkommen eines negriden und eines indianischen Elternteiles.
Zeche: Als Z. wird heute im allgemeinen Sprachgebrauch die Gesamtheit einer Bergwerksanlage bezeichnet; oft spricht man auch von *Grube* im gleichen Sinne.
Zechstein (Oberperm): jüngere Abteilung des Perm, der jüngsten Formation des Paläozoikums, ↑ Geologie, Formationstabelle.
Zehrgebiet: Das Z. ist der untere Teil eines ↑ Gletschers, in dem die Ablation größer ist als der Niederschlag.
Zeilendorf: Ein Z. ist durch die lineare Anordnung seiner Gehöfte gekennzeichnet, die nur eine Zeile – etwa entlang einem Weg oder einem Flüßchen – bilden. Eine Sonderform ist die der *Doppelzeile,* wobei zwischen den beiden, etwas voneinander entfernten Dorfzeilen eine Einsenkung, etwa ein Wiesenbach, liegt; in Österreich wird hierfür der Ausdruck *Grabendorf* gebraucht.
Zeitzonen: Da durch die Drehung der Erde um ihre Achse für jeden Meridian zu jedem Zeitpunkt eine andere exakte Sonnenzeit gilt, mußte, um eine geregelte zeitliche Abstimmung im täglichen Leben zu ermöglichen, eine für einen bestimmten Raum verbindliche Einheitszeit festgelegt werden, die den exakten Ortszeiten der einzelnen in ihr liegenden Orte in etwa entspricht. Die Erde mußte also in Zeitzonen aufgeteilt werden. Um eine einfache Umrechnung zu ermöglichen, wurden die einzelnen Zonenzeiten so gewählt, daß sie mit je einer Stunde Unterschied aufeinanderfolgen. Dieser Zeiteinteilung entspricht eine Zoneneinteilung von der Breite von 15° geographischer Länge. Da die Gebiete mit einheitlicher Zeit aber auch in politischen Einheiten, also Staaten oder Staatenbünden, gleich sein sollten, kann es sich ergeben, daß einzelne Z. erheblich breiter sind, andere als notwendiger Ausgleich daher schmaler. Bei breiten Z. ist der Unterschied zwischen Einheitszeit (Zonenzeit) und tatsächlicher Ortszeit dadurch erheblich, so daß z.B. von zwei Orten auf dem gleichen Breitengrad der eine um 18.00 Uhr Zonenzeit bereits Dämmerung hat, während am anderen die Sonne noch merklich über dem Horizont steht. Beispiel für eine solche breite Zeitzone ist die Mitteleuropäische Zeit, die vom jugoslawischen Makedonien (Ostgrenze etwa bei 23° östlicher Länge) bis zum spanischen Galicien (Westgrenze etwa bei 9° westlicher Länge) reicht, also über 32 Längengrade.
Bei Staaten mit sehr großer Ost-West-Erstreckung, also der Sowjetunion und

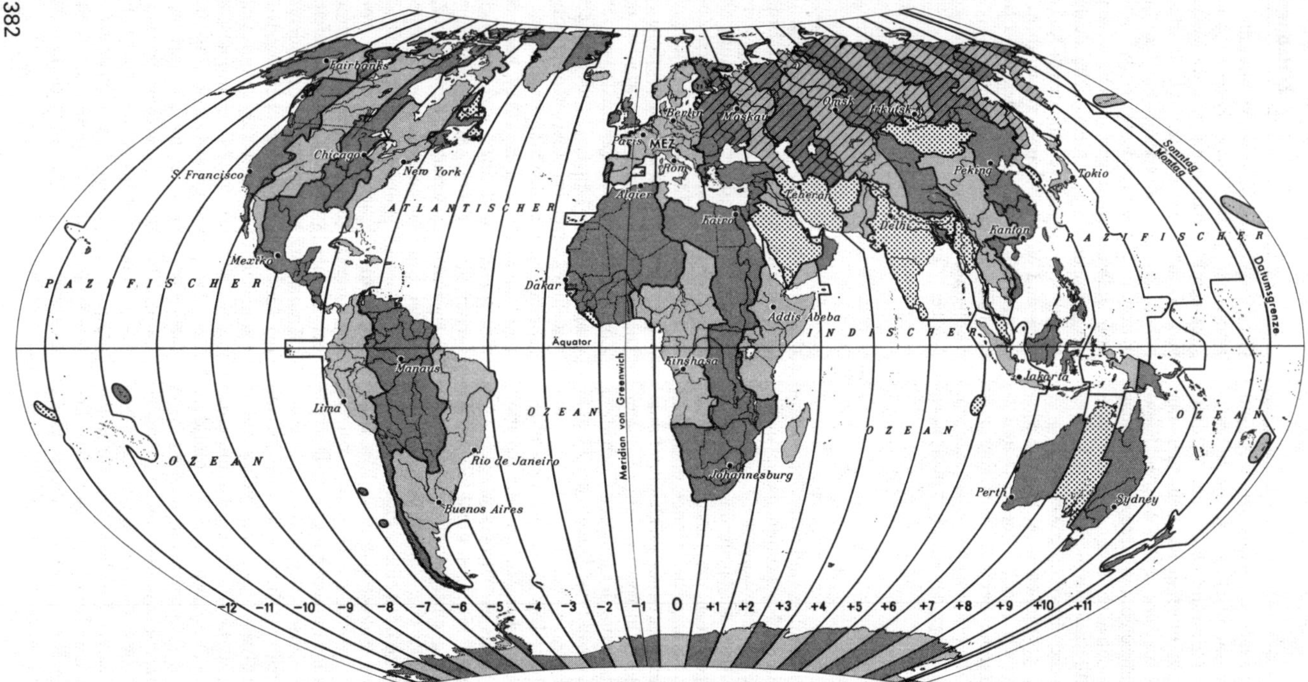

ZEITZONEN DER ERDE

den USA, ist eine einheitliche Zonenzeit unmöglich, die USA sind daher in sieben, die Sowjetunion in zehn Z. aufgeteilt (siehe Abbildung).
Außerdem gibt es einige Staaten, deren gesetzliche Zeit nicht diesem Schema der Z. angepaßt ist.
Zelge (Ösch): Die Z. ist ein Felderkomplex mehrerer Parzellen in Gemengelage, der, da die einzelnen Parzellen keinen Weganschluß haben, unter Flurzwang steht. Das bedeutet, sie wird von allen Nutzungsberechtigten zur gleichen Zeit und mit den gleichen Anbaufrüchten bewirtschaftet. Z.n waren früher häufig in Gebieten mit Dreifelderwirtschaft, die hier dann eine *Dreizelgenwirtschaft* war (meist wird aber von *zelgengebundener Dreifelderwirtschaft* gesprochen). Hierbei folgten im jährlichen Rhythmus auf jeder Z. Anbau von Wintergetreide, von Sommergetreide und Brache dergestalt, daß jedes Jahr eine Z. eine der drei Zustände aufwies.
Zenit: Als Z. wird der senkrecht über dem Beobachtungsort liegende Punkt des Himmelsgewölbes bezeichnet. Der Gegenpunkt wird Nadir genannt.
Zenitalregen: Z. sind zur Zeit des Sonnenhöchststandes fallende Niederschläge innerhalb der Tropen. Sie entstehen in der aufsteigenden Luft innerhalb der ↑innertropischen Konvergenz durch Konvektion. Aus dem scheinbaren Weg der Sonne am Himmel und der damit verbundenen Verlagerung der innertropischen Konvergenz ergeben sich in geringer Entfernung vom Äquator zwei Zeiträume, in denen Z. fallen, sie werden, da sie kurz nach der Tagundnachtgleiche (im April und November) auftreten, auch *Äquinoktialregen* genannt. Mit zunehmender Entfernung vom Äquator wird die Zeit zwischen den Sonnenhöchstständen immer kürzer, so daß die Zeit der Z. zu einer – allerdings nun längeren – Regenzeit zusammenfällt. Da diese Niederschläge zur Zeit des Solstitiums (der Zeitpunkt, an dem die Sonne über dem Wendekreis steht) fallen, und zwar einen Monat davor bis zwei Monate danach, werden diese Z. auch *Solstitialregen* genannt.
Gebiete mit Äquinoktialregen haben also zwei Regenzeiten, Gebiete mit Solstitialregen nur eine Regenzeit, die in den Randtropen dann recht kurz und auch unergiebig wird.
Zentrale Orte: Dies sind Orte, die mehr Dienstleistungen und Waren anbieten als die Einwohner benötigen, sie können damit also ein Umland versorgen. Die Z.n O. haben also sogen. zentrale Funktionen, z.B. für die medizinische Versorgung, für die Ausbildung, für den Einkauf von Waren des nicht-täglichen Bedarfs. Nach Art und Bedeutung dieser Funktionen und damit nach der Größe des Einzugsbereichs entsteht eine Hierarchie der Z.n Orte: Z. O. der unteren Stufe, sogen. *Unter-* oder *Kleinzentren,* Z. O der mittleren Stufe, sogen. *Mittel-* oder *Regionalzentren* mit Fachgeschäften, Fachärzten, Krankenhaus, und Z. O. der höheren Stufen, sogen. *Ober-* oder *Hauptzentren* mit Warenhäusern, Fachkrankenhäusern, Hochschulen, Theater, höheren Dienststellen.
Zentralismus: Unter Z. versteht man eine Art der Machtausübung in Verwaltung, Politik und Wirtschaft, bei der alle Entscheidungen für einen größeren Bereich zentral getroffen werden. In der Politik bedeutet Z. die direkte Verwaltung eines Landes von der Hauptstadt aus; das Gegenteil ist der Föderalismus, bei dem größere politische Selbständigkeit einzelner Regionen eine Selbstverständlichkeit ist.
Zersiedelung: Dieser stets im negativen Sinn gebrauchte Ausdruck meint das „in die Landschaft hineinbauen" von Einzelhäusern außerhalb geschlossener Ortschaften, wodurch das Landschaftsbild zerstört wird. Außerdem stellt in diesen Gebieten die Versorgung, v.a. mit Wasser und Elektrizität, und die Entsorgung die zuständigen Gemeinden vor große Probleme. In Urlaubsgebieten wird die Z. ganz wesentlich durch die Anlage von Zweitwohnsitzen gefördert, die von ihren Eigentümern dann aber nur an weni-

gen Tagen im Jahr genutzt werden, wodurch der zuständigen Gemeinde aber kaum Kaufkraft zufließt. Der Z. entgegenzuwirken wird heute daher in vielen Gebieten als wichtige planerische Aufgabe angesehen.

Zeugenberg: Ein isoliert stehender Berg vor dem Rand einer Schichtstufe, der aus den selben Gesteinsschichten besteht wie diese und damit deren frühere Ausdehnung bezeugt, wird Z. genannt. Steht der Z. in seinen unteren Hangpartien mit dem sockelbildenden Gestein der Schichtstufe in Verbindung, wird er *Auslieger* genannt. – Abbildung S. 292.

Zirkumpolarsterne: Z. sind die Sterne, deren Winkelabstand vom sichtbaren Himmelspol kleiner ist als die Höhe des Pols über dem Beobachtungshorizont (was von der geogr. Breite abhängt); sie können deshalb bei ihrem täglichen scheinbaren Lauf über die Sphäre nicht unter den Horizont verschwinden, sind also das gesamte Jahr hindurch sichtbar.

Zirrokumulus: Z. sind Felder von flokkenartigen Wolken, die nur aus Eiskristallen bestehen. Aus dem durchscheinenden Z. fällt kein Niederschlag aus.

Zirruswolken (Cirruswolken; Zirren, Cirren): Z. sind faserig aussehende Aufgleitwolken in über 6 000 m Höhe, die im Zusammenhang mit Warmfronten entstehen; sie bestehen aus Eiskristallen. Die meist langgestreckten Formen dieser Eiswolken resultieren aus hohen Windgeschwindigkeiten in diesen Höhen. Z. sind Anzeichen einer bevorstehenden Wetterverschlechterung. Z. können als *Zirrostratus* (Cirrostratus) den ganzen Himmel bedecken, wobei sie aber wegen der feinen Verteilung der Eiskristalle nur als zarter, milchiger Schleier sichtbar sind, der die Sonne durchscheinen läßt.

Zisterne: Die Z. ist ein Wasserbehälter aus Mauerwerk oder Beton, in dem Regenwasser gesammelt wird. Z.n werden in Gebieten angelegt, die eine längere Trockenperiode haben und in denen keine Quellen und Brunnen vorhanden sind bzw. angelegt werden können.

Zollgrenzbezirk: Der Z. ist innerhalb eines Staates ein Streifen Land entlang der Grenzen zu Nachbarstaaten, in dem besondere Einfuhrbestimmungen gelten. Bewohner des Z.es dürfen in der Regel weniger einführen als Bewohner des übrigen Staatsgebietes. Der Z. in der Bundesrepublik Deutschland ist 15 km breit.

Zollunion: Bei einer Z. handelt es sich um die Vereinigung mehrerer selbständiger Staaten zu einem einheitlichen Zollgebiet. So besteht z.B. zwischen Belgien, den Niederlanden und Luxemburg die Z. Benelux.

Zonenrandgebiet: Diese Bezeichnung umfaßt die Kreise der Bundesrepublik Deutschland, die an die DDR angrenzen. Durch die Teilung Deutschlands entstanden für dieses Gebiet ganz besonders harte wirtschaftliche Folgen durch abgeschnittene Verkehrswege, fehlende Einzugsgebiete usw.; deswegen wird dieses Gebiet durch die Zonenrandförderung besonders unterstützt.

Zonenzeit: Z. ist die Einheitszeit, die in einer bestimmten ↑ Zeitzone gilt.

Zuckerhutberg: svw. ↑ Glockenberg

Zuerwerbsbetrieb: Ein landwirtschaftlicher Betrieb, aus dem die besitzende Familie höchstens die Hälfte des gesamten Familieneinkommens erzielen kann, gilt als Zuerwerbsbetrieb. Die andere Hälfte (oder mehr) des Einkommens wird aus einer Tätigkeit im nichtlandwirtschaftlichen Bereich bezogen.

Zungenbecken: Unter einem Z. versteht man eine Eintiefung des Gletscheruntergrundes im Bereich der Gletscherzunge; sie entstand durch Erosionstätigkeit des Eises während des Eisvorstoßes. Dem Z. vorgelagert ist die Endmoräne, wodurch die Beckenform betont wird. Einem Stammbecken können, von diesem radial ausgehend, kleinere Zweigbecken angegliedert sein, die auf Aufspaltungen der Gletscherzunge zurückgehen. Die Z. sind heute häufig von Seen erfüllt; so sind die Seen im bayrischen Alpenvorland typische Zungenbeckenseen.

Zwergstrauchformation (Zwergstrauchheide): Z.en sind baumlose Pflanzengesellschaften aus kniehohen, an die Trockenheit angepaßten Holzgewächsen. Man findet sie in der subpolaren und alpinen Zone, in den Trockengebieten und in der durch den Menschen entstandenen atlantischen Heide.

Zwillingsstädte: Bei Z.n handelt es sich um zwei unmittelbar benachbarte Städte, deren Einzugsgebiete sich durch unterschiedliche Funktionen überschneiden können. Meist sind Z. territorial bedingt; zwischen ihnen verläuft (oder verlief) eine Grenze. Wenn diese Grenze an Bedeutung abnimmt, entwickelt sich meist eine Stadt schneller.

Zwischeneiszeit: deutsche Bezeichnung für ↑Interglazial.

Zwölfmeilenzone: die nach Artikel 24 der Genfer Konvention größtmögliche Ausdehnung der ↑Küstengewässer. Die Z. wird von vielen Staaten erstrebt, von einigen ist sie bereits eingeführt worden.

Zyklon: Z. ist der Name für einen ↑tropischen Wirbelsturm im Golf von Bengalen.

zyklonales Westwindklima: ein Klima bei der Klassifikation in ↑Klimaregionen.

Zyklone: svw. ↑Tiefdruckgebiet

Zylinderprojektion: Die Z. ist eine Möglichkeit der Abbildung der Erde in eine Ebene, ↑Kartennetzentwurf.

ENTDECKUNGEN UND ERFORSCHUNG DER ERDE

Afrika

vor Christi Geburt

um 1480	Königin Hatschepsut sendet vom Bab Al Mandab eine Expedition zum Lande Punt (Somaliküste).
um 600	Phöniker umsegeln Afrika von Osten über Süden nach Westen.
um 470	Hanno stößt an der Westküste bis zum Kamerunberg vor.
um 450	Herodot reist in Ägypten und Nordafrika (bis Karthago).
im 4. Jh.	Euthymenes aus Marseille segelt an der Nordwestküste nach Süden, wahrscheinlich bis zum Senegal.
23–22	C. Petronius gelangt bis Napata, der Hauptstadt des Reiches Kusch.
19	L. Cornelius Balbus erobert Fessan und erreicht Ghudamis.

nach Christi Geburt

37	S. Paulinus überquert den Hohen Atlas, gelangt nach Mauretanien.
42	Römische Soldaten im Atlas.
zwischen 54 und 68	Nero schickt zwei Zenturionen nilaufwärts, an den Nilsümpfen müssen sie umkehren.
um 100	Julius Maternus dringt bis zum Tschadseegebiet vor. Hippalos entdeckt an der Ostküste die Gesetze des Monsuns.
um 120	Eudoxos von Kyzikos versucht die Umschiffung Afrikas von West nach Ost.
350	Frumentius und Aedesius in Äthiopien.
um 525	Kosmas Indizopleustes zieht von Ägypten nilaufwärts an die äthiopische und ostafrikanische Küste.
947	Al Masudi reist in Ägypten, Nord- und Ostafrika; ist wahrscheinlich bis Madagaskar gekommen.
um 1150	Idrisi in Marokko und im nördlichen Sudan.
um 1270 (1312)	Genuesen entdecken die östlichen Kanarischen Inseln wieder.
1325	Ibn Battuta in Ägypten und an der Ostküste.
um 1345	Italiener entdeckten Madeira wieder.
1352	Ibn Battuta zieht durch die westliche Sahara bis zum Senegal und nach Timbuktu.
1402	J. de Bethencourt erreicht die Kanarischen Inseln.
1415	Heinrich der Seefahrer sendet von Sagres aus alljährlich Expeditionen an der westafrikanischen Küste südwärts.
1419	Portugiesen entdecken Madeira.
1431	Cabral entdeckt die Azoren wieder.
1433	Gil Eannes erreicht Kap Bojador (26° 06′ n. Br.).

1436 Baldaya gelangt über die Bucht von Río de Oro hinaus.
1441 Nuño Tristão und Antão Gonçalvez erreichen Kap Blanc (20° 44′ n. Br.).
1443 Nuño Tristão im Arguingolf.
1444 Dinis Dias erreicht Kap Vert.
1445 Lançarote entdeckt die Senegalmündung.
1447 Juan Fernandez im Hinterland von Río de Oro. Nuño Tristão gelangt bis in die Gegend der Gambiamündung.
1455–56 Alvise Ca'da Mosto befährt den Gambia.
1456 Ca'da Mosto erreicht die östlichen Kapverdischen Inseln.
1461 Pedro de Cintra gelangt bis Sierra Leone und zur Pfefferküste.
1469 Fernão do Póo entdeckt die Insel Fernando Póo.
1471 Kap Lopez (0° 36′ s. Br.) erreicht.
1482–83 Diogo Cão entdeckt auf seiner 1. Reise die Kongomündung und gelangt bis Kap Santa Maria (13° 25′ s. Br.).
1485 Diogo Cão erreicht auf seiner 2. Reise (1484–86) Kap Cross (21° 49′ s. Br.).
1488 Bartolomeu Diaz umsegelt während eines Sturms die afrikanische Südspitze.
1493 Pedro de Covilhão erreicht von Ägypten aus Äthiopien, darf das Land jedoch nicht mehr verlassen.
1497 Vasco da Gama umsegelt am 22. November das Kap der Guten Hoffnung und landet am 25. Dezember an der Küste von Natal.
1498 Vasco da Gama am 10. Januar in der Delagoabucht, startet am 24. April von Malindi nach Indien (trifft am 20. Mai in Calicut ein).
1499 Vasco da Gama am 7. Januar wieder in Malindi, am 20. Februar wieder am Kap der Guten Hoffnung.
1500 Diogo Dias sichtet Madagaskar.
1506 Fernão Soarez und João Gomez d'Abreu landen auf Madagaskar. B. Springer landet in der Mossel Bay, 1. deutsche Beschreibung der Hottentotten.
um 1515 Leo Africanus in Marokko, im Nigergebiet (Timbuktu) und im Sudan.
1520–26 Missionar F. Alvarez reist von Massaua zum Däbrä Libanos.
1535 Bareto und Homem erforschen das untere Sambesigebiet.
1586–97 João dos Santos an der Südostküste zwischen Äquator und Delagoabucht.
1589–1607 A. Battel im Mündungsgebiet des Kongo, bis zum Kwango aufwärts.
1604–34 Pater Antonio Fernandez in Äthiopien; gelangt bis in die Gallaländer, zum oberen Omo und zum Sewaisee.
1611–20 Samuel Brauns drei Reisen (1611–13, 14–16, 17–20) an der Guineaküste.
1613 Pedro Paëz entdeckt den Tanasee.
1616 G. Bocarro zieht von Tete (am unteren Sambesi) über das Südufer des Njassasees zum unteren Rovuma.
1619–20 R. Jobson und G. Thompson ziehen den Gambia aufwärts, bringen Kunde von Timbuktu.
1625–32 J. Lobo zieht von Beylul (Eritrea) durch das Dana-

kiltiefland nach Adua und zum Tanasee.
1627 Franzosen lassen sich am Senegal nieder.
1652 Jan van Riebeeck landet am 6. April in der Tafelbucht.
1655 J. Wintervogel zieht von Kapstadt nach Norden; erstes Zusammentreffen mit Buschmännern.
1661 P. van Meerhoff dringt als erster Europäer zu den Nama vor.
1669–77 Johann Schreyer im Kapland, Forschungen über die Hottentotten.
1685–86 S. van der Stel zieht von Kapstadt ins Kleine Namaland, kommt bis Okiep.
1697–1700 André Brue in Senegambien.
1698–99 Ch. Poncet zieht von Ägypten über Gondar nach Massaua.
1705–13 Peter Kolb im Kapland, Forschungen über die Hottentotten.
1714–17 zweite Reise Brues in Senegambien und am oberen Senegal.
1719 der Oranje wird zum erstenmal überschritten.
1731 Harrison entdeckt die Gambiaquelle.
1732–33 J. E. Hebenstreit und Ch. G. Ludwig sind im Auftrag Augusts des Starken in Algerien und Tunesien.
1749–54 Adanson in Senegambien.
1769–72 James Bruce zieht von Massaua über Gondar zum Tanasee, den er wiederentdeckt, von dort nach Assuan.
1772–76 A. Sparrmann und K. P. von Thunberg im Kapland und in Südwestafrika.
1777–79 W. Patterson dringt über den Oranje ins Buschmannland vor.
1780–85 F. Levaillant in Südafrika, gelangt im Norden bis in die Kaffernländer.
1788 Gründung der „British African Association“ in London (19. Juni), Leitung Joseph Banks; Ziele: Entschleierung Innerafrikas, Schaffung neuer Handelsmärkte, Bekämpfung des Sklavenhandels.
1791–92 Eduard W. van Reenen zieht von Kapstadt bis in die Gegend in Windhuk, Nachrichten über Herero und Bergdama.
1793–96 W. G. Browne als erster Europäer in Darfur.
1795–97 Mungo Parks erste Reise von Gambia zum Niger, den er am 20. Juli 1796 bei Ségou erreicht, und wieder zum Gambia zurück; er erbringt damit den Beweis, daß Niger und Gambia in keinem Zusammenhang stehen.
1796–98 John Barrow im Kapland, kommt bis zum Oranje.
1798–99 Friedrich K. Hornemann zieht von Kairo über die Oasen Siwa und Audschila nach Mursuk, von dort Abstecher nach Tripolis.
1800–01 Hornemann zieht von Mursuk nach Bornu, gelangt über Katsina und Sokoto zum mittleren Niger; stirbt in Bokani.
1802–06 Heinrich K. Lichtenstein im Kapland, erkennt die Zusammengehörigkeit der Bantustämme.
1805–06 Mungo Parks zweite Reise, von der Île de Gorée (bei Dakar) durch Senegambien nach Bamako am Niger, befährt den Niger von Sansanding ab, ertrinkt 1806, wahrscheinlich bei Bussa.

1810	Henry Salt dringt im Inneren Äthiopiens bis zum Täkkäse vor.
1812	John Campbell entdeckt die Limpopoquellen.
1812–14	Johann Ludwig Burckhardt gelangt von Kairo aus als erster Europäer nach Nubien.
1818	Mollien entdeckt die Quellgebiete von Senegal und Gambia.
1821	Chr. G. Ehrenberg und Wilh. Fr. Hemprich gelangen nilaufwärts bis zum Atbara, ziehen durch die Küstengebirge des Roten Meeres nach Massaua.
1821–22	F. Cailliaud und Letorzec gelangen zum Zusammenfluß des Blauen und Weißen Nil.
1822–23	Alexander Gordon Laing im Senegal- und Gambiagebiet.
1822–25	Hugh Clapperton, Dixon Denham und W. Oudney ziehen von Tripolis über Mursuk und Bornu nach Kuka am Tschadsee (am 4. November 1822 dort); Denham und Oudney forschen im Tschadseegebiet und in Bornu und entdekken den Schari, Clapperton gelangt über Sokoto zum Niger und nach Kuka zurück; Clapperton und Denham von Kuka durch die Sahara nach Tripolis.
1824	Eduard Rüppell als erster Europäer in Kordofan.
1825–26	Laing gelangt von Tripolis über Ghudamis und In-Salah nach Timbuktu, wo er am 18. Aug. 1826 eintrifft.
1825–27	Clapperton und Richard Lander ziehen von Lagos durch das Land der Yoruba zum Niger und gelangen bis Sokoto.
1827	Linant de Bellefonds zieht den Weißen Nil aufwärts bis 13°30′ nördl. Breite.
1827–28	René Caillié gelangt von der Halbinsel Sierra Leone über das Bergland von Fouta Djalon nach Timbuktu und weiter durch die westliche Sahara nach Tanger.
1830–31	R. und John Lander befahren den unteren Niger bis zur Mündung, entdecken die Benuemündung.
1831–33	Rüppell im Innern Äthiopiens, zieht von Gondar zum Tanasee und zum oberen Blauen Nil.
1833–36	Arnaud d'Abbadie in Algerien.
1836–37	James E. Alexander überquert den unteren Oranje, durchzieht das Namaland und gelangt zur Walfischbucht.
1836–38	Th. Kotschy und J. Russegger in Kordofan.
1836–39	Antoine d'Abbadie in Äthiopien.
1837	Joh. Ludwig Krapf als Missionar in Äthiopien.
1840–43	Charles T. Beke in Schoa und Goddscham (Äthiopien).
1841	Werne und d'Arnaud ziehen den Weißen Nil aufwärts bis 4°42′ nördlicher Breite.
1841–53	Hugo Hahn als Missionar in Südafrika.
1842–48	Antoine und Arnaud d'Abbadie in Äthiopien.
1843	Krapf, Rebmann und Erhardt im Innern Ostafrikas.
1848	Krapf und Rebmann entdecken am 11. Mai den Kilimandscharo.
1849	Krapf erblickt aus der Ferne den Mount Kenya, erreicht ihn aber nicht.

	David Livingstones 1. Reise ins Innere, entdeckt am 1. August den Ngamisee.
1850–51	Heinrich Barth reist mit A. Overweg und J. Richardson von Tripolis über Mursuk – Agadès – Katsina – Kano nach Kuka.
1850–52	F. Galton und K. J. Andersson ziehen von der Walfischbucht zur Etoschapfanne und ins Ovamboland.
1850–53	P. B. du Chaillu in Gabun und am Ogowe.
1851	Livingstone am oberen Sambesi (bei Sesheke).
	Overweg erforscht von Kuka aus das Tschadseegebiet.
	Barth zieht von Kuka nach Adamaua, entdeckt am 18. Juni den Benue, über Yola gelangt er nach Kuka zurück, reist dann mit Overweg im Lande Kanem.
1851–52	Barth weilt mit einem Bornuheer südlich des Tschadsees.
1851–54	Eduard Vogel zieht von Tripolis nach Kuka, nimmt an einem Beutezug des Sultans von Bornu teil.
1852	Theodor von Heuglin gelangt von Khartum über Al Kasarif nach Gondar.
	Barth zieht von Kuka nach Bagirimi und zurück.
1852–54	Silva Porto zieht von Benguela zum Rovuma; erste West – Ost-Durchquerung Südafrikas.
	Livingstone gelangt vom oberen Sambesi über die Sambesiquelle zum Kasai und am 31. Januar 1854 nach Luanda.
1853	von Heuglin am Weißen Nil und in Kordofan.
	Barth zieht über Kano – Katsina – Sokoto zum Niger und durch den Nigerbogen nach Timbuktu.
1854	W. Munzinger zieht von Ägypten nach Massaua.
	R. F. Burton gelangt von Zeila nach Harar (Äthiopien).
	Barth verläßt am 8. April Timbuktu und zieht über Kano nach Kuka; am 1. Dezember trifft er mit Vogel zusammen.
	W. B. Baikie fährt mit einem Dampfer den Benue aufwärts bis in die Nähe von Yola.
1854–56	Livingstone zieht von Luanda nach Quelimane an der Ostküste; er entdeckt im November 1855 die Victoriafälle des Sambesi.
1855	Munzinger in Keren (Eritrea).
	Barth zieht von Kuka durch die Sahara nach Tripolis.
1856	Vogel zieht von Kuka nach Wadai, wird dort ermordet.
1856–57	von Heuglin in der Bajudasteppe (Nubien) und an der Somaliküste.
1856–65	du Chaillu am Ogowe und in Gabun; bringt Nachrichten über Menschenaffen und Pygmäen.
1857	Burton und Speke ziehen von Sansibar über Bagamoyo ins Innere.
1858	Burton und Speke in Ujiji am Tankanjikasee, Speke zieht allein nach Norden, entdeckt am 3. August den Victoriasee (bei Mwanza).
	Livingstone befährt mit einem Dampfer den Mittellauf des Sambesi.
1859	Burton und Speke erreichen am 2. Februar wieder die Ostküste.

Livingstone entdeckt am 18. April den Lake Chilwa, am 16. September den Njassasee.
Lambert und E. Mage im Bergland Fouta Djalon.

1860 K. von der Decken zieht von Kilwa ins Innere Ostafrikas.

1860–61 Moritz von Beurmann zieht nilaufwärts, durch die Nubische Wüste über Berbera nach Sawakin, von dort nach Kassala, Khartum und nach Äthiopien.

1860–63 Speke und Grant ziehen von Bagamoyo zum Victoriasee, umwandern den See im Süden und Westen, erblicken die Virungavulkane (1861); Speke findet den Victorianil, folgt diesem und trifft mit Grant in Gondokoro am oberen Nil ein.

1860–64 Livingstone zieht den Sambesi aufwärts zum Rovuma und in das Gebiet südlich und westlich des Njassasees.

1861 Gerhard Rohlfs in Marokko, Oberarzt der marokkanischen Armee.
Munzinger zieht von Massaua zum Atbara und nach Khartum.
K. von der Decken am Kilimandscharo, gelangt bei einem Besteigungsversuch bis 2 500 m Höhe; erforscht den Oberlauf des Pangani.
R. F. Burton und G. Mann besteigen als erste den Kamerunberg.

1861–62 von Heuglin zieht von Massaua über Gondar und den Blauen Nil nach Khartum.

1861–63 Samuel White Baker zieht den Atbara aufwärts über Äthiopien nach Karthum, den Weißen Nil aufwärts bis Gondokoro, trifft dort mit Speke und Grant zusammen.

1862 Rohlfs zieht von Marokko zur Oase Tafilalet.
Munzinger in Kordofan.
K. von der Decken gelangt am Kilimandscharo bis 4 280 m Höhe.
M. von Beurmann zieht von Bengasi über Mursuk nach Kuka und zum Tschadsee, muß umkehren.

1862–63 Chr. Hornberger im Hinterland von Togo bis Atakpamé.
Alexandrine Tinné reist mit von Heuglin und Steudner im Bahr-Al-Ghasal-Gebiet.

1863 Speke: „The Nile ist settled“ (Telegramm aus Gondokoro); die „Quelle“ des Nil war damit endlich gefunden (im Victoriasee).
von Beurmann zieht von Kuka nach Osten, wird in Mao ermordet.

1863–64 Rohlfs zieht von Marokko über Tafilalet, die Touatoasen, die er als erster Europäer erreicht, und Ghudamis nach Tripolis.

1863–66 G. Th. Fritsch arbeitet völkerkundlich in Südafrika.
Mage und Quintin am oberen Senegal und im westlichen Sudan.

1864 Baker entdeckt am 14. März den Albertsee, erforscht dessen Nordufer bis zur Mündung des Victorianil, zieht diesen aufwärts und entdeckt die Murchisonfälle.

1864–66 Georg Schweinfurth in Ägypten und im östlichen Sudan.

1864–80 A. Anderson im östlichen Betschuanaland (Botswana) und in der Kalahari.

1865 K. von der Decken fährt mit zwei kleinen Dampfern den Juba aufwärts, scheitert oberhalb von Bardera.

1865–67 Rohlfs zieht von Tripolis über Ghudamis und Kauar nach Kuka und zum Tschadsee, von dort zum Bautschiplateau und zum Benue, befährt diesen bis zur Mündung und den Niger aufwärts bis Rabba; über Ilorin und Ibadan gelangt er nach Lagos; erste Afrikadurchquerung vom Mittelmeer zum Golf von Guinea.

1865–70 Alfred Grandidier in Madagaskar.

1865–72 Karl Mauch in Transvaal und Rhodesien, entdeckt die Goldfelder im Mashona- und Matabeleland.

1866 K. H. Hahn dringt von Süden zum Cunene vor.
Livingstone zieht von Sansibar über den Rovuma zum Südufer des Njassasees, überschreitet den Chambezi.

1866–69 A. Tinné zieht von Algier in die Sahara.

1867 Livingstone am Südufer des Tanganjikasees, am Mwerusee und am Luapula.

1868 Livingstone entdeckt am 18. Juli den Bangweolosee.

1868–69 Rohlfs in den Oasen Audschila und Siwa.

1869 Gustav Nachtigal zieht von Tripolis nach Mursuk, von dort Vorstoß nach Tibesti (als erster Europäer dort).
Livingstone am 14. März in Ujiji.

1869–71 Schweinfurth zieht von Khartum über Kodok in das Bahr-Al-Ghasal-Gebiet, untersucht die dort ansässige Bevölkerung (Mangbetu, Nuer, Pygmäen), entdeckt den Uelle (19. März 1870).
Livingstone westlich des Tanganjikasees, entdeckt im März 1871 den Lualaba.

1870 Nachtigal zieht von Mursuk nach Kuka.

1871 Nachtigal gelangt von Kuka nach Kanem und Bornu.
Mauch entdeckt die Ruinen von Simbabwe.
Livingstone am 23. Oktober wieder in Ujiji, trifft dort am 28. Oktober mit Stanley zusammen; am 20. November ziehen Livingstone und Stanley zum Nordufer des Tanganjikasees.

1872 Nachtigal zieht von Kuka nach Bagirmi.
Livingstone und Stanley in Unjanjembe, Stanley zieht allein weiter zur Ostküste; Livingstone bricht zum Bangweolosee auf.

1872–73 Reade im Aschantireich.

1873 Livingstone am Tanganjikasee; am 1. Mai am Bangweolosee gestorben.
V. L. Cameron zieht auf der Suche nach Livingstone von Bagamoyo ins Innere Ostafrikas, trifft am 4. August in Unjanjembe mit den Dienern Livingstones zusammen, die ihren toten Herrn zur Küste tragen.
Adolf Bastian an der Loangoküste.

1873–74 Rohlfs in den ägyptischen Oasen Dachla, Farafra und Siwa.
Nachtigal zieht von Kuka durch Wadai, Darfur und

	Kordofan nach Khartum, erreicht somit den Nil erstmals vom Sudan aus.
1874	Ch. Chaillé-Long erforscht den Victorianil, entdeckt den Kiogasee.
	Henri Duveyrier erforscht die südtunesischen Schotts.
	W. Junker in Tunesien und Ägypten.
	Stanley zieht von Bagamoyo ins Innere.
1874–75	Cameron in Ujiji, befährt den südlichen Teil des Tanganjikasees und entdeckt den Lukuga als Ausfluß des Sees; erreicht den Kongo bei Nyangwe, zieht von dort durch das südliche Kongobecken nach Benguela; erste Ost-West-Durchquerung Äquatorialafrikas.
1874–76	Deutsche Loangoexpedition mit Bastian, Pechuël-Loesche u. a.
1874–77	Oskar Lenz in Gabun.
1875	Emil Holub am oberen Sambesi.
	Stanley am Victoriasee, umfährt ihn auf einem Schiff in 57 Tagen, entdeckt im Westen den Ruwenzori und den Eduardsee.
1875–76	Paul Pogge im Lundareich.
1875–78	Pierre de Brazza im Ogowegebiet, erkennt dessen Unabhängigkeit vom Kongosystem.
1876	R. Gessi entdeckt den Ausfluß des Albertnil aus dem Albertsee.
	Stanley befährt in 51 Tagen den ganzen Tanganjikasee, zieht dann nach Westen bis Nyangwe, von dort mit 18 Flußbooten den Lualaba/Kongo abwärts.
1876–81	A. Cecchi in Südäthiopien, besonders in Kafa.
1877	Stanley erreicht am 8. August die Mündung des Kongo.
1877–79	Serpa Pinto zieht von Benguela über das Hochland von Bié nach Lealui am Sambesi, von dort über die Victoriafälle, das östliche Betschuanaland (Botswana) und Pretoria zur Ostküste.
1878	Emin Pascha (Eduard Schnitzer) wird Gouverneur der Äquatorialprovinz im ägyptischen Sudan.
1879	Rohlfs als erster Europäer in den Kufraoasen.
	Moustier und Zweifel entdecken die Nigerquellflüsse.
1879–80	Lenz zieht von Tanger durch den westlichen Atlas über Tindouf und Taoudenni nach Timbuktu, von dort nach Westen zum Senegal.
	Brazza von Franceville zum Stanley Pool des Kongo, gründet Brazzaville.
1879–84	Stanley im Auftrag Leopolds II. von Belgien im Kongogebiet, entdeckt den Leopold-II.-See (Lac Mayi Ndombe).
1880	J. Thompson entdeckt den Lake Rukwa.
1880–82	Paul Pogge und Hermann von Wißmann ziehen von Luanda über Malanje zum Kasai, erreichen Nyangwe am Lualaba (Kongo).
1880–85	Brazza im Innern von Gabun.
	Kaiser, Böhm und Reichard ziehen von Osten ins Kongobecken, entdecken die Kupferlager in Shaba und den Upembasee.

1880–86	Junker im Bahr-Al-Ghasal-Gebiet, unternimmt mehrere Züge von Ndoruma aus, entdeckt den Nepoko (Quellfluß des Aruwimi), trifft mit Emin Pascha zusammen.
1881–82	Flegel verfolgt den Benue bis zur Quelle.
1882	Defournoux zieht durch Ostmarokko nach Figuig, von dort über das Hochland der Schotts nach Kairuan.
	H. von Wißmann zieht von Nyangwe über den Tanganjikasee und Tabora zur ostafrikanischen Küste bei Saadani; erste West-Ost-Durchquerung Äquatorialafrikas.
1882–84	Pogge zieht von Nyangwe über Malanje zur Westküste zurück und erreicht am 28. Februar 1884 Luanda.
1883–84	Foucauld in Südmarokko und der algerischen Sahara.
1883–87	Holub dringt zum mittleren Sambesi vor, weilt im östlichen Barotseland und im Land der Maschukulumbe.
1883–97	Fernand Foureau unternimmt mehrere Reisen in die mittlere Sahara.
1884–85	Pechuël-Loesche im Herrerogebiet in Südwestafrika.
	H. de Brito Capello und R. Ivens ziehen von Moçâmedes (Angola) zum Sambesi, dann weiter zum Bangweolosee und zur Ostküste.
1884–86	H. von Wißmann, K. von François, L. Wolf u.a. ziehen von Angola zum Kasai und Lulua, gründen Luluabourg (Kananga), fahren den Kasai und Kongo abwärts bis zum Stanley Pool.
1885	Paulitschke im Innern des Somalilandes.
	Johnston besteigt als erster den Kamerunberg zur Regenzeit.
1885–87	Oskar Lenz in Äquatorialafrika; er zieht von den Stanleyfällen den Lualaba aufwärts bis Kasongo, von dort über den Tanganjika- und Njassasee zum unteren Sambesi.
1886	Wilhelm Junker zieht von Lado (am oberen Nil) über Unyoro, Victoriasee und Tabora nach Bagamoyo.
1886–87	Hans Meyer gelangt von Kapstadt über Kimberley, Transvaal, Moçambique und Sansibar nach Ostafrika; erreicht am Kilimandscharo 5 500 m Höhe.
	Von Wißmann und Wolf ziehen von Banana den Kasai aufwärts bis Kananga, von dort mit Le Marinel zum Sankuru und Lomami, weiter nach Nyangwe, über den Tanganjikasee und Njassasee zum Shire und Sambesi, erreichen Quelimane.
1887	Traversi und Ragazzi ziehen von Harar nach Schoa.
1887–88	Kund, Tappenbeck, Weißenborn und Braun in Südkamerun.
	Stanley zieht im März mit 620 Mann von der Kongomündung stromaufwärts, den Aruwimi aufwärts und trifft am 29. April 1888 am Albertsee mit Emin Pascha zusammen.
	Graf Teleki und von Höhnel entdecken den Turkana- und den Stefaniesee; gelangen am Kilimandscharo bis 5 300 m Höhe, am Mount Kenya bis 4 700 m.

1887–89	L. G. Binger zieht von Bamako nach Ouagadougou, dann den Comoé abwärts nach Grand-Bassam.
1888	Stanley zieht vom Albertsee zur Aruwimimündung und zurück.
	Hans Meyer und Oskar Baumann in den Usambara Mountains, von Arabern gefangen.
	K. von François gelangt von Nordwesttogo bis Ouagadougou.
1888–89	Wolf und Bugslag in Nordosttogo und Borgu.
1888–90	Zintgraff gelangt von Kamerun zum oberen Benue.
1889	A. von Gèle am Ubangi und Uelle.
	Hans Meyer und L. Purtscheller am Kilimandscharo, am 6. Oktober erreichen sie den Gipfel des Kibo.
	Serpa Pinto am Shire.
	Stanley trifft erneut mit Emin Pascha am Albertsee zusammen und stellt fest, daß Albert- und Eduardsee verschiedene Seen sind, zieht mit Emin Pascha nach Bagamoyo.
1889–90	Zintgraff zieht von Barombi zum Grasland von Kamerun und über Ibi nach Yola am Benue und dann wieder zur Küste zurück.
1890	Foureau gelangt nach In-Salah.
1890–91	Emin Pascha zieht mit Stuhlmann von Bagamoyo zum Victoria- und Albertsee.
1890–92	P. L. Monteil zieht von Senegambien über Ouagadougou und Kano zum Tschadsee, erforscht den Komadugu, von Bornu gelangt er nach Tripolis.
1890–93	Louis A. Mizon zieht von der Nigermündung nach Adamaua, von dort über Ngaoundéré zum Kongo.
1891–1901	Ch. De Ségonzac im Rifatlas, im Mittleren und Hohen Atlas.
1892–93	Vittorio Bòttego zieht von Berbera ins nördliche Somaliland, erforscht die Quellflüsse des Juba.
	Baumann zieht von Tanga durch das Massailand zum Ostfafrikanischen Graben, erforscht den Kagera bis zur Quelle, stößt nach Rwanda vor, über das Nordufer des Tanganjikasees, Tabora und das Gebiet der Massai erreicht er Pangani an der Ostküste.
	De Maistre zieht vom Ubangi zum oberen Schari und nach Bagirmi, von dort westwärts zum Benue und Niger.
1892–94	E. Gautier im Norden und Westen von Madagaskar.
1893	Foureau im Gebiet der Tuareg.
1893–94	Siegfried Passarge und von Üchtritz im Benuegebiet und in Adamaua.
	Graf von Götzen gelangt zu den Virungavulkanen, entdeckt den Kiwusee, erforscht Rwanda und zieht zum Kongo.
1893–1907	G. Hartmann im Nama- und Ovamboland, am Okawango und Cunene und im Kaokoveld.
1894–95	Donaldson Smith zieht von Berbera den Webbe Shibeli aufwärts zum Stefanie- und Turkanasee.
	Die Deutsche Togohinterlandexpedition gelangt bis zum Niger.
1894–97	Edouard Foà zieht von der Sambesimündung zum

	Njassa- und Tanganjikasee und weiter zur Kongomündung.
1895	Foureau im Großen Östlichen Erg.
1895–97	Bòttego zieht vom Juba nach Südäthiopien, entdeckt den Abajasee und gelangt zum Omo, dem er bis zum Turkanasee folgt, dann nach Norden zum oberen Sobat.
1896	J. K. Trotter findet die Quelle des wichtigsten Nigerquellflusses, des Tembi.
	Hourst befährt als erster den Niger von Bamako zur Mündung.
1896–97	Passarge im Ngamigebiet (Botswana).
1896–98	J.-B. Marchand zieht von der Loangoküste den Kongo und Ubangi aufwärts ins Bahr-Al-Gahsal-Gebiet, hißt in Kodok (Faschoda) die französische Flagge, gelangt durch Äthiopien nach Dschibuti.
1897	Pierre Prins in Dar Runga (Quellgebiet der Schari- und Ubangizuflüsse).
	Darragon zieht von Berbera ins Land der Galla.
	Leclerc im Bergland von Fouta Djalon.
1898	Hans Meyer mit Ernst Platz am Kilimandscharo, umkreist das Massiv, entdeckt neue Gletscher.
	von Carnap-Quernheimb zieht über Joko (Kamerun) nach Carnot am Sanga, diesen abwärts zur Kongomündung.
1898–99	Houdeille erforscht das Gebiet zwischen den Flüssen Comoé und Bandama an der Elfenbeinküste.
1898–1900	Foureau und Lamy ziehen von Biskra über Ouargla zum Aïr und weiter zum Tschadsee (Lamy gestorben); Foureau fährt den Schari aufwärts, den Ubangi und Kongo abwärts zur Küste.
1899	Mackinder ersteigt am 12. September den Hauptgipfel des Mount Kenya.
1899–1900	M. L. Wellby zieht von Addis Abeba zum Omo und Turkanasee und weiter zum Sobat und nach Khartum.
1899–1902	Jean Tilho in der französischen Kolonie Niger.
1900	Harry Johnston im westlichen Uganda und am Ituri (nördliches Kongobecken).
1900–01	R. H. Austin zieht von Khartum über den Sobat zum Westufer des Turkanasees, weiter zum Lake Baringo und Lake Nakuru und zur Küste bei Mombasa.
1900–04	Charles Pierre am Mittel- und Oberlauf des Ubangi und am oberen Nil, erforscht das Bahr-Al-Ghasal-Gebiet.
1901	Ch. Löfler erforscht die Sümpfe am mittleren Logone.
1901–03	A. Chevalier am Tschadsee, in Bagirmi und im Grenzgebiet Wadai/Darfur, erforscht den Bahr Salamat.
1901–04	Destenave führt die ersten genaueren Aufnahmen des Tschadsees durch, erforscht die Inseln im Osten und Südosten.
1903	A. Hübner im Waldland von Liberia.
1903–05	L. Schultze im Namaland und in der Kalahari.
1903–12	Seiner in der nördlichen Kalahari.
1904–06	K. Uhlig und F. Jaeger im Innern Ostafrikas.

	Mangin gelangt als erster Europäer nach Ennedi.
1904–07	Alexander-Gosling-Expedition vom unteren Niger und Benue zum Tschadsee, erforscht die Flüsse zwischen Niger und Nil, gelangt über den Ubangi und Uelle ins Bahr-Al-Ghasal-Gebiet und weiter nach Port Sudan.
1905	Lancrenon im Quellgebiet von Sanga und Logone (westliches Adamaua).
	F. J. Bieber zieht von Addis Abeba nach Kafa.
1905–06	C. Harding entdeckt die Sambesiquellen.
1905–16	Foucauld im Ahaggar (Tamanrasset).
1906	Laperrine und Niéger ziehen von Touat nach Taoudenni.
	Ludwig Amadeus Herzog der Abruzzen forscht im Ruwenzori, besteigt die Hauptgipfel.
1906–07	Hanns Vischer zieht von Tripolis über Mursuk, Tibesti und den Tschadsee nach Nigeria.
	W. Volz im Inneren Liberias. Seiner zieht von den Victoriafällen zum Okawango und nach Südwestafrika.
1906–08	Lenfant erkennt den Ouham als Hauptquellfluß des Schari.
1907–08	Forschungsreise unter Adolf Friedrich Herzog zu Mecklenburg von Mombasa über Bukoba, den Kiwu-, Eduard- und Albertsee und den Ruwenzori zum Kongo und Ubangi.
	K. Hassert und F. Thorbecke in Nordwestkamerun.
1907–09	Desplagnes zieht vom oberen Schwarzen Volta an der Nordgrenze von Ghana und Togo entlang.
1908	B. Wallis als erster Europäer im Grenzgebiet zwischen Liberia, Sierra Leone und Guinea.
	Tilho führt Neuaufnahmen des Tschadsees durch, erforscht das Bodélé.
1908–09	K. Kumm zieht vom Niger nach Sarh, durch wenig bekannte Gebiete (Dar Banda, Dar Runga, südliches Darfur) weiter, den Bahr Al Arab abwärts zum oberen Nil.
1908–10	F. Thonner im zentralafrikanischen Regenwald zwischen Aruwimi und mittlerem Kongo.
1909	F. J. Bieber zieht von Addis Abeba durch das Gebiet der Galla zum Didessa (Nebenfluß des Blauen Nil), dann den Sobat und Weißen Nil abwärts nach Khartum.
1910–11	Zweite Afrikaexpedition von Adolf Friedrich Herzog zu Mecklenburg über den Kongo, Ubangi und Schari zum Tschadsee und weiter über Garoua und den Benue und Niger abwärts.
1911	H. Meyer im Gebiet der Virungavulkane, besteigt den Karisimbi und Nyiragongo.
1911–12	Erik von Rosen erforscht die Twa, eine Pygmäengruppe, am Bangweolosee.
1911–13	Thorbecke in Zentralkamerun.
1912	E. D. Pearson nimmt den Sobat und Pibor kartographisch auf.
	E. Öhler und F. Klute ersteigen den Mawensi (zweithöchster Gipfel des Kilimandscharo).

1912–13 Thorbecke im Land der Wute (Kamerun).

1912–17 Tilho in Borkou, Tibesti, Erdi, Ennedi-Wadai und Darfur.

1914 H. D. Pearson nimmt den Blauen Nil kartographisch auf.

1914–19 Jaeger, Waibel und Kaiser in Südwestafrika.

1974 Internationale Kongo-Expedition; 140 Personen aus 10 Ländern befahren den Kongo, und zwar erstmals vom Quellgebiet des Lualaba aus.

Amerika

Angloamerika

um 870 Der Isländer Gunnbjörn erblickt die Ostküste Grönlands.

983 Erich der Rote landet an der Westküste Grönlands.

um 1000 Leif Eriksson entdeckt von Grönland aus die Nordostküste Nordamerikas, segelt von Labrador bis in den Golf von Maine.

vor 1497 Bristoler Seeleute erreichen die Küste Nordamerikas.

1497–98 Giovanni Caboto gelangt nach Labrador und segelt an der Ostküste bis Florida (?).

1500–03 Gaspar und Miguel Cortereal gelangen auf drei Nordamerikafahrten nach Labrador und Neufundland.

1509 Sebastiano Caboto gelangt (wahrscheinlich) durch die Hudsonstraße in die Hudsonbai.

1513 Juan Ponce de León erkundet die Bahamainseln und entdeckt Florida, befährt seine Küsten.

1519 Alonso de Pineda befährt die gesamte Nord- und Westküste des Golfes von Mexiko.

1524 Verrazano erreicht den Pamlico Sound, segelt zunächst nach Süden, dann nach Norden bis Neuschottland.

1528–29 Pánfilo de Narváez landet an der Westküste Floridas, erreicht über Land das Mississippidelta, wo er aber umkommt.

1529–36 Alvar Núñez Cabeza de Vaca setzt die Erkundungen mit drei weiteren Überlebenden fort, durchquert Louisiana und Texas, gelangt als erster zu den Puebloindianern, erreicht durch das nordwestliche Mexiko endlich Sonora.

1534 Jacques Cartier segelt durch die Strait of Belle Isle und den Sankt-Lorenz-Golf bis Anticosti Island, nimmt auf Gaspé Peninsula von diesem Gebiet für Frankreich Besitz.

1535 Cartier entdeckt den Sankt-Lorenz-Strom.

1539–42 Hernando de Soto stößt von der Westküste Floridas ins Innere vor, quert die Appalachen und dringt bis zum Arkansas River vor.

1540–42 Francisco Vásquez de Coronado dringt von Süden bis in das Gebiet des Colorado und des Missouri vor.

1541 Cartier fährt den Sankt-Lorenz-Strom aufwärts bis zu den Stromschnellen von Lachine.

1581 Rodríguez am oberen Rio Grande.

1582 Espejo am oberen Rio Grande und am oberen Pecos River.

1603–06 Samuel de Champlain erkundet die Küstengebiete zwischen Cape Breton Island und der Insel Martha's Vineyard, entdeckt (1603) die Bay of Fundy.

1610 Henry Hudson entdeckt die Hudsonbai; befährt ihre Ostküste bis in die James Bay.

1615 S. de Champlain und E. Brûlé fahren mit Kanus den Ottawa River aufwärts, erreichen den Lake Nipissing und die Georgian Bay des Huronsees, den Lake Simcoe und den Ontariosee.

1659–60 Radisson und Chouart dringen vom Lake Nipigon zur James Bay vor.

1669 La Salle erforscht den oberen Ohio bis zu den Stromschnellen bei Louisville.

1673 Louis Jolliet und Jacques Marquette dringen vom Nordufer des Michigansees ins Landesinnere nach Südwesten vor, entdecken den Mittellauf des Mississippi, fahren diesen stromab, entdecken die Missourimündung.

1681–82 La Salle befährt den Mississippi von der Mündung des Illinois River bis zur Mündung in den Golf von Mexiko; Nordamerika war damit erstmals von Norden nach Süden durchquert.

1690–91 Kelsey erreicht von der Hudsonbai aus, dem Nelson River folgend, den Saskatchewan River.

1719 La Harpe fährt den unteren Red River aufwärts, überquert die Ouachita Mountains und erreicht den Arkansas River.

1731–43 La Vérendrye erkundet mit seinen Söhnen die Gebiete um den Winnipegsee, den Lake of the Woods, den Manitobasee und am Saskatchewan River; erreicht dabei den Oberlauf des Missouri (1738).

1769–70 Portolá durchquert die Halbinsel Niederkalifornien und die Coast Range bis zur Monterey Bay.

1770–72 Samuel Hearne dringt von der Westküste der Hudsonbai weit in die Barren Grounds vor, erreicht 1771 die Mündung des Coppermine River; Rückkehr über den Großen Sklavensee. Der nordamerikanische Kontinent erwies sich als viel ausgedehnter als bisher angenommen.

1776 Domínguez und Escalante durchqueren das Colorado Plateau, das südöstliche Great Basin und Teile der südlichen Rocky Mountains.

1778 Cook kartiert auf seiner dritten Reise Teile der Nordwestküste Amerikas.

1786 Graf von La Pérouse kartiert die Westküste Nordamerikas von Alaska bis Kalifornien, entdeckt dabei den Alexander Archipelago, die Prince of Wales Islands und die Queen Charlotte Islands.

1789 Alexander Mackenzie entdeckt den Mackenzie River und befährt ihn bis zu seiner Mündung.

1789–94 Alessandro Malaspina erforscht die amerikanische Westküste von Patagonien bis Alaska zu Wasser und zu Land; die Ergebnisse bleiben jedoch lange Zeit in spanischen Archiven.

1790–91 Der russische Pelzhändler Alexander Baranow erreicht von Ochotsk aus Kodiak Island, erforscht von hier aus Alaska und gründet russische Stützpunkte.

1792–93 Mackenzie reist den Peace River aufwärts, quert die Rocky Mountains, erreicht den Mittellauf des Fraser River, überquert die Coast Mountains und erreicht die Küste des Pazifischen Ozeans (28. Juli 1793); somit gelang ihm die erste Durchquerung des nördlichen Nordamerika.

1792–94 George Vancouver erkundet die nordamerikanische Westküste von Kodiak Island bis Mexiko; entdeckt die Juan de Fuca Strait.

1794–97 Morgan fährt den Mississippi und den Missouri aufwärts bis nahe der Mündung des Knife River.

1797–98 David Thompson erforscht das Quellgebiet des Mississippi.

1804 Baranow gründet in Alaska Nowo Archangelsk, das heutige Sitka, auf Baranof Island im Alexander Archipelago.

1805–06 Meriwether Lewis und William Clark erkunden im Regierungsauftrag den Landweg vom Missouri zur Küste des Pazifik, über Clearwater River, Snake River und Columbia River.

1806–08 Simon Fraser erkundet den Lauf des Fraser River.

1807–11 Thompson überschreitet vom South Saskatchewan River aus die Rocky Mountains und erreicht den Columbia River, dem er bis zur Quelle und dann bis zur Mündung folgt. Thompson legte durch seine Vermessungen die Grundlage für die kartographische Erfassung Westkanadas.

1812–13 Johann Jakob Astor erkundet die Rocky Mountains im Bereich des Green River und des Yellowstone River.

1819–20 Cluston erkundet das Innere Labradors von der Ostküste der Hudsonbai über den Lake Kaniapiskau und den Lake Mistassin zum Nottaway River.

1819–22 John Franklin gelangt in Begleitung von J. Richardson, G. Back und R. Hood bei der ersten nordamerikanischen Küstenexpedition von der Hudsonbai über den Athabasca- und den Großen Sklavensee zur Mündung des Coppermine River, von wo aus sie die Küste ostwärts bis zum Kap Turnagain erkunden.

1825–26 Franklin gelangt mit J. Richardson und G. Back den Mackenzie River abwärts bis zur Beaufortsee, Franklin und Back erforschen die Küste westwärts bis Beechey Point; Richardson folgt (1826) der Küste ostwärts zur Mündung des Coppermine River, stößt dann zum Großen Bärensee vor, den er erkundet.

1831–34 Erlandsson erkundet Ost-Labrador, dringt zu den Seen Michikamau Lake, Lobstick Lake und Petitsikapau Lake vor, erreicht die Ungava Bay.

1838–51 Campbell quert die nördlichen Rocky Mountains, folgt dem Liard River aufwärts und dann dem Pelly River und dem Yukon abwärts.

1842 Sasgoskin dringt auf dem Kuskokwim River und auf dem Yukon und seinem Nebenfluß Koyukuk River weit in das Innere Alaskas vor.

1842–53 John Charles Frémont leitet fünf umfangreiche Expeditionen in den Westen der USA (Rocky Mountains): Wind River Range, Snake River, Columbia River, Great Sandy Desert, Sacramento River, San Joaquin River, Sierra Nevada, Great Salt Lake, Humboldt River, Columbia Plateau; Rio Grande, Land der Apachen; Kalifornien.

Lateinamerika

1492 Christoph Kolumbus landet am 12. Oktober auf Guanahani (San Salvador), entdeckt am 28. Oktober Kuba, am 6. Dezember Hispaniola.

1493 Kolumbus entdeckt die Inseln Dominica, Marie-Galante, Guadeloupe, Antigua und Puerto Rico.

1494 Kolumbus entdeckt am 4. Mai Jamaika.

1498 Kolumbus vor der südamerikanischen Küste (Orinokomündung), entdeckt Trinidad.

1498–99 Alonso de Ojeda zusammen mit A. Vespucci an der Nordküste Südamerikas (Französisch-Guayana bis Venezuela), entdeckt den Maracaibosee.

1499 Amerigo Vespucci entdeckt den Amazonas und erkundet die nordbrasilianische Küste.

1500 Vicente Yáñez Pinzón erreicht als erster die Ostspitze Brasiliens.

Pedro Álvares Cabral landet, von der Meeresströmung abgetrieben, an der brasilianischen Küste (Bahía), die er als Tierra de Santa Cruz für Portugal in Besitz nimmt.

1501–02 Vespucci befährt die ostbrasilianischen Küsten (etwa bis 25° s. Br.).

1502–03 Kolumbus in Zentralamerika (Honduras, Nicaragua, Costa Rica).

1508 Pinzón im Golf von Honduras, beweist die Inselnatur Kubas.

1509 Pinzón an der Ostküste Südamerikas (bis etwa zum Río de la Plata).

1513 Vasco Núñez de Balboa erreicht über den Isthmus von Darién (Panama) den Pazifischen Ozean, den er „mar del sur“ (Südsee) nennt.

1513 Juan Ponce de León erkundet die Bahamainseln.

1516 Juan Díaz de Solis am Río de la Plata.

1517 Hernández de Córdoba segelt an der Küste von Yucatán und des Golfes von Campeche.

1518 Grijalva an der Nordküste von Yucatán.

1519	Alonso de Pineda befährt die gesamte Nord- und Westküste des Golfes von Mexiko.
1519	Hernán Cortés erobert Tenochtitlán.
1519	Fernão de Magalhães erreicht die Baía de Guanabara.
1520	Magalhães erreicht am 10. Januar den Río de la Plata und durchfährt vom 18. Oktober bis 8. November die Magalhãesstraße.
1524–27	Francisco Pizarro befährt die Küste von Ecuador und Peru.
1526	Sebastiano Caboto zieht den Paraná und Paraguay aufwärts bis zum heutigen Asunción.
1530–31	Nikolaus Federmann zieht von Coro ins Innere von Venezuela bis zu den Llanos am Río Portugueza.
1531	Ambrosius Dalfinger zieht von Coro zum Río Magdalena und Río Cauca.
1533	F. Pizarro erobert das Inkareich.
1535–37	Diego de Almagro zieht durch die Hochländer von Bolivien und Jujuy und durch die Atacama zum heutigen Copiapó, von dort entlang der Küste bis zum heutigen Coquimbo, Chile.
1535–38	Georg Hohermuth zieht zusammen mit Philipp von Hutten von Coro aus über die Cordillera de Mérida und entlang der Ostkordillere bis zum Oberlauf des Río Guaviare.
1536–37	Gonzalo Jiménez de Quesada zieht von Santa Marta den Río Magdalena aufwärts zum Hochland von Bogotá, unterwirft die Chibcha.
1536–39	Federmann zieht von Coro über die Cordillera de Mérida zum Hochland von Bogotá, trifft dort Quesada und Benalcázar und folgt dem Río Magdalena bis zur Mündung.
1537	Domingo M. de Irala befährt den Río Pilcomayo und gründet Asunción.
1539	S. de Benalcázar zieht von Peru nach Bogotá.
1541	Alvar Núñez Cabeza de Vaca zieht von der Ilha Santa Catarina nach Asunción.
1541–42	Francisco de Orellana befährt als erster den Amazonas von Peru bis zur Mündung (8 Monate); erste Durchquerung Südamerikas. Gonzalo Pizarro zieht von Quito aus über die Anden ins Amazonastiefland.
1541–46	Philipp von Hutten zieht von Coro aus nach Süden, um das Goldland Dorado zu suchen; er gelangt bis Zentralkolumbien.
1547	Irala befährt den Paraguay bis etwa 17° s. Br. und zieht westwärts bis zu den Anden.
1551	Pedro de Valdivia gelangt bis 42° südlicher Breite.
1558	Juan Ladrilleros befährt die Westküste Südamerikas und als erster die Magalhãesstraße von Westen nach Osten.
1595	Walter Raleigh fährt den Orinoko aufwärts.
1616	Jacques Le Maire und Cornelisz Schouten entdecken auf ihrer Weltumsegelung (1615–17) die Staateninsel und Kap Hoorn (29. Januar 1616).
1744	Charles Marie de La Condamine fährt den Amazo-

nas abwärts und entwirft die erste exakte Karte des Stromes, deutet die Flutwelle des Amazonas richtig.

1769 Portolá durchquert die Halbinsel Niederkalifornien.

1781–1802 Felix d'Azara erforscht die La-Plata-Länder; erste ethnologische Untersuchungen in diesem Gebiet.

1786 Graf von La Pérouse umsegelt Kap Hoorn, kartiert die Westküste Südamerikas bis Concepción.

1789–94 Alessandro Malaspina erforscht die amerikanische Westküste von Patagonien bis Alaska zu Wasser und zu Land; die Ergebnisse bleiben jedoch lange Zeit in spanischen Archiven.

1799–1804 Alexander von Humboldt und A. Bonpland unternehmen die wissenschaftlich außerordentlich ergebnisreiche „Reise in die Äquinoktialgegenden des Neuen Kontinents": Llanos del Orinoco bis zum Río Casiquiare; Kuba; Río Magdalena, durch die Anden (Besteigung des Chimborasso, 1802) bis Ciudad del Rey (Lima), Mexiko.

1817–20 Johann Baptist Spix und Carl F. Ph. Martius bereisen das Brasilianische Bergland (u.a. Ouro Prêto, Diamantina, Rio São Francisco, Serra do Paraná, ab 1819 auf dem Amazonas, Rio Negro und Rio Japurá).

1822–32 Eduard Pöppig forscht in Südamerika (Kuba, Anden des zentralen und südlichen Chile, befährt den Río Huallaga abwärts und anschließend den Río Marañón/Amazonas bis zur Mündung).

1843–47 Francis von Castelnau leitet die französische Regierungsexpedition in das äquatoriale Südamerika, durchquert (1844–45) Zentralbrasilien, erreicht den oberen Paraguay, überquert die Anden und erreicht Lima; Rückkehr auf dem Río Ucayali und dem Amazonas; Castelnau hat den Kontinent somit in beiden Richtungen gequert.

1857–59 Johann Jakob Tschudi forscht in Minas Gerais, Brasilien; durchquert die Anden von Catamarca bis Cobija, Forschungen über die Kulturen der Indianer, besonders in Peru.

1848–52 Alfred Russel Wallace erforscht mit Henry W. Bates die Ufergebiete des Amazonas; Bates reist bis 1859 weiter, befährt u.a. den Rio Tapajós.

1869–70 George Chaworth Musters bereist Patagonien von Punta Arenas bis zum Río Negro.

1895–97 Otto Nordenskjöld bereist Patagonien und Feuerland.

Asien

vor Christi Geburt

Ende 6. Jh. Skylax von Karyanda befährt den Indus und von dessen Mündung bis zum Persischen Golf die Küste des Indischen Ozeans.

5. Jh. Herodot bereist Kleinasien, Mesopotamien und das westliche Persien; erkennt den Binnenmeercharakter des Kaspischen Meeres.

um 400 Ktesias aus Knidos verfaßt die erste ausführliche Beschreibung Indiens.

329–324 Alexander der Große trägt durch seine Eroberungszüge bis zum Oxus (Amu-Darja) und Jaxartes (Syr-Darja) sowie bis zum Indus wesentlich zur Erweiterung des Weltbildes bei; erste Nennung der Insel Taprobane (Ceylon).

um 100 Hippalus beschreibt die Gesetzmäßigkeit der Monsunwinde; Beginn griechischer Handelsfahrten nach Indien. Etwa gleichzeitig erreichen die ersten chinesischen Schiffe die indische Ostküste.

nach Christi Geburt

um 100 Der griechische Kaufmann Alexander erreicht den chinesischen Hafen Kattigara (wahrscheinlich im Delta des Roten Flusses).

etwa 160–180 Ptolemäus faßt das antike Wissen über Asien zusammen: im Norden Kenntnisse bis Nordchina; in Südostasien sind große Teile des Malaiischen Archipels, Hinterindien und Südchina bekannt.

1245–47 Giovanni dal Piano dei Carpini gelangt von Kiew aus bis zum Karakorum.

1252–55 Wilhelm v. Rubruk erreicht, auf der Halbinsel Krim an Land gehend, ebenfalls über den Syr-Darja das Karakorum, Rückreise über das Westufer des Kaspischen Meeres, Aserbaidschan, das Hochland von Armenien und den Tuzgölü.

1260–69 Handelsreise von Niccolò und Maffeo Polo nach China.

1271–95 Marco Polo bereist Zentralasien, China und Südostasien. Sein Bericht bildet bis ins 16. Jh. die Grundlage aller abendländischen Kenntnisse über Asien.

Bis zum Ende der Mongolenherrschaft in China (1368) gelangen zahlreiche europäische Reisende dorthin.

1292–1330 G. de Montecorvino erster Erzbischof von China mit Sitz in Peking; seine Briefe trugen zum europäischen Chinabild bei.

1318–30 Der Franziskanermönch Oderic de Pordenone reist in Vorderasien, fährt zu Schiff nach China und gelangt auf dem Landweg über Lhasa und den Hindukusch zurück.

1419–44 Niccolò dei Conti reist in Indien (Dekhan, Koromandelküste, auf dem Ganges und Irawadi), Ceylon, Sumatra, Borneo und Java; erreicht Bangkok und dringt weit ins Landesinnere vor.

1466–72 Afanassi Nikitin gelangt von Twar über Baku und Maskat nach Indien, bis Bidar auf dem Hochland von Dekhan.

1487–89 Pedro de Covilhão kommt über Sues und Aden nach Indien (u.a. Goa und Calicut).

1498 Vasco da Gama erreicht auf dem Seeweg um das Kap der Guten Hoffnung Indien (Calicut).

1503 Ludovico di Varthema gelangt als Mitglied einer Mamelukentruppe von Damaskus nach Medina und Mekka; später im Jemen und in Indien (1505).

1509 D. Lopes de Sequeira auf der Halbinsel Malakka.

1511 D. Fernandes gelangt nach Thailand.

1512 A. de Abreu findet die Gewürzinseln, die Molukken; F. Peres de Andrade entdeckt die Malediven; erkundet Sumatra.

1516 Andrade entdeckt die Riukiuinseln, landet in Kanton.

1520 Die erste portugiesische Gesandtschaft am Kaiserhof in Peking.

1521 Fernão de Magalhães erreicht, nachdem er Südamerika umsegelt hat, die Philippinen.

1542 Fernão Mendez Pinto erreicht als erster bekannter Europäer Japan.

1549–50 Der baskische Jesuit F. Xavier missioniert, von Malakka kommend, auf Kiuschu.

1564 Miguel Lopez de Legaspi segelt vom Passat getrieben von Acapulco (Mexiko) zu den Philippinen, erobert einen Teil von Luzon und gründet Manila;

1565 gelingt Andrés de Urdaneta die Rückkehr dadurch, daß er zunächst bis 45° n. Br. nach Norden segelt, dann die Westwinddrift benutzt und von Nordamerika die Westküste entlang wieder Acapulco erreicht. Durch diese Erkenntnis und Ausnutzung dieser Windverhältnisse wurde der regelmäßige Verkehr Acapulco – Manila – Acapulco möglich.

1635–39 Adam Olearius bereist Persien.

1643 M. G. de Vries entdeckt auf einer Fahrt entlang der japanischen Ostküste die Insel Hokkaido, die südwestlichen Kurilen und Südsachalin.

1668 Schiffbrüchige Holländer entdecken Korea.

1684 William Dampier segelt von Kalifornien zu den Philippinen.

1690–92 Engelbert Kämpfer in Japan; sein Bericht bildet die Grundlage der europäischen Japankenntnisse bis zur Mitte des 19. Jahrhunderts.

1761–67 Carsten Niebuhr bereist die Halbinsel Sinai und Jemen, gelangt bis Indien (Bombay); Rückreise über Persepolis; erstellte erstmals auf Landreisen astronomische Ortsbestimmungen.

1785–88 Erkundungsreise des Grafen von La Pérouse an den Küsten des Pazifischen Ozeans, kartiert die Nordwestküste Asiens von Korea bis Kamtschatka, dringt von Süden weit in den Tatarengolf ein und entdeckt die La-Pérouse-Straße (1787).

1803–06 Adam Johann von Krusenstern und Juri Lisjanski entdecken bei ihrer Weltumsegelung die Orlowinseln und erforschen japanische Inseln und die Kurilen.

1808 Mountstuart Elphinstone bereist von Indien aus Afghanistan bis Kabul.

1813 W. Moorcroft erreicht den Sutlej.

1814–15 Johann Ludwig Burckhardt gelingt es, Mekka und Medina zu besuchen.

1822 W. Moorcroft in Kaschmir.

1826–27 John Crawfurd bereist Birma.

1829 Alexander von Humboldt, G. Rose und C. G. Ehrenberg auf Expedition im asiatischen Rußland: Ural, Altai, Dsungarei, Kaspisches Meer.

1833 Alexander Burnes erreicht von Indien aus über den Hindukusch Buchara.

1837 W. C. MacLeod am oberen Mekong.

1839–48 und 1855–65 Franz Wilhelm Junghuhn bereist Java und Teile Sumatras.

1843–45 Alexander von Middendorff auf der Halbinsel Taimyr und im Gebiet von Amur und Schilka.

1844–46 E. R. Huc und Gabet dringen von Peking über den Koko Nor nach Lhasa vor.

1849 J. D. Hooker erschließt Sikkim.

1853 R. F. Burton reist als „Afghane" von Kairo aus nach Medina und Mekka.

1845–56 Die Brüder Adolf, Hermann und Robert Schlagintweit erforschen Indien zwischen Bombay, Madras, Pandschab und Brahmaputra. H. und R. Schlagintweit überqueren 1856 den Hauptkamm des Himalaja und den Karakorum, durchqueren Tibet, übersteigen den Kunlun und dringen ins Tarimbecken vor.

1856–57 Pjotr Petrowitsch Semjonow-Tjan-Schanski erreicht von Norden her den Tienschan; dringt bis zu den Gletschern des Tengri Tagh vor.

1861–63 Adolf Bastian durchquert Hinterindien von Mandale bis Saigon.

1864–65 Bastian in der Malaiischen Inselwelt, in Japan und der Mandschurei.

1870–88 Nikolai M. Prschewalski durchforscht die Mongolei, Nordtibet, die Wüste Gobi und das Tarimbekken; entdeckt den Lop Nor.

1876–78 Charles M. Doughty bereist das Innere der Arabischen Halbinsel (im Nordwesten).

1886–87 Francis Edward Younghusband reist in der Mandschurei, ihm gelingt die Durchquerung Innerasiens von Peking durch die Gobi und Turfan nach Kaschgar.

1890–91 Sven Hedin bereist Chorasan und Russisch-Turkestan.

1894–97 Sven Hedin durchquert den Pamir, die Wüste Takla Makan, das Tarimbekken, überquert den Kunlun und erreicht über Nordtibet Peking.

1899–1902 Sven Hedin untersucht die Veränderungen des Lop

Nor, entdeckt die Ruinenstadt Loulan, reist über Tibet, Leh (Kaschmir) und den Karakorumpaß nach Kaschgar zurück.

1903–05 W. Filchner reist mit A. Tafel ins östliche Tibet.

1905–08 Hedin reist durch die Dascht e Kawir, Indien und Kaschmir nach Tibet, entdeckt den Transhimalaja (Hedingebirge), den er achtmal überschreitet, findet die Quellflüsse von Brahmaputra, Indus und Sutlej.

1917–18 Harry Philby quert die Arabische Halbinsel von Al Ukair am Golf von Bahrain über Ar Rijad nach Dschidda; bereist das südliche Nadschd.

1926–28 Filchner zu erdmagnetischen Messungen in Zentralasien (Ilibecken, Sinkiang, Tibet).

1927–35 Hedin führt ausgedehnte Forschungsreisen mit internationaler Beteiligung durch die Mongolei, die Gobi und Chinesisch-Turkestan durch.

1928–31 Thomas erkundet den Südosten der Arabischen Halbinsel; quert die Rub Al Khali.

1934–38 Filchner forscht im Hochland von Tibet (Sining – Tsaidambecken – Leh).

1936 Philby quert den Südwesten der Arabischen Halbinsel von Dschidda durch die Rub Al Khali nach Al Mukalla.

1953 Edmund Hillary besteigt zusammen mit Tenzing Norgay als erster den Mount Everest (29. Mai).

Australien, Ozeanien
Weltumsegelungen

1519–21 Fernão de Magalhães sucht die Molukken von Spanien aus auf dem Westweg zu erreichen; umsegelt Südamerika durch die nach ihm benannte Magalhãesstraße in das „mar pacífico“, erreicht die Marianen und die Philippinen, wo er getötet wird.

1521–22 Sebastián de Elcano setzt die Reise über Nordborneo zu den Molukken fort; Rückfahrt durch den südlichen Indischen Ozean um das Kap der Guten Hoffnung.

Diese erste Weltumsegelung erwies die Kugelgestalt der Erde, ihre wahre Ausdehnung und die große Entfernung zwischen Amerika und Ostasien.

1525 García Jofre de Loaysa segelt durch die Magalhãesstraße und über die Marianen zu den Molukken.

1528 Alvaro de Saavedra segelt von Mexiko über die östlichen Karolinen und die Marshallinseln zu den Molukken; entdeckt dabei die Admiralitätsinseln.

1555 Gaetano entdeckt die Hawaii-Inseln.

1567 Alvaro de Neyral Mendaña segelt von Peru westwärts, entdeckt die Salomoninseln.

1577–80 Erste englische Weltumsegelung durch Francis Drake.

1595 Mendaña entdeckt die Marquesasinseln.

1598 Erste holländische Weltumsegelung durch Olivier van Noort.

1601 Godinho de Eredia landet beim Kap van Diemen an der Nordküste Australiens.

1605–06 Luis Vaez de Torres segelt – zunächst mit Pedro de Quiros – von Callao (Peru) durch die Tuamotuinseln, um die Salomoninseln wieder zu finden, erreicht die Molukken und die Philippinen; entdeckt den Louisiade-Archipel und die Torresstraße (wodurch Neuguinea als Insel erkannt wird; diese Erkenntnis bleibt jedoch geheim).

1606 Willem Janszon segelt in den Carpentariagolf, Nordaustralien; landet an der Kap-York-Halbinsel.

1616 Jacques Le Maire und Cornelisz Schouten sichten in der Südsee die Inseln Niue, Ninuafu und Futuna und segeln die gesamte Nordküste Neuguineas entlang.

1616 Dirk Hartog entdeckt die Shark Bay an der australischen Westküste.

1622 Die „Leeuwin“ umfährt Kap Leeuwin, die Südwestspitze Australiens.

1623 Die „Arnhem“ landet an der Westküste des Carpentariagolfes (Arnhemland).

1627 Pieter Nuyts befährt einen Teil der Südküste Australiens.

1642–44 Abel Tasman von Batavia (heute Jakarta) aus auf der Suche nach dem Südland, erreicht die Südspitze Tasmaniens, die Westküste der Südinsel von Neuseeland (segelt die Küste nordwärts, auch an der Nordinsel), entdeckt die südlichen Tongainseln (1643), die Fidschiinseln und Neubritannien.

1644 A. Tasmans zweite Fahrt zur Erkundung Australiens, kartiert die Nordküste bis zum Carpentariagolf, entdeckt Tasmanland an der Nordwestküste.

1688 William Dampier landet an der Nordwestküste Australiens.

1698 Dampier in der Shark Bay, entdeckt den Dampierarchipel.

1721–23 Jacob Roggeveen umsegelt die Erde um Kap Hoorn und die Juan-Fernández-Inseln, entdeckt die Osterinseln (1722) sowie die Inseln Tutuila und Upolu der Samoainseln.

1764–65 John Byron umsegelt die Erde auf der Suche nach den Salomoninseln, entdeckt einige der Tokelau- und Gilbertinseln.

1766–68 Samuel Wallis auf der Suche nach den Salomoninseln, entdeckt Tahiti sowie verschiedene Inseln der Samoa- und Marshallinseln.

1766–69 Philipp Carteret umsegelt die Erde auf der Suche nach den Salomoninseln, entdeckt die Insel Pitcairn (1767), die Santa-Cruz-Inseln und die südlichen der Salomoninseln, die er aber nicht als diese erkennt, entdeckt die Carteretstraße zwischen Neubritannien und Neuirland.

1766–69 Weltumsegelung durch Louis Antoine de Bougainville; findet die Salomoninseln wieder: 1768 landet er auf La Louisiade, heute Bougainville.

1768–71 James Cook umsegelt die Erde; erforscht die Gesellschaftsinseln, entdeckt die Ostküste der Nordinsel von Neuseeland, umsegelt Neuseeland (1770) und entdeckt dabei die Cookstraße, womit Neuseeland als Doppelinsel erkannt ist; findet die Ostküste von Australien (1770) und landet in der Botany Bay; entdeckt die Torresstraße, deren Existenz bis 1762 von den Spaniern geheimgehalten werden konnte.

1769–70 Surville segelt von Indien über die Salomoninseln und Neuseeland nach Peru.

1770 Francisco Gonzalez auf der Osterinsel.

1772 und 1774–75 Domingo de Boenechea auf Tahiti.

1772–75 Zweite Erdumsegelung Cooks, in Begleitung von J. Reinhold und G. Forster, und zwar erstmals von Westen nach Osten; überquert zweimal den südlichen Polarkreis und gelangt 1774 bis 70° 10′ s. Br.; sichtet Südgeorgien und entdeckt die Süd-Sandwich-Inseln (1775) sowie die Tongainseln neu.

1776–79 (–80) Cooks dritte Reise im Pazifischen Ozean, entdeckt 1778 endgültig die Hawaii-Inseln, auf denen er aber beim zweiten Besuch (Anfang 1779) getötet wird.

1785–88 Erkundungsreise des Grafen von La Pérouse an den Küsten des Pazifischen Ozeans; auf der Osterinsel, Hawaii und Samoa; seine Schiffe stranden vor Vanikoro Island, einer der Santa-Cruz-Inseln.

1788–89 Der von der meuternden Mannschaft der „Bounty" mit seinen Getreuen ausgesetzte Admiral W. Bligh erreicht mit jenem Boot von den Tongainseln Timor und Batavia, entdeckt dabei die nördlichen Inseln der Neuen Hebriden.

1791 George Vancouver kartiert die Südwestküste Australiens.

1792–93 Raymond D'Entrecasteaux kreuzt auf der Suche nach La Pérouse in der Südsee, erweiterte dadurch die Kenntnisse über die Tonga-, Salomon-, Admiralitätsinseln, über Neukaledonien, Neubritannien (entdeckte dabei neu die vorgelagerten Wituinseln) und Neuguinea.

1796–98 Missionsreise Wilsons nach Tahiti und auf die Tongainseln.

1798–99 George Bass und Matthew Flinders entdecken die Bass-Straße und stellen damit fest, das Tasmanien eine Insel ist.

1801–03 Matthew Flinders und Robert Brown erkunden die Südküste Australiens von der Bass-Straße bis Kap Leeuwin; entdecken den Spencergolf und den Saint-Vincent-Golf, erforschen das Große Barriereriff und die Torresstraße.

1803–06 Adam Johann von Krusenstern und Juri Lisjanski umsegeln in Begleitung von F. v. Bellingshausen und O. v. Kotzebue die Erde.

1815–18 Erdumsegelung Otto von Kotzebues in Begleitung von A. v. Chamisso (der die Reise ausgezeichnet beschrieb) und Eschscholtz; erkundet die Marshall-, die Krusenstern- und die Hawaii-Inseln.

1818–19 Louis de Freycinet auf Erkundungsreise im Pazifischen Ozean, v.a. auf Neuguinea, den Marquesas- und Hawaii-Inseln.

1819 F. von Bellingshausen kartiert die Tuamotuinseln.

1823–24 Französische Südsee-Expedition unter Duperry, Teilnehmer ist auch Dumont d'Urville.

1823–26 Dritte Reise Kotzebues in die Südsee; Erkundung von Samoa.

1826–29 Dumont d'Urville segelt in der Südsee; erforscht die Küsten Neuseelands, Neuguineas, der Neuen Hebriden, der Fidschiinseln und erschließt die Inselwelt Mikronesiens.

1826–29 Russische Weltumsegelung unter Graf Litke.

1833–35 Robert Fitzroy segelt von den Galapagosinseln über Tahiti nach Neuseeland; Charles Darwin begleitet ihn.

1837–40 Dumont d'Urville erneut in der Südsee, besonders auf Neuguinea, den Fidschi-, Salomon-, Marquesas- und Tuamotuinseln.

1838–42 Marine-Expedition unter Charles Wilkes zur Erforschung der Wale im südlichen Pazifik, dabei Erkundung vieler Inselgruppen.

1839 Edward John Eyre befährt den Spencergolf bis zum Nordende, geht an Land, entdeckt den Lake Torrens und die Flinders Range, dringt nach Südosten bis zum Murray vor und folgt ihm bis zur Mündung.

1840/41 Eyre versucht von Adelaide aus einen Landweg zur Westküste zu finden, entdeckt den Eyresee; muß umkehren und folgt der Südküste von der Streaky Bay bis Albany.

1845 Francis Blackwood mit der „Fly" vor Neuguinea; entdeckt die Mündung des Fly River.

1857–60 Österreichische Novaraexpedition in der Südsee, u a. wird Neuseeland durch F. von Hochstetter erforscht.

1874 John und Alexander Forrest ziehen von der australischen Westküste den Murchison River aufwärts und durchqueren das Innere Westaustraliens südlich des 25. Breitengrades.

1884–85 Otto Finsch erforscht die Nordostküste von Neuguinea (Kaiser-Wilhelm-Land).

Polarforschung

Antarktis

1739 Jean François Bouvet de Lozier entdeckt die Bouvetinsel.

1772 Yves Joseph de Kerguelen-Tremarec entdeckt die Kerguelen.

1772 Marion-Dufresne entdeckt die Prince Edward Islands und die Crozetinseln.

1774–75 James Cook umsegelt die Erde in hohen südlichen Breiten, gelangt bis 70° 10′

	s. Br., sichtet Südgeorgien und entdeckt die Süd-Sandwich-Inseln (1775).
1810	Frederick Hasselberg entdeckt Macquarie Island.
1820	William Smith kartiert die Süd-Sandwich-Inseln, sichtet die Nordwestküste der Antarktischen Halbinsel.
1820	N. Palmer entdeckt den Palmerarchipel und sichtet die Antarktische Halbinsel.
1819–21	F. von Bellingshausen unternimmt mit M. P. Lasarew die Wiederholung der Antarktisumsegelung Cooks, erreicht mit 69° 21′ 28′ fast den Rand des Schelfeises (1820) und entdeckt (1821) die Peter-I.-Insel, die Bellingshausensee und die Alexander-I.-Insel, die er als mutmaßlichen Teil des antarktischen Kontinents Alexander-I.-Land nennt.
1821	George Powell entdeckt die Süd-Orkney-Inseln.
1823	Der Walfänger James Weddell erkundet die Süd-Orkney-Inseln, dringt dank günstiger Naturbedingungen im östlichen Weddellmeer bis 74° 15′ s. Br. vor.
1830–32	John Briscoe, begleitet von W. Smith, sichtet und kartiert die Küsten von Enderbyland (1831), entdeckt Adelaide Island und die Briscoe Islands, betritt die Westküste der Antarktischen Halbinsel (1832), die er Grahamland nennt.
1834	Kemp entdeckt die Kempküste der Antarktis.
1839	J. Balleny entdeckt die Balleny Islands und die Sabrinaküste.
1839–43	James Clarke Ross erforscht mit der „Erebus“, begleitet von der „Terror“ unter Crozier das Rossmeer, entdeckt die Küstengebirge des Victorialandes (1841) und die Vulkankegel Mount Erebus und Mount Terror; kam dem südlichen Magnetpol so nahe, daß er seine Lage beschreiben konnte; erreichte in der Bay of Whales bei 78° 10′ s. Br. die Eisbarriere des Ross-Schelfeises.
1840	Charles Wilkes fährt 2000 km an einer Küste – Wilkesland – entlang, damit ist die Existenz des antarktischen Kontinents bewiesen.
1840	Dumont d'Urville entdeckt auf der Suche nach dem südlichen Magnetpol die Adélie- und die Clarieküste des antarktischen Festlandes (südlich des D'Urvillemeeres).
1873–74	E. Dallmann entdeckt die Bismarckstraße zwischen Palmerarchipel und Antarktischer Halbinsel.
1874	v. Reibnitz auf den Kerguelen und auf Heard Island.
1893–94	Morten Pedersen entdeckt die Wasserstraßen zwischen den Biscoe Islands und der Antarktischen Halbinsel.
1895	Erste Landung an der Küste von Victorialand durch Henrik Bull.
1897–99	Südpolarexpedition mit der „Belgica“ unter Adrien de Gerlache, ozeanographische Arbeiten südlich von Kap Hoorn; erste Überwinterung auf einem Schiff in der Antarktis.

1899	Carsten Eggeberg Borchgrevink erreicht auf dem Ross-Schelfeis 78° 50′ südlicher Breite.
1901–03	Südpolarexpedition unter Erich von Drygalski auf der „Gauß", Entdeckung von Kaiser-Wilhelm-II.-Land, Forschungen am Gaußberg.
1901–03	Schwedische Südpolarexpedition unter Otto Nordenskiöld mit der „Antarctic"; auf der Antarktischen Halbinsel.
1901–04	Südpolarexpedition unter Robert Scott mit der „Discovery", verfolgt die Ross-Eisbarriere, entdeckt Edward VII Peninsula (Edward-VII.-Land), dringt im Innern von Victorialand bis 77° 58′ s. Br. vor.
1908–09	Ernest Shackletons Südpolarexpedition mit der „Nimrod"; Douglas Mawson findet den südlichen Magnetpol (1909); auf dem Weg zum Südpol kommt er aber nur bis 88° 23′ südlicher Breite.
1908–10	Südpolarexpedition von Jean-Baptiste Charcot, befährt die Westküste der Antarktischen Halbinsel, entdeckt die Marguerite Bay und Charcot Island (1910).
1911–12	Wilhelm Filchner leitet die zweite deutsche Südpolarexpedition, entdeckt 1912 die Prinzregent-Luitpold-Küste und das Filchnerschelfeis, die Südküste des Weddellmeeres.
1911–12	Roald Amundsen und vier Begleiter erreichen am 14. Dezember per Hundeschlitten als erste den Südpol; entdecken auf dem Hinweg den Axel-Heiberg-Gletscher und auf dem Rückweg die Königin-Maud-Kette.
1912	Robert Scott erreicht am 18. Januar den Südpol; auf dem Rückmarsch kommen er und seine Begleiter kurz vor dem Ziel ums Leben.
1911–14	Australische Südpolarexpedition unter Douglas Mawson auf der „Aurora", Erforschung der George-V.-Küste, Entdeckung der Queen-Mary-Küste und Erforschung; seit 1913 Funkverbindung über Macquarie Island nach Australien.
1915–16	Shackletons zweite Antarktisexpedition.
1928 und 1929	Hubert Wilkins unternimmt die ersten Forschungsflüge über der Antarktischen Halbinsel, Inselnatur von Charcot Island entdeckt.
1928–30	Richard Byrd entdeckt auf Antarktika die Rockefellerberge, das Marie-Byrd-Land und die Edsel-Ford-Ketten (1929). Fliegt am 28./29. Dezember 1929 zum Südpol.
1929–30	Haakon Mosby entdeckt die Prinz-Olav-Küste, die Prinzessin-Martha-Küste und 1930/31 die Prinzessin-Ragnhild-Küste.
1935	Lincoln Ellsworth und Hollick-Kenyon überfliegen die Antarktis von Dundee Island im Weddellmeer nach Little America auf dem Ross-Schelfeis, entdecken das Ellsworthhochland mit den Sentinalketten.
1946–47	Operation Highjump, bisher größte Antarktisexpedition, allerdings unter militärischem Aspekt unter

Leitung von R. E. Byrd. Es sind 4000 Menschen und 12 Schiffe beteiligt, erstmals werden U-Boote eingesetzt. Zweite Überfliegung des Südpols (15. Februar 1947).

1956–58 Im Rahmen des Internationalen Geophysikalischen Jahres werden in der Antarktis von verschiedenen Nationen zahlreiche permanente Forschungsstationen errichtet, u.a. Little America V und Mirny.

1957–58 Vivian Ernest Fuchs quert erstmals den antarktischen Kontinent, und zwar mit Raupenschleppern vom Filchnerschelfeis über den Südpol (20. Januar 1958) zum McMurdo Sound des Rossmeeres, von wo aus Edmund Hillary ihn durch Anlegen von Depots entlang seinem zukünftigen Weg unterstützt hatte.

1958 Jewgeni Tolstikow erreicht den Pol der Unzugänglichkeit.

Arktis

1596 Heemskerk, Rijp und Barents entdecken die Bäreninsel und Spitzbergen.

1607 Henry Hudson entdeckt Jan Mayen.

1778 Auf der Suche nach der Nordwestpassage dringt James Cook durch die Beringstraße bis 70°44′ n. Br. vor und segelt an der asiatischen Küste bis zum Kap Irkaipij.

1806 Der Walfänger Scoresby d. Ä. erreicht vor der Ostküste Grönlands 81°30′ nördlicher Breite.

1817 Otto von Kotzebue sucht die Nordwestpassage in der Nähe der Beringstraße, entdeckt den Kotzebue Sound.

1818 John Ross dringt in den Lancaster Sound ein, dreht aber um, da er ihn für eine Bucht hält.

1819 William E. Parry durchfährt den Lancaster Sound, entdeckt Prince Regent Inlet, die Barrow Strait und den Wellington Channel; überwintert vor Melville Island.

1821–23 Ferdinand von Wrangel und Pjotr F. Anschu erforschen auf Schlitten die Küste Sibiriens zwischen Indigirkamündung und Wrangelinsel.

1821–24 Fjodor Petrowitsch Litke untersucht auf vier Fahrten Nowaja Semlja, das er als Doppelinsel erkennt.

1822 Der Walfänger Scoresby d. J. erforscht die Ostküste Grönlands zwischen 69 und 74° nördlicher Breite.

1822–24 Parry entdeckt die Fury and Hecla Strait, kann sie wegen des Eises aber nicht befahren.

1827 Keilhan auf der Bäreninsel und Spitzbergen.

1829–33 John Ross befährt mit der „Victory“, dem ersten Dampfschiff im Dienste der Polarforschung, den Lancaster Sound und Prince Regent Inlet, entdeckt Boothia Peninsula und kartiert ihre Küste, entdeckt dabei King Wilhelm Island; stellt die damalige Lage des nördlichen Magnetpols fest.

1838–40 Die französische Korvette „La Recherche“ kreuzt vor

	Spitzbergen, das durch ihre Besatzung wissenschaftlich erforscht wird.
1843	Alexander Theodor von Middendorff auf der Halbinsel Taimyr.
1845	John Franklin und Crozier beginnen eine Expedition in der Barrow Strait.
1847–54	Mehrere Suchexpeditionen nach dem verschollenen Franklin und seinen Begleitern, wodurch der Kanadisch-Arktische Archipel weitgehend bekannt wird und
1851–53	durch McClure auch die Nordwestpassage gefunden wurde, und zwar drang er von Westen her bis in die McClure Strait vor und anschließend mit Schlitten bis in den Viscount Melville Sound, in den Parry 1819 bereits von Osten her gelangt war. Die Nordwestpassage erwies sich damit als für Schiffe nicht brauchbar.
1858 und 1861–62	Adolf Erik Nordenskiöld unter Torell auf Spitzbergen.
1860–61	Isaac Hayes untersucht per Schlitten die Küsten von Ellesmere Island, dringt bis 81°35′ n. Br. vor.
1864	A. E. Nordenskiölds erste eigene Spitzbergenexpedition.
1868	Erste Deutsche Nordpolar-Expedition unter Karl Koldewey nach Spitzbergen.
1868	A. E. Nordenskiölds zweite Spitzbergenexpedition.
1869–70	Zweite Deutsche Nordpolarfahrt unter Koldewey nach Ostgrönland; J. Ritter von Payer kartiert per Schlitten die Küste zwischen 74° und 72°2′ nördlicher Breite.
1870	A. E. Nordenskiöld auf Grönland.
1870	Johannesen umsegelt Nowaja Semlja.
1870	Theodor von Heuglin und Graf Waldburg-Zeil im östlichen Spitzbergen.
1871	Charles Francis Hall im Smith Sound und Robeson Channel (Nares Strait).
1871	Karl Weyprecht und von Payer auf Spitzbergen und Nowaja Semlja.
1872	A. E. Nordenskiölds dritte Spitzbergenexpedition.
1872	Weyprecht und von Payer entdecken Kaiser-Franz-Joseph-Land; gelangen per Schlitten bis 83° n.Br.; 1874 wieder auf Nowaja Semlja.
1874	Ein Handelsdampfer unter Kapitän J. Wiggins erreicht die Obmündung.
1875	A. E. Nordenskiöld fährt mit dem Robbenfänger Pröven von Tromsø durch die Karastraße bis zur Mündung des Jenissei.
1875–76	Nares im Smith Sound und per Schlitten an der Nordküste von Grönland und Grantland (Ellesmere Island); die Annahme vom offenen Polarmeer erweist sich als falsch.
1876–78	Norwegische Nordmeer-Expedition mit der „Böringen“ unter Kapitän Wille.
1878–79	A. E. Nordenskiöld gelingt mit der „Vega“ die Nordöstliche Durchfahrt, wobei der auf der Tschuktschenhalbinsel überwintern muß. Während dieser Zeit ethnologische Forschungen bei den Tschuktschen.
1879–81	George Washington De Long auf der Jeanette-Expedition in der Beringstraße, dringt zu den Neusibiri-

	schen Inseln vor, wo er die De-Long-Inseln entdeckt, sein Schiff sinkt aber dann bei 77° 15′ nördlicher Breite.
1881–82	Die Gebrüder Krause forschen in der Beringstraße und in Alaska.
1882	Lockwood erforscht per Schlitten die Nordküste Grönlands bis 83°24′ nördlicher Breite.
1882	werden 14 Polarstationen zu Messungen meteorologischer und magnetischer Daten unter internationaler Beteiligung errichtet und mit Beobachtern besetzt.
1883	A. E. Nordenskiöld im Innern Westgrönlands.
1886	Bunge und von Toll auf den Neusibirischen Inseln.
1887–89	Nossilow forscht auf Nowaja Semlja.
1888	Ost-West-Durchquerung Grönlands durch Fridtjof Nansen und Otto Sverdrup mit vier Begleitern per Schlitten und Skiern.
1892	Robert E. Peary durchquert das Inlandeis Grönlands vom Inglefieldfjord zum Independencefjord und gelangt auf gleiche Weise zurück.
1892–93	Erich von Drygalski zu glaziologischen Forschungen auf Grönland.
1893–96	Nansen driftet mit der eingefrorenen „Fram“ von den Neusibirischen Inseln ins Nordpolarmeer und erreicht anschließend mit Johansen per Schlitten 86°4′ n. Br. Die Fram driftete unter Sverdrup inzwischen bis 85°57′ nördlicher Breite.
1894–97	Jackson erforscht Franz-Joseph-Land.
1895	Der schwedische Botaniker Ekstan durchquert Nowaja Semlja von der Karmalikbai zur Ostküste.
1895–96	Dänische Ingolfexpedition unter Wandel zu ozeanographischen Untersuchungen zwischen Grönland und Island.
1897	Conway durchquert Spitzbergen vom Eisfjord zur Ostküste.
1897	Der Versuch des schwedischen Ingenieurs Salomon August Andrée, den Pol mit einem Ballon zu überfliegen, scheitert.
1898	Steenstrup im Innern der Insel Disko (vor Westgrönland).
1898	Otto Nordenskiöld forscht in Alaska.
1898–99 und 1900	Amdrup stellt den Verlauf der grönländischen Ostküste bis zum Scoresbysund fest.
1898–1902	Russisch-schwedische Gradmessungsexpedition auf Spitzbergen.
1898–1902	Sverdrup mit der Fram im Jones Sound, erforscht die Westküste von Grinnell-Land und entdeckt mehrere Inseln.
1899	Nathorst erforscht in Grönland den Kaiser-Franz-Joseph-Fjord und entdeckt den König-Oskar-Fjord.
1899–1900	Cagni erreicht per Schlitten 86° 38′ nördlicher Breite.
1900	Robert E. Peary erreicht die Nordspitze Grönlands.
1902–04	Erichsen erforscht die Kultur der Eskimo an der Westküste Grönlands.
1903–06	Roald Amundsen mit der „Gjöa“ im Kanadisch-Arktischen Archipel; erreicht die Südostküste von King

William Island; hier erdmagnetische, astronomische und meteorologische Beobachtungen während zweier Überwinterungen; stellt fest, daß der Magnetpol wandert und findet 1904 seine derzeitige Lage (an der Westküste von Boothia Peninsula), erreichte 1905 die Beaufortsee und 1906 die Beringstraße. Damit war die Durchquerung der Nordwestpassage mit einem Schiff geglückt, und zwar auf anderen Wasserstraßen als den von McClure festgestellten.

1908 Frederick Cook gibt an, am 21. April den Nordpol von Axel Heiberg Island aus erreicht zu haben, was aber angezweifelt wird.

1909 Peary erreicht von Ellesmere Island aus am 6. April mit 89°57′ n. Br. unmittelbare Polnähe.

1912–13 Alfred Wegener glückt zusammen mit I.-P. Koch die Querung des grönländischen Inlandeises an der breitesten Stelle, und zwar von der Dovebucht an der Ostküste nach Upernivik.

1920 Amundsen versucht mit der „Maud" von Alaska aus ins Nordpolarmeer zu driften.

1922–24 Zweiter Versuch der „Maud" zum Nordpol zu driften.

1925 Amundsen und Ellsworth versuchen mit Wasserflugzeugen den Nordpol zu überfliegen, müssen aber bei 87°44′ notlanden und umkehren.

1926 Richard Byrd gelingt am 9. Mai mit seinem Piloten Bennet von Spitzbergen aus der erste Flug zum Nordpol.

1926 Nobile und Amundsen überfliegen im Luftschiff „Norge" das Nordpolargebiet von Spitzbergen bis Alaska; sie überfliegen dabei am 13. Mai den Nordpol.

1928 Umberto Nobile erreicht am 24. Mai mit seinem Luftschiff von Spitzbergen aus den Nordpol.

1930 A. Wegener legt auf dem grönländischen Inlandeis die Forschungsstation „Eismitte" an; beim Rückmarsch zur Küste kommt er ums Leben.

1937 v. Tschkalow überfliegt auf dem Transkontinentalflug Moskau – USA am 19. Juni den Nordpol.

1940–42 H. Larsen gelingt mit der „St. Roch" die Durchquerung der Nordwestpassage in West-Ost-Richtung.

1954 Das kanadische Marineschiff „Labrador" durchfährt erstmals die Nordwestpassage auf der Route Lancaster Sound – Barrow Strait – Viscount Melville Sound – Prince of Wales Strait – Amundsengolf.

1958 Tauchfahrt der „Nautilus" unter W. R. Anderson unter dem Nordpolareis von der Beringstraße über den Nordpol nach Island.

1959 Das amerikanische U-Boot „Skate" taucht zum Nordpol, und durchbricht dort das Packeis, um aufzutauchen.

1977 Am 25. Juni erster Touristenflug zum Nordpol; mit einer Boeing 707 von Frankfurt am Main aus, 150 Teilnehmer.

1977 Dem durch Atomkraft angetriebenen sowjetischen Eisbrecher „Arktika“ gelingt es als erstem Schiff über Wasser den Nordpol zu erreichen, und zwar am 17. August.

1978 Dem Japaner Naomi Uemura gelingt es den Nordpol erstmals im Alleingang mittels Hundeschlitten zu erreichen (von Ellesmere Island aus, am Nordpol am 29. April).

Meeresforschung

1857 Pullen erkundet mit der „Cyclops“ den Nordatlantik, was die Verlegung des ersten transatlantischen Kabels ermöglicht.

1872–75 Weltreise der „Challenger“ unter der wissenschaftlichen Leitung von Wyville Thomson zur Erforschung des Atlantischen und Pazifischen Ozeans. Damals größte Tiefsee-Expedition; die Ergebnisse wurden in 47 Bänden veröffentlicht.

1872–82 Forschungsschiffe „Bache“ und „Blake“ erforschen den Golfstrom und die Karibik.

1873–78 Das amerikanische Forschungsschiff „Tuscarora“ unternimmt auf drei Reisen Tiefseeforschungen im Pazifik nördlich des Äquators.

1874–76 Erdumsegelung des deutschen Forschungsschiffes „Gazelle“; Tiefseeforschungen in allen drei Ozeanen, besonders im Indischen und im Pazifischen Ozean zwischen Bismarckarchipel und Samoa.

1876–78 Drei Sommerfahrten der „Vöringen“ unter der Leitung von Prof. Mohn in den norwegischen Teil des Europäischen Nordmeeres.

1879 Mit der „Ingolf“ unter Mourier ozeanographische Forschungen zwischen Island und Grönland.

1883 Die „Talisman“ forscht im Nordatlantik.

1883–86 Forschungsschiff „Albatross“ in den Gewässern Westindiens.

1885–86 Durch die „Enterprise“ Tiefseeforschungen in der Magalhãesstraße und im südlichen Pazifik.

1886–89 Erdumsegelung der „Witjas“ unter S. O. Makarow mit zahlreichen ozeanographischen Beobachtungen.

1886–90 Forschungsschiff „Albatross“ im Südatlantik und vor der Westküste Amerikas.

1889 Deutsche Plankton-Expedition unter Victor Hensen mit der „National“ im Atlantik.

1890 Ozeanographische Forschungen mit der „Tschernomorez“ im Schwarzen Meer.

1890–97 Das österreichische Forschungsschiff „Pola“ im östlichen Mittelmeer und im Roten Meer.

1893–96 Nordpolarexpeditionen der „Fram“ unter Nansen.

1895–96 Dänische „Ingolf“-Expedition unter Wandel zu ozeanographischen Untersuchungen südlich und östlich von Island.

1898–99 Deutsche Tiefsee-Expedition unter Carl Chun mit

dem Forschungsschiff „Valdivia“ im südlichen Atlantischen und Indischen Ozean.

1899–1900 Das niederländische Forschungsschiff „Siboga“ unter M. Weber im Australasiatischen Mittelmeer.

1899–1900 Forschungsschiff „Albatross“ im Pazifischen und Indischen Ozean.

1901–04 Ozeanographische Forschungen im südlichen Pazifik mit der „Discovery“ unter R. Scott.

1906 Die „Planet“ arbeitet im Atlantischen und Indischen Ozean; entdeckt die Planettiefe im Sundagraben (7455 m).

1912 Die „Planet“ lotet im Philippinengraben mit 9787 m u.d.M. die tiefste damals bekannte Stelle der Erdoberfläche.

1925–27 Deutsche Atlantische Expedition mit der „Meteor“ im Südatlantik. Erste Verwendung eines anzeigenden Echolotes auf einem Forschungsschiff.

1928–29 Das amerikanische Forschungsschiff „Carnegie“ untersucht den Atlantischen und Pazifischen Ozean.

1929–30 Niederländische Expedition mit der „Willebrord Snellius“ in den indonesischen Teil des Australasiatischen Mittelmeeres.

1930–39 Das britische Forschungsschiff „Discovery II“ führt Expeditionen in die Antarktis, in den Indischen und Pazifischen Ozean durch.

1931–39 Die amerikanische „Atlantis“ untersucht den Nordatlantik.

1937–40 Japanische Expeditionen mit der „Ryofu Maru“ in den Pazifischen Ozean.

1938 Internationale Golfstrom-Expedition mit der „Altair“ und der „Armauer Hansen“.

1939 Die amerikanische „Milwaukee“ entdeckt die größte Tiefe des Atlantischen Ozeans im Puerto-Rico-Graben, die Milwaukeetiefe: 9219 m.

1947–48 Schwedische Expedition mit der „Albatross“ in den Atlantischen, Indischen und Pazifischen Ozean.

1950–52 Dänische Tiefsee-Expedition mit der „Galathea“ zur Untersuchung der Biologie der drei großen Ozeane.

seit 1953 Das amerikanische Forschungsschiff „Vema“ erforscht in zahlreichen Expeditionen den Untergrund der Ozeane.

1955 Im Nordpazifik findet das internationale NORPAC-Unternehmen statt (19 Forschungsschiffe von 3 Nationen).

1955–56 Das deutsche Fischereiforschungsschiff „Anton Dohrn“ erforscht die grönländischen und isländischen Gewässer.

1957 Das russische Forschungsschiff „Witjas“ entdeckt im Marianengraben die größte Tiefe des Weltmeeres, die Witjastiefe I mit 11022 m. Die Witjastiefen II und III wurden 1957 und 1958 im Tonga- bzw. im Kermadecgraben entdeckt.

1958 Polarfrontunternehmen im Rahmen des Internationalen Geophysikalischen Jahres, 18 europäische Forschungsschiffe im Nordatlantik, darunter die

„Gauß" und die „Anton Dohrn".

1960 Untersuchungen der Überströmungsvorgänge arktischen Bodenwassers über den Island-Färöer-Rücken durch neun Forschungsschiffe.

1959–65 Internationale Indischer-Ozean-Expedition zur Erforschung der Meeresströmungen als Folge der Monsunströmungen; es beteiligen sich 40 Schiffe aus 20 Nationen.

1964 Das deutsche Forschungsschiff „Meteor" wird in Dienst gestellt und nimmt an den Untersuchungen im Indischen Ozean teil.

1965 Atlantische Expedition der „Meteor" im Rahmen des Internationalen Jahres der ruhigen Sonne (IQSY-Expedition); sie ankert am Schnittpunkt des geographischen und des erdmagnetischen Äquators.

1967 „Meteor" erforscht im Rahmen der Atlantischen Kuppenfahrten das Seegebiet zwischen Azoren, Kanaren und westafrikanischem Schelfrand, besonders die Struktur der Großen Meteorbank.

1969 Internationales Atlantisches Passat-Experiment (APEX) mit „Meteor" und „Planet".

1969 Internationale Expedition „Norwegische See" mit Teilnahme der „Planet" und der „Anton Dohrn".

1970 Die „Meteor" führt die Roßbreiten-Expedition 1970 im Rahmen eines Internationalen Programmes zur Untersuchung des Stoffhaushaltes im Auftriebwasser vor Westafrika durch.

1971 Das deutsche Rohstoff-Forschungsschiff „Valdivia" beginnt seine Tätigkeit mit der Explorationsfahrt „Erzschlämme I" im Roten Meer.

1972–73 Erste Explorationsfahrt der „Valdivia" in den Pazifischen Ozean („Manganknollen-Programm").

1973 Internationale Overflow-Expedition im Seegebiet zwischen Island und den Färöern zur Untersuchung des Wasseraustausches zwischen Europäischem Nordmeer und Nordatlantik. Beteiligung von „Meteor", „Walther Herwig" und „Meerkatze II".

1974 Teilnahme von „Meteor", „Planet" und „Anton Dohrn" an der Internationalen Expedition GATE (Atlantic Tropical Experiment im Rahmen des Global Atmospheric Research Programme).

1978 Internationales „Joint Air-Sea Interaction Projekt" (JASIN) zur Untersuchung der physikalischen Prozesse in der Grenzschicht zwischen Ozean und Atmosphäre im östlichen Nordatlantik. Teilnahme der deutschen Forschungsschiffe „Meteor", „Planet" und „Poseidon".

1978 Die „Glomar Challenger" bringt im Marianengraben in 7 044 m Tiefe eine 16 m tiefe Bohrung nieder; es ist die Bohrung in bisher größter Wassertiefe.